ANXIOUS
Joseph LeDoux

불안

불안과 공포의
뇌과학

조지프 르두 지음
임지원 옮김

INVENTION

수년 동안 나와 함께 연구해온 모든 연구자들,
그리고 공포와 불안에 대한 이해를 넓히는 데 도움을 준
나의 모든 동료들에게

서문

2002년 출간한 『시냅스와 자아』를 탈고했을 때, 나는 또 다시 일반 독자를 위한 책을 쓰고 싶어질지 확신이 서지 않았다. 이 분야에 진짜로 영향을 미칠 방법은 내가 연구하는 특정 영역, 즉 행동 및 인지 신경과학에 관한 교과서를 쓰는 일이라고 생각했기 때문이다. 그런데 나의 출판대리인인 존 브록만과 커틴카 맷슨 Katinka Matson이 다시 생각해보기를 종용했다. 바이킹 출판사의 편집자인 릭 콧Rick Kot도 마찬가지였다. 그들은 내 결정이 잘못된 출판 경험으로 남을 것이라고 경고했다. 한 10년쯤 교과서 집필을 위해 씨름한 후 나는 그들의 충고가 옳았음을 인정해야 했다. 출간된 다른 모든 책들과 경쟁할 수 있을 만큼 신선하고 혁신적인 책을 쓰기에 교과서라는 틀이 너무나 제한적이라는 사실을 발견했다. 각 장을 전국 곳곳 다양한 대학의 수많은 교수들에게 검토를 의뢰한 다음 편집된 글을 보면 점점 나의 글 같지 않은 느낌이 들었다. 나의 역할은 실제 내용을 맡기보다 그저 표지에 이름을 싣는 쪽에 가깝다는 결론에 이르렀다.

몇 년 전 나는 우리의 친구인 로잔느 캐시Rosanne Cash의 낭독회에서 릭을 우연히 마주쳤다. 릭이 캐시의 책 『침착함Composed』의 편집을 맡았던 것이다. 릭은 짓궂은 미소를 띠면서 내게 물었다. "교과서 집필은 잘 되어가세요? 선생님을 그 수렁에서 건져내 다른 책을 만들자고 꼬드기려고 기다리고 있던 참이에요." 나는 그가 여전히 나와 함께 일하고 싶어한다는 사실에 기쁨을 느꼈다. 결국 나는 에릭 레이먼Eric Rayman의 도움을 약간 받아 교과서 작업에서 빠져나왔고 커틴카에게 보낼 새로운 제안서를 작성했다. 그리고 그 결과물이 바로 『불안Anxious』이다. 릭은 이 제안에 열광했고 우리는 곧 의기투합했다.

『불안』은 나의 다른 책들과 좀 다르다. 『정서의 뇌Emotional Brain』와 『시냅스와 자아』는 하나의 주제를 둘러싼 관련 에세이들의 모음이라고 볼 수 있지만 『불안』에서는 연속된 각 장들이 이전 장의 내용을 발판으로 정서, 특히 공포와 불안에 관한 새로운 견해를 주장한다. 비록 이 책의 제목은 『불안』이지만 공포와 불안은 복잡하게 얽히고설켜 있어서 그 둘을 따로 그리고 함께 이해해야만 한다.

개략적으로 말해서 『불안』이 다루는 핵심 주제는 다음과 같다. 첫째 정서의 과학, 특히 공포와 불안의 과학은 현재 막다른 골목에 다다랐다. 이는 우리가 정서를 뇌와 관련지어 논의하는 방식 때문이다. 예를 들어 연구자들은 쥐가 위험을 감지하고 얼어붙은 것처럼 꼼짝하지 못하는 상태에 빠지도록 하는 뇌 메커니즘을 가리켜 "공포"라고 한다. 그뿐만 아니라 사람이 신체적으로나 심리적으로 심각한 해를 입을 것이라고 생각할 때 경험하는 의식적 느낌에도 "공포"라는 이름을 붙인다. 여기에 깔린 기본적인 생각은 뇌의 공포 회로가 공포감을 일으킨다는 것이다. 다시 말해 쥐의 뇌든 인간의 뇌든 이 회로가 활성화되면 공포의 느낌과 더불어 공포에 대한 특정 반응(얼어붙기, 얼굴 표정, 몸의 생리 변화 등)이 나타난다. 공포감은 위협적인 사건과 그 반응 사이를 매개한다고 알려져 있다. 이 회로는 인간을 포함한 포유류 전체에 보존되어 있기 때문에, 우리는 쥐의 얼어붙기를 측정해서 인간의 공포를 연구할 수 있다. 여기에 관여하는 핵심 회로는 편도로, 뇌에서 공포를 담당하는 영역으로 불린다.

그런데 사실 지금 내가 설명한 내용의 대부분은 틀렸다. 이런 오해가 널리 퍼진 데는 부분적으로 나의 연구와 저작도 한몫했다고 생각하기 때문에, 나는 사람들이 계속해서 잘못된 안내를 받기 전에 바로잡아야 한다는 책임감을 느낀다. 이 책의 주요 목적 중 하나는 공포와 불안에 관한 새로운 견해를 제공하는 것이다. 동물로부터 배울 수 있는 사실과 오직 인간을 통해서만 가장 잘 이해할 수 있는 사실을 정확하게 구분하고, 인간의 뇌에서 공포 그 자체가 무엇을 의미하는지 명확하게 밝히는 것이다.

그렇다고 오해는 하지 말기 바란다. 나는 지금 정서와 관련된 뇌 메커니즘이 오직 인간을 대상으로만 연구되어야 한다고 주장하는 것이 아니다. 우리는 동물 연구에서 많은 것을 배웠고 여전히 배울 수 있으며 사실 오직 동물 연구를 통해서만 얻을 수 있는 지식도 있다. 하지만 우리는 인간의 뇌를 이해하는 데 동물 연구 결과가 의미 있는 부분과 그렇지 않은 부분을 이해하기 위해 엄격한 개념적 틀을 마련해야 한다. 나는 그와 같은 개념적 틀에 관한 나의 견해를 밝힐 생각이다. 그것은 공포와 불안, 그리고 관련 질환이나 장애에 대해 새로운 관점을 제공할 것이다.

내가 이 책에서 펴나가는 주장은 부분적으로 우리가 특정 현상을 가리키는 데 사용하는 용어와 관련된다. 그러나 내 주장이 단순히 용어의 의미론과 관련된 것만은 아니다. 용어의 의미가 확장되면 상당한 영향을 미칠 수 있다. 예를 들어 일부 연구자들은 쥐의 얼어붙기 행동을 측정해 공포를 연구한다. 그들은 이 공포라 불리는 것이 사람들이 일반적으로 생각하는 공포가 아니라, 비주관적인 특정 생리적 상태라고 말한다. 이런 식으로 공포를 과학적으로 재정의하면 연구 주제로 다루기는 편리하지만 세 가지 난점이 있다. 첫째, 공포를 전통적 의미 대신 위협과 그 반응을 연결하는 생리적 상태를 지칭하는 용어로 사용하면서, 연구자들이 공포를 의식적으로 느끼는 상태인 것처럼 말하고 쓰게 만든다. 둘째,

연구자들이 과학적으로 재정의된 개념을 염두에 둔다 해도, 일반 대중은 그들이 연구하는 것을 의식적으로 느끼는 공포로 여긴다. 셋째, 우리는 실제 공포의 느낌을 이해할 필요가 있으며 이를 무시하는 것은 해답이 될 수 없다는 점이다.

과학자로서 우리는 연구 대상을 명확하게 정의할 의무가 있다. 연구가 인간의 문제—이 경우 공포 및 불안 장애—를 개념화하고 그에 대한 치료법을 찾는 데 사용되는 경우 이 점은 특히 중요하다. 그러나 공포와 불안의 의식적인 느낌과 얼어붙기 같은 방어 행동의 발현에는 각기 다른 뇌 회로가 관여하므로 분리해서 이해해야 한다. 물론 방어 반응을 제어하는 회로와 공포의 느낌을 자아내는 회로가 상호작용하는 것은 분명하다. 그러나 두 회로가 같은 것은 아니다.

이런 구분을 명확하게 하지 못한 결과, 동물을 이용해 공포나 불안을 치료하는 새로운 약물을 개발하려는 시도는 만족스러운 결과를 얻지 못했다. 동물의 행동 반응으로 약효를 측정해 놓고, 그것이 인간의 공포감과 불안감을 덜어줄 것이라 기대했기 때문이다. 우리는 위협적인 상황에서 행동, 생리 반응과는 달리, 치료가 느낌에 미치는 영향에는 불일치가 있다는 사실을 알고 있다.

꼭 짚고 넘어가야 할 중요한 사실은, 의식적으로 인지할 수 없는 방식으로 위협적인 그림을 보면 사람들은 공포를 의식적으로 느끼지 못한다는 것이다. 그러나 그들의 편도는 활성화되고 호흡, 심박이 빨라지며 동공이 커지는 것과 같은 신체 반응이 나타난다. 이는 위협의 감지, 반응이 의식적 자각과 별도로 일어난다는 사실을 보여준다. 만일 위협에 대한 반응을 제어하는 데 의식적 경험이 필요하지 않다면, 쥐의 의식적 상태가 위협에 대한 반응을 일으킨다고 결론 내리는 데 신중해야 한다. 나는 쥐나 다른 동물들에게 의식이 없다고 말하는 것이 아니다. 다만 단순히 쥐나 동물들이 우리와 비슷한 방식으로 위협에 반응한다고 해서, 그 동물들이 우리와 같은 방식으로 느낄 것이라 상정해서는 안 된다는 얘기다. 동물의 의식을 과학적으로 연구하는 것이 쉽지 않다는 점이 바로 문제다.

나는 위에서 공포와 불안을 의식적인 느낌이라고 말했다. 따라서 공포와 불안을 이해하기 위해서는 의식을 이해해야 한다. 이 책의 몇 장은 최근 신경과학,

심리학, 철학 분야에서 진전되어온 의식에 관한 이해를 (적어도 내 관점에서) 설명할 것이다. 여기에는 조금 전 언급했듯 과학적으로 연구하기에 극도로 어렵고 논란이 되는 동물의 의식에 관한 내용도 포함될 것이다. 나는 이 주제에 더 과학적으로 접근할 수 있는 지침을 제안한다.

의식에 관한 내 견해는 스토니브룩의 뉴욕 대학교에서 지도교수인 마이클 가자니가Michael Gazzaniga와 함께 분리 뇌split brain 환자 연구를 진행했던 대학원 시절로 거슬러 올라간다. 그때 우리는 의식의 주요한 역할이 뇌의 복잡한 작용을 이해하는 것이라고 결론 내렸다. 우리의 뇌가 하는 대부분의 일은 비의식적으로 일어난다. 이때 의식적 마음이 우리의 경험을 설명하는 이야기를 만들어낸다. 다시 말해 의식이란, 우리가 의식적으로 직접 접근할 수 있는 정보의 조각(지각 및 기억)과 관찰 가능하거나 "모니터링" 가능한 비의식적 과정의 결과물을 갖고 만들어낸 자기-이야기다. 그러니까 정서는 어떤 면에서 인지적, 심리적 구성물인 셈이다.

마지막으로 나는 치료와 관련된 문제들을 논의할 것이다. 나의 주요 주장 중 하나는, 일반적 견해와 달리 "소거extinction"라는 행동 절차는 노출 치료exposure therapy의 주된 요소가 아니라는 것이다. 소거가 일정 역할을 하는 것은 사실이지만, 노출 치료에는 더 많은 메커니즘이 작용하며 이러한 요소들이 사실 소거 능력을 방해할 수도 있다. 나는 또한 불안 장애 환자들에게 회피가 무조건 나쁘다는 원칙에도 도전하고자 한다. 왜냐하면 특정 유형의 주도적 회피는 매우 유용할 수 있다고 믿기 때문이다. 이런 사례를 포함해 심리치료를 향상시키기 위한 수많은 생각들은 동물 연구에서 직접 나온 것이다. 우리가 동물로부터 배울 수 있는 것과 배울 수 없는 것을 구분하고 둘을 한데 뒤섞지 않는 것이 무엇보다 중요하다.

내 연구소의 수많은 연구자들에게 이 책을 바친다. 그들은 수년 동안 나의 연구를 도왔으며 나만큼, 아니 어떤 경우에 나보다 더 연구 결과에 대한 공을 차지할 자격이 있다. 그들의 이름을 알파벳 순서로 언급하자면 다음과 같다.

프린 아모라팬스Prin Amorapanth, 존 애퍼지스John Apergis, 호르헤 아모니 Jorge Armony, 엘리자베스 바우어Elizabeth Bauer, 휴 태드 블레어Hugh Tad Blair, 파비오 보르디Fabio Bordi, 네샤 버가트Nesha Burghardt, 데이비드 부시David Bush, 크리스토퍼 케인Christopher Cain, 빈센트 캄페세Vincent Campese, 페르난도 카나다스-페레즈Fernando Canadas-Perez, 다이애나 카르도나-메나Diana Cardona-Mena, 윌리엄 창William Chang, 최준식, 피에라 치케티Piera Cicchetti, M. 크리스틴 클러그넷 M. Christine Clugnet, 키스 코로디머스Keith Corodimas, 키리아나 코완사지Kiriana Cowansage, 카타리나 쿤하Catarina Cunha, 야체크 데비에크Jacek Debiec, 로렌조 디아즈-마테Lorenzo Diaz-Mataix, 네옷 도런Neot Doron, 발레리 도와이에르 Valerie Doyere, 세빌 두바치Sevil Durvaci, 제프리 에를리히Jeffrey Erlich, 클라우디아 파브Claudia Farb, 앤 핑크Ann Fink, 로즈메리 곤자가Rosemary Gonzaga, 이란 구Yiran Gu, 니키타 굽타Nikita Gupta, 히로키 하마나카 Hiroki Hamanaka, 미안 호Mian Hou, 코이치 이소가와Koichi Isogawa, 지로 이와타Jiro Iwata, 조슈아 조핸슨Joshua Johansen, O. 루크 존슨O. Luke Johnson, 조안나 클라인Joanna Klein, 케빈 라바Kevin LaBar, 라파엘 람프레흐트Raphael Lamprecht, 엔리크 라누자Enrique Lanuza, 가브리엘 라자로-무노즈Gabriel Lazaro-Munoz, 스테파니 라자로Stephanie Lazzaro, 싱-팡 리Xing-Fang Li, 타마스 마다라스Tamas Madarasz, 라켈 마르티네즈Raquel Martinez, 케이트 멜리아Kate Melia, 마르타 모이타Marta Moita, 마리 몬필즈Marie Monfils, 마리아 모건Maria Morgan, 션 모리슨Shawn Morrison, 저스틴 모스카렐로Justin Moscarello, 제프 뮬러Jeff Muller, 카림 네이더Karim Nader, 파코 올루차Paco Olucha, 리네 오스트로프Linnaea Ostroff, 러셀 필립스Russell Philips, 조셉 픽Joseph Pick, 그레고리 쿼크Gregory Quirk, 프란체사 라미레즈Franchesa Ramirez, 크리스토퍼 레파J. Christopher Repa, 사리나 로드리게즈Sarina Rodrigues, 마이클 로건Michael Rogan, 리즈 로

만스키Liz Romanski, 스베트라나 로시스Svetlana Rosis, 데이비드 루게리오 David Ruggerio, 아키라 사카구치Akira Sakaguchi, 글렌 샤페Glenn Schafe, 힐러리 쉬프Hillary Schiff, 다니엘라 실러Daniela Schiller, 아네미케 쇼트 Annemieke Schoute, 로버트 시어스Robert Sears, 토르피 시구르드손Torfi Sigurdsson, 프란치스코 소트레스-베이언Francisco Sotres-Bayon, 피터 스 팍스Peter Sparks, 루스 스토네타Ruth Stornetta, G. 엘리자베스 스투츠만 G. Elizabeth Stutzmann, 그레고리 설리반Gregory Sullivan, 마크 바이스코 프Marc Weisskopf, 마티스 위게스트랜드Mattis Wigestrand, 앤 윌렌스키 Ann Wilensky, 월터 우드슨Walter Woodson, 앤드류 자고라리스Andrew Xagoraris이다. 마지막으로 나의 오랜 동료인 엘리자베스 펠프스Elizabeth Pelps와 NYU에 있는 그녀의 연구팀이다. 그들은 우리의 설치류 연구를 인간에 게 시행했고, 우리의 발견이 인간에게도 적용된다는 것을 보여주었다.

현대의 단어인 "anxiety"의 어원을 찾는 데는, 옥스퍼드 대학교에서 고전을 전공하고 지금은 버지니아 대학교 로스쿨에서 학업을 이어가는 내 아들 마일로 르두와, 뉴욕대학교에서 고전을 가르치는 임상 조교수이자 아퀼라 극단을 설립 한 피터 메이넥Peter Meineck의 도움을 받았다. 보스턴 대학교의 인지 치료사 인 스테판 호프만Stefan Hofmann은 인지 치료, 그리고 인지 치료와 소거의 관 계에 관한 이해를 돕는 데 꼭 필요한 핵심적인 문헌을 제공해주었다. 뉴욕대학 교 랭곤 메디컬 센터 정신과 동료인 아이작 갈라처-레비Isaac Galatzer-Levy는 이 책의 몇 장을 읽고 도움이 되는 조언을 해주었다.

나는 일러스트레이터 로버트 리에게도 감사한다. 내가 건네준 불완전하고 심지어 알아보기 힘든 그림을 갖고 참을성 있게 삽화를 완성해주었다.

오랜 기간 동안 나의 조수로 일해온 윌리엄 창에게 특별한 감사를 전한다. 그는 내가 여러 건의 저작 활동을 하는 동안 많은 고생을 했으며, 그의 도움이 없 었다면 이 책의 집필은 훨씬 힘들었을 것이다.

나는 1986년 이래로 미국 국립 정신 보건원NIMH의 연구 기금을 받아왔으며 이 책에 언급된 연구 중 상당수는 NIMH의 후원으로 이루어졌다. 최근 나는 미국 국립 약물 중독 연구소NIDA의 지원을 받기 시작했다. 또한 과거에 미국 국가 과학 재단의 연구비를 받았다. 지원을 해준 로버트 칸터Robert Kanter와 제니퍼 브라우어Jennifer Brour에게 감사를 전한다.

1989년 나는 뉴욕대학교 문리대학부 교수로 임용되어 신경 과학 연구소와 심리학과에서 활동해왔다. 최근 나는 NYU의 랭곤 메디컬 스쿨의 정신과 및 소아청소년 정신과 교수로 초청받았다. NYU는 오랫동안 나와 내 연구에 충실하고 후한 친구였다.

1997년 NYU와 뉴욕 주의 협력 사업을 통해 나는 정서 뇌 연구소의 소장으로 임명되었다. 이것은 NYU와 네이션 클라인 정신의학 연구소에 실험실을 둔 협력 연구 프로그램이다. NYU와 뉴욕 주가 후원하는 이 프로그램으로 공포와 불안의 이해가 진전되기를 희망한다. 이 책에서 설명한 몇몇 연구도 이 프로그램을 통해 이루어진 것이다.

존 브록만, 커틴카 맷슨, 그리고 브록만 사의 모든 직원들은 놀라운 출판 전문가들이다. 그들이 『정서의 뇌』부터 시작해 그동안 내게 베풀어준 모든 노고에 감사드린다.

바이킹 출판사의 릭 콧Rick Kot에게 너무나 감사한다. 『시냅스와 자아』의 편집자이기도 한 그가, 내 시냅스 구석 어딘가에서 기다리고 있을지 모르는 미래의 책의 편집자가 되어주기를 희망한다. 릭의 보조자인 디에고 누네즈Diego Núñez는 책의 마지막 단계에 이르기까지 훌륭한 안내자 역할을 해주었다. 콜린 웨버Colin Weber는 너무나 멋진 표지를 디자인해주어서, 불안한 사람들이 너무 "무서운" 표지가 아니냐고 이야기할 정도였다.

나는 나의 명석하고 아름다운 아내 낸시 프린센탈Nancy Princenthal에게 사랑과 감사를 전하고 싶다. 낸시와 나는 둘 다 같은 시기에, 2015년 봄/여름에 출간을 앞두고 있었다. 낸시는 작고한 미술가 아그네스 마틴의 전기 집필이라는 어려운 작업에 몰두하면서도 내게 친구이자 동반자, 비평가, 편집자 역할을 해주었다.

『불안』이라는 제목은 어떻게 나왔을까? 2009년 나의 밴드 아미그달로이드The Amygdaloids는 녹 아웃 노이즈Knock Out Noise라는 레이블에서 <내 마음의 이론Theory of My Mind>이라는 앨범을 발매했다. 이 앨범에서 로잔느 캐시Rosanne Cash가 나와 함께 두 곡을 불렀다. 그중 한 곡은 앨범에 실리지 않았는데 그 곡이 바로 "불안"이다. 나는 항상 그 노래를 좋아했다. 그리고 이 곡을 따로 발표하는 것은 어떨지 생각하곤 했다. 그때 바로 이 책의 제목을 "불안"으로 하자는 생각이 떠올랐다. 그러자 얼마 안 있어 새로운 정신적 도약이 일어났다. "불안"이라는 책과 "불안"이라는 CD를 동시에 발표하면 어떨까? 내 곡들은 모두 이 책의 주제들과 관련되니 말이다. 콜린 웨버는 고맙게도 책 표지를 CD 앨범의 커버로 쓰는 데 동의해주었다. 아래의 QR코드를 스캔하면 "불안"의 곡들을 한 번 무료로 다운로드할 수 있다.

　스마트폰의 스캐닝 앱을 이용해 아래 QR코드를 스캔하면 아미그달로이드의 "불안"(CD) 곡들을 무료로 다운받을 수 있다. 스캐닝 앱이 아미그달로이드의 웹사이트로 연결할 것이고 그곳에서 노래를 다운받는 방법을 찾을 수 있다. 이 이벤트는 하드커버 책이 출간되고 18개월간 계속되며 2017년 1월 14일에 종료될 것이다(현재 종료되었다). 다운받는 데 문제가 있으면 이 책

의 저작권 페이지(제목 속표지의 뒷면) 사본을 첨부해서 "Anxious CD download"라는 제목으로 amygdaloids. anxiousdownload@gmail.com에 이메일을 보내주시기 바란다.

　이 책과 음악을 즐기시길!

CONTENTS

일러두기
모든 각주는 옮긴이 주이다.

01장
불안과 공포의
아수라장

"장차 겪을 고통을 두려워하는 사람은 이미 그 두려움으로 고통받고 있다."

— 미셸 드 몽테뉴[1]

"두려워하는 동안, 그것이 다가왔다. 그러나 두려움은 줄었다. …… 그것이 여기에 있다는 것을 아는 것보다 곧 닥쳐올 것이라는 사실을 아는 것이 더 괴롭다."

— 에밀리 디킨슨[2]

불안은 삶의 정상적인 부분이다. 우리는 항상 뭔가를 걱정하거나, 두려워하거나, 초조해하거나, 스트레스를 받는다. 그러나 모두가 같은 정도로 불안을 느끼지는 않는다. 세상만사, 모든 걱정거리를 껴안고 사는 사람이 있는가 하면 모든 것을 대수롭지 않게 여기는 대범한 사람도 있다.

내 어머니는 걱정이 많은 편이었다. 심한 정도는 아니지만 뭔가 걱정거리를 마음에 담아두고 초조해하거나 이따금씩 잠을 못 이루기도 했다. 그럴 만한 이유가 있었다. 어머니와 달리 아버지는 낮에 무슨 일이 있든 베개에 머리만 닿으면 금방 잠이 드는 속편하고 태평한 성격이었기 때문이다. 두 분이 작은 가게를 운영하셨는데 어머니가 걱정을 떠맡지 않으셨다면 가게는 번창하지 못했을 것이다. 집안에서나 가게에서나 모든 것이 제대로 돌아가도록 하는 사람은 어머니였다. 어머니는 정이 많고 친절한 분이셨지만 여러 개의 공을 저글링 하는 것 같은 생활 속에서 간혹 큰 스트레스를 받곤 했다. 내 기질은 아버지와 어머니의 중간쯤에 놓인 듯하다. 일상 속의 스트레스가 걱정이나 불안으로 이어질 것 같을 때면 나는 아버지 쪽의 자세를 취해 균형을 맞추려 노력한다. 그러나 그것은 일시적인 조치일 뿐 곧 내 본연의 모습으로, 나만의 불안 수준으로 돌아온다.

당연한 얘기겠지만 개인의 전반적인 불안 수준은 상당히 안정적인 성격 특성이자[3] 기질의 중요한 요소다.[4] 우리는 그 개인적 영역에서 가끔 벗어나기도 하지만 결국 돌아온다. 마치 "불안 보존의 법칙"이라는 인간 본성의 법칙이 존재하기라도 하는 듯하다.

그렇다면 개인마다 고유의 불안 수준을 갖는 이유는 무엇일까? 부분적으로는, 사람들마다 각기 다른 방식으로 세상을 경험, 반응하기 때문이다. 불안은 매우 주관적이다. 한 사람에게 큰 스트레스가 되는 상황이 다른 사람에게는 아무렇지 않은 것일 수 있다. 그저 작은 일에 연연하지 않는 능력이 있는지 같은 단순한 문제가 아니다. 기질적으로 불안을 잘 느끼는 사람은 그렇지 않은 사람들보다 더 많은 일에 스트레스를 받는다. 그러니까 불안해하는 사람일수록 대부분 일이 그냥 넘겨버릴 만한 "작은 일"에 속하지 않는 것이다.

그러나 단순히 사람들이 제각기 다르다고 말하는 것은 또 다른 질문을 불러일으킨다. 사람들을 각기 다르게 만드는 것은 무엇일까? 물론, 우리 모두 각자 유일무이한 뇌를 갖고 있기 때문이다. 내가 『시냅스와 자아』[5]에서 말했듯 인간의 뇌는 전반적인 구조와 기능에 있어 모두 비슷하지만, 미시적으로는 미묘하게 다른 방식으로 배선되어 인간을 각자 다르게 만든다. 그 차이는 우리가 부모로부터 물려받은 유전자와, 살아오면서 겪는 각기 다른 경험의 유일무이한 조합에 의해 만들어진다. 본성과 양육은 서로 협력해 지금 우리의 모습을 형성하며 그 협력의 결과물이 바로 우리 각자의 뇌다.

불안: 오래되었지만 새로운 정서[6]

불안을 뜻하는 영단어 "anxiety"와 그에 해당하는 유럽어(예로 프랑스어 angoisse, 이탈리아어 angoscia, 스페인어 angustia, 독일어 Angst, 덴마크어 angst 등)는 모두 라틴어 "anxietas"에서 왔다. 그리고 이 단어는 고대 그리스어인 "angh"에 뿌리를 두고 있다.[7] angh는 고대 그리스어에서 "짐을 짊어진," "고통을 겪는"이라는 의미로 쓰이기도 하지만("anguished"와 같이) 일차적으로는 갑갑하거나 죄어들거나 불편한 신체 감각을 가리키는 말이었다. 예를 들어 가슴이 옥죄는 듯한 통증을 증상으로 하는 심장질환인 협심증을 의미하는 "angina"도 angh에서 비롯되었다.[8]

과거의 문학, 종교, 예술 작품은 오늘날 우리가 불안이라고 부르는 정서를 사람들이 늘 인식해왔음을 보여준다. 그들이 "angh"나 여기에서 파생된 단어로 그 정서를 지칭하지 않던 시절에도 말이다.[9] 예를 들어 그림 1.1의 유명한 그리스 조각 <라오콘과 아들들>은, 트로이의 목마 계략을 폭로하려고 시도했다가 신들에게 벌을 받아 뱀에 휘감긴 라오콘과 그의 아들들의 얼굴에 나타난 불안감(고통, 걱정, 두려움)을 표현하고 있다.[10] 그리스 신화에서 전쟁의 신 아레스에게는 두 아들 포보스(공포의 신)과 데이모스(두려움의 신)가 있었는데 그들은 늘 아버지를 따라 전쟁터를 돌아다니며 사람들에게 그들의 이름이 나타내는 정서를 퍼뜨리곤 했다.[11] 신약성서 마태복음 6장 27절에 "너희 가운데서 누가, 걱정을 해서, 자기 수명을 한 순간인들 늘일 수 있느냐?"는 구절이 있다. 13세기 철학자이자 신학자인 토마스 아퀴나스는 이렇게 말했다. "자신이 지은 죄에 대한 벌을 두려워하고, 신의 우의를 잃고 더 이상 신을 사랑하지 않는 사람에게 공포는 수치심이 아니라 자만심에서 비롯된 것이다."[12] 실제로 기독교 세계에서 불안은 주로 죄나 구원과 관련된 개념이었다.[13] 예를 들어 1800년대 당시 무명이었던 덴마크의 신학자이자 철학자인 키에르케고르Søren Kierkegaard는 불안을 인간 존재의 정수, 선택의 자유에 대한 두려움으로 생각했다. 키에르케고르는 아담이 이브의 사과와 신 사이에서 갈등할 때 이 감정이 시작되었으며, 이후로 인간의 모든 선택의 상황마다 따라다니게 되었다고 말한다.[14]

그림 1.1: 라오콘과 아들들의 고통

"불안"이라는 단어는 이처럼 오랜 역사에도 불구하고, 20세기 초에 이르러서야 정신병리학의 근원이자 문제가 있는, 걱정하는 마음의 상태로 여겨지기 시작했다. 이런 변화가 일어난 것은 지그문트 프로이트가 불안을 마음의 병에 대한 정신분석 이론의 핵심으로 삼았기 때문이다.[15] 에밀 크레펠린Emil Kraepelin[16] 같은 초기 정신병리학자가 불안의 개념을 정립하기도 했지만 병적 불안의 개념을 대중에 널리 알린 사람은 프로이트였다.[17]

프로이트에 따르면 불안은 거의 모든 정신적 문제의 뿌리이며[18] 인간의 마음을 이해하는 열쇠다. "불안 문제의 해답은 틀림없이 우리의 정신적 존재 전체에 빛을 비출 것이다."[19] 그는 불안이 자연스럽고 유용한 상태지만 동시에 일상 속에서 많은 사람들을 괴롭히는 정신적 문제의 공통된 특징이라 보았다. 이후로 불안은 걱정, 두려움, 번민, 근심으로 규정되는 마음의 상태로 간주되어왔다.

프로이트에게 불안은 무엇보다 "느낌"이며 특히 "불쾌한 기질"이었다.[20] 그리스인들과 마찬가지로 그는 불안Angst과 공포Furcht를 분명히 구별했다. 프로이트는 불안이란 그것을 유발하는 대상과 관계없이 상태 그 자체와 관련되는 반면, 공포는 정확히 그 대상에 주의를 집중시킨다고 말했다.[21] 특히 프로이트는 불안이 위험을 예상하거나 대비하고 두려워하는 상태라고 설명했다. 심지어 실제 위해의 원천을 모르더라도 말이다. 반면 공포는 두려워하는 대상이 명확히 있어야 한다.[22] 그는 또한 직접적 대상이 있는 일차 불안(primary anxiety, 사실상 공포)과, 대상 없이 미래에 위해가 닥쳐올 것 같은 더 모호하고 불확실한 느낌과 관련된 신호 불안(signal anxiety, 사실상 불안)을 구분했다.

프로이트의 불안에 관한 견해는 주로 어린 시절에 관한 괴로운 생각이나 기억의 근간에 있는 충동을 의식 밖으로 몰아내야 할 필요성에서 비롯되었다. 억압repression이라는 방어기제를 통해 이 충동들은 무의식적 마음에 숨어있다. 억압이 제대로 일어나지 않으면 고통스러운 충동이 의식에 도달해 신경증적 불안이 일어난다. 그러면 그 충동은 다시 억압되거나 아니면 불안을 해소하기 위한 신경증적 "실연enactment"을 통해 "만족되어야satiated"만 한다. 프로이트에게 정신분석 치료의 목적은 신경증적 불안, 또는 불안신경증이라 불리게 된 현상의 원인을 의식의 영역으로 끌고 나와, 그 은밀하고 파괴적인 힘을 제거하는 것이다.

마르틴 하이데거[23]나 장 폴 사르트르[24]와 같은 실존주의 철학자들은 인간의 정신적 삶, 특히 불안에 대해 다른 견해를 보였다. 그들은 의식에 초점을 맞추었다.[25] 예를 들어 사르트르는 마음의 병적이고 무의식적 측면을 강조하는 프로이트의 견해를 거부했다. 사르트르는 "존재가 본질에 선행한다l'existence précède l'essence"는 유명한 말을 남겼는데, 우리가 의식적 선택으로 우리 자신을 창조해나간다는 의미다.

실존주의자들은 불안을 장애가 아니라 인간 본성의 필수적인 부분으로 보았다. 그들의 이런 견해는 쇠렌 키에르케고르의 글에서 큰 영향을 받았다. 프로이트가 태어나기도 전인 1844년 출간된 『불안의 개념』에서 키에르케고르 역시 특정 대상에 대한 공포(프로이트의 "Furcht"나 일차 불안과 비슷한)와, 특정 대상에 집중하지 않는 불안(프로이트의 "Angst"나 신호 불안에 해당되지만, 그는 병적 측면보다 의식에 초점을 맞춘다)을 구분하고 있다.[26] 키에르케고르는 객관적인 대상이 없기 때문에 불안이 "무(無, nothingness)"에서 비롯된다고 주장했다. 즉 우리가 세상에 뿌리내리지 못하고 있으며 단순히 우리를 묶고 있는 관습에 의해 규정된다는 자각에서 오는 절망감이 불안이라는 것이다. 그런데 우리가 무의 상태로 돌아가지 않도록 하는 것이 바로 우리의 선택이다.[27] 실존주의자들이 그의 주장을 채택하기 전까지 키에르케고르는 널리 알려지지 않은 인물이었다. 프로이트가 정신분석 이론을 개발할 때 키에르케고르의 글은 알지 못했던 것이 분명하다.[28]

키에르케고르는 불안의 경험이 성공적인 삶에 필수라고 믿었다. 불안 없이 우리는 앞으로 나갈 수 없기 때문이다. 그는 "불안의 가르침을 받는 자는 가능성의 가르침을 받는 셈이다"라고 썼다.[29] 균형 잡힌 사람은 불안을 직면하며 앞으로 나아간다.[30] 성공에서 불안의 중요성을 강조한 그의 주장은, 삶의 과제를 수행하는 데 인지와 불안 사이에 적절한 상관관계가 있다는 연구 결과로 뒷받침된다. 불안이 너무 적으면 동기 유발이 일어나지 않는다. 그러나 불안이 지나치면 수행 능력이 저해된다.[31] 주요 불안 연구자인 데이비드 발로David Barlow가 지적하듯, 불안 없이는 "운동선수, 연예인, 기업가, 장인, 학생의 수행 능력이 떨어질 수 있다. 창의력도 감소한다. 사람들은 밭에 종자를 심지도 않을 것이다. 바쁘게 돌아가는 사회 속에서 우리 모두 오랫동안 꿈꾸어왔던 한가로운 상태에 이르러, 나무 그늘 아래에서 빈둥거릴 것이다. 이는 모든 종에게 핵전쟁만큼이나 치명적이다."[32]

프로이트주의자와 실존주의자 모두 불안에 대한 치료법을 제시했지만 그 목표는 서로 달랐다. 프로이트의 정신분석은 환자의 과거 경험에서 비롯된 무의식적인 정신적 갈등의 제거를 추구했다. 프로이트는 분석가가 층층이 묻혀있는 과거의 지층에서 유물을 캐내는 고고학자와 비슷하다고 보았다. 반면 실존주의자들에게 불안이나 다른 내적 갈등에 가장 잘 대처하는 방법은 그것을 인간 삶의 조건으로 보고, 살아가면서 자신의 자유를 이용해 자신의 행동을 선택하는 것이었다. 오늘날 주류 정신의학은 생물학에 기반을 두고 있으며, 불안은 병적 증상으로 발전할 수 있고 문제를 일으키는 뇌를 고치려면 치료가 필요하다는 프로이트의 견해에 더 가깝다. 이제 생물학적 정신의학은 프로이트의 독창적인 업적의 중요성을 인정하기는 하지만[33] 그의 정신분석 이론과는 결별한 상태다.[34]

프로이트와 사르트르의 인기 덕에 제2차 세계대전 이후 불안은 문화적 상징이 되었다[35](그림 1.2). 1947년 시인 오든W. H. Auden이 <불안의 시대>라는 제목으로 책 한 권 분량의 시를 발표했다.[36] 비록 이 작품은 너무나 복잡하고 어려워서 실제로 읽은 사람이 별로 없었다고 전해지지만[37] 시의 제목은 엄청난 열풍을 몰고 왔다. 작곡가 레너드 번스타인은 시가 나오자마자 같은 제목의 교향곡을 작곡했다.[38] 그 이래로 "불안의 시대"라는 표현은 현대 세계에서 위험스러운 것이라면 어디에든 갖다 붙이는 상투어가 되었다.[39] 과학, 육아, "성 프란치스코의 획기적 선구안"*이라든지 "끝내주는 섹스"**와 같은 가지각색 주제의 책제목에 등장하기도 했다. 1956년 잡지 <매드Mad>는 불안을 주제로 다루면서 표지에 알프레드 E. 노이먼이라는 만화 캐릭터와 "뭐라고? 내가 걱정한다고?"라는 그의 모토를 실었다. 영화 감독 알프레드 히치콕은 불안에 대한 프로이트의 견해를 많은 영화의 주제로 삼았는데 <스펠바운드>(1945), <무대공포증>(1950),

---

* 전체 제목은 『어둠 속의 희망: 불안의 시대에 성 프란치스코의 획기적 선구안Hope Against Darkness: The Transforming Vision of Saint Francis in an Age of Anxiety』이다.

** 전체 제목은 『현실 세계 속의 끝내주는 섹스: 불안의 시대에 필요한 섹스 가이드Mindblowing Sex in the Real World: Hot Tips for Doing It in the Age of Anxiety』이다.

<현기증>(1958) 등이 유명하다. 1960년대에는 우디 앨런이 불안을 주 무기로 내세웠다. 불안은 그의 영화에서 유머감각의 구심점이었다. 멜 브룩스는 불안에 집착하는 문화를 이용해 히치콕의 <현기증>과 그 프로이트적 주제를 패러디한 <고소공포증*>을 만들었다. 롤링스톤즈의 1966년 히트곡 "엄마의 작은 조력자 Mother's Little Helper"는 발륨(당시 주로 처방되던 항불안제)에 기대어 하루하루를 보내는 영국 주부를 노래했다. 약물로 우울증을 다스리는 이야기는 베스트셀러이자 영화화되어 인기를 끈 재클린 수잔Jacqueline Susann의 <인형의 계곡> 소재이기도 했다. ("인형"은 주인공이 남용하는 알약의 애칭이다.) 알란 파큘라Alan J. Pakula의 영화 <다시 시작Starting Over>(1979)에서는 주인공이 블루밍데일즈 백화점에서 공황 발작을 일으키자, 그의 동생은 주위에 혹시 발륨을 갖고 있는 손님이 있는지 찾는다. 그러자 주변 모든 사람들이 일제히 발륨이 담긴 병을 가방에서 꺼낸다.[40] 프로이트와 키에르케고르를 융합하는 데 공헌한 정신분석학자 롤로 메이Rollo May는[41] 1977년 이렇게 말했다. "불안은 어두컴컴한 전문가의 치료실에서 시장의 밝은 햇빛 속으로 나왔다."[42] 구글에서 "anxiety"를 치면 42,000,000건 이상의 문서가 검색된다.

공포에서 불안으로, 불안에서 공포로

오늘날 과학자들과 정신보건 전문가들의 공포와 불안에 대한 견해는 프로이트와 키에르케고르의 영향을 크게 받았다. 그들은 공포와 불안을 완전히 정상적이지만 불쾌한 정서로 보았다. 앞서 살펴봤듯 공포는 현존하거나 곧 나타날 특정 외부 위협에 초점을 맞춘다. 반면 불안의 경우 위협이 덜 명확하고 그것이 나타날지 여부도 예측하기 어렵다. 불안은 좀 더 내면적인 것이고 사실이라기보다 마음

---

* High Anxiety, 있는 그대로 번역하자면 "심한 불안증"인데 국내에 소개된 영화 제목이 "고소공포증"이다. 실제로 주인공인 정신과 의사가 고소공포증을 갖고 있다.

그림: 1.2 20세기 중반 대중문화 속의 불안(위 왼쪽부터 시계방향으로) 오든의 시 〈불안의 시대〉, 레너드 번스타인의 1947-1949 교향곡 〈불안의 시대〉, 알프레드 E. 노이먼의 모토 "뭐라고? 내가 걱정한다고?"를 실은 〈매드〉 1956년 12월호 표지, 1967년 영화 〈인형의 계곡〉 포스터, 1977년 〈고소공포증〉 포스터, 1958년 〈현기증〉 포스터, (가운데) 롤링스톤즈의 1966년 45rpm 음반 〈어머니의 작은 조력자〉

속의 예상에 가까우며, 일어날 가능성이 낮은 상상된 가능성이라 할 수 있다.[43] 표 1.1과 1.2는 공포와 불안의 흔한 공통점과 차이점을 요약해서 보여준다.

영어를 단순히 분석만 해도 "fear공포"와 "anxiety불안"이 다양한 정서의 묘사에 쓰일 수 있다는 사실을 알 수 있다(그림 1.3). 공포, 공황, 두려움, 불안, 번민, 걱정 같은 일부 정서는 앞에서도 언급했다. 우리는 영어에서 "공포"와 "불안"과 동의어거나 파생어, 또는 일부 측면을 나타내는 단어들을 30가지 넘게 찾아볼 수 있다.[44] 그중 일부가 그림 1.4에 제시되어 있다.

어떤 단어들이 존재하는 것은 일반적으로 그 단어들이 그것을 사용하는 인간의 삶의 중요한 측면을 설명하기 때문이다. 예를 들어, 잘 알려져 있다시피 이누이트Inuit족의 언어에는 눈에 관한 단어가 엄청나게 많다. 아마도 공포와 불안은 우리에게 매우 중요한 것인 듯하다. 실제로 오든의 시대 이래로 새로운 세대마다 불안과의 특별한 관계를 주장하며 과거보다 더 심한 불안을 호소한다.[45]

그렇다면 우리는 이런 단어들의 의미론적 복잡성과 언어적 모호함이 공포와 불안의 근본 메커니즘을 이해하는 데 미치는 영향을 어떻게 다루어야 할까? 정서 연구자 일부는 이 단어들을 모두(또는 적어도 상당수를) 다양한 공포의 강도를 재는 척도로 간주한다. 가장 약한 쪽에 "걱정하는," "염려하는," "우려하는," "조마조마한," "초조한" 같은 단어를, 중간에 "놀란," "겁먹은," "두려운," "무서운" 같은 단어를, 가장 강한 쪽에 "공황," "공포" 같은 단어를 배치하는 식이다.[46] 또 다른 접근법은 공포와 불안을 혐오 경험의 범주 중심에 놓고, 각 단어를 이 두 범주 중 하나로 구분하는 것이다. "놀란," "당황한," "겁먹은," "무서운" 같은 단어는 객관적인 원인과 임박한 결과가 있는 상태이므로 공포의 범주에 속하고, 반면 "번민하는," "걱정하는," "두려운," "과민한," "우려하는," "동요하는," "답답한" 같은 단어는 불안의 변형으로 보았다. 정서의 원천이나 원인이 상대적으로 명확하지 않고, 그 결과도 불분명하기 때문이다.

그러나 이 단순한 해법조차도 공포와 불안 연구가 왜 혼란스러운지 보여준다. 이 용어들은 경험의 범주들을 명시할 때도 있지만, 특정 유형의 경험을 구체적으로 지칭할 때도 많다. 이때 "공포"는 가능한 여러 경험 중 오직 단 하나의 특정 형태의 공포 경험을 일컫는다. 마찬가지로 "불안" 역시 일련의 불안 경험 가운데 단 하나의 특정 형태를 가리키기도 한다. 그뿐만 아니라 각 범주의 사례들이 얼마나 뚜렷하게 구분되는 공포나 불안인지 아니면 약간 변형된 것인지, 아니면 심지어 똑같은 상태를 다르게 부를 뿐인지도 분명하지 않다. 이처럼 상황이 복잡하지만 우리는 적어도 광범위한 두 범주를 분리할 지침을 갖고 있다. 공포의 상태는 위협이 현존하거나 임박할 때, 불안의 상태는 위협이 나타날 가능성이 있지만 불확실할 때 일어난다.

표 1.1: 공포와 불안의 유사점

위험이나 불쾌한 일이 현존하거나 예상되는 상태
긴장된 걱정과 염려
높은 각성
부적 정서
신체 감각이 동반됨

Rachman(2004)의 표1.1에 근거

표 1.2: 공포와 불안의 차이점

	공포	불안
위협이 현존하거나 식별 가능한가?	그렇다	아니다
특정 신호에 의해 촉발되었나?	그렇다	아니다
위협 대상과의 관련성이 합리적인가?	그렇다	아니다
대개 일화적으로 일어나는가?(시작과 끝이 분명)	그렇다	아니다
전반적으로 긴급한가?	그렇다	아니다
전반적으로 경계가 지속되는가?	아니다	그렇다

Rachman(2004)의 표1.2와 Zeidner and Matthews(2011)의 표1.2에 근거

그림 1.3: 공포와 불안의 어휘 목록

그림 1.4: 공포와 불안이라는 주제의 변형들
(출처: MAKARI [2012])

공포와 불안을 정의하기

위협의 속성에 따라 불안과 공포를 개념적으로 분리할 수 있어도, 일상에서 공포의 상태와 불안의 상태는 완전히 독립적이지 않다. 불안감 없이 공포를 느끼기는 불가능할 것이다. 당신이 뭔가를 무서워하기 시작하면, 곧 임박한 위험의 결과가 걱정되기 시작한다. 예를 들어 갑자기 주변에서 흥분한 사람이 권총을 들고 흔들어댄다면 공포감이 몰려오겠지만, 그 사람이 무슨 짓을 할지 걱정(또는 불안)도 뒤따를 것이다. 이 장의 시작 부분에 인용한 몽테뉴의 말처럼 "장차 겪을 고통을 두려워하는 사람은 이미 그 두려움으로 고통받고 있다."

마찬가지로 당신이 불안하면 그 불안과 관련된 잠재적 자극을 위협으로 지각해서, 평소라면 공포를 촉발하지 않는 사물에도 공포를 느낄 수 있다. 예를 들어 숲 속에서 뱀을 만나면 설사 해를 입지 않더라도 불안이 촉발되어 경계심을 갖게 된다. 더 걷다가 시커멓고 구부러진 가는 나뭇가지가 땅바닥에 있는 것을 보면, 평소 같으면 무시하고 지나가겠지만 뱀으로 잘못 보고 공포를 느낄 수 있다. 마찬가지로 테러에 대한 경계가 자주 발생하는 지역에 살고 있다면, 평범하고 일상적인 자극도 잠재적 위협이 될 수 있다. 뉴욕 시에서 테러에 대한 경계 수준이 올라가면 빈 지하철 좌석에 소포 꾸러미나 종이 봉지만 놓여있어도 심각한 우려와 불안을 자아낼 수 있다.

궁극적으로 우리는 이런 질문을 던져야 한다. 공포와 불안 모두 위험을 예측하고 일어나는 반응인데, 서로 밀접하게 얽힌 상황에서 우리는 이 두 정서를 실제로 구별할 수 있을까? 나는 구별할 수 있고, 구별해야 한다고 생각한다. 뒷장에서 설명하겠지만, 현존하는 객관적인 위협에 의해 촉발된 상태와, 미래에 일어날지 모르는 불명확한 위협에 의해 촉발된 상태에는 각기 다른 뇌 메커니즘이 관여한다. 그 자체로 위험하거나, 곧 위험이 닥쳐올 것을 알려주는 신뢰할 만한 신호 같은 즉각적인 자극은 공포를 유발한다. 불안도 현존할 수 있지만, 최초의 상태가 특정 자극에 의해 촉발되었다면 그 상태는 공포다. 반면 문제의 상태가 현존하지 않고 결코 일어나지 않을 수도 있는 뭔가에 대한 걱정과 연관될 때, 그 상태는 불안이다. 공포도 불안과 마찬가지로 예측을 포함할 수 있지만 예측의 속성이 다르다. 공포에서 예측은 현재의 위협이 위해가 될 것인지, 된다면 언제인지에 대한 예측이고, 불안에서는 현존하지 않고 어쩌면 일어나지도 않을 위협의 결과에 대한 불확실성을 포함하는 예측이다.

뒤에서 설명하겠지만 공포와 불안 둘 다 자아와 연관된다. 공포를 느끼는 것은 "나 자신"이 위험한 상황에 놓여있다는 사실을 아는 것이다. 마찬가지로 불안의 경험은 미래의 위협이 "나 자신"에게 위해를 입힐 수 있는지 걱정하는 것이다. 공포와 불안에 자아가 관련된다는 사실은 이 정서들과 그 밖의 인간 정서의 본질적인 특성이다.

불안 및 공포 장애

공포와 불안은 완전히 정상적인 경험이지만, 때때로 부적응적이 되어—그 강도와 빈도, 지속성이 지나쳐서—일상생활이 방해받는 정도의 고통을 주기도 한다.[47] 이런 경우를 불안 장애라고 한다.[48] 곧 설명하겠지만 역사적 이유로 부적응적 공포와 불안은 보통 "불안 장애anxiety disorder"의 범주에 함께 들어간다. 표 1.3에서 공포와 불안의 정상적 표출과 병적 표출을 비교해 놓았다.

미국 정신의학회에서 펴내는 정신 장애 진단 및 통계 편람(Diagnostic and Statistical Manual of Mental Disorders, 이하 DSM)에 불안 장애의 구성 요소가 나와 있다.[49] 세계 보건 기구WHO도 독자적 시스템을 갖고 있지만 두 체계는 대부분 호환 가능하다.[50] DSM은 최근 5차 개정판(DSM-5)까지 나왔지만 불안 장애의 분류를 이해하기 위해서 이전 판들을 먼저 살펴보는 것이 좋다.[51]

20세기 중반에 도입된 DSM 분류 체계는 처음에 정신분석 개념이 주도했다. 그 결과 정신 장애는 크게 정신병psychosis과 신경증neurosis으로 나뉘었다. 정신병 증상은 망상, 환각, 현실과의 단절, 그리고 일반적으로 정상적인 사회

표 1.3: 일상적 vs. 병적 공포와 불안

일상적 불안	불안 장애
생활비 부족, 일자리 구하기, 연인과의 결별, 그 밖에 인생의 중대한 사건에서 비롯된 걱정	매우 고통스럽고 일상생활을 방해할 정도로 지속적이고 완화되지 않는 걱정
불편하거나 어색한 사회적 상황에서 느끼는 부끄러움이나 수줍음	다른 이에게 비판이나 놀림을 당하거나 수치스러운 상황에 빠질까봐 두려워 사람들과의 만남을 회피하는 상태
중요한 시험, 사업상의 프레젠테이션, 무대 위에서의 공연, 그 밖에 중대한 사건을 앞두고 신경이 예민해지거나 땀을 흘리는 증상	겉보기에 별 이유 없이 공황 발작이 일어나고 불시에 발작이 일어날까봐 두려워하는 상태
실제로 위험한 사물, 장소, 상황에 대한 걱정	전혀 또는 거의 해가 되지 않는 사물, 장소, 상황에 대한 비합리적 두려움과 회피
건강하고 안전하며 위해가 없는 환경에서 살고자 하는 노력	지나칠 정도로 손이나 몸을 씻거나 주변을 점검하거나 만지고 정돈하는 행동을 통제할 수 없을 정도로 반복해서 수행
외상이 될 만한 사건 직후의 불안, 슬픔, 수면장애	외상이 될 만한 사건을 겪고 몇 달, 몇 년이 지난 후에도 계속해서 그 사건에 관한 악몽, 회상, 정서적 무감각이 반복되는 상태

출처: http:// www.adaa.org/understanding-anxiety

적 상황에서 기능을 제대로 수행할 수 없는 사고 장애를 포함하는 것으로 여겨졌다. 신경증은 몇 가지 증상을 포함하는데, 환자가 고통(때로는 몸을 쇠약하게 할 정도의 고통)을 받기는 하지만 유의미한 사고의 왜곡이나 현실과의 단절은 나타나지 않는다. 공포 및 불안과 가장 관계 깊은 신경증에는 불안 신경증(과도한 걱정과 두려움), 공포 신경증(비합리적 공포), 강박 신경증(반복적 사고), 전쟁 신경증(전장에서의 특정 경험, 스트레스, 극도의 탈진 상태에서 기인한 병사들의 정신적 문제) 등이 있다.

1980년 DSM-III이 나오면서 불안 신경증은 별개의 두 가지 상태로 나뉜다. 이는 정신과 의사인 도널드 클라인의 연구 결과에 근거한 것이었다.[52] 클라인은 이미프라민이라는 새로운 실험 약물을 연구했다. 그는 병원에 입원한 조현병 환자들의 높은 불안 수준을 감소시키기 위해 이 약을 투여했다. 환자들은 약을 복용해도 불안 수준에 변화가 없다고 주장했다. 그러나 의료인들은 환자들이 신체 증상(호흡 곤란, 심장 박동 증가, 어지럼증)이나 심리적 고통(곧 죽을 것 같은 느낌)으로 간호사를 찾는 빈도가 극적으로 줄어든 것을 발견했다. 강렬한 공포에 의한 이 짧은 발작(나중에 "공황 발작"이라 불린)은 몇 주간의 약물 치료 후에 호전되었다. 반면 발륨과 같은 벤조디아제핀benzodiazepine 계열의 약물은 만성적 불안은 감소시키지만 공황 발작에는 별 효과가 없었다. 이런 발견들을 근거로 클라인은 불안 장애의 범주를 크게 둘로 나누어 범불안 장애(generalized anxiety disorder, GAD)와 공황 장애로 구별했다. 프로이트 역시 이런 구분을 예측했을 것이다. 그는 불안을 일반적인 상태지만 때때로 공황 발작과 비슷한 생리적 증상을 갖는 것으로 보았기 때문이다. 그러나 프로이트는 이것을 불안신경증의 각기 다른 하위 범주로 나누지 않았다.

이 두 상태를 더 자세히 들여다보자. 범불안은 보통 사람들이 "불안" 하다고 할 때 떠올리는 것(걱정, 근심, 초조함, 두려움)이다. 범불안 장애가 있는 사람들은 삶의 상황(가족, 직장, 돈 문제, 건강, 애정 관계, 그 밖의 상황들)에 대해 정상적인 처리가 어려울 정도로 지속적이고 통제할 수 없는 과도한 걱정과 긴장을 느낀다.[53] 반면 공황 장애는 짧은 시간 동안 일어나는 강력한 발작 증상이 특징인데, 발작이 일어나는 동안 환자는 질식이나 심장마비를 겪는 것 같은 느낌을 받는다 ("불안"이라는 단어의 그리스 어원인 "angh"가 범불안 장애의 걱정이나 두려움 같은 정신적 상태보다 신체 감각을 가리키는 말이었음을 기억하자).[54]

1994년 공개된 DSM-IV는 다른 형태의 신경증(공포 신경증, 강박 신경증, 전쟁 신경증)을 GAD와 공황 장애에 통합했다. 공포 증상에 대한 이 두 가지 광범위한 범주에는 특정 공포증(뱀이나 거미 같은 특정 대상이나, 높은 장소나 좁고 밀폐된 공간 같은 특정 물리적 상황을 마주할 때 불안을 느끼는 경험)이나 사회공포증(social phobia, 파티와 같은 모임에 참석하거나 대중 앞에서 연설하는 것 같은 상황에 두려움을 느끼는 증상)이 포함된다. 또한 떨쳐버릴 수 없는 생각(예로 세균에 대한 두려움)이 반복해서 의식에 침투하고, 그에 따라 괴로운 느낌을 완화하기 위해 특정 행동(지나치게 손을 씻는 행동)을 반복하는 것을 특징으로 하는 강박장애(obsessive-compulsive disorder, OCD) 역시 이 범주에 추가되었다. 마지막으로 외상 후 스트레스 장애(posttraumatic stress disorder, PTSD) 역시 불안 장애의 범주에 포함되었다. PTSD의 경우 과거, 주로 생명을 위협했던 사건에 대한 기억이나 생각이 무감각함, 수면 장애, 촉발 신호에 대한 과민 반응으로 이어진다. 역사 속에서 병사들은 모두 전쟁터의 경험으로 심리적 고통을 받았지만, PTSD를 특별한 증상으로 인정하게 된 것은 베트남 전쟁 이후였다. PTSD는 사실 그 이전에 전쟁 신경증, 회향병(懷鄕病, nostalgia)[55], 셀쇼크*, 전투 피로**, 전투 스트레스 반응combat stress reaction 등으로 불렸다. 그러나 전문가들은 전쟁 경험에 국한하지 않고 모든 종류의 심각한 외상적 경험, 그러니까 자동차 사고나 그 밖의 사고, 강간, 고문, 온갖 신체적 학대 경험에도 PTSD 진단을 내린다.

2014년 DSM-5가 나오면서 분류에 있어 약간의 후퇴나 재구성이 일어났다. 이전 판과 달리 로마 숫자 대신 아라비아 숫자를 붙인 것 외에도 DSM-IV에서 불안 장애에 속했던 두 가지 장애가 DSM-5에서는 제각기 별도의 범주를 형성했다. PTSD는 외상 및 스트레스 관련 장애의 일부가 되었고 OCD 역시 강박 장애 및 관련 장애의 일부가 되었다.

"불안 장애"라는 용어는 애초에 두 가지 불안 상태(GAD와 공황 상태)를 포함하도록 정의되었는데, 그 정의는 그대로 유지되면서 다른 증상들이 추가되었다. 그러나 "불안 장애"라는 꼬리표는 대부분 상태에 공포 또한 포함된다는 사실(예를 들어 다양한 공포증과 사회공포증에서 특정 사물이나 상황을 무서워한다거나, 공황 장애에서 심계 항진이나 호흡 곤란 같은 체성감각에 의해 공포가 야기되는 점)

---

* shell shock, 전쟁신경증의 한 형태로 병사가 신체적, 정신적으로 견딜 수 없는 한계까지 도달해 전투능력을 잃은 상태.
** battle fatigue, 오랫동안 전쟁을 치른 군인들에게서 나타나는 정신적 문제들.

을 간과하게 한다. 따라서 나는 이런 상태들, 즉 부적응적 공포나 불안이 중심 역할을 하는 상태를 "공포 및 불안 장애"라 부르는 것을 선호한다. 이 점을 고려해서 나는 DSM-5의 분류와 결별하고 PTSD를 공포 및 불안에 관한 논의에 포함시키고자 한다. 왜냐하면 PTSD는 부적응적 공포(외상 관련 신호에 대한 공포)와 밀접한 관계가 있기 때문이다.[56] 이런 공포 및 불안 장애와 관련해 널리 인정된 특징 일부를 그림 1.5에 정리해두었다.

공포 및 불안 장애는 미국에서 가장 널리 퍼져 있는 정신 질환 문제로 인구의 약 20%가 이 장애로 고통 받고 있다. 이 숫자는 우울증, 양극성 장애와 같은 기분 장애mood disorder를 앓는 환자 수의 2배이며 조현병 환자 수의 20배다.[57] 공포 및 불안 장애로 야기되는 경제적 비용은 연간 400억 달러를 넘어서는 것으로 추산된다.[58] 공포 및 불안 장애는 국가 노동력에 중대한 영향을 미친다. 예를 들어 호주에서 실시한 연구에서 불안 및 정동 장애*로 인한 노동 손실 시간 —대부분 결근—이 연간 2000만 일에 달하는 것으로 나타났다.[59]

그러나 실제 문제는 20%의 불안 장애 유병률 통계보다 훨씬 더 심각하다. 위협 처리 과정의 문제와 부적응적 공포 및 불안은 다른 많은 정신 질환 증상의 원인이기도 하다. GAD와 우울증은 주로 함께 일어난다. 공포 및 불안은 조현병, 경계성 인격 장애, 자폐증, 섭식 및 중독 장애의 주요 원인이기도 하다. 그뿐만 아니라 많은 사람들이 정신 질환 진단을 받지 않은 채 통제할 수 없는 공포와 불안으로 장애를 겪는다. 이 문제는 암, 심장병, 기타 만성 질환을 앓는 사람들에게도 큰 고통을 줄 수 있다. 심지어 몸과 마음이 건강한 사람도 이따금씩 과도한 공포와 걱정에 사로잡힌다. 이런 상태의 속성과 관련 뇌 메커니즘을 더 제대로 이해하는 일은 모든 사람에게 큰 도움이 될 것이다.

공포 및 불안 장애를 겪을 가능성이 높은 사람은 누구일까? 예를 들어, 외상에 노출된 사람 가운데 비교적 적은 수의 일부만 PTSD를 겪는 이유는 무엇일

---

* affective disorder, 기분 장애와 비슷한 개념.

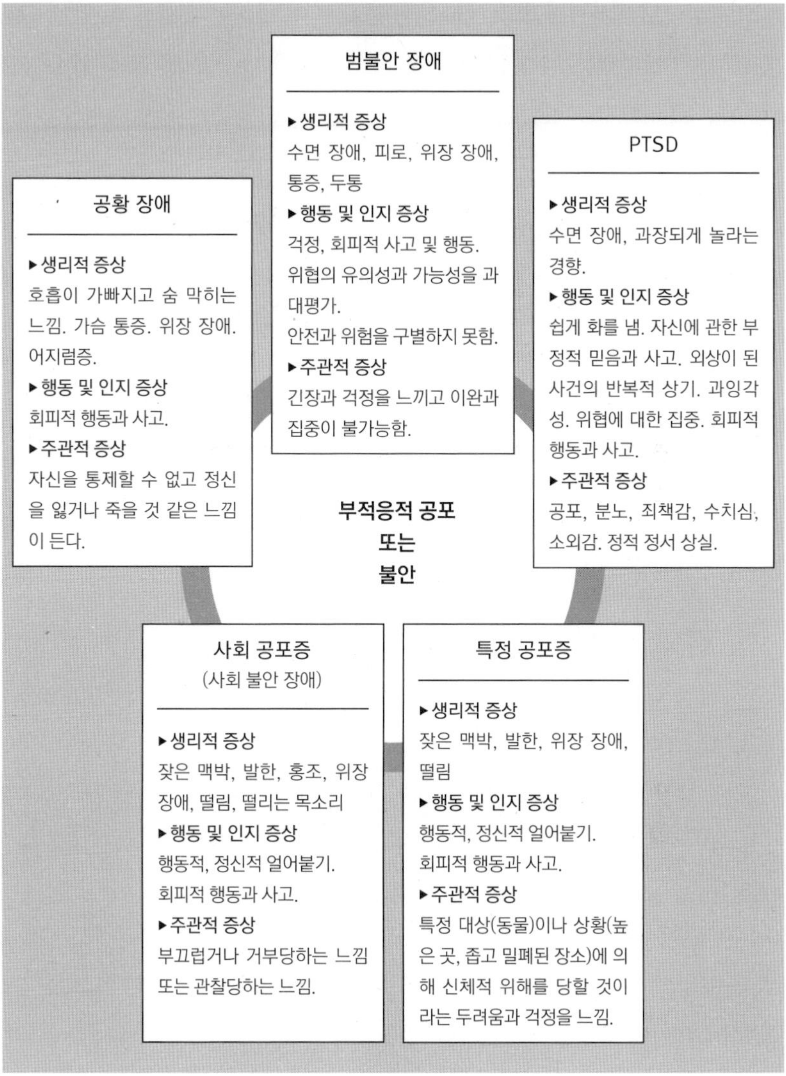

범불안 장애

▶ 생리적 증상
수면 장애, 피로, 위장 장애,
통증, 두통
▶ 행동 및 인지 증상
걱정, 회피적 사고 및 행동.
위협의 유의성과 가능성을 과
대평가.
안전과 위험을 구별하지 못함.
▶ 주관적 증상
긴장과 걱정을 느끼고 이완과
집중이 불가능함.

공황 장애

▶ 생리적 증상
호흡이 가빠지고 숨 막히는
느낌. 가슴 통증. 위장 장애.
어지럼증.
▶ 행동 및 인지 증상
회피적 행동과 사고.
▶ 주관적 증상
자신을 통제할 수 없고 정신
을 잃거나 죽을 것 같은 느낌
이 든다.

PTSD

▶ 생리적 증상
수면 장애, 과장되게 놀라는
경향.
▶ 행동 및 인지 증상
쉽게 화를 냄. 자신에 관한 부
정적 믿음과 사고. 외상이 된
사건의 반복적 상기. 과잉각
성. 위협에 대한 집중. 회피적
행동과 사고.
▶ 주관적 증상
공포, 분노, 죄책감, 수치심,
소외감. 정적 정서 상실.

부적응적 공포
또는
불안

사회 공포증
(사회 불안 장애)

▶ 생리적 증상
잦은 맥박, 발한, 홍조, 위장
장애, 떨림, 떨리는 목소리
▶ 행동 및 인지 증상
행동적, 정신적 얼어붙기.
회피적 행동과 사고.
▶ 주관적 증상
부끄럽거나 거부당하는 느낌
또는 관찰당하는 느낌.

특정 공포증

▶ 생리적 증상
잦은 맥박, 발한, 위장 장애,
떨림
▶ 행동 및 인지 증상
행동적, 정신적 얼어붙기.
회피적 행동과 사고.
▶ 주관적 증상
특정 대상(동물)이나 상황(높
은 곳, 좁고 밀폐된 장소)에 의
해 신체적 위해를 당할 것이
라는 두려움과 걱정을 느낌.

그림 1.5: 공포/불안 장애의 주요 증상(맨 위부터 시계방향)

까?[60] 데이비드 발로David Barlow는 사람들을 이 장애에 취약하게 만드는 세 가지 요인을 제안했다.[61] (그림 1.6)

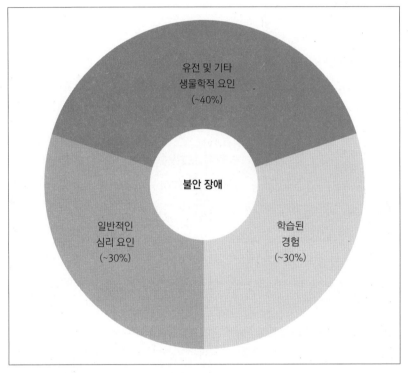

그림 1.6: 병적 불안에 대한 취약성
(출처: Barlow [2003].)

첫째는 뇌에 미치는 유전 및 기타 생물학적 요인이다. 불안의 유전율은 약 30~40% 정도로 추정된다. 이는 다른 증상에 비해 낮은 편이다.[62] 그러나 불확실성이 높은 상황에서 행동을 억제하거나 위축되는 경향과 같은 특정 불안 기질을 살펴보면 그 비율은 훨씬 높아진다. 불안이나 다른 정신 장애에 대한 유전의 영향은 복잡하며, 다양한 유전자의 상호작용이 관여한다. 환경의 영향에 따른 개인의 뇌 구성의 차이, 유전적 요인과 환경적 요인의 상호작용 역시 중요하다. 불안에 대한 취약성의 두 번째 요인은 상황을 예측 불가능하거나 통제 불가능한 것으로 지각하는 개인의 경향과 같은, 일반적인 심리적 과정이다. 발로가 제안한 세 번째 요인은 특정 학습 경험이다. 만일 어린아이가 아플 때 과도한 관심을 받았다면, 자라서도 관심과 공감을 얻기 위해 "아픈 행동"을 할 수 있다. 비슷한 경우로 어린아이가 부모나 주변 어른들이 그와 같은 전략을 사용하는 것을 본다면, 자라면서 같은 전략을 채택할 가능성이 높다. 어린 시절 불확실한 상황을 통제하지 못한 부정적인 결과를 경험한 사람은, 어른이 되어서도 자신이 통제하지 못한다는 느낌을 갖고 살아갈 수 있다. 그런데 심리적 작용과 학습 경험 역시 궁극적으로는 생물학적이라는 점을 지적하고 싶다. 왜냐하면 심리적 작용이나 학습 경험 역시 뇌의 산물이며, 뇌는 유전적 영향과 후성유전학epigenetics이라 불리는 유전자-환경의 상호작용의 영향을 받기 때문이다.

　　사회과학자인 앨런 호르비츠Allan Horwitz와 제롬 웨이크필드Jerome Wakefield는 정신적 문제에 "장애"라는 용어를 사용하는 데 신중해야 한다고 주장한다. 그들은 저서 『우리가 두려워해야 할 모든 것All We Have to Fear』[63]과 『슬픔의 상실The Loss of Sadness』[64]에서 "장애"라는 용어는 뭔가 신체적인 것이 제대로 작동하지 않음을 암시한다고 지적했다. 그들은 불안으로 고통을 겪는 사람들의 뇌는 본래 해야 할 일을 제대로 하고 있되 다만 잘못된 맥락에서 하고 있을 뿐이라고 주장했다. 낯선 사람, 뱀, 높은 장소, 그 밖의 비슷한 상황에서 촉발되는 공포와 불안은, 우리 조상들에게는 이롭게 작용해 위험을 피할 수 있도록 도왔으나 현대 세계에서는 스트레스를 유발할 수 있다. 호르비츠와 웨이크필드는 특히 공포 및 불안 장애의 진단율이 높아지고, 진화적 관점에서 근본적으로 올바르게 작동하는 뇌를 치료하기 위한 약물 처방이 엄청 늘고 있는 현실에 우려를 보인다. 그들 역시 장애 수준의 공포 및 불안 상태가 존재한다는 사실을 받아들이고, 장애 상태와 정상 상태를 구분하는 기준을 설명한다. 장애를 규정하는 그들의 기준이 어떻든 간에, 그들의 책은 정신 질환 진단과 치료에 대해 중요한 사회적 문제를 제기했다는 점에서 큰 의미가 있다.

위협의 중심성

이 책의 제목은 『불안Anxious』이고 불안 및 그와 관련된 정서 상태(걱정, 염려, 두려움, 동요, 근심, 초조)가 어떻게 일어나는지를 다룬다. 그런데 공포와 불안의 밀접한 관계는 이 두 가지 정서를 함께 이해할 것을 요구한다. 두 정서를 연결하는 핵심 요인은, 둘 모두 안락을 위협하는 자극을 감지, 반응하는 뇌 메커니즘에 의존한다는 점이다.

위협은 그것이 현존하든 예상되든, 실재하든 상상이든 간에 행위를 요구한다. 다른 많은 사람들이 지적했듯 위협을 감지하면 우리는 싸우거나 도망칠 준비를 한다.[65] 아마 여러분도 이 "투쟁-도피 반응"에 대해 들어봤을 것이다. 이 반응은 현존하거나 예상되는 위협을 마주할 때 촉발되는 긴급 방어 반응으로 특히 스트레스 상황에서 과도하게 나타난다(3장 참조). 이 전신 반응은 우리가 위험과 마주했을 때 생존할 수 있게 돕는다. 그런데 이 반응이 일어나는 동안 우리의 의식적 마음은 공포나 불안, 주로 둘 모두에 사로잡혀 소진된다. 뇌의 위협 처리 과정이 공포와 불안의 중심에 있다.

특히 중요한 것은 공포 및 불안 장애에서 위협 처리 과정이 변화한다는 사실이다(그림 1.7).[66] 이 책에서 나는 각각의 장애보다도 이런 장애에서 위협 처리 과정이 어떻게 부적응적 정서의 원인이 되는가에 초점을 맞출 것이다.[67] 이런 장애를 가진 사람들은 위협에 과민한 반응을 보인다. 위협이 그들의 주의를 온통 사로잡는데, 이 상태를 과잉경계hypervigilance라 부르기도 한다. 또한 그들은 위험한 것과 안전한 것을 구별하는 능력이 떨어지고 인지된 위험 요소의 유의성을 과대평가한다. 심지어 위협이 현존하지 않을 때도 위협이 곧 닥쳐올 것이라며 지나치게 걱정하고, 왜 자신이 불안한지 알아내기 위해 끊임없이 주변을 살핀다. 그들은 급기야 위협으로부터 도주하거나 회피하려고 드는데 이런 회피 전략이 심해지면 일상생활을 방해하는 지경에 이르기도 한다.

내 입장은?

공포와 불안을 이해하는 것은 결국 정서를 이해하는 것이다. 따라서 우리가 더 나아가기 전에 나는 공포라는 정서를 사례로 이용해서 이 주제에 대한 내 견해를 명확히 하고 싶다. 여러모로 정서에 대한 나의 주요 견해는 1980년대 이후 바뀌지 않았다.[68] 그러나 최근 나는 이 복잡한 심리적 기능의 개념과, 그것이 뇌 메커니즘과 어떤 관계를 갖는지 명확히 하기 위해 이 주제를 과거와는 약간 다른 방식으로 다루기 시작했다.[69]

전통적으로 정서에 관한 이론은 의식적 느낌에 초점을 맞추었다.[70] 예를 들어 19세기 후반, 미국 심리학의 아버지인 윌리엄 제임스는 공포란 우리가 위협에 반응할 때 일어나는 의식적 느낌이라고 주장했다. 제임스는 공포의 느낌을 우리가 위험으로부터 자신을 보호하고자 할 때 나타나는 고유의 신체 신호에 대한 지각이라 보았다.[71] 의식적 느낌이 발생하는 과정에 관한 제임스의 주장에 모든 이론가들이 동의하지는 않는다. 그러나 많은 사람들이 느낌이 바로 정서라는 사실에 동의한다. 위에서 언급한 대로 프로이트는 불안이 "느껴지는 것"이며 "우리가 그것을 느껴야 한다는 것이 분명 정서의 본질이다"라고 말했다.[72] 최근

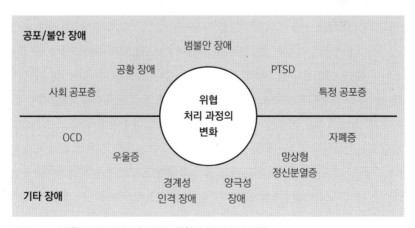

그림 1.7: 다양한 정신 장애에서 일어나는 위협의 처리 방식의 변화

에는 네덜란드의 심리학자인 니코 프리자Nico Frijda가, 정서란 일차적으로 "쾌락주의적 경험"이라고 주장했다. 리사 배럿Lisa Barrett, 제임스 러셀, 앤드류 오토니Andrew Ortony, 제럴드 클로어Gerald Clore, 그 밖에 많은 전문가들이 정서가 심리적으로 구성된 의식적 경험이라는 점을 강조했다.[73] 클로어는 "정서는 결코 무의식적이지 않다"고 말했다.[74]

그러나 다른 이론가들은 정서를 이해하는 데 의식적 경험이 불필요하거나 심지어 해롭다고 주장한다. 예를 들어 20세기 초 행동주의자들은, 관찰할 수 없는 의식은 심리학에서 설 곳이 없다고 강력하게 주장했다. 그들은 오직 행동만이 탐구 대상이 되어야 한다고 주장했다.[75] 그 결과 공포는 특정 느낌이 아니라 자극과 반응의 관계일 뿐이라는 개념이 자리 잡게 되었다.[76] 나중에 행동주의 심리학자들이 자극과 반응이 뇌에서 어떻게 연결되는지 이해하려고 생리학에 관심을 가졌을 때, 공포는 중심 동기 상태—위험한 자극에 대한 반응을 형성하는 뇌의 생리적 상태—가 되었다. 그러나 이 생리학적 이론가들 역시 행동주의자들과 마찬가지로 거의 모든 부분에서 의식적 경험을 배제했다. 그들에게 중심 상태는 자극과 반응 사이에 있는 생리적 매개물일 뿐 주관적으로 느껴지는 상태가 아니었다.[77] 이런 접근법은 공포 같은 정서를 동물과 인간에게서 유사하게 연구할 방법을 제공해주었지만, 그 목적을 달성하면서 공포의 느낌, 모든 사람들이 공포라고 생각하는 바로 그것은 무시했다.

그러나 정서가 의식적 경험이라고 주장하는 사람들도 때때로 그런 경험은 정서의 한 측면이나 구성 요소일 뿐이라고 말한다. 예를 들어 스위스의 심리학자 클라우스 셰러Klaus Scherer는 정서를 인지적 평가, 반응의 표출, 생리적 변화, 의식적 느낌으로 구성된 처리 과정으로 보았다.[78] 이 견해에서 공포란 우리가 상황을 위험하다고 인지적으로 평가하고, 그에 대한 반응으로 특정 행동을 표출하고, 생리적으로 각성하며, 공포를 느끼는 과정이다. 그런데 내가 보기에 이 접근법은 논리적으로 허점이 있다. 왜냐하면 공포를 전체 처리 과정이면서 동시에 두려움이라는 특정 느낌으로 보았기 때문이다. 그러니까 공포(경험)가 공포(처리 과정)의 일부인 셈이다.

또 다른 이론은 정서가 뇌에 고정 배선되어 있으며, 그 회로를 촉발하는 자극이 있으면 활성화된다고 설명한다.[79] 기본 정서 이론basic emotions theory을 고수하는 사람들이 옹호하는 이 견해에서 선천적인 행동 반응, 생리 반응, 의식적 느낌은 모두 뇌의 공포 중추 내지는 공포 회로에서 흘러나오는 것이다. 나중에 언급하겠지만, 위협이 선천적 행동과 생리적 패턴을 발현시키는 것은 사실이지만 공포의 느낌 그 자체는 선천적이지 않다. 정서가 심리적으로 구성된다는 이론과 일치하는 견해다.

나는 공포, 불안, 그 밖의 정서는 사람들이 항상 생각해왔듯 의식적 느낌이라고 생각한다. 우리는 위험을 마주하고 얼어붙거나 도망칠 때 주로 두려움을 느낀다. 이는 위협의 감지에 따른 각기 다른 결과물이다. 전자는 비의식적으로 작동하는 좀 더 근본적인 처리 과정이고 후자는 의식적 경험이다. 이 둘을 구분하지 않은 결과 많은 혼란이 일어났다. 더 기본적인 처리 과정 역시 정서적 느낌의 원인이 되지만, 이 과정은 의식적 느낌을 형성하기 위해 진화된 것이 아니라 유기체의 생존과 번영을 위해 진화되었다. 혼란을 막겠다고 기본적이고 비의식적인 처리 과정에 "정서"라는 꼬리표를 붙여서는 안 된다.

내가 보기에, 우리의 뇌가 비의식적으로 위험을 감지했다는 사실을 의식적으로 자각할 때 공포의 느낌이 발생한다.[80] 구체적으로 어떻게 일어나느냐고? 뇌의 감각 시스템이 외부 자극을 처리하고 비의식적으로 그것을 위협으로 판단할 때 이 과정이 시작된다. 위협 감지 회로에서 나온 신호가 뇌 각성을 전반적으로 증가시키고 행동 반응과 몸의 생리 변화를 끌어낸다. 그다음 신체의 행동 및 생리 반응에서 뇌로 돌아오는 신호가 위험에 대한 비의식적 반응의 일부가 된다(이 반응의 감각적 구성 요소들은 모습이나 소리와 마찬가지로 감각될 수 있다). 뇌 활동은 위협과 그것이 가져올 위해에 대응하고자 하는 노력에 온통 집중된다. 위협에 대한 경계가 강화되고—왜 이런 식으로 각성되었는지 알아내기 위해 주위 환경을 살핀다— 다른 모든 목적(먹고 마시기, 섹스, 돈, 자기만족 등)과 관련된 뇌 활동은 억제된다. 만일 기억을 통해, 관찰된 환경에 "알고 있는" 위협이 현존한다는 사실이 드러나면 주의가 이 자극에 집중되고, 그 자극은 각성 상태의 원인으로 의식적으로 지목된다. 또한 기억 덕분에 우리는 이런 유형의 경험에 "공포"라는 이름을 붙여야 한다는 사실을 안다(어린 시절부터 우리는 어떤 상태에 어떤 정서 단어를 붙여야 하는지에 관한 틀을 구축해왔다). 다양한 요인이나 재료들이 의식에서 통합되면 정서, 특히 의식적인 공포의 느낌이 나타난다. 그러나 이는 오직 뇌가 의식적 경험을 형성하고, 그 경험의 내용을 자신의 안락에 미치는 영향에 따라 해석할 수 있는 인지적 수단을 갖고 있을 때만 가능하다. 그렇지 않으면 뇌와 몸의 반응이 생존을 추구하는 행동을 끌어내는 동기 유발 요인으로 작용하기는 하지만, 공포의 느낌이 그 과정에 포함되지 않는다. 공포의 느낌이 단순한 부산물이라는 의미가 아니다. 일단 이 느낌이 존재하면, 생존과 번영을 추구하는 데 필요한 자원을 의식적 뇌에 제공하기 때문이다.

이처럼 정서를 인지적으로 조합된 의식적 느낌으로 보는 견해는 나만의 것이 아니다.[81] 정서가 "심리적 구성물"[82]이라는 최근의 개념은 아마도 내 견해와 가장 가까운 인지 기반 이론이라고 할 수 있다.

이 책에서 펴나갈 이 개념의 중요한 의의 중 하나는, 이것이 도움이 필요한 사람들이 겪는 고통스러운 공포와 불안의 느낌과, 그 느낌에 관한 연구들이—그 느낌을 완화하기 위한 새로운 치료법을 찾는 연구를 포함해서— 수행되고 해석되는 방법 사이의 단절을 드러낸다는 점이다. 이제 의식은 과학에서 다루지 말아야 할 주제가 아니다. 그리고 최근 몇 년 동안 이 영역에서 눈부신 발전이 이루어졌다. 지금껏 나를 포함한 연구자들이 수행한 공포 및 불안 장애에 대한 동물이나 인간 연구는, 주로 뇌가 위협을 감지, 반응하는 비의식적 과정에 중점을 두었다. 이런 연구들도 의식적 공포와 불안을 이해하는 데 필요하지만, 그 결과를 적절한 맥락 안에서 해석해야 한다. 흔한 인식과 달리, 심지어 사람의 경우에도 위협에 대한 반응은 의식적 느낌의 확실한 표지가 되지 못한다. 당연히 동물의 경우도 그렇게 가정해서는 안 된다.

이 책의 주요 목적은 연구, 치료, 의식적 느낌의 연관성을 더 제대로 이해할 틀을 제공하는 것이다. 그 목적을 위해 우리는 언제 의식이 요구되고 요구되지 않는지 판단하는 데 신중해야 한다. 의식을 무시하고서 공포나 불안을 이해할 수 없다. 그러나 그렇다고 의식의 역할을 지나치게 강조해서도 안 된다.

앞을 내다보기

이 장에서 나는 공포와 불안의 얽히고설킨 그물을 뇌의 위협 처리 과정의 관점에서 정립했다. 다음 장에서 나는 정서의 뇌를 과학적으로 이해하기 위한 30년간의 노력을 돌아보고, 어떻게 지금 견해에 도달했는지 요약할 것이다. 이어지는 장에서는 동물 세계의 방어 행동과, 인간을 포함한 동물이 위협을 감지하고 방어적으로 반응할 수 있게 해주는 뇌 메커니즘을 다룰 것이다. 그런 다음 나는 우리가 동물로부터 무엇을 물려받았는지 논의할 것이다. 일반인 및 많은 과학자들의 대중적 믿음과 반대로, 나는 우리가 공포나 불안 같은 정서를 동물에게서 물려받지 않았다고 주장한다. 우리가 동물에게서 물려받은 것은 위협을 감지, 반응하는 메커니즘뿐이다. 자신의 활동을 의식할 수 있는 뇌에 이 위협 처리 메커니즘이 현존할 때 공포와 불안의 의식적 느낌이 일어날 수 있다. 그렇지 않으면 위협 처리 메커니즘이 행동을 촉발하기는 하지만, 공포와 불안의 느낌을 반드시 불러일으키거나 수반하지 않는다. 의식을 가질 수 있는 유기체는 공포를 느낄 수 있다. 의식이 없는 유기체는 그런 경험을 할 수 없다. 공포와 불안의 느낌을 이해하고 싶다면 먼저 의식을 이해해야 한다. 따라서 이 주제에 몇 장을 할애할 것이다. 한 장에서 의식의 물리적 기반을, 또 다른 장에서는 의식에서 기억의 역할, 그리고 마지막으로 비의식적 위협 처리 과정의 결과를 의식적으로 경험할 때 어떻게 의식적인 공포의 느낌이 발생하는지 살펴볼 것이다. 마지막 세 장은 공포와 불안, 그리고 관련 장애와 연관된 뇌 메커니즘으로 돌아가 장애들의 개념을 재정립할 것이다. 마지막 장에서는 뇌 메커니즘에 관한 연구가 사람들이 괴로운 감정에 대처하는 새로운 방법을 어떻게 제공할 수 있는지 설명한다.

불안과 그 짝인 공포는 프로이트가 말했듯 수수께끼며, 그 답을 찾기 위해 우리는 뇌와 마음의 작동에 관한 여러 측면을 탐구해야 한다. 나는 이 책에서 동물의 방어 행동의 기본 메커니즘부터 인간의 의사 결정까지, 자동적이고 비의식적인 처리 과정부터 의식적 경험까지, 지각과 기억에서 느낌에 이르기까지 심리학과 신경과학의 수많은 주제들을 다룰 것이다. 이런 주제 중 일부는 복잡한 뇌 메커니즘과 관련되지만, 내가 집중해서 다룰 다른 주제들은 대부분 그 원리를 쉽게 파악할 수 있을 것이다.

02장
정서의 뇌를
다시 생각하기

"신경과학자들은 두 사건, 예를 들어 쥐가 과거에 전기자극과 연합된 불빛을 보는
것과 얼어붙는 것 사이의 경험적 관계를 설명하는 데 '공포'라는 단어를 사용한다.
그러나 정신과 의사, 심리학자, 대부분의 일반 대중은 …… '공포'라는 단어를 높은
다리 위에서 운전하거나 커다란 거미를 볼 때의 의식적 경험을 가리키는 데 사용한
다. 이 두 가지 용법은 …… 고유한 유전자, 유인, 동기, 생리적 패턴, 행동 양상을 가
진 몇 가지 공포 상태를 나타낸다."

— 제롬 케이건[1]

30년 이상 이른바 "정서의 뇌"를 연구해온 후 나는 이 용어를 재고할 필요가 있
다는 결론에 이르렀다.[2] 위에 인용한 제롬 케이건의 말 역시 나의 추론을 담고 있
지만 충분히 나아가지 못했다. 케이건은 서로 다른 뇌 시스템을 기반으로 하는
두 가지 다른 공포 상태가 있음을 시사했다. 두 상태 모두 공포를 촉발하는 자극
에 의해 나타나지만, 하나는 의식적 느낌과 관련되고 다른 하나는 행동 및 생리
반응과 관련된다. 그런데 나는 "공포" 같은 정서를 일컫는 단어는 의식적 느낌,
그러니까 두려운 느낌에만 사용을 한정해야 한다고 믿는다. 위협 자극을 감지하
고 행동, 생리 반응을 제어하는 뇌 시스템은 공포라는 용어로 불릴 수 없다. 이
시스템은 인간의 경우 비의식적으로 작동하며, 분명 공포를 느끼는 원인이 되기
는 하지만 공포 메커니즘 그 자체는 아니다. 이 장에서 나는 의식의 영역 밖에서
위협을 감지, 대응하는 메커니즘과 공포라는 의식적 느낌을 형성하는 메커니즘

을 구분하는 것이, 우리가 공포와 그 짝인 불안의 개념을 이해하는 데 왜 그렇게 중요한지 설명할 것이다.

시작

내가 정서의 뇌에 관한 연구를 시작할 무렵인 1980년대 초에는 변연계 이론과 같은 생각이 인기를 끌었다.[3] 변연계 이론은 다음과 같다. 인류 진화의 뿌리로 거슬러 올라가면 파충류는 반사와 본능의 지배를 받았으며, 포유류의 출현과 함께 새로운 뇌 시스템(변연계)이 느낌을 갖도록 진화되어 새로운 척추동물의 적응 가능성을 향상시켰다. 나중에 포유류의 진화로 신피질이 생겨나 추론을 하고 감정을 제어하는 "생각하는 뇌"가 나타났다. 이 변연계 개념은 수많은 연구를 촉발시켰다. 그러나 그 연구들은 정서의 뇌를 이해하는 것보다 주로 변연계 개념을 확인하는 것을 목표로 했다. 그래서 변연계 밖의 일부 영역이 정서에 관여하는 것 같으면, 변연계 이론에 의문을 던지는 대신 단순히 뇌 영역의 포함 기준을 바꿔버렸다. 그 결과 변연계 이론은 그것의 기반인 뇌 진화 이론과의 연관성을 잃었다.[4] (안타깝게도 변연계 이론은 그 진화적 기반이 신뢰를 잃었음에도, 여전히 정서의 뇌에 관한 일반적 혹은 과학적 논의에서 저명한 이론으로 받아들여지고 있다.)

나는 다른 접근법이 필요하다고 생각했다. 뇌에서 정서가 형성되는 과정에 대한 기본 가정을 최소화하는 접근법 말이다. 내가 택한 접근법은, 자극에 따른 반응을 제어하도록 근육에 보낼 자극을 처리하는 감각 시스템에서 나온 정보의 흐름을 뇌에서 추적하는 것이었다. 그 경로 어딘가에 자극의 중요성을 감지하고 적절한 반응을 촉발하는 메커니즘이 있을 것이라는 생각이었다. 변연계가 그 메커니즘에 관여할 수도 있다. 그러나 요점은 연구를 마치기도 전에 답을 알고 있다고 가정하는 것이 아니라, 뇌 회로에 객관적으로 접근하는 것이었다.
　　나를 이 "정보의 흐름" 개념으로 이끈 것은, 스토니브룩의 뉴욕 주립대학교에서 마이클 가자니가Michael Gazzaniga와 함께했던 박사 논문 연구 경험이었다.[5] 우리는 간질 증상을 억제하기 위해 좌뇌와 우뇌를 분리한 환자들을 대상으로 연구를 실시했다. 대부분 사람들의 경우 양쪽 반구 중 한쪽으로 들어온 정보는 자동적으로, 즉시 다른 쪽 반구로 전달된다. 그렇게 양쪽 반구가 서로 빈틈없이, 매끄럽게 협력해서 우리의 일상 활동을 처리한다.[6] 그런데 분리 뇌split-brain 환자들의 경우 한쪽 반구에만 제시한 자극은 다른 쪽 반구로 넘어가지 못하고 그곳에 머무른다(그림 2.1). 예를 들어 만일 여러분이 분리 뇌 환자의 우뇌에 그림—사과 그림이라고 하자—을 보여주면 그는 본 것을 말하지 못하는데, 언어 능력이 좌뇌에 할당되어 있기 때문이다. 대신 그에게 여러 가지 물건이 들어 있는 봉지에서 본 것과 같은 것을 왼손(우뇌로 연결)으로 고르라고 하면 즉각 사과를 꺼낸다. 한편 오른손(좌뇌로 연결)으로 꺼내라고 하면 정확하게 사과를 집지 못하는데, 환자의 좌뇌는 자극을 보지 못했기 때문이다. 분리 뇌 환자를 연구하다 보면 정보가 뇌의 한 지점에서 다른 지점으로 흘러가면서 우리가 보고, 기억하고, 생각하고, 느끼는 것을 구성하고 우리의 행동을 제어하는 모습을 그려보지 않을 수 없다.

때마침 심리학의 시대정신이 변하면서 뇌 기능을 정보의 흐름 관점에서 바라보는 것은 당연한 관행이 되었다. 수십 년 동안 행동주의가 심리학을 지배했고 행동을 설명할 때 마음이나 의식, 그 밖에 직접 관찰할 수 없는 내적 요인(마음이든 뇌든)에 대한 논의는 모두 금기시되었다.[7] 그들은 심리학이 관찰 가능한 사건, 즉 자극과 반응을 기반으로 세워져야 한다고 말했다. 그러나 1970년대에 접어들자 행동주의 심리학이 인지적 접근법에 자리를 내주기 시작했다. 인지심리학은 마음을 의식적 경험이 일어나는 장소라기보다 자극과 반응을 연결하는 정보 처리 시스템으로 보았으며, 그 과정에 의식이 반드시 관여한다고 생각하지 않았다.[8] 분리 뇌 연구는 이와 같은 지적 개념 틀에 완전히 맞아 떨어졌다.

나는 1978년 박사 학위를 받은 후 가자니가와 함께 맨해튼의 코넬 의과대학으로 자리를 옮겼다. 처음에 나는 뇌 손상이 언어와 주의에 미치는 영향을 탐구

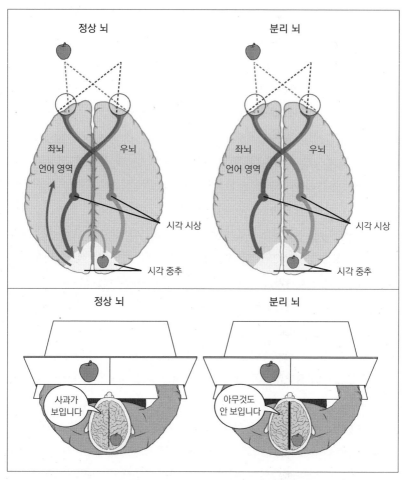

그림 2.1: 분리 뇌에서 정보의 흐름 인간의 뇌에서, 중앙을 기준으로 왼쪽에 나타나는 시각적 자극은 우뇌로 전달되고, 오른쪽에 나타나는 자극은 좌뇌로 전달된다. 두 반구 사이의 연결 통로(그림에는 보이지 않음)에 의해 한쪽에 나타나는 자극을 양쪽 반구가 함께 공유한다. 이 연결 덕분에 각 반구는 지각하는 공간에 대한 완전한 시야를 구축할 수 있다. 그뿐만 아니라 왼쪽 시야에 있는 시각적 자극은 일단 우뇌로 들어가지만, 이 연결 통로를 통해 언어를 제어하는 좌뇌에 전달되어 말로 묘사될 수 있다. 그런데 분리 뇌 환자의 경우 간질 치료의 일환으로 양쪽 반구의 연결 통로를 절단하는 수술을 받아서, 만일 왼쪽 공간에 놓인 사과를 보면 그 자극이 우뇌로 들어가 우뇌에만 머물기 때문에 환자는 자기가 본 사과를 말로 설명하지 못한다. 언어를 처리하는 좌뇌가 사과에 관한 감각 정보에 접근하지 못하기 때문이다.

48 불안

했다.[9] 그러나 우리가 처음 분리 뇌 환자를 연구하기 시작한 시절부터 나의 진짜 관심사는 정서의 뇌 메커니즘이었다.[10] 우리가 환자의 우뇌에 정서적 자극을 보여줄 때 좌뇌는 그것에 이름을 붙일 수 없었지만 환자는 자극의 정서적 유의성 emotional valence을 평가할 수 있었다. 이는 뇌에서 자극이 무엇인지 인식하는 데 관여하는 인지적 과정이 정서적 유의성을 평가하는 과정과 분리되어 있다는 의미다. 나는 뇌에서 자극이 흘러가는 동안 정서적 유의성이 어떻게 부여되는지 알아내고 싶었다. 인간을 대상으로는 상세한 뇌 메커니즘을 연구하는 것이 불가능했기 때문에 나는 쥐 실험으로 방향을 돌렸다.

신경과학이라는 분야가 하나의 학문으로 공식적으로 탄생한 것은 1969년 신경과학회Society for Neuroscience가 설립되면서였고[11] 그로부터 10년쯤 지나 전성기를 맞았다. 1979년 나는 가자니가의 도움으로 코넬 대학교 신경생물학 실험실에 자리를 잡았다. 돈 라이스Don Reis가 이끄는 이 실험실은 뇌를 연구할 최신, 최고의 도구들을 갖추고 있었다. 당시 이 새로운 분야에 몸을 담근 우리 연구자들은 모두 에릭 켄델Eric Kandel의 학습과 기억에 관한 선구적 연구를 알고 있었다.[12] 켄델은 1960년대에 쥐의 뇌에서 어떻게 기억이 만들어지는지 연구하기 시작했다. 그러나 그는 곧 뇌 연구가 고등 동물의 기억과 같은 복잡한 문제를 다룰 만큼 충분히 발전하지 못했다고 결론 내렸다. 따라서 그는 당시에 이용 가능했던 도구로 진전을 이룰 수 있는 연구 방법을 찾았다. 구체적으로, 그는 단순한 생물(바다 달팽이의 일종인 연체동물, 아플리시아 칼리포니카Aplysia californica)을 골라 이 생물이 수행할 수 있는 몇 가지 단순한 형태의 학습에 집중했다. 그리고 행동 중에 감각 정보가 운동 신호로 가는 완전한 신경 회로를 추적했고, 학습 동안 변하는 세포와 시냅스를 분리해냈으며, 그와 같은 세포의 변화를 가능하게 한 세포와 시냅스 내 분자 메커니즘을 밝혀냈다. 이와 같은 "무엇을, 어디에서, 어떻게" 전략으로 켄델은 학습과 기억 연구에 혁명을 일으켰고, 2000년 노벨상을 받았다.

여기서 켄델이 세운 전략의 행동주의적 기반에 대해 한두 마디 짚고 넘어가는 것이 좋을 듯하다. 실험실에서 학습을 연구하는 데는 크게 두 가지 기본적인 접근법이 있다. 고전적 조건형성classical conditioning과 도구적 조건형성 instrumental conditioning이다. 잘 알려져 있다시피 20세기 초 이반 파블로프는 개에게 소리와 먹이를 짝지어 제시하면 나중에는 소리만으로 침 분비 반사를 끌어낼 수 있다는 것을 발견했다.[13] 이처럼 고전적(또는 파블로프) 조건형성은 새로운 자극을 제어해 선천적인 반응을 끌어낸다. 반면 19세기 후반 에드워드 손다이크Edward Thorndike가 발견한 도구적 조건형성에서는, 새로운 반응이 긍정적인 결과를 얻거나 부정적인 결과를 피하는 데 성공을 가져올 경우 그 반응은 학습된다.[14] 쥐가 먹이를 얻기 위해 막대 누르기를 배우는 것이 그 전형적인 사례다. 반응이 결과를 얻는 도구가 되므로 도구적 조건형성이라 부른다(조작적 조건형성operant conditioning이라고도 한다).[15] 켄델이 연구를 시작할 무렵 뇌의 학습과 기억 연구는 대부분 도구적 조건형성을 이용했다. 단순한 파블로프 조건 반사보다 복잡한 인간의 행동에 더 적합하다고 생각했기 때문이다.[16] 그러나 켄델은 포유류에게서 도구적 조건형성의 신경 기반을 연구하는 것은 빠른 성과를 낼 수 없으며, 덜 복잡한 신경계를 가진 생물에게 파블로프 조건형성이나 다른 단순한 학습 절차를 사용하는 편이 더 많은 진전을 가져다줄 것이라 생각했다.[17] 그리고 바로 그 통찰이 그의 선구적 업적을 가능하게 했다.

내가 라이스의 실험실에서 연구를 시작하던 시기는 켄델이 그의 프로젝트를 시작한 지 10년 넘게 지났을 무렵이었고, 신경과학 분야는 상당한 진전을 이룬 상태였다. 이제 무척추동물뿐만 아니라 포유류나 다른 척추동물의 뇌에서 각기 다른 뇌 영역 사이의 연결을 지도화하는 것이 가능해졌고, 뉴런의 세포 반응을 기록할 수 있었으며, 신경 활동을 방해하거나 학습 관련 분자를 측정하는 것이 가능해졌다. 켄델의 성공에서 영감을 받은 연구자들은 파블로프 조건형성을 이용해 복잡한 동물의 뇌에서 기억을 탐구하기 시작했다.[18]

일부 연구자들은 또 파블로프 조건형성을 이용해 정서적 행동, 특히 포유류의 방어 행동이나 공포 행동을 연구했다.[19] 나는 특히 로버트 블랜차드

표 2.1: 파블로프 조건형성과 도구적 조건형성 비교	
파블로프(고전적) 조건형성	도구적(조작적) 조건형성
파블로프가 개발	손다이크와 스키너가 개발
특정 자극(조건 자극 CS)이 일어날 때 무조건 강화 자극(US)이 제시된다.	특정 반응(조건 반응 CR)이 수행될 때 무조건 강화 자극(US)이 제시된다
CS와 US 사이에 연합 형성	CR과 US 사이에 연합 형성
나중에, CS가 US와 동기 유발적으로 연결된 선천적 조건 반응을 끌어낸다	나중에, 유사한 동기 유발 조건이 일어나면 학습된 CR이 나타난다. CR이 과거에 강화 US를 일으켰기 때문이다

출처: Gluck et al, 2007

Robert Blanchard와 캐롤라인 블랜차드Caroline Blanchard, 그리고 로버트 볼즈Robert Bolles와 그의 제자인 마크 부통Mark Bouton과 마이클 팬슬로 Michael Fanselow가 실시한, 쥐의 파블로프 공포 조건형성 행동 연구에 큰 관심을 가졌다.[20] 이 연구자들은 소리와 같이 무해한 자극을 약한 전기 충격과 짝지어 제시하면 실험 후 몇 분, 며칠, 몇 주가 지나도 그 소리가 얼어붙기 행동을 유발하는 것을 보여주었다(그림 2.2). 얼어붙기 행동은 더 잘 알려진 투쟁과 도피만큼이나 동물에게 중요한 선천적 방어 반응이다.[21] (실제로, 다음 장에서 논의하겠지만 요즘은 종종 투쟁-도피 반응을 얼어붙기-투쟁-도피 반응으로 설명한다.) 또한 그 소리는 에너지가 요구되는 방어 행동을 생리적으로 지원할 수 있도록 혈압, 심박수, 호흡을 증가시키고 아드레날린이나 코티솔 같은 호르몬을 분비시켰다.[22]

오랫동안 행동과 관련해 "선천적"이라는 용어의 의미와 심지어 가치마저 논란이 되어왔다.[23] 지금은 개인적 경험이 유전자의 발현에 영향을 준다는 사실이 널리 받아들여져 선천적인 것과 학습된 것 사이에 명확하게 금을 긋기 어려워졌다. 어떤 사람들은 "선천적"이라는 용어를 금기시하지만 또 어떤 사람들은 이 용어가 유용하다고 생각한다. 왜냐하면 종 내에서 일부 행동은 그 행동을 학습할 기회가 제한적으로 보이는데도 다른 행동에 비해 일관적으로 발현되는 특성에 더 의존하기 때문이다. 얼어붙기 역시 그러한 사례다.

공포 조건형성은 뇌가 사건들의 관계에 관한 기억을 형성하는 연합 학습의 사례다. 심리학적 학습 이론의 용어로 말하자면 위 사례에서 소리가 조건 자극(CS)이고 전기충격이 무조건 자극(US)이며, 조건형성이 일어난 후 CS에 의해 촉발되는 반응이 조건 반응(CR)이다. 조건형성 동안 뇌는 CS와 US의 관계를 학습한다. 조건형성이 일어난 후에는 CS인 소리가 위험이 임박했음을 알리는 신호가 된다. CS가 나타나면 조건형성된 공포 반응이 유도된다. CS-US 연합이 활성화되면서 얼어붙기 및 다른 공포 CR이 일어나기 때문이다. 여기서 우리는 얼어붙기를 조건 반응이라 부르지만 이 반응이 학습된 것은 아니다. 반응을 끌어내는 CS의 능력이 조건형성되었을 뿐이다.

행동 수준에서 파블로프의 공포 조건형성에 관해 수많은 정교한 연구가 행해졌지만, 이 절차는 공포 메커니즘이 뇌에서 작동하는 방식을 연구하는 체계적인 방법으로는 이용되지 않았다.[24] 이 분야에서는 대부분 실험이 여전히 복잡한 도구적 조건형성 과제(특히 동물들이 전기충격을 피하는 다소 임의적인 반응을 학습하는 과제)를 사용했다.[25] 라이스의 실험실에서 나는 이용할 수 있는 온갖 도구를 갖고 켄델의 전략을 이용해 파블로프 조건형성을 적용하면, 공포 조건형성된 포유류(쥐)가 무의미한 자극에 공포 반응을 일으키도록 하는 정보의 흐름을 추적할 수 있을 것이라 믿었다. 그것이 가능한 이유는 모든 쥐에게서 동일하게 표출되는 반응을 실험자인 내가 완전히 통제할 수 있는 특정 자극을 갖고 끌어내기 때문이다. 그 결과 나는 CS 감각계에서 CR 운동계에 이르는 자극 처리 흐름을 추적할 수 있을지 모른다고 생각했다. 이것이 바로 내가 코넬대학교에서, 그리고 1989년 NYU로 옮겨서 처음 나의 실험실을 마련했을 때 사용했던 접근법이다.[26] 파블로프 공포 조건형성을 사용했던 나와 동료들의 실험실은 고작 몇 년만에 도구적 회피 조건형성이 도달하지 못했던 목표—뇌의 공포 시스템으로 알

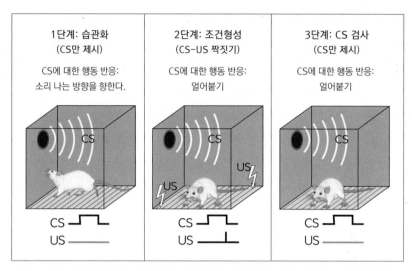

그림 2.2: 공포 조건형성: 절차 이른바 공포 조건형성은 파블로프 조건형성의 일종으로 무해한 조건 자극(CS)—주로 소리—을 쥐가 싫어하는 무조건 자극(US)—대개 발에 가하는 전기충격—과 짝지어 제시한다. 내 실험실에서는 이 절차를 쥐에게 폭넓게 사용했지만, 인간을 포함한 다양한 동물에게 사용할 수 있다. 실험 첫날, 쥐는 CS에만 노출된다(습관화). 다음날 한 번 또는 두 번 이상 CS-US을 짝지어 제시한다(조건형성). 하루 또는 며칠 후에 CS만 제시해서 조건 반응을 검사한다(CS 검사). 나중에 설명하겠지만, 공포의 정서를 일으키는 과정을 위험을 감지, 반응하는 과정과 구별하기 위해 우리는 이와 같은 절차를 "공포 조건형성"보다 "위협 조건형성"으로 부르기 시작했다.

려진 것을 구성하는, 뇌 영역과 그 영역들 간 연결의 발견—를 성공적으로 달성해냈다.

공포 시스템

나는 공포 조건형성의 신경 기반 연구의 시작점으로서, 청각적 CS가 얼어붙기나 혈압 반응을 일으키는 데 필요한 청각계 영역을 알아내려 했다. 그다음 해부학적 연결 추적 기술을 이용해 주요 청각 처리 영역에서 나오는 신호의 표적일 가능성이 있는 영역들을 찾아냈다. 추적 연구로 드러난 표적 중 하나는 편도

amygdala였다. 이 영역을 손상시키거나 청각계로부터 단절시키면 공포 조건 형성 반응이 사라졌다. 우리는 편도 내 청각적 CS 입력 신호를 받는 영역(외측 편도, lateral amygdala, LA)과, 그것에 연결되어 있으며 출력 신호를 하위 표적으로 보내 각각 얼어붙기나 혈압 조건 반응을 제어하도록 하는 영역(중심 편도, central amygdala, CeA)을 발견했다. 그뿐만 아니라 우리는 LA 입력 영역에서 청각적 CS와 전기 충격 US를 둘 다 받아들이는 세포들의 위치를 확인했다. 이것은 특히 중요한 발견인데, CS와 US를 세포 수준에서 통합하는 것이 공포 조건형성이 일어나는 데 필요하기 때문이다. 이 과정에 관여하는 신경 회로와 세포 변화를 확인한 후 우리는 학습과 조건형성된 공포의 발현 근간에 있는 LA의 분자 메커니즘으로 눈을 돌렸다. 이 메커니즘 중 상당수는 켄델이나 다른 연구자들이 무척추동물에게서 발견한 것과 같았다.[27] 이 연구를 진행하면서 나는 환상적인 연구자들로 이루어진 팀의 도움을 받는 행운을 누렸고, 이 책을 그들에게 바친다.[28] 그들은 실험 기술과 직업윤리 측면뿐만 아니라 지적으로도 연구에 큰 공헌을 했다.

　나와 가까운 몇몇 동료들의 실험실 역시 이 연구 분야에 수많은 중대한 공헌을 했다. 처음에는 브루스 캅Bruce Kapp, 마이클 데이비스Michael Davis와 내가 이 분야의 주요 전문가였다.[29] 그러나 곧 행동 수준에서 공포 조건형성을 연구하던 마이클 팬슬로도[30] 뇌 메커니즘에 관한 질문을 추구하기 시작했다.[31] 각 연구자들은 제자들을 길러냈고 제자들도 자신의 실험실을 열기 시작했다.[32] 그뿐만 아니라 다른 연구자들도 이 흥미롭고 새로운 연구 분야에 뛰어들었다.[33] 공포 조건형성은 신경과학에서 가장 인기 있는 연구 분야 중 하나가 되었고, 뇌와 행동을 관련짓는 데 커다란 진보를 가져왔다.

　이 분야의 연구에서 밝혀진 편도 중심의 공포 조건형성 회로를 단순하게 도식화한 것이 그림 2.3이다.[34] 더 정교한 버전은 이어지는 장에서 제시할 것이다. 이 연구를 통해 편도는 뇌의 공포 시스템에서 핵심 구성 요소로 간주되었다.[35]

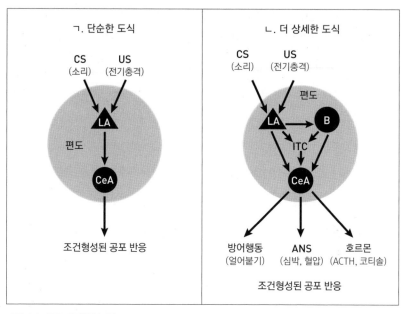

ㄱ. 단순한 도식

CS (소리)   US (전기충격)

LA

편도

CeA

조건형성된 공포 반응

ㄴ. 더 상세한 도식

CS (소리)   US (전기충격)

편도

LA → B

ITC

CeA

방어행동 (얼어붙기)   ANS (심박, 혈압)   호르몬 (ACTH, 코티솔)

조건형성된 공포 반응

그림 2.3: 공포 조건형성: 회로

ㄱ. 단순한 도식_ 공포(위협) 조건형성을 획득하고 표출하는 데 관여하는 기본적 회로. 조건 자극(CS)과 무조건 자극(US)이 감각 신경을 통해 편도의 외측 핵lateral nucleus에 전달되고 그곳에서 CS-US 연합이 학습, 저장된다. 외측 편도(LA)가 편도의 중심핵(CeA)과 소통하고 그것이 다시 조건형성된 공포 반응을 조절하는 영역과 연결된다. ㄴ. 더 상세한 도식_ LA가 직접, 그리고 기저핵(basal nucleus, BA)이나 사이세포(intercalated cells, ITC)와 같은 다른 편도 영역들을 통해 CeA와 연결되고 CeA는 다시 얼어붙는 행동, 자율신경계(ANS), 호르몬 조건 반응을 담당한 영역들과 따로따로 연결된다. 추가 세부사항은 4장과 11장에서 다룰 것이다.

위협 자극과 공포 반응 사이에 있는 상태로서의 공포

위에서 설명한 편도 기반의 회로는 잘 알려진 공포 시스템의 일부였다. 그러나 공포 시스템이라는 것이 정확히 무엇인가 하는 질문은 답하기 어려운 문제였다.

이 문제에 가장 분명한 답은 공포 시스템이 공포를 만들어낸다는 것이다. 위협이 뇌의 공포 시스템을 활성화하고 그 결과 우리는 공포를 느낀다. 그리고

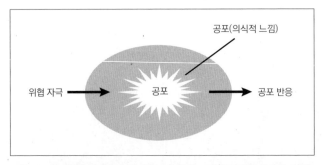

공포(의식적 느낌)

위협 자극 → 공포 → 공포 반응

그림 2.4: 공포에 대한 다윈주의적(상식적) 견해 다윈은 공포를 비롯한 사람들
의 정서가 정서 반응을 제어하는 "마음의 상태"이며, 우리의 동물 조상으로부터
물려받은 것이라는 일상적이고 상식적인 견해를 채택했다.

이 느낌이 행동적 방어 반응과 생리 반응의 발현을 추진한다(그림 2.4). 결과적으
로 방어 반응은 주로 사람이나 동물이 공포를 느끼고 있다는 신호로 이용된다.

윌리엄 제임스는 이를 공포에 대한 상식적 견해라 불렀다. 우리는 곰을 보
면 도망친다. 곰이 무섭기 때문이다.[36] 비록 윌리엄 제임스는 이 견해를 거부했지
만, 상식적 견해는 널리 받아들여졌다. 찰스 다윈도 이 견해를 옹호했다. 그는 공
포를 공포 행동의 발현을 설명하는 "마음의 상태"라 불렀다.[37] 이는 또한 일반 대
중이 공포에 대해 갖는 견해고, 기자가 뇌의 공포 시스템에 대해 쓸 때도 대개 이
관점을 채택한다. 또 일부 과학자들은 편도와 관련된 선천적 회로가 공포를 느
끼게 한다고 주장한다.[38] 그러나 이것이 유일한 관점은 아니다.

인간의 부적응적 공포와 불안에 공포 조건형성이 핵심 역할을 한다는 허버
트 모러O. Herbert Mowrer의 이론이 나온 후, 1940년대와 1950년대 공포 조
건형성에 관한 행동주의 연구가 활발하게 이루어졌다.[39] 공포 조건형성 연구자
들은 공포를 위협과 방어 반응을 매개하는 상태로 보았다.[40] 이는 다윈이나 다른
상식적 견해와 어긋나지 않았다. 행동주의에 바탕을 둔 대부분 연구자들은 의식
적 상태나 느낌의 언급을 피했다.[41] 대신 공포는 중심적 상태, 구체적으로 방어
동기를 유발하는 상태이자[42] 가상의 뇌 회로의 생리 반응이었다.[43](그림 2.5) 그

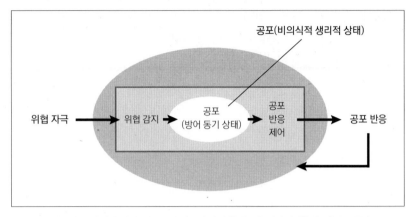

그림 2.5: 공포의 중심 상태 견해 행동주의 전통 속에서 훈련받은 생리심리학자들은 공포를 (주관적 느 낌, 즉 "마음의 상태"라기보다는) 공포 반응을 제어하는 생리적 상태로 보았다. 그러나 생리적 상태를 "공 포"라 부르면 공포를 진정으로 이해하는 데 혼란을 줄 수 있다. 공포를 생리적 용어로 간주하는 사람조 차 종종 생리적 상태가 공포 느낌의 신경적 구현인 것처럼 말하거나 글을 쓴다.

런데 이 초기 중심 상태 연구자들은 대부분 생리학자가 아니었고, 생리적 상태 는 개념적 위치 표시자로 실제 뇌 메커니즘이라기보다 매개 변수intervening variable나 가상의 구조물hypothetical construct로 불리기도 했다.[44] 그런데 이 전통을 이어받은 연구자들이 뇌를 연구하기 시작하면서 그들은 중심 상태라 는 용어를 발견되지 않은 뇌 회로에 적용했다. 따라서 편도의 활동은 공포로 불 리는 중심 상태가 신경적으로 구현된 것으로 간주되었다.[45]

위협과 공포 반응을 잇는 중심 상태는 다윈주의적 느낌 개념과 비슷한 기능 을 수행한다. 그러나 다윈과 달리 중심 상태 지지자들은 의식적 느낌을 자극과 반응 사이의 필수적인 연결고리로 보지 않았다. 의식적 정서에 대한 모든 질문이 단순히 적절하지 못한 것으로 여겨졌다. 예를 들어 동물의 공포 중심 상태에 관 한 주요 연구자인 마이클 팬슬로는 이렇게 말했다. "우리의 일은 동기라는 개념 을 과학적 방법으로 재정의하는 것이다. 그 새로운 정의는 비전문인들의 일상적 견해를 대체해야 한다. 내가 보기에 주관적 경험은 우리에게 도움이 되지 않는다."[46] 팬슬로의 학문적 스승인 로버트 볼즈Robert Bolles는 이렇게 말했다. "행동적 현상에 입각한 구조물에 …… 인간의 경험은 부수적인 타당성을 제공할 수 없다. …… 과도한 의미 부여는 항상 군더더기를 남긴다."[47] 또 다른 공포 행동주의 조건형성의 주요 연구자인 로버트 레스콜라Robert Rescorla는 이렇게 말했다. "나는 주관적 경험(내가 말하는 주관적 경험이란 독립적 상호 관찰로 입증 불가능한 사적 경험이다)을 언급하는 것이 그다지 유용하다고 생각하지 않는다."[48] 수많은 중심 상태 지지자들이 인과관계의 사슬에서 주관적 경험(의식)을 배제해버렸기 때문에 중심 상태는 자연스럽게 비의식적 상태가 되었다. 그러나 모든 연구자들이 이 견해를 갖고 있지는 않았다. 모러Mowrer는 다윈의 입장에 더 가까워서, 공포의 중심 상태를 방어 행동을 추진하는 공포의 주관적 경험으로 보았다. 그리고 주관적 상태를 피하고자 하는 연구자들조차 종종 위협받은 쥐가 "두려워한다"거나 "겁먹었다"거나 "공포에 질려 얼어붙었다"거나 "불안해한다"는 식으로 설명했다. 이런 상황이니 아무것도 모르는 일반 독자나 대중이 그들이 말하는 공포가 "공포"가 아니라는 것을 어떻게 알겠는가?

위협 처리의 인지적 결과물로서 공포

나는 위에서 설명한 사람들과 다르게 접근했다. 내 생각에 다윈주의의 상식적 개념은 의식적 공포에 너무 많이 기댄다는 점에서, 반대로 중심 상태 견해는 의식적 공포를 완전히 무시한다는 점에서 잘못되었다. 나는 의식적 상태와 비의식적 상태 둘 다 일정 역할을 담당하지만 그 역할은 분리되어 있을 것이라 믿었다.

내가 이런 확신을 갖게 된 것은 과거에 분리 뇌 환자들을 연구하면서 얻은 경험 때문이었다. 가자니가와 나는 분리 뇌 환자의 좌뇌가 종종 우뇌가 명령한 행동에 대해 설명하는 것을 목격했다. 분리 뇌 환자의 좌뇌가 자신(좌뇌)이 자각하지 못하는 이유로 몸이 어떤 행동을 하는 것을 보고 놀랄 것이라 예상할 수도 있다. 그런데 좌뇌는 이 예상치 못했던 행동을 당연하게 받아들이고 생각의 흐름 안에 짜 넣는다. 이 현상을 지켜보는 일은 놀랍기 짝이 없다. 그래서 우리는 이를 탐구하기 위한 몇 가지 연구를 계획했다.[49] 기본적으로, 우뇌가 행동적으로 반응하게 만들고 좌뇌에게 "왜 그 행동을 했느냐?"고 간단히 물었다. 실험을 몇 번 되풀이해도 좌뇌는 망설임 없이 설명거리를 만들어냈다. 예를 들어 우뇌에 제시된 자극으로 일어선 환자에게 왜 일어났냐고 물어보면 환자의 좌뇌는 기지개를 펴기 위해서였다고 답한다. 손을 흔든 후에는 창밖으로 친구가 지나갔기 때문이었다고 답한다. 손을 긁은 후에는 손이 간지러웠다고 답한다. 모두 의식적 뇌가 자신의 몸이 반응한 이유를 설명하려고 꾸며낸 이야기들이다. 가자니가와 나는 인간의 뇌가 항상 이런 식으로 작동한다고 주장했다.[50] 우리는 뇌가 제어하는 반응의 근간에 있는 동기에 깊이 관여하지 않지만, 의식은 마음과 행동을 통합하는 해석을 만들어내 불완전한 정신적 패턴의 빈 구멍을 채워나간다. 이를 가자니가는 "의식의 해석자 이론"이라 불렀다.[51] 그리고 나는 이 생각을 이용해 어떻게 정서 반응의 근간에 있는 비의식적 과정이 우리가 경험하는 의식적 느낌에 기여하는지 설명했다.

쥐의 공포 조건형성 연구를 시작했던 1980년대 중반 무렵, 나는 분리 뇌 환자에게서 얻은 결론에 근거해 뇌의 무의식적 정서 처리 과정의 모델을 개발했다. 1984년에 출간한 책의 한 장에서 나는 감각계를 거쳐 뇌에 전달된 정서적 자극이, 비의식적으로 처리되어 정서 반응을 개시한다고 주장했다.[52] 1996년 나는 『정서의 뇌Emotional Brain』를 출간했는데 이 책에서 공포의 뇌 메커니즘 모델을 구축했다. 위협 자극이 공포 반응을 끌어내는 과정으로 편도를 활성화하는데, 이 편도의 처리 과정이 자동적이며 자극에 대한 의식적 자각이나 반응에 대한 의식적 통제를 필요로 하지 않는다는 것이 내 주장이었다.[53] 당시 이 결론을 뒷받침할 연구 결과는 적었으나 이후 진행된 수많은 연구에서 우리가 자극을 실제 자각하지 못하고[54] 공포를 전혀 느끼지 못해도[55] 편도는 위협을 처리하고 조건 반응을 촉발할 수 있다는 것이 입증되었다. 이 결론과 일치하는 사례로, 우리는 흔히 무의식적으로 무언가에 반응하고 나중에야 위험의 현존을 알아차리곤

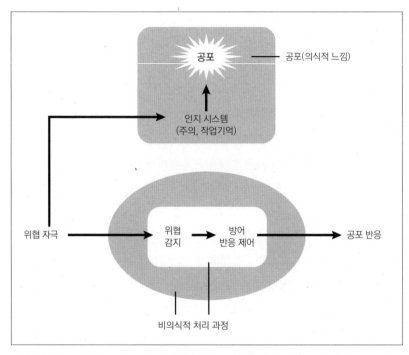

그림 2.6: 공포 시스템: 나의 최초 견해 1984년 나는 정서 자극이 뇌의 감각 경로에서 두 갈래로 나뉘어 처리된다고 설명했다(LeDoux, 1984). 한 경로는 자극을 비의식적으로 감지해 반응하고 다른 경로는 자극을 인지 시스템으로 전달해 의식적 정서를 일으킨다. 이 개념은 위협 자극이 어떻게 공포 반응과 공포 느낌을 별개로 발생시키는지 설명한다. 그로부터 10년 동안, 내가 1996년 『정서의 뇌』에서 언급한 것과 같이, 편도가 공포의 무의식적 과정의 주역으로 떠올랐다. 지금도 나는 위협 처리의 두 가지 경로 개념을 고수하지만, 이 회로 집합을 더는 "공포 시스템"이라 부르지 않는다. 편도가 비의식적 처리자고 공포는 신피질에 있는 인지시스템의 산물이라고 설명해도, 편도를 공포 시스템의 일부라 말하면 공포의 느낌이 편도의 산물인 것처럼 오도할 수 있기 때문이다. 그래서 지금 나는 그 차이를 더 명확하게 설명하는 용어를 사용한다(그림 2.7과 표 2.2 참조).

한다. 뒤로 몸을 빼 달려오는 버스를 피한 후에야, 이 반응을 근거로 자신이 위험했다는 것을 깨닫는 경우다. 위험의 현존을 의식적으로 알게 되는 신경적 과정은, 선천적인 특정 보호(방어) 반응을 무의식적으로 제어하는 과정보다 느리다. 빠르고 자동적인 과정과, 느리고 더 의도적인 과정의 차이가 인간의 마음과 뇌

의 근본적인 구성 원리라는 점이 최근 부각되고 있다.[56]

1984년에 낸 책의 한 장에서 나는 의식적 느낌이 발생하는 과정에 대한 가설을 내놓았다. 뇌의 감각 처리 과정은 두 경로로 나뉜다. 하나는 자극의 정서적 유의성을 감지해 정서 반응을 제어하는 경로고, 다른 하나는 의식적 느낌을 끌어내는 인지 과정과 관련된 경로다.(그림 2.6 참조)『정서의 뇌』에서 공포라는 주제를 더 파고들면서, 나는 공포의 의식적 느낌은 편도 위협 처리 회로의 활성화 결과물인 무의식적 재료로 구성되는, 주의나 그 밖에 신피질의 인지 처리 과정을 거친 의식적 표상에 기인한다고 주장했다. 나는 또한 우리가 공포의 비의식적 측면은 동물과 인간 모두 비슷하게 연구할 수 있지만, 공포의 의식적 느낌은 인간을 연구하는 것이 최선이라 주장했다. (더 자세한 내용은 나중에 다룰 것이다.)

나는 이처럼 편도 회로는 두 가지 방식으로 공포에 기여한다고 주장했다. 편도는 비의식적으로 위협을 감지하고 그에 따른 행동적, 생리적 공포 반응의 제어에 직접적으로 관여하는 한편, 인지 시스템을 통해 공포의 의식적 느낌을 발생시키는 데도 간접적으로 관여한다. 특히 나는 비의식적으로 제어되는 뇌와 몸의 결과물이 인지적 해석을 거쳐 공포의 의식적 느낌에 기여한다고 주장했다. 당시 "공포 시스템"이라는 용어를 사용할 때, 나는 공포 반응을 제어하고 의식적 공포의 느낌에 간접적으로 기여하는 재료를 공급하는, 편도의 역할을 포함한 이 전체 과정을 가리킨 것이었다.

그러나 지금 돌아보면 위협을 감지, 반응하는 편도의 역할을 설명하는 데 "공포 시스템"이라는 표현을 사용하고, 공포 자극과 공포 반응을 이런 맥락으로 말한 것은 내 실수였다고 생각한다. 당시의 나와 중심 상태 지지자들이 했듯 비의식적으로 위협을 감지, 반응하는 회로를 공포 시스템의 일부로 언급한 것은 문제를 쓸데없이 복잡하게 만들었다. 가장 흔히 받아들여지는 공포의 의미가 의식적인 두려운 느낌이므로, 공포 시스템 연구를 마주한 비전문가들은 자연히 공포의 느낌을 발생시키는 시스템을 떠올릴 것이다. 따라서 이른바 공포 시스템 연구가 위협을 비의식적으로 감지, 반응하는 시스템에 관한 것이 실제로 대부분이라 해도, 따라서 상식적 견해와 차이가 있어도, 우리의 연구 결과는 마치 위협이 편도를 자극해 공포의 느낌을 발생시키는 것처럼 해석되었다. 공포 시스템 연구자들이 종종 쥐가 "겁을 먹었다"거나 "공포에 질려 얼어붙었다"거나 "불안해한다"거나 하는 표현을 사용해, 편도의 신경 활동이 공포 느낌의 기반인 양 묘사하는 것도 한몫했다. 이로 인해 공포의 중심 상태 견해와 상식적 견해 사이의 구분도 사라져버렸다.

오해하지 말기 바란다. 나 역시 책임이 없지 않다. 비록 나는 비의식적 위협 감지와 의식적 느낌에 별개의 뇌 회로가 관여한다고 주장했지만, 나 역시 편도가 공포에 관여하는 것처럼 이야기했다. 나는 기본적으로 의식적 공포와 비의식적 공포를 분리해서 생각했다. 그러나 나는 점차 이것이 혼란을 주고 있다는 사실을 깨달았고, 마침내 2012년 <뉴런>에 "정서의 뇌를 다시 생각하기 Rethinking Emotional Brain"라는 긴 글을 썼다. 이 글에서 나는 생존 회로 survival circuit와 전역적 유기체 상태global organismic state라는 개념을 소개했다. 이것들은 소위 정서라고 하는 의식적 느낌의 집합 속에서 인지적으로 해석될 비의식적 재료를 공급한다. 2013년 나는 미국 국립과학원National Academy of Sciences 회원으로 선출되었고 <미국 국립과학원 회보>에 취임사를 써 달라는 요청을 받았다. 나는 "공포 정립하기Coming to Terms with Fear"라는 제목의 글을 통해 공포 관련 언어의 문제와, 전역적 유기체 상태가 낳은 생존 회로로 생겨난 무의식적 재료를 인지적으로 해석함으로써 공포가 일어나는 과정을 탐구했다. 관련 개념은 다음에 이어지는 글에서 다룰 것이다.

공포와 불안을 정립하기

지금까지 공포 조건형성 연구는 매우 성공적이었지만 우리는 이제 교차로에 서 있다. 우리는 지금까지 걸어온 길을 계속 걸어 나가면서 더 많은 성과를 내고, 심지어 매우 중요한 발견을 해낼 수도 있다. 그러나 나는 우리가 다른 접근법을 찾아야한다고 믿는다. 실제 연구 대상의 더 날카로운 개념화에 근거한 접근법을 말이다.

공포, 불안, 그 밖에 정서와 관련된 언어는 필연적으로 우리의 통속심리학 folk psychology, 즉 오랜 세월 동안 이어져 내려온, 마음의 작동 방식에 대한 내적 성찰에서 비롯된 상식적 직관의 결과물이다.[57] 과학자들은 종종 이런 단어들과 그 너머에 대한 직관에서 연구를 시작한다. 그러나 프랜시스 베이컨이 수백 년 전에 주장했듯 과학자들은 일상 언어를 용어로 사용하는 데 주의해야 하며, 특히 단순히 해당하는 단어가 있다고 해서 은연중에 그 사물에 실재성을 부여하는 것을 조심해야 한다.[58] 모든 사람들이 "요정," "유니콘," "흡혈귀" 같은 단어의 의미를 알지만, 그 단어들이 실존하는 대상을 가리킨다고 믿는 사람은 거의 없을 것이다.

위협을 감지, 반응하는 시스템을 설명할 때 공포와 관련된 일상 언어를 사용하는 것이 바로 베이컨이 염두에 두었던 사례에 해당한다. 그런 관행이 공포를 구체화하고 자연의 일부인 것처럼, 진화에 의해 뇌에 배선된 것처럼 여기게 한다.[59] 이런 믿음은 공포라 불리는 현상에 특화된 선천적 중심 영역을 뇌에서 찾으려는 노력을 정당화한다. 뇌가 위협을 감지, 반응하는 과정에 관한 발견은, 공포가 뇌 어디에 위치하는가 하는 질문에 답을 내리는 데 이용된다. 왜냐하면 위협에 대한 반응을 제어하는 시스템이 공포와 관련된 느낌을 일으키는 시스템과 같다고 상정하기 때문이다(이것이 바로 다윈주의의 상식적 접근법의 정수다[60]). 우리는 공포라는 원초적 정서를 동물에게서 물려받았으며 지구상의 모든 인간은 어디에 살든, 심지어 인간 사회로부터 격리되었든 간에 위험에 처하면 같거나 유사한 기본적(원시적) 경험을 하고 동일한 방식의 공포 반응을 표출한다고 들었다.[61] 흔히 이 보편적 공포의 근원이 편도라고 생각한다. 최근까지 알려지지 않았던 모호한 영역이 이제 뇌의 "공포 중추fear center"로 널리 인정받고 있다.

과학 연구에서 "공포"라는 단어를 모호하게 사용함으로써 야기되는 문제는 <네이처>, <사이언스>, <와이어드>, <사이언티픽 아메리칸>, <디스커버> 등의 잡지가 2012년 연구 결과를 발표하는 과정에서 명백히 드러났다. 그 매체들은 관련 기사에 "인간은 뇌의 공포 중추 없이도 공포를 느낄 수 있다," "겁 없는 사람 겁주기," "겁 없는 사람에게 공포 불러일으키기," "과학자들, 공포를 느끼지 못하는 환자를 두렵게 하다," "겁 없는 여인을 겁에 질리게 한 것은 무엇일까?" 등의 자극적인 제목을 뽑았다. 이 야단법석은 양측성 편도 손상을 입은 여성이 여전히 "공포의 느낌"을 경험할 수 있다는 놀라운 발견을 둘러싸고 일어났다.[62] 이 사실이 놀랍게 느껴지는 이유는 단지 사람들이 편도를 두려운 느낌이 샘솟는 주된 원천으로 생각하고, 편도가 제어하는 반응이 이런 느낌의 믿을만한 표지라고 생각하기 때문이다. 그러나 지금까지 내가 말한 대로, 그리고 나중에 설명하겠지만 편도가 제어하는 반응은 두려운 느낌의 믿을 만한 표지가 아니다. 우리 과학자들이 "공포"라는 용어를 의식적 느낌과 비의식적 반응의 근간에 있는 신경 메커니즘에 모두 사용할 때 이런 혼란이 일어난다.

이 문제는 공포에 국한되지 않는다. 제프리 그레이의 "행동 억제 이론"은 인간의 불안에 관한 유명한 동물 모델이다.[63] 그레이와 닐 맥너튼Neil McNaughton에 따르면, 목표가 충돌할 때—예를 들어 먹이의 필요성과 포식자에게 노출될 위험성이 충돌할 때— 뇌의 행동 억제 시스템이 활성화된다. 이 충돌은 동물의 뇌가 자극과 상황에 더 많은 위험과 위해 가능성을 부여하게 만들고, 이는 행동 억제 중심 상태로 이어져 먹이 찾기보다 위험의 회피를 촉발한다. 그레이와 맥너튼은 이런 뇌의 상태를 불안으로 보았다. 왜냐하면 인간의 불안을 완화하는 벤조디아제핀benzodiazepine 같은 약물을 쥐에 투여했을 때, 목표가 충돌하는 상황에서 더 많은 위험을 감수했기 때문이다. 그런데 그들은 쥐들이 두려움, 불길한 느낌, 걱정을 포함하는 의식적 불안을 느꼈다고 본 것일까? 아니면 그들은 불안의 의미를 동기의 충돌과 행동의 중단으로 이어지는, 뇌의 비의식적 행동 억제 상태로 과학적으로 정의한 것일까? 그레이와 맥너튼은 때로 후자(중심 상태 버전)를 주장했으나, 다른 방식으로(의식적 느낌으로) 해석될 만한 글을 쓰기도 했다. 물론 이 접근법의 많은 추종자들(많은 수의 지지자가 있다)은 불안감이 행동 억제

시스템의 직접적 산물이라 믿는다.

최근 연구에 따르면 벤조디아제핀이 가재의 행동 억제 반응을 완화했다.[64] 가재는 특정 위치에서 전기충격을 받은 후 한동안 움직이지 못했다(위험 평가 행동으로 간주되었다). 그 후에는 전기충격 받은 장소를 회피했는데, 항불안약을 투여한 가재는 그런 행동을 덜 보였다(더 탐험적이었다). 논문의 저자는 이 결과가 무척추동물의 정서 상태에 관한 새로운 견해로 이어질 수 있다고 주장했다. 이 연구는 <사이언스>에 발표되었는데, 해당 웹사이트에서는 머리기사 제목을 "가재의 불안도 인간처럼 치료할 수 있다"라고 붙였다. <뉴욕타임즈>는 "가재조차도 불안을 느낀다"라는 제목으로, 그나마 BBC는 조금 신중한 어조로 "가재도 일종의 불안을 경험할지 모른다"고 소개했다.

행동 억제 이론은 사실 굳이 의식적인 불안 경험에 기대지 않아도 동물(가재, 쥐, 사람을 포함한)의 동기적 충돌, 행동 정지, 위험 평가를 설명할 수 있다. 그러나 안타깝게도 동기 유발 상태와 관련 뇌 시스템에 "공포"라는 꼬리표가 붙으면 방어 동기가 주관적 느낌과 결부되는 것과 마찬가지로, 행동 억제와 관련 뇌 시스템에 "불안"이라는 꼬리표가 붙으면 행동 억제의 의미는 주관적 상태와 한데 엮이게 된다. 그런데 방어 동기 유발이나 행동 억제는 의식적인 공포나 불안의 경험과 같지 않다. 방어 동기 유발이나 행동 억제 상태가 공포나 불안과 관계가 없다는 애기가 아니다. 이것들은 분명 중요한 역할을 하지만, 공포나 불안을 느끼기 위해서는 그 이상의 것이 필요하다.

2014년 6월, 한 심리학 웹사이트에 "불안한 아이들은 뇌의 공포 중추가 더 크다"라는 제목의 기사가 올라왔다.[65] 연구자들은 부모에게 돌린 설문지를 토대로 대규모 어린이 집단의 불안 수준을 측정했다.[66] 그다음 아이들의 뇌 촬영 결과를 부모의 평가와 비교했다. 그 결과 아이의 편도가 클수록, 부모가 평가한 불안 수준도 더 높은 것으로 나타났다. 자, 이 결과의 진짜 의미를 생각해보자. 이 연구에서 부모는 동물 연구자와 같은 역할을 했다. 그들은 행동의 관찰—아이가 신경질적이라든가, 까칠하다든가, 집중하지 못하거나 잘 자지 못한다거나—에 근거해 불안이라는 내적 느낌에 관한 결론에 도달했다. 편도의 크기가 특정 행동과 상관관계는 보일 수 있지만, 불안의 느낌과 관련된 것인지는 검증되지 않았다. 웹사이트의 기사 제목은 다음 세 가지 측면에서 부정확하다. (1) 측정 대상이 불안의 느낌이 아니라, 행동적 활동이었다. (2) 아이들은 임상적 의미에서 불안하지 않았다. (3) 공포나 불안이 의식적 느낌을 의미할 때 편도는 공포 중추가 아니다(물론 불안 중추도 아니다).

이런 부정확하고 혼란스러운 의미로 사용되는 단어에 공포와 불안만 있는 것은 아니다. 위에서 언급했듯 사람들은 분노, 슬픔, 기쁨, 혐오를 포함한 수많은 정서들이 뇌 회로에 배선되어 있다고 생각한다.[67] 여기서도 동일한 문제가 발생한다. 예측 가능한 방식으로 유의미한 자극을 감지, 반응하는 선천적 시스템과 의식적 느낌을 일으키는 시스템을 뒤섞어 생각하는 경향 말이다.

의식적 마음의 과학은 다른 종류의 과학과 다르다.[68] 물리학자, 천문학자, 화학자는 자연에 대한 상식적인 개념을 진지하게 고려할 필요가 없다. 별이나 물질, 에너지, 화학 원소에 대한 사람들의 태도나 믿음이 연구 주제에 영향을 미치지 않기 때문이다.[69] 우리가 흔히 "해가 동쪽에서 뜬다"고 말한다는(그리고 일부 사람들이 실제 그렇게 믿는다는) 사실은, 일출이 환영이라는 것에 아무런 과학적 영향력을 미치지 못한다. 그러나 심리학자들은 통속심리학에 주의를 기울이지 않을 수 없다. 왜냐하면 마음에 대한 사람들의 흔한 믿음이 일상의 생각과 행위에 영향을 미치고, 따라서 심리학의 중요한 부분에 속하기 때문이다.[70] 통속심리학은 사람들이 관심을 갖거나 그들의 삶에 영향을 미치는 대상을 들여다보는 창문이다.[71]

일반적으로 과학이 성숙하면 처음에는 일상 언어를 사용했더라도 점차 과학적 용어로 대체되기 마련이다.[72] 일부 사람들은 신경과학에서 정신적 상태를 설명할 때도 이 과정을 밟게 될 것이라 주장한다.[73] 그들은 "공포," "기쁨," "슬픔" 같은 단어들이 일상적인 의미와 다른 적절한 과학적 용어로 대체될 것이라 본다.

그러나 심리학자 가스 플레처Garth Fletcher는 마음의 작동 방식을 설명하는 데 통속심리학 개념을 이용하는 것과, 우리가 과학적으로 이해하고 추구하고자 하는 마음에 관한 사실들을 발견하는 데 통속심리학을 이용하는 것을 구분했다.[74] 그는 마음의 작동 방식에 대한 상식적 설명은 심리 과학의 발전에 의해 대체되겠지만, 통속심리학의 다른 측면은 계속해서 적절한 역할을 맡을 것이라 내다봤다. 왜냐하면 인간의 주관적 경험, 믿음, 공포, 욕망 등은 자신의 삶에 접근하는 방식에 영향을 주기 때문이다.

나는 플레처의 의견에 동의한다. 만일 우리가 의식적 정서를 이해하고 싶다면 "공포," "불안," "질투심," "자만심" 같은 단어들을 피해갈 수 없다. 이때 비의식적 과정에 의식적 느낌을 가리키는 꼬리표를 붙이게 되는 문제에 봉착하게 된다. 그렇게 되면 의식적 상태가 비의식적 과정의 특성을 떠맡게 된다. 공포의 느낌은 위협에 의해 촉발되는 방어 반응의 원인으로 지목된다. 동시에 비의식적 과정 역시 의식적 느낌의 속성을 떠맡게 된다. 위협을 감지, 반응하는 과정이 공포의 기능이 된다. 이처럼 얽히고설키면 각각의 개념을 구분하기 매우 어려워진다. 우리는 이 용어의 혼란에서 빠져나올 해법이 필요하다.

제안

과학적으로 공포나 불안을 논의할 때 우리는 "공포"나 "불안"이 일상적 의미를 갖도록 해야 한다. 즉 현존하거나 예상되는 위협에 대해 사람들이 겪는 의식적 경험의 서술이 되어야 한다. 과학적 의미는 통속적 의미보다 더 심원하고 복잡할 수 있지만, 둘 다 근본적으로 같은 개념을 가리켜야 한다. 그뿐만 아니라 의식적 느낌을 가리키는 이 단어들을, 비의식적으로 위협을 감지하고 방어 반응을 제어하는 시스템을 다룰 때 사용해서는 안 된다.

따라서 공포 자극이 공포 시스템을 활성화해 공포 반응을 일으켰다고 말하는 대신, 위협 자극이 방어 시스템을 활성화해 방어 반응을 일으켰다고 말해야 한다.[75] "위협"이나 "방어"는 인간의 주관적 경험에서 비롯된 단어가 아니기 때문에, 이 단어들을 사용하면 두려움이나 불안의 의식적인 느낌의 근간에 있는 메커니즘과 실제의 혹은 지각된 위험을 감지, 반응하는 메커니즘을 구별하기 쉽게 만들어준다. 마찬가지로 "공포 조건형성"은 "위협 조건형성"으로 불러야 할 것이다. 따라서 "공포 CS"와 "공포 CR" 대신 "위협 CS"와 "방어 CR"을 사용할 것이다. (표 2.2)

표 2.2: 공포 조건형성 용어 정립	
이전 용어	새로운 용어
조건형성된 공포 자극	조건형성된 위협 자극
조건형성된 공포 반응	조건형성된 방어 반응

일부 사람들은 우리가 지금까지 걸어온 길에 그대로 머물러야 한다고 주장한다. 만일 공포나 불안의 느낌과 위협을 감지, 반응하는 메커니즘을 분리하면 우리가 수행하는 연구의 가치가 떨어질 것이라고 말이다. 그러나 과정의 분리가 개별 연구의 가치를 떨어뜨릴 이유가 없을 뿐더러, 오히려 공포와 불안이 신경 회로에서 생겨나는 과정을 더 풍부하게 이해하는 데 도움을 줄 것이다. 예를 들어 불안의 느낌이 불안한 사람에게 나타나는 행동 및 생리 증상을 제어하는 것 이상의 메커니즘에서 비롯된다면, 우리는 그 차이를 무시하기보다 별개의 메커니즘을 인정함으로써 더 효과적인 치료법을 찾아낼 수 있을 것이다. 약물 치료가 생리 증상(생존 회로 활성화의 직접적 결과물)은 변화시키지 않으면서, 죽음을 두려워하는 의식적 느낌(인지적 해석)에는 영향을 주었다는 도널드 클라인의 발견이 공황 장애를 현대적 관점에서 이해하기 시작한 계기가 되었다는 1장의 내용을 상기하라.

뿌리 깊은 생존 메커니즘

동물의 세계에 위험을 감지, 반응하는 능력이 얼마나 널리 퍼져있는지 살펴보면 공포에 관해 우리가 잘못 생각하고 있는 부분이 명확해진다. 이런 능력은 생존을 위해 반드시 필요하며 벌레, 민달팽이, 가재, 곤충, 물고기, 개구리, 뱀, 새, 쥐, 원숭이, 인간 등 모든 동물에게서 찾아볼 수 있다. 그렇다면 우리는 가재, 지렁이, 바퀴벌레가 공포나 불안을 느껴 위협에서 도망친다고 주장해야 할까? 아니면 이런 동물들이 단순히 위험을 감지, 반응하는 메커니즘을 갖고 있다고 말해야 할까? 많은 사람들이 무척추동물, 심지어 물고기나 개구리도 후자에 속한다고 동의할 것이다. 그러나 포유류의 경우 후자에 동의하는 사람은 더 적을 것이다. 그러나 인간이 의식적 느낌 없이 위험에 반응할 수 있다면, 다른 포유류의 방어 반응이 의식적 느낌이 아니라 비의식적 과정을 반영한다는 생각에 반대할 필요가 있을까?

내가 보기에 인간은 동물 조상으로부터 공포 그 자체를 물려받았다기보다, 길고 긴 진화의 역사를 통해 위험을 감지, 반응하는 능력을 물려받았다고 결론 내려야 한다. 인간이든 다른 동물이든, 이 능력이 위협 자극과 방어 반응을 매개하는 공포의 느낌에 의존한다고 가정하면 문제가 발생한다. 이 가정은 인간이 아닌 동물에게서 쉽게 측정할 수 없는 것들을 찾도록 만들고, 연구자들로 하여금 그와 같은 상태가 존재한다는 결론에 맞게 증거 규칙을 왜곡하도록 만든다. 그런데 만일 위험을 감지, 반응하는 능력이 의식을 필요로 하지 않는다고 인정하면, 우리는 잡히지 않는 대상을 굳이 찾아 헤맬 필요가 없을 것이다. 그러면 우리가 경험하는 것을 동물도 경험하는지 끝없는 논쟁을 벌이는 대신, 각자 흥미로운 주제를 찾아 연구할 수 있을 것이다.

나는 지금 동물의 의식적 느낌을 부정하는 것이 아니다. 내 목적은 동물의 느낌을 과학적으로 측정하는 데 방해가 되는 문제들을 강조하고, 객관적 증거로부터 인간과 동물이 공유한다고 알려진 뇌 기능을 연구하도록 길을 제시하며,

오직 인간에게서만 입증 가능한 기능에 한해서는 인간 연구에 초점을 맞추는 것이다.

위협 감지의 근원은 이미 논의된 것보다 훨씬 더 깊은 곳에—가장 깊게는 단세포 생물까지— 있을지도 모른다. 단세포 생물도 자신의 세계에서 무엇이 이롭고 해로운지 판단해야 한다. 이런 관점에서 볼 때 위협을 감지, 반응하는 능력은 심원한 생존 메커니즘으로 파리, 쥐, 인간 같은 복잡한 다세포 생물뿐만 아니라 개별 박테리아에게도 매우 중요하다. 동물에게 위험을 감지, 반응하는 것은 몸 안 각각의 세포가 하는 일일 뿐만 아니라, 유기체 전체로 하여금 자신을 지키도록 하는 뇌내 방어 시스템의 기능이기도 하다. 이 오래된 능력의 진화적 기능은 공포나 불안 같은 정서를 일으키는 것이 아니라, 단지 유기체의 삶이 현재를 넘어 계속되도록 돕는 것일 뿐이다.

간단히 말해 우리는 지금까지 매우 인간중심적 관점으로 뇌를 바라보았다. 이는 비의식적으로 작동하는 과거의 생존 메커니즘이 뇌에서 어떻게 구성되었는지 의식적 내적 성찰로 알 수 있을 것이라는 생각과 마찬가지다. 앞에서 언급했듯 의식적 마음은 뇌가 하는 일은 무엇이든, 심지어 알지 못하는 것까지 설명하려는 경향이 있다.[76] 우리는 공포를 느껴서 위험에 반응한다고 생각한다. 이런 믿음 때문에 과학자들은 동물 뇌에서 방어 반응을 제어하는 회로를 찾아 공포를 탐구하려 한다. 그러나 우리는 동물 뇌에서 공포의 위치를 찾기보다, 동물과 인간의 유사한 과정—위협을 감지, 반응하는 비의식적 과정—이 우리가 경험하는 공포의 느낌에 어떻게 기여하는지 알아내려 노력해야 한다.

생존 회로와 전역적 유기체 상태

정서가 선천적이라는 견해는 동물 조상으로부터 물려받은, 오래된 피질하 회로에 배선된 상태에 적용된다고 알려져 있다.[77] 우리는 인간의 정서와 흔히 연관되는, 선천적인 반응을 제어하는 회로를 분명 갖고 있다. 그러나 이것은 정서 회로

가 아니다. 느낌의 회로도 아니다. 바로 다름 아닌 "생존 회로"다.[78]

최근 나는 종종 공포 회로라는 꼬리표가 붙는 뇌 메커니즘을 논하기 위해 "방어 생존 회로defensive survival circuit"라는 표현을 소개했다.[79] 내가 보기에 "공포 회로"나 "공포 시스템"보다 이 용어가 더 적당하다. 이 용어에는 방어 행동이 의식적인 공포의 느낌에 의해 촉발된다는 암시가 없기 때문이다. 내 연구 주제였던 편도 회로는 공포의 느낌을 만들지 않는다. 이 회로는 위협을 감지하고 방어 반응을 조율해 생물이 죽지 않고 안전하게 살아가도록 돕는다.

방어 생존 회로는 대부분의 동물에 공통된 몇 가지 생존 회로 중 하나다. 다른 생존 회로들은 영양이나 에너지 급원을 획득하거나, 체액의 균형을 맞추거나 체온 조절, 생식 등에 관여한다.[80] 이 기능에 관여하는 회로는 포유류 전체에 보존되어 있으며 일부 연구자들은 척추동물 전체에서 발견된다고 주장한다. 무척추동물의 경우 신경계가 다르게 구성되어 있지만—예를 들어 무척추동물은 편도를 비롯해 척추동물에게 있는 뇌 영역을 갖고 있지 않지만—이들 역시 척추동물과 비슷한, 아마 척추동물과 비교했을 때 전구체에 해당되는, 생존 기능을 수행하는 회로를 가지고 있다.[81] 그뿐만 아니라 심지어 신경계가 없는 단세포 생물에게서도 유사한 기능을 찾아볼 수 있다. 따라서 이 기능은 진화의 역사에서 뉴런, 시냅스, 뇌 회로보다도 더 오래된 것이며[82] 신경계를 갖춘 더 복잡한 생물의 생존 기능의 원초적 전구체라 볼 수 있다.[83] 생존 회로는 정서(느낌)를 만들기 위해 존재하는 것이 아니다. 생존 회로는 매 순간 살아남기 위한 모험 속에서 환경과의 상호작용을 관리할 뿐이다.

생물의 안락이 잠재적으로 도전을 받거나 향상될 때 생존 회로가 활성화된다. 뇌와 몸의 전반적인 반응을 "전역적 유기체 상태"라고 한다.[84] 예를 들어 방어 생존 회로의 활성화가 방어 동기 상태를 조성한다.[85] 이런 상태는, 도전이나 기회가 존재하는 상황에서 자원을 관리하고 생존 기회를 극대화하는 작업에 유기체 전체(몸과 뇌)를 관여시킨다.[86] 생존 회로에 의해 개시되는 포유류와 그 밖에 척추동물의 전역적 유기체 상태는[87] 무척추동물의 유사한 상태가 정교화된

것이다.[88]

 1장에서 지적했듯 방어 생존 회로가 위협을 감지하면 방어 반응을 촉발할 뿐만 아니라, 신경조절물질과 호르몬을 포함한 화학적 신호의 광범위한 방출을 제어하는 뇌 영역을 활성화한다.[89] 그 결과 생물은 고도로 각성하고 경계 태세에 들어가, 감각적 환경에 대응하고 눈앞에 있는 명확한 위험에 집중하는 한편 다른 잠재적 위해 요소의 원천에도 경계를 게을리하지 않는다. 추가적인 방어 반응 발현의 역치가 낮아지고 반면 다른 동기 행동, 그러니까 먹거나 마시거나 짝짓기를 하거나 잠들거나 하는 행동은 억제된다. 이 전역적 방어 동기 상태는 뇌와 몸의 자원을 총동원해 생명을 유지하고, 이후에는 외적 환경에 적합한 과거의 도구적 학습에 의해, 더 복잡한 방식으로 위험에 대처하는 행위—도피나 회피—를 전개해 나가도록 한다. 다른 동기 유발 환경에서도 전역적 유기체 상태는 비슷하게 기능한다. 예를 들어 에너지 공급이나 체액이 부족할 때, 먹이나 물에 접근하도록 돕는다. 전역적 유기체 상태 개념은 중심 상태(앞의 논의 참조)와 밀접하게 연관된다. 그리고 경우에 따라 방어 동기 상태도 나타난다.[90] 앞의 견해에서는 방어 동기 상태를 방어 반응의 원인으로 다루었다. 그러나 내 입장은 방어 동기 상태가 방어 생존 회로(그림 2.7)의 활성화에 따른 전역적 결과라는 것이다. 방어 동기 상태에 의해 방어 반응이 일어나는 것이 아니라, 오히려 방어 반응이 방어 동기 상태의 원인이 된다. 그러나 앞서 언급했듯 일단 전역적 동기 상태가 현존하면, 생물의 생존과 번영을 위한 도구적 행동을 유발하는 데 도움이 된다.

 방어 동기 상태는 단순한 생물과 복잡한 생물 모두에게서 나타날 수 있지만, 자신의 뇌 활동을 의식적으로 자각할 능력을 가진 동물만이 우리가 흔히 공포라 부르는 상태를 경험할 수 있다. 나는 방어 동기 상태, 아니면 적어도 그 상태의 일부 요소는 지각이나 기억 같은 다른 요인들과 더불어 의식적 느낌을 구성하는 재료라고 생각한다. 따라서 우리 뇌에서 방어 생존 회로가 활성화되고 그 결과가 현재의 자극 그리고 그 자극이나 유사한 자극의 기억과 연결될 때, 우리는 그 사건이 "나 자신"에게 일어난다는 사실을 자각하고 공포를 느끼게 된다.

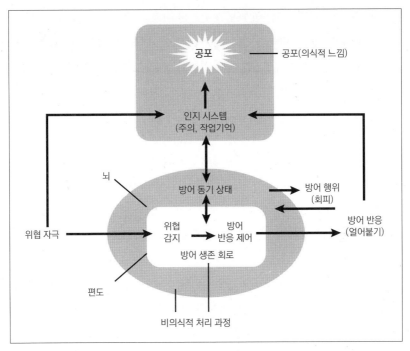

그림 2.7: 생존 회로에서 공포와 방어 동기 공포 시스템에 관한 나의 기존 견해(그림 2.6)가 마치 편도를 공포 중추로 보는 것처럼 자주 오해를 불러일으키기 때문에, 용어를 새롭게 정비했다. 새 모델에서는 편도의 기능을 설명하는 데 더는 공포라는 용어를 사용하지 않는다. 나는 이제 편도를 방어 생존 회로로서 위협을 감지, 반응하는 회로라고 설명한다. 생존 회로가 활성화되면 그 한 가지 결과로 뇌 전역에 방어 동기 상태가 형성된다. 이 상태는 공포의 느낌에 대한 신경적 구현이 아니다. 이 상태(또는 그것의 신경적 요소)는 인지적으로 해석될 때 공포의 느낌을 일으키는 신경적 재료를 제공할 뿐이다. 이 견해는 공포가 방어 반응을 일으킨다고 보지 않기 때문에 상식적 견해와 다르다. 또 이 견해는 방어 반응과 중심 상태 모두 생존 회로 활성화의 결과로 본다는 데서 중심 상태 견해와도 다르다. 방어 동기 상태가 선천적인 방어 반응을 일으키거나 그에 수반하는 신체의 생리적 변화를 일으키지는 않지만, 생물이 위험에 처했을 때 단순히 반응하는 것이 아닌 도구적 행동을 하도록 동기를 불러일으키는 원인이 된다.

궁극적으로 우리는 마음속에 언어와 그것의 확장된 의미로 이루어진 공포의 "개념"을 갖고 있어야 공포를 느낄 수 있다.[91] 우리가 이런 개념을 배우는 이유는 이것이 우리의 안락well-being에 중요한 요소이며 삶의 중요한 경험을 구성하고 있기 때문이다. 우리는 또한 이 개념과 관련된 어휘를 방어 생존 회로 활동의 결과와 연관시키는 것을 배운다. 모든 문화는 이런 개념과 그에 해당하는 단어를 가지고 있는데, 이는 모든 인간의 뇌에 선천적인 방어 생존 회로가 있고 그 회로가 비슷한 종류의 선천적 반응과 그에 수반하는 뇌와 몸의 생리적 변화를 만들어내기 때문이다. 그러나 공포의 느낌은 생존 회로의 직접적 산물이 아니다. 그것은 생존 회로 활성화의 결과에 근거한, 표준적인 사례들에 대한 인지적 해석일 뿐이다. 그리고 각 종마다 생존 회로의 선천적 기반을 갖고 있으며 그것이 공통된 인지적 해석의 기반이 되기 때문에, 그 회로는 적어도 일부 보편적인 신호를 제공한다. 그 결과 공포가 위험에 처했을 때 느끼는 친숙한 정서로 자리잡게 되면, 공포에 대한 자기 보고가 모두 비슷한 내용을 갖게 되는 것이다. 동물이 인간의 언어와 같은 방식으로 생존 회로의 활동에 이름을 붙이거나 해석할 수 없다는 것은 분명하다. 동물 역시 뭔가를 경험할 수 있다. 그러나 뇌에서 방어 생존 회로가 활성화될 때 인간의 경험과 동물의 경험이 같거나 비슷할 것이라는 가정은, 나는 틀렸다고 생각한다.

결론적으로 공포는 선천적 회로에서 방출되는 무언가가 아니다. 오히려 나와 일부 연구자들이 주장했듯, 특정 종류의 비의식적 요소들이 한데 합쳐지고 인지적으로 해석될 때 나타나는 의식 상태라 볼 수 있다.[92] 만일 그렇다면 공포의 느낌을 방출하는 선천적인 회로를 찾는 것은, 공포의 느낌을 이해하는 데 잘못된 접근법이다. 선천적 회로는 생존에 중요하지만 그것이 느낌의 회로는 아니다.

동물들의 정신적 삶

많은 사람들 그리고 일부 과학자들은 동물의 행동을 이용하면 동물의 마음이 드러날 것이라 믿는다. 이때 "마음"이 오늘날의 대부분 과학자들이 의미하는 마음—대체로 비의식적으로 작동하는 정보 처리에 관여하는 인지 기능—이라면 동물 연구로 마음에 관해 상당히 많은 것을 배울 수 있을 것이다. 1950년 존경받는 심리학자인 칼 래쉴리Karl Lashley는 우리가 정보 처리 과정을 결코 의식적으로 자각할 수 없다고 단언했다. 우리는 다만 그 결과가 의식적 내용을 만들어낼 때만 지각할 수 있다.[93] 이 비의식적 정신적 기능을 우리는 때로 "인지적 무의식cognitive unconscious"이라 부른다.[94]

정보를 처리해서 행동을 제어하는 복잡한 인지적(정신적) 기능을 이용하는 능력은 의식적 경험을 갖는 것과 별개다.[95] 둘 다 세계의 내적 표상을 이용하는 것과 관련된다는 점에서는 "정신적"이다. 그러나 동물은 의식적 자각 없이도 먹을 것과 마실 것을 찾고, 짝짓기를 하고, 상처를 입으면 몸부림치고, 위협을 받으면 얼어붙거나 도망칠 수 있다. 특히 일상에서 환경과 어우러질 때 동물들은 선천적 반응이나 조건 반응뿐만 아니라 복잡한 인지적 과정을 요구하는 목표, 가치, 의사결정에 의존하기도 한다. 그러나 그렇다고 이런 과정들이 반드시 의식적 자각을 필요로 하는 것은 아니다.

특정 상황에서 인간과 유사하게 행동하는 동물을 보고 그 근간에 의식적 상태가 존재할 것이라고 가정하면, 이는 과학적 증거라기보다 일종의 "유비 논증argument from analogy"이다.[96] 19세기 말 토마스 챔벌린Thomas Chamberlin은 과학자들이 데이터를 해석할 때 편향을 막으려면 다양한 가설을 고려해야 한다고 주장했다.[97] 따라서 유기체가 표출하는 행동이 의식에 의존한다는 강력한 증거가 존재하고, 또한 그 행동이 비의식적 과정으로는 설명될 수 없다는 강력한 증거가 존재할 때 비로소 행동의 원인을 의식에 돌릴 수 있다.[98] 그런데 동물의 의식에 관한 논의에서는 두 조건 모두 별로 고려되지 않는다.

동물이 보이는 인지적 행동이나 지적 행동을 근거로, 동물에게 의식이 있으며 우리와 유사한 느낌을 가진다고 단순히 해석하는 경우가 많다. 예를 들어 에이미 햇코프Amy Hatkoff의 『가축의 내적 세계』[99] 서문에서, 저명한 영장류 동물학자인 제인 구달은 다음과 같이 썼다. "가축은 기쁨, 슬픔, 흥분, 분노, 우울, 공포, 고통을 느낀다. 가축은 우리가 상상해온 것보다 훨씬 더 많이 자각할 수 있고 지적이다. …… 하나하나가 소중한 권리를 갖고 있다."[100] 그리고 2013년 인터뷰에서 구달은 동물에게서 연민, 이타주의, 계산, 의사소통, 심지어 일종의 의식적 사고의 사례를 여러 차례 보았다고 말했다. 구달은 동물이 "우리가 인간의 정서라고 설명하는 것과 비슷한 정서를 보인다"고 결론 내렸다.[101] 구달은 권위를 갖고서 동물의 행동으로부터 의식적 사고와 정서를 일반화했다. 그런데 동물의 경험을 그녀가 어떻게 진정으로 알 수 있을까?

동물은 분명 그들 머릿속에서 복잡한 문제를 해결할 수 있는 것처럼(간단히 말해 지적으로) 행동한다. 그뿐만 아니라 구달의 말처럼 각각의 동물은 개별적으로 소중한 존재다. 그러나 적어도 내가 보기에 과학적 관행에서는 엄격하고 확실한 증거 없이, 동물이 그런 느낌을 가져야 마땅하다는 직관을 기반으로—그것이 아무리 강력하다 해도— 동물이 의식적 느낌을 가진다고 결론 내리는 일은 지양해야 한다.[102] 물론 동물이 우리가 경험하는 공포, 사랑, 기쁨, 슬픔과 같은 종류의 상태를 가진다는 명백한 과학적 증거가 부족하다고 해서, 그것이 동물을 연구용, 오락용, 화장품용, 식용으로 남용하거나 학대하는 행동을 정당화하는 근거는 될 수 없다. 실험 동물이나 반려동물의 대우에 있어 오늘날 미국과 다른 많은 국가들이 높은 기준을 세워놓고 있다. 이런 법률의 기반에 자리하는, 동물도 우리처럼 느낌을 가질 것이라는 가정은 과학적 데이터에 근거한다기보다 우리 사회가 채택한 특정 윤리적 입장을 반영한다. 철학자, 과학자, 일반 대중이 그 차이(윤리적 결론과 과학적 결론을 뒷받침하는 각기 다른 고려 사항)를 인식하기만 한다면 사회적 가치와 과학의 완전성은 보존될 수 있을 것이다.[103]

동물이 의식을 갖는지 여부는 궁극적으로 의식을 어떻게 규정하느냐에 달려 있다. 나는 이 점에 관해 뒤에 이어지는 장들에서 더 자세히 논의할 것이다. 동물은 깨어 있을 때 경계를 하고 유의미한 자극에 행동 반응을 보인다는 점에서는 의식을 갖고 있다. 중요한 문제는 동물이 정신적 상태 측면에서 의식을 갖고 있는가 하는 문제다. 이 질문을 어렵게 만드는 한 가지 이유는 동물의 경우 비의식적 인지(정신적) 처리 과정에 의해 제어되는 행동 반응과 의식적 자각에 의존하는 행동 반응을 구별하기 어렵다는 점이다. 그뿐만 아니라 어떤 자극의 현존을 자각하는 것과 그 자극을 경험하는 주체로서 자신의 자아를 자각하는 것 또한 구별해야 한다. 인간의 경우 이 차이를 자기 보고를 통해 알아낼 수 있다. 그런데 말 못하는 동물의 경우, 6장과 7장에서 논의하겠지만 그것을 알아내는 데 큰 장벽이 있다.

위험을 발견하고 도망치는 쥐나 고양이를 보면 공포를 느끼고 있으리라 생각하는 편이 자연스럽다. 그러나 내가 지금까지 지적했듯, 위험을 마주한 인간이 방어적인 방식으로 반응하게 만드는 것은 공포의 느낌이 아니라는 상당한 증거가 있다. 반대의 경우도 있다. 겉보기에는 전혀 겁을 먹지 않은 것처럼 보여도 마음속으로는 극도의 공포를 느낄 수 있다. 전쟁터에서 병사가 영웅적 행위를 한 후에, 또는 부모가 위험에 처한 아이를 구해낸 후에 공포가 다시 찾아오는 경우도 있다. 위험에 반응하는 방식에 근거해 인간의 경험을 확실하게 말할 수 없다면, 동물의 반응을 근거로 그들이 무엇을 느끼는지 어떻게 말할 수 있을까?

영장류 동물학자인 프란스 드 발Frans de Waal은 동물이 의식적 느낌을 가진다는 생각을 지지했다. 그러나 그 역시 "동물이 무엇을 느끼는지 우리가 알 수는 없다"[104]고 시인했다. 또한 그의 전문 분야인 "공감empathy"에 있어 동물 의식의 역할이 과대평가되는 경향이 있다고 말했다. 그는 심지어 인간의 경우에도 그가 공감이라 부르는 것이 자동적으로, 즉 비의식적으로 일어난다고 지적했다. 또 인간의 느낌을 확실히 아는 것이 어렵다고 말하면서, 동물이 느낌을 가진다는 주장을 강화했다. 인간의 느낌을 알 수 있는 유일한 방법은 언어 자기 보고verbal self-report를 통해서인데, 그는 이를 신뢰할 수 없다고 보았다. 그렇게 본다면 "동물의 느낌을 가정하는 일은 생각만큼 그리 큰 비약이 아니다."[105]

드 발과 달리, 나는 우리가 개인적 경험으로 다른 사람의 마음을 일반화하는 것이 동물의 마음을 일반화하는 것과 같은 문제라고 생각하지 않는다. 뇌 손상이나 심각한 심리적 장애나 유전적 돌연변이가 없는 한 모든 인간은 동일한 일반적 능력을 갖고 태어난다. 내 뇌가 의식을 가진다면 여러분의 뇌도 마찬가지다. 우리의 경험은 다를지 몰라도, 우리 모두 동일한 종류의 경험을 할 수 있는 능력을 가진다. 그런데 다른 종에 대해서는 그렇게 말할 수 없다. 인간의 뇌는 가장 가까운 영장류 사촌들과도 크게 다르다. 뇌 영역만 다른 것이 아니라 연결성 패턴도 다르고[106] 세포 구성도 다르다.[107] 우리가 진화의 역사를 거슬러 올라갈수록 그 차이는 커진다. 예를 들어 영장류의 뇌에서 복잡한 인지 기능을 수행한다고 알려진 전전두 피질은 다른 포유류에게서 찾아볼 수 없다.[108] 게다가 우리 인간은 언어 능력을 타고나기 때문에 여행의 기억이나 수평선의 멋진 일몰 풍경 등의, 모두가 이해할 수 있는 공통 주제에 관해 정보를 나눌 수 있다. 자기 보고가 완벽하지는 않다. (우리는 때로 기억에 착각을 일으키기도 하고, 고의로 다른 사람을 속이기도 한다.) 그러나 존경할 만한 수많은 인지과학자, 뇌과학자, 철학자들이 말했듯[109] 언어 자기 보고는 두 유기체의 의식적 경험을 비교하는 데 그나마 최선의 방법이라 할 수 있다.

언어 보고가 그렇게 중요한 이유는, 그것이 의식을 포함하는 뇌 상태와 그렇지 않은 뇌 상태의 구분 방법을 제공하기 때문이다. 다른 동물들은 말을 할 수 없기 때문에 그들의 의식적인 정신적 상태와 비의식적인 정신적 상태를 직접 평가할 방법이 없다. 그러니까 문제는 다른 동물이 의식적 경험을 하느냐 못하느냐가 아니라 그 여부를 알아낼 수 있는, 언어 보고나 그 밖에 수용할 수 있는 엄격한 형태의 보고/논평[110] 방법이 없다는 점이다. 그리고 동물이 의식적 경험을 한다면 그것은 대체 어떤 경험일까?

공포나 분노, 기쁨을 느낀다고 말할 때 사람들은 마음속에 특정한 뭔가를 떠올린다. 그리고 많은 사람들, 아마도 대부분 사람이 편의상 자신의 반려동물 역시 그와 비슷한 경험을 하리라고 생각한다. 그러나 그 가정에 따라 과학자들이 동물에게서 공포나 다른 정서를 찾아보려고 시도하면, 그들은 이를 쉽게 입증할 수 없다는 사실을 깨닫는다. 어떤 의미에서, 우리는 동물이 생각이나 정서를 갖고 있다고 볼 수밖에 없다.[111] 의인화는 인간 뇌의 타고난 특성인 것 같다.[112] 이는 분명 마음의 작동방식에 관한 일상적이고 통속적인 개념들 중 일부다.[113] 우리는 심지어 생명이 없는 대상을 보고도 의인화하려 든다. 예를 들어 인간 피

험자에게 비디오 화면으로 커다란 삼각형이 작은 원을 쫓아다니는 영상을 보여
준다면, 그리고 원이 경로를 바꾸어 이리저리 피하는데도 그 삼각형이 끈질기게
원을 쫓아가 부딪친다면, 피험자들은 삼각형은 공격적이며 원은 공포에 질려있
다고 해석한다.[114]

어쨌든 어떤 믿음이나 태도가 자연스럽다거나 심지어 선천적이라 해도 그
것이 반드시 과학적으로 옳다고 볼 수는 없다.[115] 수천 년 동안 사람들은 상식에
따라 지구가 평평하다고 믿었다. 지금도 직관적으로는 그렇게 보인다. 우리가 차
를 몰거나 심지어 장거리를 여행할 때 그 가정을 고수해도 아무런 문제가 없다.
왜냐하면 우리의 의식적 경험 속에서 지구는 사실상 늘 평평하기 때문이다. 일
상의 모든 실용적 활동이 과학적 사실에 근거할 필요는 없다. 설사 반려동물의
뇌가 인간과 다르게 작동하며 우리와 같은 의식적 경험을 할 수 없다고 인정해
도, 우리는 그들이 느낌을 가진 것처럼 대할 수 있다(나는 그렇게 한다).

그런 일상의 가정을 뇌의 이해에 끌어들일 때 문제가 발생한다. 앞서 언급
했듯 심리학에서 인간의 의식적 느낌, 믿음, 욕망과 관련된 부분은 언제나 일상
적 통속심리학에서 비롯된 언어에 의존한다(경우에 따라 과학적 용어가 통속심리
학의 일부가 되기도 한다). 그러나 우리는 다른 동물의 뇌(그리고 마음)에 대해서
는 인간의 뇌와 동일한 가정을 할 수 없기 때문에, 인간의 의식적 경험에 관한 언
어를 동물에 간단히 적용시킬 수 없다. 동물은 인간이 언어로 해낼 수 있는 것과
같은 방식으로 생존 회로 활동에 꼬리표를 붙이거나 해석할 수 없다. 그들이 뭔
가 경험할 수도 있겠지만, 그 경험이 방어 생존 회로가 활동 중일 때 인간의 경험
과 같거나 유사하다는 가정은 틀렸다. 인간에게는 비의식적으로 작동하는 동물
의 처리 과정을 설명할 때 인간의 의식적 경험에 관한 언어를 사용하는 경우가
너무 많다. 우리는 인간의 이런 처리 과정에 대한 개념을 좀 더 명확하게 정립할
필요가 있다. 그래야 인간과 동물의 행동에 대해 논의할 방법을 얻을 수 있다.

1장에서 말했듯 공포를 경험한다는 것은 바로 "나 자신"이 위험에 처했다는
사실을 인식하는 것이다. 이처럼 공포와 자아가 연관되고, 빠르고 불가피하게 불

안으로 변모해가는 것이 바로 인간의 공포와 불안의 특성이다. 설사 다른 동물들의 의식이 특정 형태로 존재한다 해도 인간의 뇌가 만들어내는 의식과는 다를 것이다.

내게 중요한 문제는, 우리가 동물의 행동을 의식에 기대지 않고 어디까지 설명할 수 있느냐 하는 것이다. 나는 꽤 멀리 나아갈 수 있다고 생각한다. 왜냐하면 인간의 행동과 마찬가지로 동물의 행동은 상당 부분 비의식적으로 제어되기 때문이다. 비의식이 비정신을 뜻하지 않는다는 점을 기억하라. 비의식이란 단지 생물이 자신의 뇌에서 일어나는 처리 과정을 외현적으로 자각하지 못했음을 의미한다. 위에서 언급했듯 특정 범주의 행동이나 그 범주 내의 특정 사례를 설명할 때 의식을 원인으로 지목하는 일은, 그 행동을 비의식적으로 작동하는 과정으로 설명할 수 없을 때만 행해져야 한다.

나는 동물 의식의 존재에 대한 추측에 아무런 이의도 없다. 내가 문제 삼는 것은 데이터가 아닌 가정에 근거해 그런 추측을 당연한 것처럼 받아들이는 태도다. 과학이 발전하기 위해서는 대담한 추측도 필요하다. 그러나 참으로 보이는 추측을 진리로 간주할 때 문제가 발생한다. 과학자들은 추측과 데이터 사이에 선을 그어서, 그들의 분야 밖의 사람들이 둘을 구분할 수 있도록 도와야할 의무가 있다. 설사 그 둘의 경계가 모호하더라도 말이다. 특히 일반 대중이 관심을 갖고 있으며, 사람들을 괴롭히는 문제를 이해하고 치료하는 데 도움을 줄 수 있는 분야라면 더 그렇다. 잘못된 의사소통으로 과학적 발견이 임상에 부정확하게 적용될 수도 있다.

정서의 뇌를 다시 생각하기

이 장에서 설명한, 정서에 대한 내 견해는 간단하게 요약할 수 있다. (나를 포함한) 과학자들이 "정서"라는 꼬리표를 사용할 때 생존 회로 활성화에 따른 결과를 가리키는 경우가 많다. 이 회로는 인간이나 다른 동물이 특정 방식으로 느끼도록 존재하는 것이 아니다. 이 회로의 기능은 유기체의 생명을 유지하는 것이다. 정서란 유기체가 그 결과를 의식적으로 경험할 때 느끼는 것이다. 유의미한 사건을 감지, 반응하는 과정과 느낌이 발생하는 과정을 분리해서 보는 것이야말로, 정서가 실제 무엇이고 어떻게 작동하는지 제대로 이해하는 길이다. 이 두 과정이 연관된다 해도 둘을 뒤섞는 일은 정서의 뇌를 이해하는 데 걸림돌이 될 뿐이다.

최근 과학자들은 의식적 느낌에 너무 큰 비중을 두거나(상식적 견해) 그에 합당한 역할마저 인정하지 않는(일반적인 중심 상태 견해) 모습을 보인다. 내 목표는 둘의 균형을 찾아, 공포와 불안의 과학에서 느낌에 중심적 역할을 부여하되, 그에 합당한 비중을 넘어서지 않도록 하는 것이다.

03장

이불 밖은
위험해

"삶이 시작되는 순간 위험도 시작된다."

— 랄프 왈도 에머슨[1]

몇 년 전 나는 호주에서 온 동료와 함께 일했다. 그는 남반구 유머나 격언을 종종 들려주곤 했다. 그가 자주 쓰던 표현 중 내 머리에 달라붙은 말이 있다. "캥거루의 아침 식사 시간이오! 소변 한 번 보고, 주위 한 번 둘러보고!"* 이 표현은 내 어린 시절 뇌에 저장되어 있는, 어딘가 기묘하면서도 거친 루이지애나 주 시골에서 즐겨 듣던 표현들과 거부감 없이 잘 어우러졌다. 그런데 과학자로서 나는 말의 순서가 자꾸만 마음에 걸렸다. 나는 캥거루에 대해 별로 아는 것은 없지만, 누워서 자다가 일어나 오줌을 누는 모습이 연상된다. 그런데 이 동물은 포식자들 사이에서 살아갈 것이므로, 일어나 존재를 드러내기 전에 땅바닥에 엎드려 주위를 재빨리 둘러보아야 마땅하지 않을까? 방광 비우는 일을 몇 초 더 앞당기

---

* "Time for a kangaroo's breakfast— a quick pee and a look around." 호주의 속어로 원래는 들개를 의미하는 dingo's breakfast라는 표현이 있다. dingo는 하루 벌어 하루 먹고사는 날품팔이 떠돌이를 말하는데, 아침에 눈을 뜨면 먹을 것이 없으니 소변 보고 주위를 둘러보는 것으로 식사를 대신한다는 의미다.

는 데 목숨을 걸까?

대부분 동물에게 삶은 매년, 매일, 매 순간 생존을 위한 끝없는 투쟁이다. 자신을 노리는 맹수의 존재를 경계해야 할 뿐만 아니라 먹고 마실 것을 구하고, 보금자리를 찾아야 한다. 그리고 종이 살아남기 위해서 번식을 해야 한다. 이 모든 생존 활동을 벌이려면, 굶주린 포식자에게 먹히거나 영토를 놓고 경쟁하는 적의 공격을 받을 위험에 노출되어야 한다. TV 야생 다큐멘터리에서 동물들이 먹이를 먹거나 짝짓기를 한 후에 어슬렁거리고 돌아다니는 모습은 보기 힘들다. 번갯불에 콩 볶듯 먹고 교미하고 도망가는 것이 동물들의 일상이다. 야생에서 행동의 선택지는 삶이 얼마나 위험한 모험인지 보여준다.

다행히 인간은 잡아먹힐지 모른다는 걱정을 떨쳐버릴 수 있도록 삶의 양식을 발전시켜 왔지만, 대신 이 "불안한 동물"을 괴롭힐 다른 위협이 등장했다. 매일 마주하는 물리적 위협은 줄어들었지만 위협적 사건, 일부는 결코 일어나지도 않을 사건을 예상할 수 있는 우리 뇌의 능력이 그 자리를 채운다. 그러나 한편으로 개가 짖거나, 공격적인 동료나 낯선 이가 시비를 걸거나, 물리적 혹은 심리적 위해를 입을 수 있는 상황에 직면하면 우리 뇌의 동물적인 부분이 되살아난다.

이 장에서 우리는 인간을 포함한 동물이 현재와 미래의 위협에 대응하는 방식을 탐구함으로써 공포와 불안의 작동 방식을 이해하는 여정을 계속할 것이다. 이 논의는 이후의 장에서 공포와 불안의 의식적 느낌이 어떻게 일어나는지 알아보는 발판이 될 것이다. 이 장에서 중점을 두고 있는 동물 조건형성 실험은 또한 이후의 장에서 설명할 심리치료 효과를 향상시키는 방법의 기반이 될 것이다.

풍부한 위협

먹이 사슬이 지배하는 야생에서 포식 행위는 궁극의 위협이다. 바다에서 작은 물고기는 큰 물고기에게 먹히고, 큰 물고기는 더 큰 물고기에게 먹힌다. 땅 위에서 쥐와 같은 작은 포유류는 곤충을 먹지만 다시 고양이, 여우, 독수리나 매에게 먹힌다. 우리 인간은 맹수의 더 큰 몸집, 더 센 힘, 더 뛰어난 사냥 기술을 극복할 수 있는 기술을 창조해서, 먹을 대상을 선택할 수 있을 때가 많다. 어쩌면 궁극의 포식자는 인간이라고 말할 수 있을지 모른다.

그러나 다른 동물의 먹잇감이 되는 것만이 삶에서 유일한 위험의 원천은 아니다. 같은 종의 다른 구성원 역시 음식, 영토, 배우자를 놓고서, 때로는 특별한 이유 없는 싸움을 통해 치명적인 위해를 줄 수 있다. 과학자들은 같은 종끼리 공격하는 동종 공격conspecific aggression을 다른 종에 대한 포식 공격predatory aggression과 구분한다.[2]

다른 동물에게 먹히거나 공격당하는 일 말고도 자연에서 일어날 수 있는 나쁜 일들은 얼마든지 있다. 상한 음식을 먹으면 탈이 날 수 있다. 몸의 각 세포는 체액 균형에 의존하므로 탈수증도 위험할 수 있다. 극단적인 기온도 위험하므로 너무 덥거나 추운 날씨로부터 몸을 보호할 보금자리가 필요하다. 심부 체온이 크게 변하면 세포가 정상적으로 기능하지 못하고, 세포가 제 기능을 못하면 우리의 생명이 위험해진다.

이런 사례들은 모든 유기체가 개체로서 유지되기 위해 필요한 주요 생존 요구—외부의 위해에 대한 방어, 에너지와 영양분의 유지, 체액 균형, 체온 조절과 같은—를 반영한다.[3] 이 각각의 기능은 선천적인 뇌 회로에 의해 제어된다. 이것이 바로 앞 장에서 논의한 생존 회로다. 생식은 개체의 생존에는 필수적이지 않지만, 당연히 종의 연속을 위한 기반이며 독자적인 생존 회로를 갖고 있다.

생존 기능들은 서로 독립적이지 않다.[4] 예를 들어 동물은 먹을 것과 마실 것을 찾는 과정에서 종종 포식자에게 노출된다. 이런 식으로 방어와 먹이를 찾는 일이 상충한다. 한편 포식자를 발견하면 먹이를 찾는 활동을 비롯해 다른 모든 생존 활동이 억제된다. 먹이를 찾아다니는 활동은 에너지를 소모하고, 열과 체액 손실을 가져오며, 그 결과 먹이와 물이 더 필요해진다. 에너지 공급량이 낮아지면 먹이 찾기 활동을 위한 자원을 절약하기 위해 활동성이 떨어진다. 보금자리를 이용해 체온을 조절하고 포식자로부터 몸을 감춘다. 이런 생존 요구 중 어느 하나라도 충족되지 않거나 관련 활동 능력이 저해되면 상황은 악화된다. 삶은 정말 위험하다.

장착된 방어 기능

모든 종은 위에서 언급했듯 계속되는 위협을 다루는 선천적인 수단을 갖고 있다. 삶에는 생명을 위협하는 수많은 원천이 도사리고 있지만, 동물의 뇌는 포식에 대응하기 위한 방어 메커니즘을 진화시켜 왔으며 이는 공포와 불안의 핵심 기반이다.

포식에 대응하는 고전적인 방식은 "투쟁-도피fight-flight 반응"이라는 표현으로 요약할 수 있다. 20세기 초 월터 캐넌Walter Cannon이 만들어낸 이래 상투적으로 쓰이는 이 표현은, 생명이나 안락이 위협받는 긴급한 상황에서 일어나는 행동을 설명한다.[5]

"공포에 질려 얼어붙기"는 필수 방어 행동을 설명하는 또 다른 흔한 표현이다. 다윈이 지적했듯 "겁에 질린 사람은, 처음에는 동상처럼 꼼짝 않고 숨도 쉬지 못하는 채로 서있거나 마치 본능적으로 다른 이의 눈을 피하려는 듯 몸을 웅크린다."[6] 실제 얼어붙기는 위협을 받을 때 많은 종이 보이는 전형적인 방어 반응이다.[7] 움직이지 않고 가만히 있는 것은 포식자에게 "나를 잡아 잡수쇼" 하는 것과 마찬가지 아닐까? 사실은 그 반대다. 얼어붙기는 사실 포식에 대응하는 상당히 효과적인 반응이다.[8] 첫째, 포식자에게 감지될 가능성을 줄인다. 움직임은 다른 시각적 세부사항보다도 더 먼 거리에서 눈에 보이기 때문에 포식자들에게 중요한 신호가 된다. 또 포식자와 먹잇감이 가까이 있을 때 움직임은 선천적인 공격 촉발 인자가 된다.

많은 동물에게 핵심 방어 전략은 세 가지 메뉴 중 하나를 고르는 것이다. 일단 얼어붙고, 가능하다면 도피하고, 피할 수 없다면 투쟁하라![9] (그림 3.1)

얼어붙기

도피

포식자

투쟁

그림 3.1: 3중 방어 전략: 얼어붙기, 도피, 투쟁 위험이 존재할 때 많은 동물들이 얼어붙기, 도피, 투쟁으로 이루어진 3중 방어 전략에 의존한다.

얼어붙기, 도피, 투쟁은 외부 자극에 의해 자동적으로 촉발되는 방어 반응이며 같은 종의 모든 구성원들에게 같은 방식으로(또는 거의 비슷하게) 발현된다. 나중에 우리는 이런 반응을 방어 행위, 즉 개체가 과거의 비슷한 상황에서 위해를 막는 데 성공함으로써 학습한 반응과 구분할 것이다.

얼어붙기, 도피, 투쟁, 이 세 가지는 모든 포유류 및 다른 척추동물이 보편적으로 보이는 행동적 방어 반응이다. 그런데 일부 종은 추가로 다른 전략을 갖고 있다.[10] 예를 들어 "긴장성 부동화tonic immobility"라고도 불리는 "죽은척하기" 전략이 있다. 얼어붙기와 마찬가지로 죽은척하기 역시 공격을 방지하는 데 도움이 될 수 있다. 그런데 얼어붙기의 경우 근육이 수축되어 투쟁하거나 도피할 태세를 갖추는 데 반해, 긴장성 부동화의 경우 몸이 축 늘어진다. 또 다른 반응으로 방어적 파묻기가 있다. 설치류는 혐오 자극을 향해 앞발과 머리로 깔개(실험실의 경우)나 흙(야생에서)을 파내기도 한다. 다른 행동 전략으로는 큰 소리를 낸다든가, 껍데기 속으로 들어간다든가, 공처럼 단단하게 몸을 만다든가, 포식자가 없거나 접근할 수 없는 지역—지하와 같은—에서 살아간다든가, 무리를 지어 거주하고 먹이를 찾아다니며 서로를 보호한다든가 등이 있다.

이런 행동적 방어 반응 말고도 다양한 다른 전략들이 있는데, 대부분 영구적이거나 유도 가능한 신체 특성을 이용하는 것이다.[11] 어떤 동물은 단단한 갑옷, 뾰족한 가시, 독침을 갖고 있다. 어떤 동물은 피부색을 바꾸거나 깃털 색을 주위와 비슷하게 위장해 자신의 모습을 들키지 않도록 하는 은폐술을 사용한다. 또 어떤 동물은 몸을 부풀리거나, 더 강하거나, 사납거나, 독이 있다거나 그 밖에 위협이 될 만한 특성을 가진 것처럼 위장하는 겁주기 행동deimatic behavior을 보인다. 다윈은 위협에 대한 반응으로 우리의 팔, 다리에 닭살이 돋는 것은, 털이 많던 우리 조상들이 위기의 순간에 털을 곤두세워 몸집을 실제보다 더 크게 보이도록 했던 행동의 흔적일 것이라고 지적했다.

포식자와 먹잇감은 끊임없는 숨바꼭질 상대다. 그러나 지금까지 내가 설명한 방식과 달리, 실제 숨바꼭질은 꼭 시각적 무대에서만 벌어지지 않는다. 수많은 포유류 포식자들이 냄새(특히 오줌, 똥, 털에 있는 페로몬)에 의존해 먹이를 찾는다.[12] 한편 먹잇감은 울음소리를 이용해 같은 종의 동료들에게 경고 신호를 보낸다.[13] 예를 들어 설치류는 천적인 고양잇과 포식자의 청각계에 감지되지 않는 초음파 울음소리로 경고 신호를 보낼 수 있다.[14]

삶은 결코 정적이지 않다. 진화는 완성된 상태가 아니라 계속 진행 중인 과정이다. 먹잇감과 포식자는 서로가 서로에게 적응해나가는 환경의 한 요소다. 그렇기 때문에 시간이 지나면 포식자와 먹잇감은 서로에게 더 효과적으로 적응해간다.[15] 예를 들어 만일 어떤 먹잇감 종이 포식자를 피하는 데 효과적인 특성을 갖게 되면 그 수가 늘어나고, 그에 따라 그 방어적 특성에 대해 유리한 특성을 가진 포식자의 수가 늘어나게 된다. 그러면 이번에는 선택압이 먹잇감 쪽으로 돌아가 이 새롭게 진화한 포식자 개체군에 적응하도록 만든다. 이 과정을 진화의 군비 경쟁이라 한다.[16]

우리는 포식에 대응하는 이런 전략이 개체가 자신을 보호하기 위한 방편이라고 생각하는 경향이 있다. 그런데 진화생물학자들은 선천적 방어가 꼭 자신의 생존만을 향하지 않는다고 본다. 일부 방어는 배우자, 자손, 또는 사회적 집단이나 종의 다른 구성원의 생존을 보호하기 위한 것일 수도 있다.[17]

방어의 생리적 지원

1890년대 말, 나중에 "투쟁-도피" 개념을 도입한 월터 캐넌은 동물의 소화계를 연구했다.[18] 그는 동물이 스트레스를 받으면 소화 기능에 장애가 생긴다는 사실을 발견했다. 특히 위 근육의 연동 수축이 멈췄다. 이 사실을 마주한 캐넌은 정서적으로 각성하는 상황에서 신경계의 역할에 관한 연구를 시작했다. 그는 위협이나 그 밖에 스트레스의 원인을 포함한 도전적 상황에서 자율신경계(autonomic nervous system, ANS)가 어떻게 몸의 생리를 제어하는지 탐구해나갔다. 캐넌은 이를 응급 반응emergency response이라 불렀으며, 그는 이 용어를 "투쟁-도피"와 바꿔가며 썼다.

ANS는 교감 신경계와 부교감 신경계라는 두 가지 요소로 구성된다(그림 3.2). 이들은 각각 신체의 다양한 조직과 기관에 신경 섬유를 보내 그 기능을 조절한다. 고전적 견해에서 교감 신경계는 동물의 생명이나 안락이 위험한 때처럼 에너지를 동원할 필요가 있는 상황에서 통제권을 쥐고, 부교감 신경계는 일단 위협이 지나가면 교감 신경계의 반응에 대응해 몸의 균형(항상성)을 바로잡는다.[19] 이 견해는 지금도 널리 인정받는다. 그러나 두 신경계는 원래 생각했던 것보다 더 복잡한 방식으로 상호작용한다는 사실이 이제 드러나고 있다.[20]

캐넌은 방어 행동이 에너지를 요구하기 때문에 에너지 자원을 관리하는 교감 신경의 활성화가 필수적이라고 주장했다. 교감 신경의 활동은 호흡을 증가시켜 젖산을 포도당으로 전환시킨다. 포도당은 근육의 주된 에너지원이다. 또한 교감 신경은 심박수를 높여 순환계의 혈류를 증가시키고 근육에 에너지가

교감 신경계	표적 기관	부교감 신경계
동공 확대	눈	동공 축소
눈물 분비 억제	눈물샘	눈물 분비 자극
침흘리기 억제	침샘	침흘리기 자극
심장 박동 증가	심장	심장 박동 감소
동맥 수축	혈관	영향 없음
기관지 확장	폐	기관지 수축
에피네프린과 노르에피네프린 분비 증가	부신	에피네프린과 노르에피네프린 분비 감소
포도당 분비 자극	간	포도당 분비 억제
소화 억제	위	소화 촉진
소장 운동 활성화	소장	소장 운동 억제
직장 수축	직장	직장 이완
요도 이완	방광	요도 수축
발기 촉진	생식 기관	사정과 질 수축 촉진

그림 3.2: 자율신경계(ANS)에서 교감 신경계와 부교감 신경계의 일부 기능 자율신경계(ANS)의 이 두 갈래는 주로 반대 방향으로 작용한다. 교감 신경계는 신체 기관을 활성화하고 부교감 신경계는 억제한다. 이런 식으로 ANS는 환경이 변할 때 신체를 각성시켜 요구에 응하고 균형을 회복한다.

전달되는 것을 돕는다. 그뿐만 아니라 부신 수질adrenal medulla이 아드레날린(에피네프린)을 분비하도록 지시하는데, 캐넌에 따르면 이 호르몬은 간의 글리코겐을 포도당으로 전환시켜 에너지 공급을 추가로 돕는다. 또한 교감 신경은 투쟁이나 도피를 위한 에너지를 근육으로 공급하기 위해 체내 혈액을 재분배한다. 즉 내장이나 피부 같은 곳에는 혈류가 줄고 팔다리에는 느는데, 이는 관련 신체 조직의 혈관을 수축하거나 이완함으로써 이루어진다. 피부에 혈류가 줄면 상처를 입었을 때 실혈을 줄이는 효과도 볼 수 있다. 캐넌은 "투쟁-도피" 반응의 근간인 교감 신경과 부신 수질 호르몬의 협업을 "교감신경 부신수질 시스템 sympathoadrenal system"이라 불렀다.

종종 간과되는 점은 ANS가 제어하는 생리적 변화에는 별개의 두 종류가 있다는 사실이다. 첫 번째는 특정한 선천적 행동을 예고하는 선천적인 생리 반응이다.[21] 방어 시스템이 위험을 감지하면, 그 유용성에 따라 뇌에 "배선된" 행동, 생리 반응을 개시한다. 바로 캐넌이 말한 응급 반응이다. 그런데 이에 더해 선천적인 것이든 학습된 것이든 우연한 것이든, 행동이 수행되면 그 반응을 마치는 데 대사의 지원이 필요하다. 이런 항상성 조절은 선천적 프로그램을 따르기보다는 그때그때 상황에 따라, 그 시점에 신체의 특정 요구에 따라 조절된다. 생리 반응이 복잡하고 학습된 정서적 행동보다는 단순한 선천적 반응과 더 높은 상관관계를 보이는 이유가 이것이다.[22] 복잡하고 학습된 행동은 사람마다 다르고 선천적인 행동과 연관된 반응만큼 믿을 만한 패턴을 보여주지 않는다.

캐넌과 비슷한 시기에 활동했던 한스 셀리에Hans Selye는 응급 반응 시스템을 확장해서 부신 피질과 그 호르몬인 코티솔까지 포함시켰다.[23] 스테로이드 호르몬인 코티솔 역시 에너지 조절을 돕는데, 뇌하수체에서 분비되는 부신 피질 자극 호르몬(adrenocorticotrophic hormone, ACTH)이 부신 피질을 자극해 코티솔을 분비하도록 한다.

캐넌과 셀리에의 연구 결과, 응급 반응(또는 셀리에의 표현에 따르면 "놀람 반응alarm response")은 상호보완적인 두 생리적 축인 교감신경 부신 축과 뇌하수체-부신 축이 제어하는 것으로 드러났다. 교감신경 부신 축은 교감 신경계와 부신 수질에서 분비되는 아드레날린에 관여하고, 뇌하수체-부신 축은 부신 피질에서 나오는 코티솔 분비에 관여한다(그림 3.3). 교감신경 부신 축의 반응은 위협에 직면해 몇 초 안에 신속하게 일어난다. 한편 뇌하수체-부신 축은 그보다 느려서 몇 분, 심지어 몇 시간이 지나서야 완전히 발현된다.[24]

흔히 교감신경 부신계 및 뇌하수체-부신계가 우리를 "스트레스 받게" 만든다고 생각한다. 이런 생각은 캐넌의 응급 반응이나 셀리에의 놀람 반응, 그리고 스트레스가 놀람, 저항, 탈진이라는 세 단계 반응으로 이루어진다는 셀리에의 주장에서 자연스럽게 흘러나온다. 오늘날 브루스 맥유엔Bruce McEwen, 로버트 새폴스키Robert Sapolsky, 구스타프 셸링Gustav Schelling, 베노 루젠달Benno Roozendaal, 제임스 맥거프James McGaugh의 연구는 스트레스의 부정적 결과, 특히 코티솔의 매개로 일어나는 변화가 어떻게 기억뿐만 아니라 다른 인지 기능을 저해하고 면역 기능을 떨어뜨려 질병을 일으키는지 보여준다.[25] 그러나 이 연구자들은 모두 이른바 스트레스 반응이라고 하는 것의 목적이 우리를 지치거나 기분 나쁘게 만들기 위한 것이 아니라 우리의 적응을 돕는 것임을 강조한다. 스트레스 상황이 지속되고 유달리 극심한 경우에만 부정적 결과가 일어나고, 저항이 탈진으로 이어진다.

정신과 의사인 도널드 클라인은 질식 놀람 반응suffocation alarm response이라는 또 다른 생리 반응을 제안했다.[26] 지나치게 높은 이산화탄소 농도(과탄산혈증hypercapnia) 같은 신체 내부의 생리적 위협 신호에 의해 촉발되어, 공기가 부족한(호흡곤란) 상태에 이르는 반응이다. 교감신경 부신 및 뇌하수체-부신 반응은 모든 종류의 공포 및 불안과 관련되지만, 질식 놀람 시스템은 특히 공황 장애 환자 집단과 관련된다. 이 환자들의 질식 놀람 시스템은 과민해서 CO_2의 농도를 위험한 수준으로 잘못 감지하고 과호흡을 유발하는데, 과호흡 상태가 되면 (짧고 빠른 호흡 때문에) 실제로 CO_2 농도가 올라간다. 그 결과 어지럼증과 가벼운 두통감이 들고 환자는 이런 생리적 변화를 잘못 해석해 걱정과 두려움으로

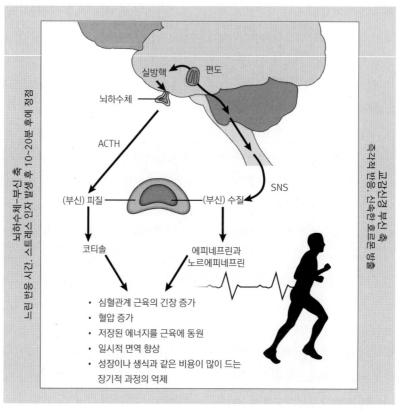

그림 3.3: 방어 반응에 대한 내분비 지원: 교감신경 부신계와 뇌하수체-부신계 교감신경 부신계(투쟁-도피 시스템이라고 하는)와 뇌하수체-부신계는 둘 다 편도의 위협 처리 과정에 반응한다. 교감 신경계(SNS)의 신경은 부신 수질을 포함한 체내의 다양한 표적 기관과 조직에 뻗어있는데, 교감신경 부신계도 연관되어 있다. 활성화된 SNS가 부신 수질을 자극해서 에피네프린과 노르에피네프린을 혈관으로 분비하도록 한다. 이 호르몬들은 SNS 신경이 영향을 주는 기관과 조직에 역시 같은 영향을 준다(그림 3.2). 부신수질 호르몬은 혈액-뇌 장벽을 건너갈 수 없으므로 뇌에 간접적인 영향을 준다. 뇌하수체-부신계는 뇌하수체로 연결되는 시상하부 실방핵(paraventricular hypothalamus, PVN), 그리고 부신 피질 자극 호르몬(ACTH)의 혈류 내 분비에 관여한다. ACTH는 부신 피질의 수용체와 결합해 코티솔을 방출하고 코티솔은 뇌뿐만 아니라 신체 여러 부위에 전달된다.

(출처: RODRIGUES ET AL [2009].)

공황 상태에 빠진다. 클라인의 가설은 데이터로 뒷받침된다.[27] 그러나 일부 연구자들은 이의를 제기하기도 한다.[28]

선천적인 방어 반응을 제어하는 선택 과정

자기 방어는 동물이 가끔가다 하는 일이 아니다. 대부분의 동물에게 그것은 삶의 방식이다. 야생에서 포식자나 다른 형태의 위험과 마주할 가능성은 항상 존재한다. 동물, 아니 동물의 뇌는 일상적 활동을 영위하면서도 항상 존재하는 잠재적 위험에 맞춰 자신의 행동을 조절한다. 위험이 갑자기 나타나면 뇌는 어떤 행위를 취할지 재빨리 결정해야한다. 시간을 끌다가는 치명적인 대가를 치러야 한다. 그렇다면 뇌는 무엇을 할지 어떻게 결정할까? 이제 위에서 설명한 3중 방어 행동, 즉 얼어붙기, 도피, 투쟁에서 방어 반응의 선택에 관한 견해들을 살펴볼 것이다.[29]

고전적 견해에 따르면 얼어붙기, 도피, 투쟁에서 선택의 핵심 요인은 포식자와의 거리다. 보통 거리에서 최적의 반응은 얼어붙기고 더 가까운 경우 도피, 그리고 포식자가 공격할 찰나이거나 이미 접촉한 경우 투쟁 혹은 도피가 최선이다.[30] 그러나 이 분야의 선구적 연구자인 로버트 블랜차드와 캐롤라인 블랜차드는 더 정교한 규칙을 제안했다. 거리도 중요하지만 환경적 자극 같은 다른 요인들 역시 영향을 미친다는 것이다.[31] 위험에 근접했을 때 얼어붙기, 도피, 투쟁 중에 무엇을 선택할지는 상황에 따라 다르다는 것이다. 빠져나갈 길이 있으면 도주하고 없으면 얼어붙는다. 투쟁을 선택하는 경우는 오직 포식자가 바로 눈앞에 있고 막 공격하려고 하거나, 이미 공격했을 때다.[32]

마이클 팬슬로의 연구는 이 이론에 수정이 필요함을 보여주었다.[33] 그는 포식자-먹잇감 상호작용을 본떠, 빛을 보면 전기충격을 예측하도록 쥐를 훈련시켰다. 만일 블랜차드의 환경 조건 이론이 옳다면, 쥐는 갇히면 얼어붙고 도주 통로가 제공되면 도망칠 것이라 그는 추론했다. 실험 결과 환경과 상관없이 쥐들은 얼어붙었다. 이 결과로 그는 매우 영향력 있는 견해인 "포식 임박 이론 predatory imminence theory"을 내놓았다.

이 이론에 따르면 먹잇감의 방어 행동은 그 순간 포식자가 얼마나 임박했는 가와 관련해 이해해야 한다. 먹히는 상황에서 빠져나가기 위해, 먹잇감의 행동은 포식자가 얼마나 임박했는가에 따라 체계적으로 변한다. 먹잇감의 목표는 포식 순서에서 빠져나오는 것이고, 이에 적절한 행동은 포식자와 먹잇감이 포식 순서 의 어느 지점에 있느냐에 따라 달라진다. 포식 순서는 먹잇감의 관점에서 크게 3단계로 나눌 수 있다.

첫째, 포식자가 감지되지 않은 기본 상태로 이를 "대결 전 단계preencounter stage"라 부른다. 일단 먹잇감이 포식자를 발견하면 "대결 단계encounter stage"가 시작된다.[34] 이때 우세하거나 기본적인 반응은 얼어붙기다. 만일 얼어 붙기로 먹잇감이 포식자의 눈을 피할 수 있다면, 그리고 도주 통로가 있다면 동 물은 안전한 곳으로 도망칠 것이다. (도주도 역할이 있지만 우선순위에서는 얼어붙 기 다음이다.) 포식자 역시 먹잇감을 발견하고 다가오면 순서는 다음 단계로 넘 어간다. "준공격circa-strike" 단계는 포식자가 먹잇감에 신체 접촉을 하기 직전 과 직후를 말한다. 이때 먹잇감의 선택지는 투쟁 또는 도피(일부 동물의 경우 죽 은 척하기도 포함)다. 포식 임박 이론은 그림 3.4에 묘사되어 있다.

팬슬로와 로버트 볼즈Robert Bolles에 따르면 위협이 뇌의 방어 동기 상태 를 활성화하고 그 결과 나타나는 동물의 행동은 종 특유의 방어 행동 목록 중 하 나에 국한된다.[35] 얼어붙기, 도피, 투쟁이 뇌 회로에 고정 배선된 선천적 반응 프 로그램이라고 한다면, 반응의 선택 문제는 회로의 활성화 문제가 된다. 위협이 방어 생존 회로를 활성화하고 이 회로는 각 방어 반응의 발현 역치를 낮출 것이 다. 얼어붙기가 가장 역치가 낮으므로 먼저 활성화된다. 그러나 포식 임박 순서 에서 먹잇감의 위치가 변함에 따라 새로운 반응이 활성화되고 다른 반응이 억 제되기도 한다. 순서가 전개됨에 따라 각 반응에서 활성화되거나 억제되는 특정 상태가 빠르게 변할 수 있다. 얼어붙기가 도피나 투쟁에 자리를 내주고, 이 두 행

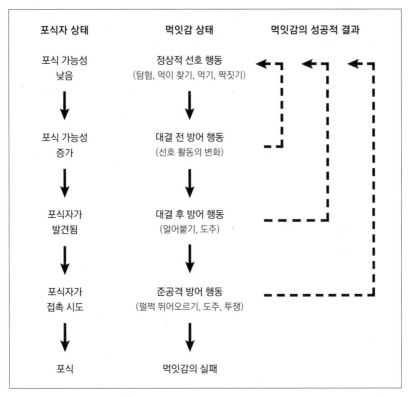

포식자 상태	먹잇감 상태	먹잇감의 성공적 결과

포식자 상태

포식 가능성
낮음

↓

포식 가능성
증가

↓

포식자가
발견됨

↓

포식자가
접촉 시도

↓

포식

먹잇감 상태

정상적 선호 행동
(탐험, 먹이 찾기, 먹기, 짝짓기)

↓

대결 전 방어 행동
(선호 활동의 변화)

↓

대결 후 방어 행동
(얼어붙기, 도주)

↓

준공격 방어 행동
(펄쩍 뛰어오르기, 도주, 투쟁)

↓

먹잇감의 실패

그림 3.4: 팬슬로의 포식 임박 이론 이 이론에 따르면 먹잇감의 방어 행동은 포식 순서의 다양한 시점에서 먹잇감과 포식자의 관계에 따라 이해될 수 있다. 먹잇감의 목표는 방어 노력이 헛되이 돌아가 큰 해를 입거나 목숨을 잃지 않도록, 가능한 한 빨리 포식 순서에서 빠져나가는 것이다.
(출처: FANSELOW AND LESTER[1988].)

동 역시 자리를 주고받을 것이다.

다른 중심 동기 상태 이론과 마찬가지로, 팬슬로와 볼즈도 그들이 제안한 방어 동기 상태가 일어날 반응을 결정한다고 본다. 그러나 2장에서 밝혔듯 나는 생각이 다르다. 내가 보기에 방어 동기 상태는 위협에 의해 생존 회로가 활성화되어 일어난 반응의 결과지 원인이 아니다. 생존 회로는 뇌 각성을 높여 방어 행동과 이를 지원하는 생리적 변화를 발현시킨다. 그리고 그 변화에 의해 생성되는 신호의 되먹임이 뇌에서 일어난다. 방어 동기 상태는 이 모든 변화의 결과지 원인이 아니다. 물론 방어 동기 상태가 존재하면 그것은 위협의 대처에 도움이 되는 추가적인 반응의 선택에 기여할 것이다. 특히 회피나 잠재적 위험에 대응하는 다른 학습된 도구적instrumental 반응은 방어 동기 상태의 영향을 크게 받는다.

팬슬로와 볼즈는, 2장에서 언급했듯 방어 동기 상태를 두려움의 주관적 경험(의식적 느낌)으로 보지 않았다.[36] 그들 그리고 다른 중심 상태 지지자들은, 환경 조건이 동물이나 인간 신경계의 처리 과정을 거쳐 행동적인 결과로 번역되는 과정을 이해하는 데 주관적 상태를 불필요한(그리고 비생산적인) 것으로 보았다. 따라서 그들은 자연스럽게 방어 동기 상태를 비의식적 상태로 보았다. 나는 방어 동기 상태가 위협으로 유도되는 비주관적(비의식적) 상태라는 데 동의한다. 그러나 이 이론가들과 달리 나는 우리가 공포와 불안을 진정으로 이해하기 위해서는 주관적 경험―의식적인 공포와 불안의 느낌―을 설명해야 한다고 생각한다. 그리고 인간 연구로 이 목적을 달성할 수 있다.

간단히 말해 현재 먹잇감과 포식자의 관계(포식자가 주변에 존재하는가? 포식자가 먹잇감을 발견했나? 얼마나 가까이 있나?)와 환경 조건(도망갈 길이 있나?)은 먹잇감이 방어 행동을 결정하는 데 중요한 측면이다. 그러나 그 밖에도 중요한 요인들이 있다.[37] 위협의 속성도 그중 하나다. 모든 포식자가 똑같이 위험하지는 않다. 또 다른 요인은 집단 역학이다. 보호해야 할 다른 개체(짝, 새끼, 같은 집단의 다른 구성원)가 있는가? 있다면 도피나 얼어붙기보다 투쟁이 우선시되어야 할까? 다른 물리적 방어 수단(갑옷, 위장술)의 존재 여부도 요인이 될 수 있다. 또 다른 중요한 요인으로 학습과 기억―유사한 상황이나 그 상황에서의 성공으로 유기체가 의존할 수 있는 과거의 경험―이 있다.

생존을 돕는 기타 요소: 학습과 기억의 역할

환경에 의해 선천적 방어 반응이 자동적으로 유도된다면 먹잇감은 어떻게 위협적 조건에서 새로운 적응적 반응을 수행할 수 있을까? 위험을 마주한 초기에는 진화에 의한 자동적 반응이 "생각"을 대신 해주는 것이 유용할 수 있다. 그러나 행동 제어에는 선천적으로 프로그래밍되거나 학습된 자극에 대한 선천적 반응 이상의 뭔가가 있다는 사실을 우리는 알고 있다.

학습은 진화의 방어적 기능에 특히 중요한 보충물이다. 학습은 생존과 번영에 큰 도움을 준다. 매번 처음부터 시작해야 할 필요 없이, 기억은 과거의 학습을 현재의 생존을 강화하는 데 이용할 수 있게 해준다.

우리는 위험의 대처에 학습이 도움을 주는 몇 가지 방식을 살펴볼 것이다. 2장에서 나는 파블로프의 조건형성과 도구적 조건형성을 이용해 학습을 과학적으로 연구하는 방법을 논의했다. 이 장에서 그 주제에 더 깊이 들어갈 생각이다. 파블로프의 위협 조건형성을 통해서, 과거에 위험 요소와 연합되었던 자극은 현재도 실제 위험할 것이라는 예상에 따라 선천적인 방어 반응을 끌어낸다. 한편 도구적 조건형성에 의해서, 위험을 피하거나 도주하는 데 도움이 된 특정 결과를 낳은 새로운 행위를 획득하기도 한다. 습관은, 깊이 각인되어 그것을 각인시킨 결과와의 연결고리는 잃어버린 채로 관련 맥락에서 일상적으로 반복되는 도구적 행위다. 이런 형태의 행동 학습을 더 자세히 살펴보자.

자라보고 놀란 가슴 솥뚜껑보고 놀란다: 방어 반응의 파블로프 조건형성

더운 여름 오후 토끼 한 마리가 연못가에서 시원한 물을 마시고 있다. 갑자기 살쾡이 한 마리가 나타나 토끼를 덮친다. 토끼는 상처를 입었지만 가까스로 빠져나간다. 토끼는 아마도 살쾡이 자체(살쾡이의 냄새와 공격할 때 내던 소리 등)와 연합된 신호뿐 아니라 사건이 일어난 장소와 관련된 신호까지 포함해 이 경험과 관련된 정보를 저장해둘 것이다. 이것이 현실 세계에서 일어나는 파블로프 조건 형성이다.

　파블로프 조건형성은 야생 동물 삶의 일부일 뿐만 아니라 인간의 뇌가 위협을 학습하는 근본적인 방식이기도 하다. 2장에서 이야기했듯, 일반적으로 파블로프 조건형성은 자극(조건 자극CS과 무조건 자극US) 사이에 관계가 형성되는 연합 학습의 한 사례로 간주된다. US가 CS의 의미를 변화시켜 CS가 선천적인 방어 반응과 생리 반응을 끌어낸다. 즉 자극과 자극이 연합하는 학습이다. US가 뒤따를 가능성이 높다고 경고를 보내는, CS의 예측적 가치를 학습하는 것이다. 반응을 학습하는 것이 아니다. 반응은 선천적인 것이고 단순히 CS에 의해 유도될 뿐이다. 이런 식으로 파블로프 조건형성은 위험과 관련된 새로운 자극에, 위험을 예상해 방어 반응을 개시하도록 만들 수 있다.

　US를 예고하는 특정 CS뿐만 아니라, 사건이 일어나는 맥락이나 상황에 대해서도 조건형성이 일어날 수 있다. 앞서 예로 든 토끼의 경우 살쾡이와 직접 관련된 신호뿐만 아니라, 자신이 살쾡이를 마주쳤던 장소에 대해서도 조건형성이 일어난다. 실험실에서 동물들을 조건형성이 일어났던 방에 데려다 놓으면 얼어붙는다. 그렇기 때문에 CS 자체에 의해 유도된 조건 반응에 대한 실험은 주로 새로운 맥락에서 이루어진다. 그렇지 않으면 맥락으로부터 나온 신호의 효과를 분리하기 어렵기 때문이다. 특정 CS에 의한 파블로프 조건형성을 배경 자극에 의한 조건형성과 구분하기 위해 종종 "신호 조건형성cued conditioning"(그림 3.5)과 "맥락 조건형성contextual conditioning"(그림 3.6)으로 부른다.

　일부 과학자들은 실험할 때 중립적인 소리나 모습 대신 포식자의 냄새를 CS로 사용한다. 더 자연에 가까운 파블로프 조건형성을 시도하기 위해서다. 비록 포식자의 냄새는 선천적으로 위협적이고 그 자체로 얼어붙거나 다른 방어 반응을 끌어낼 수도 있지만[38] CS로 사용될 수도 있다. 포식자의 냄새를 전기충격 US와 짝지을 경우 냄새만으로 끌어낼 수 있는 것보다 훨씬 강한 조건 반응을 일으킬 수 있다.[39]

일반적으로 파블로프 조건형성은 생물학적으로 중립적인 약한 자극을 생물학적으로 유의미한 강한 자극과 연결하는 것으로 알려져 있다.[40] 그러나 여기에서 "약한"이나 "강한"은 상대적인 용어다. 자극의 세기는 유기체의 내적 상태, 그 당시의 환경 조건, 그리고 유기체에 저장된 이런 유형의 내적, 외적 상태의 역사에 따라 달라진다.

조건형성 효과는 되돌릴 수 있다. 더 정확히 말하자면 "소거extinction"를 통해 억제할 수 있다. 소거란 CS에 반복 노출시키면서 US가 뒤따르지 않도록 하는 것이다.[41](그림 3.7) 만일 토끼가 연못에 몇 번 더 찾아갔는데 아무 일도 일어나지 않았다면, 연못가의 신호들은 소거를 통해 위협 자극으로서의 효과를 잃을 것이다. 소거는 기억의 제거가 아니라, CS가 위험하다는 원래 기억을 CS가 안전하다는 새로운 정보를 통해 억제하는, 일종의 새로운 학습이다. 애초에 위협 조건형성이 CS-US 연합을 통해 일어났듯, 소거 학습 역시 "CS-US 부재" 연합에 의존한다고 할 수 있다. 그러나 원래 기억은 여전히 존재하며 시간이 흐르거나, 조건형성 경험이 일어났던 장소(맥락)를 다시 찾거나, 통증, 스트레스 등 다양한 방법으로 되살아날 수 있다.[42] 이 책 후반부에서 다시 살펴보겠지만 소거는 불안 치료의 중심인 노출 치료exposure therapy에서 핵심 역할을 담당하는데, 이 소거가 잘 깨지는 것이 치료의 문제점이다.[43]

위협 조건형성의 또 다른 중요한 변형은 안전 학습이다.[44](그림 3.8) 불안장애가 있는 사람들은 위협과 안전의 차이를 감지하는 능력이 종종 저해되어 있다.[45] 안전 조건형성의 실험실 연구는 대개 두 종류의 CS, 즉 전기충격과 짝을 이루는 자극과 짝을 이루지 않는 자극을 이용한다.[46] 짝을 이루지 않는 자극이 안전 신호다. 안전과 위험을 구분하는 것은 분명 유용하다. 그러나 안전 신호에 지나치게 의존하는 사람들이 있다. 예를 들어 다른 사람과 함께 있을 때만 안전하다고 느끼는 사람들이 있는데, 항상 친구를 곁에 둘 수 없기 때문에 문제가 될 수 있다. 불안한 사람을 치료하는 방법 중 하나는 안전 신호로부터 "젖떼기"를 시키는 것이다.[47]

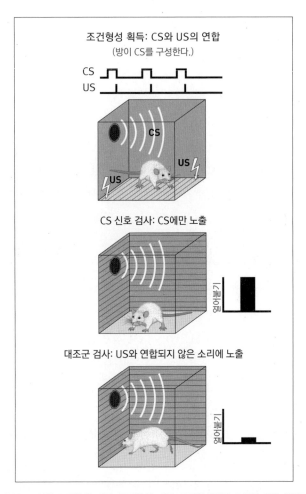

그림 3.5: 파블로프 위협 조건형성: 신호 조건형성 신호 조건형성에서 소리와 같은 특정 자극이 조건 자극(CS)으로 사용되어, 바닥의 약한 전기충격 같은 무조건 자극(US)과 짝을 이룬다. 나중에 CS에 의해 유도되는 조건 반응은 대개 새로운 방에서 측정된다. 왜냐하면 소리 CS에 의해 유도되는 반응을 전기충격 US가 발생한 방에 의해 조건형성된 반응으로부터 분리하기 위해서다(그림 3.6 참조). 보통 얼어붙기 행동을 측정하지만 자율신경계의 변화나 그 밖에 다양한 다른 반응을 측정하기도 한다. US와 연합되지 않은 소리는 US와 연합된 소리보다 훨씬 약한 얼어붙기 반응을 끌어낸다.

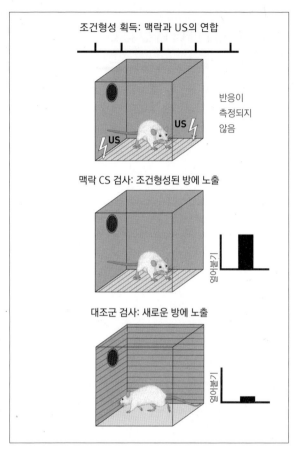

그림 3.6: **파블로프 위협 조건형성: 맥락 조건형성** 맥락 조건형성에서는 전기충격과 같은 무조건 자극 (US)이 특정 방에서 일어나지만, 그 자극은 조건 자극과 같은 단계적 신호에 따라 일어나지는 않는다. 맥락 자체가 지속적으로 존재하는 CS다. 이 경우 실험동물을 조건형성이 일어난 맥락에 다시 두면 조건 반응을 보이고, 다른 맥락에서는 반응이 크게 약화된다.

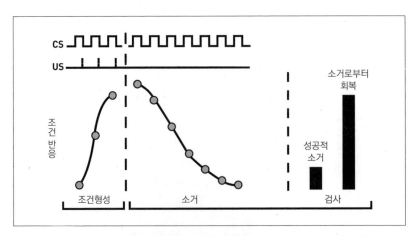

그림 3.7: 위협 조건형성의 소거 무조건 자극(US) 없이 조건 자극(CS)에 반복 노출시킬 경우 CS가 조건 반응을 끌어내는 힘이 약해지는데 이 과정을 소거라 한다. 소거에 성공할 경우 소거 훈련을 받고 시간이 지나면 조건 반응이 약해진다. 그러나 다양한 조건에 의해 소거되었던 반응이 다시 나타나기도 한다.

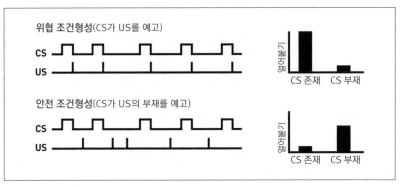

그림 3.8: 위협 조건형성 vs. 안전 조건형성 뇌는 조건형성을 통해 위험을 예고하는 자극을 학습할 수 있듯 안전(위험의 부재)을 예고하는 자극도 학습할 수 있다. 안전 조건형성에서 조건 자극(CS)은 무조건 자극(US)이 나타나지 않을 것을 예고하는 신호다. 따라서 안전 조건형성에서는 위협 조건형성과 반대로 CS의 부재가 얼어붙기 반응을 끌어낸다.

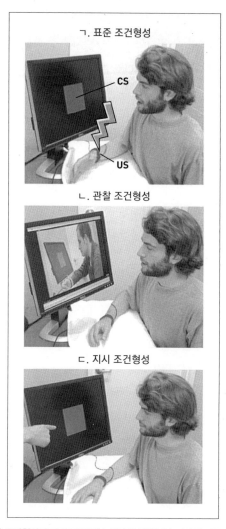

그림 3.9: 인간의 관찰 조건형성과 지시 조건형성 인간은 관찰이나 지시에 따른 학습이 뛰어나다. 관찰 위협 조건형성에서는 다른 사람이 조건 자극(CS)이 존재할 때 무조건 자극(US)을 받는 것을 피험자가 관찰한다. 그런 다음 피험자가 CS에 노출되면 US를 직접 경험한 적이 없더라도 조건 반응을 보인다. 이 와 비슷하게 특정 CS가 나타나면 US를 받을 가능성이 높다는 지시를 받은 사람의 경우, US가 일어난 적이 없어도 CS가 조건 반응을 끌어내는 능력을 획득한다. (사진 제공: 엘리자베스 펠프스.)

파블로프 위협 조건형성이 연구 도구로서 갖는 주요 장점은 인간과 동물에게 매우 비슷하게 사용될 수 있다는 것이다.[48] 그런데 파블로프 조건형성 중 두 가지 변형은 특히 인간에게만 의미를 갖는다. 관찰 조건형성과 지시 조건형성이다(그림 3.9).

관찰 학습을 통해[49] 우리는 다른 사람이 전기충격과 짝지어진 CS에 조건형성되는 것만 봐도 CS에 조건 반응을 보일 수 있다.[50] 사람들은 종종 실생활이나 TV에서 누가 다치는 모습을 보는 것처럼, 다른 사람에게 미치는 영향을 보고 그 위험을 배운다. 일부 동물들 역시 위협 정보를 서로 주고받는 사례를 보이기도 하지만[51] 이는 대체로 우리 종에 특화된 능력이다.

인간에 특화된 또 다른 변형은 지시 파블로프 조건형성이다. 지시 조건형성에서는 잠재적 위협에 관한 정보를 언어로 전달한다.[52] 예를 들어 아이들은 부모나 양육자의 가르침을 통해 위험을 배운다. 회사는 직원들에게 안전하게 일하는 법을 가르친다. 실험실에서 CS에 전기충격이 뒤따를 것이라고 피험자에게 간단히 말만 해줘도 CS에 조건 반응을 끌어내기 충분했다. 전기충격이 일어난 적이 없어도 말이다.[53]

위험 피하기: 도구적, 습관적 회피

선천적이거나 학습된 위협 요소가 현존할 때, 얼어붙기 같은 선천적 방어 반응과 관련 생리 반응이 발현되는 것은 물론 매우 유용하다. 그런데 유기체는 완전히 새로운 행동을 학습할 수도 있다. 위해 요소를 성공적으로 회피하거나 도주한 결과 획득하게 된 새로운 반응을 학습하는 것이다. 예를 들어 앞서 말한 토끼가 물가에서 살쾡이를 만났을 때 가까스로 주변 나무 구멍에 들어가 위기를 피했다고 하자. 그러면 이 성공이 뇌에 저장되어, 나중에 다시 살쾡이나 다른 포식자를 만났을 때 주변에 몸을 피할 작은 구멍이 있다면 같은 행동을 시도할 것이다. 이 행동은 자신의 모습을 눈에 띄지 않게 하기 위한 전략으로 사용될 수도 있다. 동물이 위험을 피하기 위해 사용할 수 있는 방법에는 한계가 있고, 다른 종류의 행위를 얼마나 쉽게 학습할 수 있는지도 차이가 있겠지만, 다양한 행위는 위험을 피하는 데 도움이 될 수 있다.

그런데 위험에서 도주하거나 회피하는 행동을 배우려면 먼저 일차적 반응인 얼어붙기가 억제되어야 한다. 꼼짝 않고 얼어붙으면 어떤 행위도 취할 수 없다.[54] 얼어붙기와 달리 회피나 도주는 종 특이적 방어 반응이 아니다. 동물은 주어진 조건에 따라 회피나 도주를 위해 수많은 다양한 행동을 취할 수 있다(예를 들어 달려가거나, 훌쩍 뛰어 오르거나, 뒤로 물러나거나, 기어오르거나, 헤엄치거나, 사슬을 잡아당기거나, 지렛대를 누르거나 등등). 이런 행동은 선천적이거나 독점적인 도주나 회피 반응이 아니다. 과거의 학습으로 알게 된, 도주나 회피에 사용될 수 있는 단지 운동 행위일 뿐이다.

앞서 살펴봤지만, 그 결과가 성공적이어서 학습된 행동을 도구적 반응(목표나 결과를 얻는 데 도움이 되는 반응)이라 한다. 동물은 새로운 도구적 행동을 획득할 수 있는 능력 덕분에 위험을 다룰 때 더 광범위한 선택지를 갖는다. 목표 지향적인 도구적 학습을 주로 반응-결과(response-outcome, R-O) 학습이라 부른다.[55] 실험실에서 위험에 대처하는 행위의 도구적 학습을 연구할 때 능동적 회피 조건 과제를 이용한다(그림 3.10). 일반적인 실험에서는 두 칸으로 나뉜 상자에 쥐를 넣는다.[56] 소리를 들려주고 소리가 끝날 무렵 전기 충격을 가한다. 물론 쥐는 이후에 같은 소리를 들으면 얼어붙는다. 여기까지는 CS로 소리를, US로 전기충격을 이용하는 표준적인 파블로프 위협 조건형성이다. 그런데 CS와 US를 반복하면, 전기 충격 US가 임의적인 움직임을 낳고 쥐는 어느 시점에 우연히 다른 칸으로 건너간다. 그 칸에서는 전기 충격이 가해지지 않는다. 이때 쥐는 다른 칸으로 넘어가면 전기 충격에서 도주할 수 있다는 사실을 배운다. 결국 쥐는 소리가 날 때 바로 옆 칸으로 넘어가면 전기 충격을 완전히 회피할 수 있다는 사실 또한 배운다. 쥐가 회피 반응을 배우게 되면 CS의 존재는, US와의 관계 때문에 행동을 유발하는 자극이자 유인이 된다. CS는 학습된 회피 반응을 수행할 시점을 쥐의 뇌에 알려줄 뿐만 아니라, 회피 행동의 강도까지 조절할 수 있다.

연구자들은 조건형성된 회피 반응이 도구적으로 학습된 것처럼 보이지만 실제로는 종 특이적 방어라고 주장한다.[57] 그러나 다음 장에서 설명할 우리의 연구 결과에 따르면, 얼어붙기 같은 선천적 반응과 회피 같은 학습된 행위는 그 근간인 신경 회로가 서로 다르며, 회피 행동은 단순히 종 특이적 방어 반응의 변형이 아니라 독특한 종류의 행동이다.

도구적 반응을 평가하는 많은 기준이 음식이나 중독성 약물 같은 강화물 reinforcer을 사용하는 욕구 조건형성appetitive conditioning 연구에서 비롯되었다. 따라서 전기 충격 같은 혐오 자극aversive stimuli을 강화물로 이용해 이런 유형의 연구를 진행하는 데는 기술적으로 어려움이 있다. 나는 회피 반응이 추상적 의미에서 엄격히 도구적인지 여부보다는, 이것이 연구할 만한 흥미로운 주제인가에 더 관심 있다. 아무튼 연구해볼 만한 분야라는 데는 의심의 여지가 없다. 아래 설명할 연구들이 이 견해와 일치한다. 현재 내 연구실에서는 열정적으로 이 주제를 연구하고 있다.

성공적인 회피 조건형성에서 얻어지는 결과물은, 전기충격 US가 일어나는 것을 방지하고 위협 CS에 노출되는 것을 방지하거나 중단하는 반응에 달려 있을 것이다. CS를 중단하는 것이 그 자체로 새로운 반응의 학습을 일으킬 수 있다는 사실이 "위협으로부터의 도주"[58]라는(또는 덜 적합하지만 "공포로부터의 도주"[59]라 불리는) 과제를 이용한 연구에서 밝혀졌다. 이 절차에서 쥐는 한쪽 방에서 파블로프 조건형성을 거친다. 어느 정도 시간이 흐른 뒤 쥐를 다른 방에 놓고 CS를 가한다. 쥐는 일단 얼어붙는다. 그런데 쥐가 움직이면 CS가 멈춘다. 시간이 지나면 쥐는 왔다 갔다 하거나 그 밖에 CS를 멈추는 다른 반응을 배운다. 이 실험에서 유일한 강화는 CS로부터의 도주다. 새로운 반응을 학습하는 데 전기충격은 전혀 사용되지 않았다.[60] 근본적으로 이 실험은 회피 학습의 파블로프적 요소와 도구적 요소를 별개의 절차로 분리해서 CS의 강화 효과를 전기충격 US의 강화 없이 독립적으로 평가할 수 있게 했다. 내 연구실의 크리스 케인Chris

Cain이 이 과제를 수행한 연구 역시 단순히 US를 회피하는 것보다 CS로부터의 도주가 회피 학습을 돕는다는 사실을 보여주었다[61](그림 3.11).

위협에서 회피하거나 도주하고자 할 때, CS를 방지하거나 중단하는 것이 반응을 강화한다. 자극의 제거나 방지와 연관되므로 이를 부적 강화라 한다. 반대로 한동안 굶긴 동물에게 먹이를 사용해서 반응을 강화하는 것은 정적 강화의 사례다. 여기서 정적이나 부적이라는 표현은 유의성(좋거나 나쁜)을 암시하는 것이 아니라, 현존과 부재를 의미한다. 그리고 이전의 파블로프 조건형성(CS와 US의 연합)에 의해 강화되는 것이기 때문에, 이 자극은 조건 강화물이다. 따라서 위협으로부터의 회피나 도주는 부적 조건 강화물에 달려있다고 말할 수 있다.[62]

CS 도주/회피로 인한 부적 강화 신호의 속성에 관한 가장 상식적인 견해는 이것이 공포의 완화에서 비롯된다는 것이다.[63] 이 주장은 1940년대 O. 호바트 모러O. Hobart Mowrer와 그의 동료인 닐 밀러가 내놓은 회피 이론의 핵심이다.[64] 그들은 회피가 2요인 학습 과정이라고 주장했다. 첫째, 전기 충격을 예고하는 경고음이 파블로프 CS가 된다. 그다음 전기 충격으로부터, 그리고 궁극적으로 CS로부터 도주할 수 있게 해주는 행동이 그 결과로 인해 도구적으로 학습된다. 모러와 밀러는 파블로프 CS가 공포 상태를 끌어내고, 도구적 단계에서 전기 충격으로부터 도주할 수 있게 해주는 반응이 공포를 줄인다고 주장했다. 그리고 공포가 불쾌한 경험이며 공포를 줄이는 것이 강화가 되기 때문에 그 반응이 학습된다고 설명했다.

CS가 "공포"를 끌어내고 CS로부터 도주하는 것이 공포의 "완화"를 가져온다는 생각은, 강화가 보상의 쾌락 또는 처벌이나 고통의 불쾌라는 주관적 경험에 의존한다는 쾌락주의적 이론에 기반을 두고 있다.[65] 따라서 CS가 중단되면 공포가 사라지면서 강화가 일어나는 것이다. 그러나 나는 위협에 의해 유도되는 뇌 상태가 주관적 느낌이라는 견해에 의심을 품는다. 비록 공포 감소 이론가 중 일부는 공포를 비주관적인 중심 상태로 다루지만, 그것 역시 공포 상태의 감소가 주관적이든 비주관적이든 간에 어떻게 행동 가능성을 높이는지 설명하지 못한다.

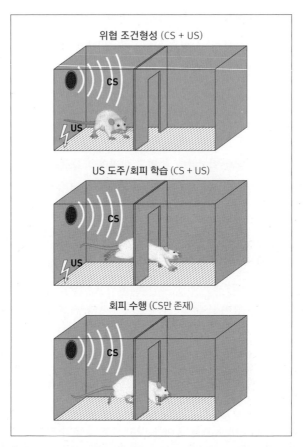

그림 3.10: 능동적 회피 능동적 회피 조건형성은 조건 자극(CS)으로 소리를, 무조건 자극(US)으로 전기충격을 사용한다. 처음에 쥐는 CS를 듣고 얼어붙는다. 시간이 지나면 쥐는 소리가 날 때 건너편 방으로 넘어가면 전기충격 US로부터 도주하거나 아예 처음부터 회피할 수 있다는 것을 배운다. 이런 반응은 그 결과로 학습된 것이며 목표 지향적 반응 또는 도구적 반응으로 간주된다. 파블로프 CS에 의해 유도되는 반응과 달리, 도구적 반응은 CS가 현존할 때 나타난다.

다음 장에서 논의하겠지만, 신경과학에서는 강화를 특정 회로에서 일어나는 세포 및 분자 수준의 처리 과정으로 바라본다. 공포 느낌의 완화로 학습을 설명한다면, 이 과정이 뇌에서 어떻게 일어나는지 생각해 봤을 때 해답보다 의문을 불

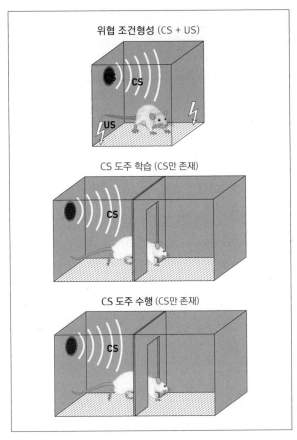

그림 3.11: 위협으로부터의 도주 위협으로부터의 도주는 파블로프 단계와 도구적 단계가 분리되는 능동적 회피 과제다. 첫째로, 조건 자극(CS)인 소리와 무조건 자극(US)인 전기충격을 사용하는 파블로프 조건형성이 일어난다. 그런 다음 쥐를 새로운 방에 넣고 쥐는 CS가 나타날 때 다른 방으로 건너가는 법을 배운다. 이 행동은 CS로부터 도주할 수 있게 해준다. 시간이 지나면 쥐는 CS를 완전히 피할 수 있도록 두 방을 오가는 법을 배운다. 이 과제는 US가 아니라 CS의 중단에 의해 동기가 부여되고 강화된다. 새로운 방에서 US는 전혀 일어나지 않기 때문이다.

러일으킬 뿐이다. 강화나 동기 유발의 근간에 있는 세포 수준의 처리 과정은, 느낌 그 자체라기보다는 느낌의 구성을 돕는 재료를 제공한다고 보는 것이 타당하다. 의식적 느낌이란, 더 기본적인 비의식적 처리 과정을 인지적으로 정교화한 것이라고 나는 생각한다.

모러와 밀러 이론의 2요인은 일부 연구자들의 비판을 받기는 했지만[66] 공포나 불안 노출 치료의 근간인 개념적 기초의 중요 부분으로 남아있다.[67] 나는 강화 신호의 속성을 재개념화함으로써 2요인 이론을 되살릴 수 있다고 믿는다. 내견해로 강화는 공포 감소에 의한 것이 아니며, CS가 촉발하는 비의식적 방어 동기 상태의 구성 요소들의 감소에 의한 것이다. 다시 말해 CS를 제거하는 행동이 강화되는 것은 CS가 더 이상 방어 생존 회로를 활성화하지 않고, 그 결과 생존 회로와 도구적 행위 제어 영역에서 중요한 강화 신호로 알려진 신경조절물질들 neuromodulators의 농도가 변하기 때문이다.[68] 이 부분은 다음 장에서 특정 회로와 화학 조절 물질에 관해 논의하면서 설명할 것이다.

회피는 꽤 지속적일 수 있다. 실제 위험을 성공적으로 회피하는 법을 배운 동물이나 인간은 다시는 그것을 경험하지 않을 것이다. 반응은 저절로 계속되는데, CS가 여전히 US의 신뢰할 만한 예측 변수인지 확인해볼 기회가 아예 주어지지 않기 때문이다. 그 결과 CS와 US의 부적 강화 효과와 반응의 연합은 결코 소멸하지 않는다. 부정적 결과가 일어나지 않으므로 회피가 더 강화되는 것이다.[69] 불안한 사람 역시 회피 행위가 부정적 결과를 막았다는 잘못된 믿음을 가진다.[70] 그리고 그런 믿음은 역시 치료받아야 할 병적인 공포와 불안에 인지적 지지의 층위를 제공한다(10장과 11장 참조).

이렇게 회피 반응이 자동으로 계속되면, 이제 목표 지향적 행동이 아니라 자동적인 자극-반응 습관이 된다.[71] CS는 이제 US와 연합되지 않아도 자동으로 회피 반응을 촉발한다. 얼어붙기가 파블로프 조건형성에서 획득된 CS에 의해 자동으로 유도되는 선천적인 반응인 것과 마찬가지로, 습관은 도구적인(목표 지향적인) 학습된 반응이었으나 목표와의 관계를 잃고 목표와 연결되었던 자극에 의해 자동으로 유도된다.

습관적 회피는 뇌가 방어 상태에 들어가는 것을 막는다. 만일 우리가 위험을 회피할 방법을 안다면 뭔가를 방어할 필요도 없어질 테니 말이다.[72] 습관적 회피의 학습은 스트레스를 줄여 삶을 단순화할 수 있다.[73] 그러나 여기에도 부작용은 있다. 습관적 회피가 너무나 기계적이 되어, 그것이 필요하지 않거나 심지어 부적응적일 때도 행해질 수 있다. 예를 들어, 불안장애를 겪는 많은 사람들은 불안을 유발할 만한 상황을 완전히 피하고자 한다. 심지어 그런 행동이 삶의 다른 목표에 부정적 영향을 미치더라도 말이다.[74] 우리는 회피의 두 얼굴에 대해 이 책의 뒷부분, 병적 불안에 관한 논의에서 더 자세히 다룰 것이다.

인간은 위해를 피하기 위해 긴 훈련을 거칠 필요가 없다. 우리는 관찰과 지시를 이용할 수 있고, 회피 개념을 만들거나 저장된 행위 계획 중 어떤 것을 꺼낼지 스키마를 만들 수 있다.[75] 우리가 위협을 마주할 때 이것들이 회피를 촉발하고 그 수행 동기를 유발할 수 있다. 불안장애 환자의 과민성을 고려해 볼 때, 학습되거나 스키마가 된 회피는 쉽게 활성화되고 병적인 방식의 행동을 추진할 수 있다.

이렇게 CS는 회피와 관련해 적어도 네 가지 역할을 수행한다. 첫째로, 파블로프 CS는 전기충격과 연합되어 얼어붙기를 유발한다. 그다음 얼어붙기를 극복하면 CS는 도주, 그리고 궁극적으로 회피 학습을 가능하게 하는 강화물로 기능한다. 일단 회피 반응이 학습되면 CS는 위협이 예상되는 상황에서 회피 반응을 수행하거나 위협이 현존할 때 도주하도록 동기를 유발하는 유인이 된다. 그리고 장기적인 반복으로 회피가 습관화되면 CS는 습관의 촉발 인자가 된다.

표 3.1: 회피에서 CS의 네 가지 역할

1. **파블로프 조건 자극(CS):** 혐오 무조건 자극(US)과 연합되어 선천적인 방어 반응(얼어붙기 및 그것을 지원하는 생리적 변화)을 끌어낸다.

2. **조건형성된 부적 강화물:** CS와 US에의 노출을 중단시키거나(도주) 궁극적으로 CS와 US에의 노출을 방지하는(회피) 반응의 학습을 촉진한다.

3. **조건형성된 유인:** 학습된 회피 반응을 수행하도록 동기를 유발한다.

4. **습관 촉발 인자:** 회피가 습관이 되면, 더는 CS나 US의 방지와 연합하지 않아도 CS가 반응을 촉발한다.

학습된 행위를 주도하는 유인으로도 기능하는 위협

파블로프 조건형성과 도구적 학습을 겪으면서, 우리는 단지 반응이나 행위를 학습할 뿐만 아니라 자극과 반응 자체에 관한 정보를 얻는다. 특히 우리는 파블로프 조건 자극의 유인 가치, 반응의 가치, 반응에 대한 결과(강화물)의 가치를 학습한다. 이런 다양한 가치는 새로운 상황에서 무엇을 해야 할지, 그러니까 특정 자극에 접근할지 회피할지 결정하고, 가능한 특정 행동 방침에서 어떤 종류의 결과가 나타날지 예측하는 데 유용하다.[76]

긍정적 혹은 부정적 결과와의 연합을 통해 유인 가치를 획득한 자극은 행동에 깊은 영향을 미칠 수 있다. 먹이를 찾아다니는 동물은 먹이와 관련된 파블로프 신호를 유인으로 삼아 적절한 영양의 급원이 있는 장소를 찾는 한편, 그 과정에서 포식자와 연합된 신호를 이용해 안전을 도모한다. 의사 결정에 대한 파블로프 유인의 역할은 주로 특정 도구적 행동에 미치는 CS의 효과를 통해 연구한다.[77] 예를 들어 쥐가 막대를 누르면 먹이가 나오는 도구적 행동을 학습했다면, 과거에 같거나 다른 종류의 먹이와 연합되었던 파블로프 CS가 먹이에 의해 촉발되는 도구적 반응의 수행을 촉진할 것이다. 물과 연합된 CS는 촉진 효과가 덜하거나 없을 것이다. 왜냐하면 반응의 근간에 있는 동기와, CS의 유인 가치의 근간에 있는 동기가 다르기 때문이다. 한편 전기 충격과 연합된 CS는 먹이로 동기 유발된 행동을 억제할 것이다. 혐오 도구적 반응에서는 그 반대의 현상이 일어난다. 전기 충격과 연합된 파블로프 CS는, 전기 충격으로 동기 유발되는 회피 행동을 촉진할 것이다.[78]

인간은 무엇을 살지 또는 누구를 사귀거나 믿을지 선택할 때 학습된 유인 incentive을 이용한다. 그러나 유인은 우리를 부적응적인 방향으로 이끌 수 있다. 음식과 연합된 신호는 배가 고프지 않을 때도 식탐을 일으켜 과식하게 만든다. 또 약물 관련 신호가 약물에 대한 갈망을 일으켜 중독이 재발하기도 한다.[79] 사회적 상황에서 누구를 신뢰할지 결정할 때 잘못된 신호를 사용하면 문제에 휘

말릴 수 있다. 예를 들어 누군가를 믿을 만해서가 아니라 매력적이거나 재미있어서 신뢰하는 경우가 있다. 그리고 위에서 언급했듯 유인은 공포나 불안 장애를 갖고 있는 사람들에게 부적응적 회피 반응을 끌어낼 수 있다.[80]

유인과 충동은 동전의 양면과 같다.[81] 배고픔 같은 충동은 내부에서부터 동기를 유발하는 것으로 알려져 있다. 충동은 생물학적 요구를 충족시킬 수 있도록 목표를 향해 우리를 밀어낸다. 반대로 유인은 우리를 목표 쪽으로 잡아당긴다. 둘 다 동기 유발의 중요한 측면이지만, 일상에서의 의사 결정, 심지어 생물학적 요구를 충족시키는 데도 유인에 의한 동기 유발은 특히 중요하다. 예를 들어 영양분에 대한 요구도 여러 방법으로 충족시킬 수 있다. 뭘 먹을지 결정하거나, 심지어 생물학적 요구 없이 식사를 하게 만드는 것도 각기 다른 선택지의 유인 가치인 때가 많다. 마찬가지로 위험에 처했을 때 우리는 처음에는 얼어붙겠지만 곧 다음에 취할 행위를 결정해야 한다. 이는 혐오 유인이 암시하는 위험의 평가와 연관된다.

위험한 사업

지금까지 우리는 구체적이고, 감지 가능하며, 즉각 현존하는 위협에 대한 방어를 살펴보았다. 그러나 모든 위협이 이런 유형은 아니다. 유기체는 낯선 상황, 그러니까 예상하지 못한 자극(갑작스러운 소음이라든지)에 노출되거나, 위험할 수 있는 곳에서 스스로 경계 수준을 높이기도 한다. 이런 환경에서는 실제 현존하지 않고 일어날 가능성이 불확실한 위협에 대해 평가가 이루어져야 한다. 실제 위협이 존재하지 않기 때문에 이 행동은 공포보다 불안과 더 관련된다. 목표가 상충하거나(접근 대 회피) 우리의 기대와 실제로 일어난 일이 어긋날 때 불확실성이 발생한다. 미래의 불확실성과 가능한 다양한 결과에 어떻게 준비해야 할지는 공포와 불안 장애의 중요한 요인이다.[82]

위험은 외적 요인과 내적 요인으로 규정된다. 일부 위협은 본질적으로 다른 위협보다 더 위험하기는 하지만(발밑에 있는 뱀 vs. 동물원 유리창 뒤에 있는 뱀), 위협과의 근접성은 외적 요인이다. 내적 요인에는 특정 시점에 작용하는 다른 동기 유발 조건들(먹이를 구해야 하는 필요성 vs. 위해에 노출되는 위험), 그리고 유전적 배경과 과거 경험에 근거한 개인적 특성(위험을 감수하거나 회피하려는 타고난 경향) 등이 포함된다.[83] 주어진 상황에서 위험의 정도는 시간이 지나면서 상황이 전개되는 양상에 따라 달라질 수 있다. (포식 임박 순서를 생각해보자. 대결 전 단계에서는 위험이 적지만, 포식자를 감지하면 위험도는 급격히 올라가고, 포식자가 공격하기 충분할 정도로 가까우면 위험도는 다시 변한다.) 위험한 상황에 누군가 접근해야 할 필요가 있을 때도 위험도는 증가한다.

예를 들어서 한동안 굶은 쥐가 먹이를 찾다가 위험할 수 있는 영역에 들어선 상황을 생각해보자.[84] 쥐는 능동적으로 밝고 트인 곳을 피해서, 약간이나마 몸을 가릴 수 있는 구조물 옆에 얼어붙을 것이다. 쥐는 머리와 수염, 콧구멍의 작은 움직임을 통해 시각적, 청각적, 후각적 신호가 현존하는지 탐지한다. 더 크게 움직이더라도, 매우 느리게 주로 몸을 바닥에 붙인 채로 움직인다. 이런 위험 평가 행동은 주의를 끌지 않으면서 적극적으로 주변을 탐색할 수 있게 해준다. 위험이 감지되지 않으면 쥐는 먹이 찾기 행동을 개시한다. 그러나 여전히 작고 조심스러운 움직임을 보인다. 먹잇감에게 이것은 매우 중요한 경험이다. 위험 평가가 완료되기까지, 설사 위험을 마주하지 않더라도 몇 시간에서 며칠에 걸쳐 조심스러운 행동을 보이다가 비로소 일상적인 먹기, 마시기, 짝짓기 행동을 재개한다. 나중에 후회하느니 조심스러운 편이 낫다.

미래에 일어날 사건의 불확실한 속성이 공포/불안 장애의 특히 중요한 요인이기 때문에[85] 인간의 불안에 대한 동물 모델을 설계하는 실험에서는 현존하는 자극으로 결과를 예측할 수 없는 상황을 만든다.[86] 다양한 방법으로 이런 상황을 만들 수 있는데, US를 예고하는 파블로프 위협 CS를 지연시켜, 지각된 위협이 언제 끝날지 불확실하게 만들어[88] CS의 신뢰도를 변화시킨다든지[87] 동물을 보호받지 못하는 개방된 공간이나 일종의 갈등 상황에 둔다든지 등이 있다.[89]

2장에서 봤듯 제프리 그레이Jeffrey Gray와 닐 맥너튼Neil McNaughton은 불확실한 상황, 특히 접근과 회피의 요구가 상충하는 상황에서 위험 평가 행동은 행동을 억제하는 중심 상태의 결과물이라고 주장했다.[90] 그들의 불안 이론에 따르면, 동물이나 사람이 이 상태일 때 부정적 경향을 띈 신호의 유의성이 커지고, 위험한 목표물에 접근하려는 경향이 그것이 필요한 상황임에도 억제되며, 그 결과 움직이지 않은 채로 위해를 회피한다. 이런 회피 전략을 수동적 회피라고 하는데, 앞서 언급한(그림 3.12) 능동적 회피 행동과 전혀 다른 것이다. 수동적 회피에서는 행위를 취함으로써가 아니라, 행위를 취하지 않고 위험을 평가함으로써 위해를 피하거나 미룬다.

단순히 행동만 관찰해서는 수동적 회피 동안 아무 행동도 하지 않는 것을 얼어붙기와 구분하기 매우 어렵다. 그러나 그 둘이 다르다는 증거가 있다. 예를 들어, 특히 벤조디아제핀 같은 일부 약물은 수동적 회피를 감소시키지만 특정 자극에 대한 얼어붙기에는 영향을 미치지 않는다.[91] 수동적 회피가 단순한 얼어붙기 반응이 아니라, 적어도 부분적으로는, 그 결과로 학습된 도구적 행동이라는 생각이 일반적으로 받아들여진다.

심한 불안에 시달리는 사람 중 일부는 집안에 틀어박혀 스트레스를 받는 상황에 노출되는 것을 피한다. 직장을 잃고 사회적으로 고립되는 해로운 결과의 가능성에도 불구하고 말이다. 이 수동적 회피 행동은 앞서 설명한 능동적 회피 행동과 마찬가지로, 위해를 성공적으로 회피하는 학습된 습관이 될 수 있다. 위협을 방지할 수 있었기 때문에 수동적 회피 반응은 강화되고 더욱 더 강해진다.

위험 평가의 복잡성과 모듈성modularity을 강조하는 것은 중요하다. 위험한 상황에서 무엇을 해야 할지 결정할 때, 뇌의 각기 다른 시스템은 각기 다른 기준을 사용한다.[92] 예를 들어 담배를 피우는 사람은 흡연이 장기적으로 건강에 나쁘다는 사실을 의식적으로 알고 있다. 그럼에도 여전히 담배를 피우는 이유는, 이 활동이 다른 규칙에 의해 작동되며 의식적 제어 시스템을 제압하는 비의식적 시스템의 통제를 받기 때문이다.

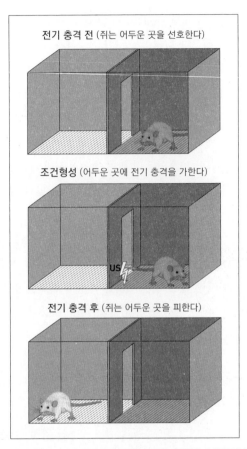

전기 충격 전 (쥐는 어두운 곳을 선호한다)

조건형성 (어두운 곳에 전기 충격을 가한다)

전기 충격 후 (쥐는 어두운 곳을 피한다)

그림 3.12: **수동적 회피** 능동적 회피와 달리 수동적 회피에서는 반응을 수행하기보다 오히려 자제함으로써 위해를 방지한다. 수동적 회피 과제를 설정하는 한 가지 방법은 쥐가 선천적으로 밝은 곳보다 어두운 곳을 좋아한다는 특성을 이용한다. 밝은 곳과 어두운 곳이 있는 상자에 넣으면 쥐는 금방 어두운 곳으로 이동한다. 그럼 어두운 곳에서 전기충격을 가한 다음 상자에서 꺼낸다. 다음날 쥐를 상자의 밝은 곳에 넣으면 어두운 곳으로 들어가는 것을 회피한다. 전기충격을 피하기 위해 자연적인 반응을 자제하는 것이다.

책임은 누구에게?[93]

핵심 질문은 다음과 같다. 위협 환경이든 아니면 더 평범한 환경이든, 일상 속에서 우리가 의사 결정을 할 때 실제로 결정을 내리는 것은 누구(또는 무엇)인가? "의사 결정"이라는 표현 때문에 의식적 마음이 주된 역할을 하는 것처럼 보일지 모르지만, 인간의 의사결정에 관한 연구에서 비의식적 요인의 역할에 대한 많은 논의가 이루어지고 있다.[94] 대니얼 카네먼Daniel Kahneman의 선구적 연구에 따라[95] 현재의 모델은 두 가지 의사 결정 시스템과 관련된 이중 처리 과정 접근법을 채택한다(여기서 "시스템"은 신경적 의미가 아니라 심리적 의미다).

시스템 1은 빠른, 암묵적 시스템으로 의식의 개입을 필요로 하지 않고 자동적으로 작동한다. 전부는 아니더라도, 행위에 대한 파블로프 유인의 효과는 대부분 이 자동 처리 과정과 연관된다. 예를 들어 광고에서 성적 상징을 이용하는 이유는, 상품과 성적 흥분을 연합시켜 비의식적으로 행동에 영향을 주는 파블로프 유인을 기대하는 것이다. 시스템 1은 또한 휴리스틱heuristics이라는 정신의 지름길을 이용한다.[96] 만일 여러분이 위험한 상황에 처한다면, 예컨대 시골길에서 곰을 마주친다면 아마 일단 뛰고 볼 것이다. 네발로 뛰는 덩치 크고 뚱뚱한 동물은 가볍고 두 다리로 달리는 인간보다 느릴 것이라는 일반화에 근거해서 말이다. 이런 전략은 제한된 정보에 근거한 빠른 의사 결정을 가능하게 해줌으로써, 정확성을 너무 희생시키지 않으면서 정신의 작업량을 줄여준다. 휴리스틱 의사 결정은 자연스럽고 보통 유용하지만, 당신을 오도할 수도 있다. 곰은 뚱뚱하지만 발이 매우 빠르다. 병원에서의 수많은 오진은 더 광범위한 평가보다 휴리스틱에 근거한 판단에서 나온다.[97]

시스템 2는 숙고를 거쳐 더 느리게 진행되고, 주로 신중한 추론이나 의식이 관여한다고 알려져 있다. 그러나 시스템 2에서 의사 결정의 합리성 정도나 의식의 개입은 모두 논란의 대상이다. 우리가 합리적 의사 결정자라는 생각은 통속 심리학적 믿음의 일부며, 사람들이 자신의 행동에 책임이 있다고 믿게 만든다.[98]

그러나 실제로 의사 결정과 행동의 근간에 있는 동기와 처리 과정에 대한 직접적 지식이 우리에게 부족하다는 것을 많은 연구 결과가 보여준다.[99] 그리고 우리는 행동이나 결정을 진행한 후 그것이 더 합리적으로 보이도록 설명을 지어내는 경향이 있다.[100] 우리의 의식적 마음이 결정과 행동을 주도한다는 느낌은, 반은 사실이고 반은 허구다.[101] 따라서 느린 시스템 2의 결정조차도 반드시 합리적인 의식적 의사 결정 과정에 근거한 것이 아닐 수 있다.[102] 그뿐만 아니라 우리가 일부 결정을 의식적으로 자각한다고 해서, 그 과정의 동기를 유발한 원인까지 자각한다는 의미는 아니다. 우리는 의사 결정 과정의 결과를 과정 그 자체와 구분해야 한다. 그리고 현재의 의식적 마음으로 과거의 의사 결정에 무엇이 영향을 미쳤는지 알기란 어렵다. 설사 방금 전에 일어난 결정이라도 말이다.

우리는 꼭 필요할 때 필요한 것만 아는 방식으로 뇌 활동을 의식한다. 위험에 대한 우리의 최초 반응은 보통 빨라야 하고, 따라서 과거에 통했던 전략대로 일단 비의식적으로 반응하는 편이 낫다. 일단 우리가 위험하다는 사실을 의식적으로 자각하면 의식의 자원을 이용해 당면한 문제를 풀어나갈 수 있다. 의식을 통해, 우리는 기억의 형태로 저장되어 있는 사실 정보와 개인적 경험을 이용해 우리의 현재와 상상된 미래의 자신이 취할 수 있는 행위의 영향을 평가할 수 있다.

그러나 어떤 결정이든 그것이 틀렸음을 입증하려면, 기본 가정은 그 결정이 비의식적으로 내려졌다는 것이다. 의식이 인간의 의사 결정에서 중요한 역할을 하긴 하지만, 필요 이상의 몫을 의식에 돌릴 경우 그 실제 역할을 가릴 수 있다. 정말 까다로운 것은 우리가 정말 의식적으로 결정할 때는 언제고, 비의식적으로 내린 결정을 사후에 의식적으로 설명할 때는 언제인가를 구별하는 문제다. 이는 특히 사법 체계에서 매우 논쟁적인 주제다.[103]

뇌의 역할

심리적 과정에서 뇌의 역할에 관한 연구는 심리적 과정을 측정하는 행동 검사의 유용성에 달려 있다. 다행히도 위협과 방어의 영역에서는, 이 장에서 살펴봤듯 매우 구체적인 행동적 접근이 가능하다. 우리는 이를 토대로 다음 장에서 위협 처리와 방어 행동에 관여하는 뇌 메커니즘을 다룰 것이다.

04장
방어하는
뇌

"집 밖으로 나가는 건 위험한 모험이야, 프로도."

— J. R. R. 톨킨[1]

살아있는 모든 것은 세포로 이루어져 있다. 예를 들어 박테리아 같은 생물은 몸 전체가 하나의 세포다. 이런 경우 하나의 세포가 생명을 유지하는 데 필요한 모든 일을 담당해야 한다. 이는 효율적일지 모르지만, 유기체가 할 수 있는 일을 제한하기도 한다. 복잡한 유기체(예로 동물)는 수많은 세포가 모여 시스템(계)을 구성하고 특화된 기능을 수행한다. 따라서 생명의 유지와 번영을 위한 매일의 일과에 더 유연하게 대처할 수 있다. 예를 들어 우리 인간 같은 포유류는 소화계, 호흡기계, 순환계, 생식기계, 근골격계 등을 갖고 있다. 각 계가 독특한 기능을 수행할 수 있는 것은 계를 이루고 있는 특화된 세포들이 특화된 방식으로 상호작용하기 때문이다. 소화계의 세포들은 음식물을 처리해 에너지 자원과 영양소로 전환시킨다. 호흡기계의 세포는 공기를 받아들여 산소를 추출해 대사 metabolism에 사용한다. 내분비계 세포는 호르몬을 분비해 대사나 다른 기능을 조절한다. 심혈관계의 세포는 온몸에 피를 돌려 에너지, 영양소, 산소, 호르몬을 필요로 하는 신체 각 조직에 분배한다. 근골격계의 세포는 움직임(행동)을 가능하게 한다. 뇌와 척수, 그리고 여기에서 다양한 신체 기관, 샘, 조직으로 이어지는 신경 경로를 포함한 신경계는 다른 모든 시스템을 조율해 우리 몸이 통합된 하나의 단위로 작동할 수 있게 해준다.

이 장은 동물이 영위하는 가장 중요한 활동 중 하나인 방어에서 신경계, 특히 뇌의 역할을 탐구할 것이다. 먹기, 마시기, 짝짓기, 그 밖에 다른 생존 행동은 긴 시간 동안 미뤄도 생명의 위협을 받지 않는다. 그러나 위험한, 또는 잠재적으로 위험한 상황에서 위협에 대한 대응이 지연된다면 치명적 결과에 이를 수 있다. 따라서 뇌는 이런 상황에서 가장 적절한 행동 반응을 구성하는 근골격 패턴을 빠르게 선택해야 한다. 뇌는 또한 에너지가 필요한 방어 행동을 생리적으로 지원하는 심혈관, 내분비, 호흡, 그 외의 수많은 반응을 관리해야 한다. 뇌가 어떻게 방어 활동을 제어하는지 자세한 이야기에 들어가기 전에, 먼저 뇌의 구조와 기능의 몇 가지 기본 원리를 간단히 요약하고 넘어가자.

뇌 구성의 몇 가지 핵심 사항

뇌는 두 종류의 세포, 즉 뉴런과 신경 아교 세포glial cell를 가진다(그림 4.1a). 뉴런은 정보의 소통에 관여한다. 신경 아교 세포는 뇌에서 복잡한 역할을 하는데[2] 뉴런이 제 역할을 하도록 돕는 것이 그중 하나다. 신경 아교 세포에 관한 관심이 높아지고 있지만, 여기서 우리의 주된 관심사는 뉴런이다.

우리 몸의 세포는 대부분 화학물질을 방출해 주변 세포들에게 영향을 주는 식으로 의사소통을 한다. 그런데 뉴런은 주변뿐만 아니라 먼 거리에 걸쳐 소통할 수 있다. 이는 뉴런이 세포체(cell body, 또는 soma)에서 뻗어 나온, 섬유로 된 부속 기관을 갖기 때문이다. 이 섬유가 다른 뉴런에서 입력 신호를 받기도 하고 출력 신호를 전달하기도 한다. 뉴런은 특히 다른 뉴런으로부터 입력 신호를 받는 데 중요한 역할을 하는, 여러 개의 수상돌기dendrite를 가진다. 뉴런은 대개 하나의 축삭axon을 가진다. 축삭은 정보를 다른 뉴런으로 보내는 데 쓰이는 주요 구조물이다. 보통 하나의 축삭을 갖지만, 축삭은 가지를 칠 수 있어서 한 영역에 있는 뉴런 하나가 여러 영역에 있는 다수의 뉴런과 의사소통을 할 수 있다.

뉴런 의사소통의 근간에는 두 가지 전달 시스템이 있다. 하나는 세포체에서 축삭 끝까지 뉴런 내의 전달에 관여하고, 다른 하나는 축삭에서 다른 뉴런으로—주로 수상돌기를 통해—의 소통에 관여한다. 세포체에서 활동 전위action potential라는 전기 폭풍이 일어나면서 의사 소통 과정이 시작된다(그림 4.1b). 이 전기적 반응은 축삭을 따라 내려간다. 활동 전위가 축삭의 가지 끝에 도달하면, 뉴런 의사소통의 두 번째 부분이 시작된다. 활동 전위가 축삭의 말단에서 화학 전달 물질을 분비시킨다(그림 4.1c). 이 신경전달물질은 다른 뉴런의 수용체와 결합한다. 주로 뉴런의 수상돌기(입력 신호를 받는, 섬유로 된 뉴런 부속 기관)와 결합하지만 세포체나 축삭과 결합하기도 한다.

두 뉴런의 접점을 시냅스 간극synaptic cleft 또는 짧게 시냅스synapse라 부른다. 시냅스 전달을 통해 뉴런들은 의사소통을 한다. 흥분성 뉴런은 다른 뉴런의 활동을 촉발하고, 억제성 뉴런은 다른 뉴런의 활동을 억제한다. 뇌의 특정 영역이나 하위 영역 뉴런들 사이의 시냅스 연결이 국소 회로나 네트워크를 형성한다(그림 4.1d). 그리고 각기 다른 영역에서 회로들 사이의 연결이 특정 기능을 가진 시스템을 형성한다.[3]

모든 척추동물의 뇌는 세 주요 구역으로 이루어져 있다(그림 4.1e와 4.1f). 후뇌 또는 마름뇌hindbrain는 생명의 일차적 기능(호흡, 심장박동 같은)을 위해 필요하며 모든 척추동물에 걸쳐 가장 유사하다. 후뇌에 손상을 입으면 생명이 위태로운 경우가 많다. 중뇌 또는 중간뇌midbrain는 수면과 각성 패턴을 정상적으로 조절하며, 서로 다른 종 사이에 큰 차이는 없지만 후뇌보다는 차이를 보인다. 척추동물 사이에 가장 큰 차이를 보이는 것은 전뇌로, 몇 개의 구성 요소를 가진다.

포유류나 다른 척추동물의 전뇌는 대뇌피질과 그 밑의 피질하 영역으로 구성된다. 인간의 뇌는 피질 영역이 부피 대부분을 차지한다(그림 4.1g). 다양한 포유류의 대뇌 피질이 그림 4.1i에 묘사되어 있다.

피질 영역은 신피질neocortex과 이종피질allocortex로 나뉜다. 신피질은 주름진 바깥층으로 인간의 뇌에서 가장 눈에 띄는 부분이다(그림 4.1g). 신피질이라는 이름이 붙은 것은 포유류의 진화와 함께 새로 추가된 영역이라는 믿음 때문이었다.[4] 그러나 이 가설은 도전을 받고 있다.[4] 신피질은 식별 가능한 6개의 뉴런 층 또는 막을 갖고 있다. 이종피질은 그보다 층수가 적으며(대개 3, 4층) 뇌 양쪽 반구의 안쪽 벽에 위치해서, 두 반구를 서로 떼어내지 않는 한 눈에 보이지 않는다.

이종피질은 종종 내측 피질이라 부르고[5] 신피질은 외측 피질이라 부른다.[6] 내측 피질 영역을 변연 피질이라 부르기도 한다. 그러나 나는 이 용어를 별로 사용하고 싶지 않다. 왜냐하면 이 용어는 정서의 변연계 이론이라는, 논란이 될 만한 개념을 상기시키기 때문이다.[7]

피질하 영역은 피질 밑에 놓인다(그림 4.1g). 피질하 영역에는 더 많은 영역이 포함되지만 이 책에서는 주로 몇 가지 영역을 반복해서 다룰 것이다. 그 대부분은 전뇌의 일부로 편도, 확장 편도(편도와 연관되지만 다소 다른 영역들), 기저 신경절, 시상, 시상하부 등이 포함된다. 이 책에서 논의할 피질하 중뇌 영역은 수도관주위 회색 영역과 각성arousal 시스템으로 알려져 있는 영역 집단(그림 4.1h)을 포함한다.

논의의 편의를 위해서 나는 뇌 영역의 일부에 축약어를 사용할 것이다(표 4.1).

뇌를 자극하기

19세기 말까지 사람들은 분노 행동(방어 공격 또는 투쟁)의 표출이 뇌의 피질하 영역에 의존한다고 생각했다. 신피질에 손상을 입어도 분노 반응을 보이는 데 별 이상이 없었기 때문이다.[8] 그러나 나중에 월터 캐넌이 "외관상 분노sham

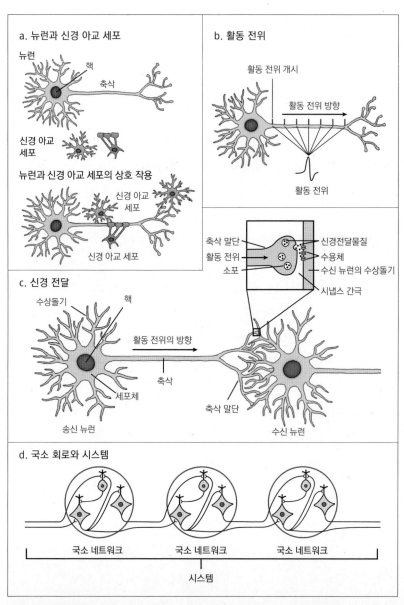

a. 뉴런과 신경 아교 세포

뉴런

핵

축삭

신경 아교
세포

뉴런과 신경 아교 세포의 상호 작용

신경 아교
세포

신경 아교 세포

b. 활동 전위

활동 전위 개시

활동 전위 방향

활동 전위

축삭 말단

활동 전위

소포

신경전달물질

수용체

수신 뉴런의 수상돌기

시냅스 간극

c. 신경 전달

수상돌기

핵

활동 전위의 방향

축삭

세포체

송신 뉴런

축삭 말단

수신 뉴런

d. 국소 회로와 시스템

국소 네트워크

국소 네트워크

국소 네트워크

시스템

그림 4.1: 뇌의 개요 자세한 설명은 본문을 참조. 그림 **a**, **b**, **c**의 뉴런과 신경아교세포의 출처는 http://www.ninds.nih.gov/disorders/brain_basics/ninds_neuron.htm. **e**. 척추동물 뇌 그림의 출처는 Bownds(1999)의 그림 2.4. **i**. 다양한 포유류의 외측 피질lateral cortex 그림 출처는 Bownds(1999)의 그림 2.4.

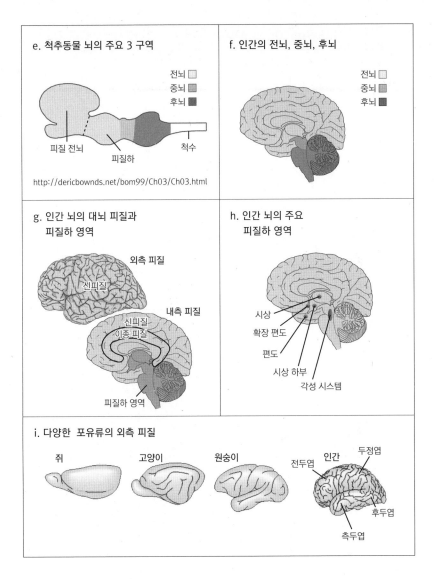

e. 척추동물 뇌의 주요 3 구역

전뇌
중뇌
후뇌

피질 전뇌
피질하
척수

http://dericbownds.net/bom99/Ch03/Ch03.html

f. 인간의 전뇌, 중뇌, 후뇌

전뇌
중뇌
후뇌

g. 인간 뇌의 대뇌 피질과
　피질하 영역

외측 피질
신피질
내측 피질
신피질
이종 피질
피질하 영역

h. 인간 뇌의 주요
　피질하 영역

시상
확장 편도
편도
시상 하부
각성 시스템

i. 다양한 포유류의 외측 피질

쥐
고양이
원숭이
인간
전두엽
두정엽
후두엽
측두엽

rage"라는 용어를 써서 이 반응을 설명했다. 그는 피질이 연관되지 않고는 동물이 분노의 느낌을 경험할 수 없을 것이라 믿었다.[9] 앞장에서 살펴봤듯 캐넌은 특히 자율신경계에 관심이 많았다. 그는 동물이 외관상 분노를 보일 때 혈압과 심

표 4.1: 이 책에서 논의되는 주요 뇌 영역의 축약어

신피질	피질하 전뇌
전전두 피질(Prefrontal Cortex, PFC)	편도 (Amygdala, Amyg)
PFC$_L$, 외측 전전두 피질 lateral prefrontal cortex	BA, 편도 기저핵 basal nucleus of the amygdala
PFC$_{DL}$, 등쪽 외측(배외측) 전전두 피질 dorsal lateral PFC	CeA, 편도 중심핵 central nucleus of the amygdala
PFC$_M$, 내측 전전두 피질 medial prefrontal cortex	LA, 편도 외측핵 lateral nucleus of the amygdala
PFC$_{DM}$, 등쪽 내측(배내측) 전전두 피질 dorsal medial PFC	확장 편도 Extended Amygdala
PFC$_{VM}$, 배쪽 내측(복내측) 전전두 피질 ventral medial PFC	BNST, 분계 선조stria terminalis의 침대핵bed nucleus
두정 피질 Parietal Cortex (PAR)	기저신경절 Basal Ganglia
	CPu, 미상핵–피각 caudate-putamen (등쪽 선조dorsal striatum)
	NAcc, 중격핵 nucleus accumbens (배쪽 선조ventral striatum)
	피질하 중뇌 Subcortical Midbrain
	PAG, 수도관주위 회색 영역 periaqueductal gray region

박수가 상승하고, 털을 곤두세우고(닭살이 돋고), 땀을 흘리고, 부신 수질에서 에피네프린을 방출하는 등 자율신경계의 교감 신경이 폭넓게 활성화되는 것을 보여주었다.

　20세기 초 연구자들이 자율신경계를 제어하는 뇌 메커니즘을 탐구하기 위

해 마취된 동물에게 전기 자극을 가했을 때, 똑같은 교감 신경 활성화 패턴이 나타났다.[10] 이 접근법은, 뉴런이 활성화되면 전기적 반응을 일으키므로 인공적으로 뉴런에 전기 자극을 가하면 자연적으로 활성화될 때와 비슷한 반응을 일으킬 것이라는 생각에 근거했다. 이 방법으로 전뇌 피질하 영역인 시상하부가 교감 신경계를 통해 신체 기능을 제어하는 핵심 역할을 맡고 있다는 사실이 밝혀졌다. 이 발견을 기반으로 캐넌은, 시상하부가 위기 상황에서 방어(분노) 행동과 생리 반응의 통합을 담당하는 피질하 영역이라고 주장했다.[11]

캐넌의 제자인 필립 바드Phillip Bard가 그 가설을 밀고 나갔다.[12] 당시 깨어 활동하는 동물의 시상하부를 전기적으로 자극하는 것은 기술적으로 불가능했기 때문에 바드는 뇌 손상 기법을 이용했다. 그가 시상하부를 전뇌의 피질이나 그 외 상부 영역들로부터 절단했지만, 동물은 도발당했을 때 여전히 분노 비슷한 행동을 보일 수 있었고 그것을 뒷받침하는 생리 반응도 나타났다. 그러나 시상하부를 중뇌나 후뇌(행동 및 자율신경계 반응을 궁극적으로 실행하는, 척수와 뇌를 연결하는 부위) 하부 영역들로부터 절단하자, 분노 반응과 생리적 변화가 더 이상 일어나지 않았다(그림 4.2).

1940년대 무렵 뇌 기능 연구를 위한 전기 자극 기술이 개선되었고, 마취된 동물의 연구 결과는 교감 신경계를 제어하는 시상하부의 역할을 한층 더 확인시켜주었다.[13] 특히 중요한 점은 깨어 있는 동물들이 정상적인 일상 활동을 영위하는 동안 뇌를 자극할 수 있는 기술이 개발되었다는 사실이다.[14] 이 접근법으로 시상하부와 다른 피질하 영역의 자극이 방어, 먹기, 마시기, 짝짓기 같이 개체와 종의 생존에 필수적인 다양한 행동을 끌어낸다는 것이 밝혀졌다. 이 결과는 생존 행동이 진화적으로 오래된 피질하 회로에 선천적으로 프로그래밍되어 있다는 사실을 반영한다. 캐넌과 바드의 가설처럼 행동적 방어 반응과 그것을 지원하는 생리적 변화는 모두 시상하부에서 제어한다. 게다가 분노 행동 및 생리 반응은 둘 다 시상하부에서 정확히 같은 영역을 자극함으로써 끌어낼 수 있다.[15]

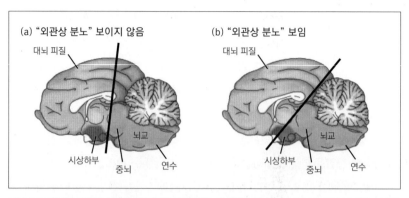

(a) "외관상 분노" 보이지 않음　　　　(b) "외관상 분노" 보임

대뇌 피질　　　　대뇌 피질

뇌교　　　　뇌교

시상하부　중뇌　연수　　　시상하부　중뇌　연수

그림 4.2: 캐넌과 바드가 외관상 분노를 끌어낸 방법 시상하부 밑 영역이 전뇌의 시상 및 다른 부위로부터 절단될 경우, 동물을 도발해도 분노 행동을 거의 보이지 않는다. 그러나 시상하부가 뇌간과 연결되어 있을 경우 도발하면 분노를 보인다. 캐넌과 바드는 이 행동을 "외관상 분노"라 불렀다. 반응 제어에 피질이 관여할 수 없다면, 동물이 분노를 실제로 경험할 수 없을 것이라 생각했기 때문이다.
(출처: LEDOUX [1987], PURVES ET AL [2001]에서 수정.)

시상하부가 방어에서 역할을 수행할 수 있게 해주는 상위와 하위 영역도 각각 확인되었다.[16] 상위 영역은 편도, 하위 영역은 수도관주위 회색질(PAG)이다. 편도를 자극해서 방어 반응을 끌어낼 때 시상하부가 손상되면 반응이 일어나지 않고, 시상하부를 자극해서 방어 반응을 유도할 때 PAG가 손상되면 역시 반응이 일어나지 않는다. 이처럼 편도, 시상하부, PAG는 순차적으로 연결된 방어 회로로 보인다(그림 4.3). 편도를 비롯한 주변 변연계 영역들이 정서 자극을 처리하는 핵심 영역이며, 이곳에서 뇌의 하부 영역으로 신호를 보내 정서 반응을 제어한다는 다른 연구 결과와 일맥상통하는 발견이다.[17] 그러나 앞서 언급했듯 변연계 이론은 지금까지도 매우 인기 있는 이론이지만, 과학적으로는 의심스러운 개념이다.

3장에서, 방어 행동과 관련해서 일어나는 교감 반응은 단순히 행동에 대한 항상성 조절 반응이 아니라고 말한 것을 기억해보자. 방어 행동과 그것을 지지하는 생리 반응은 선천적으로 프로그래밍된 반응 패턴이다.[18] 항상성 조절은 특정 행동이 전개될 때 그에 필요한 대사적 요구에 부응하기 위해 일어난다. 그러나 최초의 생리 반응은 같은 종의 동물에게 거의 비슷한 방식으로 나타나는, 사전 배선된 반응이다.[19]

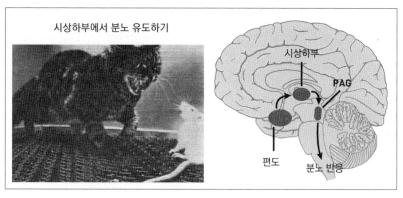

그림 4.3: 시상하부로 유도되는 분노와 편도-시상하부-PAG 분노 경로 (좌) 시상하부에 전기 자극을 가하면 분노와 공격 반응을 끌어낼 수 있다. (출처: Flynn [1967].) (우) 편도나 수도관주위 회색질(PAG)에서도 분노를 끌어낼 수 있다. PAG가 손상되면 시상하부나 편도를 자극해 분노 반응을 이끌어낼 수 없고, 시상하부가 손상되면 편도를 자극해 분노를 유도할 수 없다. 따라서 편도, 시상하부, PAG는 분노를 유도하는 과정에서 순차적으로 연결된 것으로 보인다.

방어 같은 상황에서 생리적 지원이 필요한 것은 몸만이 아니다. 뇌 역시 가동되고 충전되어야 한다. 이 처리 과정을 "각성arousal"이라 한다.[20] 1940년대 뇌 자극 연구에서 뇌의 각성이 어떻게 조절되는지 처음으로 단서를 찾아냈다.[21] 마취되지 않은 생물을 자극할 때 뇌의 중심부(특히 중뇌와 시상하부 및 시상의 일부 영역) 영역이 동물을 각성시켰다(그림 4.4). 이 각성 시스템이 수면-각성 주기 및 깨어있는 동안 주의와 경계를 제어하는 것으로 보인다.[22] 처음에는 분화되지 않고 흩어져 있지만 상호 연결된 뉴런 집단인 망양체reticular formation가 각성을 일으킨다고 생각되었으나, 이제는 신경조절물질neuromodulator이라는 특정 화학물질을 만들고 분비하는 뉴런들이 각성을 조절하는 것으로 알려져 있다.[23] 신경조절물질에는 노르에피네프린, 도파민, 세로토닌, 아세틸콜린 등이 있는데, 이에 대해서는 나중에 설명할 것이다. 곧 살펴보겠지만 편도는 위협이 현존할 때 몸과 뇌의 각성을 촉발하는 데 관여한다.

전기 자극 방법은 선천적인 방어 행동과 생리 반응을 연구하는 도구로 계속 사용되고 있지만[24] 이 방법은 행동 관련 뇌 회로의 단지 개략적인 그림만 보여줄 뿐이고, 다른 이유로 문제가 될 수 있다.[25] 예를 들어 자극받은 영역의 뉴런은 반응 제어 회로의 일부로 상정하는 것이 보통이지만, 실제로는 꼭 그렇지 않을 수 있다. 전기 자극은 특정 위치에 있는 뉴런만을 활성화시키는 것이 아니라, 그 영역을 지나가는 축삭까지도 활성화시킬 수 있다. 따라서 행동을 제어하는 진짜 뉴런은 다른 곳에 위치하고, 신호를 받아들이거나 내보내는 축삭을 통해 멀리서 활성화된 것일 수도 있다. 연구자들은 전기 자극 방법의 단점을 극복하기 위해 오랜 기간 노력해왔고[26] 오늘날에는 유전적 도구에 근거해 특정 종류의 신경 요소(뉴런 대 신경 섬유), 독특한 생리적 역할(흥분성 대 억제성), 그리고 신경화학적 특징(특정 유전자 산물—특정 신경전달물질이나 호르몬 등을 합성하는, 효소와 같은 단백질—을 함유한 세포)을 정확히 구분해 표적으로 삼을 수 있게 되었다.[27] 이런 새로운 기술은 전기 자극에 근거한 고전적 결론 일부를 재평가하게 이끌었다. 예를 들어 전통적으로 시상하부가 관여한다고 생각해온 몇몇 선천적 반응들, 즉 공격[28], 먹기[29] 등은 이제 관련된 것으로 간주되지 않는다.

실제에 들어가기

방어 행동과 생리적 지원을 제어하는 뇌에 대한 지금의 이해는 많은 부분이 실제 위협, 즉 뇌를 직접 자극해 방어를 유도하는 것이 아니라, 방어 회로를 자연적으로 활성화하는 감각 자극을 이용한 연구에 근거한다. 직접 뇌를 자극하는 방법은, 그것이 전기 자극에 근거하든 오늘날의 발전한 기술에 근거하든, 반응 제어 회로(다시 말해서 출력 회로)를 살펴보는 데 주로 유용하다. 그러나 위협 자극

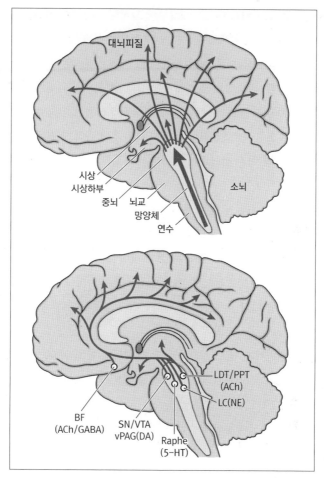

그림 4.4: 각성 시스템의 과거와 현재 (위)과거에는 수면과 깨어 있는 동안 경계와 주의에 관여하는, 뇌
간에 흩어져 있는 네트워크인 망양체reticular formation가 각성을 일으키는 뇌 영역이라고 생각했다
(Starzl et al [1951]에서 수정). (아래)새로운 견해는 특정 뉴런들이 각성을 조절하는데, 각 뉴런이 다른
신경조절물질을 만들어내고 이 신경조절물질이 수면, 각성, 흥분, 경계 등에 관여한다는 것이다(출처:
España et al [2011]). 축약어: BF, 전뇌 기저부basal forebrain; SN/VTA, 흑질substantia nigra/배
쪽 피개 영역ventral tegmental area; LC, 청반locus coeruleus; LDT/PPT, 외측 배쪽 피개lateral
dorsal tegmentum/대뇌각교뇌 영역pedunculopontine area; ACh, 아세틸콜린acetylcholine;
DA, 도파민dopamine; 5-HT, 세로토닌serotonin; NE, 노르에피네프린norepinephrine.

을 사용하면 위협을 처리하는 감각계로부터 시작해 근골격계, 자율신경계, 내분비계 반응을 제어하는 운동계에 이르는 전체 회로를 식별할 수 있다.

감각 기반의 이 접근법은 자극 유발 관점에서 선천적인 방어 반응의 신경 제어를 조사하기 때문에, 나는 여기에서 인간의 위협 처리 과정에 가장 적절한 종류의 자극—특히 청각적 자극과 시각적 자극—에 초점을 맞출 것이다. 그리고 나는 주로 파블로프 위협 조건형성을 통해 획득된 청각적, 시각적 자극을 고려할 것이다. 왜냐하면 이런 접근법이 지금까지 위협 처리 회로에 대한 많은 지식을 제공했기 때문이다.[30]

편도에서 조건형성된 위협이 처리되는 기본 회로에 관해서는 2장에서 논의했다. 편도의 두 핵심 영역은 외측핵(LA)과 중심핵(CeA)이었다. 이 장에서는 이 주제에 더 깊이 들어갈 것이다. 특히 이 편도 영역에서 무슨 일이 일어나는지, 이 영역들이 어떻게 서로 연결되는지, 그리고 전전두 피질이나 해마 같은 다른 영역들이 편도의 위협 처리 과정을 어떻게 돕는지 논의할 것이다(그림 4.5).

자극이 해로운 것과 연합되면 위협적이 된다. 만일 당신이 개에게 물렸다면 그 개를 볼 때마다(어쩌면 다른 개를 볼 때도) 당신은 방어 모드에 돌입해 다시 물리지 않도록 스스로를 보호하기 시작할 것이다("처음 맞을 때보다 두 번째가 더 무섭다"는 속담이 있다). 이를 위해서는 개의 모습과 개에게 물린 사건이 편도의 같은 뉴런에 수렴해야 한다. 이 수렴이 두 자극 사이 관계의 강도를 높인다. 1949년 캐나다의 심리학자 도널드 헵Donald Hebb은 약한 자극과 강한 자극이 같은 뉴런을 활성화시킬 때, 강한 자극이 뉴런의 화학적 성질을 변화시켜 다음에는 약한 자극으로도 뉴런을 더 강하게 활성화할 수 있다는 것을 보여주었다.[31] 개에게 물린 이야기에서도, 개에게 물린 강한 감각이 뉴런의 화학적 성질을 변화시켜 미래에는 개의 모습만으로도 뉴런이 더 강하게 활성화된다는 얘기다(그림 4.6).

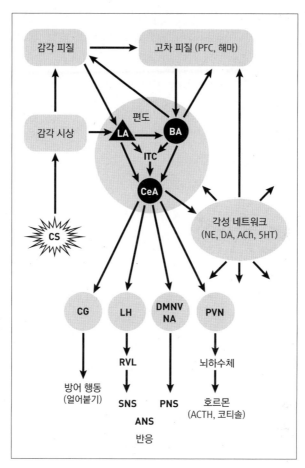

그림 4.5: 조건형성된 위협의 뇌 처리 과정과 조건형성된 방어 반응의 제어 공포(위협) 조건형성의 획득과 발현에 관여하는 기본 회로를 그림2.3에 제시했다. 이전에 조건형성된 위협의 처리 과정에 관한 추가 세부사항을 여기에 묘사했다. 위협 자극은 먼저 시상과 피질의 감각 처리 영역으로 전달된다. 그다음 이 두 영역 모두 신호를 외측 편도(LA)로 보낸다. LA는 CeA와 직접, 기저 편도(BA)나 사이세포(intercalated cells, ITC)와 같은 영역을 경유해서 연결된다. 그다음 CeA는 얼어붙기 행동, 자율신경계(ANS)의 교감 신경 및 부교감 신경 반응, 호르몬 분비를 각각 제어하는 하위 표적들과 연결된다. CeA는 또한 노르에피네프린(NE), 도파민(DA), 아세틸콜린(ACh), 세로토닌(5HT)과 같은 신경조절물질을 분비하는 뇌의 각성 시스템을 활성화한다. 이 회로의 처리 과정은, 위협을 개념화하는 내측 측두엽 영역(해마와 주변 피질 영역을 포함)이나 조건 반응의 강도와 지속도를 조절하는 외측 및 내측 전전두 피질(PFC)과 같은, 피질의 고차 영역의 조절을 받는다. 더 자세한 내용은 그림 4.10과 11장을 참고한다.

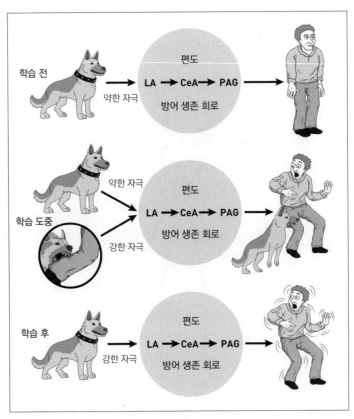

그림 4.6: 처음 맞을 때보다 두 번째가 더 무섭다: 편도에서 개의 모습과 개에게 물린 경험의 연합 개에게 물리기 전 개의 모습은 약한 자극(외측 편도[LA]와 중심 편도[CeA], 그리고 수도관주위 회색질[PAG] 영역에 걸쳐 있는 방어 생존 회로를 활성화시키는 능력 면에서)이었다. 그러나 개에게 물릴 때 개의 모습(약한 자극)과 개에게 물린 경험(강한 자극)이 동시에 일어나면서 연합된다. 나중에 같은 개, 아니 심지어 다른 종류의 개만 봐도 편도의 "개 모습-개에게 물림" 연합이 활성화되어 PAG를 통해 얼어붙기와 같은 방어 행동이 유발된다.

실험 환경에서 전기 충격에 선행하는 소리나 빛은 조건형성된 위협이 된다. 이는 소리나 빛(CS)의 정보가 전기충격(US)의 정보를 받는 LA의 뉴런에 수렴하기 때문이다.[32] 이때 강한 US가 뉴런을 활성화하는 약한 CS의 능력을 변화시킨다.[33]

내 연구실이나 다른 곳에서 이루어진 수많은 실험에서, CS가 혐오 US와 연합되면 LA의 뉴런이 더 강하게 반응한다는 사실이 입증되었다.[34] 그뿐만 아니라 연구자들은 학습 동안 이런 변화를 끌어내고, 기억 저장소에서 이 변화의 안정화에 기여하는 수많은 분자들을 밝혀냈다.[35] 일단 연합 기억이 형성되면, CS만으로도 LA 뉴런을 강하게 활성화할 수 있다(그림 4.7 참조).

　　LA는 몇 개의 하위 영역을 가진다.[36] 증거에 따르면 학습과 연합의 장기 저장은 LA의 등쪽 영역에서 일어난다.[37] 나중에 CS가 나타나면 이곳의 연합을 활성화하는데, 내측 LA를 통해서 정보가 편도의 다른 몇몇 영역으로 퍼져나간다. 궁극적으로 CeA가 활성화되어 조건 반응, 그러니까 행동 방어 반응(특히 얼어붙기)과 이를 지원하는 생리적 변화(그림 4.5 참조)의 발현을 제어한다.

　　LA와 CeA가 소통하는 몇몇 경로가 있다(그림 4.5). 첫째, LA와 CeA가 직접 연결되는 경로다. 둘째, LA에서 다른 영역, 그러니까 기저 편도(BA)와 같은 곳을 거쳐서 CeA로 연결되는 경로가 있다. 셋째, LA와 CeA 둘 다 사이세포라 불리는 세포 무리와 연결되는 경로다. 사이세포는 LA, BA, CeA 사이에서 접점 역할을 한다.[38]

　　CeA를 흐르는 정보는 서로 연결된, 별개의 두 부분의 복잡한 상호관계에 관여한다[39](그림 4.5). CeA의 외측 부분 뉴런들은 LA에 저장된 CS-US 연합에 관한 입력 신호를 (바로 위에서 설명한 연결을 통해) 받는데, 이 영역은 내측 부분과 연결된다. 내측 부분은 다시 외측 부분과 연결된다. 내측 CeA는 또한 PAG로 출력 신호를 보내[40] 얼어붙기 행동을 제어한다.[41]

　　위에서 논의한 전기 자극 결과와 달리, 조건형성 위협 자극을 이용한 연구에서는 PAG를 통해 방어 행동을 끌어내는 데 시상하부가 관여할 필요가 없다. CeA에서 PAG로 직접 연결된 경로가 이를 담당한다. 그러나 후각 위협 무조건 자극으로 유도되는 선천적 방어 행동은 편도에서 시상하부로, 그리고 시상하부에서 PAG로의 연결이 필요한 것으로 보인다. 이처럼 포식자나 같은 종의 공격을 방어할 때 다소 다른 회로가 관여할 수도 있다.[42]

CeA는 행동 반응(얼어붙기)뿐만 아니라, 자율신경계나 내분비계가 중재하는 신체 변화도 제어한다(그림 4.5).[43] CeA에서 PAG로의 연결은 방어 행동을 제어하기는 하지만, CS가 유발하는 자율신경계나 호르몬 반응에 관여하지는 않는다.[44] 대신 CeA에서 외측 시상하부로의 연결[45], 그리고 외측 시상하부에서 후뇌(외측 연수)의 운동 뉴런으로 이어지는 연결이 심박수와 혈압의 증가 같은 교감 신경계 반응을 제어한다.[46] 모두 PAG를 우회해서 지나간다.[47] CeA에서 다른 후뇌 영역(미주신경 등쪽핵dorsal motor nucleus of vagus이나 의문핵nucleus ambiguus 등)으로 연결되는 경로는 위협이 지나간 후 균형을 되찾는 역할을 하는 부교감 신경의 반응을 제어한다.[48] 그리고 CeA에서 시상하부의 뇌실옆핵 paraventricular hypothalamus으로의 연결은 뇌하수체-부신 축을 활성화해 뇌하수체로부터 ACTH를, 부신 피질로부터 코티솔을 분비시킨다.[49]

앞서 언급햇듯 위협은 몸의 생리뿐만 아니라 뇌의 생리도 변화시킨다. 뇌의 주의 및 경계 수준을 높이고 위협 관련 신호에 더 민감하게 반응하도록 만든다.[50] 위협으로 유도된 뇌의 각성은 CeA의 다른 출력 신호에 의해서도 제어된다. 이 신호를 받은 뉴런들은 노르에피네프린, 세로토닌, 도파민, 아세틸콜린, 오렉신, 그 밖의 신경 조절 화학물질을 뇌 전역에 방출한다.[51] 각성은 위협이나 다른 유의미한 환경 자극에 맞서 주의와 경계 수준을 높인다.[52]

위협 조건형성에서 가소성Plasticity의 핵심 영역은 LA지만, LA에 신호를 보내는 감각 영역이나[53] BA[54]나 CeA[55]를 포함한 편도의 다른 영역에서도 가소성은 일어난다. 그러나 이 다른 영역의 가소성은 일단 LA에서 일어나는 가소성에 의존하는 것으로 보인다.[56] 이런저런 이유로 LA는 위험 학습에서 가소성의 핵심 영역으로 생각된다.

위에 언급한 대로 편도 혼자서 방어 행동을 제어하는 것이 아니다. 내측 전전두 피질(PFC$_M$), 특히 PFC$_M$의 배쪽 내측 영역(PFC$_{VM}$)은 편도와 연결되는데(그림4.5 참조), 쥐 연구에서 방어 반응이 발현되는 동안 이 경로가 편도에서 정보 처리를 조절하는 핵심 역할을 하는 것으로 드러났다.[57] PFC$_{VM}$의 변연전

prelimbic 영역은 반복 시행 기반의 반응을 조절해서, CS가 일어날 때 반응의 강도를 결정한다. PFC$_{VM}$의 또 다른 영역의 역할은 이 책의 뒷부분에서 특히 중요하게 부각될 것이다. 변연하infralimbic 영역은 US 없이 CS가 반복될 때의 변화를 조절한다. 이 변연하 영역이 손상되면 소거로 CS의 위협 가능성을 약화하는 능력이 지장을 받는다. 이 능력은 인간의 부적응적 공포와 불안을 해소하는 노출 치료의 핵심 처리 과정이다. PFC$_{VM}$은 편도를 조절하며[58] 이 조절에 장애가 있는 사람이 일반적으로 병적 불안을 앓는다고 생각된다.[59] 편도는 방어 반응의 가속 페달, PFC$_{VM}$은 브레이크라 할 수 있다.[60] 이 가속 페달과 브레이크의 비유는 11장에서 더 자세히 논의할 것이다(그림11.1).

편도는 또한 해마(그림4.5)와 연결된다. 해마는 방어를 맥락에 맞춰 제어하는 역할을 한다.[61] 따라서 해마에 손상을 입은 쥐는 전기충격을 받았던 조건형성 방에 넣어도 얼어붙지 않는다. 그러나 그 방에서 전기충격과 연합된 소리를 들려주면 얼어붙기를 보인다. 위협 조건형성은 여러 상황에 걸쳐 일반화될 수 있지만, 우리는 경험을 통해 위험한 맥락과 안전한 맥락을 구별할 수도 있다.[62] 예를 들어 동물원에서 위험한 동물을 마주쳐도 보통 놀라지 않는다.

지금까지 인간 연구에서는 편도의 하위 영역이 담당하는 역할이나 그 기능의 세포 수준 메커니즘에 관해 구체적으로 밝혀내지 못했다. 그러나 나의 뉴욕대학교 동료인 엘리자베스 펠프스와 다른 연구자들(케빈 라바Kevin LaBar, 레이 돌란Ray Dolan, 아르네 오만Arne Öhman, 모하메드 밀라드Mohamed Milad, 안드레아 올슨Andreas Olsson, 다니엘라 실러Daniela Schiller, 호르헤 아모니Jorge Armony, 파트리크 뷜레미어Patrik Vuilleumier, 모리치오 델가도Mauricio Delgado 등)은 인간의 파블로프 위협 조건형성과 소거도 편도가 근본적인 역할을 담당한다는 사실을 확인했다. 편도에 손상을 입은 사람은 조건형성이 일어나지 않는다.[63] 그리고 기능성 MRI 연구 결과 조건형성이 이루어지는 동안 편도의 신경 활동이 증가하고, 나중에 피험자가 CS에 노출될 때도 역시 편도의 신경 활동이 증가하는 것이 확인되었다.[64] 그뿐만 아니라 이 반응은 피험자가 자극을

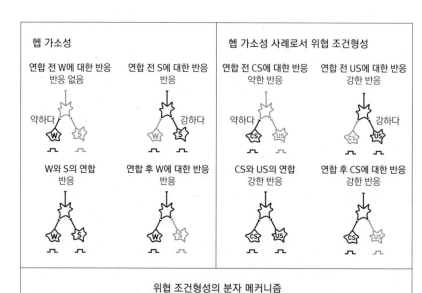

헵 가소성		헵 가소성 사례로서 위협 조건형성	
연합 전 W에 대한 반응 반응 없음	연합 전 S에 대한 반응 반응	연합 전 CS에 대한 반응 약한 반응	연합 전 US에 대한 반응 강한 반응
약하다	강하다	약하다	강하다
W와 S의 연합 반응	연합 후 W에 대한 반응 반응	CS와 US의 연합 강한 반응	연합 후 CS에 대한 반응 강한 반응

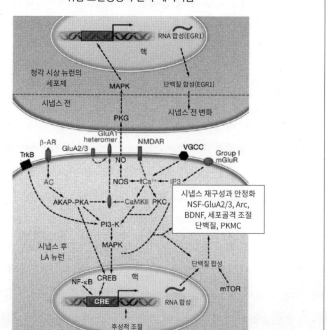

위협 조건형성의 분자 메커니즘

그림 4.7: 위협 조건형성의 근간인 헵Hebb 메커니즘 한 뉴런을 활성화하는 약한 자극이, 같은 뉴런을 활성화하는 강한 자극과 함께 나타나 활성화 능력이 강화되는 것을 헵의 가소성plasticity이라고 한다. 파블로프 위협 조건형성은 헵 학습의 사례라고 할 수 있다. 왜냐하면 뉴런을 활성화하는 조건 자극의 능력이 무조건 자극에 대한 반응의 활성화와 함께 일어나 강화되기 때문이다. 조건형성 동안 시냅스 전후 뉴런에 다양한 분자 수준의 변화가 일어나 기억 형성을 돕는다. 축약어는 출처(LEDOUX [2002] AND JOHANSEN ET AL [2011])에서 찾을 수 있다.

의식적으로 자각하든 자각 못하든 간에 나타났다.[65] 쥐의 경우와 마찬가지로 해마는 맥락에 따른 방어 반응 제어에 관여하고[66] PFC$_{VM}$은 소거 그리고 편도의 출력 신호를 조절하는 다른 과정에 관여한다.[67] 앞 장에서, 인간은 다른 사람을 관찰하거나 지시를 통해 위험을 학습한다는 사실을 언급했다. MRI 결과 역시 관찰이나 지시에 따른 조건형성에서 편도의 활동 증가를 보여주었다.[68]

위협 조건형성된 설치류에게 파블로프 CS가 얼어붙기가 일어나도록 신경을 제어한다는 사실은, 행동을 담당하는 신경계의 가장 큰 특징 중 하나다. 반응의 학습과 발현에 관여하는 신경계뿐만 아니라 세포 및 분자 메커니즘에 관해서도 많은 연구가 이루어졌다. 쥐와 인간을 대상으로 한 연구 결과의 일치는, 설치류 연구를 인간과 관련된 메커니즘 연구에 적용할 수 있음을 보여준다.

위협 처리 회로에 관한 내용을 마무리하기 전에, 나는 위협 학습 동안 LA 에서 어떻게 연합 학습이 일어나는지 세부적으로 보여준, 내 연구실에서 행한 두 연구를 강조하고 싶다. 먼저, 조쉬 조핸슨Josh Johansen이 이끄는 연구에서 우리는 광유전학optogenetics이라는 새로운 기술을 이용해 위협 조건형성에 관한 헵의 가설—가소성을 유도해 LA에서 CS의 의미를 변화시키고, 그것이 편도를 거쳐 하위 표적들을 활성화하며 얼어붙기를 촉발하는 데는, US가 LA뉴런을 강하게 활성화하는 것만으로 충분하다—이 타당한 것임을 입증했다. 여기서 요점은 이 연구에서 혐오 US를 사용하지 않았다는 것이다. 강한 자극은 단순히 신경적인 것이었는데, 왜냐하면 우리가 LA의 세포를 US 충격에 의해 유도된 것처럼 인공적으로 활성화했기 때문이다. 헵의 가설에 따르면, 약한 CS(소리)가 입력

될 때 LA 세포가 강하게 활성화되면, 나중에는 소리만으로 회로를 활성화하고 방어 반응을 끌어낼 수 있다. 그림 4.8에서 묘사했듯 이는 연구 결과와 일치했다.

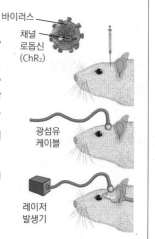

a. 광유전학을 이용한 뇌 영역 조작

1. 빛에 감응성이 있는 단백질(채널 로돕신channel rhodopsin, ChR₂)을 생산하는 유전적 구조물을 바이러스에 삽입한다.

2. 바이러스를 뇌 영역에 수술로 주입하고, 바이러스가 ChR₂를 뉴런으로 운반하도록 몇 주 동안 기다린다. ChR₂가 활성화되면 나트륨 이온을 뉴런에 들어오게 해서, 활동 전위를 형성할 것이다.

3. 광섬유 케이블을 뇌 영역에 수술로 삽입하고 회복될 때까지 기다린다.

4. 반짝이는 푸른 빛을 케이블을 통해 주입, ChR₂를 활성화시켜 뉴런에 활동 전위를 형성한다.

바이러스

채널 로돕신 (ChR₂)

광섬유 케이블

레이저 발생기

b. 광유전학을 이용해 외측 편도에 관한 헵의 가설을 검증하기

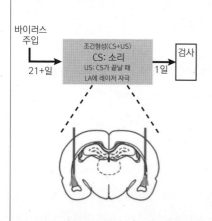

바이러스 주입

조건형성(CS+US)
CS: 소리
US: CS가 끝날 때
LA에 레이저 자극

21+일

1일

검사

(각각 CS와 레이저 자극을 LA에 받는) 세 집단
– ChR₂ 연합 (바이러스를 주입하고 CS와 US를 짝을 이루어 제시)
– ChR₂ 비연합 (바이러스 주입하지만 CS와 US를 짝을 이루어 제시하지 않음)
– GFP 연합 (대조 물질을 주입하고 CS와 US를 짝을 이루어 제시)

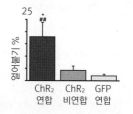

ChR₂ 연합   ChR₂ 비연합   GFP 연합

그림 4.8: 외측 편도에서 일어나는 헵 학습을 광유전학으로 입증 광유전학을 이용해 뇌의 특정 영역에 있는 뉴런을 흥분시키거나 억제하는 방법은 칼 다이서로스Karl Deisseroth와 에드 보이든Ed Boyden이 개척했다(Boyden et al, 2005). **a.** 광유전학 적용 순서 **b.** 위협 조건형성 동안 약한 입력 신호와 강

한 입력 신호가 외측 편도(LA)의 같은 뉴런에 수렴하면서 연합이 형성된다는, 헵의 학습 가설을 광유전학을 이용해 검증했다. 연구 절차는 먼저 채널 로돕신 바이러스 구조물(ChR₂) 또는 대조 물질(GFP)을 LA에 주입한다. 일정 시간 동안 잠복기를 거친 후 약한 조건 자극(CS: 소리)과 강한 무조건 자극(US: LA 세포를 직접 광유전학적 방법으로 탈분극depolarization시킨다)의 조건형성이 일어난다. 하루가 지나면 ChR₂를 주입한 동물은 CS와 연합시킨 경우 CS만으로 얼어붙기를 보이는데, GFP를 주입한 동물은 반응을 보이지 않는다. ChR₂를 주입했지만 CS와 광유전학 자극을 연합시키지 않고 조건형성시킨 경우 CS에 얼어붙기를 보이지 않았다. a.의 출처: Buchen(2010), 맥밀란 출판사의 허가를 받아 수정함.: Nature News(vol.465, pp. 26-28), ©2010. b.의 출처: Johansen et al(2010).

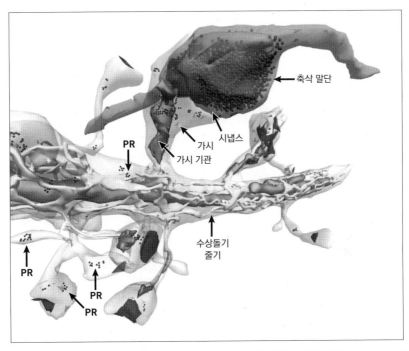

그림 4.9: 학습 후 외측 편도 뉴런의 구조적 변화를 나타낸 그림 리네 오스트로프Linnaea Ostroff가 전자현미경으로 찍은 위협 조건형성 이후 외측 편도(LA)의 시냅스를 재구성했다. 수상돌기 가시 dendritic spine와 연결된, 시냅스 전 축삭 말단에 있는 신경전달물질을 담고 있는 소포(작고 동그란 구조물)에 주목하라. 두 가지 핵심 발견은 학습의 결과로 가시 기관spine apparatus이 가시 안으로 들어가고 폴리리보솜(PR)의 양을 증가시킨다는 사실이다. 폴리리보솜은 단백질 합성의 기반으로, 기억 형성의 핵심 단계다. 이것은 뇌가 학습할 때 일어나는 구조적 변화의 정지 그림이다.
(사진: 리네 오스트로프Linnaea Ostroff.)

리네 오스트로프는 두 번째 연구에서 전통적이지만 매우 강력한 기술인 전자현미경을 사용해 위협 조건형성이 어떻게 쥐 LA의 시냅스 구조를 변화시키는지 밝혀냈다. 이 연구는 위험에 관한 기억이 형성될 때 동물의 뇌가 물리적으로 변한다는 사실을 보여주었다.[69] 그 결과는 그림4.9에 나온다. 이 연구는 다양한 유형의 학습과 관련된 신경 구조의 가소성을 보여주는 다른 증거들과 더불어[70], 뇌의 물리적 변화가 시간이 흘러도 학습 결과가 지속되게 한다는 것을 보여준다. 이는 모든 종류의 학습에 적용될 수 있다. 병적인 공포나 불안의 획득 기저에 있는 학습이나, 심리치료로 이 증상을 성공적으로 치료할 때 일어나는 학습도 마찬가지다.[71]

반응을 넘어서

파블로프 조건형성에 의해 CS는 선천적 방어 반응과 생리적 각성을 자동적으로 끌어내지만, 유기체는 위협 CS가 존재할 때 위해를 회피했던 경험으로 행동을 배우기도 한다.[72] 3장에서 다룬, 능동적 회피 조건형성 절차를 이용한 연구를 상기해보자.[73]

회피의 신경 메커니즘은[74] 파블로프 조건형성에 관여하는 신경 메커니즘 만큼 잘 알려져 있지는 않다. 그러나 파블로프 조건형성이 회피의 첫 번째 단계(이전 장의 2요인 회피 이론 논의 참조)라는 점을 고려해서, 『시냅스와 자아』에서 나는 파블로프 반응 연구에서 이룬 커다란 발전의 토대 위에 회피 행동의 이해를 시도할 만하다고 말했다.[75] 내 연구실은 소리를 경고 신호로, 전기충격을 US로 해서 혐오 자극에 대한 도구적 회피 행동 연구를 시작했다. CS와 US로 소리와 전기충격을 사용한 것은, 근본적으로 파블로프 조건형성과 일부 회로를 공유할 것이라고 생각했기 때문이다.[76] 그 결과 크리스 케인Chris Cain, 가브리엘 라자로-무노즈Gabriel Lázaro-Muñoz, 최준식, 저스틴 모스카렐로Justin Moscarello, 롭 시어스Rob Sears, 빈 캄페세Vin Campese, 프랭키 라미레즈

Franckie Ramirez, 라켈 마르티네즈Raquel Martinez 같은 연구자들은 지난 몇 년 동안 상당한 성과를 올렸다.[77]

앞에서 언급했듯 파블로프 조건형성은 LA와 CeA에 의존한다. 반면 회피 반응은 LA와 기저 편도(BA)에 의존한다.[78] 이 차이가 왜 중요한지 이해하기 위해 회피 반응을 학습할 때 뇌에서 일어나는 일을 분석해보자.

회피 학습 초기에 US가 일어날 때의 자극은 파블로프 CS가 되어 얼어붙기를 끌어내며, 회피가 학습되려면 CS가 얼어붙기를 끌어내는 이 우세한 경향이 억제되어야 한다는—제자리에 얼어붙으면 어떤 행위도 할 수 없으니— 사실을 우리는 알고 있다.[79] 얼어붙기를 억제하려면 편도에서 정보 흐름의 방향을 바꿔야 한다. 즉 LA가 CeA의 얼어붙기 회로를 활성화하는 것을 막고, 대신 신호를 LA에서 BA로 보내 회피 행동을 제어하는 것이다.[80] CeA가 손상되면 회피는 더 빠르게 학습된다. 상충하는 얼어붙기 반응이 제거되기 때문이다.[81] 이처럼 CeA는 회피에 필요하지 않아도 회피 학습을 규제하는 역할을 한다.

편도와 PFC$_{VM}$의 상호작용은 회피가 일어나도록 정보 흐름의 방향을 제어한다.[82] 한편 BA에서 나오는 신호의 주요 표적은 배쪽 선조체ventral striatum, 특히 중격핵(nucleus accumbens, NAcc)과 껍질 부분이다. 이 영역이 손상되거나 기능이 비활성화되면 회피가 방해를 받는다.[83] 파블로프 반응 회로와 관련된 능동적 회피 행동의 회로가 그림 4.10에 나와있다.

인간 뇌 영상 연구 결과는 동물 연구 결과와 일치한다. 편도, NAcc, 전두 피질 영역이 능동적 회피 행동에 관여하는 것으로 나타났다.[84]

파블로프 학습과 도구적 학습 처리 과정을 구분짓는, "위협으로부터 도주"라는 변형된 회피는 학습 중에 CS의 부적 강화물 역할을 분리하는 데 특히 유용하다(3장 참조).[85] (도주 과제의 도구적 단계에서 일어나는 유일한 강화는 CS의 중단이다. 전기충격 US는 실행되지 않는다.) 내 연구실의 카림 네이더Karim Nader와 프린 아모라팬스Prin Amorapanth는 이 분야의 주요 연구로, LA와 BA는 손상되고 CeA는 손상되지 않은 경우 CS를 중단하는 행동의 학습에 문제가 발생함을 보여주었다. 이는 LA에서 CeA로의 연결이 억제되어야 LA에서 BA로의 연결이 활성화됨을 암시한다.[86] 같은 편도 회로가 나중에 능동적 회피 조건형성에 관여한다. 이처럼 위협으로부터 도주 과제는 학습에서 파블로프 단계와 도구적 단계를 분리하므로, 뇌의 조건형성된 부적 강화의 속성을 연구하는 데 적합하다.

위협으로부터 도주와 회피에서 강화 신호에 대한 가장 흔한 가설은, CS가 중단되면서 CS가 유발했던 가상의 공포 중심 상태(3장 참조)가 감소하고 완화가 일어난다는 것이다. CS의 중단이 행동 반응을 강화하는 과정을 이해하는 데 공포의 완화 같은 심리적 개념은 그다지 도움이 되지 않는다. 대신 우리는 시냅스와 세포 수준에서 강화의 원인을 추구해야한다. 특히 회피 행동이 어떻게 특정 회로에서 CS가 유발하는 신경 활동을 감소시키는지, 왜 그런 변화가 학습에 필요한지 알아낼 필요가 있다. 내가 3장에서 언급한, 우리의 구체적인 가설은 BA에서 NAcc로 가는 경로의 시냅스에서 조건형성된 부적 강화에 의해 핵심적인 신경적 변화가 일어난다는 것이다. 이 변화를 조절하는 것은 도파민과 같은 신경조절물질이고 이 조절이 분자 수준의 핵심적인 변화다. 이 가설은 베리 에버릿Barry Everitt, 트레버 로빈스Trevor Robbins와 동료들의, 욕구 조건형성 appetitive conditioning에 관한 과거 연구(음식, 성적 자극, 중독성 약물 등을 강화 자극으로 사용한)와[87] 앤서니 그레이스Anthony Grace[88]와 켄트 베리지Kent Berridge[89]의, NAcc와 관련된 목표 지향적 행동 회로 연구에서 영감을 받았다. 그동안 나의 연구 대부분은 미국 정신의학회NIMH의 기금으로 이루어졌지만, 부적 강화가 회피에 미치는 영향 연구는 미국 약물 중독 협회NIDA가 기금을 지원했다. 부적 강화가 약물 중독에서 매우 중요하기 때문이다.

일단 회피 반응이 자리를 잡아서 반응이 습관적으로 일어나게 되면(3장 참조), 그 처리 과정을 수행하는 데 편도는 이제 필요하지 않다.[90] 편도에 손상을 입어도 이미 습관으로 굳어진 회피 반응에 영향을 주지 않는다는 실험 결과가 이를 입증한다. 편도가 제어를 포기한 다음 정확히 어떤 회로가 습관적 회피의 원인이 되는지는 아직 알려지지 않았다. 음식이나 중독성 약물을 이용한 조건형성에서도 편도는 초기에만 관여하고, 일단 습관이 형성된 다음에는 물러난다.[91] 이때 중격핵(배쪽 선조) 위에 있는 등쪽 선조가 관여하기 시작한다.[92] 등쪽 선조를 혐오 습관 회로의 일부로 단정하고 싶은 유혹이 들지만, 현재의 데이터는 이를 입증해주지 않는다.[93] 이 회로를 추가로 밝혀내는 일이 특히 중요한 이유는 습관적 회피가 불안 장애에서 중요한 역할을 하기 때문이다.[94] 그러나 앞서 이야기했듯 회피는 심한 공포와 불안으로 고통받는 사람들에게 유용할 수도 있고, 부적응적일 수도 있다.[95] 이에 대해 11장에서 다룰 것이다.

파블로프 유인 가치로 유도되는 행위

앞 장에서 언급했듯, 당신은 위기 상황이 닥쳤을 때 이를 모면하기 위해 필요한 파블로프 방어 반응이나 도구적 회피 반응을 과거의 학습을 통해 갖고 있지 않을 수도 있다. 그러나 파블로프 조건형성으로 습득한 자극의 유인 가치incentive value는 새로운 맥락에서 의사 결정을 이끌거나 행동 방침을 선택하는 데 이용될 수 있다.

의사결정과 행동에서 파블로프 유인의 역할에 대한 연구는 주로 파블로프 CS가 도구적 반응에 미치는 영향을 조사함으로써 이루어졌다.[96] 욕구 유인(음식, 성적 자극, 중독성 약물)을 이용한 연구는 일관되게 파블로프의 유인 도구적 반응에 관여하는 몇몇 뇌 영역을 보여준다. 여기에는 편도(외측, 기저, 중심), 배쪽 선조(NAcc), 등쪽 선조, PFC_VM, 전방 대상 피질, 후각 피질 등이 포함되고 이 영역 중 일부는 도파민의 신호를 받는 것으로 보인다.[97] 인간 연구에서도 역시 편도, 배쪽 선조, 전두 피질이 관여한다는 것이 드러나, 포유류 종 전체에 걸쳐 신경 구조에 어느 정도 유사점이 있는 것으로 생각된다.[98] 혐오 CS가 회피와 같이 혐오적으로 동기 유발된 반응에 어떻게 영향을 주는지 연구가 미진한 상태지만, 내 연구실은 쥐를 대상으로 이 주제를 다루기 시작했고 LA와 CeA가 필수적인 역할을 한다는 사실을 밝혀냈다.[99]

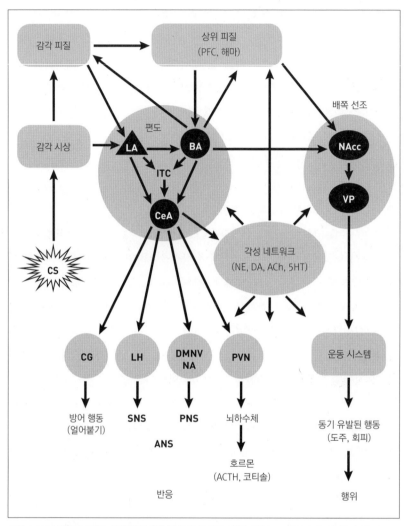

그림 4.10: **파블로프 반응 회로에 근거한 방어 행위 회로** 행위 회로는 그림 4.5에 제시된 반응 회로의 연장이다. 주된 차이점은 기저 편도(BA)에서 배쪽 선조 NAcc로의 연결로, 이것이 BA에서 동기 유발 신호가 올 때 행위를 방출시킨다. 기타 축약어는 그림 4.5를 참조하라.

편도가 욕구 유인 자극과 혐오 유인 자극에 모두 관여한다는 사실은, 편도가 뇌에서 전반적인 "가치"를 처리하는 영역이 아닐까 하는 추측을 낳는다.[100] 다른 연구자들은 배쪽 내측 피질, 대상 피질, 안와 전두 피질에 속하는 영역들이 이역할을 한다고 주장한다.[101] 이 모든 영역들이 가치 처리 과정에 관여하고 서로 강하게 연결되어 있기 때문에, 의사결정 중에 이 영역들이 상호작용해서 가치를 평가하는 것으로 보인다.

불확실성, 위험, 그리고 뇌

지금까지 논의한 사례에서는 위험이 존재하는 상황에서 행동을 끌어내는 데 즉각적인 자극을 사용했다. 그러나 앞서 언급햇듯 공포와 다른 불안의 중요한 특성은 임박한 위험이 일어날지 말지, 일어나면 언제 일어날지, 얼마나 오래 지속될지, 그리고 그에 대한 반응으로 어떤 행동을 취해야 할지 불확실하다는 점이다. 위험과 불확실성의 효과에 대해 다른 연구에서 광범위하게 다뤘지만[102] 여기서 나는 위험한 상황에서 불확실성과 위험 평가의 관계에 집중할 것이다.

오랫동안 편도는 공포와 불안 회로의 중심 신경 요소로 간주되었다. 그런데 인간의 불안을 감소시키는 약물의 선별 연구에서, 편도에 손상을 입은 동물이 과제 수행에 일관된 결과를 보이지 않았다. 이 "불안" 검사는 언제 위험이 일어날지 알려주는 CS를 사용하는 실험과 달리, 위험이 존재하는지 불확실한 상황이나, CS의 시작과 끝을 예측할 수 없는 상황에 동물을 두는 식으로 대부분 이루어진다. 이 검사에서는 또 다른 뇌 영역, 이른바 확장 편도[103]의 일부인 분계선조의 침대핵(bed nucleus of the stria terminalis, BNST)이 중요한 역할을 하는 것으로 나타났다.[104] 건강한 인간에 대한 연구에서도 불확실성을 처리하는 데 BNST가 관여하는 것으로 나타났다.[105] 구체적이고 확실한 위협 자극에 대해 편도가 하는 일을, 불확실성에 대해 BNST가 하는 것처럼 보인다.[106] 확실한 위협과 불확실한 위협에 대해 편도와 BNST가 맡는 역할의 이 중요한 차이를 처음

발견한 사람은 마이클 데이비스다.[107]

편도와 BNST의 연결성은[108] 이들이 확실하거나 불확실한 위험 상황에 각각 어떻게 기여하는지 보여준다(그림 4.11). BNST의 출력 경로는 상당 부분 편도와 동일하다. CeA와 마찬가지로 BNST 역시 얼어붙기 같은 방어 행동을 제어하는 회로 및 자율신경계, 내분비 기능, 뇌 각성을 제어하는 회로들과 연결된다. 또 BA와 마찬가지로 BNST 역시 해마, PFC$_{VM}$과 연결된다. 때문에 편도가 손상되면 BNST가 방어 기능 일부를 물려받을 수 있다.[109]

반면 BNST로 들어가는 입력 신호는 편도로 들어가는 신호와 조금 다르다. 이것이 이 두 영역이 행동에 있어 다른 역할을 맡는 주된 이유일 것이다.[110] 편도는 LA를 통해 각 감각계로부터 광범위한 입력 신호를 받는다. 그 덕분에 위협 신호를 재빨리 감지, 평가해 CeA의 출력 신호를 거쳐 방어 반응을 촉발한다. 그러나 BNST는 인지 처리 과정의 여러 측면에 관여하는 피질 영역과 광범위하게 연결된다. 해마와 전전두 피질의 다양한 영역들(예로 PFC$_{VM}$, 뇌섬 피질, 안와전두 피질)이 그 예다. 해마는 기억을 담당하는 영역으로 잘 알려져 있지만, 관계 처리 과정에도 관여한다. 여기에는 공간적 관계도 포함되는데 해마가 주위 환경의 지도를 만드는 일을 담당한다.[111] 이는 해마가 위에서 언급한 위협 조건형성의 맥락 조절에 관여하는 것을 설명해준다. 갈등이나 불확실 상황에서 환경을 지도화하는 일은 위험 평가의 핵심 요소다. 위험을 가늠할 때 해마는 분명 기억에 의존해야 한다. 전전두 영역들의 주의와 실행 기능은 가능한 행동과 그 결과의 가치 평가에 그 자체로 기여하는 것 같지만 말이다. 해마의 역할은 그레이Gray와 맥너튼McNaughton의 행동 억제 이론에 비추어볼 때 특히 흥미롭다. 그들은 해마가 중격 구역septal region과 더불어 불안에 관여하는 주요 영역이라고 주장했다.[112] 이 중격해마septohippocampal 시스템이 새로운 관심을 받고 있다. 해마의 신경 활동을 유전적 방법으로 조작하자 불안 비슷한 행동이 늘어나거나 줄어든다는 새로운 연구 결과들이 나왔기 때문이다.[113] 중격은 파블로프 위협 조건형성이나 다른 방어 행동과도 관련된 것으로 보인다.[114]

BNST로 들어가는 또 다른 중요한 신호는 편도에서 나온다. BNST는 BA, CeA와 연결되어 편도가 특정 위협 신호를 처리하는 과정에 접근할 수 있다. BNST의 출력 경로도 편도와 연결된다.

BNST의 각기 다른 구성 요소들의 기능을 조사한 최근 연구는 BNST가 혐오적으로 동기 유발된 행동에서 어떤 역할을 하는지 밝혀나가고 있다.[115] 예를 들어 BNST의 하위 영역은 불확실 상황과 위험 상황에 각기 다르게 반응하는 세포들을 갖고 있다. 한 영역의 세포들은 위험 평가를 촉발하는 반면 다른 영역의 세포들은 위험 평가를 억제하는 식이다.[116]

앞서 나는 기저 편도(BA)에서 중격핵으로 이어지는 연결이 회피와 같은 방어 행동에서 담당하는 역할을 설명했다. BNST와 마찬가지로 NAcc역시 확장 편도의 일부로(NAcc는 선조striatum의 일부이기도 하다. 뇌 용어는 일관적이지 않을 때가 있다) 편도, BNST와 모두 연결된다. NAcc와 BNST의 연결은 불확실한 위협 상황에서 행동의 제어에 기여할 수도 있다.

불확실성과 연관된 다양한 혐오 행동 실험에서 BNST의 출현은 그레이와 맥너튼의 행동 억제 시스템을 방어(얼어붙기-도피-투쟁) 시스템과 통합할 수 있는 길을 제시한다. BNST는 편도와 연관된 방어회로와, 측중격핵, 중격 해마 회로와 연관된 위험 평가 회로, 그리고 전전두 피질이 교차하는 지점에 자리 잡고 있다. 따라서 BNST는 불확실성의 정도에 따라 어느 쪽이 행동 제어에서 우위를 점할지 균형을 맞추면서, 두 시스템을 조정하는 역할을 할 수 있다. 동시에 편도, 측중격핵, 전전두 피질, 중격 해마 시스템이 모두 상호작용한다는 점에 주의해야 한다.[117] 행동에서 우선하는 역할은 기능적 분리 그리고 행동적 요구에 따라 선발된 회로에 달려있다.

불확실성은 불안의 온상이다. 그러나 뇌의 처리 과정과 행동을 형성하는 대체로 무의식적 요인인 불확실성의 뇌 상태를, 모호한 상황에서 불확실성을 무의식적으로 처리한 결과인 의식적 불안의 느낌과 구분하는 것이 중요하다. 그 둘은 서로 관련되지만 동일한 것은 아니다.

공포 및 불안 장애가 있는 사람이 보이는 위협 처리와 방어 반응의 변화

동물과 건강한 인간이 위협을 처리하고 방어 반응을 제어하는 기본 메커니즘을 연구함으로써, 공포와 불안 장애 환자의 뇌 메커니즘에 어떤 변화가 일어났는지 이해할 수 있다. 이 기능을 담당하는 회로는 앞서 살펴보았듯 편도, 배쪽 선조(NAcc), 확장 편도(BNST), 해마, PAG, 그 밖의 다양한 전전두 피질 영역(외측과 내측 전전두 피질, 안와전두 피질, 전방 대상 피질)에 존재한다.[118] 이 뇌 영역과 그 영역들 사이의 연결이 어떻게 불안의 원인이 되는지 보여주기 위해, 나는 불안의 불확실성과 기대 모델을 제시하고 관련 문헌 상당수를 쓴 댄 그루페Dan Grupe와 잭 닛쉬케Jack Nitschke의 요약을 이용할 것이다.[119]

그루페와 닛쉬케는 공포 및 불안 장애에서 위협 처리 과정이 몇 가지 방식으로 달라져 있음을 지적했다.[120] 불안 장애 환자의 경우 (1) 위협에 대한 주의가 증가하고, (2) 위협과 안전을 잘 구분하지 못하며, (3) 잠재적 위협에 대한 회피가 증가하고, (4) 위협의 가능성과 결과를 부풀려 가늠하며, (5) 위협 불확실성에 대한 반응성이 높아지고, (6) 위협이 현존할 때 인지 및 행동 제어가 잘 되지 않는다. 이 여섯 가지 과정에 관련된 다양한 뇌 영역의 역할이 그림 4.12에 제시되어 있다. 나는 이 과정들 그리고 관련 뇌 메커니즘에 대한 그루페와 닛쉬케의 주요 결론 일부를 요약하고,[121] 그들이 간과한 몇 가지 정보를 추가했다. 이 또한 피상적인 요약이다.

1. 위협에 대한 주의 증가(과다경계)

대부분의 공포/불안 장애 환자가 속하는, 범불안 장애generalized anxiety가 있는 사람은 위협을 감지하는 감각이 지나치게 예민하다.[122] 극단적인 경우 거의 모든 것이 위협적으로 느껴져 방어 행동(얼어붙기, 회피)을 촉발하고, 뇌 각성을 증가시키며(노르에피네프린과 도파민 분비를 통해), 스트레스 반응을 개시한다(자율신경계를 활성화하고 스트레스 호르몬, 특히 에피네프린, 노르에피네프린, 코티

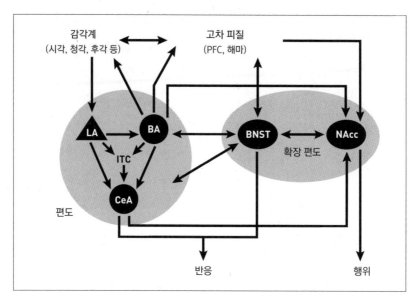

그림 4.11: 편도와 확장 편도의 연결성: 반응, 행위, 위협 확실성 편도는 지금 존재하거나 일어날 가능성이 매우 높은 위협에 근거한 방어 반응을 제어하는 반면, 분계 선조의 침대핵은 불확실한 위협에 근거한 반응과 행위를 제어하는 것으로 생각된다.

솔을 분비해서). 양성 자극도 위협적으로 보는 경향을 "해석 편향interpretation bias"이라 하며, 범불안 장애나 특정 장애를 가진 사람들에게 모두 나타난다.[123] 특정 장애가 있는 사람은 특정 편향을 보인다. 거미 공포증이 있는 사람은 거미 관련 신호에 민감하지만, 뱀이나 사회적 상황 관련 신호에는 반응하지 않는다. 공황 장애가 있는 사람은 발작 관련 신체 감각에만 대응하지 못할 수 있다. 전쟁 PTSD가 있는 사람은 자동차 역화 소리나 피, 무기에 매우 예민할 수 있다.

위협에 지나치게 반응하는 것은 편도가 과활성화되기 때문인 경우가 가장 많다.[124] 이처럼 위협에 집중하다 보니, 정상적인 환경이라면 편향된 반응을 바로잡는 다른 요인들에 주의를 보내지 못한다. 편도의 활성화는 PAG를 자극해 방어 반응을 착수시킨다. 전뇌 기저부에 있는 각성 시스템과 뇌간 역시 활성화되어, 편도와 피질의 감각 영역에서 일어나는 처리 과정을 촉진한다.[125] 작업 기억,

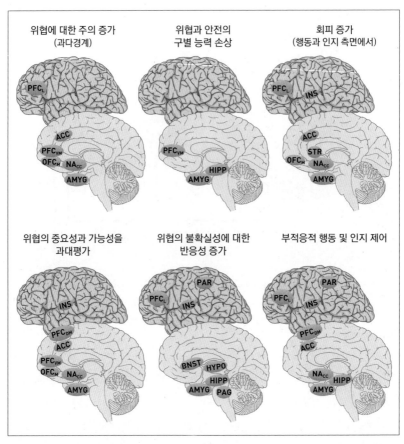

그림 4.12: 불안 장애에서 불확실성과 기대 그루페Grupe와 닛쉬케Jack Nitschke는 불안이 불확실한 상황에서 일어나는 예측 반응과 관계 있다고 주장한다(2013). 그들은 또한 불안 장애를 가진 환자의 뇌에서는 여섯 가지 근본적인 과정이 변화되어 있다고 제시한다. 각 과정에서 핵심적인 뇌 영역이 그림에 묘사되어 있다. 위 그림은 그루페와 닛쉬케 문헌의 그림 1을 변경한 것이다. 축약어: ACC, 전방 대상 피질; AMYG, 편도; BNST, 분계 선조의 침대핵; INS, 뇌섬 피질; HIPP, 해마; NAcc, 중격핵, PAG, 수도관 주위 회색질; PAR, 두정 피질; PFC$_{DM}$, 등쪽 내측 전전두 피질; PFC$_L$, 외측 전전두 피질; PFC$_{VM}$, 배쪽 내측 전전두 피질; OFC$_M$, 안와 전두 피질; STR, 등쪽 선조
GRUPE AND NITSCHKE(2013), 맥밀란 출판사의 허가를 받아 수정함. NATURE REVIEWS NEUROSCIENCE(Vol. 14, PP. 448-501), © 2013.

주의, 그 밖의 실행 기능을 담당하는, 전전두 피질이나 전방 대상 피질 같은 피질의 인지 처리 시스템 역시 관여한다.[126] 배쪽 내측 피질과 안와전두 피질은 편도와 상호작용해 위협 자극의 유인 가치를 처리함으로써 위협에 더욱 초점을 맞추게 하는 것으로 보인다.

2. 위협과 안전의 구별 능력 저해

건강한 사람의 경우 편도, PAG, PFC$_{VM}$, 해마의 회로들은 안전과 위협을 구별하는 일을 한다.[127] 그런데 범불안 장애나 특정 장애를 포함해 병적인 공포/불안이 있는 사람들은 이 능력이 저해되어 있다.[128] 예를 들어 공황 장애가 일어나면 해마의 기능이 저해되어 맥락을 구별 못할 수 있다.[129] 뇌가 이 구별에 실패함으로써 일어나는 결과 중 하나는, 소거가 저해되어 정상적인 처리 과정이라면 자극의 위협 가치를 약화해야 하는데 그렇게 못하는 경우가 있다. 건강한 뇌는 위협이 이제 해롭지 않다는 것을 경험하면 PFC$_{VM}$이 편도를 조절해 위협의 의미를 변화시킨다(소거가 일어난 뒤처럼).[130] 그런데 공포나 불안 문제를 포함해 정서 장애는 편도를 적절히 조절하는 전전두 피질의 손상과 관련된다고 오랫동안 알려져 왔다.[131]

3. 회피 증가

과도한 행동이나 인지적 회피는 불안 장애의 가장 두드러진 특징 중 하나다.[132] GAD, PTSD, 공황 장애, 그 밖에 다양한 공포증에서 이 증상이 나타난다. 회피는 위협에의 노출을 막는 방법이다. 불안 장애에서는 회피가 습관이 되어, 상황이 변했는지 또는 한때 해로웠지만 이제 위협이 되지 않는지 뇌가 판단할 기회가 생기지 않는다. 그 결과 위협에 대한 예상이 거듭되고 안전을 식별하는 법을 배우지 못한다. 두려워하는 사건은 실제 일어날 일이 없기 때문에, 인지적 회피는 더 강화되고 회피를 선택한 덕분에 해를 막았다는 잘못된 믿음이 굳어진다. 환자가 행동적, 인지적 회피 패턴을 버리도록 하는 일은 수많은 치료법에서 중

요한 부분이다.[133]

위에서 언급한 대로 동물 연구와 마찬가지로 인간 뇌 영상 연구에서 편도, NAcc, 등쪽 선조에서 활동이 나타났으며 뇌섬 피질, 안와 전두 피질, 대상 피질 등도 연관된 것으로 드러났다.[134] 과도한 회피 경향을 성공적으로 치료한 경우 PFC_VM, 대상 피질, 안와 전두 피질, 뇌섬 피질에서의 활동이 줄어들고 실행 제어를 담당하는 등쪽 전전두 영역에서의 활동은 증가했다.[135]

4. 위협의 불확실성에 대한 반응성 증가

불안한 사람은 불확실성, 특히 불확실한 위협을 견디기 힘들어 한다.[136] 범불안 장애, 공황 장애, PTSD, 공포증을 가진 사람들은 위협에 과장된 반응을 보인다. 특히 위협이 일어날지, 언제 끝날지 불확실할 때 그렇다.

불확실성에 과장된 반응을 보이는 데 관여하는 영역은 편도, BNST, 시상하부, 해마, 뇌섬, 전두두정의 실행 주의executive attention 회로다.[137]

5. 위협의 유의성과 가능성을 과대평가

범불안 장애, 각종 공포증, PTSD 등의 불안 장애를 가진 사람들은 건강한 사람들에 비해 부정적 사건이 일어날 가능성을 더 높게 보고, 더 심각한 결과가 나타날 것이라 예상하는 경향이 있다.[138] 이를 "판단 편향judgment bias"이라 부른다. 판단 편향은 일어날 가능성이 아무리 낮더라도 부정적 결과를 마음에 그림으로써, 예상에 의한 스트레스를 불러일으킨다. 우리가 앞서 살펴봤듯, 학습된 위협이 행위를 조절하도록 하는 가치 처리 과정에는 편도, NAcc, 안와전두 피질, 뇌섬 피질, 대상 피질, PFC_VM이 관여한다.

6. 위협이 현존할 때 부적응적 행동 및 인지 제어

불안 장애에서 행동과 인지의 제어가 변하는 과정에 관해 몇 가지 이론이 제기되었다. 우리는 이 주제를 그레이와 맥너튼의 행동 억제 시스템(해마에 중점), 나의 부적응적 회피 시스템(편도와 중격핵에 중점), 데이비스의 위협 불확실성 개념 (BNST에 중점)에 비추어 검토해보았다. 그리고 이 세 가지 견해가 어떻게 통합될 수 있는지 살펴보았다. 그루페와 닛쉬케는, 원래 알렉산더 섀크먼Alexander Shackman과 리처드 데이비슨이 제안했던 적응적 제어 가설이라는 추가적 견해를 강조했다.[139] 이 견해는 전방 대상 피질이 행동 제어에서 주된 역할을 맡는다고 본다. 불안 장애에서 변화되는 이 영역은[140] 편도, BNST, 해마, 그리고 위에서 언급한 다른 영역들과 연결되며, 따라서 불확실성이 불안에 기여하는 과정에 대한 중요한 견해로 통합될 수 있다.

위협에서 의식적인 공포와 불안으로

불안 장애에서 바뀐 회로는 대부분 동물이나 건강한 인간의 뇌에서 위협 처리와 스트레스 조절에 관여하는 것이 정상이다. 인간 연구 데이터는 아직 정밀한 분석 수준에 미치지 못하지만, 동물의 뇌에서 밝혀진 메커니즘이 인간의 공포 및 불안 장애와 연관됨을 보여준다.

그러나 우리는 인지 처리 과정의 오작동과, 공포나 불안의 느낌을 혼동하지 않도록 주의해야 한다. 공포나 불안은 위협에 대한 주의가 증가하는 것도, 안전과 위협을 구별 못하는 것도, 회피의 증가도, 불확실한 위협에 대한 지나친 반응이나 지각된 위협의 유의성을 과대평가하는 것도 아니다. 또는 이것들의 단순한 조합도 아니다. 공포와 불안은 불쾌한 느낌으로, 공포나 불안에 시달리는 사람은 이 느낌을 제거하고 싶어한다.

물론 그루페와 닛쉬케가 발견한 처리 과정도 환자의 기분이 나아지도록 취해야할 조치에 대한 이해를 높이는 데 분명 도움이 되겠지만, 우리가 이 개념을 한층 높은 수준으로 발전시키기 위해서는 공포와 불안이 무엇인지 좀 더 섬세하게 이해할 필요가 있다.

특히 우리는 의식의 흐름 속에서 무섭거나 불안한 느낌이 어떻게 생겨나 지속되는지 이해할 필요가 있다. 여기에는 최소한 두 가지 독립된 과정이 관여한다. 하나는 모든 종류의 의식적 경험 근간에 있는 인지 처리 과정이다. 다른 하나는 비정서적 경험과 구별되는 정서적인 의식적 경험을 구성하는 모든 요인이다.

이어질 장에서 펼쳐질 내용은 대략 다음과 같다. 우리의 목표는 위협의 감지와 예상이 어떻게 의식적 느낌을 일으키는지 이해하는 것이다. 의식은 개인적이고 사적인 것이며 우리 각자의 머릿속에 있다. 의식은 정신적이지만 동시에 물질적이다. 한때 사람들은 정신적인 것이 비물질적이라고 생각했다. 이제 우리는 그런 믿음에서 빠져나왔다. 정신적 처리 과정과 상태는 뇌의 물질적 산물이다. 이 책을 읽고 있다는 것은 아마 여러분도 그렇게 믿기 때문일 것이다. 좋은 일이다. 왜냐하면 앞으로 다가올 몇 장에서 나는 정신의 기능 중에서도 가장 정신적인 것, 바로 의식을 물질적으로 다룰 것이기 때문이다.

05장

우리의 정서는
동물 조상에게서 온 것일까?

"동물이 배가 고파서 사냥을 한다는 결론은 …… 동물이 그 상태일 때 동물의 내면에서 어떤 일이 일어나는지 알고자 하는 과학자들에게는 만족스러운 대답이 될 수 없다. …… 배고픔, 좋아함, 화남, 두려움 등은 오직 내적 성찰을 통해서만 파악할 수 있는 현상이다. 이 현상을 다른 주체, 특히 다른 종에 적용할 경우, 그것은 단지 동물의 주관적 상태의 가능한 속성에 대한 추측에 지나지 않는다."

— 니코 틴버겐[1]

흔히 공포, 분노, 기쁨 같은 정서는 동물 조상에게서 물려받은 원초적 느낌이라고 생각한다. 통속심리학에 깊이 뿌리 내린 이 관점은 적어도 플라톤 시대까지 거슬러 올라간다. 플라톤은 기본 정서가 야생 동물의 충동이며 마치 마부가 말을 다루듯, 이성으로 제어해야 할 대상이라고 보았다. 수많은 과학적 논의 역시 정서적 느낌이 진화적 유산이라는 전제에서 출발한다. 이는 정확히 무슨 의미인가? 어떻게 공포와 같은 정서가 한 종에서 다른 종으로 전달될 수 있을까? 이에 대한 답은 당연히 그런 정서가 신경 회로에 부호화되어 있으며, 한 동물에서 다른 동물로 이 회로가 유전됨에 따라 같은 정서를 물려받는다는 것이다. 예를 들어 공포의 경우 얼어붙기, 도피, 투쟁 같은 방어 행동뿐만 아니라, 실제 공포라는 정서까지도 선천적 신경 회로의 산물이라고 흔히 말한다. 그뿐만 아니라 정서를 행동의 원인으로 보는 경우도 많다. 정서가 선천적이라는 견해는 위대한 과학적 유산이다. 그러나 2장에서 밝혔듯 나는 그 견해가 틀렸다고 생각한다.

다윈의 정서 이론

인간이 원초적 정서를 동물 조상에게서 물려받았다는 생각의 현대적인 출발점은 1872년 11월 26일이다. 바로 찰스 다윈의 『인간과 동물의 정서 표현』이 출간된 날이다.[2] 이에 앞서 다윈은 종이 자연선택이라는 과정을 통해 진화한다는 혁명적인 이론을 내놓았으며[3] 새 저서에서 정서적인 "마음의 상태"도 동일한 방식으로 진화한다고 주장했다.

　　다윈의 이론은 그가 "표현 행위expressive action"라고 부른 것에서 영감을 받았다. 표현 행위는 정서와 관련되어 일어나는 행동이나 생리 반응을 말한다. 그는 "사람과 하등 동물이 보이는 주요 표현 행위는 개체에게 배운 것이 아니라, 선천적이거나 물려받은 것이다"라고 주장했다. 그리고 인간의 선천적인 정서 반응의 증거로 다윈은 특정 정서 표현, 특히 얼굴에 나타나는 표현은 전 세계 모든 사람들이, 인종적 기원이나 문화적 유산을 막론하고, 다른 종이나 문화로부터 격리된 경우에도 모두 비슷하다는 점을 들었다. 그뿐만 아니라 날 때부터 눈이 멀어서 이를 목격할 기회가 없는 사람들 역시 똑같은 정서 표현을 한다는 사실을 지적했다.

　　그는 기욤-벤자민-아망 뒤셴 (드 블로뉴)Guillaume-Benjamin-Amand Duchenne (de Boulogne) (1806-1875)의 연구에 큰 도움을 받았다.[4] 뒤셴은 사람의 얼굴 근육에 전기 자극을 가한 후 나타나는 표정을 사진으로 찍어, 고대 그리스 조각(그림 1.1의 <라오콘과 두 아들> 포함)에 묘사된 정서와 비교했다.[5] 다윈은 그전의 독일-오스트리아 미술가 프란츠 메서슈미트Franz Messerschmidt(1736-1783)의 작품은 접하지 못한 듯하다. 그 역시 정서 표현을 묘사했다. 그림 5.1은 뒤셴의 과학적 연구와 메서슈미트의 미술 작품에 묘사된 얼굴 표정을 담았다.

다윈은 또한 많은 정서 표현이 각기 다른 종에 걸쳐 비슷하다는 점을 지적했다. "원숭이의 일부 표현 행위는 …… 인간과 매우 비슷하다." 그는 특히 기쁨, 슬픔, 분노, 공포 같은 정서를 거론했고 많은 동물들이 위험한 상황에서 공통적으로 얼어붙기나 도피 반응을 보인다는 점을 지적했다.

다윈이 정서의 외적 표현을 강조했기 때문에, 정서의 주관적 측면에는 관심을 갖지 않은 것처럼 여겨질 때가 있다.[6] 그가 저서에서 느낌보다 행동의 특성을 더 많이 거론한 것은 사실이지만, 그렇다고 주관적 느낌을 무시하지는 않았다. 그 당시나 지금의 많은 사람들과 마찬가지로, 그에게 정서적 행동은 정서적 느낌(의 표현)의 근본적 징후였다. 그는 자신의 입장을 이렇게 표현했다. "특정 행위가 마음의 특정 상태를 표현하는 것은 신경계 구조의 직접적 결과다. …… 공포를 느낄 때 떨리는 것이 그 예다." 이 인용에서 핵심 구절은 "행위가 마음의 특정 상태를 표현하는 것"이다. 다윈은 이런 정신적 상태를 선천적 행동의 근거로 보았다. 위협이 공포의 선천적인 느낌을 끌어내고 공포가 얼어붙기, 떨림, 도피를 끌어낸다는 것이다. 다윈은 이런 정서적 정신 상태가 유기체의 적응과 생존에 도움이 되는 행동을 낳기 때문에 자연 선택을 통해 신경계에 보존되었고, 종 내에서 이어져왔으며, 새로운 종이 진화할 때도 보존되었다고 주장했다. 다윈의 견해로, 우리가 위험한 상황에서 공포를 느끼는 것은 우리의 동물 조상에게 있었던 공포의 원형이 그들의 생존을 도왔기 때문이고, 지금 우리 종의 생존에도 여전히 도움이 되기 때문에 이어져온 것이다.

현대 심리학이나 신경과학에서 "마음"이나 "정신" 같은 용어는 반드시 의식적 과정을 의미하지 않는다. 지각, 기억, 주의, 사고, 계획, 결정에 관여하는 비의식적 과정은 정신이 하는 일 중 상당 부분을 차지하며, 이 과정이 실제 의식적 자각을 가능하게 만든다. 그러나 다윈의 시대에 "정신"은 "의식"과 동의어였다. 다윈은 마음의 의식적인 정서 상태(느낌)가 정서 표현의 근간이라고 분명 시사하고 있었다.

자연선택에 의한 진화라는 다윈의 이론은 인류 역사의 가장 위대한 지적 성

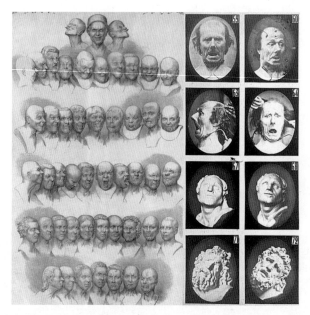

그림 5.1: 정서 표현: 뒤셴과 메서슈미트 다윈은 프랑스의 생리학자이자 골상학자, 기욤-벤자민 아망 뒤셴 드 블로뉴(1806 - 1875)의 연구와 사진을 이용해 정서 표현의 선천성에 대한 생각을 발전시켰다(오른쪽). 그보다 앞서 독일-오스트리아의 조각가인 프란츠 자비에르 메서슈미트(1736 - 1783)가 다양한 정서 표현을 포함한 얼굴 표정 조각을 선보였다. 그러나 그의 작품은 다윈에게 영향을 주지 않았다(왼쪽).

취 중 하나다. 그러나 우리의 정서적 느낌 역시 동물 조상에게서 물려받은 것이며, 기본적으로 모든 인간의 뇌에서 미리 완성된 형태로 발현된다는 그의 믿음은 상식과 일치하고 일상에서 유용할지 모르지만, 정서와 그 근간인 뇌 메커니즘의 이해에 있어서는 우리를 오도할 수 있다고 나는 생각한다.

초기 심리학에 남은 다윈의 정신적 유산

정서 행동에 관한 다윈의 관심은 인간 마음의 진화에 대한 깊어진 관심을 반영한다. 그는 "인간과 고등 포유류의 정신적 능력에는 근본적인 차이가 없다"고 믿었다. 그러나 한 심리학사가가 지적했듯 "다윈은 그가 생물학에 보였던 강도 높은 자기비판적 검열 없이, 매우 후한 태도로 인간의 사촌에게 정신적 삶을 부여했다."[7] 다윈은 심지어 벌레까지도 "지적이라고 불릴 만한 가치가 있다"고 말했다. "벌레는 …… 비슷한 상황에서 인간과 거의 비슷한 방식으로 행동하기 때문이다."[8] 그는 종종 동물에게 그런 인간적인 특성이 있다고 주장했다. 동물이 표현하는 행동을 "애정 넘치는," "즐거운," "야만적인," "쓰다듬어주자 기뻐하며," "질투하며," 등의 표현을 써서 묘사했다. 그는 또한 동물의 일화를 소개하면서 의인화를 풍부하게 사용하곤 했다. "얼마나 강한 내적 만족감이, 그토록 활동적인 새로 하여금 매일같이 알을 품고 있게 만드는 것일까?"[9]

이 주제에 대한 스승의 열정은 제자에게 이어졌다. 다윈의 친한 친구인 조지 로마네스George Romanes는 『동물 마음의 진화Mental Evolution in Animals』라는 책에서[10] 인간과 다른 동물이 보이는 행동 반응을 "마음의 대사ambassador"라고 표현했다.[11] 로마네스는 우리가 정신적 상태를 이용해 신의 마음을 상상하듯, 우리와 공통된 동물의 행동을 찾아냄으로써 동일한 의인화로 동물의 마음을 이해할 수 있다고 주장했다.[12]

다윈과 마찬가지로, 로마네스는 동물의 행동에 관한 일화를 마치 과학적인 데이터인 양 취급한 것으로 종종 비판받는다.[13] (선천적 자극에 의해 촉발되는 거의 선천적인 행동을 놓고서, 그는 예를 들어 집게벌레가 새끼들에게 애정을 보인다던가, 물고기가 질투를 하거나 화를 낸다고 표현했다.[14]) 이렇게 인간 행동과의 유사점에 근거한 주장은 오늘날 상식적 직관과 동등하게 간주되지만, 그것만으로는 다른 동물에게 정신적 상태 의식이 있다는 과학적 증거가 될 수 없다.[15] (상식이 과학적 연구의 출발점이 되는 경우는 많지만, 과학적 결론에는 그 이상의 것이 필요하다.)

이처럼 이론화를 시도한 사람은 로마네스만이 아니었다. 행동 반응에 근거해 동물에게 정신적 상태—보통 인간과 깊은 정신적 상태—가 있다고 단정하는 경향은 19세기 후반에 너무나 만연해서, 로이드 모건Lloyd Morgan이라는 연구자는 과학자들이 "짐승을 인간화하려는" 유혹에 저항해야 한다고 경고했다. 그는 과학자들이 자신의 주관적 경험을 동물 행동 탐구의 시발점으로 삼을 수밖에 없다는 사실이, 동일한 경험을 동물에게 적용하는 것을 정당화하지는 않는다고 주장했다.[16] 이런 식의 적용은 우리가 다른 사람과 사회적으로 교류할 때는 의미가 있지만, 동물의 행동을 이해하기 위한 시도로는 의심스럽다고 말이다.[17] 모건은 동물의 행동을 설명할 때 더 단순하게, 비정신적인 상태로 설명할 수 있다면 인간의 정신적 상태를 끌어들이지 말아야 한다고 썼다. 이 유명한 원칙을 "모건의 준칙Morgan's Canon"이라 한다. 그러나 통속심리학적 지혜의 유혹을 거부하기는 매우 어렵다. 심지어 모건조차도 자신의 준칙을 어기곤 했다. 그는 자신의 개가 정원 문을 여는 것을 기술하면서 "의식적 상황에서 정신 문제들의 융합"이라는 표현을 사용했다.[18] 게다가 그는 동물에게 지성이 있더라도 이성은 없다고 덧붙였다. 동물도 생각을 한다. 그러나 "인과관계는 생각하지 못한다."[19]

19세기 후반의 동물 연구자들을 지나치게 비판해서는 안 된다. 당시만 해도 의식은 모호한 개념에 지나지 않았다. 당시 심리학은 막 철학에서 갈라져 나와 과학의 한 분야로 떠오르기 시작했다.[20] 심리학은 고대 이래로 철학자들이 제기해 온 마음의 속성, 특히 의식 문제를 해결하기 위해 생리학과 물리학에서 빌려 온 실험적 방법을 적용했다. 예를 들어 초기 독일 심리학자들은 엄격한 절차를 따라 개인적인 내성introspection의 형식으로 마음에 접근하는, 실험적 방법을 개척했다. 이 방법으로 그들은 의식의 내용을 분석하려 했다. 복잡한 감각(스프 냄새와 같은)이나 정서(강렬한 공포감 같은)의 경험을 형성하는 기본 구성 요소나 원소의 분석이 그 예다.[21]

미국에서 심리학 연구는 윌리엄 제임스로부터 시작되었다. 그 역시 의식에 중점을 두었으나, 의식의 내용보다는 기능에 관심을 가졌다.[22] 다윈의 추종자인 제임스는 무엇이 의식을 적응적으로 만들었으며, 자연 선택의 대상이 되게 했는지 찾아내려 했다. 그러나 또 다른 측면에서 제임스는 다윈 그리고 그의 상식적 접근법과 결별했다. 그는 느낌이 정서 표현이나 행동의 원인이라는 생각에 도전했다. 제임스는 우리가 두려움을 느껴서 곰을 보고 도망치는 것이 아니라, 우리가 도망기기 때문에 두려움을 느낀다고 주장했다.[23] 첫 번째 사항에서 그는 옳았다(의식적 느낌이 꼭 정서적 행동의 원인은 아니다). 그리고 두 번째 사항에서도(비의식적으로 제어된 신체 반응의 되먹임이 느낌에서 중요한 역할을 한다는) 방향은 옳았다. 그러나 내가 보기에 그는 되먹임의 역할을 지나치게 강조했다. 신체로부터의 되먹임이 느낌의 원인인 것은 사실이지만, 느낌을 결정하는 유일한 요소는 아니다. 이에 대해서는 나중에 다시 논의할 것이다.

또 다른 중요한 미국의 초기 심리학자인 E. L. 손다이크Thorndike 역시 다윈의 영향을 받았다. 그는 동물이 시행착오를 통해 행동을 학습하며, 쾌락을 가져오거나 고통(불쾌)을 피하는 반응이 동물에게 "각인된다"고 주장했다.[24] 이 학습 규칙을 "효과 법칙law of effect"이라 불렀다. 다윈의 원리를 개인에게 적용한 이 법칙에 따르면 쾌락이나 고통이 유기체의 생존을 돕고, 이 쾌락주의적 상태와 연결된 행동은 후일의 사용을 위해 획득된다.[25] 손다이크는 쾌락이나 고통에 근거한 학습 규칙을 채택하는 데 일반적으로 정신적 설명에 반대했지만, 그는 동기와 학습에서 쾌락주의적 느낌의 역할을 강조한 영국 사상가들(로크, 흄, 홉스, 벤담, 밀, 베인, 스펜서)의 오랜 전통을 따랐다. 사실 베인과 스펜서는 손다이크의 효과 법칙과 비슷한 학습 규칙을 이미 제안했었다.[26]

1920년대에 이르자 미국에서 심리학의 의식주의적 기반에 반기를 드는 행동주의 혁명이 일어나기 시작했다. 존 왓슨은 심리학이 인간이나 동물의 사적인 내적 상태에 관심을 가져서는 안 된다고 주장했다.[27] 심리학이 과학으로서 자격을 갖추기 위해서는 관찰 가능한 사건에 초점을 맞춰야 한다는 것이다. 관찰 가능한 대상은 바로 자극과 반응이다. 학습의 기반이었던 쾌락이나 고통 같은 주관적인 개념은 행동주의 시대에 들어와 강화라는 개념으로 대체되었다. B. F. 스키너에 따르면 강화물reinforcer은 어떤 행동이 반복될 가능성을 높이거나 낮추는 자극을 말한다.[28] 내적 느낌에 대한 이론적 개념은 관찰 가능한 요소들에 대한 설명—특히 특정 상황에서 특정 자극에 대한 유기체의 강화 역사—에 자리를 내주었다.

정서 역시 그 주관적 요소를 제거하는 방식으로 재해석되었다. 예를 들어 왓슨에게 공포란 파블로프 조건 반사였다.[29] 스키너에게 공포는 강화의 역사에 근거한 행동 경향이었다.[30] 객관적인 "내적 중재자inner mediator"를 찾는 다른 연구자들은 공포가 개입 변수intervening variable,[31] 충동,[32] 혹은 동기 상태[33]라고 제안했지만, 의식적 느낌이라고 말하는 사람은 없었다. 흥미롭게도 그들은 의식적 경험을 가리키는, 정신적 상태의 일반 용어는 버리지 않고 그대로 사용했다. 그들은 여전히 "공포," "불안," "희망," "기쁨" 같은 단어를 사용했지만, 내적 느낌을 가리키는 용어가 아니라 특정 방식으로 행동하는 경향에 대한 표현이었다.

행동주의자들은 뇌의 상태에도 별다른 주의를 기울이지 않았다. 뇌의 상태 역시 내적이며 심리학자들이 관찰할 수 없기 때문이었다.[34] 그러나 1940, 1950년대 행동주의와 나란히 뇌 연구가 급속히 발달했고, 정서가 중심 (뇌) 상태를 대변한다는 생각이 행동주의 내에서도 인기를 얻기 시작했다.

뇌 안에서 정서를 찾기

4장에서 설명했듯 행동의 근간인 뇌 메커니즘 연구는, 20세기 초 뇌 전기 자극법이 개발되면서 급속히 발달했다. 뇌 자극으로 방어, 공격, 생식, 섭식, 그 밖에 선천적으로 보이는 다른 모든 행동을 끌어낼 수 있었다.

처음에는 심리학자들이 아니라 생물학이나 신경학에서 훈련 받은 연구자들이 이 분야를 개척했다. 이 과학자들은 행동주의 규칙에 그다지 얽매이지 않았으며, 뇌 자극으로 나타나는 선천적인 행동이 정서적 상태의 제어를 받는다고 종종 주장했다. 예를 들어 동물 뇌 자극 실험의 선구자 중 하나인 월터 헤스Walter Hess는 전기 자극과 행동 사이에 "정신적 동기"와 "정서적 요소가 있는 경험"이 개입한다고 말했다.[35] 그들의 글에서 우리는 공포, 분노, 격노, 기쁨에 대한 언급을 흔히 마주할 수 있다. 뇌 자극 연구에서 측정 가능한 유일한 변수는 행동이었지만, 행동을 유발하는 뇌 회로가 정신적 상태와 느낌도 유발할 것이라는 가정이 있었다. 그리고 뇌 회로가 인간과 동물에게 공통으로 보존되어 있으므로, 동물의 정서적 행동 연구가 인간 정서의 근원을 드러낼 것이라 믿었다. 다시 말해 정서에 대한 다윈주의적이고 상식적인 관점—정서적 반응이 정서적 마음의 상태(느낌)를 반영한다는—에 입각해서 데이터를 해석했던 것이다.

과학은 단순히 데이터를 수집하는 과정이 아니라 그것을 해석하는 과정도 포함한다. 그리고 데이터를 해석하는 방법은 각자 다를 수 있다. 전기 자극으로 선천적인 행동을 유발하는 뇌 영역이 그 행동을 제어하는 역할을 한다고 말하는 것과, 방어나 공격 반응을 제어하는 동물의 회로가 공포나 분노의 느낌을 담당한다고 말하는 것은 완전히 다른 얘기다. 전자의 해석은 데이터에 밀접하게 닿아 있지만, 후자는 데이터 너머에 있어 쉽게 검증할 수 없다. 앞서 봤듯이, 인간에 대해서 행동만으로는 공포의 느낌 같은 의식적 상태가 방어 행동이나 생리 반응과 함께 일어난다고 단정하기 어렵다. 행동과 느낌은, 항상은 아니지만 자주 동시에 일어난다. 그리고 설사 함께 일어난다 해도 두 가지 중요한 질문을 제기할 수 있다. 행동을 제어하는 뇌 시스템이 느낌도 유발하는가? 느낌이 행동의 원인인가?

로이드 모건이 주장했듯 과학자들이 정서적 느낌에 대해 자신의 주관적 경험에서 출발할 수밖에 없다는 사실이, 다른 동물에게 같은 경험을 적용시키는 것을 정당화할 수 없다. 이 장의 서두에 인용한, 동물행동학의 아버지 니코 틴버겐의 말처럼 동물이 배고픔, 공포나 그 밖의 정신적 상태를 가진다고 보는 것은 단순히 추측에 지나지 않는다.

더 깊이 들어가 보자. 먹이가 부족한 동물이 먹이를 찾는 것이 에너지 공급이 떨어졌기 때문이라는 가설은, 먹이를 찾는 행동과 관련된 에너지 관련 화학물질(예를 들어 포도당)을 측정하고 조작해서 확인할 수 있다. 그러나 그 동물이 먹이를 찾아다닐 때 "배고픔"이라는 정신적 상태를 경험한다는 것은 하나의 해석이다. 사람들은 종종 고갈되지 않아도 음식을 찾고 먹으며, 동물 또한 에너지 공급의 보충이 아닌 이유로도 먹이를 먹는다. 이 사실은 이런 종류의 추측이 가진 문제점을 드러낸다. 예를 들어 달콤한 먹이를 얻을 수 있다면, 쥐는 그것이 사카린처럼 영양이 없더라도, 배가 고프지 않아도(먹이가 고갈되지 않아도) 막대를 누를 것이다.[36] 따라서 식사를 배고픔이라는 정신적 상태의 표지로 사용한다면 틀릴 때가 많다. 맛에 대한 "정서적"(쾌락주의적) 반응을 연구한 신경과학자 켄트 베리지는, 이런 행동이 쾌락이나 혐오의 의식적 경험을 반영한다고 보는 것에 신중해야 한다고 경고한다.[37]

20세기 중반에 이르자, 생리심리학자라 불리는 많은 이들이 행동 동기의 기반을 이해하기 위해 뇌를 연구했다. 그러나 이 심리학자들 대부분이 행동주의 전통 속에서 훈련받았기 때문에, 뇌 자극에 의한 방어 행동이나 먹는 행동의 유발을 설명할 때 공포나 배고픔 같은 주관적 의식 상태를 거론하기 꺼렸다. 대신 그들은 2장에서 논의한 중심 동기 상태[38]라는 개념을 도입했다. 행동주의의 전통에 따라 정신적 상태의 꼬리표("공포," "배고픔")는 유지되었지만, 이 상태는 의식적인 상태라기보다 생리적인 것으로 간주되었다.

자극을 감지하고 행동을 제어하는 생리적 상태로 정서를 설명할 수 있다는 생각은 내적 상태의 역할을 연구하는 한 방법이었고 여전히 행동주의의 연장선상에 있었다. 이 생각은 많은 혼란을 불러일으켰다. 첫째로 모든 연구자들이 비주관적 접근법을 채택하지 않았다. 예를 들어 일부 연구자들은 배고픔이나 공포를 비주관인인 생리적 상태라는 의미로 사용했지만, 다른 연구자들은 의식적인 상태로 보았다. 두 번째로 생리적 접근법을 고수한다고 주장하는 연구자들마저 종종 그들의 말과 글에서 행동적 중재자에 대해 주관적인 해석과 비주관적인 해석을 명확히 구별하지 못했다.[39] 따라서 다른 분야의 과학자들이나 대부분 일반인들이, 정신적 상태를 가리키는 용어를 비주관적인 생리적 상태가 아니라 정신적 상태에 관한 것으로 받아들인 것은 지극히 당연한 일이었다.[40] 특히 인기를 끌었던 변연계 이론이, 인간과 동물의 자극과 반응 사이에 개입하기 위해 공포나 다른 정서가 변연계에서 발생한다고 주장한 것 역시 혼란을 가중시켰다. 중심 상태와 상식적 접근법의 경계는 항상 흐릿했다.

기본 정서 이론: 정서에 대한 현대의 다원주의적 접근

특정 행동이 선천적으로 뇌에 배선된다는 다윈의 주장은 옳았다.[41] 그러나 의식적 느낌과 정서적 반응이 뇌에서 선천적으로 연결되기 때문에 정서적 느낌이 행동을 야기한다는 그의 견해는 재고의 여지가 있다.

　　다윈의 견해는 1960년대 실반 톰킨스Silvan Tomkins가 그의 글[42]에서 주장한 "기본 정서" 이론에 오늘날에도 그대로 남아있다. 톰킨스는 다윈의 토대 위에서 몇 가지 일차적(또는 기본) 정서는 자연선택에 의해 유전적으로 인간의 뇌에 배선되어, 인종이나 문화적 배경과 관계없이 모든 인간에 동일하게 발현된다고 주장했다. 그의 이론에 따르면 이 선천적 정서는 "감정 프로그램affect program"이라는 신경 구조물에 배선되어 있다. 이 가상의 피질하 구조물은 변연계나 각성 시스템과 밀접하게 관련된 것으로 추정되었다. 특정 정서를 촉발하는 자극이 있을 때 이 "감정 프로그램"이 활성화되어 해당 정서 특유의 신체 반응이 발현된다(그림 5.2). 톰킨스가 확인한 일차적 정서는 놀람, 관심, 기쁨, 분노, 공포, 혐오, 부끄러움, 번민이었다. 이 일차적 정서는 죄책감, 당혹감, 공감 같은, 문화적으로 결정되는 이차적 정서와 대조된다. 다윈처럼 톰킨스도 정서의 보편적 발현에 초점을 맞추었지만, 정서의 발현과 그 근간인 감정 프로그램을 명명하는 데 정신적 상태(정서)의 용어를 사용했다.

　　톰킨스의 지도에 따라 캐롤 이자드Caroll Izard[43]와 폴 에크먼[44], 그리고 동료들은 특정 얼굴 표정의 근간으로 추정되는 정서를 실제 전 세계 사람들이 인식하고 표현한다는 데이터를 수집해서, 보편적인 얼굴 표정 개념을 뒷받침했다. 에크먼과 이자드가 발견한 기본 정서는 톰킨스가 규정한 기본 정서와 밀접한 연관을 보인다. 그러나 다른 연구자들은 톰킨스의 기본 정서와 덜 일치하는 기본

정서를 제안하기도 했다.[45]

기본 정서 이론은 심리학과 신경과학 연구자들에게 널리 충격을 주었다. 에크먼의 연구가 특히 영향을 미쳤다. 에크먼은 각 기본 정서에 해당하는 얼굴 표정 사진들을 수집해 목록을 만들었는데, 이 목록은 세계 곳곳의 다양한 문화권에서 정서를 연구하는 데 무수히 사용되었다.[46] 또 이 사진들은 건강한 피험자나 정신 장애 환자 뇌의 정서 처리 과정을 평가하는 데 표준적 도구로 사용되었다.[47] 그림 5.3은 "에크먼 표정"의 예다.

그림 5.2: 감정 프로그램 감정 프로그램은 기본 정서 이론가들이 제안한 가상의 과정으로, 정서적 자극과 정서적 반응을 매개한다. 대부분 이론가들은 감정 프로그램이 특정 신경 메커니즘에 치중하지 않는 가상의 신경 회로라고 생각한다. 해당 뇌 영역은 주로 변연계가 언급된다.

에크먼은 사회와 대중문화에도 지대한 영향을 미쳤다(그림 5.4).[48] 그는 중앙정보국CIA의 자문위원으로, 요원들이 진짜 정서를 인식하고 거짓말을 식별할 수 있도록 훈련하기도 했다.[49] 유명 TV 쇼 <내게 거짓말을 해봐Lie to Me>에서는 심리학자가 실시간으로 등장해 얼굴 표정을 보고 거짓말을 알아맞히는데, 바로 에크먼을 모델로 한 것이다.[50] 그뿐만 아니라 에크먼의 방법은 CBS의 <60분>에서 경기력 향상 약물인 스테로이드 복용 관련 인터뷰를 한 알렉스 로드리게즈의 얼굴 표정 분석에 이용되기도 했다(그림 5.4).

엄청난 영향력과 많은 심리학자들[51]과 철학자들[52]의 지지를 받았음에도 기본 정서 이론은 보편적으로 받아들여지지 않았다. 이 이론에 대한 도전은 논리에 근거한 반박(이론가들마다 기본 정서를 각기 다르게 규정하기 때문에, 그 정서들

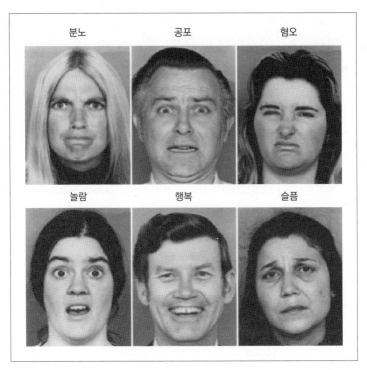

그림 5.3: 얼굴로 표현된 에크먼의 기본 정서 에크먼의 원래 이론은 6가지 기본적 정서(분노, 공포, 혐오, 놀람, 행복, 슬픔)를 상정한다. 각 정서는 특징적이면서 보편적인 얼굴 표정을 나타낸다.

그림 5.4: 참일까? 거짓일까? 스타 야구선수인 알렉스 로드리게즈가 CBS 〈60분〉 쇼에서 경기력 향상을 위한 약물 복용 혐의를 부인했을 때, 거짓 여부를 파악하기 위해 폴 에크먼의 얼굴 분석 도구(또는 얼굴 움직임 부호화facial action coding, FAC)가 이용되었다.

이 실제 기본적일 수 없다[53]), 철학적 반박(정서는 그저 반응이 아니라 부분적으로 인지적이며 의도, 신념과도 관련된다[54]), 방법론적 우려(얼굴을 보고 정서를 맞출 때 몇 가지 선택지 중에서는 정확하게 고르지만, 선택지가 없을 때는 그만큼 정확하게 맞추지 못한다[55]), 연구 결과(얼굴 표정은 일단 촉발되면 단일하고 획일적인 방식으로, 자동적으로 나타나는 것이 아니며[56] 표정으로 느낌이나 그 밖의 내적 상태를 판단하는 것은 과거에 생각했던 것보다 훨씬 덜 정확하다. 왜냐하면 얼굴 근육뿐만 아니라 음성 표현, 동공 크기 같은 다른 요소도 고려해야 하기 때문이다[57]) 등이 있다.

심리학자인 리사 배럿Lisa Barrett과 제임스 러셀James Russell이 기본 정서 이론을 특히 강하게 비판해왔다. 그들은 이 이론의 암묵적인 가정, 그러니까 정서는 "자연적인 것" 또는 생물학적으로 이미 갖춰진 심리적 상태라는 가정에 의문을 가졌다.[58] 그들과 나머지 비판자들은 기본 정서로 추정되는 공포 같은 정서는 사실 자연선택을 거쳐 다른 동물로부터 물려받은, 생물학적으로 존재하는 단일 실체가 아니라고 주장한다.[59] 대신 그들은, 기본 정서라 불리는 마음의 상태가 심리학적으로 구성된 개념에 문화적으로 학습한 단어를 꼬리표로 붙인 것이라고 말한다. 언어는 믿음을 주는 강력한 독재자로, 실제 존재하지 않는 대상에 실체를 부여하기도 한다.[60] 내가 배럿과 러셀의 주장을 완전히 받아들이는 건 아니지만[61] 기본 정서라는 꼬리표가 붙은 의식적 느낌이, 외부 자극에 의해 촉발되는 이미 갖춰진 내적 상태가 아니라, 의식 속에서 인지적으로 구성된 것이라는 그들의 결론에는 동의한다.

이 논쟁의 난점 중 하나는 각각 다른 편이 각각 다른 의미로 기본 정서를 지칭한다는 점이다. 예를 들어, 기본 정서 이론의 지지자들에게 공포라는 정서는 대개 어떤 위험 신호에 대한 전반적인 뇌와 몸의 반응을 의미한다. 그리고 누군가 이 상태에 있다는 증거로 얼굴 표정을 든다. 그러나 기본 정서 이론의 비판자들은 주로 공포의 의식적 경험을 고려하며, 이것이 선천적으로 프로그래밍된 상태인지 의심을 품는다. 이 장의 남은 부분에서 감정 프로그램의 기능을 분석함으로써 이 차이를 명확히 할 것이다.

감정 프로그램이 하는 일

기본 정서 이론가들은 대부분 뇌 연구자들이 아니라 심리학자들이며, 감정 프로그램을 뇌 메커니즘에 끼워 맞추기 위한 가상의 개념으로 보는 경향이 있다.[62] 일반적으로 그들은 피질하 변연계 영역에 각 기본 정서의 감정 프로그램을 구성하는 실체가 있다고 믿지만, 특정 뇌 영역 또는 회로가 그 일을 담당한다고 강하게 의견을 내세우지는 않는다.

"감정 프로그램" 같은 표현을 이용해서, 생물학적으로 유의미한 자극으로 촉발되는, 선천적인 반응을 제어하는 가상의 혹은 심지어 실재하는 회로를 지칭하는 일은 얼마든지 받아들일 수 있다. (이런 회로에 대한 다른 꼬리표로 "정서 지시 시스템emotion command systems,"[63] "행위 프로그램,"[64] "선천적 정서 모듈innate emotion modules,"[65] "신경계산적 적응neurocomputational adaptations"[66] 등이 있었다.) 문제는 이 선천적인 프로그램이 유의미한 자극을 감지하고 선천적인 반응을 제어하는 것 외에 어떤 일을 하느냐다.

감정 프로그램과 그 기능에, 인간의 내성적 경험에서 파생된 용어(공포, 분노, 기쁨)를 사용하는 데서 문제가 발생한다. 이 꼬리표에 대한 한 가지 해석은, 이것들이 행동적인 표현에 대한 과학적 연구와 그것이 일어나는 일상 생활의 심리적 맥락을 연결해 준다는 것이다. 사람들이 두려움을 느낀다고 말할 때 주로 나타나는 얼굴 표정을 연구한다고 하자. 이때 그 감정 프로그램과 행동에 모두 "공포"라는 꼬리표가 붙는다. 그러나 "공포"는 감정 프로그램이 제어하는, 말 그대로 주관적이고 의식적으로 경험하는 공포의 느낌이 아니라 단순히 편의상 붙인 꼬리표일 뿐이다.

감정 프로그램과 관련해 "공포," "분노," "기쁨" 같은 단어의 사용에 대한 두 번째 해석은, 감정 프로그램을 정신적 상태의 원인으로 보는 것이다. 이 해석은 공포 시스템의 역할에 대한 다윈주의적(상식적) 견해(2장 참조)의 핵심으로, 정신적 상태 그 자체에 대한 설명을 감정 프로그램에 넘긴다. 내가 보기에 이것이 많은 기본 정서 이론가들이 택하는 표준적 해석이다. 이 문제에 대해 다른 사람들보다 더 강경한 입장을 취하는 사람도 있지만, 대부분은 공포의 감정 프로그램이 공포 반응과 공포의 느낌 둘 다를 제어한다고 가정한다.[67] 이 가정은 표출되는 반응이 느낌, 즉 마음의 정서적 상태가 일어나고 있다는 표지로 사용될 수 있다는 결론을 정당화한다.

구체적으로, 공포 감정 프로그램이 수행하는 역할에 대한 두 가지 가정이 그림 5.5에 제시되어 있다. 하나는 감정 프로그램이 단순히 위협을 감지하고 반응을 제어한다는 것이고, 다른 하나는 감정 프로그램이 공포의 느낌도 일으킨다는 것이다.

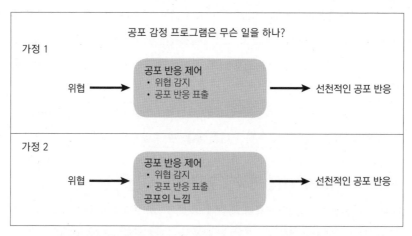

그림 5.5: 감정 프로그램의 역할에 대한 두 가지 가정 모든 기본 정서 이론가들은 감정 프로그램이 정서적 자극(위협 같은)과 정서적 반응(공포에 질린 얼굴 표정 같은)을 중재한다고 상정한다. 그런데 일부 이론가들은 감정 프로그램이 정서적 느낌을 일으키며 이 느낌이 자극과 반응을 연결한다고 주장한다.

정서 지시 시스템 가설

자크 판크세프Jaak Panksepp의 정서 지시 시스템emotion command system

가설은 선천적인 감정 프로그램이 실제로 뇌에서 작동하는 방식에 관한, 잘 다듬어진 포괄적 이론이다.[68] 그의 견해의 핵심은 "감정적 경험과 정서적 행동은 포유류의 뇌에서 비교적 오래된 영역에 밀접하게 서로 얽혀 있다"는 것이다.[69] 그가 말하는 오래된 뇌 영역은 변연계의 일부로, 인간을 포함한 포유류에 공통으로 보존되어 있다고 알려진 영역이다. 따라서 정서 지시 시스템이 매개하는 기능 역시 보존되어 있다고 생각할 수 있다. 판크세프에 따르면, 동물의 선천적 행동을 제어하는 회로를 연구하면 공포 같은 느낌이 인간 뇌에서 어떻게 나타나는지 밝혀낼 수 있다. 동물의 공포 행동을 제어하는 회로가 동물과 인간에게 공포의 느낌을 일으키는 회로와 동일하기 때문이다[70](그림 5.6).

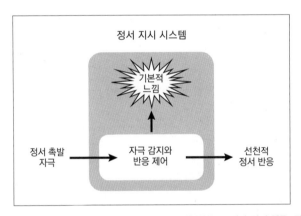

그림 5.6: 판크세프의 모델: 정서 지시 시스템 안에서 서로 얽혀있는 느낌과 정서 행동 판크세프는 각 기본 정서마다 이를 담당하는 지시 시스템이 있어서, 특정 정서 촉발 자극을 감지하고 기본적 느낌을 일으키며 선천적인 특정 정서 반응을 제어한다고 주장한다. 이 회로는 피질하 영역, 대개 변연계에 위치하는 것으로 생각된다. 이론적으로 특정 정서에 대한 느낌과 반응이 동일한 회로의 제어를 받으므로, 반응을 제어하는 회로를 알아내면 그 회로가 느낌도 제어한다고 볼 수 있다. 또한 이 회로는 모든 포유류 종에 보존되어 있으므로 인간이 아닌 동물의 정서 반응 회로를 연구함으로써 인간의 기본적 느낌의 신경적 기반을 알아낼 수 있다. 판크세프는 또한 피질 영역에서 기본적 느낌이 인지 처리 과정에 의해 정교해진다고 제안했다. 판크세프의 기본 정서에 대한 견해는 다윈주의 이론과 비슷한데, 다만 판크세프는 느낌이 인과관계의 사슬에서 반응을 끌어내는 원인의 일부라는 생각을 겉으로 내세우지 않을 뿐이다. 판크세프는 느낌이 선천적인 반응을 제어하기보다는, 혐오 결과를 성공적으로 회피하고 만족스러운 결과를 준 행동을 강화하는 데 더 중요한 역할을 한다고 본다.

판크세프는 두 종류의 의식적인 정서적 느낌을 구분했다.[71] 일차적 처리 과정의 감정적 상태는 원초적인 의식적 느낌(기본적 느낌)으로, 모든 포유류에 존재하며 정서 지시 시스템에 부호화되어 있다. 공포, 격노rage, 공황panic, 성욕lust 등이 여기에 포함된다. 그다음 기억, 주의, 언어를 통해 인간은 인지적인 의식적 느낌을 만들어낼 수 있다. 이는 원초적 정서의 더 정교한 버전이다. 모든 종에 정서가 보존되어 있다는 그의 주장은 더 기본적인 정서에 초점을 맞춘 것이다.

판크세프는 인간이 느끼는 정서가 일차적 처리 과정의 감정적 상태를 인지적 의식에서 정교화한 것이기 때문에, 우리는 순수한 일차적 처리 과정으로서의 정서를 경험할 일이 거의 없고, 따라서 이 오래된 정서는 관찰하기(그리고 과학적으로 측정하기) 어렵다고 주장한다.[72] 결과적으로 "그 작동 시스템이 가장 밀집해 있는 뇌 영역을 인공적으로 직접 자극해 각성시키는 방법 외에는, 선천적인 정서의 역학을 순수한 형태로 포착할 수 없다."[73] 판크세프는 이런 주장과 함께 동물과 인간의 전기 자극 연구 결과에 크게 의존했다.

판크세프는 쥐에게 전기 자극을 가해 몇 가지 정서 관련 행동을 끌어낼 수 있는 뇌 영역을 지도화했는데, 이 영역들이 정서 지시 시스템을 구성한다. 예를 들어 공포 지시 시스템은 편도, 전방 및 내측 시상하부, 수도관주위 회색 영역과 관련된다. 판크세프는 "공포—고유의 신체 변화가 함께하는 두려움의 주관적 경험—는 앞서 언급한 회로에서 나온다"고 주장했다.[74] 격노 회로는 공포 회로와 서로 얽혀있기 때문에, 이로써 얼어붙기-투쟁-도피 행동 전체가 설명된다. 그뿐만 아니라 별도의 공황panic 회로가 존재해서 공포와 불안의 다른 측면을 떠받친다고 그는 주장했다.

판크세프의 주장에 대한 한 가지 비판은 뇌 자극이 행동 출력 경로만 드러낸다는 것이다. 판크세프 역시 "우리는 주관적 경험을 직접 측정할 수 없다"고 인정한다. 그러나 그는 "지금까지 연구한 모든 포유류에게서 얻은 행동적 증거는 두려움의 강력한 내적 상태가 공포 시스템에 의해 정교해진다는 것을 암시한다"[75]고 주장했다. 판크세프의 공포 회로에서, 일차적 처리 과정과 인지적 의식에서 어떻게 공포가 출현하는지[76] 그림 5.7에 묘사되어 있다.

앞 장에서 언급한 대로 전기 자극 기술은 오늘날 부정확한 것으로 간주되며, 우리를 뇌 회로에 관한 잘못된 이해로 인도하기도 한다.[77] 동물 전기 자극에 근거한 정서 지시 시스템에 있어 확실한 결론은 더 새로운 방법이 등장해 평가받을 때까지 보류해야 할 것이다. 전기 자극 결과 중 일부분, 어쩌면 대부분이 유효할 수도 있다. (일부는 전기 자극과 같은 문제가 없는 화학적 자극 연구로 확인되었다.[78]) 하지만 나의 우려는 동물 전기 자극의 행동적 효과의 유효성이 아니라, 이 행동들이 동물과 인간 느낌의 징후일 수 있는가다.

판크세프는 완벽하게 합당한 가정—인간과 다른 포유류가 공유하는 피질하 회로가 동일한 기능을 한다는 가정—을 내세웠다. 나는 여기에 완전히 동의한다. 예를 들어 우리는 인간과 설치류가 위협을 감지, 반응할 때 편도가 매우 유사한 역할을 수행한다는 사실을 안다(2장, 8장 참조). 그러나 이 회로가 행동 및 생리 반응의 제어에 추가로 느낌까지 담당하는지는 의문이다. 느낌에 관한 주장을 뒷받침하기 위해 판크세프는 인간 뇌에 전기 자극을 주는 연구를 진행했다.

인간 뇌의 다양한 영역을 전기로 자극하면, 내적 경험에 관한 언어 보고를 1인칭으로 들을 수 있다. 이 방법은 뇌 회로와 경험된 느낌을 관련짓는 데 매우 유용할 수 있다. 동물의 경우 말을 할 수 없기 때문에 의식적 경험을 입증하는 데 어려움을 겪는다는 사실(2, 6, 7장 참조)을 고려해보면 이는 매우 중요한 측면이다. 판크세프는 로버트 히스Robert Heath가 1950, 60년대에 실시한, 널리 알려진 뛰어난 연구 결과에 크게 의존했다.[79] 히스는 환자가 경험한 것을 언어 보고하게 함으로써 인간의 뇌에서 다양한 정서(공포, 분노, 기쁨 등)를 유도할 수 있는 장소들을 발견했다고 주장했다. 그러나 다른 과학자들이 히스의 결론에 의문을 제기했다. 그들은 히스가 데이터를 보여준 방식과 달리, 실제 결과는 인간 뇌의 특정 위치를 자극하면 특정 느낌을 이끌어낼 수 있다는 주장에 확실한 근거를 제공하지 못한다고 주장했다. 실험 방법과 데이터 해석 모두 문제가 되었다. 이 문제들은 "인간 뇌 자극 연구가 느낌이 프로그래밍되어 있는 특정 뇌 영역을 드러낼 수 있을까?"라는 제목의 박스에서 논의할 것이다.

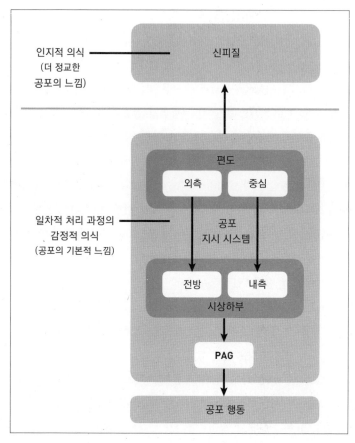

그림 5.7: 판크세프의 모델에서 기본적, 인지적 느낌 회로 공포의 기본적 느낌(일차적 처리 과정의 감정적 의식)과 인지적으로 기반을 둔 공포의 느낌에 관여하는 뇌 영역. 공포의 기본적 느낌은 편도, 시상하부, 수도관 주위 회색질(PAG)의 피질하 영역에 의존하는 반면, 공포의 인지적 느낌은 신피질 영역에 의존한다.

요컨대 판크세프는 동물과 인간 모두 피질하 정서 지시 회로가 활성화되면 강력한 정서적 느낌을 낳는다고 주장한 신중한 연구자다.[80] 나도 그의 결론에 어느 정도 동의한다. 그러나 그와 반대로, 나는 특히 동물의 경우 피질하 영역의 전기 자극으로 의식적 상태와 비의식적 상태를 구분할 수 있다고 믿지 않는다. 판크세프도 그런 어려움을 인식했다. 그와 마리 반드케르코브Marie Vandekerckhove는 피질하 영역에서 비롯되는, 선천적인 기본적 느낌은 "암묵적이며," "아마도 진정으로 무의식적이고," "벌어지고 있는 일에 대해 분명하고 반성적인 자각이나 이해 없이" 일어난다고 말했다.[81] 그러나 "진정으로 무의식적인" 상태는, 내 정의로는 느낌이 아니다. 느낌은 그것이 원초적인 느낌이더라도 느껴질 수 있어야(의식적으로 경험될 수 있어야) 한다. 전기 자극은 비의식적 중심 동기 상태를 끌어낼 가능성이 가장 높다. 앞서 설명했듯, 이는 선천적인 생존 행동을 제어하는 시스템이 활성화될 때(즉 방어 생존 회로가 위협을 감지, 반응해서 비의식적 방어 동기 상태가 유발될 때) 자연스럽게 일어나는 결과다. 나는 비의식적 처리 과정으로 행동을 설명할 수 있다면, 동물에게 의식적 느낌이 있다고 상정해서는 안 된다고 생각한다. 인간의 경우 기본적 느낌이 미리 준비된 형태로 부호화되어, 전용 피질하 정서 지시 회로로부터 해제되기를 기다리고 있는데, 그 회로가 각 기본 정서 범주에 따른 정서적 행동 또한 제어한다는 결론은 내게 그다지 설득력이 없다. 다음 박스에서 논의할 문제에 추가로 다른 문제들이 있다. 만일 선천적으로 프로그래밍된 느낌이 이 피질하 회로에 정말로 부호화되어 있다면, 인간의 느낌에 관한 전기 자극의 결과는 훨씬 더 견고하고 일관되어야 한다. 게다가 전기 자극 연구에서 의식적 느낌의 현존에 대한 증거는 다른 연구에서와 마찬가지로 언어 보고를 거치므로, 전기적으로 유도된 "피질하 영역의 느낌"은, 인지적 의식에 오염되지 않은 원초적 정서를 드러내지 못한다.[82] 정의상 느낌에 대한 언어 보고는 설명 중인 정보를 인지적으로 걸러낸 것이다. 그렇기 때문에 인지적으로 구성된 느낌과 피질하 일차적 과정의 느낌을 분리해서 측정하는 것은 불가능하다. 판크세프 역시 이런 문제점을 인식한 것 같다. 그는 공포 지시 시스템과 관련해 이 점을 언급한다. "공포의 주관적 경험을 이 회로에서 직접 중재하는지, 아니면 뇌의 다른 영역과 협동하는지 추가적인 연구에서 다루어야 한다."[83]

내가 이 책에서 주장하듯 피질하 회로는 공포와 불안의 느낌에 기여하는 비의식적 재료를 제공하지만, 회로 그 자체는 그런 느낌의 원천이 아니다. 나와 판크세프의 견해에서 주된 차이점은 피질하 시스템이 원초적인 정서적 느낌을 직접적 담당하는가, 아니면 피질 영역의 다른 정보들과 통합되어 의식적 느낌을 구성하는 비의식적 요인을 담당하는가다. 판크세프가 "인지적 느낌"이라고 부르는 것이 바로 내가 말하는 "느낌"이다. 그가 이따금씩 "진정으로 무의식적인"이라 표현하는 피질하 상태는, 따라서 결코 느낌은 아니다. 내가 볼 때 그 상태는 비의식적 동기 유발 상태다. 다음 몇 장에 걸쳐 나는 인간이 경험하는 공포나 다른 정서를 설명하려면 왜 피질의 정보 통합 과정이 필요한지 밝힐 것이다.

인간 뇌 자극 연구가 느낌이 프로그래밍되어 있는 특정 뇌 영역을 드러낼 수 있을까?

나를 처음 신경과학에 입문시킨 사람은 로버트 톰슨이었다. 루이지애나 주립대학교의 카리스마 심리학 교수인 톰슨은 쥐 뇌의 학습과 동기를 연구했다. 마케팅 전공으로 석사 과정 중에 선택 과목으로 톰슨의 수업을 들은 나는 그의 영향으로 뇌 연구에 마음을 빼앗겼다. 스토니브룩 뉴욕 주립대SUNY의 박사 과정에 들어갈 수 있었던 것도 톰슨의 추천 덕분이었다.

톰슨은 뉴올리언즈의 연구자 로버트 히스의 연구에 대해 말해주었다. 히스는 정신병이나 신경증 환자의 뇌에 전기 탐침을 꽂는 연구를 수행했다.[84] 히스는 전기 자극을 줄 때 기쁨, 격노, 공포와 같은 느낌을 일으키는 뇌 중추들을 발견했다고 주장했다. (그의 연구는 나중에 마이클 크라이튼의 〈터미널 맨〉[85]이나 워커 퍼시의 〈폐허 속의 사랑Love in the Ruins〉[86] 같은 작품에 영감을 주었다.) 히스의 연구는 논란을 불러 일으켰는데, 상당수의 정신병 환자를 대상으로 실시되었기 때문이었고 환자들이 실험 참여에 동의했는지 문제가 제기되었다.[87] 추가로 수많은 전기 자극 연구가 세계 곳곳의 다양한 시설에서 실시되었지만, 대부분 심한 간질 환자를 진단하거나 치료하는 맥락에서 수행되었다.[88]

히스의 전기 자극 실험의 근본적인 문제는, 그의 실험이 기본 정서와 관련된 느낌이 특정 뇌 영역에 배선되는지 알아보기 위해 특별히 설계된 것이 아니라는 점이다.

그의 실험은 원래 조현병 환자의 뇌를 더 이해하고자 하는 목표에 따라 설계되었다.[89] 피험자의 주관적 느낌에 관한 보고를 받거나, 환자의 말을 데이터로 가공해 일람표로 만드는 데 구체적인 실험 계획안이 사용되었는지도 분명하지 않다. 따라서 히스의 연구가 인간의 뇌에서 쾌락 중추를 발견했다는 식으로 종종 거론되지만, 켄트 베리지와 모튼 크린겔바흐Morten Kringelbach은 히스의 환자들이 쾌락의 느낌을 묘사했다는 증거로 내세운 기록을 검토했을 때 이를 거의 증거로 볼 수 없다고 결론 내렸다.[90] 환자들은 쾌락을 느꼈다고 말했기보다는 대개 모호한 감각을 이야기하거나, 섹스나 식사를 하고 싶다고 말했다. 마찬가지로 환자들이 "공포"를 느꼈다고 보고한 사례는 사실 "길고 어두운 터널에 들어선다"든지 "도망가려고 한다"와 같이 은유적 표현이거나 공포를 느낄 수 있는 상황과 관련된 이야기였다.[91] 환자에게서 특정 느낌을 찾고자 하는 연구자는 그런 사례를 공포나 쾌락을 가리키는 것으로 간주할 수도 있다. 환자가 그런 느낌을 받았다고 명확하게 말하지 않았어도 말이다.

1970년대 말과 1980년대 초, 인간 뇌에 전기 자극을 가하는 연구의 주요 전문가인 에릭 할그렌Eric Halgren이 이 분야를 평가했다.[92] 그는 뇌 자극이 정신 현상을 유도할 수 있다는 것은 받아들였지만, 뇌 자극으로 유도된 정신 현상(사고, 심상, 공포, 분노, 쾌락 등 특정 정서적 느낌)의 일반적 경향을 고려해보면 "특정 영역으로부터 특정 범주의 정신 현상이 일어난다는 특별한 경향은 없다"고 했다.[93] 다시 말해서 특정 상태를 일관되게 뇌의 특정 영역과 관련지을 수 없다는 것이다. 또한 그는 유도된 경험은 자극한 위치보다는 오히려 환자의 성격이나 태도 같은, 기존의 조건과 더 밀접한 관계를 보였음을 지적했다. (예를 들어, 불안에 시달리던 사람은 자극을 받을 때 공포와 불안을 경험할 가능성이 높다.) 만일 공포의 느낌이 공포 지시 시스템에 고정 배선되어 있다면, 공포 지시 시스템을 자극하면 모든 사람들이 비슷한 방식으로 공포를 경험해야 한다.

이 데이터의 평가에 있어, 인간이 주관적 느낌을 평가하는 과정의 속성에 대해 고려해보는 것도 유용하다. 이 주제에 관한 매우 흥미로운 논평이 있다. 베리오스Berrios와 마코바Markova는[94] 측정하기measuring와 등급 매기기grading의 차이를 상세히 분석했다. 측정하기는 물질적 대상과 그 특성에 관련된 객관적 절차다. 반면 등급 매기기는 "대상 그 자체에 있는 것이 아닌(즉, 대상의 내부에 있지 않은) 평가자의 눈이라는 외적 범주를 통해 수행된다." 정서의 꼬리표("공포," "즐거움" 등)를 이용해 피험자의 보고를 분류할 때 연구자들은 측정이 아니라 등급 매기기를 하는 것이다. 히스의 연구에서 섹스의 묘사는 쾌락의 느낌으로 분류되고, 어두운 통로에 들어가는 경험은 공포나 불안 느낌의 사례가 된다. 이런 "데이터"는 연구자의 편향을 반영할 수 있다.

히스의 환자들이 뇌 자극에 따른 자신의 주관적 경험을 묘사한 내용이 모호하고 다양한 것은, 느낌이 피질하 정서 관리 시스템에 유전적으로 배선되어 있다는 생각에 대안을 필요로 한다. 뇌에 전기 자극을 가하면 모호하거나 혼란한 상태가 유발된다는 주장도 똑같이 가능하다. 인공적으로 전류를 전달하면(특히 예전 연구에서와 같이 비교적 높은 수준의 전류를 전달하면) 수많은 뉴런을 비특이적으로 활성화하고 그 뉴런들이 활동 전위를 발화하면 뉴런에 연결된 다양한 영역이 활성화된다. 자극은 주로 뇌의 생리적 각성을 증가시킨다. 각성이 증가하면 정보 처리가 광범위하게 향상되고, 주위 환경에 대한 주의와 경계도 증가한다.[95] (이것은 8장에서 자세히 논의할 것이다.) 갑자기 각성과 경계가 강화되는 상태와 같이 뭔가 특이하거나 예기치 못했던 것을 경험하면, 사람의 뇌는 왜 그렇게 된 것인지 이해하려고 한다.[96] 이는 심리학에서 잘 알려진 현상이다. 설명되지 못한 경험은 부조화 상태를 조성해 무슨 일이 일어나는지 의식적 마음이 최선을 다해 설명하도록 동기 부여한다. 사람들은 경험의 원인을 찾기 위해 최대한 많은 정보를 모으고, 일반적인 용어로 그 경험에 언어로 꼬리표를 붙인다.[97] 예를 들어 스탠리 샥터Stanley Schachter와 제롬 싱어Jerome Singer의 유명한 연구에서 피험자에게 아드레날린 주사를 놓아 인공적으로 각성을 유도하자, 피험자들은 자신의 각성 상태에 꼬리표를 달기 위해 그것을 설명할 단서를 찾아 주변 사람들을 돌아보았다. 방에 행복한 사람들이 가득하면 그들은 행복을 느꼈고, 방에 슬픈 사람들이 가득하면 그들은 슬픔을 느꼈다.[98]

히스의 전기 자극 연구에서도 이런 일이 일어났음이 히스 본인의 관찰에 의해 드러난다. 그의 환자 중 한 명에게 전기 자극을 가하자 환자는 미소를 지었다. 히스가 그녀에게 왜 웃느냐고 묻자 환자는 대답했다. "모르겠어요. …… 선생님께서 저를 웃기신 거 아닌가요? [킥킥 웃으며] 제가 아무 일도 없이 가만히 앉아 있다가 웃는 사람은 아니에요. 뭔가 틀림없이 우스운 것이 있었겠지요."[99] 시간이 지나 내려진, 자신의 의식적 경험에 대한 그녀의 결론은 뇌 영역을 자극해 직접적이고 즉각적으로 방출된 느낌의 보고라기보다는 천천히 형성된 합리화에 가까웠다.

히스의 환자가 한 말은 앞에서 언급한, 마이클 가자니가와 내가 분리 뇌 환자에게서 얻은 결과를 떠올리게 한다.[100] 우리가 환자의 우뇌에 손을 흔들거나, 일어서거나, 웃도록 유도한 후 환자의 좌뇌에 왜 그런 행동을 했는지 묻자, 좌뇌는 자신의 행동을 그럴싸하게 만드는 대답을 꾸며냈다. ("창 밖에 친구가 지나가는 줄 알았어요. 그래서 손을 흔들었지요.") 히스의 환자 역시 자신이 미소 짓거나 킥킥거리고 웃고 있다는 사실을 직면하고 같은 합리화를 시도했다. 전기 자극은 분명히 행동 반응(미소와 웃음)을 끌어냈다. 그러나 연관된 특정 느낌은 끌어내지 않았다.

어쩌면 히스의 연구가 남긴 영향을 가장 효과적으로 요약할 방법은 그 자신이 남긴 말에 주목하는 것이다. 그는 조현병 환자들의 구두 보고에 대해 궁극적으로 다음과 같이 결론 내렸다. "신뢰성이 심하게 떨어지며, 유효한 것으로 받아들여서는 안 될 듯하다."[101]

기본 정서에 관한 신체 되먹임 이론

피질하 감정 프로그램이 선천적인 반응을 제어하는 시스템이자 느낌의 저장소라는 생각에 모든 기본 정서 이론가들이 동의하지는 않는다. 일부 연구자들은 감정 프로그램이 반응을 제어하기는 하지만, 느낌은 다른 선천적 회로—특히, 정서적 반응이 발현되는 동안 몸에서 오는 되먹임 신호를 처리하는 회로의 결과라 주장한다.

내가 앞서 설명했듯 19세기 말 윌리엄 제임스는 느낌에 관한 되먹임 이론을 제안했다. 제임스는 우리가 곰을 만났을 때 무섭기 때문에 도망치는 것이 아니라 우리가 도망치기 때문에 무서움을 느끼는 것이라고 주장했다.[102] 이에 대한 설명은, 행동을 하는 동안 몸에서 오는 되먹임을 뇌에서 공포라는 정서로 느낀다는 것이다. 각각의 정서를 다르게 경험하는 이유는, 정서에 연관된 신체 신호가 각각 다른 되먹임 패턴 그리고 이에 따라 각각 다른 느낌을 만들어내기 때문이다.

제임스의 이론은 한때 인기를 끌었지만 1920년대 월터 캐넌의 도전을 받았다. 캐넌은 신체 되먹임은 너무 느리며 공포, 분노, 기쁨, 슬픔을 각각 구분해 신호를 보내기에는 너무 부정확하다고 주장했다.[103] 캐넌의 비판은, 정서를 드러내는 행동을 할 때 나타나는 신체 내부 기관의 반응(자율신경계와 내분비계의 반응)

에 의한 되먹임 신호에 중점을 두었다. 그 결과 각각 다른 정서에 대한 신체 내부 기관(자율신경계와 내분비계)의 표지를 찾으려는 연구가 활발해졌고, 그 연구는 오늘날까지 이어지고 있다.[104] 연구 결과는 내장 기관의 되먹임에 어느 정도 특이성이 존재한다는 것을 분명히 입증했지만, 그런 되먹임이 느낌을 결정하는 주요 역할을 한다는 것을 보여주는 데는 제한된 성공을 거두었을 뿐이다.

톰킨스와 이자드 같은 초기의 기본 정서 이론가들은, 제임스가 자율신경계의 제어를 받는 신체 내부 기관뿐만 아니라 유기체 전체에서의 되먹임을 강조했다는 점을 지적했다. 그리고 기본 정서의 선천적인 얼굴 표정을 짓는 동안 얼굴 근육으로부터의 되먹임은 현재 느끼고 있는 정서를 알아내기에 충분한 속도와 특이성을 가져야 한다고 주장했다.[105] 이 주장은 정서를 느끼는 데 얼굴 되먹임의 역할에 대한 연구에 불을 지폈다.[106] 일부 연구자들은 이 이론을 지지했지만, 연구 결과는 얼굴 되먹임만으로 느낌을 설명한다는 생각에 확신을 주지 못했다.

1994년 출간된 안토니오 다마지오의 『데카르트의 오류』는 느낌의 잠재적 원천으로서 신체의 되먹임에 새로운 관심을 불러일으켰다.[107] 제임스와 마찬가지로 다마지오는 내부 장기와 조직, 골격과 얼굴 근육, 관절을 포함한 몸 전체 되먹임의 중요성을 강조했다. 여기에 다마지오는 자신의 생각을 현대 신경과학의 기반 위에서 전개함으로써 되먹임 이론을 새로운 수준으로 끌어올렸다.[108]

다마지오는 정서와 느낌을 구별했다.[109] 그에게 정서는 선천적 행동과 생리 반응을 제어하는 행위 프로그램이다. 그는 또한 충동을 생리적 요구(배고픔, 목마름, 생식)에 봉사하는 두 번째 종류의 행위 프로그램으로 보았다. 행위 프로그램은 판크세프의 정서 지시 시스템과 비슷하다. 그러나 지시 시스템과 달리 행위 프로그램은 느낌을 일으키는 것으로 간주되지 않는다. 대신 행위 프로그램은 비의식적으로 작동한다. 다마지오에게 느낌은, 행위 프로그램에 의해 촉발된 정서적 반응이 뇌의 신체 감지 영역에 표상된 결과로 나타나는 의식적 경험이다(그림 5.8).

나의 생존 회로와 전역적 유기체 상태 개념은, 다마지오의 정서와 충동 행위 프로그램 개념과 겹치는 부분이 많다. 그와 나 모두 느낌이 이런 비의식적 처리 과정의 의식적 표현이라는 점을 강조한다. 우리 두 사람의 중요한 차이는, 다마지오는 느낌이 일차적으로 신체 신호에 의해 결정된다고 주장하는 반면, 나는 신체 신호를 느낌에 기여하는 수많은 재료 중 하나로 생각한다는 점이다. 우리는 또한 동물의 느낌을 인간의 특정 느낌의 기반으로 상정하는 것의 가치에 대해서도 의견이 다르다. 이 주제에 있어 다마지오는 판크세프에 더 가깝다.

다마지오는 정서가 나타나는 동안 신체 반응 발현의 결과로 발생한 신호를 신체 표지자somatic marker라고 불렀다.[110] 이 신체 표지자를 피질의 신체 감지 영역(체성 감각 피질과 뇌섬 피질), 그리고 (수도관주위 회색 영역을 포함한) 시상하부의 피질하 영역과 피개tegmentum에서 "읽어들인"다. 이 각각의 영역은 피부, 근육, 관절에서 체성감각 신호 및 자기수용성 신호의 형태로, 그리고 내부 장기와 조직에서 내장 감각 신호와 호르몬의 형태로 신체 정보를 받아들인다.[111] 되먹임 신호는 몇 가지 형태를 취한다. 일부 신호는 근육이나 내장 기관의 감각 신경에서 출발해 뇌의 감각 처리 영역으로 들어온다. 다른 신호는 코티솔 같은 호르몬을 끌어들여, 혈류를 통해 뇌로 직접 들어와 편도, 해마, 신피질이나 뇌간의 각성 시스템 같은 영역의 수용체와 결합한다.[112] 일부 호르몬은 뇌에 들어갈 수 없다. 부신수질에서 분비되는 에피네프린과 노르에피네프린은 분자가 너무 크기 때문에 혈류를 통해 혈액-뇌 장벽을 건너갈 수 없다. 혈액-뇌 장벽은 독소와 같은 큰 분자가 들어오는 것을 막는 필터다. 이렇게 비교적 큰 분자로 이루어진 호르몬은 간접적으로 뇌에 영향을 줄 수 있다. 예를 들어 노르에피네프린은 복강의 미주신경에 있는 수용체와 결합한다. 그러면 뇌로 향하는 미주신경이 뇌의 각성 회로로 신호를 보낸다.[113] 뇌가 신체 신호를 처리하는 과정에 대한 다마지오의 견해가 그림 5.9에 묘사되어 있다.

신체 감지 영역은 몸의 상태에 관한 신경적 표상을 만들어낸다. 원초적인 정서적 느낌은 이 신체 표지자들과 그것들이 만들어낸 상태를 종합한 결과물로 알려져 있다. 더 정교한 느낌—완전한 정서—은 이 상태가 인지 처리 과정을 거친 결과다.

다마지오 이론의 핵심은 "모방as if" 순환이다.[114] 이 메커니즘 덕에 신체의 실제 되먹임 없이도 뇌내 과정에 의해 기억으로부터 신체 상태를 재현할 수 있으며, 그 결과 느낌이 발생한다고 다마지오는 주장한다. 신체의 되먹임과 "모방"의 재현으로, 신체 상태의 신경적 표상이 정서적 느낌에 기여할 수 있다.

다마지오는 오랫동안 신피질 영역, 특히 체성감각 피질과 뇌섬 피질의 신체 지도가 신체 신호로부터 정서적 느낌을 만드는 핵심 요인이라고 강조해왔다. 피질하 신체 지도는 느낌들의 차이를 설명하기에 너무 "조야한" 것으로 알려져 있지만, 피질 영역의 신체 지도는 더 정제되었으며 설명 가능하다.[115] 다마지오와 [116] 버드 크레이그Bud Craig[117]의 연구는 느낌에서 핵심 역할을 하는 신체 감지 영역으로 뇌섬 피질에 주목했다. 크레이그는 뇌섬 피질이야말로 인간 의식의 모든 측면을 관장하는 영역이라고 주장하기까지 했다.[118] 뇌섬 피질은 이제 뇌 회로에서 의식이 출현하는 과정에 대한 논의에서 자주 언급된다.[119]

그런데 최근 다마지오는 기본 정서적 느낌의 일차적 원천으로서 피질에서 뇌간의 피질하 신체 감지 영역(시상하부, 중뇌와 후뇌)으로 초점을 옮겼다. 그의 새로운 주장에 따르면, 뇌섬과 피질의 다른 신체 감지 영역의 역할은 피질하에서 경험하는 의식적 느낌을 인지적으로 표상하고 정교화하는 것이다.[120] 피질하 영역이 주목받게 된 것은 뇌섬 피질이 손상되어도 느낌이 사라지지 않는다는 연구 결과 때문이다.[121] 공포, 분노, 혐오, 슬픔, 기쁨의 기본적 느낌이 피질하에서 의식적으로 경험된다는 다마지오의 주장은 판크세프와 일치한다. 다만 피질하 영역에서 느낌이 어떻게 발생하는지에 대해서는 두 사람의 견해가 다르다(그림 5.8).

그러나 피질하 신체 감지 영역이 느낌을 담당한다는 직접적인 증거는 별로 없다. 뇌간에 손상을 입은 환자는 종종 코마 상태에 빠지기 때문에, 피질하 이론을 검증하는 실험 설계에는 어려움이 따른다.[122] 코마 상태에서는 모든 형태의 의식과 지각력이 결여되므로, 어떤 종류의 심리적 과정에서든 해당 영역의 역할

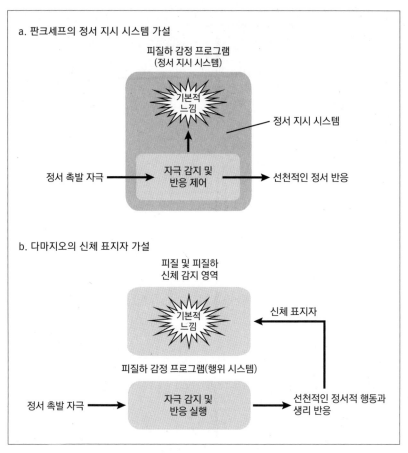

a. 판크세프의 정서 지시 시스템 가설

피질하 감정 프로그램
(정서 지시 시스템)

기본적
느낌

정서 지시 시스템

정서 촉발 자극 → 자극 감지 및
반응 제어 → 선천적인 정서 반응

b. 다마지오의 신체 표지자 가설

피질 및 피질하
신체 감지 영역

기본적
느낌

신체 표지자

피질하 감정 프로그램(행위 시스템)

정서 촉발 자극 → 자극 감지 및
반응 실행 → 선천적인 정서적 행동과
생리 반응

그림 5.8: 기본 정서에서 감정 프로그램의 역할: 판크세프 vs. 다마지오 판크세프의 이론에서 기본 정서적 느낌은 위협을 감지, 반응하는 시스템(감정 프로그램 또는 지시 시스템)의 산물이다(그림 5.7 참조). 다마지오의 이론에서 기본적 느낌은 정서적 자극에 의해 유도된 행동 및 생리 반응으로부터 뇌의 신체 감지 영역이 되먹임 신호를 받을 때 일어난다.

을 평가하기란 불가능하다. 이런 실험을 어렵게 만드는 또 다른 이유는, 피질의 신체 감지 영역이 특정 부위에 국한되지 않기 때문에 매우 광범위한 영역이 손상된 경우에만 관련 피질 영역의 기능이 완전히 사라질 수 있다는 사실이다. 관

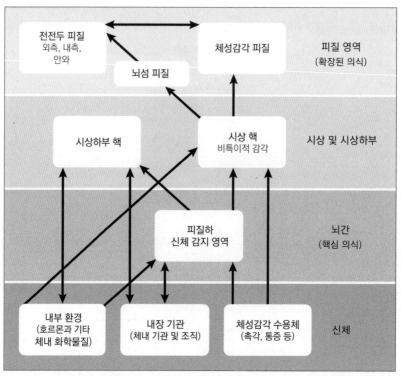

전전두 피질
외측, 내측,
안와

체성감각 피질

피질 영역
(확장된 의식)

뇌섬 피질

시상하부 핵

시상 핵
비특이적 감각

시상 및 시상하부

피질하
신체 감지 영역

뇌간
(핵심 의식)

내부 환경
(호르몬과 기타
체내 화학물질)

내장 기관
(체내 기관 및 조직)

체성감각 수용체
(촉각, 통증 등)

신체

그림 5.9: 뇌의 신체 신호 처리 과정 다마지오가 제안한, 신체 신호의 되먹임을 처리하는 뇌 영역들. 다마지오의 이론에서 "느낌"의 기초가 된다.

련 연구에 따르면 피질하 영역은 기억된 정서와[123] 즉각적인 정서적 각성[124]에서 모두 활성화되었지만, 이 결과는 이 신경적 반응들이 경험된 느낌의 실제 원인이라는 증거가 되지 않는다.

더 직접적인 인과적 증거를 위해, 다마지오는 동물과 인간 전기 자극 연구를 인용했다.[125] 그러나 우리가 앞서 살펴봤듯 이 연구들 역시 느낌을 설명하는데 문제가 있다. 다마지오는 동물의 행동 반응에 "긍정적이거나 부정적인 유의성valence이 스며들어있다"고 묘사했지만[126] 이를 두고 동물이 의식적 느낌을 경험한다고 말할 수는 없다. 다시 한 번 강조하지만, 이 장의 서두에 인용한 틴버겐의 말처럼 동물 행동 근간에 있는 정신적 상태에 관한 결론은 단지 추측일 뿐이다. 인간 뇌 자극 연구도 의식적 경험(느낌이나 그 외)을 특정 뇌 영역에 연결하는 정확한 지도를 설득력 있게 제시하지 못했다. 그뿐만 아니라 위에서 언급했듯 피험자의 주관적 경험은 언어 보고를 통해 평가받는데, 이렇게 보고된 느낌은 있는 그대로의 원초적 느낌이라 볼 수 없다. 보고되기 위해서 그 경험은 피질의 처리 시스템에 표상된 정보를 반영할 수밖에 없다. 피질하 회로에서만 비롯된 의식적인 정서적 경험을, 인지적으로 표상되고 의식적으로 경험되며 피질 회로를 통해 보고된 무의식적 피질하 처리 과정과 어떻게 구분할지 명확하지 않다.

다마지오는 기본 피질하 느낌의 심리적 속성을 명확히 하지 않았다. 그와 질 카발로Gil Carvalho는 느낌을 의식적으로 경험하는 데 뇌섬이 꼭 필요하지 않다고 주장한다. 그러나 그들 역시 피질하 영역의 정보가 "암묵적 형태"로(즉, 비의식적으로) 존재하다가 뇌섬에서 "명확하게 표상된다"(즉, 의식적으로 경험된다)고 설명했다.[127] 그렇다면 피질하 상태는 비의식적이라는 것인가? 의식적이라는 것인가? 아니면 의식적으로 경험되려면 피질 영역이 필요한 것인가?

다마지오의 연구는 뇌의 신체 상태 지도에서 피질 영역과 피질하 영역의 역할을 밝히는 데 도움을 주었다. 그러나 그의 연구는 느낌이 피질하 신체 감지 영역에서 직접 경험된다는 주장을 입증하지 못했다. 다시 말해 피질하 신체 상태 정보 지도가 있다는 사실이, 그 지도와 관련된 뇌 상태가 의식적으로 경험된다는 뜻은 아니라는 얘기다.

뇌의 감각 처리 영역이 그 자체만으로 감각 정보의 의식적 경험을 만들기에 충분한가 하는 질문은 시각 자극의 사례에서 광범위하게 논의되었다. 다음 장에서 살펴보겠지만, 대부분 연구자들이 감각 처리 과정만으로는 충분하지 않다는 데 동의한다. 의식적 경험이 일어나려면 비의식적 처리 과정이 상위 인지 처리 과정에 의해 다시 표상되어야 한다. 다마지오와 판크세프 모두 이 재표상re-representation이 인지적 의식을 발생시킨다는 사실을 인정한다. 다만 두 사람은 피질하 상태가 의식적으로 경험된다고 주장하는데, 내가 보기에 이 주장은 그다지 성공적이지 않다.

반응과 인지 시스템의 연결 장치로서 느낌

앤서니 디킨슨과 버나드 발레인Bernard Balleine은 모든 종에 공통된, 느낌에 관한 새로운 견해를 내놓았다. 그들은 판크세프와 다마지오의 입장에 모두 반대한다.[128] 디킨슨이 식중독에 걸렸던 경험을 바탕으로, 두 사람은 의식적 느낌이 뇌에서 두 종류의 기능적 시스템을 통합하는 기능을 하는지 검사하는 실험을 설계했다.[129]

하나는 반응 시스템이다. 이 시스템은 선천적 혹은 조건 자극에 의해 제어되는 선천적 반응과, 자극-반응 연합에 의해 제어되는 학습된 습관을 구현한다. 다른 시스템은 목표를 달성하기 위해 인지적 정보를 이용한다. 그들의 주장으로는 이 두 시스템 모두 비의식적으로 작동한다. 이 두 시스템을 통해서, 동물은 외부 자극에 대해 자신의 현재 필요와 가치를 반영하는 식으로 반응하면서(반응 시스템) 의식적 경험 없이 목표 달성에 필요한 적응적 반응을 학습할 수 있다(인지 시스템). 이 견해는 유의미한 자극에 반응을 생성하고 느낌을 만들어내는 판크세프의 정서 지시 시스템 개념에 정면으로 도전한다. 디킨슨과 발레인은 반응 시스템과 인지 시스템이 무의식적으로 기능하며, 심지어 강화 자극을 의식적으로 경험하지 않아도 학습이 가능하다고 주장한다. (판크세프에게 의식적 느낌[예를 들면 쾌락과 고통]은 강화와 학습의 핵심이다.) 게다가 디킨슨과 발레인은, 신체의 되먹임이 의식적 느낌을 형성해 선택을 제어한다는 다마지오의 이론에도 동의하지 않는다. 그들의 데이터는 행동적 선택이 신체 되먹임에 의존하지 않음을 시사한다.

각기 다른 종류의 반응을 비의식적으로 제어하고, 심지어 강화를 통해 비의식적으로 학습을 가능하게 하는 반응 시스템과 인지 시스템에 관한 디킨슨과 발레인의 이론은, 이 책의 앞부분에서 전개한 내 견해와 완전히 일치한다. 비의식적 반응 시스템이라는 그들의 개념은 나의 생존 회로와 일치하고, 동기 상태가 문제 해결에 비의식적으로 기여한다는 그들의 생각은 도전과 기회가 존재하는 상황에서 비의식적인 전역적 유기체 동기 상태가 발생한다는 나의 생각과 일치한다. 또한 이 동기 상태가 각기 다른 반응 시스템들을 통합하고 조율해서, 동물이 주어진 상황에 적응하고 기회를 활용하거나 도전에 맞서도록 한다는 점에서도 우리는 동의한다.

우리가 차이를 보이는 지점은 의식의 속성이다. 디킨슨과 발레인은 포유류 (그리고 어쩌면 조류)의 반응 시스템과 인지 시스템 사이에 다리를 놓기 위해 의식이 진화되었다고 주장한다. 디킨슨은 이 가설이 단순히 그럴듯한 추측에 지나지 않으며[130] 쉽게 입증 불가능한 점을 인정한다.[131] 의식에 관한 내 견해는 다음 몇 개의 장에 걸쳐서 자세히 논할 것이다.

고통과 쾌락

흔히 고통pain과 쾌락pleasure을 일종의 정서로 생각한다. 고통과 쾌락은 정서와 관련되지만 중요한 차이가 있다. 고통과 쾌락은 감각 처리 과정에서 직접 일어나는 "쾌락주의적 상태hedonic state"다. 고통과 쾌락은 특정 수용체가 특정 종류의 자극을 감지하고, 이 수용체에 연결된 축삭을 통해 감각 정보가 뇌에 전달된 결과로 일어난다. (우리가 친구와 함께 있을 때나 퍼즐을 맞추었을 때 느끼는 즐거움에 대해 이야기할 때, 그것은 선천적인 느낌에 관한 이 논의의 대상인 순수한 감각적 쾌락 과정의 범위를 넘어선다.) 예를 들어 통각수용체nociceptor라 불리는 피부의 수용체가 자극이나 손상을 감지하면, 관련 정보를 뇌로 보내고 뇌에서 고통을 경험한다. 피부에 있는 다른 수용체는 쾌락을 경험하게 하는 신호를 뇌로 보낸다(등이나 팔, 목, 성기에 가벼운 접촉, 혀와 입에 있는 특정 미각 수용체의 활성화).

인간이 이런 감각 신호와 연관 짓는 고통이나 쾌락의 의식적인 느낌이, 이 신호가 뇌에서 하는 일의 결과 중 하나라는 점을 이해하는 것이 중요하다. 의식적인 쾌락주의적 경험(고통과 쾌락의 느낌)을 일으키는 것 외에도 이 신호들은 반사 운동이나 다른 선천적인 반응을 유도하고, 복잡한 활동의 동기를 불러일으키고, 뇌 각성을 높이고, 학습을 강화한다. 의식적 느낌을 포함해 이 각각의 결과는 각기 다른 신경 기반을 갖고 있다. 비의식적 결과(신체 반사의 유도, 복잡한 행동의 동기 유발, 학습 강화) 중 하나를 보고 고통이나 쾌락의 의식적 느낌이 일어났다고 가정해서는 안 된다. 이 모든 결과가 동일한 뇌 메커니즘을 수반한다고 가정해서도 안 된다.

예를 들어 과학자들이 문제에 접근하는 한 방법은, 동물이 전기 충격에서 도주할 수 있게 하거나 달콤한 먹이 또는 중독성 약물을 제공받는 행동의 수행을 배울 수 있는지 판단하는 것이다. 학습된 행동적 유연성의 이 사례들은 그 결과에 의해 반응이 강화되고 학습되는 도구적 조건형성의 본보기다. 동물이 이런 행동을 습득하면, 보통 고통이나 쾌락의 의식적 느낌이 동기를 유발했다고 결론 내린다.

고대로 거슬러 올라가는 쾌락주의 철학은 영국 철학자들(로크, 흄, 홉스, 벤담, 밀, 베인, 스펜서)의 중심 사상이었다. 이 사상은 다윈과 다윈의 추종자들에게 영향을 주었고 그들은 또다시 손다이크에게 영향을 주었다. 손다이크의 "효과 법칙"은 쾌락과 고통을 강조하는데, 이는 베인과 스펜서가 제안한 개념과 본질적으로 비슷하다.[132] 더 최근에는 판크세프가 "뇌 진화의 한 시점에, 내적으로 경험된 정서적 느낌에 이끌려, 사건과 그 의미를 의식적으로 숙고하는 능력이 진화해 행동의 유연성이 확보되었다"고 주장했다. 또한 이 느낌이 "정서 지시 시스템의 근본적 특성"이며 "모든 포유류가 경험할 수 있는 다양한 형태의 감정적 의식"을 포함한다고 덧붙였다.[133] 현대 심리학과 신경과학에서 연구자들이 강화물(비주관적인 행동주의적 개념)을 보상(쾌감을 암시하는 쾌락주의적 용어)으로 보는 경향은 흔하다. 학습과 동기를 의식적으로 경험된 쾌락과 고통의 쾌락주의적 상태로 설명하는 철학, 심리학, 신경과학의 오랜 전통에도 불구하고, 직관에 호소하는 이 생각은 겉보기만큼 과학적 기반이 단단하지 못하다.

나는 앞서 동물이 아무것도 느끼지 못하더라도 자극에 반응하며 결과로부터 도구적 반응을 학습할 수 있다는 디킨슨과 발레인의 주장을 소개했다. 실제로 뒤에서 다시 다루겠지만 중독성 약물 연구자들 역시 주관적 쾌락은 강화의 원천이 아니라고 결론 내렸다.[134] 만일 내 생각대로 이 연구자들이 옳다면, 우리는 학습과 함께 일어날 수 있는 쾌락이나 고통의 느낌과, 실제로 학습의 기반이 되는 비의식적 강화 메커니즘을 구분할 필요가 있다.

강화는 세포, 시냅스, 분자(4장 참조) 수준에서 일어나는 신경 처리 과정으로 이해될 수 있다. 한때는 도구적 학습이 포유류의 전유물이며 정서를 느끼는 포유류의 독특한 능력에 의존한다고 믿었지만, 이제 우리는 다른 척추동물과 무척추동물(달팽이, 파리, 벌, 가재 등)도 강화를 통해 새로운 행동을 학습할 수 있다는 사실을 알고 있다.[135] 강화가 일어날 때 우리 인간이 어떤 느낌(예를 들어 쾌락)을 의식적으로 경험한다고 해서, 느낌이 강화의 원천인 것은 아니다. 느낌이 일단 우리의 의식적 경험에 존재하면, 이후의 행동과 결정에 영향을 줄 수는 있다. 그러나 학습의 강화 그 자체를 위해 느낌이 필요하지는 않다.

앞서 소개한 광유전학 연구에서 특정 소리가 나올 때 편도 세포를 직접 광학적으로 활성화함으로써, 소리에 대한 위협 조건형성이 이루어지게 했다(4장 참조). 이때 "고통스러운" 무조건 자극(전기 충격)은 주어지지 않았다. 우리는 단순히 감각 경로가 정상적으로 전기 충격 신호를 처리하듯 뉴런을 활성화했을 뿐이다. 누군가 실제 삶에서는 느낌 때문에 정서적 학습이 비정서적 학습보다 더 강한 기억을 남긴다고 반박할지 모른다. 쾌락과 고통, 또는 일반적인 정서적 느낌이 더 기계적인 자극 수렴 과정에 특별한 흔적을 남길 수도 있다. 그러나 정서적 학습에서 일어나는 강화 역시 신경 수준에서 설명할 수 있다. 우리는 신경조절물질인 노르에피네프린을 방출하는 뇌의 각성 시스템을 모방하면, 광학적 US로 생성된 행동 기억을 향상할 수 있다는 것을 발견했다.[136] 삶에서 위협 학습이 실제 일어날 때 각성 시스템의 활성화는 방어 생존 회로 활성화의 자연적인 결과다. 따라서 정서가 유발된 상황에서 학습이 기억 형성에 더 효과적인 것은 사실이지만, 그것이 꼭 유발된 정서적 느낌 때문이라고 볼 수는 없다. 학습의 강화와 의식적 느낌은 모두 비의식적 생존 회로 활동의 결과물이다. 신경조절물질의 방출이 생존 회로와 의식적 느낌을 생성하는 회로에 각각 영향을 주는 것처럼 말이다. 우리의 광유전학 연구의 의미에 대한 또 다른 반박은, 우리의 실험이 좀 더 융통성 있는 도구적 학습 대신 단순한 파블로프 조건형성을 이용했다는 것이다. 그러나 다른 연구에서, 도구적 강화와 관련된 조절 회로에 광유전학적 자극을 가할 때 도구적 반응도 학습될 수 있다는 것을 보여주었다.[137]

미시건 대학교의 켄트 베리지가 주장한 설득력 있는 구분도 주목할 만하다.[138] 베리지는 우리가 동물 연구에서 주로 "쾌락pleasure"이라 부르는 것을 "좋아함liking"으로 불러야 한다고 주장했다. 주관적 경험을 암시하는 쾌락과 달리 좋아한다는 것은 행동으로 정의할 수 있고, 주관적 경험을 꼭 필요로 하지 않는다. 좋아함과 관련된 신경 활동은 강화의 신경 기반이 된다. 두 번째 구분은 "좋아함"과 "원함wanting" 사이의 구분이다. "원함"은 행동주의 용어로 강화물을 얻으려는 동기와 관련된다. "원함"은 주로 음식같이 필요한 뭔가의 결핍에 근거한다. 원함은 좋아함과 비슷하지만, 주관적 상태가 아니라 필요한 물질을 얻으려는 동기 유발된 충동이라고 할 수 있다. (어떤 면에서 좋아하는 행동은 내 모델에서 방어 반응과, 원하는 행동은 행위와 비슷하다고 할 수 있다.) 자신의 생각을 뒷받침하기 위해 베리지는 동료들과 다음과 같은 실험을 수행했다. 피험자들의 잠재의식에 "쾌락"과 관련된 자극을 제시하자 사람들은 음료를 따라 마셨다. 다만 목이 마를 때만 그렇게 행동했다. 이렇게 "원함"이 증가해도, 그들은 자극을 주관적으로 경험하거나 그에 대한 반응으로 쾌락을 의식적으로 느끼지 않았다.[139] 베리지와 동료들은 의식적 쾌락이 우리 삶에 중요하기는 하지만, 뇌의 "좋아함" 시스템이 진화하게 된 일차적 원인은 아니라고 결론 내렸다.[140]

그렇다면 도구적 강화를 통해 학습에서 중요한 역할을 하는 것으로 알려진 신경조절물질, 도파민은 어떨까?[141] 도파민이야말로 쾌락의 화학적 기반이 아닌가? 그렇게 도파민의 분비가 쾌락을 일으키고, 보상이 있는 실생활의 학습 상황에서 쾌락이 학습을 유도하지 않는가? 이것이 바로 비전문 매체에서 설명하는 방식이다.[142] 예를 들어 도파민이 행동 강화에 미치는 영향에 관한 연구 결과를 "달콤한 사탕이 기분을 좋게 만드는 화학물질을 분비한다"든지 "뇌에서 쾌락을 조정하는 화학물질, 도파민"[143] 같은 극적인 제목으로 소개한다. 그런데 여기에는 문제가 있다.[144]

첫째, 도파민이나 다른 신경조절물질은 시냅스의 가소성을 강화하며 포유류뿐만 아니라 다른 척추동물, 심지어 무척추동물의 행동에도 영향을 미친다.[145] 그렇다면 외부의 음식과 내부의 도파민으로 강화된 행동을 학습할 때 무척추동물이 쾌락을 느낀다고 봐야할까? 도파민이 뉴런과 학습에 미치는 영향은, 영양을 공급하는 화학물질에 쥐의 뇌 조각을 넣어 생명을 유지시키며 관찰해도 똑같이 재현된다. 그렇다면 신경 활동에 미친 이 강화 효과가, 뇌 조각의 쾌락으로 이어질까?[146] 도파민이 학습 중에 실제로 하는 일은, 나중에 세포와 시냅스 환경이 재현될 때 신경적 반응 역시 재현될 가능성에 영향을 주는 식으로 신경 활동을 바꾸는 것이다. 살아있고 깨어있는 동물의 뇌에서 이런 변화가 일어나면, 이 변화가 미래에 유사한 상황에서 그 행동 반응이 어김없이 반복되도록 돕는다.

도파민 농도는 동물이 먹이를 먹을 때보다 배가 고파서 먹이를 찾아다닐 때 최고조에 이른다.[147] 뉴런을 정확하게 활성화하고 도파민 분비로 행동을 변화시키기 위해 광유전학 연구를 실시했다.[148] 그런데 매체들이 결과를 순식간에 보도하면서 뇌의 "쾌락 고속도로"라든가 "쾌락을 느끼는 능력" 등으로 소개했다.[149] 그러나 데이터가 나타내는 것은 이런 것들이 아니다. 쾌락은 데이터의 해석(매우 잘못된 해석)일 뿐이다.

쾌락적인 자극에 따른 강화와 주관적 결과의 차이는 중독 연구에서 특히 분명하게 나타난다. 흔히 약물이 남용되는 것은 복용자에게 의식적으로 경험되는 쾌락을 주기 때문이라고 생각하지만, 중독 연구는 약물 관련 행동에서 비의식적 요인의 중요성을 강조한다.[150] 예로 한 연구에서 모르핀 중독자들에게 관을 연결해 버튼을 누르면 모르핀이나 위약이 주입되도록 했다.[151] 위약에는 버튼을 누르는 횟수에 변화가 없었지만 모르핀이 투여되자 횟수가 증가했고, 뇌에서 약물의 현존을 감지한다는 것이 확인되었다. 그러나 주요 결과는, 피험자가 주관적인 쾌락의 느낌에 근거해 자신이 모르핀을 맞았는지 위약을 맞았는지 말하지 못하는 데도, 낮은 농도의 모르핀이 행동에 영향을 줄 수 있었다는 사실이다. 따라서 모르핀이 행동에 미치는 영향은 그 결과로 나타날 수도 있는 주관적인 쾌락의 상태와 분리될 수 있다. 다른 연구도 약물로 생성되는 주관적이고 의식적인 쾌락 없이 피험자가 약물을 복용하는 행동이 일어날 수 있음을 유사하게 보여주었다.[152] 게다가 약물을 복용하는 행동의 상당 부분은 도취감 그 자체를 얻기 위해서라기보다 결국 약물을 복용하지 않아 생기는 부정적 결과를 막기 위해 일어난다.[153] NIDA(국립약물중독연구소)가 우리의 부적 강화(4장 참조) 연구에 재정 지원을 하는 이유다. 주관적인 쾌락의 느낌이 중독이 일어나는 과정과 그 반복을 설명하는 유일한 요인은 아니다.[154]

인간의 쾌락과 고통의 느낌을 지원하는 감각 하드웨어는 동물에게도 분명 있다. 그러나 의식적으로 고통이나 쾌락을 느끼기 위해서는 감각 처리 과정 이상의 것이 필요할 수도 있다. 예를 들어 상처로 고통을 느낄 때 잠시 주의를 다른 곳으로 돌리면 순간적으로 통증이 사라진다. 마찬가지로 최면을 통해 극심한 통증이나 그 밖에 고통스러운 사건으로부터 주의를 돌릴 수 있다.[155] 작업 기억과 주의에 관여하는 뇌 영역은 최면과 관련된 것으로 알려져 있다.[156] 최면 상태에서도 신경 신호는 뇌에 도달한다. 그러나 신호를 받는 주의나 인지 처리 과정이 없으면 감각은 의식적 고통으로 경험되지 않는다.

고통 연구 분야에서는 고통의 감각적 특성을 정서적 또는 감정적 특성과 구분하는 것이 보통이다.[157] 그러나 이는 내 구분과 차이가 있다. 이른바 감정적 특성은 의식적 고통의 느낌보다는, 비의식적 방어 동기 상태의 근간인 뇌 시스템에 포함된 비의식적 과정에 가깝다.

나는 인간의 고통과 쾌락의 의식적인 느낌을 만들어내는 자극에는 세 가지 별개의 신경적 상태가 관여할 수 있다고 주장한다. 감각, 동기, 의식이 그것이다. 동물의 경우 입증하기 어려운 의식에 대한 가정은 제외하고, 비의식적으로 작동하는 앞의 두 가지 상태는 연구 가능하다. 우리는 고통스러운 느낌과 일치하는 행동 반응을 관찰할 수 있다. 그러나 실제로 동물이 뭘 느끼는지, 과연 뭔가를 느끼기는 하는지 알기 어렵다. 이 시스템들의 감각적 요소는 위협과 마찬가지로 복잡한 동기 상태를 촉발하고, 그 동기 상태가 생존 가능성을 극대화하는 행동 반응을 준비한다. 이 복잡한 반응은 사람들이 의식적으로 고통을 느낄 때 일어난다. 그렇다고 해서 고통의 느낌이 반응의 원인이거나 심지어 반응에 반드시 동반되는 것도 아니다.[158]

동물이 쾌락과 고통을 느끼는 것처럼 행동할 때, 대부분 사람들과 마찬가지로 나도 동물이 그런 느낌을 가진다는 생각에 끌린다. 그러나 과학자로서 나는 묻지 않을 수 없다. 동물이 의식적으로 느낀다고 간주되는 쾌락주의적 상태에 따른 행동과 비의식적 처리 과정에 따른 행동을 어떻게 구분할 수 있을까? 더구나 인간 행동의 많은 부분이 의식에 달려있지 않다는 사실을 알게 된 지금 이 질문은 더 심각하게 고려되어야 한다. 앞서 살펴봤듯, 동물 의식을 주장하려면 특정 행동이 의식적 경험이 존재할 때와 일치한다는 증거만으로는(설사 여러 증거가 수렴하더라도) 충분하지 않다. 동물 의식을 주장하는 사람은 비의식적 처리 과정으로 설명할 수 없는 동물의 행동을 제시해야 한다.

인간 정서의 탈다윈주의

지구상의 생명에 관한 우리의 견해는, 자연 선택에 의한 진화라는 다윈의 이론으로 급격한 전환을 맞았다. 그의 생각 중 많은 것들이 엄격한 과학적 검증을 거쳐 유기체의 연속성을 정확하게 묘사하는 것으로 드러났다. 그러나 나는 다윈이 한 가지 점에 있어서는 틀렸다고 본다. 바로 인간이 동물 조상으로부터 의식적 느낌을 물려받았다는 생각이다. 이것이 사실이라면 우리는 이 느낌을(단지 반응뿐만 아니라, 어떤 형태로든 의식적 느낌을) 부호화한 뇌 회로를 물려받았어야 한다.

공포 같은 정서가 선천적이라는 주장에 대한 반박 중 하나는, 인간이 정서를 경험하는 방식이 너무 다양하다는 것이다. 우리는 발밑의 뱀, 강도, 엘리베이터, 높은 곳, 시험, 사람들 앞에서 말을 해야 하는 상황, 상한 음식, 탈수, 저체온증, 생식 실패, 친구를 잃는 일, 외계인 납치, 재정적 불안, 불합격, 의미 있고 도덕적인 삶을 살지 못할 가능성, 그리고 궁극적으로 죽음에 이르기까지 온갖 것에 공포를 느낀다. 이 사실은 이 모든 상태를 설명할 수 있는, 동물 조상에게서 물려받은 공포(또는 불안)의 단일한 뇌 회로가 있다는 생각을 배제한다.[159]

공포와 불안의 다양한 형태는 하나 또는 소수의 공통된 뇌 회로 활동이 인지적 정교화를 거친 결과라고 반박할 수도 있다. 그러나 내가 주장했듯 공포나 불안의 느낌과 관련된 선천적인 회로가 존재하더라도, 그것은 느낌의 회로(공포나 불안의 의식적 느낌이 부호화된 회로)가 아니며[160] 생존 회로(삶의 도전과 기회에 직면해 생존하고 번영하도록 유기체를 돕는 행동을 제어하는 회로)다. 생존 회로에서 중요한 부류는 방어 행동을 제어하는 것들이고, 그 밖에 에너지와 영양 요구, 체액 평형, 체온 조절, 생식에 관여하는 회로가 있다. 느낌이 발생하는 한 가지 방식은 뇌에서 생존 회로 활동이 일어나고 그 결과를 의식적으로 자각하게 되는 것이다. 생존 회로는 비의식적 동기 상태를 낳고, 이 상태는 공포나 불안 느낌에 기여하지만 그 느낌과 같은 것은 아니다. 이 암묵적 상태는 의식적인 정서적 느낌에 영향을 주지만 우리 마음의 눈으로는 볼 수 없다. 우리가 알 수 있는 건 그것이 우리의 행동이나 몸에 미치는 결과뿐이다.

공포의 느낌은 주로 포식자에 대한 방어 회로의 활성화와 관련해 논의되지만, 특정 피질하 회로와 독점적인 관계를 맺고 있는 것은 아니다. 우리는 포식자뿐만 아니라 매일 수많은 다른 종류의 도전으로부터 우리 자신을 보호해야 한다. 예를 들어 오랜 시간 음식을 먹지 않으면, 낮은 에너지 공급과 연합된 신호가 굶어 죽을지 모른다는 공포의 느낌을 촉발한다. 또는 여러분이 산꼭대기에 고립되었는데 체온이 떨어지는 것을 감지한다면 얼어 죽을지 모른다는 공포(또는 불안)를 느끼기 시작할 것이다. 공포/불안은 자신이 위험에 처해 있다는 인지적 자각이다. 그 위험이 촉발한 것이 방어 회로든, 에너지 조절이든, 체액 평형이든, 그 밖에 다른 생존 회로든, 심지어 상상 속의 위험이든, 아니면 존재의 의미(또는 무의미)에 대한 숙고에서 비롯된 것이든 마찬가지다.

정서는, 간단히 말해 복잡한 인지 메커니즘에 의해 짜 맞춰진 의식 상태다. 이 느낌이 어떻게 나타나는지 이해하려면 의식의 메커니즘을 깊이 연구할 필요가 있다. 다음 3개 장에서 이에 대해 논의할 것이다.

06장
의식의
물리학

> "의식의 가장 고상한 활동도 그 기원은 뇌의 물리적 현상에 있다. 아무리 사랑스러운 멜로디라도 음표로 적을 수 있는 것처럼."
>
> — 서머셋 모음[1]

공포와 불안은 의식적 경험, 즉 우리의 의식적 마음을 사로잡는 느낌이다. 그렇다면 의식이란 무엇일까? 대부분 사람들은 우리 인간이 의식을 가진다는 사실에 동의한다. 그러나 의식이 정확히 무엇인지, 뇌에서 의식이 어떻게 작동하는지, 다른 동물들도 의식을 갖고 있는지 같은 의문은 논쟁적인 주제로 남아있다. 의식을 어느 정도 이해하지 않고는 공포와 불안을 제대로 이해할 수 없으므로, 의식의 정체를 본격적으로 파헤쳐보자.

몇 가지 정의와 조건

"의식"이라는 단어는 일상적인 대화에서 두 가지 다른 방식으로 쓰인다. 때때로 의식은 잠들거나, 마취되거나, 코마 상태에 있는 것과 반대로 깨어있고, 경계하며, 주변과 상호작용할 수 있다는 것을 의미한다. 이런 종류의 의식을 우리는

"생물 의식creature consciousness"이라 부른다. 이것은 자신이 뭔가를 경험하고 있다고 자각할 수 있는 능력을 가리키는 "상태 의식" 또는 "정신적 상태 의식mental state consciousness"과 구분된다.[2] 정신적 상태 의식(자각)은 생물 의식(각성)에 의존하지만, 생물 의식을 가진다고 해서 정신적 상태 의식을 가진다고 볼 수는 없다. 모든 동물은 생물 의식을 가진다. 그러나 자신의 존재를 자각할 수 있는 동물만이 정신적 상태 의식을 가진다.[3]

표 6.1: 생물 의식 vs. 정신적 상태 의식		
특징	생물 의식	정신적 상태 의식
깨어 있고 경계한다	그렇다	그렇다
감각 자극에 반응한다	그렇다	그렇다
복잡한 행동을 수행한다	그렇다	그렇다
문제를 해결하고 경험으로부터 배운다	그렇다	그렇다
자극의 현존을 자각한다	아니다	그렇다
자신의 존재를 자각한다	아니다	그렇다
감각하고, 행동하고, 문제를 해결하는 것이 자기 자신임을 자각한다	아니다	그렇다

내가 "의식"이나 "의식적인"이라는 단어를 사용할 때, 다른 언급이 없다면 정신적 상태 의식을 말하는 것이다. 앞서 정의한 대로 정신적 상태 의식은 어떤 상태가 일어나고 있다는 것을 자각할 수 있으며 그 상태가 무엇에 관한 것인지 지식을 가질 수 있는 능력을 의미한다. 상태의 내용과 그 상태의 발생에 대한 명확한 자각 없이 일어나는 상태는 비의식적 사건으로 취급할 것이다. 비의식적 상태가 인지 처리 과정에 관여해 인지적 무의식의 일부가 될 경우(2장 참조), 이는 정신적 상태지만 의식적인 정신적 상태는 아니다.

이 논의는 다른 동물들도 우리가 의식이라 부르는 것이나 그와 비슷한 뭔가를 갖는가 하는 질문을 필연적으로 제기하게 만든다.[4] 일부는 다른 영장류, 특히 유인원도 사람과 비슷한 의식적 경험을 한다고 주장한다.[5] 다른 사람들은 포유류도 의식을 가진다고 주장하고[6] 또 다른 사람들은 척추동물 전체가 의식을 가진다고 주장한다.[7] 그 동물들의 뇌가 우리 인간과 많은 면에서 비슷하기 때문이다. 어떤 사람들은 사람과 다른 동물이 공통적으로 갖는 원초적인 종류의 의식이 있고, 사람은 거기에 더해서 더 정교한 종류의 의식을 가진다고 주장한다(예를 들면 앞 장에서 논의한 판크세프와 다마지오의 피질하 정서 이론).[8] 그러면 그 원초적 의식을 정신적 상태 의식으로 봐야 할까? 아니면 의식에 기여하지만 그 자체는 의식적으로 경험할 수 없는, 겉으로 드러나지 않는 상태일까? 다른 사람들은 일부 비척추동물도 의식을 가진다고 주장한다.[9] 또 다른 사람들은 더 나아가 의식이란 단지 생물학적 정보 처리 과정이며, 식물과 단세포 생물을 포함한 모든 형태의 생명에 깃들어있다고 말한다.[10] 더 극단적인 견해로, 의식(또는 다른 형태의 의식)이 전자 칩으로 만들어진 장치(계산기나 스마트폰)와 같이 정보를 통합하는 모든 물리적 개체가 가진 특성이라는 주장도 있다.[11] 반면 우리가 의식을 갖지 않는다고 주장하는 사람들도 있다. 그들은 우리가 의식을 가진다고 믿는 것은 뇌에서 인지 시스템이 그렇게 작동하기 때문이며, 우리가 뇌를 완전히 이해하면 의식과 같은 개념은 모두 사라져버릴 것이라고 주장한다.[12]

의식과 무의식의 도전

르네 데카르트는 확실한 앎의 기준을 세우려는 시도하에 근대의 의식 문제를 효과적으로 정립했다.[13] 그는 우리가 직접적으로 확실하게 알 수 있는 유일한 것은 자신의 내적 경험, 즉 자신의 의식적 상태뿐이라고 결론 내렸다. 다른 사람의 마음속에서 일어나는 일은 추론만 할 수 있을 뿐이다. 데카르트에게 마음, 의식, 영혼은 사실상 모두 같은 것으로, 공간이나 시간에 위치하지 않은 존재의 비물질적 영역이며, 사람에게는 있지만 다른 동물에게는 없는 것이다. 데카르트는 동물을 단순히 "짐승-기계"로 묘사했다. 즉 정신적 상태 의식이 없는 동물은 단순히 세상에 반사적으로 반응하는 물리적 개체일 뿐이라는 것이다.[14] 의식은 이성적 사고, 내적 자각, 자유 의지와 함께 인간에게 주어진 특성으로, 동물에게는 이 모든 것이 결여되어 있다고 데카르트는 주장했다.

2장에서 살펴봤듯 19세기 후반 마음에 관한 논의에서 실험심리학이 철학의 과학적 대안으로 떠올랐을 때, 의식적 경험의 내적 영역이 주된 관심사가 되었고 이 새로운 분야는 실험을 통해 데카르트의 문제가 해결되기를 바랐다.[15] 그러나 1920년대에 이르자 존 왓슨 같은 행동주의자들과 프로이트 정신분석학의 도전으로 의식은 그 존경받던 지위를 잃기 시작했다. 행동주의자들은 의식이 사적이며 측정할 수 없기 때문에 실험 과학의 적절한 주제가 될 수 없다고 주장했다.[16] 동물 연구든 인간 연구든 오직 관찰 가능한 행동만이 심리학적 데이터의 출처로 받아들일 수 있다는 것이었다. 프로이트는 의식이 비록 중요한 역할을 하지만 마음이라는 빙산의 일각일 뿐이며, 마음은 대부분 무의식이라고 주장했다.[17]

20세기 중반에 이르자 인지과학이 행동주의 심리학과 정신분석학을 밀어내고 그 자리를 차지하기 시작했다. 그러면서 또 다른 형태의 무의식적 마음이 대두되었다.[18] 인지적 마음은 자극을 감지, 반응하는 정보 처리 시스템으로 학습을 하고 기억을 형성하며 이를 이용해 행동을 제어하는데, 대부분 무의식적으로 이루어진다.[19] 우리는 정보 처리의 결과(정보 처리 과정이 만들어내는 의식적 마음의 내용—의식적 경험 그 자체)는 의식적으로 자각하지만 그 근간에 있는 처리 과정은 결코 알 수 없다.[20] 이 암묵적 처리 과정의 일부는 의식적 경험(의식의 내용)으로 이어지지만, 처리 과정의 나머지 결과는 무의식 또는 비非의식 상태로 남는다. 우리가 삶에서 학습을 하고 물리적, 사회적 환경과 상호작용하면서 이용하는 많은 것들(문장의 구문 분석, 깊이 인식, 도구적 강화 행동, 습관 등)이 암묵적 비의식적 처리 과정 및 내용과 관련된다. 이 처리 과정과 내용에 우리는 의식적으로 직접 접근할 수 없다.[21] 프로이트의 무의식은 과거에 의식적이었던 내용의 저장소이자 불안한 생각과 기억들을 꽁꽁 싸매서 보관하는 장소지만[22] 이른바 인지적 무의식은, 의식적 내용을 낳거나 낳지 않는 기능을 수행하는 과정을 가리킨다. 후자와 같은 과정을 가리켜 나는 프로이트의 무의식unconscious과 혼동을 피하기 위해 "비의식nonconscious"이라는 용어를 선호한다.

　　지금 순간에는 의식에 없지만 쉽게 의식적으로 접근할 수 있는 정보를 "전前의식적preconscious" 상태에 있다고 부르기도 하며, 의식적 접근이 불가능한 정보와 구분한다. 프로이트도 오늘날의 인지과학자들과 마찬가지로 이 용어를 사용했다.[23] 예를 들어, 여러분은 지금 이 순간 이전 식사 때 무엇을 먹었는지 생각하고 있지 않을 것이다. 그러나 지금 내가 언급한 순간 아마도 여러분은 금방 그 정보를 인출했을 것이다.

정신적 상태 의식과 인지

데카르트에 따르면 인간은 두 종류의 상태를 일으키는 두 종류의 실체로 구성된다. 바로 물질적 상태(짐승-기계)와 정신적(의식적) 상태다. 데카르트에게 마음과 인지는 하나이며, 의식과 같은 것이었다. 그러나 나중에 프로이트는—그리고 인지과학은—마음이 의식적 측면과 비의식적 측면을 모두 가진다는 더 정교한 견해를 내놓았다. 이 구분은 우리가 인간 행동의 어떤 측면이 정신적 상태 의식에 의존하는지 판단할 때, 그리고 동물도 정신적 상태 의식을 갖는가 하는 질문을 다룰 때 유용하다. 그렇다면 그 둘을 실제로 어떻게 구분할까?

　　행동을 제어하는 비의식적 처리 과정과 정신적 상태 의식을 구분하는 가장 명확한 방법은 언어, 즉 구두 자기 보고verbal self-report를 이용하는 것이다.[24] 데카르트에 따르면, 인간은 말을 통해 그가 이성적인 영혼(의식)을 가졌다는 증거를 내보인다.[25] 철학자 대니얼 데닛 역시 인간 의식 상태의 명백한 표지는 의식을 보고하는 것, 즉 의식에 대해 이야기하는 것이라고 말했다.[26] 사람들은 비언어적 수단으로도 뭔가를 자각했음을 알릴 수 있다. 그러나 이는 보통 언어적 요청에 대한 반응의 형태고, 대개의 경우(뇌 손상이 없다면) 의식 상태를 비언어적으로 보고할 수 있다면 언어 보고 역시 가능하다. 비록 우리가 말로 의식적 경험 전체를 완벽하게 설명할 수는 없지만, 그 경험을 하고 있는지 여부는 보통 말할 수 있다. 언어 보고가 누군가 무엇을 의식하고 있다는 최고의 증거이듯, 언어 보고가 없다는 것은 그가 의식하고 있지 않다는 (망각, 속임수, 정신 기능 장애를 제외하고) 최선의 증거다. 의식적 경험이 경험을 보고할 수 있는 능력과 얽혀 있다고(혹은 그것에 의존한다고) 주장하는 사람도 있다.[27]

인간 피험자의 의식 문제를 다룰 때 주요 질문은, 뇌 사건과 그에 따른 상태 중 어떤 종류가 말로 보고될 수 있고 보고될 수 없는가다. 의식적 처리 과정과 비의식적 처리 과정의 비교 연구는, 의식적으로 볼 수 없는 약한 시각적 자극의 제시를 주로 사용한다. 피험자가 자극을 말로 식별 못하는 상황에서 비언어적 반응(행동 또는 생리 반응)이 나타나면 이는 비의식적 처리 과정의 증거로 간주된다. 의식적으로 보지 못한 자극에 대한 이런 비언어적 반응을 얻기 위해, 피험자들에게 제시되었지만 의식적으로 보지 못한 자극과 일치하는 것을 몇 가지 중에 추측을 해서라도 고르라고 한다.

자극 정보가 인간의 의식적 자각에 도달하는 것을 막는 고전적 방법은, 매우 짧은 시간 동안—단 몇 밀리초, 너무 짧아 자각에 도달하지 못할 정도의 시간[28]—시각적 자극을 휙 내보여 잠재의식을 자극하는 것이다. 더 엄밀하고 오늘날 많이 사용되는 또 다른 방법은 "마스킹masking"이라 불리는 방법이다(그림 6.1). 이 절차에서는 표적 자극을 제시하고 몇 밀리초 후 마스크에 해당하는 두 번째 자극을 제시한다.[29] 마스킹은 짧게 휙 내보이는 방법과 의식적 지각에 미치는 일반적 효과는 동일하지만, 자극이 남는 것을 막아 자각에 이르는 것을 더 효과적으로 방지한다. 어떤 조건에서든 일반적으로 피험자들은 아무것도 보지 못했다고 말한다. 그러나 비언어적 측정 결과에 따르면 자극이 피험자에게 전달된 것으로 나타난다.[30] 또 다른 접근법도 있다.[31] 언어 보고가 일어나지 않는 상황에서 비언어적 반응을 측정할 수 있다는 사실은, 인간의 의식적 상태와 비의식적 상태가 구분 가능하다는 의미다.

다른 동물의 의식을 연구하는 것은 또 다른 문제다. 비의식적 처리 과정과 관련된 증거나 정신적 상태 의식과 관련된 증거 모두 비언어적 반응을 통해 얻을 수밖에 없기 때문이다. 그렇다면 비언어적 반응이 비의식적 인지 처리 과정을 나타내는지, 의식적으로 경험되는 정신적 상태를 나타내는지 어떻게 알 수 있겠는가?

동물 의식을 탐구하는 전략 중 하나는, 유기체가 복잡한 문제를 행동적으로 해결할 수 있으면 복잡한 정신적 능력이 있는 것이고 따라서 정신적 상태 의식을 가진다고 보는 것이다.[32] 그러나 이 접근법은 인지 능력과 의식을 뒤섞는 셈인데, 우리는 앞서 두 가지가 분명히 다르다는 것을 확인했다.[33] 동물은, 데카르트가 말한 대로 세상에 반사적으로 반응하기만 하는 단순한 짐승 기계가 아니다. 동물들도 외부 사건을 내적(인지적) 처리 과정을 이용해 목표를 추구하고, 의사를 결정하며, 문제를 해결한다. 그러나 인간의 뇌도 이런 작업을 비의식적으로 처리할 수 있기 때문에, 동물이 단지 그런 인지 능력을 갖고 있다고 해서 의식을 가진다는 증거는 될 수 없다.

동물의 의식을 검사하는 더 직접적인 방법은, 인간의 의식을 보여주는 상황에 동물을 두고 인간과 비슷하게 반응하는지 살펴보는 것이다. 널리 사용되는 한 절차는 자신을 자각하는지 알아보는 거울 테스트다. 만 2세 이하의 어린아이들은 거울을 봐도 자기 모습에 생긴 변화를 알아차리지 못한다.[34] 예를 들어 아기의 얼굴에 빨간 점을 찍어도 대략 18개월부터 24개월까지의 아기는 그 변화를 무시한다. 그러나 그보다 더 나이 든 아이들은 점을 지우려고 시도한다. 이 현상은 어릴 적에 의식적으로 자신을 자각하는 능력이 생긴다는 사실을 반영한다고 생각된다. 침팬지도 이 테스트에서 긍정적 결과를 보였고, 이는 침팬지 역시 정신적 상태 의식을 가진다는 증거로 사용되었다. (거울 테스트를 통과한 다른 동물에 원숭이, 고래, 돌고래, 코끼리, 심지어 새도 한 종 포함된다.[35]) 그러나 셀리아 헤이스Celia Heyes는 테스트의 가치에 의문을 제기했다.[36] 그녀는 침팬지가 얼굴의 점을 알아차리는 능력이 어린 시절에 가장 높은 수준을 보이고 나이가 들수

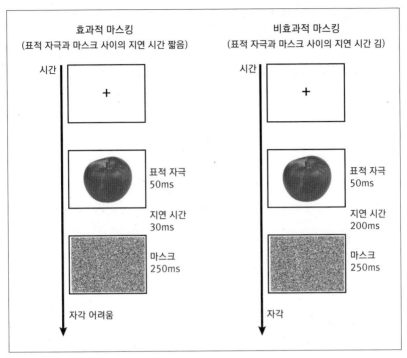

효과적 마스킹
(표적 자극과 마스크 사이의 지연 시간 짧음)

비효과적 마스킹
(표적 자극과 마스크 사이의 지연 시간 김)

시간

시간

표적 자극
50ms

지연 시간
30ms

마스크
250ms

자각 어려움

표적 자극
50ms

지연 시간
200ms

마스크
250ms

자각

그림 6.1: 마스킹을 이용해 시각 자극의 의식적 자각을 막기 마스킹은 자극을 자각하고 자극의 현존을 보고하는 능력을 차단하는 심리학적 절차다. 표적 자극(식별 대상)을 제시하고 짧은 지연 시간(예로 30밀리초) 후에 두 번째 자극(마스크)을 주면 피험자들은 대개 자극을 식별하지 못한다. 그러나 표적 자극과 마스크 사이의 지연 시간이 길어지면(예로 200밀리초) 자극을 쉽게 식별한다.

록 떨어진다는 점을 지적했다. 이는 인간 어린이와 반대며, 얼굴의 점을 알아차리는 능력이 의식적 자각의 출현과 발달을 반영한다는 가정에도 반하는 결과다. 그런데 헤이스의 주된 비판은, 단순히 인간 행동과의 유사점에 근거한 이런 접근법은 그 행동이 비의식적으로 제어되었을 가능성을 배제하지 못한다는 것이다(즉 동물이 얼굴의 점을 알아차리더라도 그것이 꼭 의식적 자각에 의존한다고 볼 수 없다는 얘기다). 말했듯이, 동물의 정신적 상태 의식을 입증하려면 의식과 일치하는 증거를 내놓는 것으로 충분하지 않으며, 비의식적으로는 설명 불가능한 증거도 내놓아야 한다.[37] 따라서 전통적인 거울 테스트는 다른 동물들이 정신적 상태 의식을 갖고 있다는 결정적인 과학적 증거가 되지 못한다.

래리 웨이스크란츠Larry Weiskrantz가 더 엄격한 접근법을 제안했다.[38] 그는 인간 연구가, 보고 가능한 자각의 상태와 보고 불가능한, 행동을 제어하는 사건의 대조로 의식적 처리 과정과 비의식적 처리 과정의 차이를 보여줄 수 있는 것과 마찬가지로, 동물 연구 역시 행동적 수행과 자극의 자각을 구분할 수 있어야 한다고 주장했다. 그의 해법은 "해설 열쇠commentary key"를 이용하는 것이다. 예를 들어, 버튼을 누르면 보상이 주어지는 상황에 원숭이를 둔다. 눈에 보이게 빛이 번쩍였을 때 A버튼을 누르거나 빛이 없을 때 B버튼을 누르면 보상을 준다. 그런데 세 번째 버튼 C가 있다. 이 버튼은 빛과 상관없이 누르면 75%의 확률로 보상을 준다. 그러니까 원숭이가 빛의 유무를 확신한다면 C버튼을 누를 이유가 없다. 빛의 유무가 분명하다면 A나 B를 눌러 100%에 가까운 보상을 얻을 수 있으니 말이다. 그러나 빛의 유무가 불분명해지면 게임의 규칙이 바뀐다. 빛을 감지할 확률이 50% 정도로 떨어지면 C버튼을 누르는 것이 오히려 유리하다. 빛이 있든 없든 75%의 확률로 보상이 주어지기 때문이다. 따라서 C버튼에 대한 원숭이의 선택은 자신이 본 것에 얼마나 확신을 갖는지 보여주는 표지가 된다.[39] 일부 연구자들은 이것이 의식적인 정신적 상태를 반영한다고 본다. 웨이스크란츠는 이런 해석적 접근법이 동물의 정신적 상태 의식을 입증하는 데 필수불가결하다고 주장하지만, 이것만으로는 충분하지 않다. 행동은 연습에 의해 향상되고 습관이 될 수 있기 때문이다. 따라서 이 행동이 꼭 정신적 상태 의식에 의존한다고 볼 수는 없다.[40]

동물의 메타인지 연구에서 일부는 (웨이스크란츠가 제안한) 해설 열쇠를 이용하고, (헤이스가 제안한) 대안적 가설을 검증하기도 하는 등 이 분야 연구의 어려움을 보여준다.[41] 메타인지란 간단히 말해서 인지에 관한 인지(생각에 관한 생각)로, 자신의 인지 처리 과정을 추적 관찰할 수 있는 능력이다.[42] 인간 연구에서 해설 열쇠는 필요하지 않다. 피험자에게 무엇을 하라고 말로 지시할 수 있기 때문이다. 예를 들어 피험자에게 약한 노출 조건으로(예를 들면 마스킹을 사용해서) 과일 사진을 보여준다고 하자. 피험자에게 과일을 보면 버튼을 누르라고 말한다. 그런 다음 버튼을 누를 때마다 피험자에게 과일 사진을 본 것을 얼마나 확신하는지—추측인지 아닌지— 묻는다.[43] 추측이 아니라고 할 때 수행 결과가 더 낫다면, 이는 피험자가 자기 반응의 정확성에 대해 생각(메타인지)한다는 증거로 간주된다. 이와 비슷한 접근법으로 "결정 후 내기postdecision wagering"가 있다. 피험자에게 자신의 행동 반응이 옳은지 여부에 돈을 걸라고 하는 것이다.[44] 만일 피험자가 자신의 시도가 옳다는 데 더 많은 돈을 건다면 메타인지가 관여했다고 볼 수 있다. 일부 연구자들은 결정 후 내기가 직접적이고 객관적인 의식 측정 방법이라고 주장하지만[45] 그 결론에 대해 우려가 제기되었다.[46]

메타인지에 관한 동물 연구에서 해설 열쇠 접근법 같은 복잡한 훈련 절차가 사용된 것은, 실험 대상에게 자기 반응의 정확성에 대한 확신을 표현할 방법을 가르치기 위한 것이었다.[47] (위에 설명한 웨이스크란츠의 원숭이 연구가 그 예다.) 그러나 이 연구들이 동물들의 생각에 관한 생각을 실제로 입증하는가 하는 문제는, 이에 회의적인 일부 연구자들과 함께 논란이 되고 있다.[48] 실제 동물의 메타인지 능력을 보여준 몇몇 연구를 받아들이는 다른 사람들도, 메타인지에서 의식으로의 비약에는 거부감을 보인다. 예를 들어 이 분야의 저명한 연구자인 J. 데이비드 스미스는 동물이 메타인지 능력을 갖고 있다는 주장을 열렬히 지지한다. 그는 이런 방법론에 근거한 연구가 인간과 다른 종 사이의 인지 비교를 가능하게 해준다고 (뿐만 아니라 말을 배우기 전의 어린아이 또는 뇌 손상이 있거나 심한 자폐증, 정신 지체로 이어지는 선천적 장애가 있는 사람들의 인지 능력을 연구하는 방법을 제공한다고) 주장한다.[49] 그러나 이런 종류의 연구가 동물 인지에 상당한 통찰을 제공한다고 주장하는 스미스조차, 그것이 동물 의식의 존재는 입증하지 못한다고 말한다. 의식의 벽은 훨씬 더 높다.

이 주제와 관련된 추가 연구가 있다. 동물이 자신의 삶의 경험에 관한 1인칭의 의식적 기억인 일화 기억episodic memory을 가진다는 것을 입증하는 연구다.[50] 어떤 연구자들은 이 종류의 기억이 의식에 의존하며 인간만의 특성이라고 주장한다.[51] 만일 다른 동물도 일화 기억을 가진다는 것이 입증되면, 그 동물이 정말로 의식적 경험을 한다는 증거가 될 수 있다. 그러나 다음 장에서 살펴보겠지만 이 주제는 언뜻 보이는 것보다 훨씬 더 복잡하다. 포유류와 일부 조류는 일화 기억을 구성하는 인지적 요소의 일부를 갖고 있다. 그러나 그것이 온전한 일화 기억인지 진정으로 밝혀내는 것은 더 어렵기 때문에, 이 주제를 연구하는 대부분 과학자들은 일화 기억이 아니라 일화 기억과 비슷한 것이라고 말한다.

동물의 인지에 관한 복잡한 연구를 수행하는 것은 가능하지만, 동물의 마음 속으로 들어가 그들이 무엇을 경험하는지, 정신적 상태 의식을 갖고 있는지 탐구하는 일은 훨씬 더 어렵거나 아예 불가능할 수도 있다. 줄리오 토노니Guilio Tononi와 크리스토프 코흐Christof Koch는 "인간 행동의 의식 상관물과 신경의 의식 상관물 연구에서 배운 사실은, 인간과 매우 다른 생물에게 이런 것들이 존재한다고 가정하는 일에 매우 주의해야 한다는 것이다. 그들의 행동이 아무리 정교하고, 뇌가 아무리 복잡하다 해도 마찬가지다."[52] 인지 신경과학자이자 의식 연구자인 크리스 프리스Chris Frith와 동료들은 이 문제를 다음과 같이 간단하게 표현했다. 사람들은 원숭이가 의식적인 정신적 표상을 가진다고 믿지만 그 가정을 입증하기는 매우 어렵다. 원숭이로 하여금 그들의 지각을 행동으로 나타내도록 훈련시킨다 해도, 그 행동을 말로 확인하지 못한다는 사실은 자극을 의식적으로 경험했다는 결론을 내리지 못하게 한다.[53] 만일 다른 영장류가 의식적으로 자신의 뇌 활동을 자각한다는 것을 결정적으로 밝혀낼 수 없다면, 영장류가 아닌 다른 동물의 의식을 입증할 수 있는 가능성은 더 낮아진다.

흔히들 말보다 행동이라고 한다. 그러나 의식에 있어 들릴 듯 말 듯 속삭이는 말은 어떤 행동보다 강력한 증거가 된다. 자, 그렇다면 언어와 의식의 관계를 더 자세히 살펴보자.

언어와 의식

우리는 일상 속에서 우리의 지각, 기억, 생각, 믿음, 욕망, 느낌에 언어로 꼬리표를 붙이고 설명한다. 앞에서 살펴봤듯 내적 상태를 이야기할 수 있는 능력 덕분에 인간의 의식을 과학적으로 연구하기는 상대적으로 쉽다. 그러나 언어의 역할은 단순히 의식을 평가하는 도구를 제공하는 것 이상이다. 대니얼 데닛의 말대로, 언어는 생각이 다닐 수 있는 길을 놓는다.[54] 마음을 연구하는 수많은 철학자와 과학자들은 언어와 의식의 밀접한 관계를 주장한다.[55]

언어는 물론 일차적으로 단어를 이용해 외적 대상과 사건, 그리고 내적 경험에 꼬리표를 붙이는 일을 한다. 그러나 우리는 통사론syntax, 혹은 문법grammar 또한 갖고 있다. 통사론은 생각, 계획, 결정을 할 때 우리의 정신적 과정을 구조화하고 그 작용을 이끈다. 인지 신경과학자 에드먼드 롤스Edmund Rolls가 말하듯, 통사론은 우리가 수많은 단계를 거쳐 행동을 계획하고 실제로 그 행동을 수행하지 않아도 결과를 평가할 수 있게 해준다. 반면 인간과 동물의 비언어적 행동은 선천적인 프로그램, 과거의 강화, 습관, 규칙에 의해 추진될 뿐, 몇 단계 앞을 내다보는 인간의 능력에 의한 것은 아니라고 롤스는 지적한다.[56]

영장류의 뇌와 다른 포유류의 뇌[57] 그리고 인간의 뇌와 다른 영장류의 뇌[58] 사이에는 중요한 물리적 차이가 있지만, 무엇보다 근본적인 차이는 기능적 측면에 있으며 언어가 인지에 미치는 영향과 관련된다. 분리 뇌 환자의 경우 언어 능력이 부족한 우뇌가 언어 능력이 풍부한 좌뇌에 비해 상대적으로 인지 능력이 떨어진다는 사실이 이 점을 잘 보여준다.[59] 귀머거리나 벙어리로 태어나거나 뇌 손상으로 언어 능력을 잃은 사람도 높은 인지 능력과 의식을 갖지 않느냐고 반문할 수 있다.[60] 그러나 여기서 말하고자 하는 것은 언어를 이해하고 말하는 능력이 아니라, 인간의 뇌가 정보를 처리하는 데 언어가 필수불가결한 영향을 미친다는 점이다.[61]

우리는 다른 동물이 정신적 상태 의식을 갖는지 과학적으로 알지 못한다.

그러나 다른 동물이 그런 상태를 가져도, 그리고 인간이 어떻게든 동물과 같은 방식으로 그 상태를 경험할 수 있더라도, 그 경험은 비슷한 상황에서 인간이 정상적으로 경험하는 것과 크게 다를 것이다. 언어는 단순히 말하고 읽기 위한 체계가 아니다. 말하고 읽기는 언어가 뇌에 가져온 인지적 정교화를 반영하는 것이다.

철학자 루드비히 비트겐슈타인은, 사자가 말을 할 수 있더라도 우리는 사자의 말을 이해할 수 없을 것이라는 유명한 말을 남겼다.[62] 이는 아마 사람과 사자가 서로 다른 환경 속에서 서로 다른 삶의 경험을 해온 것의 중요성에 관한 언급일 것이다. 내 생각에는 사자의 뇌가 포유류로서 많은 측면에서 인간의 뇌와 비슷하더라도, 두 뇌는 근본적으로 다르며 특히 신피질에 있어서 그렇다. 뒤에서 논의하겠지만 신피질은 인간의 의식에서 특히 중요한 역할을 한다. 다시 말해 사자의 뇌에 단순히 말하는 능력을 덧붙이더라도 사자는 여전히 사자의 뇌를 가질 것이고, 그것은 단지 더 정교한 사자의 뇌일 뿐 여전히 사자의 뇌일 것이다.

"된다는 것"은 무엇인가?: 감각질 문제

"감각질qualia"은 학문적 논의에서 종종 등장하는 의식 관련 용어다. 또 감각질은 뉴욕에서, 특히 뉴욕 대학교 주변의 카페와 술집에서 인기 있는 주제기도 하다. 마음을 연구하는 주요 철학자 중 일부가 뉴욕 대학교를 비롯해 뉴욕에 있는 대학이나 연구 기관에 적을 두고 있다. 그러나 감각질 논의가 뉴욕에 유행처럼 번진 가장 큰 원인은 뉴욕 의식 집단New York Consciousness Collective일 것이다.[63] 뉴욕 의식 집단은 젊은 철학 교수들과 대학원생, 그리고 일부 신경과학자들로 이루어진 모임으로 여러 활동을 하는데, 1년에 한 번씩 퀄리아 페스트Qualia Fest라는 음악 이벤트를 벌인다. 이 공연에서 노래와 춤, 그리고 언급하기 난감한 다양한 방식으로 의식을 노래한다. 나의 밴드인 아미그달로이드Amygdaloid도 종종 여기서 마음과 뇌, 정신 장애에 관한 노래를 선보인다. (이 책 서문에 있는 바코드를 스캔하면 "불안Anxious"이라는 제목의, 아미그달로이드의 앨범을 다운받을 수 있다.) 2012년 퀄리아 페스트는 뉴욕타임즈에 실렸으며, 감각질에 대한 관심을 도시 전체로 퍼뜨렸다.[64] 그럼 도대체 감각질이란 무엇인가?

NYU의 철학자인 토마스 네이글Thomas Nagel은 1974년 "박쥐가 된다는 것은 어떤 것일까?What Is It like to Be a Bat?"라는 제목의 유명한 논문을 썼다.[65] 그가 내놓은 답은, 박쥐가 된다는 것은 박쥐가 되는 것이며 인간은 결코 진정으로 이해할 수 없다는 것이다. 왜냐하면 우리의 경험—우리의 감각질—이 박쥐와 다르기 때문이다. 비트겐슈타인이 사자를 갖고 제기한 질문과 비슷하지만 네이글의 주장은 의식에 주관적 특성, 즉 의식적 상태에 있는 것 "같은 무언가"가 있다는 것이다. 내적 상태를 의식적으로 경험할 때 우리가 경험하는 것을 그 상태의 현상적 특성, 즉 "감각질qualia"이라고 요즘 흔히 말한다. 우리는 박쥐가 되는 것이 실제로 어떤 것인지 정말로 알 수 없다. 거기에 무언가가 있다면, 인간이 되는 것과 전혀 다를 것이라고 우리는 알고 있다. 이는 부분적으로 언어와 언어가 뇌에 미친 영향 때문이다.

1990년대 또 다른 뉴욕 대학교의 철학자인 데이비드 차머스David Chalmers는 의식에 관한 어려운 문제와 쉬운 문제라는 유명한 구분을 내놓았다.[66] 쉬운 문제는 신경과학자들이 보통 연구하는 주제들이다. 예를 들어 수면과 각성이 어떻게 나타나는지, 감각 처리, 지각, 운동 조절, 학습과 기억, 주의, 그리고 인지의 다른 측면들이 (생물 의식의 측면에서) 어떻게 작동하는지 등이 있다. 정신적 상태 의식의 현상적 내용을 설명하는 것은 어려운 문제다.

예를 들어 뇌가 빨간색, 주황색, 분홍색을 어떻게 처리하는지 밝혀내는 것은 꽤 간단한 과정이다. 심지어 우리는 인지 처리 과정이 어떻게 색깔과 모양을 합쳐 석양의 시각적 표상을 만드는지도 알아낼 수 있다. 그러나 우리가 이 석양의 색깔을 어떻게 경험하는지 이해하는 일은 훨씬 더 어렵다. 또 다른 뉴욕 대학교의 철학자이자 의식 분야의 선구자인 네드 블락Ned Block의 표현을 빌자면 어려운 문제는, 현상적이거나 주관적인 특정 경험의 물질적 기반이 왜 다른 경험

이나 무경험이 아닌 바로 그 경험의 기반인지 설명하는 일이다.[67]

"어려운 문제"라는 명칭은, 이것이 과학적으로 다루기 어렵다는 사실을 부분적으로 반영한다. 그러나 여기에는 그 이상의 함의가 있다. 차머스와 네이글은 마음이 단순한 뇌 활동이 아니라고 믿는다. 그들은 마음이 물론 뇌에 의존하긴 하지만 마음의 본질essence은 궁극적으로 우리의 뇌나 몸이 속하는 물질적 세계와 구분되는 비물질적 영역에 속한다고 생각한다. 다시 말해 차머스와 네이글은 이원론자dualist다. (차머스는 자신이 자연주의적 이원론자 또는 과학적 이원론자라고 주장한다. 아마도 자신의 입장을 신학적 이원론자와 구별하고 싶기 때문이라 생각된다.) 그들에게 뇌와 의식의 관계를 이해하는 것은 그냥 어려운 문제가 아니라 불가능한 문제다. 왜냐하면 문제에 대한 이해가 잘못되었기 때문이다. 의식은 뇌 너머에 있으며, 뇌는 물질 세계에서 의식이 타는 자동차에 불과하다. 그리고 의식 그 자체는 물질적 사건이 아니기 때문에 뇌를 연구해도 현상적 경험의 본질은 드러나지 않는다. 뇌 연구로 의식의 신경 상관물neural correlate은 드러낼 수 있지만 의식 그 자체는 드러낼 수 없다.[68]

다른 주요 철학자들은 의식적 상태가 바로 뇌의 상태라고 주장한다. 즉 의식적 경험을 신경 수준에서는 이해하기 어렵지만 이론상으로는 가능하다는 것이다. 신경과학자로서 나는 물리주의자physicalist의 관점에서 마음을 연구하며, 의식에 기여하는 뇌 메커니즘이, 그것이 무엇으로 밝혀지든 간에 의식을 설명하는 데 필요한 모든 것이라 믿는다.[69] 의식의 뇌 메커니즘에 독립적이고 추가적으로 존재하는 정신적인 무언가는 없다. 내가 "정신적"이라는 용어를 "정신적 상태 의식"에서와 같이 쓸 때 나는 현상적 특성을 가진 상태, 우리가 자각하며 우리의 뇌와 마음에서 기인하는 상태에 우리가 붙인 이름을 말하는 것이다. 그리고 이곳에서 마음은 뇌의 물질적 산물이다.

물리주의적 의식 이론

정신적 상태 의식에 대한 물리주의적 접근법에서도, 뇌가 의식적 경험을 발생시키는 과정을 놓고 많은 논쟁이 벌어진다. 가장 널리 인정받는 표준적 견해는, 뇌소유자가 자신의 뇌 안에서 무슨 일이 일어나는지 자각하며 그 경험을 다른 이에게 보고할 수 있는 뇌의 상태가 의식이라는 것이다. 이 상태는 보통 뇌 인지 능력의 산물로 여겨진다. 이 능력은 거의 뇌의 신피질에 의존하므로 의식 연구는 대부분 신피질 영역에 초점을 맞춘다(이전 장에서 다룬, 판크세프와 다마지오의 의식적 느낌의 피질하 이론은 주목할 만한 예외다).

우리는 의식을 인지 처리 과정과 관련해 생각하는 핵심 이론들을 살펴볼 것이다. 이 이론들은 대개 지각적 의식의 문제—우리가 외적 자극, 특히 시각적 자극을 어떻게 의식적으로 경험하는지—를 다룬다. 의식에 관한 모든 이론을 다 검토할 수는 없으므로[70] 이어지는 장에서 다룰 논의와 직접 관련된 것들만 검토할 것이다.

정보 처리 이론

오늘날 의식에 관한 물리주의 이론 대부분은 뇌가 정보 처리 장치며 의식은 그중 가장 발달한 처리 기능의 결과라는 생각에 근거한다. 수많은 저명한 심리학자와 철학자들은 작업 기억이라는 특정 처리 과정이 의식에서 핵심 역할을 한다고 상정한다.[71]

작업 기억은 두 주요 구성 요소, 즉 임시 정보 저장 시스템(작업 공간workspace)과 실행 기능을 수행하는 제어 시스템으로 구성된 특별한 정보 처리 기능이다(그림 6.2). 핵심 실행 기능은 주의attention로, 감각계와 장기 기억 시스템에서 작업 공간으로 들어가는 정보의 흐름을 제어한다.

생각과 행동을 제어할 때 우리는 작업 기억을 이용한다. 예를 들어 여러분이 와인 시음을 한다고 가정해보자. 지금 마시는 와인과 몇 분 전에 마신 와인을 비교하기 위해 각각의 와인 맛을 작업 기억의 임시 저장소에 기록해야 한다. 이를 위해 여러분은 주의나 다른 실행 기능을 이용해 작업 기억에 무엇을 표상하고 표상하지 않을지 통제해야 한다. 또 와인을 단순히 맛뿐만 아니라 향이나 빛깔에 근거해 비교할 수도 있다. 이처럼 작업 기억은 시간을 뛰어넘는 통합뿐만 아니라, 감각 양식sensory modality 같은 자극의 원천을 넘나드는 통합도 가능하게 한다. 여러분은 또 더 먼 과거로부터 와인의 평가에 필요한 장기 기억을 가져올 수도 있다. 예컨대 무겁고 진한 맛의 와인은 색이 어둡고 짙으며, 더 섬세한 맛의 와인은 색이 옅다는 사실을 경험으로 알 수 있다. 이 모든 기억을 꺼내 임시 저장소에서 유지하는 데 실행 기능이 이용된다. 뿐만 아니라 여러분이 이 모든 정신 작업에 근거해 와인을 살지 말지, 산다면 무엇을 살지 결정할 때도 실행 기능이 작동한다.

우리가 생각하고, 결정하고, 행동을 계획하는 동안 이질적인 종류의 정보를 마음에 붙잡아 두는 작업 기억의 능력은 의식과 관련이 있다. 작업 기억의 내용이 우리가 의식할 수 있는 정보를 구성한다고 가정되기 때문이다. 이전 장에서 논의한 시스템 2식의 의사 결정은 결정적으로 작업 기억에 의존한다. 그러나 작업 기억은 의식이 접근할 수 없는 암묵적 처리 과정에 의존한다. 그리고 작업 기억으로 들어간 모든 정보가 의식의 내용이 되는 것도 아니다.[72] (이는 시스템 2의 결정이 항상 의식적인 결정인지를 두고 논쟁이 벌어지는 부분적 원인이기도 하다.) 작업 기억이 중요한 역할을 수행하지만, 그것만으로는 의식적 경험을 완전히 설명할 수 없다.

고차 이론

대부분 정보 처리 이론은 지각적perceptual 의식이 단순한 감각 처리 과정보다 많은 일을 한다고 암묵적으로 가정한다. 이런 생각을 명확하게 드러낸 것이 "고

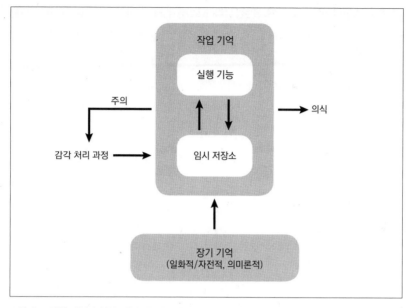

그림 6.2: 작업 기억과 의식 작업 기억은 보통 실행 기능이 정보를 처리할 때 임시로 그 정보를 보관하는 정신적 작업 공간으로 묘사된다. 핵심적 실행 기능은 주의attention다. 주의는 특정 시점에 이용 가능한 수많은 감각 신호 중에 어떤 것이 작업 기억으로 들어갈지 결정한다. 또한 주의는 과거의 비슷한 자극 또는 경험과 자극을 연결하는 장기 기억의 인출에도 기여한다. 대부분의 정보 처리 이론에서 작업 기억과 주의는 결정적으로 중요하지만(아마도 필수 불가결하지만) 의식적 경험이 일어나려면 이들만으로 충분하지 않다. 우리는 작업 기억에서 처리하는, 그리고 작업 기억에 머무는 정보를 대체로 의식하지만, 주의와 작업 기억에 관여하는 모든 정보가 반드시 의식적 자각에 들어오는 것은 아니다.

차higher-order 이론"이다. 이 이론은 적어도 두 단계가 필요한데, 의식적으로 경험되지 않는 일차적 표상first-order representation과 의식적으로 경험되는 고차적 표상higher-order representation이 그것이다[73](그림 6.3). 고차적 표상 없이 저차적lower-order 정보는 접근되지 못한 채 인지적 무의식에 남아 의식적으로 경험되지 못한다.

고차 이론의 주요 지지자는 뉴욕 시립 대학교 대학원 센터City University of New York Graduate Center의 데이비드 로젠탈David Rosenthal이다.[74]

고차적 표상은 주로 생각에 관한 생각으로 간주된다. 예를 들어 로젠탈은 자신의 생각을 반추하는 능력이 의식에 필요하다고 주장한다.[75] 다른 생각의 대상이 되지 않는 생각은 의식되지 못한다. 중요한 것은 그 다른 생각이 일차적 경험의 정보를 의식에 들어가게 했어도, 이차적 상태 그 자체는 의식적으로 경험된 생각이 아니라는 점이다. 의식적으로 경험되기 위해서는 그 생각이 또 다른 생각의 대상이 되어야 한다. (이것이 이차적 사고 과정인 메타인지가 의식과 같지 않은 이유다.) 로젠탈은 간단히 말해 우리는 고차적 사고 그 자체는 자각하지 못하며, 그 사고의 대상인 정보를 자각할 뿐이라고 주장한다. 즉 비의식적 인지 처리 과정이 의식적 경험을 일으키는 것이다. 더 구체적으로 이해하기 위해 "당신이" 사과를 보고 있다고 의식하는 데 필요한 단계를 생각해보자. 첫째, 사과가 지각 대상으로 표상되어야 한다. 둘째, 지각 대상이 작업 기억에 들어가야 한다. 셋째, 당신이 지각 대상에 대한 생각을 해야 한다("저기 사과가 있네"). 그런데 생각을 하고 있다는 것을 의식하기 위해 당신은 추가적인 생각을 해야 한다("내가 지금 사과를 보고 있구나"). 이런 식이다.

　내가 처음 고차 이론higher-order theory을 접했을 때, 나는 몇 년 전에 읽었던 명상에 관한 책을 떠올렸다. 『선禪 수행Zen Training』이라는 책이었다.[76] 이 책은 생각과 의식에 관한 저자의 불교적 생각을 담고 있다. 저자는 "사람은 무의식적으로 생각하고 행동한다"고 말한다. 그리고 어떻게 의식이 생겨나는지 설명한다. 설명을 위해 그는 세 가지 "념(念, nen)"을 상정한다. 첫 번째 념은 세계의 원초적 표상이다. 두 번째 념은 첫 번째 념이 존재한다는 인식이다. 이 두 번째 념은 우리가 첫 번째 념을 경험할 수 있게 하지만, 그 자신에 대해서는 알지 못한다. 세 번째 념은 두 번째 념에 대한 의식적 경험, 즉 그 경험이 자기 자신에게 일어나고 있다는 인식이다. (의식에 자아가 관여하는 것에 대해서는 다음 장에서 기억과 의식의 관계, 특히 삶에서 개인적 경험에 관한 기억의 역할을 살필 때 이야기할 것이다.) 이 세 가지 념은 로젠탈이 상정한, 우리가 뭔가 의식한다는 사실을 알기 위해 필요한 세 가지 단계와 비슷하다. 서로 완전히 다른 전통이 비슷한 결론에 이르게 된 것을 보면 참 흥미롭다.

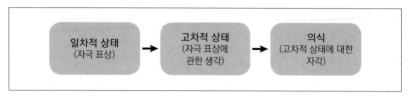

그림 6.3: 고차 이론 이 이론은 특정 자극이나 사건을 의식하려면 우리가 그 자극이나 사건을 인지해야 한다고 주장한다. 그런데 인지는 자극이나 사건을 의식하게 만들지만 그 자극이나 사건에 관한 인지를 의식하게 하지는 못한다. 우리가 뭔가 의식한다는 사실을 의식하기 위해서는 추가로 고차적인 사건이 필요하다. 이 고차적 인지를 위해 작업 기억이 필요하다.

메타인지에 대한 연구는 본질적으로 고차적 사고에 대한 평가다. 왜냐하면 피험자에게 자신의 마음속에 무엇이 있는지 생각하라고 요구하기 때문이다.[77] 악셀 클레어망Axel Cleeremans의 "급진적 가소성 가설radical plasticity hypothesis"은 메타인지와 고차 이론을 공공연하게 결합한다.[78] 그는 고차적 표상이 자동적으로 일어나지 않고 학습된다고 주장한다. 경험을 통해, 특정 무의식적 상태는 의식적으로 경험되고 학습된 메타 표상을 동반한다. 그렇다고 메타인지에 속하는 모든 것이 의식과 동등한 것은 아니다.

변형된 고차 이론들은 경험에 대한 내적 이야기의 중요성을 강조한다. 즉 의식이 부분적으로는 자신에게 하는 이야기다. 대니얼 데닛의 다중 초안 이론 multiple drafts theory은 로젠탈의 개념에 의존하는데, 의식 상태를 이야기의 초안으로 본다.[79] 마이클 가자니가의 해석 이론interpreter theory 역시 의식 상태를 내적 이야기를 반영하는 것, 경험을 해석한 결과로 본다.[80] 래리 웨이스크란츠의 설명 이론commentary theory은 자신의 경험을 보고할 수 있는 능력의 중요성을 강조한다.[81] "자각한다는 것은 설명할 수 있다는 것이고 …… 그와 같은 능력은 단지 [설명을] 가능하게 하는 것뿐만 아니라, 부여할 수도 있다. 이는 의식이 생각에 관한 생각을 수반한다는 데이비드 로젠탈의 견해와, 글자 그대로는 아니더라도 형식적인 관련을 갖는다."[82] 로젠탈은 고차적 사고가 존재하기 때문에 경험에 관한 자기 보고가 가능하다고 말한다.

전역적 작업 공간 이론

전역적 작업 공간 이론Global workspace theory은 정보 처리 이론의 또 다른 변형이다(그림 6.4). 버나드 바스Bernard Baars가 최초로 제안한 이 이론은,[83] 스타니슬라스 데하네Stanislas Dehaene, 라이오넬 네카체Lionel Naccache, 장-피에르 샹주Jean-Pierre Changeux의 열렬한 지지를 받았다.[84] 다른 정보 처리 이론과 마찬가지로, 이 이론 역시 다양한 시스템이 인지 작업 공간(사실상 작업 기억과 같은)에 접근하려고 경쟁을 벌인다고 주장한다. 주의가 그중 작업 공간에 들어갈 것을 결정한다. 작업 공간에 들어온 정보는 사고, 계획, 의사 결정, 행동 제어에 사용된다. 그러나 전역적 작업 공간 이론에 따르면 실행 주의와 작업 기억의 작업 공간만으로는 의식적 경험에 충분하지 않다. 작업 공간의 정보가 뇌에 널리 방송broadcast되고, 다시 작업 공간으로 되돌아오고 재방송을 거듭해야 한다. 전역적 작업 공간 이론에서는, 작업 공간에서 나오는 방송과 재방송이 현상적인 의식적 경험을 만든다.

전역적 작업 공간 이론은 어떤 면에서 의식의 고차 이론과 비슷하다. 단일 수준의 처리 과정만으로는 의식적 경험에 불충분하며, 현상적 경험을 위해서는 인지적 접근이 필요하고, 언어 보고가 경험의 표지로 간주된다는 점에서 그렇다. 그러나 전역적 작업 공간 이론은 의식적 경험을 위해 그 경험이 생각이나 지각의 대상이어야 한다고 명시적으로 요구하지 않는다. 단지 정보가 작업 공간에 위치하고 방송, 재방송되기만 하면 된다.[85] 이 방송과 재방송의 일부로 고차적 표상이 만들어진다고 상상할 수도 있겠지만, 이 생각은 전역적 작업 공간 이론에 포함되어 있지 않다.

일차 이론

지각적 의식에 관한 가장 단순한 정보 처리 이론은 일차 이론first-order theory
이다[86](그림 6.5). 일차 이론은 지각 대상(예로 시각적 자극)의 표상이 자극의 의식
적 경험에 필요한 전부라고 가정한다. 일차 이론 지지자들은 의식적 상태의 가
장 본질적인 부분이 자신에 대한 자각이라고 본다.[87] 따라서 일차 이론은 위에서
소개한 다른 모든 이론의 반대편에 선다. 내가 "가장 단순한"이라고 설명한 것은
다른 이론에 비해 적은 처리 과정을 필요로 한다는 의미지, 이해하기 간단하다
는 뜻은 아니다.

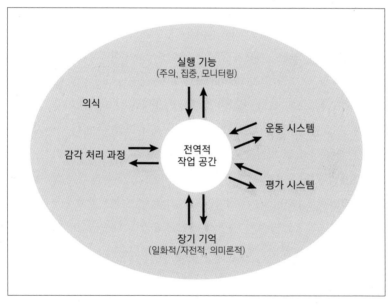

그림 6.4: **전역적 작업 공간 이론** 이 이론에 따르면 정보를 작업 공간(사실상 작업 기억) 밖으로 방송하
고 방송된 정보가 다시 작업 공간으로 되돌아오고, 재방송하고 돌아오는 데서 의식이 생겨난다. 방송과
재방송의 반복은 의식적 경험을 낳는 처리 과정을 증폭시킨다. 따라서 이 이론에서 의식은 전역적 활동
의 산물이다.

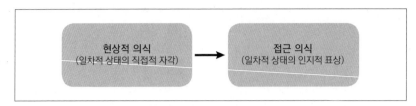

그림 6.5: 일차 이론 이 이론은 지금까지 설명한 다른 이론들과 반대편에 서 있다. 일차 이론은 자극의 자각을 위해 필요한 것은 그 자극 자체를 처리하는 것이 전부라고 주장한다. 자극 처리 과정의 일부로 자각이 일어난다. 이 관점에 따르면 작업 기억, 고차 인지, 방송과 재방송은 단지 표상을 증폭시키고 경험에 접근(접근 의식)하는 것을 가능하게 할 뿐, 경험 그 자체(현상적 의식)는 인지적 접근을 가능하게 하는 이 작업들과 독립적이다.

NYU의 동료인 네드 블락이 이 견해의 대표적인 지지자다.[88] 블락은 일차 이론보다 "동차 이론same-order theory"이라는 용어를 선호한다. 이는 의식의 재귀적 성질 때문인데, 의식이 자족적self-contained 상태이며 의식을 경험하는 데 다른 어떤 상태도 필요치 않다는 것이다. 그의 이론은 접근 의식access consciousness과 현상적 의식phenomenal consciousness의 구분에 근거한다.[89] 블락의 주장에 따르면, 현상적 경험(정신적 상태 의식)은 우리가 그것을 경험한다는 사실을 알게 하는 인지적 접근 없이도 존재할 수 있다.[90] 인지적으로 접근되지 않은 현상적 의식의 속성에 관한 이해를 돕기 위해 블락은 다음과 같은 예를 들었다. 당신이 조용한 방 안에 앉아 책을 읽거나, 생각을 하거나, 백일몽을 꾸고 있다고 하자. 그런데 갑자기 당신의 감각 세계에 변화가 생겼다. 부엌에 있는 냉장고의 모터 소리가 멈춘 것이다. 그 순간 당신은 당신이 그 소리를 의식하고 있었던 것을 깨닫는다. 이 알아차리지 못했던 사전 경험이 블락의 현상적 의식의 본질이다. 이것은 당신이 접근하기 전까지는 자각하지 못했고 보고할 수 없었던 의식 상태다. 그러나 블락에 따르면 당신은 그것에 접근하기 전에도 현상적으로 의식하고 있었다. 우리의 주관적이고 현상적인 경험의 내용을 자각하기 위해 필요한 것은 단지 접근뿐이란 얘기다.[91]

라이오넬 네카체와 스타니슬라스 데하네는 블락의 이론에서 접근되지 않은 현상적 의식을 인지적 접근으로부터 실험적으로 분리하는 것이 어렵다는 점을 지적했다. 의식적 경험을 보고하기 위해서는 인지적 접근이 필요하기 때문이다. 일차적 현상적 의식이라는 개념은 접근 의식과 마찬가지로 그 상태에 관한 주관적 보고를 얻어야 한다는, 다루기 힘든 요구에 의존한다.[92] 그렇다면 접근하지 못한 현상적 의식을 자각하지 못한 것과, 비의식 상태를 자각하지 못한 것을 어떻게 구분할 수 있겠는가? 두 경우 모두 자각하기 위해서는 접근해야 한다. 그렇다면 접근되지 않은 현상적 의식이란 무엇인가?

냉장고 모터 소리가 멈춘 것을 알아차릴 때마다, 나는 내가 냉장고 소리를 자각하고 있었는지 알아내려 애쓴다. 그런 면에서 블락의 사례는 매우 창의적이다. 그러나 내가 보기에 그 순간에 진행되고 있던 것은 현상적 의식이라기보다 단기 감각 기억이다. 각 감각 시스템은 정보를 몇 초간 전前의식 상태(접근되지 않은)에 저장할 수 있다.[93] 따라서 냉장고 모터가 멈추었을 때 주의가 전의식 감각 기억으로 향해 그 기억을 작업 기억으로 가져온다. 그러면 우리는 그 소리를 듣고 있었다는 의식적 경험을 하게 된다. 그러나 우리가 경험하고 기억하는 것은 이전에 접근되지 않은 현상학적 상태라기보다 전의식적 단기 기억 버퍼buffer에 있던 것이다.

의식에 관해 많은 글을 쓴 영국의 신경학자 아담 제만Adam Zeman은 무의식적 처리 과정에서 의식적 자각으로의 전이를 자기 보고를 이용해 구별하는 이론과 보고할 수 없는, 접근되지 않은 현상적 상태를 의식의 상태로 보는 이론 사이의 충돌이 이 분야의 주된 도전이라고 지적했다.[94] 그렇다면 우리는 공포와 불안을 의식적으로 경험된 상태로 이해하는 다양한 이론 중에 무엇을 선택해야 할까? 아마도 뇌가 도움이 될 것이다.

뇌를 이용해 지각적 의식을 이해하기

얼마 전까지만 해도 의식에 관심 있는 철학자들은 뇌에 별로 주의를 기울이지 않았다. 심지어 의식의 물리주의적 설명을 지지하는 사람들조차도 뇌 기능에 관한 사실들이 딱히 유용할 것이라 생각하지 않았다.[95] 예를 들어 기능주의 functionalism라는 철학의 한 분파는, 뇌를 통해 의식을 이해하려 드는 것은 컴퓨터가 어떻게 체스를 두는지 이해하려고 컴퓨터의 전자 부품을 분석하는 것과 마찬가지라고 주장했다.[96] 기능(체스 두기)은 컴퓨터에서 실행되는 소프트웨어에 의해 가능한 것이며, 하드웨어 자체에 의해 결정되는 것이 아니라는—똑같은 체스 프로그램이 다른 수많은 종류의 컴퓨터 하드웨어에서 실행될 수 있듯이— 것이다. 이런 전통적인 기능주의적 견해에서 의식은 뇌에 의존하는 물리적 사건이지만 뉴런, 시냅스, 활동 전위, 신경전달물질 등은 의식적 경험이 어떻게 일어나는지 설명해줄 수 없다. 그러나 오늘날 물리주의 철학자들은 뇌 연구가 철학 이론을 시험하는 데 유용한 증거를 제공해줄 수 있다는 생각에 훨씬 더 열린 태도를 보인다.

뇌가 어떻게 의식을 가능하게 하는가에 관한 수많은 논의는 의식 그 자체에 관한 논의와 마찬가지로 시각적 의식에 중점을 둔다.[97] 이는 신경과학에서 시각계 연구가 가장 발달한 분야 중 하나라는 사실을 반영한다.[98] 먼저 시각계의 구성, 특히 신피질 부분에 관해 간단히 훑어보자. 의식에 관한 논의 대부분은 신피질 기반의 인지 처리 과정과 관련되기 때문이다.

우리가 뭔가를 "보기" 위해서는 망막이 전자기 에너지(빛)를 받아들이고, 망막의 뉴런들이 외부 시각적 세계의 자극을 표상하는 신경 자극을 발생시켜야 한다. 그 자극은 시각 시상 영역으로 전달된다. 이곳은 피질하에 위치한 정거장으로, 신호를 처리하고 그 결과를 시각 피질로 보낸다. 시각 피질의 초기 단계 회로(일차 시각 피질)가 선, 각도, 경계, 명도, 색깔에 따라 자극의 초기 표상을 만들어 낸다. 이 표상들은 피질의 시각 처리 과정의 후기 단계(시각 피질의 이차 영역 및 삼차 영역)에서 복잡한 방식으로 통합되어 모양과 운동 정보를 자극에 더한다. 그러면 우리는 행동 행위와 사고에 이 표상을 이용한다. 시각 처리 과정에서 이 단계들을 식별하고 그 기능을 이해하는 일은 이른바 쉬운 문제에 속한다. 그보다 어려운 문제는 개인의 뇌에서 이 신경적 표상이 어떻게 사물이나 풍경으로, 의식적으로 경험되는가 하는 질문이다.

시각적 의식이 연구되어온 한 가지 방법은 뇌 손상 환자를 연구하는 것이다. 예를 들어, 우뇌의 시각 피질에 손상을 입은 환자는 시야의 왼쪽 부분을 볼 수 없다고 오래전부터 알려졌다.[99] 이는 눈에서 시각 피질로 들어가는 배선—시야의 중심에서 왼쪽에 보이는 정보는 주로 우뇌로 간다는 사실을 기억하자(2장 참조)— 때문이다. 시각 자극을 이 보이지 않는 영역에 제시하면 환자는 의식적으로 자각하지 못한다. 시각 피질에 손상을 입은 원숭이가 이 보이지 않는 영역의 시각 자극에 원초적 방식으로 반응한다는 관찰을 기반으로[100] 래리 웨이스크란츠, 데이비드 밀너David Milner[101], 멜 구데일Mel Goodale[102] 등은 시각 피질에 손상을 입은 환자가 이 보이지 않는 영역에 나타나는 자극에 반응할 수 있음을 보여주었다. 환자는 자극을 봤다는 것을 부정했지만 말이다. 환자들이 "보이지 않는" 자극을 처리하는지 평가하기 위해, 두 가지 이상의 선택지를 주고 자극과 관련된 것을 고르게 한다. 해설 열쇠가 사용될 때도 있다. 다른 연구에서 파블로프 위협 CS(2장과 3장 참조)를 보이지 않는 영역에 제시했더니, CS로 유도된 자율 신경계 반응이 일어나 자극이 뇌에 포착되었음을 보여주었다. 이런 환자들을 맹시(盲視, blindsight)환자라 한다.[103]

맹시 환자가 이런 식으로 반응할 수 있는 것은 시각 피질이 두 가지 처리 흐름을 갖기 때문이다. 두 흐름 모두 일차 시각 피질에서 비롯된다.[104] 배쪽 흐름은 대상 인식을 담당한다. 등쪽 흐름은 자극의 위치를 처리하고 그것이 움직이는지 판단해 자극에 따라 행동할 수 있게 한다. 배쪽 흐름으로 가는 시각 입력 신호가 일차 시각 피질에서 오기 때문에, 일차 시각 영역에 손상을 입으면 주어진 자극을 식별하는 능력을 잃는다. 그러나 등쪽 흐름은 다른 시각 영역, 특히 시각 시상과 뇌간으로부터 시각 입력 신호를 받기 때문에, 자극이 실제 무엇인지 의식하지 않아도 시각 자극을 처리해서 반응할 수 있다(그림 6.6). 여기서 생각해봐야 할 것은 이 맹시가 접근되지 않은 현상적 의식(즉, 블락의 이론)인가, 아니면 단순히 행동을 비의식적으로 제어하는 처리 과정의 반영인가 하는 문제다. 이 문제를 다루기 전에 인간의 시각 의식을 연구하는 다른 방법들을 살펴보자.

의식의 뇌 메커니즘에 대한 이해를 시도해온 다른 연구들에서는, 마스킹이나 다른 접근법 같은 잠재의식 자극 제시를 이용해 "정상적인" 뇌를 가진 건강한 피험자의 시각적 자각을 방해한다. 이 방법을 뇌 영상과 함께 사용하면, 사람들이 보고 가능한 의식적 경험을 할 때와 자극을 보지 못했다고 말할 때 뇌에서 어떤 일이 일어나는지 관찰할 수 있다(그림 6.7). 예를 들어 마스킹을 이용한 연구에서 건강한 피험자들이 시각적 자극을 봤다고 의식적으로 보고할 때 시각 피질 영역과 더불어 주의 및 작업 기억에 관여하는 영역들, 그러니까 전전두 피질과 후두정 피질도 함께 활성화됐다.[105] 한편 마스킹된 제시로 시각적 자극을 보지 못했다고 보고한 피험자들은 시각 피질만 활성화하고 전전두 피질과 후두정 피질은 활성화하지 않았다. 다른 감각계에서도 동일한 일반적인 패턴을 보인다. 예를 들어 청각 자극을 의식적으로 자각하려면 청각 피질의 처리 과정뿐만 아니라 전전두 및 두정 영역이 필요하다.[106] 그뿐만 아니라 맹시 환자가 자극을 봤다고 대답할 때와 보지 못했다고 대답할 때의 뇌 활동 영상을 보면 지금까지 설명한 결과와 일치했다. 즉 그들이 자극을 본다고 말할 때는 전전두 피질과 두정 피질이 관여했고, 자극이 보이지 않는다고 말할 때는 그렇지 않았다.[107] 이 다양한 연구에서 얻을 수 있는 결론은 전전두 피질과 두정 피질이 의식에 필수적이라는 사실이다. 이 결론을 뒷받침하는 연구 결과로 전전두 또는 두정 피질의 신경 활동이 방해를 받을 때 자극의 의식적 자각이 약해졌다.[108]

이 책의 남은 부분에서 나는, 사람들이 자신의 경험을 말로 보고할 수 있을 때와 없을 때 뇌 활성화의 차이에 관한 이 관찰 결과를 기반으로 생각을 펼쳐나갈 것이다. 그렇다고 내가 전전두 피질이나 두정 피질에 의식이 있다고 믿는 것은 아니다. 뇌 기능은 회로와 시스템의 산물이지 특정 뇌 영역의 산물이 아니다. 내가 의식과 관련된 신경 활동을 도식화해서 제시할 때, 나는 해당 영역 회로 그리고 영역 간의 회로를 강조하는 것이지 영역 그 자체를 강조하는 것은 아니다.

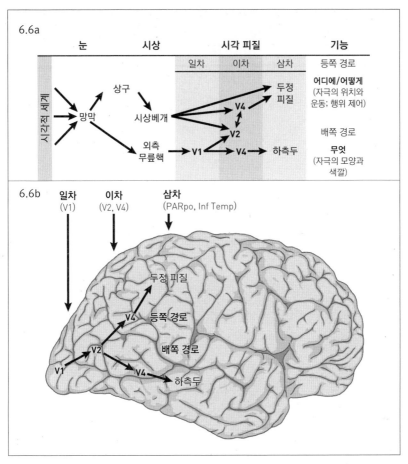

그림 6.6: 시각 경로 의식에 관한 최근 연구 상당수는 우리가 시각적 자극을 어떻게 자각하는가 하는 질문과 관련이 있다. 따라서 시각 처리 과정을 검토해보는 것이 의미 있을 것이다. 시각적 세계가 망막에 투사되면 망막은 몇 가지 경로를 통해 시각 정보를 뇌로 보낸다. 여기서 가장 중요한 것은 시상의 외측 무릎핵lateral geniculate nucleus을 경유해서 중뇌의 상구superior colliculus로 가는 경로다. 외측 무릎핵이 신호를 일차 시각 피질(V1)로 보내고 여기서 이차 영역(V2, V4)으로 연결되며 그다음 삼차 영역(하측두 피질)으로 연결된다. 이 경로는 우리가 대상의 모양과 색깔을 볼 수 있게 해주기 때문에 "무 엇what" 처리 경로라 한다. 한편 상구는 시상베개pulvinar of the thalamus로 연결되고, 이곳에서 V2, V4, 그리고 두정 피질의 시각 영역으로 연결된다. 이 경로는 자극의 위치와 운동 여부에 관한 정보를 구성해서 자극에 따른 움직임을 유도한다. 이 경로를 등쪽 또는 "어디에"/"어떻게" 처리 경로라 한다. 일반적으로, 우리는 "어디에/어떻게"가 아니라 "무엇" 경로에 의해 처리 과정을 의식적으로 자각한다고 알려져 있다. 전자는 의식적 자각 없이 행위를 제어한다.

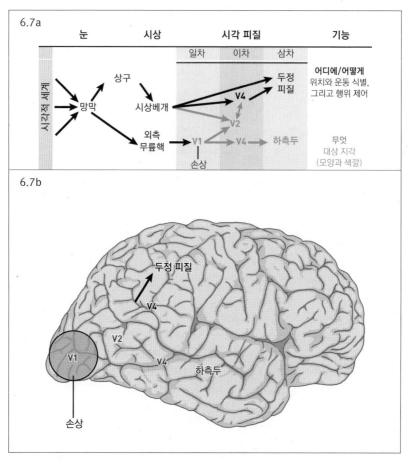

그림 6.7: 시각 경로와 맹시 우뇌의 일차 시각 피질(V1)에 손상을 입은 환자는 왼쪽 시야(우뇌로 연결됨, 그림 2.1 참조)의 사물을 보지 못했다고 말한다. 일차 시각 피질의 손상이 시각 정보가 "무엇what" 처리 경로를 통해 하측두 피질로 흘러가는 것을 막기 때문이다(그림 6.6 참조). 시각 자극을 의식적으로 자각하는 데 이 "무엇" 경로가 반드시 필요한 것으로 보인다. 그러나 이 환자들은 "보이지 않는다"고 한 시각 자극에 손을 뻗거나 다양한 방식으로 반응한다. 이 능력은 상구, 시상베개, V4를 거쳐 두정 피질로 이어지는 경로에 의존한다(그림의 맨 윗줄 참조). 이 환자들은 의식적으로는 보지 못하지만 여전히 시각 자극에 어느 정도 반응할 수 있기 때문에, 맹시를 가졌다고 말한다.

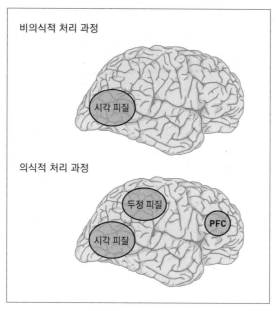

비의식적 처리 과정

시각 피질

의식적 처리 과정

두정 피질

PFC

시각 피질

그림 6.8: 보이는 자극과 보이지 않는 자극에서 피질의 활성화 기능성 자기 공명 영상 연구 결과, 의식
적으로 경험하거나 보고하지 못하도록 건강한 피험자에게 마스킹 처리한 자극을 제시했을 때(그림 6.1)
시각 피질이 활성화되었다. 반면 피험자가 자극을 의식적으로 자각하고 보고할 수 있을 때(마스킹을 하
지 않거나, 하더라도 지연 시간이 길어서 잔상이 남아있을 때)는 시각 피질뿐만 아니라 전전두 피질(PFC)과
두정 피질도 함께 활성화된다. 이 결과에 따라 전전두 피질과 두정 피질이 시각 자극을 자각하는 데 핵
심 역할을 한다는 결론을 얻었다.

뇌 데이터를 기반으로 지각 의식을 이해하기

전전두 피질과 후두정 피질이 의식적 지각 경험에 관여한다는 사실은 특히 흥
미로운 발견이다. 왜냐하면 이 영역들은 주의 및 작업 기억의 다른 측면들과 관
련된 것으로 알려져 있기 때문이다.[109] 작업 기억은 위에서 논의한 의식 이론들
(일차 이론을 제외한)에서 핵심 역할을 담당한다. 그뿐만 아니라 이 영역들은 다
른 흥미로운 특징을 갖고 있다. 그중 하나는 이 영역들이 감각을 처리하는 피질
영역들과 상호 연결된다는 사실이다. 이 영역들의 연결을 원거리long-range 연

결이라 부르는데, 피질에서 멀리 떨어진 영역 사이에서 정보를 전달하기 때문이다. 또한 상호적이기 때문에 재입력reentrant 연결로도 기술된다. 이 연결 덕에 각 영역의 정보처리가 순환적으로 다른 영역에 영향을 줄 수 있다.[110] 전전두 피질과 두정 피질의 또 다른 관련 특성은 둘 다 정보가 수렴하는 구역이라는 점이다.[111] 이곳에서는 경험에 대한 다양한 정보가 통합될 수 있다. 보고, 맡고, 맛보고, 느낀 것이 기억과 섞여 경험을 만든다. 호아킨 푸스터Joaquin Fuster와 패트리샤 골드먼-라키쉬Patricia Goldman-Rakic는, 특히 실행 기능이 현존하는 다양한 종류의 자극을 작업 기억 내에 유지할 수 있게 하는, 감각 처리 영역들과 전전두 피질 사이의 원거리 재입력 연결의 수렴의 중요성을 밝히는 데 큰 공헌을 했다.[112] 전전두 피질 영역이 의식에 기여하는 방식이 더 많이 알려졌기 때문에, 나는 두정 영역보다 여기에 중점을 둘 것이다.

뇌에 근거한 의식 이론들은 주로 원거리 재입력 연결과 정보의 수렴에 관한 개념에 기반을 둔다. 그럼 이제 인간이 감각 자극을 의식할 때 전전두 피질이 활성화되고, 의식하지 않을 때는 활성화되지 않는다는 사실을 다른 이론들이 어떻게 해석하는지 살펴보자(그림 6.9).

1990년대 신경과학자인 크리스토프 코흐와 유전 암호의 비밀을 풀어 노벨상을 받은 프랜시스 크릭이 이 분야의 선구적인 논문을 몇 편 썼는데, 이를 계기로 시각 시스템을 의식적 경험의 모델로 이용하는 것이 큰 인기를 끌게 되었다.[113] 그들은 시각 피질에서 전전두 피질로, 그리고 전전두 피질에서 시각 피질로 돌아가는 원거리 연결 순환에서(이처럼 전전두 피질의 작업 기억 회로에 도달한 신호는 시각 피질로 되돌아간다) 의식이 출현한다고 주장함으로써, 전전두 피질이 시각적 의식에서 중요한 역할을 담당한다고 가정하는 오늘날의 이론 대부분에 기본 논리를 제공했다. 전전두 피질의 입력 신호를 받은 시각 피질의 뉴런은 주의에 의해 증폭되어, 시각 피질에서 증폭된 뉴런들의 연합을 만든다. 그 결과 자극이 의식적으로 경험되고, 자극 자체가 소멸한 후에도 한동안 경험이 지속될 수 있다. 특히 흥미로운 점은 시각 피질의 후기 단계만이(이차 및 삼차 영역,

그림 6.6 참조) 전전두 피질과 연결된다는 점이다(일차 시각 피질은 연결되지 않는다). 이 사실을 바탕으로 크릭과 코흐, 그리고 대부분의 다른 연구자들은 시각적 의식이 일반적으로 시각 피질의 후기 단계와 전전두 피질을 필요로 한다고 결론 내렸다.[114] 일부 연구자들은 일차 시각 피질에 있는 정보도 의식적으로 접근될 수 있다고 주장하지만, 재입력 연결을 통해 전전두 피질에서 감각 피질로 돌아오는 정보만 의식적으로 접근 가능하다는 쪽에 압도적으로 더 많은 증거가 있다.[115] 앞서 사람들이 시각적 자극을 언어 보고할 수 있을 때 전전두 피질이 활성화되고 보고할 수 없을 때 활성화되지 않는다는 결과를 제시했는데, 이는 크릭과 코흐의 모델과 일치한다. 코흐는 1인칭 관점에서 묘사한 현상적 의식을 그대로 믿는 연구자 중 하나다. 만일 누군가가 자극을 보지 못했다고 말한다면 "있는 그대로의 사실"로 받아들여야 한다고 코흐는 말한다.[116]

크릭과 코흐와 마찬가지로 전역적 작업 공간 이론가들은 시각 피질의 후기 단계에서 전전두 피질로, 그리고 다시 시각 피질로 돌아가는 원거리 연결의 중요성을 인정한다. 그러나 그들은 이 연결이 특별한 역할을 수행하는 더 큰 네트워크의 일부라고 주장한다. 즉 원거리 연결이 정보를 시각 피질에서 작업 공간 영역으로 전달하는 것뿐만 아니라, 다양한 뇌 영역들로 더 광범위하게 정보를 방송하는 데도 이용된다는 것이다. 그리고 각 영역들은 다시 정보를 전전두 영역으로 보내고, 다양한 원천에서 출발한 정보가 여기서 수렴하고 통합된다. 전역적 (광범위한) "재입력 처리 과정"이[117] 방송을 증폭시키고, 그 증폭이 결국 의식적 경험을 낳는 것이 전역적 작업 공간 이론이다. 그러니까 의식은 시각 피질이나 전전두 피질에 거주하는 것이 아니라, 전역적으로 재입력되는 방송과 증폭에서 발생하는 것이다. 이 처리 과정의 결과가 언어 보고 가능한 의식적 경험이다. 인간 피질에서의 신경 활동을 측정한 연구에서, 의식적으로 보고 가능한 자극과 무의식적인 자극 모두 광범위한 활성화 패턴이 나타났다.[118] 그러나 이 전역적 활동은 의식적으로 자극을 지각할 때 더 길게 지속(증폭)되었다. 그뿐만 아니라 저자들은 의식에서 전전두 피질의 "특별한 역할"에 주목했다. 그러니까 의식이

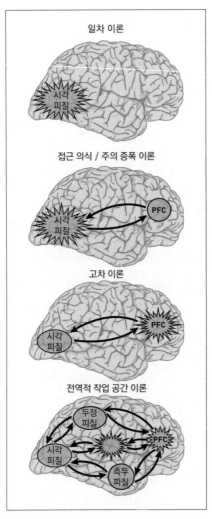

일차 이론

접근 의식 / 주의 증폭 이론

고차 이론

전역적 작업 공간 이론

그림 6.9: 뇌내 의식에 관한 이론들 일차 이론은 현상적 의식의 발생에는 시각 피질에서의 처리 과정 (특히 이차 및 삼차 영역)이 필요한 전부라고 주장한다. 전전두 및 두정 영역은 단지 시각 영역과 이 다른 영역들 사이의 처리 과정을 증폭시킴으로써 현상적 경험에 대한 인지적 접근을 가능하게 할 뿐이다. 반면 고차 이론은 전전두 피질이(그리고 아마 두정 피질도) 인지 처리 과정의 근간이 되며 이것이 의식적 경험 자체의 발생을 가능하게 한다고 주장한다. 전역적 작업 공간 이론은 영역들 사이에서 정보의 방송과 재방송에 의해 처리 과정이 증폭됨을 강조한다. 그리고 의식은 이 전역적 네트워크에서 출현한다고 상정한다. 그러나 전역적 작업 공간 이론들 중 일부는 전전두 피질에서의 방송과 재방송의 역할을 특히 강조하기도 한다(본문 참조).

재입력 처리 과정에 의해 유지되는 전역적 네트워크와 관련 있긴 하지만, 네트워크 전 영역이 의식적 자각에 똑같이 기여하는 것은 아니다. 전전두 피질이 특히 중요한 역할을 담당하는 것으로 보인다.

네덜란드의 인지신경과학자인 빅터 램Victor Lamme 역시 재입력 과정의 중요성을 주장한다.[119] 그러나 그는 의식적 경험이 꼭 전두 피질에 의존하지는 않는다고 주장한다. 재입력 과정에 관여하는 피질 회로라면 어디에서든 일어난다는 것이다. 따라서 의식적 경험은 전적으로 시각 피질에서, 혹은 시각 피질과 전두 영역 사이에서 일어날 수 있다. 램은 줄리오 토노니Giulio Tononi의 통합 정보 의식 이론을 기반으로 자신의 이론을 쌓아나갔다. 토노니는 상호작용하는 요소들에 의한 정보의 통합이 의식에 필요하다고 주장한다.[120]

데이비드 로젠탈David Rosenthal도 의식 상태에서 전전두의 활성화에 관한 연구 결과들을 인용한다. 그는 시각 피질이 일차 시각 표상을 만들지만, 접근되고 현상적으로 경험될 수 있는 고차적 표상을 만들기 위해서는 전전두 영역이 필요하다고 주장한다.[121] 그는 전전두 피질의 고차적 표상 없이는 현상적 자각도 없다고 말한다. 로젠탈은 또한 전역적 작업 공간 이론에 의문을 제기했다. 방송되는 신호들 중에서 경험되는 것과 경험되지 않는 것을 구분 못한다는 것이다. 로젠탈에 따르면 의식은 고차적 표상의 결과일 뿐이다. 전역적 작업 공간 이론을 옹호하는 스타니슬라스 데하네는 전의식적 처리 과정(잠재적으로 의식적이지만 그 순간에는 접근되지 않는 처리 과정)이 방송된 신호 중 의식되는 것과 의식되지 못하는 것 사이의 중간 지점을 설명해 줄 수 있다고 주장했다.[122]

네드 블락은 실험심리학과 신경과학의 연구 결과를 이용해 의식에 관한 철학적 개념들을 평가하는 선구적인 철학자다.[123] 그는 현상적인 시각적 경험이 시각 피질에서 일어나되, 일차 시각 피질이 아니라 후기 단계에서 일어난다고 주장했다.[124] 그가 보기에 의식적 지각이 일어나는 동안 전두 및 두정 영역이 활성화된다는 사실은, 인지적 접근이 시각 피질에서 일어나는 현상들에 대한 보고를 어떻게 가능하게 하는지 보여주지만, 접근되지 않은 것이 자각되지 않았다는 증거는 아니다.[125] 블락은 우측 두정 피질이 손상된 환자의 연구 결과를 근거로 삼았다.[126] 이 환자는 편측 무시unilateral neglect라는 증상을 보였다.[127] 맹시 환자와 마찬가지로 편측 무시 환자는 시야의 왼쪽에 나타난 시각적 자극을 보고하지 못한다. 그러나 맹시 환자와 달리 편측 무시 환자는 맹인이 아니다(시각 피질 자체는 손상되지 않았다). 다만 두정 영역의 주의 네트워크가 손상되어 공간의 왼쪽에 주의를 돌리지 못할 뿐이다. 편측 무시 환자에게 사람 얼굴 사진을 보여주면서 뇌 영상을 촬영했다. 예상대로 환자는 사진이 공간의 왼쪽에(우뇌에서 처리하는 영역) 제시되었을 때, 얼굴이 보이지 않는다고 주장했다. 중요한 결과는 환자가 얼굴을 보았다고 보고하지 못했음에도 환자 우뇌의 후기 시각 피질(특히 시각 피질에서 사람 얼굴을 처리하는 특정 영역)이 활성화되었다는 것이다. 블락은 이 결과를 두고 시각 피질의 얼굴 처리 영역이 얼굴의 현상적 경험에 핵심 영역이며, 두정 피질의 손상은 단순히 그 현상적 경험으로 주의를 돌리지 못하게 하고 그 결과 인지적 접근이 일어나지 못할 뿐이라고 주장했다. 자극은 보고할 수 없지만 환자는 현상적 경험을 한 셈이다. 얼굴 처리 영역은 활성화되었기 때문이다.

크리스토프 코흐는 특정 조건하에서 전전두나 다른 영역의 주의 증폭 없이도 짧은 현상적 자각이 일어날 수 있다고 보았다. 그러나 그는 이것이 블락이 말하는 접근 없이 일어나는 현상적 의식이라고 생각하지 않았다. 크릭과 코흐의 모델에서, 정상적인 현상적 의식이 일어나려면 단지 접근만이 아니라 전전두 피질과 시각 피질 모두 필요하다.[128] 다른 비판자들은 얼굴 피질이 얼굴의 현상적 경험을 위해 필요하지만 이것만으로는 충분하지 않다고 지적한다.[129] 만일 자극에 따른 신경 활동이 의식의 표지라면, 의식은 뇌의 어느 영역에든 있을 수 있다. 접근되지 않은 상태도 단지 접근과 보고에 실패한 것으로 추측할 뿐, 그 상태를 직접 평가한 것은 아니다. 만일 보고를 가능하게 하는 현상적 자각과 접근의 관계가 근본적인 것이 아니라면, 우리는 대체 의식과 무의식 상태를 어떻게 구분할 수 있을까?

하콴 라우Hakwan Lau와 리처드 브라운Richard Brown은 네드 블락의 논리로 그를 반박했다. 그들은 신경 질환에서 나타나는 환시에 대한 연구 결과를 이용해 일차 이론을 반박하고 고차 이론을 옹호했다.[130] 그 신경 질환은 시각 피질의 손상으로 나타날 수 있는 찰스 보넷 증후군Charles Bonnet Syndrome의 드문 변형이었다. 이 질환을 가진 환자는 일차 현상적 경험을 할 수 없는 것으로 보이지만(시각 피질의 손상에 의해) 환시를 매우 자세히 묘사할 수 있다. 즉 그들은 현상적 의식의 근간으로 가정된 뇌 영역 없이도 현상적 경험에 접근할 수 있는 것이다. 라우와 브라운은 이것이 바로 일차 경험 없이 일어나는 고차 시각 경험의 사례라고 주장한다. 그리고 이 사례가 의식이 일차적 표상이 아닌 고차적 표상에 의존한다는 것을 보여준다고 덧붙였다.

철학자 마틴 데이비스는 현상적 의식 이론과 접근 의식 이론을 화해시키려 시도했다.[131] 그는 현상적 의식이 접근 의식에 대한 인과적 설명의 일부가 될 것이라 주장했다. 접근이 없는 현상적 의식 상태는 있을 수 있지만 현상적 의식이 없는 접근 상태는 있을 수 없기 때문이다.[132] 그런데 라우와 브라운의 발견이 바로 그런 상태를 보여준 셈이다.

일차 이론가들은 힘든 일을 하고 있다.[133] 아마도 의식 분야에서 가장 힘든 작업일 것이다. 그들은 우리가 경험하고 있는지 모르는 것을 어떻게 의식적으로 경험할 수 있는지 설명해야 한다.[134] 내가 보기에 증거들은 직관적으로 이해되는 이론을 지지하는 것 같다. 우리가 뭔가 경험하고 있다는 사실을 알지 못한다면, 우리는 그것을 의식적으로 자각하지 않은 것이다.

의식의 피질하 이론

위에서 논의한 의식 견해들은 매우 피질 중심적이다. 일부 연구자들은 이런 접근법에 반대한다.[135] 예를 들어 동물의 뇌에서 피질을 제거해도 의도적이고 목적 지향적인 행동을 할 수 있다고 알려졌다. 실제 이전 장들에서 논의했듯, 유인 자극을 이용한 도구적(목표 지향적) 행동 또는 행동의 결과로 강화되는 그 행동에 의식은 꼭 필요하지 않다.[136] 피질 없이 태어난 아이도 의식적 자각을 보일 수 있다는 사실은 의식의 피질 중심적 견해를 반박하는 또 다른 근거다.[137] 그러나 뇌 발달에 기능 장애가 있으면, 이를 보충하기 위해 뇌의 어디서 무슨 일을 하는지에 관한 모든 규칙이 무시된다는 사실을 뒷받침하는 증거가 많다. 뇌를 구성하는 유전 프로그램은 보통 기능적 회로들을 할당된 위치에 놓는 설계를 따른다. 그러나 이 설계가 방해를 받으면 핵심 기능들이 다른 위치에 배선된다. 예를 들어 만일 시각 피질이 손상되면, 원래는 청각 피질인 영역에서 시각을 처리한다.[138] 만일 좌뇌(대부분 사람들에게서 언어를 담당하는)가 제대로 발달하지 못하면, 우뇌가 언어 기능의 상당 부분을 떠맡는다.[139] 정상적인 피질 없이 의식이 남아있다고 해서, 정상적으로 피질하 영역에서 의식을 처리한다고 볼 수는 없다.

이런 맥락에서 우리는 이전 장에서 논의한 다마지오와 판크세프의 정서적 의식 이론을 다시 살펴볼 필요가 있다. 그들은 의식의 원초적 형태와 인지적 형태를 구분했다. 그들이 상정한 의식의 원초적 형태는 결국 일차 현상적 의식의 피질하 가설이라 할 수 있다. 왜냐하면 그들은 이 피질하 상태가 정서로서 의식적으로 경험되는 데 인지적 접근이 꼭 필요하지는 않다고 주장하기 때문이다. 그리고 인지적 의식과 그 도구들(작업 기억, 주의, 기억, 언어 같은)을 거쳐 이 원초적 상태는 정교해지고 접근되어, 완전한 정서로서 의식적으로 경험될 수 있다.

판크세프와 그의 동료인 마리 반드케르코브Vandekerckhove는 피질하 감정 의식 상태를 "피질하 뉴런 수준에서 구성된, 암묵적 절차를 따르는(아마도 진정으로 무의식적인), 감각 지각적인 감정 상태"라고 기술했다.[140] 그러나 그들은 또한 피질하 정서 상태가 "명확하게 반성적인reflective 자각이나 일어나고 있는 일에 대한 이해 없이 개인의 정체성과 연속성의 특정한 느낌을 우리에게 준다"고 주장했다.[141] 그러니까 이 상태는 암묵적이면서("진정으로 무의식적"이며 "반성적인 자각"이 없는) 동시에 의식적으로도 경험된다("특정한 느낌을 우리에게 준다"). 반성적인 자각 없이 "진정으로 무의식적"인 정서 상태의 의식적 경험이 무엇인지 알기 어렵다. 그러나 이 상태가 "자신도 모르는 …… 의식"의 "전-반성적pre-reflective" 형태라는 주장을 보면, 아마 블락의 접근되지 않은 현상적 의식과 비슷한 뭔가를 지칭하는 듯하다.

전통적 의미에서 의식(우리가 뭔가 경험한다고 자각하는 감각)은 피질의 처리 과정에 의존하는 것으로 보인다. 이는 블락의 일차 이론이나 위에서 논의한 다른 정보 처리 이론에서 모두 상정된다. 이 이론들에서 논의되는 처리 과정도 똑같은 일반적인 피질 정보 처리 시스템의 일부다. 주의나 다른 인지 기능을 포함하는, 작업 기억에 확립된 시각 피질의 역할은 정보 처리 과정 중 피질 시스템 어디에서 의식적 자각이 출현하는지 실험 가능한 토대를 제공한다. 결국 그 처리 과정은 시각 피질과 전전두 및 두정 피질 사이의, 확립된 회로의 상호작용에 근거하며, 문제는 근본적으로 피질 처리 시스템 어디에서 의식이 출현하느냐.

피질하 회로가 의식 상태를 어떻게 일으키는지는 덜 분명하다. 호흡, 심장 박동이나 고통, 큰 소리, 갑작스러운 자극에 대한 반사 운동을 제어하는 인접 영역의 활동은 의식에 관여하지 않는데, 왜 하필 신체 감지 회로나 지시 시스템 회로의 활동이 의식 상태를 일으키는 것일까? 다마지오의 피질하 신체 감지 회로나 판크세프의 피질하 정서 지시 회로가 인지적 의식과 맺는 관계는, 인지적 의식과 시각 피질의 관계와 다소 유사하다고 주장할 수 있다. 즉 피질하 영역이 일차 현상적 경험을 만들고 그다음, 피질하 영역에서 피질 영역으로의 연결을 거쳐 피질하 처리 과정에 인지적 접근이 가능해지는 것이다. 이는 쉬운 부분이다. 어떤 일차 이론에서든 어려운 부분은, 일차 상태가 어떻게 인지적 접근 없이 독립적으로, 의식적으로 경험될 수 있는지 설명하는 일이다. 시각 피질의 경우 그 어려움이 입증되었고, 뇌간의 경우 더 힘들 것으로 보인다.

설사 인간의 경우 뇌간이 일종의 원초적 의식을 떠받칠 수 있다고 하더라도, 동물에게 그런 의식 상태가 존재한다는 것을 입증하는 일은 지금까지 논의한 모든 어려움에 봉착하게 될 것이다. 앞서 살펴봤듯 동물의 경우 비언어적 반응으로 가상의 의식 상태를 검사해야 한다. 이는 측정과 관련해 크나큰 문제로 이어진다. 비언어적 반응이 의식적 처리 과정에 근거한 것인지 비의식적 처리 과정에 근거한 것인지 구별하기란 매우 어렵다. 해설 열쇠commentary key나 다른 기발한 실험적 수단이 동물의 메타인지에 대한 주장과 일치하는 증거를 낳을 수도 있지만, 실험을 진행하는 연구자들조차 메타인지의 정립과 동물 의식의 입증 사이에는 간극이 남아있다는 점을 인정한다.[142]

주의와 의식

나는 주의가 작업 기억에 표상될 정보를 제어하며, 정보가 의식의 내용이 되기 위해서는 작업 공간의 표상이 필요하다고 보는 정보 처리 이론들을 전반적으로 지지한다.[143] 그러나 명심해야 한다. 정신적 상태 의식에 주의가 필요하기는 하지만, 그것만으로는 충분하지 않다.

주의는 많은 일을 한다. 가장 널리 인정받는 주의의 기능은 어떤 정보를 의식하게 될지 선택하는 일이다. 어떤 순간이든 매우 많은 자극이 현존한다. 그리고 우리는 극히 일부에만 주의를 기울일 수(의식할 수) 있다. 어떤 입력 신호가 작업 기억에 머무를지 선택하면서, 감각 처리 영역과 상호 연결되어 있는 전전두 피질과 두정 피질의 실행 네트워크는 감각 피질에 하향식 주의 제어를 실행한다. 그러나 우리는 일부 자극이 상향식으로 주의에 명령을 내려 작업 기억에 도달한다는 것도 알고 있다.[144] 정서적으로 두드러진salient 자극이 특히 그런 경향이 있다. 일단 자극이 작업 기억에 들어가면, 주의와 그 밖의 실행 기능들은 그 자극과 경쟁하는 입력 신호들을 억제해 그 자극이 주목받도록 돕는다. 그러나 주의가 단지 외부 환경의 정보만 다룬다고 생각하는 것은 옳지 않다. 우리 몸이나 뇌에서 나온(예로 기억) 신호 역시 주의의 대상이 된다.

흔히 주의를 의식으로 통하는 관문이라 본다.[145] 저명한 주의 연구자들은 이렇게 표현한다. "우리는 자극이 의식적 자각에 도달하려면 주의가 필요하다고 믿는다. 왜냐하면 주의가 표상을 안정시키고, 충분한 시간 동안 표상을 '접속된 상태'로 유지시켜, 다양한 피질 네트워크와 기능이 접근할 수 있게 해주기 때문이다. 주의는 정보의 특정 조각을 선택하는 메커니즘이다. 그리고 그 조각들이 더 철저히 처리되고 의식에 도달할 수 있게 한다. …… 어떤 형태로든 주의에 의한 증폭 없이 자극이 의식에 도달한다는 증거는 없다."[146] 하지만 정보가 주의를 받고 작업 기억에 도달한 것만으로는 자극에 대한 의식이 보장되지 않는다.[147] 다시 말해 의식이 일어나려면 주의가 필요하지만, 주의만으로는 충분하지 않다는 얘기다.[148]

따라서 주의를 받고 작업 기억에서 처리된 정보가 의식의 내용으로 들어가려면 뭔가 다른 것이 필요하다. 전역적 작업 공간 이론, 고차 이론, 해석 이론, 그 밖에 다른 이론들이 설명하고자 하는 것이 바로 이 추가적인 무언가다.

의식에서 인간의 신피질이 수행하는 복잡한 역할

우리는 뇌와 의식의 이 논쟁을 전전두(또는 두정) 피질의 활동이 의식의 명백한 신호라는 뜻으로 남겨둬서는 안 된다. 단순히 뇌 영상을 보고, 전전두 피질이 활성화되었으니 그곳에서 의식이 발생했다고 결론 내려서는 안 된다. 전전두 피질의 활동은 수많은 무의식적 처리 과정과도 상관관계를 갖기 때문이다.[149] 게다가 전전두 피질은 복잡하게 관련된 수많은 뇌 영역을 포함한다. 앞에서 이야기한 말을 반복하자면, 의식은 특정 뇌 영역에서 일어나는 무언가가 아니다. 의식은 다른 뇌 기능과 마찬가지로 회로와 시스템의 산물이다.[150] 전전두나 두정 영역과 같이 어떤 뇌 영역은 더 중요한 역할을 수행한다. 그러나 그렇다고 의식이 이 영역에 위치하는 것은 아니다.

작업 기억, 의식과 연관된 전통적인 영역은 외측 전전두 피질이다. 등쪽 영역(등쪽 외측 전전두 피질, PFC_{DL})[151]이 작업 기억과 가장 많이 연관되지만 배쪽 영역(PFC_{VL})도 연관이 있다.[152] 그 외 관련 영역에는 배쪽 내측 전전두 피질(PFC_{VM}), 전방 대상 피질, 뇌섬 피질의 영역들, 안와 전두 피질, 전장claustrum

등이 있다.[153] 전전두 영역의 한 곳이 손상을 입거나 심지어 몇 군데가 손상되어도 의식적 자각은 사라지지 않는다.[154] 두정 피질 역시 의식에 관여하는 영역이므로, 전전두 피질과 두정 피질 전체가 손상되면 의식이 사라질지 모른다. 그러나 다른 영역들(예를 들어 해마, 기저 신경절, 소뇌) 역시 의식에 관여한다.[155] 이 피질이나 피질하 영역의 일부가 손상되면 다른 영역이 이를 보완한다. 마찬가지로 전전두 피질의 자극이 의식적 경험을 촉발하지 못한다고 해서[156] 전전두 피질이 의식에서 핵심 역할을 맡지 않는다고 결론 내리면 안 된다. 왜냐하면 어느 시점에서든 단지 작은 영역과 제한된 일부 뉴런만이 자극을 받기 때문이다.

의식적인 지각 경험에 전전두 및 두정 네트워크가 필요하다는 일반적인 견해는, 코마에서 회복되기 시작한 환자들에 대한 연구로 뒷받침되었다.[157] 식물인간 상태로의 첫 번째 이행에서 뇌간과 전뇌 기저부의 각성 네트워크는 기능적으로 활성화된다. 그러나 전두 및 두정 네트워크는 활성화되지 않는다. 환자는 눈을 뜨더라도 감각 자극에 반응하지 않는다. 최소 의식 상태로 이행하면 환자는 감각 자극이나 언어 지시에 반응을 보인다. 전두 및 두정 네트워크도 활성화된다. 이 결과는 생물 의식과 정신적 상태 의식의 근간에 있는 뇌 메커니즘의 차이를 잘 보여준다. 최면 상태에서도 동일한 네트워크가 억제된다. 최면에 빠진 사람은 완전히 깨어 있고 반응을 보이지만 외부 자각이 변한다(최면 지시에 따라 특정 자극에 대한 주의가 감소할 수 있다).[158]

인간 의식 연구에서 의식에 관여하는 뇌 기능을 흔히 의식의 신경 상관물neural correlate이라 부른다.[159] 이 상관물의 일부로 전두 및 두정 영역에서 비롯된, 내가 이 책에서 초점을 맞추고 있는 회로들을 피질 의식 네트워크(cortical consciousness networks, CCNs)라 부르겠다(그림 6.10). 이 회로들은 전역적 작업 공간의 핵심 구성 요소들로, 시상(특히 중심선 시상midline thalamus), 기저 신경절 같은, 피질 네트워크와 연결된 일부 피질하 전뇌 영역도 이 작업 공간에 포함된다. 정신적 상태 의식이 일어나려면 CCNs가 필요하지만, 피질하 영역들 역시 생물 의식 및 행동 제어에 기여함으로써 정신적 상태 의식에 관여하는 것으로 보인다. 특히 중심선 시상은 각성/깨어있음 시스템의 핵심 구성 요소이며, 기저 신경절은 도구적 행동과 강화를 제어하는 시스템의 일부다.

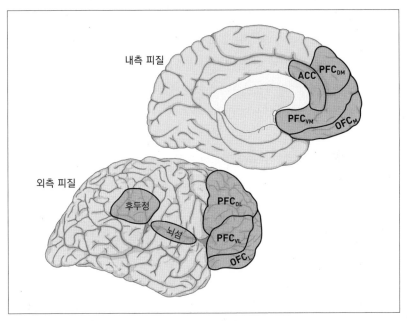

그림 6.10: 피질 의식 네트워크(CCNs) 이 장에서 나는 의식에 관여하는 영역으로 전전두 피질과 어느 정도까지는 두정 피질에 초점을 맞추었지만, 전전두 피질의 수많은 각기 다른 영역들이 다양한 방식으로 기여한다.

축약어: PFC, 전전두 피질; PFC$_{DL}$, 등쪽 외측 PFC; PFC$_{VL}$, 배쪽 외측 PFC; PFC$_{DM}$, 등쪽 내측 PFC; PFC$_{VM}$, 배쪽 내측 PFC; OFC, 안와 전두 피질; OFC$_{L}$, 외측 OFC; OFC$_{M}$, 내측OFC; ACC, 전방 대상 피질

이것이 전부인가?

우리는 여전히 경험의 감각질이 어떻게 생겨나는지, 즉 경험을 한다는 것이 "어떤 것인지" 완전히 알지 못한다. 그러나 지난 수십 년간 정신적 상태 의식의 뇌 메커니즘에 관한 이해는 많은 진전이 있었다. 이 성공의 부분적 원인은 인간 뇌

활동을 측정하는 능력의 향상이었다. 그러나 의식의 심리학적 속성에 관한 개념적 진전도 그 못지않게 중요한 원인이다.

나는 몇십 년 전에는 분리 뇌 환자의 의식 연구를 했지만 이제 의식 연구자가 아니다. 따라서 나는 의식이 어떻게 발생하는가 하는 질문에 전문 분야의 지식을 따르고자 한다. 이 질문의 답을 얻게 되면 우리는 공포나 불안 같은 느낌이 어떻게 발생하는지도 알게 될 것이다. 이런 느낌들 역시 의식의 상태기 때문이다. 의식의 정서적 상태는 다른 상태에 없는 성분들을 갖지만, 근본적으로 우리가 뭔가 경험하고 있다는 사실을 안다는 점에서 다른 상태들과 같은 메커니즘을 공유하는 셈이다.

나는 이 장에서 우리가 시각적 자극을 자각하게 되는 과정에 중점을 두었다. 그러나 나는 지각적 자각에서 중요한 부분을 다루지 않았다. 자극이 무엇인지 의식하기 위해서, 우리의 의식은 자극의 감각적 특성 이상의 것에 접근해야 한다. 감각적 자극에 의미를 부여하는 기억에도 접근할 필요가 있다. 다음 장에서는 기억이 의식에서 차지하는 결정적인 역할과, 각기 다른 종류의 기억이 각기 다른 종류의 의식에—그중 적어도 하나는 인간만의 특성인— 어떻게 기여하는지 살펴볼 것이다.

07장

개인의 문제:
기억은 의식에 어떻게 영향을 미칠까?

"마음에서 기억은, 원형질에서 점도viscosity와 같다. 기억은 생각에 일종의 점성
tenacity을 부여한다."

— 새뮤얼 버틀러[1]

"모든 사람의 기억은 그의 사적인 문학 작품이다."

— 올더스 헉슬리[2]

당신의 의식적 경험은 개인적이다. 그 경험은 당신의 것이고 당신 없이 존재하
지 못한다. 그 경험을 개인적으로 만드는 주된 요인은, 당신의 기억이라는 렌즈
를 통해 경험되고 해석된다는 점이다. 공포와 불안의 경험을 포함해 의식적 경
험은 기억으로 채색된다.

의식과 기억

6장에서 우리는, 시각 시스템과 작업 기억의 상호작용으로 어떻게 의식적인 지
각 경험이 나타나는지 알아내려 노력한 과학자들과 철학자들이 취한 접근법을
논의했다. 그러나 만일 여러분의 시각 시스템이 식료품점 과일 코너에서 빨갛고
동그란 모양을 감지하고, 작업 기억을 거쳐 그 모양에 의식적으로 접근해도, 여

러분이 지금 사과라는 과일의 한 예를 보고 있다는 것을 어떻게 알 수 있을까?

사과, 의자, 우주선, 정부, 음악회, 결혼, 졸업 같은 것들은 선천적으로 뇌에 배선되어 있지 않다. 우리는 경험을 통해 이것들에 관한 지식을 획득해야 한다. 당신이 식료품점에서 특정 모양을 보고 사과인지 아는 것은 사과가 무엇인지 배웠고 그 정보를 개념적 틀의 형태로 뇌에 저장했기 때문이다. 우리는 사진이나 그림, 심지어 대충 선으로 끄적거린 낙서에서도 사과를 인식할 수 있다. 이런 개념적 지식은 사과와 관련된 모든 것으로 확장된다. 먹을 수 있다는 점, 그대로 먹거나 사과 소스, 사과 주스, 사과 파이 등으로 만들어서 먹을 수 있다는 점, 윌리엄 텔이 아들 머리에 놓아 활로 맞췄고, 첨단 기술 회사의 이름이며 비틀즈가 세운 음반 회사의 이름이기도 하다는 점 등이 모두 여기에 포함된다.

우리는 대상에 대한 것뿐만 아니라 그 대상과 관련된 경험도 기억으로 갖고 있다. 우리는 현재의 자극과 관련된 과거의 경험이나, 간접적으로 관련된 자극에 의해 촉발되었던 경험도 되찾을 수 있다. 예를 들어 지난 가을 나는 과일 판매대 앞에 서서 매킨토시 사과를 살피며 살 것을 고르고 있었다. 갑자기 어린 시절 경험한, 물에 담가놓은 사과를 입으로 꺼내는 할로윈 풍습이 떠올랐다. 이 기억은 내 아이들이 어렸을 때 뉴욕 주 북부의 과수원에서 함께 사과를 땄던 추억으로 이어졌다. 기억을 통한 자극 인식은 이렇게 자극과 관련된 개인적 경험의 복잡한 기억들로 이어질 수 있다.

1970년대 심리학자인 엔델 털빙Endel Tulving은 사실적 정보의 기억과 개인적 경험의 기억의 구분을 최초로 정립했다. 그는 전자와 후자를 각각 의미 기억과 일화 기억이라 불렀다.[3] 이는 오늘날까지 심리학에서 가장 큰 영향을 끼친 구분 중 하나로 남아 있다. 의미 기억은 사물이나 상황에 관한, 나와 개인적인 관련이 없는 지식에 대한 기억이다. 일화 기억은 "나"와 개인적인 관련이 있는 기억이다. 우리는 안내서를 읽어 결혼식이 어떤 것인지 몇 가지 사실을 배울 수 있다(의미 기억). 그러나 내 결혼식이 어땠는지는 오직 경험해본 후에야 알 수 있다(일화 기억)(그림 7.1). "워치타워All Along the Watchtower"가 밥 딜런의 "존 웨슬리 하딩John Wesley Harding"이라는 앨범에 수록된 곡이라는 사실은, 내가 뇌에 저장해놓은 의미 기억이다. 그러나 내가 이 곡을 루이지애나 주립대학교의 대학생이었던 1968년, 파톤 루즈Baton Rouge의 하이랜드 로드에 있는 렉스 잉글리시의 아파트 거실에서 처음 들었다는 것은 내 인생의 특정 사건에 관한 일화 기억이다.

의미 기억과 일화 기억은 둘 다 외현explicit 기억(또는 서술declarative 기억)이다.[4] 이것은 "내"가 의식적으로 뭔가를 자각한 경험의 기억이고, 나중에 의식적 자각으로 가져올 수 있게 저장된 기억이다.[5] 이 기억은 말로 보고(서술)할 수 있다. 외현 기억과 대조를 이루는 것이 암묵적 형태의 기억이다. 암묵 기억은 저장하거나 접근할 때 의식을 필요로 하지 않는다. 암묵 기억에 대해서는 나중에 다룰 것이다.

의미 기억과 일화 기억은 둘 다 의식적으로 경험될 수 있다는 점에서 밀접한 관련이 있지만, 몇 가지 중요한 측면에서 서로 다르기도 하다(표 7.1). 일화 기억의 독특한 특성에 주목하면 이 차이점을 이해할 수 있다. 첫째, 일화 기억은 일어난 사건(무엇), 공간 속의 위치(어디에), 삶의 다른 사건들과 비교했을 때의 시점 확인(언제)에 관한 정보를 포함한다.[6] 이 무엇이, 어디에서, 언제에 관한 정보는 각각 사실(의미)적 지식의 한 예를 나타낸다. 그러나 이것들이 하나의 통일된 사건의 표상으로 통합되면 경험에 대한 개인적 기억의 토대가 된다. 그러니까 일화 기억은 의미 기억에 의존하고 그 토대 위에 세워지는 셈이다. 둘째, 일화 기억은 정신적 시간 여행을 가능하게 한다.[7] 일화 기억이 없다면 우리는 삶에서 일어난 일련의 사건들로 과거를 기억할 수 없다. 그러나 진화론적 관점에서, 우리가 일화 기억을 갖는 이유는 단순히 과거의 행복한 날들을 회상하기 위해서가 아니다. 과거를 이용해 미래를 예측할 수 있고, 따라서 과거의 경험으로 이득을 볼 수 있기 때문에 일화 기억이 진화된 것이다. 우리는 경험한 과거와 상상한 미래 모두 정신적으로 여행할 수 있다. 셋째, 앞의 두 특성이 시사하듯 일화 기억은 개인적이다. 정신적 시간 여행을 할 때 우리가 찾아가는 곳은 바로 나의 과거거나 현재다. 이것들은 자아와 관련된다. "내"가 바로 경험의 표상 일부인 것이다. 내가 『시냅스와 자아』에 썼듯, 마음의 눈에 보이는 것보다 자아에는 더 많은 것들이 있다. 자아의 많은 부분이 암묵적이거나 무의식적이다.[8] 그러나 일화 기억과 관련된 "자아"는 의식적 자아, 즉 우리가 의식적으로 경험하는 측면의 자아를 나타낸다. 이것이 의식의 수많은 인지 이론(앞 장 참조)에서 제안된, 의식이 만들어낸 개인적 이야기의 핵심이다.

그림 7.1: 의미 기억 대 일화 기억 의미 기억은 사실들로 구성되고, 일화 기억은 개인적 경험을 포함한다.

일화 기억과 의미 기억은 서로 다른 종류의 외현 기억이지만, 좀 전에 언급했듯 두 기억은 상호 작용한다. 특히, 일화 기억은 사실 지식을 기반으로 한다.[9] 여행 전 당신은 안내서를 읽고 이스탄불의 식당에 대한 사실 지식(의미 기억)을 얻을 수 있다. 그다음 이 의미 정보는 기대를 형성해 당신이 실제로 식당에서 식사를 한 후 기억할 경험(일화 기억)에 영향을 미칠 수 있다. 그리고 당신이 식당에서 메뉴를 고를 때, 여행 전 집에서 식당 리뷰를 읽었다는 사실(일화 기억)을 기억하는 것은 리뷰의 상세한 내용(의미 기억)을 떠올리는 데 도움이 될 수 있다. 식사에 대한 일화 기억은 나중에 당신이 그 경험을 떠올리고서 그곳을 다시 찾을지, 또는 별로였다면 다시는 그곳에 가지 않을지 결정하는 데 도움을 준다.

표 7.1: 의미 기억과 일화 기억의 비교	
의미 기억	일화 기억
사실적: "나는 알고 있다"	개인적: "나는 기억한다"
의식적으로 접근 가능: 내가 알고 있다는 사실을 알고 있다	의식적으로 접근 가능: 내가 기억한다는 사실을 알고 있다
통일된 "무엇," "어디," "언제"가 없다	통일된 "무엇," "어디," "언제"가 있다
정신적 시간 여행과 관계없다	정신적 시간 여행이 가능하다
한 번의 노출로 학습 가능 (그러나 반복 노출의 도움을 받을 때가 많다)	한 번의 노출로 완전히 획득 가능

Gluck et al(2007)의 표 3.1에 근거.

기억을 의식하기

의미 기억과 일화 기억 모두 해마와 내측 측두엽(각 반구의 내측에 위치한 측두엽의 이종피질 영역) 관련 영역들에 의존한다는 사실은 오래전부터 알려져 왔다.[10] 해마뿐만 아니라 후각 피질(후각 주위와 내후각 영역)과 해마옆 피질을 포함한, 해마를 둘러싼 피질 영역도 여기에 속한다(그림 7.2). 해마옆 피질은 신피질계와 해마 사이의 정거장이다. 이 다양한 내측 측두엽 영역 뉴런들의 복잡한 연결이 내측 측두엽 기억 시스템을 구성한다고 알려져 있다.[11] 우리가 이 시스템에 의해 저장된 기억을 의식할 수 있기 때문에, 일반적으로 내측 측두엽 기억을 의식적 기억이라 부른다. 그러나 이는 그다지 정확한 표현이 아니다. 이에 대해 설명하기 전에 기억 관련 용어들을 간단히 짚고 넘어가는 것이 유용할 것이다.

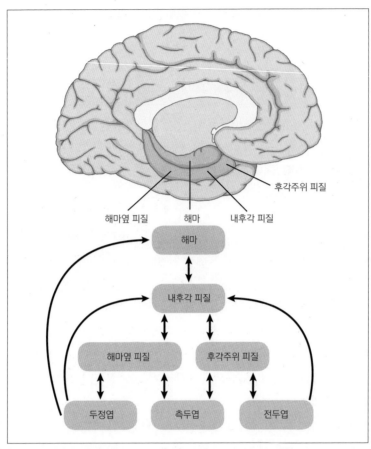

후각주위 피질

해마옆 피질   해마   내후각 피질

해마

내후각 피질

해마옆 피질   후각주위 피질

두정엽   측두엽   전두엽

그림 7.2: **내측 측두엽 기억 시스템** 이 시스템은 해마와 몇몇 주변 피질 영역으로 구성된다. 주변 피질 영역에는 내후각 피질, 후각주위 피질, 해마옆 피질 등이 포함된다. 후각주위 및 해마옆 영역은 신피질 영역에서 정보를 받아 내후각 영역으로 전달하고, 내후각 영역은 해마로 연결된다. 이 영역들의 연결은 상호적이다. 덧붙여 전두 피질은 내후각 피질로 연결되고 두정엽은 내후각과 해마로 연결된다.

출처: NADEL AND HARDT(2011), 맥밀란 출판사의 허가를 받아 수정함.:

NEUROPSYCHOPHARMACOLOGY(Vol. 36, pp 251-273)©2011.

기억은 부호화encoding(또는 획득acquisition)라는 학습 과정을 통해 형성된다 (표 7.2). 기억이 임시 상태(단기 기억)를 넘어 지속되려면 장기 기억을 형성하는 응고화consolidation 과정을 거쳐 저장되어야 한다. 일단 응고화된 장기 기억을 생각이나 행동에 사용하려면 인출retrieval해야 한다.

표 7.2: 기억의 단계
획득 (학습 또는 부호화)
저장 (단기 기억을 장기 기억으로 전환)
사용 (인출)

내측 측두엽 기억 시스템을 통해 형성되고(부호화) 저장된(응고화) 인간의 기억은 의식할 수 있지만, 그 자체로 의식적이지는 않다. 이 기억은 사용(인출)되지 않을 때는 잠재적(전의식) 상태로 존재한다. 전의식적 기억은 인출을 통해 활성화되며 작업 기억의 임시 작업 공간에 들어가 의식적 자각이 가능해진다. 여러분은 자신이 아는 뭔가를 기억해내려 애써도 인출할 수 없었던 경험이 있을 것이다. 그때 어느 순간, 불현듯 그 기억이 떠오른다. 그 기억은 의식으로 가져올 수 있도록 부호화되고 저장되었지만, 일시적으로 인출을 할 수 없어 접근 불가능했던 기억이다. 일단 인출할 수 있게 되고 나서야 우리는 그 내용을 의식하게 된다.[12]

　장기 기억의 인출과 작업 기억의 밀접한 관계를 뒷받침하는 몇 가지 계열의 연구들이 있다. 예를 들어 작업 기억에 관여하는 전전두 피질의 영역이 손상되면 일화 기억과 의미 기억의 인출 모두 어려워지며, 전전두 신경 활동은 일화 기억 및 의미 기억의 인출과 상관관계를 보여 왔다.[13] 일화 기억은 두정 피질과도 상관관계를 갖는데,[14] 앞 장에서 살펴봤듯 두정 영역은 주의 및 작업 기억에 관여하는 것으로 알려져 있다. 뿐만 아니라 작업 기억에 인지 부하load가 증가하면(예를 들어 특정 세부 사항을 기억해내려고 하면서 동시에 다른 생각을 하는 경우) 인출이 저해되고[15] 인지 부하가 감소하면 인출이 향상된다.[16]

장기 기억을 저장소에서 인출하고 저장된 정보를 작업 기억으로 이동시키는 것은, 전의식적인 기억을 의식적으로 경험되는 기억으로 전환시키는 데 필수적인 단계인 듯하다(그림 7.3). 따라서 우리는 잠재적으로 의식적인 기억이 존재하는 두 상태를 구분할 수 있다. 하나는 전의식적(현재는 비활성화되고 비의식적이지만 잠재적으로 의식적인) 상태고 다른 하나는 의식적(활성화되고 현재 의식적인) 상태다.[17]

의식적인 기억 경험의 뇌 기반은 의식적인 시각 경험의 뇌 기반과 유사하다. 시각 피질과 CCNs의 연결(예로 전전두 피질 회로)이 전의식적인 시각 처리과정에 의식의 접근을 가능하게 하듯, 측두엽 영역과 CCNs 영역[18] 사이의 연결은 비활성화된 전의식적 기억에 의식의 접근을 가능하게 하고 활성화된 의식적 기억이 되게 한다.

더 구체적으로 말하면, 피질의 기억 저장소와 CCNs 사이의 상호 연결에 의해 의미적 사실과 일화적 경험에 대한 정보가 작업 기억으로 인출된다. 그리고 그곳으로부터 고차 표상, 해석, 해설commentary, 방송, 그 밖에 아직 발견되지 않은 다른 수단을 통해 기억의 의식적 경험이 일어날 수 있다. 지각에서와 마찬가지로 기억에서도 주의는 다양한 역할을 한다. 어떤 의미/일화 기억을 작업 기억으로 옮길지 하향식으로 선택하고, 스스로 작업 기억으로 들어온 기억을 상향식으로 받아들이며, 일단 작업 기억에 들어왔다면 그 기억을 유지시키는 일을 한다.

의미 기억과 일화 기억이 각각 다른 종류의 외현 기억이라는 점을 고려하면, 여기에 관여하는 피질 메커니즘도 각각 달라야 한다. 실제로 그렇다. 측두엽에서 일화 기억은 해마에 의존하는 한편, 의미 기억은 감각 피질과 해마 중간에 있는 피질 영역들, 특히 후각주위, 내후각, 해마옆 피질 등에 의존한다.[19] 그러나 의미 기억에 해마가 관여할 수 있다.[20] 추가로, 일화 기억과 의미 기억의 인출에는 각기 다른 전전두 회로가 관여한다.[21]

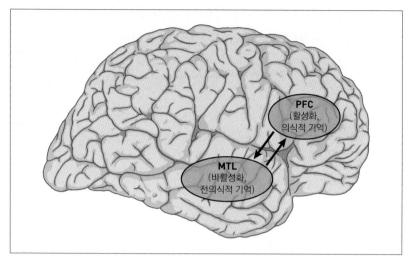

그림 7.3: 비활성화된(전의식적) 기억이 활성화된(의식적) 외현 기억으로 전환될 때 전전두 피질의 역할. 내측 측두엽(MTL) 기억 시스템을 통해 저장된 기억은, 비활성화되고 전의식적인 상태로 존재하다가, 인출되어 전전두 피질(PFC, 그림 6.10 참조) 영역의 활성화된 작업 기억 회로로 전달된다.

비의식적 기억

모든 것이 의식적으로 접근 가능한 방식으로 기억되지는 않는다. 이른바 암묵 기억은 저장이나 인출에 의식을 필요로 하지 않는다(표 7.3). 이런 기억은 대개 의식적 내용으로 접근되기보다 행동으로 표현된다.

우리 기억의 대부분은 암묵적 형태다. 예를 들어 해마에 손상을 입으면 파블로프 조건형성을 받고 조건 반응을 보이는 데 아무런 문제가 없지만, 자신이 조건형성된 것을 의식적으로 기억하지 못한다.[22] 자전거 타기, 악기 연주 같이 학습한 기술을 수행하는 일 역시 암묵 기억에 의존한다. 우리는 이런 기술을 다른 이에게 말로 가르칠 수 없다. 다른 이의 뇌가 직접 그 기술을 배워야 한다. 우리는 자전거 타기를 어떻게 배웠는지 말로 설명할 수 있지만(경험에 관한 외현 기억) 그 기억은 우리가 그 기술을 수행할 수 있게 해주는 암묵 기억이 아니다. 외현 기억은 다양한 방식으로 외부에 표현될 수 있지만(말 또는 그림, 소리, 몸짓 같은 비언어적 수단을 통해서) 암묵 기억은 보통 기억을 획득한 시스템의 출력 양상 output modality을 통해 표현된다. 예를 들어 자전거 타기는, 자전거가 앞으로 나가도록 다리를 동시에 규칙적으로 움직이는 동안 균형을 유지하는 법을 배운 시스템을 포함하며, 의식적인 의미 기억이나 일화 기억에는 거의 의존하지 않는다. (의식적 기억을 잃어버린 기억상실증 환자도 자전거 타는 법을 기억한다. 그러나 그 뒤에 그렇게 했다는 사실을 모른다.)

표 7.3: 외현 기억 대 암묵 기억

특징	외현	암묵
의식적 접근이 가능하다	○	×
유연하게 표현될 수 있다	○	×
내측 측두엽 기억 시스템에 의존한다	○	×

또 다른 형태의 암묵 기억은 프라이밍priming[23]이다(그림 7.4). 프라이밍은 우리가 의식적으로 자각하지 못하는, 의미 기억에 저장된 정보가 행동 수행을 촉진할 때 일어난다. "_urse"라는, 빈 칸이 있는 단어를 생각해보자. 나는 여러분에게 의사나 지갑에 관한 이야기를 들려줌으로써 이 단어를 "nurse"나 "purse"로 완성하도록 여러분을 "프라이밍"할 수 있다. 꼭 프라임에 대해 생각해야만 프라이밍이 일어나는 것은 아니다. 심지어 프라임을 자각하지 못해도 상관없다. 프라임은 의식을 우회해서 잠재의식적으로 전달될 수 있다.[24] 심지어 내측 측두엽 기억 시스템이 손상되어 프라임을 의식적으로 기억할 수 없는 사람도, 선행 노출로 인해 프라이밍 효과를 보인다.[25]

　　프라이밍은 위에서 제시한, 기억은 작업 기억으로 인출되기 전까지 의식되지 않는다는 사실의 좋은 예다. 예를 들어 주로 의식적 기억으로 설명되는 의미

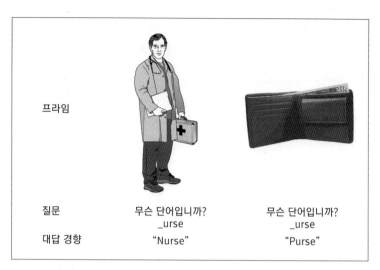

프라임

질문   무슨 단어입니까?   무슨 단어입니까?
                    _urse   _urse
대답 경향   "Nurse"   "Purse"

그림 7.4: 프라이밍 프라이밍은 선행 자극이 수행에 영향을 주는, 암묵적 형태의 정보 처리 과정이다. 예를 들어 "_urse"라는 단어를 완성할 때 의사 그림(프라임)을 보면 "nurse"라 대답하는 경향을 보이고, 지갑 그림(프라임)을 보면 "purse"라 대답하는 경향을 보인다. 프라이밍은 프라임을 자각하지 못하도록 마스킹 절차를 써도 효과가 나타나고, 해마에 손상을 입은 환자도 —환자가 프라임을 본 것을 기억하지 못해도— 프라이밍되는 것으로 보아 암묵적이거나 비의식적 형태의 처리 과정이다.

기억도, 잠재의식적으로 활성화되어 비의식적 반응의 속도와 정확성에 영향을 줄 수 있다.[26] 의미 기억이나 일화 기억이 의식적으로 인출될 때만 외현적인, 의식적으로 경험한 기억이 된다.

HM이라는 유명한 환자의 연구에서, 외현 기억과 암묵 기억의 신경 기반 차이에 대한 결론이 도출되었다. HM은 수술로 해마를 제거해서 의식적으로 인출 가능한 새로운 기억을 더 이상 형성하지 못한다. 그러나 그는 새로운 기술을 배울 수 있고 조건형성이나 프라이밍도 받을 수 있다.[27] 나중에 이것들을 기억해내지는 못해도 받을 수는 있었다. 그리고 암묵 기억의 각 유형(조건형성, 기술 학습, 프라이밍 등)이 그 자체로 별개의 뇌 회로에 의존한다는 사실이 밝혀졌다.[28]

일화 기억이 의미 기억에 의존하듯, 의미 기억과 일화 기억은 모두 암묵 기억에 의존한다.[29] 예를 들어 의식적으로 자극을 인식할 때마다 우리는 내측 측두엽 기억 시스템의 암묵적 처리 과정을 이용한다. 기억의 요소를 활성화화는 감각 신호는 내측 측두엽 시스템을 거쳐 저장된다. 그리고 "패턴 완성pattern completion"[30]이라는 과정을 통해, 의식적으로 경험 가능한 곳인 작업 기억으로 인출될 수 있도록 기억이 조립된다. 그 결과가 의식적 기억이긴 하지만, 그 기억을 의식의 내용이 되도록 포장하는 과정은 의식적으로 접근할 수 없다. 의식의 내용을 만드는 과정은 우리가 결코 자각할 수 없다고 한, 칼 래쉴리(2장 참조)의 선견지명 있는 말을 상기해보자.

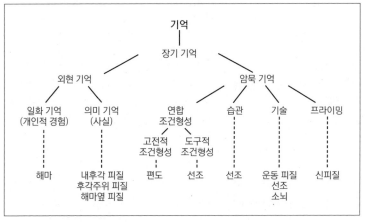

그림 7.5: 외현 기억 회로과 암묵 기억 회로의 정리
(SQUIRE[1987]에서 수정.)

기억과 의식적 상태

의미 기억과 일화 기억이라는 개념을 도입한 심리학자 엔델 털빙은, 이 두 가지 기억이 각기 다른 형태의 의식에 의존한다고 주장했다(표 7.4). 털빙에 따르면 의미 기억은 "인식 의식noetic consciousness"의 사례고, 일화 기억은 자기인식 의식autonoetic consciousness의 사례다. "인식noetic"은 마음 또는 의식을 의미하는 그리스어 명사 nous에서 파생된 단어로, nous의 동사형 noein은 "알아채다notice"라는 의미다.[31] 인식 의식은 사실적 지식(의미 기억)을, 자기인식 의식은 자신의 개인적 경험(일화 기억)에 대한 지식을 의식적으로 자각하게 해준다.

인식 의식은 우리가 사과를 볼 때 사과를 보고 있다는 사실을 알게 해준다. 반면 자기인식 의식은 개인적 경험에 근거한 지식, 즉 나 자신과 관련된 기억에 주의를 기울이거나 자각하게 해준다. 예를 들어, 내가 사과를 보고 있다는 사실을 아는 것(인식 의식으로 표현된 의미 기억)은 내 아이들과 과수원에서 사과를 따던 날을 기억하게 만든다(자기인식 의식으로 표현된 일화 기억).[32] 이 두 가지 형태의 의식은 모두 내성적으로 접근 가능하고 언어로 보고할 수 있다.

의미 기억과 인식 의식의 차이, 그리고 일화 기억과 자기인식 의식의 차이점은, 의미 기억과 일화 기억의 내용은 작업 기억으로 인출되기 전까지 전의식적 상태에 있다는 것이다. 저장된 정보가 밑에 있는 것만으로는 기억을 의식할 수 없다. 기억을 인지적 작업 공간(작업 기억, 전역적 작업 공간)으로 인출해야 의식적으로 경험할 수 있다.

표 7.4: 의식적 상태와 기억의 관계

기억의 종류	관련된 의식
일화 기억	자기인식 의식
의미 기억	인식 의식
암묵 기억	비인식 상태(비의식)

우리는 주위 환경의 자극만 의식하는 것이 아니다. 우리는 우리 자신도 의식하는데 그것이 자기인식 의식의 핵심이다. 자기인식 상태는 일종의 메타인지 의식 내지는 고차 의식, 구체적으로는 자기 자신에 대한 생각이다. 그리고 내가 누구

인지 의식하기 위해서는 일화 기억이 필요하다. 삶의 모든 중요한 경험은 개인적으로 경험되고 자기 자신과 연관된다. 자아를 의식할 때 우리는 기억된 자아 개념에 비추어 우리의 자아를 경험한다. 기억된 자아는 우리의 자아와 관련된 과거의 기억을 이용할 수 있게 해주고, 우리의 자아를 미래에 투사할 수 있게 해준다. 이것은 자기 인식적 경험이다.

특정 경험에 대한 일화 기억과 그와 관련된 의미 기억 덕분에 우리는 그 경험을 우리의 개인적인 이야기, 또는 자서전의 일부로 기억할 수 있다.[33] 의식의 자전적 상태가 자아에 대한 사실이나 의미 기억을 포함하긴 하지만, 의미 기억만으로는 내가 누구였고, 지금 누구인지, 그리고 어떤 사람이 될지 완전한 자전적 기억을 구성할 수 없다. 여기에는 일화 기억의 자기인식적 자각이 필요하다.

자기인식적 자기의식은 인식적 의식이나 사실적 의식보다 훨씬 더 복잡하다. 유니버시티 칼리지 런던의 인지신경과학자인 크리스 프리스Chris Frith와 유타 프리스Uta Frith는, 우리의 자아가 사회적 구성물이며, 정교하고 의식적인 사회적 상호작용은 자기 자신에 관한 반성적 자각을 필요로 한다고 주장한다.[34] 발달심리학자인 마이클 루이스는 털빙과 마찬가지로, 과거와 미래에 비추어 현재의 내가 누구인지 생각할 수 있는 능력으로 자기의식을 설명했다.[35] 의식을 해석자로 보는 가자니가의 견해도[36] 이와 비슷하다. 그는 의식을 우리가 언제든지 우리의 삶을 이해하는 수단으로 보았다. 우리의 이야기를 구성하는 재료인 우리의 물리적, 사회적 환경에 대한 정보와, 현재 내가 하고 있는 일에 대한 정보, 그리고 기억을 이용해서 말이다.

비인식: 무의식적 뇌의 작동 모드

인식 상태와 자기인식 상태에서는 모두 의식적으로 정보에 접근한다. 털빙은 여기에 세 번째 상태를 제안했다. 그리고 역시 그리스 어원 "noein"에서 파생된

"비인식a-noetic"이라는 이름을 붙였다. 이 비인식 상태는 자신의 존재에 대한 지식 없이 일어난다. 즉 이 상태에는 인지적 접근도, 자각이나 주의도 일어나지 않으며, 현상적 경험도 없다.[37] ("autonoetic"과 구별하기 위해, 흔히 쓰이지 않는 철자인 "a-noetic"을 사용하겠다.)

인식 상태와 자기인식 상태가 외현 기억이나 의식적 기억과 연관되듯, 비인식 상태는 형성, 저장, 인출에 의식적으로 접근할 필요가 없는 암묵 기억과 연관된다. 털빙에 따르면, 비인식 상태는 자동적으로(부지불식간에) 촉발되고 "의식으로부터 감춰져" 있다.[38]

털빙은 비인식 상태를 "비인식 의식"이라 지칭함으로써 용어 사용에 혼란을 가져왔다. 그가 염두에 둔 의식은 정신적 상태 의식이 아닌, 생물 의식에 가까운 것이었으리라 생각된다.[39] 그러나 다른 이들은 비인식 상태를 정신적 상태 의식의 원초적 형태로 간주했다.[40] 이 책에서 비인식 상태는 정신적 상태 의식이 아닌 생물 의식의 한 사례로 취급될 것이다. 이 관점에서 비인식 상태는 비의식적 사건(표 7.4)이다. 이 상태는 직접 접근할 수 없고(작업 기억으로 인출할 수 없고) 그 결과 말로 보고할 수 있는 의식적 경험을 일으키지 못한다.

비인식은 인지적 무의식의 일부인 정신적 상태를 포함하는, 비의식적 뇌의 광대한 세계를 설명하는 데 유용하다. 이런 상태는 의식적 접근이 일어나도록 배선되지 않은 회로에서 유발되며, 따라서 뇌 자체 내에서 쉽게 직접적으로 의식적 경험을 일으키지 않는다. 동시에 다음 장에서 논의하겠지만, 비인식 상태는 의식적으로 주의를 기울이고 자각할 수 있는 다양한 결과를 뇌와 몸에 가져와 의식적 경험에 간접적으로 기여한다. 두려움이나 불안의 느낌이 그 예다.

여기서 다시 강조할 만한 사실은, 의미 지식이 인식적으로 그리고 비인식적으로 모두 존재할 수 있다는 것이다. 위의 프라이밍 예에서, 저장된 의미적 사실이 "_urse"를 제시했을 때 "purse"나 "nurse"로 대답하도록 피험자를 프라이밍할 수 있었다. 자극을 자각할 수 없게 제시하거나[41] 해마에 손상을 입어 프라임을 기억 못해도 환자는 여전히 프라이밍 되었고 그 비의식적 효과를 보여줄 수 있었다.[42] 의식적 의미 기억은 내측 측두엽 기억 시스템과 작업 기억을 필요로 하며 인식 의식을 반영하지만, 의미적 프라이밍은 비의식적으로 작용하며 작업 기억을 필요로 하지 않는 비인식 기억의 한 형태다.

의미 지식이 그 지식에 대한 의식적 자각 없이도 행동을 유도하는 데 이용 될 수 있다는 사실을 확인한 이상, 동물이나 사람이 의미 정보를 이용해 특정 작 업을 수행할 때 그 자극을 의식적으로 경험했다고 결론 내릴 수는 없다. 자극을 의식적으로 자각하기 위해서는, 자극이 무엇인지에 대한 의미 기억이 작업 기억 으로 인출되어 의식의 내용이 되어야 한다. 그런 다음에야, 그리고 유기체가 작 업 기억의 내용을 의식적 경험의 내용으로 전환할 수 있는 추가적인 인지 능력 을 가져야만 인식적 지식의 상태가 될 수 있다.

예를 들어 위협 자극—숲길을 지나는데 발치에 뱀이 있다면—은 방어 생존 회로 활성화의 결과로 방어 반응을 자동적으로 끌어낼 것이다. 이는 의식적 앎 이나 자아와 연결될 필요가 없는 비인식 상태다. 그러나 비인식 상태를 촉발하 는 자극이 위협과 관련된 의식적이고 인식적인 지식(의미 기억)의 인출을 낳고 (일부 뱀은 독이 있다) 공포와 불안의 자기인식적 상태(이 뱀이 나를 물지도 모른 다. 만일 독사라면, 물렸을 때 숲에서 빠져나가 병원에 도착하지 못할 수도 있다. 가 까스로 병원에 가더라도 해독제가 없을 수 있다. 해독제가 있더라도 이미 늦었을 수 있다)도 낳을 수 있다. 그뿐만 아니라 위에서 언급했듯 비인식 상태는 관찰 가능 한 신체적 결과(심장박동이 빨라지거나, 얼어붙는 행동)를 갖는다. 얼어붙기나 빨 라진 심박이 두려움과 불안의 느낌과 연관된다는 의미적 사실과, 이런 증상이 "나"에게 일어나고 있다는 일화적 사실이, 다른 의미 및 일화 정보와 상호작용하 면서 지금 작업 기억 내에서 전개되는 공포와 불안의 느낌에 기여할 수 있다.

동물 의식: 일화 기억 논쟁

동물은 분명 생물 의식을 가진다. 동물은 살아있고 환경에 반응한다. 그리고 일부 동물, 특히 포유류, 그 외에도 조류 및 다른 척추동물[43], 심지어 몇몇 곤충[44]까지도 행동을 유발하는 복잡한 인지적(정신적) 작업을 이용한다고 알려져 있다. 문제는 그들이 정신적 상태를 갖는지가 아니라, 정신적 상태 의식을 갖는지다. 이 주제에 이르면 분명한 데이터가 매우 적다. 동물이 그들의 뇌에서 일어나는 일을 의식적으로 경험하는지 우리는 결코 진정으로 알 수 없기 때문이다. 정보 처리 과정은 측정할 수 있지만 의식의 내용은 측정할 수 없다. 논쟁은 대부분 열정이나 추측에 근거했지만, 최근 몇 년 동안 일부 연구자들은 실험적 증거로 이 간극을 좁히려 노력해왔다. 나는 6장에서 이 연구를 언급했지만, 일화 기억이 무엇이며 의식과 어떻게 연관되는지 설명하고 난 뒤를 기다려 중요한 한 가지 측면을 말하지 않았다. 이제 동물의 일화 기억을 입증할 증거가 있는지 조사한 흥미로운 연구를 살펴보자.

부분적으로는, 일화 기억이 인간 고유의 적응이라는 털빙의 주장이[45] 현재의 논쟁을 촉발했다. 이 주장에 자극받은 일부 연구자들은, 다른 동물에게도 일화 기억이 있는지 아니면 적어도 가능성이 있는지 알아보는 실험을 설계했다. 동물이 인간과 비슷한 일화 기억 능력을 가진다면, 그 동물은 자기인식 의식 역시 가질 것이다. 즉 현재 일어나는 일이 자신에게 일어나는 일이라는 것을 이해하며, 그것을 자신의 과거와 관련짓고, 미래에 자신의 안락에 미칠 영향을 추론할 수 있다는 말이다.

동물이 일화 기억을 가질 가능성을 평가하면서 연구자들은 일반적으로 그 한 가지 핵심 특징에 중점을 두었다. 무엇, 어디, 언제의 정보를 포함하는 사건의 표상(사건 그 자체와, 사건이 일어난 장소와 시간)이 바로 그 특징이다. 니키 클레이튼과 앤서니 디킨슨은 1990년대 선구적인 연구를 통해 조류가 "무엇이, 언제, 어디에서" 정보를 포함한 기억을 형성할 수 있음을 발견했다.[46] 그들은 나중을 위해 먹이를 저장하는 습성을 가진 덤불어치를 연구했다. 연구자들은 새에게 벌레(금방 상함)나 땅콩(금방 상하지 않음)을 주고 땅에 묻게 했다. 중요 사항은 연구자들이 벌레의 신선도를 조작했다는 점이다. 한동안 새들을 굶긴 다음 묻어둔 먹이를 되찾도록 했다. 연구 결과 새들은 분명 일화 기억의 구성단위를 가진 것으로 보였다. 새들은 무엇(벌레냐? 땅콩이냐?), 언제(오래된 벌레를 신선한 벌레나 땅콩보다 먼저 되찾았다), 어디(각 종류의 먹이를 묻은 장소)를 표상할 수 있었다. 그러나 이 결과를 확대해석하지 않기 위해, 클레이튼과 디킨슨은 이를 유사 일화 기억episodic-like memory이라 불렀다.

이후로 인간이 아닌 영장류[47], 설치류[48], 새[49], 심지어 꿀벌[50]을 포함한 다양한 종이 무엇, 어디, 언제의 기억을 가진다는 연구 결과가 보고되었다. 그러나 이 연구 결과가 진정으로 일화 기억을 표상하는지 그 해석을 두고 우려의 목소리가 높아졌다.[51] 한 가지 문제는 이 연구에서 행동 수행이 무엇, 어디, 언제 정보를 포함하는 통일된 경험의 표상에 의존하느냐, 아니면 이 여러 형태의 정보들이 개별적으로 저장된 저장소에 의존하느냐다. 다시 말해 무엇, 어디, 언제의 의미 기억은 분리된 채일 수도 있지 않은가? 우리는 무엇과 어디에 해당하는 정보가 내측 측두엽에 따로 부호화된다는 사실을 안다(무엇 기억은 후각주위 피질과, 어디 기억은 해마옆 피질과 연관된다)[52](그림 7.2 참조). 하워드 아이헨바움Howard Eichenbaum의 연구실에서 진행한 연구에 따르면, 후각주위 영역과 해마옆 영역에서 나온 정보가 내후각 피질(해마로 들어가는 관문)에서 통합되어야만 통일된 표상으로 공존하기 시작한다.[53] 그런데 무엇, 어디, 언제의 표상이 공존한다고 해서 반드시 통합된 일화 기억이 존재한다고 볼 수 있을까?

설사 동물이 통일된 무엇, 어디, 언제의 표상을 갖더라도 이것들은 복잡한 형태의 의미 기억에 지나지 않는 것이 아닐까? 그렇다면 이 복잡한 의미 기억은 의식적으로 경험될까, 아니면 비의식적으로 행동을 제어할까? (의미 기억이 비의식적으로든 의식적으로든 행동을 제어할 수 있다는 점을 상기하라.) 궁극적으로 중요한 질문은 동물이 통합된 무엇, 어디, 언제 기억을 과거와 미래를 포함한 개인적인 자아 감각과 관련해 의식적으로 경험하느냐다. 이는 기억을 자기인식적 의식 상태, 즉 자아와 연관된 의식 상태로 경험하느냐에 달려 있기 때문에 훨씬 더 대답하기 복잡한 문제다.

인간이 아닌 동물이 일화 기억을 가진다고 주장하는 사람들은 파충류, 조류, 인간이 아닌 포유류도 일화 기억을 만드는 인간 뇌 영역과 비슷한 뇌 영역을 가진다는 주장으로 그들의 입장을 강화한다. 바로 일화 기억을 만드는 해마와 그 기억에 접근하는 전전두 피질이다.[54] 구체적으로 말해서 파충류와 조류에는 해마와 전전두 피질의 전구체precursor에 해당하는 영역이 있고, 모든 포유류는 실제로 장기 기억과[55] 주의 및 작업 기억을[56] 담당하는 몇 가지 구조를 갖고 있다.

이것이 전부 사실이라도, 이런 식의 추론에는 문제가 있다. 인간과 동물 모두 해마와 전전두 피질을 갖기 때문에 의식적 기억을 가진다는 주장은 두 가지 점에서 틀렸다. 첫째, 인간의 외현 기억과 의식의 관계를 잘못 표상한 것이다. 내가 지적했듯 해마에 저장된 외현 기억은, 작업 기억으로 인출되어 의식적으로 접근 가능해지기 전까지는 의식적 기억이 아니다. 따라서 기억이 해마에 의존한다는 입증만으로는 그 기억이 의식적으로 경험된다고 결론 내리기에 충분하지 않다. 자기인식적 의식 상태로 경험된다고 보기는 더 어렵다. 둘째, 뇌 영역과 뇌 기능의 관계를 잘못 파악한 것이다. 그저 쥐나 새가 유사한 형태의 해마나 전전두 피질을 가진다고 해서, 이 동물들이 인간의 해마나 전전두 피질의 기능을 전부 가질 것이라 추측해서는 안 된다.

피질 영역, 특히 전전두 피질이 고려 대상일 때 우리는 구조에서 기능을 일반화하는 데 매우 신중해야 한다. 모든 포유류가 전전두 피질을 갖지만 그중 영장류 고유의 영역이 있다.[57] 분명히 쥐나 생쥐의 전전두 피질은 원숭이나 침팬지에 비해 빈약하다. 그리고 쥐나 생쥐의 주의와 작업 기억은 복잡성에 있어 영장류에 비할 바가 못 된다. 인간이 아닌 영장류 동물이 비교적 인간에 가까운 뇌와 심리적 능력을 갖지만, 이 동물조차도 인간의 인지 특성을 전부 보이지 못한다. 게다가 인간 전전두 피질의 일부 구조적 특성은 가장 가까운 영장류 친족인 유인원과도 차이를 보인다.[58] 단지 쥐 또는 원숭이가 전전두 피질을 가진다고 해서, 이 동물들의 전전두 피질이 자기인식 의식을 가능하게 하는 것은 아니다.

여기서 핵심은 일정 형태의 주의나 작업 기억이 인지적 접근과 그에 따른 현상적 경험에 꼭 필요하지만, 이것들은 현상적 경험을 보장하지 않는다는 점이다. 고차적 사고나 전역적 작업 공간 이론이 단순히 작업 기억이나 주의에 관한 이론이 아닌 이유도 바로 이것이다. 그들은 인간의 의식적 자각에 주의나 작업 기억 외에 어떤 종류의 능력이 필요한지 밝히려 시도했다.

진정한 일화 기억은 무엇, 어디, 언제 기억뿐만 아니라 자아 개념을 필요로 한다. 즉 저장되고 있는 사건이 "나"에게 일어나는 일이라는 지식 말이다. 그런 다음에야 일화 기억이 자기인식적 의식 상태가 될 수 있다. 동물의 일화 기억 문제를 풀 수 있는 한 가지 방법은 그 정의에서 "자아"의 필요성을 완화하는 것이다. 이 방법은 동물 일화 기억의 입증을 쉽게 해줄 것이다. 그러나 일화 기억을 흥미롭게 만드는 핵심 측면인 자기인식적 특성을 없앨 것이다.

인간에게는 자기 자각에 근거한 진정한 일화 기억이 분명 존재한다. 일부 연구자들은 유인원과 해양 포유류와 코끼리, 심지어 조류도 진정한 일화 기억을 가진다고 주장한다.[59] 그러나 언어가 없는 유기체는 측정의 한계 때문에 분명한 결론을 내리기 어렵다. 6장에서 논의했듯 이런 연구들은 주로 단순히 인간과의 유사점에 근거한다. 그리고 특정 행동 반응의 설명에 의식을 필요로 하지 않는 대안적 가설을 검증하기보다는, 보통 의식을 가정하고 나서 이를 뒷받침하는 증거를 찾는다. 인간 외의 동물이 과거, 현재, 미래를 가진 실체로서 자아를 의식적으로 경험하는 능력을 가진다는 확고한 증거는 없다. 신뢰도를 나타내는 해설 열쇠에 근거한 연구는 의미 있는 방법론적 발전이지만, 언어가 없는 동물은 경험을 전달할 방법을 갖고 있지 않다(6장 참조).

의식의 가장 분명한 기준은 결국 언어 자기 보고다.[60] 일정 형태의 의식을 가진 동물이 있다 해도, 심지어 일정 형태의 자기 자각을 가진다 해도, 인간 뇌에서 언어의 존재는 뇌의 정보 처리 방식과 의식의 잠재력을 바꾸었다. 예를 들어 인간이 방대한 의미론적 능력으로 "무엇"을 표상하는 능력은, 다른 동물이 사고나 의사 결정에 이용하기 위해 항목과 개념을 학습하고 정보를 분류("덩어리화 chunk")하는 능력을 훨씬 넘어선다. 인간의 의미론적 능력이 만들어낸 가장 정교한 개념 중 하나가 바로 "나" 개념이다. 인간 외의 유기체가 어떤 비언어적인 의미론적 기술을 갖든, 또는 그런 기술을 훈련받을 수 있든 간에 구문론syntax 의 정교한 언어적 연산 메커니즘에 필적할 만한 것은 없다. 이것 덕분에 인간은 무엇, 어디에 정보를 과거, 현재, 미래 시제를 통해 절대적이고 상대적인 시간과 연결할 수 있다. 예를 들어 구문론을 통해 현재의 "나" 개념을 과거와 미래로 투사할 수 있다. 뇌의 구문론에 근거한 언어 시스템으로 의식은 자기 자신을 언급할 수 있고self-referential 시간을 초월할 수 있다. 자기인식 의식의 시간 여행적 요소는 언어의 과거, 미래 시제 특성에 의해 부여받았거나 적어도 큰 도움을 받았을 것이다.

우리는 의미론적 능력으로 꼬리표와 함께 경험을 부호화할 수 있다. 이 꼬리표는 현재의 경험과 그 밖에 일어난 일들을 구분하고, 현재의 경험을 경험의 일반 범주에 연관시킨다. 우리는 존이 중년의 백인 남성이며, 성질이 급하고, 특히 술을 마시면 성질이 고약해진다는 사실을 알고 있다. 구문론으로 우리는 의미론적 꼬리표를 단 항목에 관해 예측할 수 있다. "존이 술을 마시고 있으니, 오늘밤 그가 나를 해치지 않도록 가까이 가지 말아야겠다." 동물들도 경험을 통해 예측하는 법을 배울 수 있다. 그러나 인간은 매 순간 미래를 예측하는 데 특히 뛰어나다. 가능한 미래를 내다보는 우리의 능력은 인지적으로 눈에 띄게 다르다. 이 책의 뒷부분에서 논의하겠지만, 이 능력에는 치러야 할 대가가 따른다. 바로 불안이다.

동물이 정신적 시간 여행을 할 수 있고 자기 자각을 기억에 통합시킬 수 있는가 하는 질문은 아직 답을 얻지 못했고 쉽게 답을 내기 어려워 보인다. 지금으로서는 동물에게 잘 해야 유사 일화 기억이 있다고밖에 말할 수 없다. 그러나 내가 보기에는 이런 설명조차도 동물의 기억을 실제보다 더 일화 기억에 가까운 것으로 포장하는 느낌이 든다. 보통은 현상에 대해 가장 단순한 설명을 채택하는 것이 최선이다. 더 복잡한 설명은 가정된 특성뿐만 아니라 실재한다고 상정하게 되는 특성들을 추가하게 마련이기 때문이다. (가장 단순한 설명이 항상 궁극적인 답은 아니다. 그러나 평가하기 더 어렵고 복잡한 설명을 채택하기 전에 단순한 설명부터 분명하게 검토하고 제외해야 한다.) 유사 일화 기억이라 불리는 것은 무엇, 어디, 언제의 비언어적 의미 기억으로 보는 것이 더 정확할 수도 있다. 대부분의 동물은 인간의 자기인식 의식의 기반인 하드웨어(뇌 구조)와 소프트웨어(인지 처리 과정)가 없기 때문에, 일화 기억이나 자기인식 의식은 동물 의식을 주장하고자 하는 사람들이 잘못 선택한 목표라고 나는 생각한다. 차라리 의미 기억이나 인식 의식이 더 다루기 쉬울 것이다.

포유류, 적어도 일부 포유류는 유사 의미 기억(언어적인 의미에서는 의미론적이지 않지만, 실제적인 의미에서 의미론적인)과 인식적 의식을 만들 수 있는 하드웨어(실제 해마와 전전두 피질)와 소프트웨어(주의와 작업 기억)를 갖고 있다. 그러나 위에서 살펴본 프라이밍의 예와 마찬가지로, 이것이 의식적으로 자각할 수 있는 의미 내용(인식 내용)이 아닌, 비의식적 의미 내용(비인식 내용)을 나타내는지 판별하기 어렵다.

문제는 동물 의식을 데이터로 실제 입증할 수 있는 방법이 아예 존재하지 않을 수도 있다는 것이다. 연구자들은 인간이 특정 현상적 의식 상태에서 행동하는 대로 동물이 행동적으로 수행하는 모습을 보여줄 수 있다. 하지만 우리는 인간이 현상적 경험을 할 때처럼 행동하는 로봇도 만들 수 있다. 의식은 지금도, 그리고 아마 앞으로도 그것을 경험하는 유기체 말고는 아무도 관찰할 수 없는 내적 경험일 것이다. 그리고 언어 보고 외에는 측정할 방법이 거의 없다.

동물 의식에 관해 추측해보라고 한다면, 나는 인간이 아닌 동물 중 일부는 아마 적어도 인식적 의식 상태—사실에 관한 순간적인 의식 상태—는 가질 것이라고 생각한다. 그러나 이는 특정 장소에 어떤 먹이를 다른 장소의 다른 먹이보다 최근에 묻어두었다든가, 특정 샘가에 포식자가 나타날 확률이 아침보다 저녁에 더 높다든가 하는, 언어 없이 표상될 수 있는 사실에 국한될 것이다.

니코스 로고세티스Nikos Logothetis와 동료들의 연구 결과는 인간이 아닌 영장류가 의미론적 의식을 가진다는 생각과 일치한다. 그들은 다양한 첨단 영상 기법과 신경 기록 기술을 이용해 의식의 신경 상관물을 찾고자 했다.[61] 그들은 원숭이의 두 눈에 각각 상충되는 이미지를 빠르게 보여주었다. 원숭이의 뇌가 지각의 충돌을 해결해야 하는 상황에 빠뜨린 것이다. 이 실험에서 원숭이가 "보는" 것은 매 순간 달라진다. 이 인상적인 연구는, 시각 피질이 아닌 전전두 피질의 신경 활동이 충돌을 해결하며 어느 순간에 어느 시야가 지각을 지배하는지 설명할 수 있음을 보여주었다. 이 결과로부터 인간의 의식적 지각과 관련된다고 알려진 원숭이의 피질 영역이 행동적으로 유의미하게 지각의 충돌을 해결하고, 인식(의미론적) 의식의 신경 상관물을 구성할 수 있다고 결론 내리는 사람도 있을 것이다. 그러나 주의해야 한다. 단지 전전두 피질이 활성화되었다고 의식적 자각이 일어나는 것은 아니다(전전두 피질에서 일어나는 활동 상당수는 의식적으로 경험되지 않는다). 그리고 자극이 주의의 대상이 되거나 작업 기억에 들어간다고 의식되는 것도 아니다. 이것들은 의식의 필요조건이지만 충분조건은 아니다(6장 참조). 그뿐만 아니라 위에서 언급했듯 인간의 언어 보고를 이용한 연구 결과에 따르면, 자극의 인지적 처리 과정은 자극의 의식적 자각과 같지 않다. 나와 여러분이 시각적 자극을 볼 때 우리가 보는 것을 자각하는 것과 같은 의미로 동물도 자각하는지 여부는 정말 알 수 없다.

인간이 의식을 갖는지 어떻게 알 수 있을까?

이 시점에서 여러분은 인간의 의식에도 똑같은 주장이 적용되지 않느냐는 의문을 품을 수 있다. 다른 사람에게 의식이 있는지 어떻게 알까? 우리는 결국 자기 자신의 의식 상태만 알 수 있는 것은 아닌가? 데카르트의 의식에 대한 견해도 바로 이런 자각에서 나왔다. 데카르트의 견해는 서양 세계에서 의식을 둘러싼 철학적 논쟁의 틀을 제공했다. 그러나 인간 의식 연구에는 다른 종의 연구에 없는 두 가지 이점이 있다.

첫째, 현대 신경과학은 심리적 기능이 뇌 시스템의 산물이라는, 부정할 수 없는 증거를 제공했다. 한 종의 모든 구성원은 동일한 일반적 능력을 가진 뇌를 유전적으로 부여받는다. 따라서 한 인간이 의식 능력을 가진다면 다른 인간도 그럴 가능성이 매우 높다고 보는 편이 무난하다. 그리고 인간의 의식에서 핵심 역할을 하는 뇌 회로(특히 전전두 피질)가 인간이 아닌 영장류와도 (최소한 어느 정도) 차이가 있으므로[62] 우리는 다른 종도 의식을 가질 것이라는 가정에 매우 신중해야 한다.

그러나 더 중요한 점은, 우리가 언어를 통해 우리의 내적 경험을 공유할 수 있다는 것이다. 당신과 내가 캘리포니아 해변에 앉아 서쪽 수평선으로 지는 해를 바라보고 있다고 상상해보자. 우리는 언어를 통해 각자의 감각질을 비교할 수 있다. 각자의 머릿속에서 정확히 동일한 경험을 하는지는 알 수 없을 것이다(내가 분홍색이라 말하는 것을 당신은 주황색으로 생각할 수 있다). 그러나 우리는 같은 유형의 경험을 한 것이다. 우리는 최소한의 가정과 어느 정도의 확신을 갖고 인간의 의식을 연구할 수 있다. 다른 동물의 경우 확신은 줄고 가정은 늘어난다.

적어도 현재까지 인간에 대한 연구는 상세한 뇌 메커니즘을 밝히는 수준에 국한되어 있다. 그러나 (의식적 경험의 일부일 수 있는 정보 처리 과정이 아니라) 의식 그 자체를 진정으로 연구하려면 아직 이것이 최선이자 유일한 방법이다. 인간의 지각과 기억 연구는 의식의 속성, 그 근간에 있는 구성 요소들과 뇌 기반을 명확히 하는 데 큰 진전을 이루었다. 이 성취를 활용해 우리는 다음 장에서 뇌가 어떻게 의식적 느낌, 다시 말해 정서 그리고 특히 불안과 공포의 느낌을 만들어 내는가 하는 질문으로 돌아갈 것이다.

점들을 연결하기

일상 속에서 나는 보통 사람으로 나의 반려묘 피티를 마치 자기 자각과 느낌을 가진 존재처럼 대한다. 피티가 부엌에서 야옹거리고, 내 다리에 몸을 비비고, 밥그릇이 비어있다면 나는 피티가 배고프다고 말하는 것으로 짐작한다. 피티가 찬

장 위에 있는 물건들을 넘어뜨리거나 쏟으면 나는 엄한 목소리로 왜 그런 짓을 했냐고 꾸짖는다. 마치 피티가 의도적이고 의식적인 동기를 갖고 그런 행동을 한 것처럼 말이다. 내가 피티의 배를 긁어주고 피티가 가르릉거릴 때면 녀석이 행복해한다고 생각한다. 그러나 단순히 피티가 이 상태들을 경험하는 것처럼 보인다고 해서, 실제로 이것들을 경험한다고 단정할 수 없다. 세상이 평평해 보이지만 실제 둥글다는 사실을 우리는 알고 있다. 과학적 증거들이 그 사실을 보여주기 때문이다. 동물이 인간과 유사한 의식적 경험을 일부 갖는가 하는 질문에 대답할 길이 없다면, 우리는 그들이 그 경험을 갖는다고 간단히 상정해서는 안 된다.

매우 어려운 일이긴 하지만, 나는 과학자들이 의인화에 따른 가정을 실험실로 가져오는 것을 경계해야 한다고 생각한다. 앞서 살펴봤듯 로이드 모건은 19세기 후반에 이미 과학자들에게 동물의 행동을 인간 마음의 관점에서 보고자 하는 유혹에 저항해야 한다고, 그렇지 않으면 동물 행동 연구가 실험적 사실의 기반을 잃어버릴 수 있다고 경고했다.[63] 이후로 동물 심리학은 어떻게든 이 도전에 응하기 위해 분투해왔다.[64]

나는 오늘날 과학자들이 동물도 의식적 경험을 한다고 간단히 가정하고, 이 가정을 명백한 사실인 것처럼 그들의 연구에 포함시키는 관행에 놀라움을 금할 수 없다. 동물의 행동을 설명하면서 배고픔, 기쁨, 공포 등을 자유롭게 들먹인다. 실험을 설계하고, 행동 데이터의 통계 검정을 수행하며, 복잡한 신경생물학적 기술을 동원해 뇌 연구에서는 더없이 엄격한 태도를 취하던 바로 그 과학자들이, 신경생물학적으로 조작된 통계적으로 유의미한 행동 반응에 비추어 동물의 정서적 삶을 해석할 때는 갑자기 매우 자유로운 면모를 보인다. 해석이란 본질적으로 추측에 근거할 수밖에 없지만 그 추측을 의심의 여지 없는 사실처럼 다루는 데서 문제가 발생한다. 과학자로서의 재미 중 하나는, 우리가 알지 못하거나 어쩌면 결코 알 수 없는 것에 대한 답을 추측하고 상상하는 일이다. 하지만 과학자는 이런 가설과 과학에 근거한 관찰을 구분해야 할 의무가 있다. 그렇지 않으면 추측은 사실로 간주되고, 이 "사실"은 과학자들이 연구에서 상정하는 현실의 일부가 된다.

궁극적으로 나는 동물 의식에서 핵심 문제는 무엇을 신경계의 기본 조건 default condition으로 봐야 하는가라고 생각한다. 의식이 없다고 입증되기 전까지는 모든 동물에게 의식이 있다고 봐야 할까? 아니면 신경계의 원시적 형태가 비인식적(비의식적)이었다고 상정해야 할까? 이 질문은 생물 의식과 정신적 상태 의식을 혼동하는 탓에 종종 옆길로 빠진다. 또 그저 다른 동물에게도 정신적 상태 의식이 존재해야 한다는 가정 때문에 엇나갈 수도 있다. 나는 비의식적이라는 가정이 의식적이라는 가정보다 분명 선호할 만하다고 생각한다. 이 가정은 의식에 대해 검증 불가능한 가정을 세우지 않아도 인간과 다른 동물 뇌의 비의식적 측면을 연구할 수 있게 해주고, 추측을 사실로 다루게 될 가능성을 낮춘다. 결국 차이점은, 비의식적으로는 데이터를 설명하지 못한다는 것을 보여줌으로써 동물 의식 문제에 접근하느냐, 혹은 의식을 나타내는 것처럼 보이는 관찰들이 의식의 명백한 증거를 구성한다고 상정함으로써 접근하느냐다. 나는 의식으로부터 내려오는 전략보다 의식으로 올라가는 전략을 선호한다.

다양한 종을 비교할 때 한 가지 문제는 사용되는 기준이 자주 바뀐다는 점이다. 쥐나 문어가 우리와 같은 종류의 경험을 한다고는 아무도 믿지 않는다. 따라서 연구자들이 다른 동물의 의식을 이야기할 때, 그들은 사실 인간이 의식이라 부르는 것을 이야기하는 것이 아니다. 그런데 이때 진화론이라는 카드가 등장한다. 인간의 의식은 분명히 동물의 유사한 처리 과정에서 진화했을 것이다. 따라서 동물의 의식과 일치하는 행동적 증거는 인간의 의식이 어떻게 진화했는지 알려준다. 그러나 이는 다른 동물의 정신적 상태 의식에 관한 직접적인 증거가 있어야 유효하다. 그렇지 않다면 우리는 인간 인지의 전구체일 수 있는 비의식적 뇌 처리 과정을 이야기하고 있는 것이다. 전구체가 의식과 관련은 있겠지만, 이는 전구체 상태가 그 자체로 의식적 상태이기 때문이 아니다.

과학자들은 무엇이 데이터를 구성하는지 그리고 데이터를 어떻게 해석할지 매우 신중해야 한다. 그 결과가 세상이 작동하는 방식에 대한 지식 추구를 넘어서, 인간의 삶과 안락에 영향을 주는 핵심 문제를 다룰 때 위험 부담은 특히 더 크다. 우리가 비인식적으로 방어 반응을 제어하는 회로를 동물에게 자기인식적이고 의식적인 공포의 느낌을 일으키는 것처럼 다룰 때, 우리는 우리의 연구를 잘못 전달하는 것뿐만 아니라, 압도적인 공포와 불안의 느낌으로 고통받는 사람들을 도우려고 우리의 연구를 적용하는 이들을 잘못된 길로 이끄는 셈이 된다. 동물 연구는 큰 도움이 될 수 있지만, 그 결과를 가능한 가장 정확한 방식으로 해석할 때 가장 큰 효과를 안겨줄 것이다.

08장
느낌:
정서 의식

> "당신은 내가 아니다. 당신은 내가 느끼듯이 느낄 수 없다."
>
> — 존 파울즈[1]

당신 옆에 선 사람이 조금 떨어진 과녁에 총구를 향하고 있다. 갑자기 그는 돌아서서 총구를 당신 머리에 들이댄다. 총구를 당신 쪽으로 돌릴 때, 물리적 환경에서 자극 요소는 거의 같지만, 상황의 의미는 당신에게 급변했다. 그 경험은 분명 정서적 경험으로 변한다. 당신의 의식적 마음은 공포와 불안의 느낌—그 사람이 방아쇠를 당길지 모른다는 공포와, 그렇게 되면 당신의 생존과 안락은 어떻게 될 것인지에 대한 불안—에 사로잡힌다.

정서적 경험의 감각질, 즉 그 경험이 "어떤 것인지"는 비정서적 경험의 감각질과 다르다. 이 장에서는 그 차이의 속성을 탐색하고 그것이 뇌에서 어떻게 발생하는지 알아볼 것이다. 구체적으로 6, 7장에서 논한 정서적으로 중립적인 감각 자극이 아니라 정서적으로 흥분되는, 특히 위협적인 자극을 마주할 때 우리의 뇌와 몸에서 무슨 일이 일어나는지 탐구할 것이다.

공포 느낌의 정의적 특징은 무언가를 두려워하는 것이다. 뱀이나 강도, 내

머리에 겨눈 권총을 두려워하는 경험의 핵심 부분은 뱀, 강도, 권총이 있다는 자각이다. 따라서 나는 위협 자극이 어떻게 의식적으로 자각되는지, 그리고 위협적인 자극과 중립적인 자극의 뇌 처리 과정이 어떻게 다른지 논의를 시작하고자 한다. 당신이 위협을 마주할 때 왜 공포의 느낌을, 존재하지 않는 위협을 걱정할 때 왜 불안의 느낌을 의식적으로 경험하는지 궁극적으로 이 차이가 설명해줄 것이다.

위협의 의식적 처리와 비의식적 처리

인간의 위협 처리 과정 연구에서, 연구자들은 피험자에게 선천적으로 위협적인 자극이나 파블로프 조건형성을 거쳐 위협의 의미를 획득한 자극을 제시한다(그림 8.1). 각 종은 특정 자극을 위협으로 간주하도록 선천적으로 갖춰져 있다.[2] 선천적/갖춰진 위협에는 분노나 공포의 얼굴 표정을 한 인간의 사진, 또는 뱀이나 거미와 같이 독이 있는 동물의 사진이 포함된다. 조건형성된 위협은 양성 자극과 약한 전기 충격이 짝을 이뤄 형성된다. 일부 연구에서는 조건형성의 효과를 높이기 위해 두 접근법을 결합한다(분노한 얼굴 같은 선천적으로 위협적인 자극과 전기 충격을 짝짓기).[3]

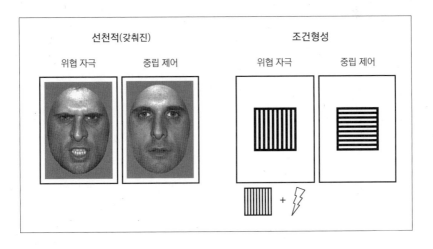

그림 8.1: 인간 연구에서 선천적(갖춰진) 위협 자극과 조건형성된 위협 자극 (왼쪽) 일부 자극은 분명한 선행 학습 없이도 사람들에게 위협으로 작용한다. 그러나 모든 사람이 동일한 정도로 반응하지 않고, 선행 학습을 완전히 배제하기 어렵기 때문에, 이런 자극을 선천적인 자극보다 갖춰진 자극이라 부르기도 한다. (Ewbank et al [2010]을 수정.) (오른쪽) 생물학적으로 중립적인 자극이 전기 충격 같은 혐오 무조건 자극(US)과 짝을 이룰 경우, 조건형성된 위협 자극(CSs)이 된다. 인간 연구에서 US는 대개 상당히 약하기 때문에 갖춰진 자극을 혐오 자극과 짝지어 조건형성의 효과를 촉진할 수도 있다.

의식적 위협과 비의식적 위협의 효과 비교는 상당수 중립적 자극과 비슷하게—마스킹이나 다른 실험적 조작을 이용해 위협을 자각 못하게 하거나 맹시 blindsight 환자 같은 뇌 손상 환자의 위협 처리 과정을 연구하는 식으로—연구되었다(6장 참조). 수많은 연구에서 인간의 뇌는 촉발 자극 자체를 자각 못해도 위협의 의미를 처리할 수 있는 것으로 나타났다.[4]

앞서 논의했듯 인간의 의식은 연구 가능하지만 동물의 의식은 어려운 한 가지 이유는, 인간의 경우 자극의 의식적인 자각 여부에 대해 언어 보고 가능한 상황을 조성할 수 있다는 점이다. 비언어적 반응은 뇌가 자극을 유의미하게 받아들이는지는 드러낼 수 있지만 의식적, 비의식적 처리 과정의 차이는 스스로 드러내지 못한다.

우리가 6장에서 살펴봤듯, 중립적 자극(마스킹이나 맹시 환자를 통한)의 비의식적 처리 과정에 관한 연구는 주로 피험자들에게 특정 방식으로 반응하기를 요구한다. 피험자들은 대개 둘이나 그 이상의 항목에서 고르라는 요구를 받는다. 어림짐작하는 기분이 들더라도 말이다. 그러나 위협 자극은 중립적 자극에 비해 실험적 이점을 제공한다. 위협은 자동적이고 불수의적으로 자율신경계 반응(혈압, 심박수, 호흡, 발한의 변화 같은)을 끌어내고 놀람과 같은 신체 반사를 일으키기 때문이다.[5] 피험자들은 경험 못했다고 주장하는 자극에 반응하도록 지시받거나 유도될 필요가 없다. 위협이 끌어낸 신체 반응이, 언어 보고가 실패해도 보지 못한 위협을 뇌가 유의미하게 처리했다는 객관적으로 측정 가능한 비언어적 표지를 제공한다. 이런 반응은 보통 위협 처리 과정에 의식이 필요하지 않다는 증

거로 사용된다. 위협 처리는 근본적으로 비인식적(암묵적 또는 비의식적) 형태의
처리 과정이다.

그러나 정상적인 상황에서 우리는 보통 의식적으로 위협을 분명 자각할 수
있다. 의식은 위협 처리 과정에 새로운 차원을 더한다. 비록 인간의 의사 결정
상당수가 자극과 반응의 가치를 평가하는 비의식적 처리 과정에 근거하지만(3,
4장 참조) 선택에 의식이 개입할 수도 있다.[6] 사나운 맹견이 당신을 향해 으르렁
거리며 달려들려 할 때, 과거의 학습은 나무에 올라가는 것을 최선의 선택으로
추천할 수 있다. 그러나 만일 나무에 낮은 가지가 없거나, 있더라도 당신을 지탱
해줄 수 없다는 것을 알아차린다면 당신은 도주한다는 대안을 시도해야 할 수도
있다. 그리고 의식적 기억과 상상(미래로의 정신적 시간 여행)을 통해 다양한 전
략을 시험해보고 최선으로 보이는 것을 선택할 수도 있다. 게다가 위협은 일단
의식되면, 우리를 고민하고 걱정하게 만들 수 있다(만일 맹견에게 물리면 심한 상
처를 입게 될까?). 위협을 의식적으로 처리하는 동안 뇌에서 무슨 일이 일어나는
지 살펴보자.

의식적으로 처리된 위협에 의해 활성화되는 뇌 시스템

6장에서 우리는 마스킹이나 다른 절차를 통해, 중립적인 시각 자극을 의식에 들
어가지 못하게 막아도 시각 피질 영역이 활성화된다는 것을 확인했다. 마스킹
같은 조작 없이 피험자들이 시각적 자극이 보인다고 보고할 때는 시각 피질 말
고도 CCNs의 전두 및 두정 영역이 활성화된다.

마찬가지로, 위협적인 시각 자극에도 동일한 기본 뇌 활성화 패턴이 나타난
다. 비의식적으로 처리되는 위협 자극은 시각 피질을 활성화하지만 전두 및 두정
영역은 활성화시키지 않는 반면, 의식적으로 보이는 시각적 위협은 시각, 전두,
두정 피질을 모두 활성화한다[7](그림 8.2). 이처럼 시각적 위협 자극을 의식적으로
자각하는 일 역시 다른 종류의 시각적 자극을 자각하는 것과 동일한 방식으로,

즉 작업 기억의 피질 작업 공간에 자극을 표상하고 주의 및 기타 실행 기능을 제어하는 의식의 피질 네트워크와 시각 피질 사이의 상호작용에 의해 이루어진다. 앞서 언급했듯 그렇다고 의식이 이 영역에 존재한다는 의미는 아니다. 다만 이 영역에 있는 세포, 분자, 시냅스, 회로 등이 의식의 발생을 돕는다는 얘기다.

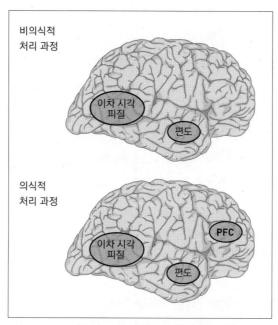

그림 8.2: 의식적 위협과 비의식적 위협에서 뇌 활성화 패턴 그림 6.8에 나와 있듯, 피험자가 자유롭게 본 정서적으로 중립적인 자극은 시각 피질과 더불어 전두 및 두정 영역을 활성화하지만, 마스킹 처리로 피험자가 보고하지 못한 자극은 단지 시각 피질만 활성화한다. 위협에도 동일한 패턴이 적용된다. 그런데 추가로 위협의 경우 눈에 보이는 자극이나 마스킹한 자극 모두 편도를 활성화한다. 피험자가 보고하지 못한 위협이 편도를 활성화할 수 있다는 사실은, 편도의 활성화가 자극의 의식적 자각과 독립적으로 일어나는 것임을 암시한다.

의식적으로 본 정서적으로 중립적인 자극과 의식적으로 본 위협은 활성화하는 피질 영역이 동일하지만, 활성화 정도는 후자가 훨씬 더 크다.[8] 중립적 자극 역시 주의를 끌기 위해 애쓰지만, 의식적 마음의 눈에 띄는 쪽은 위협이다. 우리는 이와 같은 피질 활성화의 증가가 어떻게 일어나는지 살펴볼 것이다. 일단 의식적 위협 처리 과정과 관련해 기억에 대해 간단히 이야기하고 넘어가겠다.

7장에서 우리는 의식에서 기억의 역할에 대해 논의했다. 놀랍게도 내측 측두엽 기억 시스템이 위협의 의식적 처리 과정에 미치는 영향에 관해서는 많은 연구가 이루어지지 않았다. 그러나 의식에서 기억의 역할에 대해 우리가 아는 지식에 비추어 생각해보면, 의식적으로 위협을 처리할 때 내측 측두엽 기억 시스템이 관여하는 것으로 보인다. 예를 들어 당신이 위협받고 있다는 사실을 의식하려면 어떤 위협인지 알아야 하고(당신의 뇌에 위협 개념이 저장되어 있어야 한다) 이는 의미 기억을 필요로 하는 지식이다. 당신은 또한 현재의 특정 자극이 위협의 한 사례임을 알아야 한다(여기에도 의미 기억이 필요하다). 그뿐만 아니라 당신이 일반적인 위협이나 이 특정 위협과 관련해 갖고 있는 과거의 개인적 경험도 인출될 가능성이 높다(여기에는 일화 기억이 필요하다). 이 다양한 내측 측두엽 표상이 작업 기억으로 들어가면, 최종적으로 인식적이고 자기 인식적인 의식 상태를 조립하기 시작한다. 그리고 기억 처리 과정은 감각 처리 과정과 마찬가지로, 중립적 자극보다 위협에 의해 더 크게 활성화된다.[9]

**뇌가 위협을 처리할 때와 정서적으로 중립적인 자극을 처리할 때의 차이점:
방어 생존 회로**

위협이 자율신경계 반응을 끌어내는 반면 중립적 자극이 그렇지 않은 것은, 위협이 이 반응을 제어하는 특정 회로를 활성화하기 때문이다. 이 회로들은 방어 생존 회로의 범주에 속하며 대표적인 예가 2장과 4장에서 설명한, 편도 기반의 방어 회로다. 이 회로들은 자극을 의식적으로 처리할 필요가 없다.

편도와 관련된 것과 같은 방어 회로들이 비의식적 위협 처리 과정이라는 사실은 여러 경로로 드러나고 있다. 예를 들어 앞서 이야기했듯 건강한 피험자는 위협 자극을 자유롭게 보여주든 마스킹 처리를 하든 편도의 활성화가 정상적으로 일어났다.[10] 게다가 위협 자극이 보이지 않는 영역에 제시되어 본 것을 부정하는 맹시 환자도 편도가 활성화되었다.[11] 이는 인간 편도의 손상이 암묵적이고 비의식적인 위협 조건형성을 방해하지만, 조건형성되었다는 사실을 의식적으로 기억하는 능력에는 영향을 미치지 않는다는 데이터와 양립 가능한 발견이다.[12] 반대로 해마의 손상은 조건형성되었다는 사실을 의식적으로 기억 못하게 하지만, 조건형성되거나 나중에 CS에 반응하는 능력에는 영향을 주지 않는다.[13]

이와 관련된 또 다른 계열의 연구는 위협 조건형성이 일어나는 동안 수반성 contingency 자각에 관한 것이다. 여기에서 중요한 질문은 CS와 US의 관계(수반성)에 대한 의식적 자각이 위협 조건형성이 일어나는 데 필요한지 여부다. 과거 연구는 이 관계를 의식적으로 자각하는 것이 조건형성에 필요하다고 제시했지만,[14] 최근 연구는 조건 자극 정보를 감지하기 어렵게 조작해서 이 관계의 자각을 막아도 조건형성이 실제로 일어날 수 있음을 보여주었다.[15] 그뿐만 아니라 피험자가 수반성을 자각하거나 자각하지 못할 때 모두 편도의 활성화가 일어났지만, 해마의 활성화는 피험자가 수반성을 자각할 때만 일어났다.[16] 여기에서 우리는 암묵적 형태와 외현적 형태의 기억이 어떻게 작동하는지 볼 수 있다. 암묵적 기억은 조건형성 그 자체의 근간이지만, 외현적 기억(내측 측두엽 기억 시스템 그리고 아마도 전전두/두정 영역이 관여하는)은 CS와 US의 수반성에 관한 의식적 지식(의미 기억)[17], 그리고 조건형성되었다는 의식적 자각(일화 기억)을 필요로 한다.[18]

편도의 손상은 위협에 대한 암묵적(비의식적) 반응의 발현을 방해하는 것 말고도 또 다른 중요한 효과를 갖는다. 위협이 인간의 시각 피질에서 감각 처리 과정을 가속한다는 점을 상기하자. 편도의 손상은 이 효과를 제거해 그 결과 위협과 중립적 자극이 비슷한 정도의 피질 활성화를 일으키게 한다.[19]

편도의 이런 측면을 강조하는 것이 너무 편협하다고 비판하는 사람도 있을 것이다. 위협 처리에 기여하는 뇌 영역에 편도만 있는 것은 아니기 때문이다(4장 참조).[20] 그러나 편도의 역할은 상당히 잘 알려져 있기 때문에, 위협이 어떻게 피질의 처리 과정에 영향을 주고 따라서 위협을 의식적으로 경험하는 과정에 어떻게 영향을 주는지 조사하는 좋은 출발점이 될 수 있다. 동시에 위협 처리 과정에서 편도의 역할에 대한 강조가, 편도가 기여하는 수많은 다른 기능의 중요성을 낮추는 일도 없어야 할 것이다.[21]

그렇다면 뇌가 위협과 중립적 자극을 처리할 때의 주된 차이점은 편도가 관여하는 방어 생존 회로의 활성화 여부다. 그리고 이는 피질 영역이 위협을 처리하는 방식에 영향을 미친다. 표 8.1은 시각적 위협을 의식적으로 봤을 때와 마스킹했을 때 뇌 활성화 차이를 요약한 것이다.

표 8.1: 정서적 자극 및 중립적 자극을 봤을 때와 마스킹했을 때 뇌의 활성화				
	중립적 자극		위협 자극	
	의식적	마스킹	의식적	마스킹
시각 피질	활성	활성	활성	활성
전두/두정 피질	활성	비활성	활성	비활성
편도	비활성	비활성	활성	활성

위협 자극은 어떻게 편도에 도달할까?

여기서 내 주장의 핵심은 위협 자극이 편도 기반의 방어 생존 회로를 활성화하고, 그것이 뇌와 몸에 수많은 반응을 개시해 이후 뇌가 위협을 처리하는 방식을 변화시킨다는 점이다. 이 회로들은 궁극적으로 공포의 의식적 경험에 간접적이지만 중요한 기여를 한다. 위협 처리가 편도의 활성화에 어떻게 영향받는지 이해하는 첫걸음으로, 먼저 감각 정보가 편도에 도달하는 경로를 생각해 보자. 우리는 청각 및 시각 위협에 초점을 맞출 것인데, 대부분의 연구가 이 감각 양상을 다루었기 때문이다.

감각 자극이 편도를 활성화하는 주된 방식은 피질의 감각 처리 과정의 후기 단계에서 비롯된 경로를 거친다고 오랫동안 여겨져왔다.[22] 그러나 1980년대 중반 내가 진행한 연구는, 감각 자극이 편도를 활성화하고 그로써 선천적인 방어 반응(얼어붙기)과 자율신경계의 반응을 일으키는 데 피질의 처리 영역이 관여할 필요가 없다는 것을 쥐를 통해 보여주었다.[23] 구체적으로, 이 연구들은 편도가 피질 처리 과정의 후기 단계뿐만 아니라 시상thalamus의 피질하 감각 처리 영역에서도 감각 입력 신호를 받는다는 사실을 밝혀냈다. 즉 일차 감각 피질에 감각 입력 신호를 보내는 시상 영역이, 역시 피질을 거치지 않고 곧장 편도로 신호를 보내는 것이다. 시상과 피질에서 편도로 들어가는 감각 입력 신호를 각각 하위 경로low road와 상위 경로high road라고 한다[24](그림 8.3). 두 경로는 시상의 동일한 일반 영역에서 비롯되지만, 그 영역 내에서 각기 다른 능력을 가진 각기 다른 뉴런 집단과 연관된다.[25]

일차 시각 피질로 신호를 전달하는 시상 세포는 정확도 높은high-fidelity 처리자로, 외부 자극의 특성이 일차 감각 피질에서 정확하게 표상될 수 있게 한다. 일차 감각 피질은 후기(이차 및 삼차) 시각 영역으로 연결되고, 이 영역에서 다양한 시각적 특성(모양, 색깔, 움직임)이 통합되어 사물과 사건의 지각 표상이 구성된다. 전두 및 두정 영역의 작업 기억과 주의 네트워크, 그리고 내측 측두엽 기억 네트워크과 연결되어, 시각 피질의 후기 영역에서 만들어진 표상은 인지 처리 과정과 자극의 의식적 자각 형성에 이용될 수 있다. 시각 피질의 후기 처리 영역은 편도로 이어지는 상위 경로의 출발점이기도 하다.

편도로 직접 연결된 시상 세포가 하위 경로를 일으키며 자극의 간단하고 원초적인 특성을 편도에 제공한다. 사물이나 일어나는 사건에 관한 정확한 정보보다는, 시각적 자극의 상대적 강도, 크기, 다가오는 속도 같은 것이 포함된다. 예를 들어 시각 시스템에서 편도는 상구collicular-시상침pulvinar 경로에서 입력 신호를 받는다. 이 경로는 "장소/행위" 경로의 출발점으로 비의식적으로 기능하

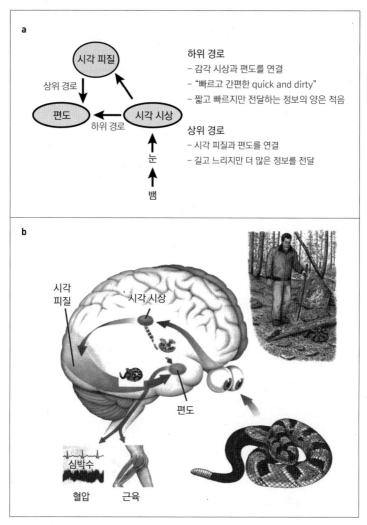

그림 8.3: 편도로 이어지는 하위 경로와 상위 경로 a. 감각 자극은 두 경로를 거쳐 편도에 도달한다. 감각 시상으로 전달된 정보는 그다음 감각 피질로 전달되는데, 추가로 편도로도 전달된다. 편도에 연결된 감각 시상 뉴런은, 시상을 일차 감각 피질과 연결하는 주 시스템의 일부가 아니다. 예를 들어 시각 시스템에서 편도는 입력 신호를 슬상geniculo-피질cortical 경로보다는 상구collicular-시상침pulvinar 경로에서 받는다(그림 6.6 참조). b. 활동 중인 하위 경로의 그림. 등산객이 산길을 걷다가 방울뱀을 막 밟으려는 순간이다(출처: Ledoux[1994]). 이때 하위 경로는 인간이 의식적으로 알기 전에 얼어붙기를 촉발할 수 있다. 이는 시각 피질과 함께 의식적인 시각 경험(그림 8.2 참조)에 기여하는, 전두, 두정 영역과 시각 피질의 상호작용 그리고 피질의 시각 자극 처리 과정을 통해 가능하다.

며 맹시(6장 참조)의 근간이고, 맹시 환자가 왜 위협에 편도의 활성화와 자동적 반응을 보이는지 설명해준다(위 내용 참조). 하위 경로는 상위 경로보다 적은 정보를 제공하지만 필요한 처리 단계가 적기 때문에 편도에 더 빨리 도달한다.

하위 경로는 상위 경로에 비해 "빠르고 간편한quick and dirty" 경로다. 이 경로는 위험 상황에 정확성보다는 속도를 갖고 반응하게 해준다. 만일 당신이 바닥에 있는 구불구불한 형태를 보고 (시상의 입력 신호가 편도로 전달되어) 얼어붙은 자신을 발견했는데 (피질의 처리 과정을 통해) 나뭇가지임을 깨달았다면, 이 잘못된 가정에 의한 방어 반응의 비용은 실제로 뱀을 밟았을 때 치러야 하는 잠재적 비용보다 적다. 나는 강연이나 글에서 이 뱀과 막대 사례를 종종 인용했는데, "풀 위의 막대"를 보고 얼어붙은 경험을 한 독자가 보내온 사진이 그림 8.4다.

편도는 정말로 비의식적 처리자일까?

건강한 뇌[26], 맹시 환자[27], 그리고 치료 목적으로 편도에 전극을 심은 뇌전증(간질) 환자[28]에 대한 연구들이 하위 경로/상위 경로 모델을 뒷받침한다. 이 모델은 또한 비의식적 처리 과정에서 편도로 가는 시상의 입력 신호의 역할에 대해 (아마도 지나치게) 많은 열광을 불러일으켰다. 하위 경로는 비의식적 처리 과정과, 상위 경로는 의식적 처리 과정과 동일한 것으로 여겨지게 되었다. 지금은 두 경로 모두 편도로 가는 비의식적 입력 신호로 봐야한다는 것이 분명해졌다.[29] "하위 경로"와 "상위 경로"라는 꼬리표는 위협에 대한 뇌의 의식적 처리 과정과 비의식적 처리 과정의 차이를 설명하는 방법이라기보다, 시상과 피질에서 편도로 가는 감각 입력 경로에 대한 간략한 설명으로 보는 편이 옳다.

비의식적 처리를 하위 경로에 의한 것으로 보고 상위 경로를 배제한 결과, 인간의 뇌에서 시상의 비의식적 입력 신호가 중요하다는 생각에 반발이 일어났다.[30] 그리고 시상의 입력을 비의식적인 것으로 피질의 입력을 의식적인 것으로

그림 8.4: 풀 속의 막대 뱀일까? 막대일까? 당신의 편도는 몇 밀리초 안에 이 자극에 방어 반응을 촉발하기 시작할 수 있다. 이 반응의 근간에 있는 회로는 그림 8.3에서 찾아볼 수 있다.

간주하다보니, 하위 경로에 대한 반박은 편도가 비의식적 처리자라는 생각에 대한 반박이 되었다.[31]

편도 처리 과정의 비의식적 속성에 도전하는 두 가지 주요 증거가 있다.[32] 첫째, 일부 환경에서 피험자가 위협을 자각할 때 (기능성 자기 공명 영상, 즉 fMRI로 측정한) 편도의 활성화 정도가 더 크다. 둘째, 피험자가 위협을 처리하는 동안 주의를 요구하는 다른 과제를 수행할 때 편도의 활성화가 감소한다. 이 결과는 편도의 활동이 주의로 조절되며, 편도가 비의식적 처리 과정보다 의식적 처리 과정에 참여한다는 의미로 해석되어 왔다.[33] 그러나 여기에는 고려해야할 다른 요소들이 있다.

주의가 편도를 조절한다는 결론은 fMRI 결과에 근거하는데, fMRI는 사실 매우 정밀하지 못하다. fMRI 기술은 뇌의 산소 소비량으로 신경 활동을 추정하는데, 몇 초 이상 진행되는 관련 변화만 측정할 수 있다. 이는 심각한 한계인데,

편도 세포가 몇 밀리초 안에 자극에 반응한다는 것을 동물 연구로 우리가 알기 때문이다.[34] 더 최근의 인간 연구에서 fMRI의 열악한 시간 해상도를 극복한 기술을 적용했고, 위협이 끌어낸 초기 반응은 주의의 영향을 받지 않지만 후기 반응이 영향을 받는 것으로 나타났다.[35] 게다가 빠른 반응은 하위 경로와 상위 경로에서 감각 입력 신호가 도착하는 외측 편도핵(LA)에서 일어난다.[36] 이처럼 하향식 주의는 LA의 빠른 반응에 영향을 주지 않는다. 이유는 밑에서 설명하겠지만, 초기 반응뿐만 아니라 후기 반응도 하향식 주의 조절 측면에서 다뤄져서는 안 된다.

왜 일부 환경에서 편도의 활동이 주의 관련 과제 중에 변할까? 한 사례를 생각해보자. 실험 참가자에게 상당한 주의가 필요한 어려운 시각적 구별 과제(예를 들어, 선 두 개의 경사각이 같은지 판단하는 과제)에 집중을 요구할 때, 마스킹 처리를 한(피험자가 보지 못했다고 대답하는) 정서적으로 유의미한(예로 공포나 분노의 표정을 짓는 얼굴) 시각 자극에 편도가 덜 활성화하는 것으로 나타났다. 편도의 활동이 이런 상황에 영향받는다 해도, 이는 제기되어온 이유(즉, 주의가 편도를 조절한다)에 의해서가 아닐 수도 있다. 만일 설비 고장으로 뉴욕 시의 상수도 공급이 중단되면, 브루클린의 내 아파트 건물에 물이 나오지 않겠지만 우리 아파트가 특별히 목표가 되었기 때문은 아니다. 다시 말해 주의를 다른 것에 돌릴 때 편도가 화난 얼굴에 덜 반응하는 것은, 주의가 얼굴 표정에 집중될 때 일어나는 시각 처리 과정의 정상적인 증폭이 부족하기 때문이다.[37] 그러니까 주의로 증폭되지 않아 시각 피질의 활동이 감소했고, 그 결과 이 피질이 편도로 보내는 신호가 약해진 것이다. 결과적으로 편도의 반응이 주의의 영향을 받았지만, 이는 주의가 편도를 제어하기 때문이 아니라 주의가 편도와 연결된 피질 영역의 활동에 영향을 주기 때문이다.[38]

주의의 부하 증가가 편도의 활동을 제거하는 것이 아니라 감소시킬 뿐이라는 점도 주목할 필요가 있다.[39] 위협이 촉발한, 남아있는 편도의 활동은 적어도 부분적으로는 시상의 입력 신호에 의한 것일 가능성이 높다.

의식은 독특한 연결성 패턴에 의해 가능하게 된, 독특한 정보 표상 능력을 가진 신경 네트워크 고유의 특성이다. 구체적으로 말하면 시각 자극의 의식적 자각은 시각 영역과 전전두/두정 영역의 상호 연결을 거쳐 일어난다. 이 영역 덕에 정보가 작업 기억에 표상되고 주의, 방송에 의해 증폭되며, 고차higer-order 표상으로 들어간다. 의식은 단순히 상위 경로를 통해 시각 피질의 후기 단계와 연결되기 때문에 편도로 전달되는 것이 아니다. 상위 경로 역시 하위 경로와 마찬가지로 비의식적 처리 과정의 경로다.[40] 편도는 두 경로 모두에서 나오는 정보의 비의식적 처리자다.

인간의 위협 처리 과정에 대한 실험실 연구에서 까다로운 문제는, 사용되는 자극—두렵거나 화나 보이는 사람의 정지 사진 혹은 매우 약한 전기 자극과 짝지어진 중립적인 사진—이 실제 세계 기준에서 거의 위협적이지 않다는 점이다. 실제 세계의 위협은 우리의 안락 혹은 생명까지 위협한다. 심지어 동물 연구 기준으로도 인간 연구에서 사용되는 것보다 훨씬 더 혐오적인, 포식자를 예고하는 자극이나 전기 충격을 사용한다. 우리가 쥐 실험에서 가하는 전기 충격은 짧고, 많은 실험에서 단 한 번이나 적은 횟수만 가한다. 그렇지만 신체적으로 괴롭고(행동 및 생리 반응으로 보건대) 억제할 수 없는 수준에 맞춰져 있다. 인간 연구에서는 피험자가 견딜 만한 수준까지 전기 충격을 스스로 조절한다. 피험자에게 어느 정도 상황 통제권을 주는 것은, 자극의 위협적 속성을 더 감소시켜 이 연구에 참가하는 어느 누구도 자신이 실제 위험에 처해있다고 느끼지 않게 만든다. 사용된 위협은 약하지만 그럼에도 인간 연구는 동물 연구에서 발견한 기본 뇌 회로를 확인시켜줄 수 있었다. 그러나 우리는 약한 혐오 자극이 가져온 결과를 확대해석하지 않도록 주의해야 한다. 다시 말해 주의 부하는 실제 위험 상황에서 인간의 편도 활동을 감소시키는 데 별 영향을 주지 않을 수도 있다. 곧 논의하겠지만, 사실 특정 과제에 주의를 기울이고 있을 때라도 위협은 주의의 초점을 흩뜨리고 그것을 위협으로 돌릴 수 있는 능력을 갖고 있다. 그렇지 않으면 우리는 위협이 갑자기 나타날 때마다 해를 입을 수 있다.

추가로, 자극의 의식적인 자각을 막는(또는 감소시키는) 방법에 근거한 결과의 해석에 대해서도 짚고 넘어갈 것이 있다. 마스킹한 잠재의식적 자극은 자유롭게 본 자극보다 인지적 처리 과정(예로 의미 처리)[41]과 뇌 활동을 추진하는 데[42] 효과가 떨어진다. 이런 결과는 비의식적 처리 과정에 한계가 있다는 주장에 사용되곤 한다. 그러나 이 결과들은 비의식적 처리 과정 자체의 한계보다는 짧은 노출로 자극 입력 신호가 약해졌을 때 뇌의 한계를 더 드러낸다. 일부 연구에서는 입력 시간이 짧지 않아도 피험자의 자각을 막을 수 있는 더 정교한 방법을 사용했지만, 처리의 한계는 여전히 어느 정도 나타났다. 이 경우에도 다른 인간 연구와 마찬가지로 고정된 CS와 약한 US의 사용에 따른 제약을 받았다.[43]

일상에서 자연적으로 나타나는, 완전히 볼 수 있고 들을 수 있는 신호는 우리가 알지 못하고 의식적으로 통제할 수 없는 복잡한 방식으로 행동에 영향을 줄 수 있다.[44] 이것이 바로 심리학자 존 바그John Bargh가 말하는 "일상 속의 자동성automaticity"이다.[45] 이런 경향은 뭘 먹을지 선택하는 데 미치는 영향처럼 무해할 수도 있지만, 자신과 다른 인종을 대하는 미묘한 방식처럼 은밀하게 유해한 영향을 미칠 수도 있다.[46] 뇌의 비의식적 힘은, 약화된 자극을 사용하는 인위적인 실험실 연구에서 드러나는 것보다 훨씬 더 강력한 것 같다.

위협 재평가로 편도의 활동을 변화시키기

정서 조절 연구는 하향식 인지가 편도에 영향을 줄 수 있는가 하는 질문에 적합하다. 우리는 사적 경험을 통해, 의도적으로 정서를 제어하는 것이 어렵다는 사실을 알고 있다. 오히려 정서가 우리를 제어하는 데 더 능숙한 듯하다. 나는 전작에서 외측 전전두 피질의 작업 기억 회로에서 편도로 이어지는 연결의 결핍을 그 이유로 제시했다.[47] 그러나 제임스 그로스와 케빈 옥스너Kevin Ochsner의 독창적인 연구에서, 사람들에게 정서 자극을 재평가하도록 가르치자 자극의 현저성에 관한 주관적 보고와 편도의 활동이 모두 감소한 것으로 나타났다.[48] 예를 들어, 피험자에게 부정적 자극을 받는 동안 즐거운 것을 생각하라고 지시하자 피험자들은 자극의 강도를 상대적으로 낮게 평가했다. 이 연구에서 얻은 주요 결과는 작업 기억과 실행 제어 기능을 담당한다고 알려진 외측 전전두 피질이 이와 같은 편도의 인지적 조절에 관여한다는 사실이다(그림 8.5).

그렇다면 외측 전전두 피질의 주의와 작업 기억 기능이 편도를 직접 제어한다는 의미일까? 꼭 그렇지는 않다. 이런 종류의 인지적 재평가에서 주의가 어느 정도까지 주요인인지를 둘러싸고 논쟁이 벌어지고 있다.[49] 또한 편도는 외측 전전두 피질로부터 직접 영향받지 않는 것으로 보인다. 이는 어쩌면 당연한데, 전자에서 후자로의 알려진 연결이 없기 때문이다.[50] 대신 관찰된 효과는 외측 전전두 영역에서 다른 영역으로의 연결을 통해 간접적으로 일어나는 것으로 보인다. 한 가지 가능성은 내측 전전두 피질이다. 그러나 옥스너와 동료들은 외측 전전두에서 뒤쪽(후방) 영역으로의 연결이 시각 자극의 의미 처리에 관여하고, 그다음 편도로 연결되는데 이것이 단서라는 증거를 찾아냈다.[51] 자극의 의미론적 의미가 위협에서 위협이 아닌 것으로 재해석됨에 따라, 편도에 도달하는 피질의 신호가 약해지고 편도의 활동도 감소한다. 위에서 언급한 것처럼 이는 외측 전전두 피질과 하향식 주의가 편도를 조절하는 것이 아니라, 외측 전전두 피질의 영향을 직접 받는 다른 피질 영역으로부터 편도가 더 약한 입력 신호를 받기 때문이다. 상위 경로와 주의 및 의식의 관계에 대해 위에서 논의한 것과 같은 이유로, 이 같은 방식의 재평가에서 실행 기능은 편도를 직접 변화시키지 않는다.

모리치오 델가도Mauricio Delgado, 리즈 펠프스, 나, 그리고 나머지 동료들이 함께한 연구에서 편도의 인지 조절에 다른 접근법을 적용했다.[52] 우리는 특히 편도를 활성화하고 자율신경계 반응(피험자가 보고하는 정서가 아닌)을 유도하는, 조건형성된 위협 자극의 능력이 재평가에 의해 조절되는지 여부에 관심이 있었다. 피험자들은 때때로 시각적 자극을 볼 것이며 전기 충격이 뒤따를 것이라는 설명을 들었다. 그다음 조건형성을 받았다. 또 그들은 시각적 CS가 나타날 때 기분이 좋아지는 자연 풍경을 떠올리도록 훈련받았다. 일단 조절 전략에 잘 훈련된 후에는 뇌 스캐너 안에서 조절 전략을 상기시키고 조건형성된 위협 자극에 노출시켰다. 편도의 활동을 감소시키고 그 결과로 CS로 유도되는 반응을 감소시키는 데 배쪽내측 전전두 피질이 관여하는 것으로 나타났다. 동일한 배쪽내측 전전두 피질 영역이 또 다른 형태의 정서조절로 편도를 조절하는데, 바로 소거다.

작업 기억과 그 실행 제어 기능을 담당하는 피질 회로에는, 편도와 연결되지 않은 외측 전전두 영역뿐만 아니라 편도와 연결된(6장 참조) 몇몇 전전두 피질 영역(예로 배쪽 내측, 전방 대상 피질, 안와)도 포함된다. 따라서 내측 피질 영역으로부터의 연결을 통해 하향식으로 편도를 조절하는 것이 가능하다.

그러나 델가도의 연구를 더 자세히 살펴보자. 이 실험에서 정서 조절은 지시를 받아, 외측 전전두 피질이 관여하는 외현적 인지 형태로 시작한다. 그런데 일단 훈련이 완수되면 재평가 과정이 자동으로 실시되어, 편도에 의존하는 자율신경계 반응을 제어한다. 이 조절 전략에서 내측 전전두 피질의 궁극적인 역할은 소거와 마찬가지로, 내측 전전두 피질이 편도에 저장된 CS-US 연합의 발현을 통제하고 자동적 반응의 발현을 약화할 수 있게 하는, 새로운 암묵적 학습 형태라 볼 수 있다.

요약하자면 그로스와 옥스너 연구에 사용된 재평가 접근법은 자기 보고된 의식적 경험을 바꾸었지만, 델가도 연구에서 재평가는 자동적 반응을 바꾸는 데 이용되었다. 두 경우 모두 재평가 과정이 외현적 인지와 연관되지만, 전자에서는 외현적 제어, 후자에서는 암묵적 제어에 영향을 준다.

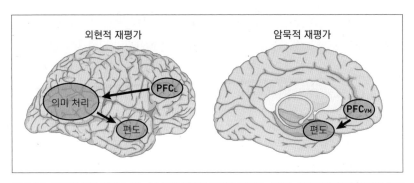

그림 8.5: 편도에 다른 영향을 주는 두 가지 형태의 인지적 재평가 (왼쪽) 외현적 재평가(재평가를 통해 피험자가 보고하는 정서적 경험이 변함). 주로 후방 신피질posterior neocortex의 의미 처리 과정에 의해 매개되는 외측 전전두 피질(PFCL)과 편도의 상호작용에 관여한다. (오른쪽) 암묵적 재평가(재평가를 통해 편도가 제어하는 자동적 반응을 변화시킴). 주로 내측 전전두 피질(PFCVM)과 편도의 상호작용에 관여한다.

편도에 의해 비의식적으로 처리되는 위협이 피질의 처리 과정에 직접 영향을 주고 주의를 붙잡는다

지금까지 우리는 주의가 어떤 방식으로 위협 처리 과정에 영향을 주거나 주지 않는지 살펴봤다. 이번에는 이 주제를 뒤집어 위협 처리 과정이 어떻게 주의를 붙잡는지 살펴보자. 아마 여러분은 특정 과제에 집중할 때 중요한 일이 일어나면, 주의가 과제에서 일어난 사건으로 이동한다는 사실을 알아챘을 것이다. 이것만으로도 주의가 위협 처리에 필수적이지 않다는 것을 시사한다. 그렇지 않다면 위협 처리는 항상 주의를 먼저 필요로 할 것이다. 위협이 주의를 붙잡아 위협으로 향하게 한다. 1960년대 인지과학의 선구자이자 노벨 경제학상 수상자인 허버트 사이먼은 이 깨달음을 바탕으로 효율적인 인지 시스템은 주의를 특정 과제에 집중시킬 수 있을 뿐만 아니라, 우선순위가 높은 사건이 예기치 않게 발생할 때 주의를 돌릴 수 있는 가로채기interrupt 메커니즘을 가져야 한다고 주장했다.[53]

나는 1990년대 후반, 심리학과 뇌 이론을 컴퓨터 시뮬레이션으로 검증하는 과학자들인 연산 모델러들과 함께 일하면서 사이먼의 개념을 알게 되었다.[54] 이 협동 연구에서 나온 생각 중 하나는, 자각의 바깥에서 일어나는 신속한 편도의 활성화가 위험한 사건이 갑자기 일어날 때 주의를 돌리는 방법이 될 수 있다는 생각이다.[55] 그 같은 과정이 마이클 아이젱크Eysenck의 "불안의 주의 제어 이론 attention control theory of anxious"에 적용될 수 있다. 그는 위협을 처리하는 주의 시스템을 두 가지로 나누었다. 목적 지향적 시스템과 자극 주도적 시스템이다.[56] 목적 지향적 시스템이 특정 작업으로 바쁘더라도 자극 주도적 시스템이 위협을 감지하고 비의식적, 상향식으로 주의를 돌릴 수 있다.

수많은 실험실 연구가 위협이나 그 외의 "정서적" 자극이 주의를 사로잡을 수 있다는 직관을 확인해주었다.[57] 이 결과들이 관련 뇌 메커니즘에 관한 연구의 길을 닦았다. 예상대로, 편도가 불수의적으로 주의를 돌리는 일을 포함해 주의 할당에 관여한다는 사실이 밝혀졌다.[58] 예를 들어 두 자극을 빠르게 연속으로 제시하면, 피험자는 첫 번째 자극은 알아차리지만 두 번째 자극은 대개 알아차리지 못한다.[59] 주의 과실attentional blink이라고 알려진 현상이다. 마치 첫 번째 자극이 잠깐 정신을 잃게mental blink 만들어, 그동안 두 번째 자극이 입력되지 않은 것 같다. 그러나 두 번째 자극이 위협이면, 주의 과실 효과를 무시하고 보일 수 있다.[60] 편도가 손상된 환자의 경우 이 무시가 일어나지 않는다. 이는 위협이 촉발한 편도의 활동이 계속해서 의식에 침투하려는 위협의 능력을 정상적으로 맡았음을 시사한다.[61]

편도의 비의식적 위협 처리 과정은 피질 처리 과정에 정확히 어떻게 상향식으로 영향을 주는 것일까? 외측 편도(LA)가 위협(선천적인 위협이든 조건형성된 위협이든)을 감지하면 편도의 다른 영역들로 신호를 보내 뇌와 몸의 행동적, 생리적 적응을 제어한다(4장 참조). LA의 표적 중 하나는 기저 편도(BA)다. BA는 특히 전두 및 두정 주의 네트워크 영역을 포함한 피질 영역들과 잘 연결되어 있다.[62] 따라서 BA에서 전전두 및 두정 영역으로 나가는 출력 신호를 통해, 주의가 하향식으로 감각 처리 과정을 제어하는 회로들에 영향을 줄 수 있다(그림 8.6).

특히 편도가 상향식으로 피질의 주의 네트워크에 주는 영향은, 위협적이지 않은 대상에 초점을 맞추고 있는 하향식 주의를 중단시켜 주의를 위협으로 돌릴 수 있도록 한다.

또한 BA는 피질의 감각 영역과 직접 연결되어, 그 영역의 처리 과정에도 직접 영향을 줄 수 있다. 비록 시각 처리 과정의 후기 단계만이 LA에 입력 신호를 보내지만(상위 경로) BA는 시각 처리의 초기 단계(일차 시각 피질)를 포함한 시각 피질의 모든 영역으로 다시 연결된다.[63] 이 해부학적 사실은 위협 자극이 중립적 자극보다 일차 및 이차 영역을 더 강하게 활성화한다는 관찰 결과, 그리고 일차 시각 피질에 의존하는 매우 원초적인 시각적 특성(색상이나 밝기의 차이 같은)의 처리가 중립적 자극보다 위협 자극에 의해 더욱 강화된다는 연구 결과와 일치한다.[64] 이처럼 일단 위협으로 LA가 활성화되면, BA는 피질의 시각 처리 과정의 모든 측면에 영향을 주기 시작할 수 있다.

위협이 주의를 변화시키는 또 다른 방법은, 편도 조절에 관여하는 내측 전전두 피질 영역에 개입하는 것이다.[65] 앞서 나는 이 영역의 활동이 편도의 활동을 감소시켜 위협에 대해 원치 않는 반응을 감소시킨다는 점을 언급했다. 그뿐만 아니라 내측 전전두 피질은 편도의 출력 활동을 강화해 피질의 위협 처리 과정을 촉진할 수도 있다.[66] 이것은 전전두/두정 영역에 관여하는 CCNs와 감각 처리 과정 사이의 재입력 과정을 촉진하고 위협에 대한 의식적인 자각을 강화하는 것으로 보인다.

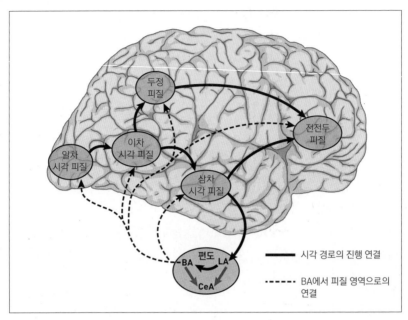

그림 8.6: 편도가 피질의 처리 과정에 미치는 직접적인 영향 시각 처리를 예로 들자면, 그림은 편도가 먼저 피질의 시각 처리 과정의 삼차 단계에서 시각 입력 신호를 받은 후, 신호를 다시 시각 과정의 앞선 단계로 돌려보내는 과정을 보여준다. 편도 안에서 외측 핵(LA)이 시각 입력 신호를 받아들이는 주된 영역이다. LA는 기저 편도(BA)로 연결되는데, 감각 및 다른 피질 영역으로 연결되는 경로가 주로 이곳에서 시작된다. 그림에는 시각 피질만 나타나 있지만 청각 및 체성감각 피질 시스템도 비슷한 방식으로 구성되어 있다(단 미각과 후각은 다르다). 편도에서 감각 영역이 아닌 영역으로 연결되는 주요 경로는 전전두 피질과 두정 피질을 포함한다. 이들 영역이 지금 전개하는 개념에서 중요한 역할을 하고 있다. 여기서 전전두 피질은 외측과 내측 영역을 모두 포함한다.

각성 수준을 변화시켜 주의와 감각 처리에 간접적인 영향을 주는
편도의 비의식적 처리 과정

편도의 위협 감지가 가져오는 또 하나의 매우 중요한 결과는 뇌의 각성을 전반적으로 증가시키는 것이다. 생물 의식은 부분적으로 각성에 의존한다. 경계, 주의, 조심(지속되는 주의)도 마찬가지다.

위협은 뇌 전역의 각성 수준을 상승시키는 데 매우 효과적이다.[67] "총체적 각성generalized arousal"이라 불리기도 하는[68] 이 효과는, 신경조절물질(예로 노르에피네프린, 도파민, 세로토닌, 아세틸콜린, 오렉신, 그리고 그 외의 화학물질)을 만들고 분비하는 뉴런 집단에 의해 이루어진다.[69] 이 뉴런들의 세포체는 특정 뇌 영역에 국한되지만, 뉴런의 축삭은 널리 분산되어 뇌 활동 전반에 영향력을 행사할 수 있다.(4장, 특히 그림 4.4 참조).

"총체적 각성"이라는 용어가 신경조절물질이 뇌 전역에 미치는 영향을 말하지만 행동적, 인지적 결과는 궁극적으로 특정 신경조절물질의 수용체를 가진 세포가 화학물질과 결합할 때, 특정 회로에서 정보 처리 중인 조절 화학물질에 의한 국소적 결과를 반영한다. 예를 들어 신경조절물질과 그 특정 수용체의 결합은 감각 피질, 전전두 및 두정 피질, 편도 영역들, 해마, 그리고 다른 수많은 뇌 영역들 내에서 감각 시상과 감각 피질 사이의 처리 과정을 촉진한다.[70]

신경조절물질의 활동은 국소적 특이성을 보인다. 예를 들어 아세틸콜린은 피질 영역의 감각 처리 과정과 주의에 영향을 주지만, 피질의 감각 처리 영역에서 각성이 유도하는 변화는 주의를 담당하는 실행 제어 영역의 처리 과정 변화 없이 얻어질 수 있다.[71] 따라서 신경조절물질은 주의와 그로 인해 의식적 감각 처리 과정에 주는 영향 외에도, 주의와 의식의 영향 밖에서 일어나는 다른 비의식적 과정에 영향을 줄 수 있는, 비의식적 감각 처리 과정에 별개로 영향을 줄 수 있다.

신경조절물질은 이미 활성화된 뉴런의 활동을 조절하는 데 가장 효과적이다.[72] 신경조절물질이 비특이적으로 분비되지만 특정 뉴런에 선택적으로 영향을 미칠 수 있는 것도 바로 이 때문이다. 시각 자극을 활발하게 처리하는 뉴런이나 시각 자극에 주의를 돌리도록 제어하는 뉴런은 영향을 받겠지만, 이런 활동에 관여하지 않는 뉴런들은 거의 또는 전혀 영향을 받지 않을 것이다.

위협이 각성을 변화시키는 주된 방법은 신경 조절 시스템으로 가는 CeA의 출력 신호를 통해서다(그림 8.7)[73]. (편도는 욕구 자극 또한 처리하며 이때 CeA도

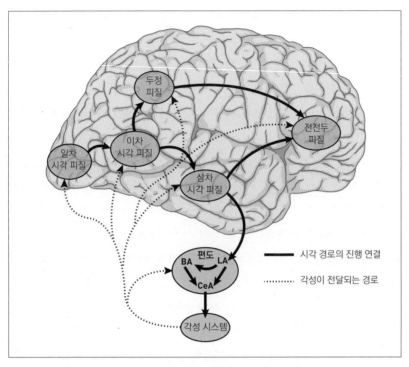

그림 8.7: 편도가 각성을 통해 피질 처리 과정에 미치는 간접적 영향 외측 편도(LA)로 전달된 감각 정보는, 기저 편도(BA)와 그림에 표시되지 않은 다른 영역(사이세포 핵과 같은)을 경유하는 편도 내 연결을 거치거나, 직접 중심 편도(CeA)에 도달한다. 우리는 방어 행동과 그에 수반하는 생리 반응(그림에는 표시되지 않음)을 제어하는 CeA의 역할을 논의한 적 있다. CeA의 또 다른 중요한 출력은 각성 시스템을 향한다. 이곳의 뉴런들은 다양한 신경조절물질(노르에피네프린, 세로토닌, 도파민, 아세틸콜린 등)을 만들고 축삭을 뇌 전체로 널리 보낸다(그림에서는 중요한 영역으로의 연결만 표시). CeA에 의해 각성 시스템이 활성화되면 이 축삭에서 화학 물질을 분비해 해당 영역의 정보 처리 과정을 변화시킨다.

신경 조절 시스템을 활성화한다.[74] CeA가 신경 조절 시스템을 활성화한 결과, 주의와 경계가 증가한다. 감각 자극을 감지하는 역치가 낮아지기 때문이다.

    각성이 뇌의 정보 처리 과정에 영향을 줄 기회는 많다. 편도 자체가 신경 조절 입력 신호의 수신자라는 사실은, 각성 중에 편도의 처리 과정 역시 촉진된다는 의미다. 편도가 각성을 부추기고 다시 각성이 편도를 부추기는 식으로, 독자

적인 재입력 순환이 관여하면서 위협이 남아 있는 동안 뇌와 신체 모두 활성화를 유지하도록 돕는다.[75]

즉 편도는 두 가지 상호보완적 방법으로 감각 처리 과정을 촉진한다. 주의 네트워크를 포함한 감각 및 작업 기억 피질 네트워크는 BA의 출력 신호로부터 직접 영향받을 뿐만 아니라, CeA의 출력 신호에 의해 분비되는 신경조절물질의 영향도 받는다. 그 결과 감각 네트워크와 작업 기억/주의 네트워크 사이의 연결은 이중으로 활성화되어 위협에 더 예민하게, 지속적으로 집중함으로써, 위협 자극이 역시 현존하는 중립적 자극보다 두드러지게 의식적 자각에 포착되도록 한다. 그 결과 피질의 재입력 과정이 정서적 유의성이 부족한 자각에 대한 지각의 상태를 넘어 일어난다(그림 8.8).

이는 위협이 감지되면 왜 위험을 평가하고 주변 환경에 대한 감수성이 높아지는지 설명해준다. 만일 당신의 뇌가 위해의 잠재적 원천을 감지해 각성이 촉발되면, 당신은 초점 주의focused attention를 통해 주변 환경을 감시하면서 다른 잠재적 위해 요소를 찾기 시작한다. 여기에 관여하는 메커니즘은 위에서 언급한, 감각 처리 과정과 주의에 편도가 상향식 영향을 미치는 메커니즘과 비슷하다. 일단 주의가 포착되면, 하향식 실행 주의가 감각 처리 과정을 향한다. 불안 장애가 있는 사람들은 이런 경향이 극단적이다.[76] 그들의 뇌는 각성과 재입력 과정을 통해 높은 경계 태세에 있다. 그들은 과잉각성되고, 따라서 위협에 과잉주의를 기울이며, 위협이 현존하지 않을 때도 과잉경계한다. 대부분 사람들이 안전의 신호로 받아들이는 것도 그들에게는 위험의 경고로 지각될 수 있다.

불확실한 위협 처리에 관여하는 침대핵

위에서 설명한 편도 기반의 방어 회로는 감각 처리 영역과 폭넓게 연결된 덕에 즉각적인 자극에 대한 행동, 생리 반응을 제어하는 데 특히 적합하다. 이 회로는 공포의 느낌에 기여하는 비의식적 처리 과정을 이해하는 데 특히 적합하다. 그

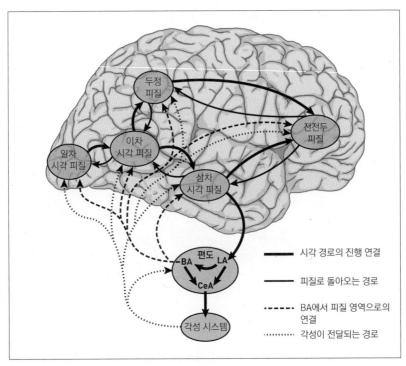

시각 경로의 진행 연결

피질로 돌아오는 경로

BA에서 피질 영역으로의 연결

각성이 전달되는 경로

그림 8.8: 반복의 영구화 뇌 영역들 사이의(정확히 말하자면 각 영역 뉴런들 사이의) 상호 연결은 처리 과정의 순환을 형성한다. 이 순환에서 반복되는 활동이 처리 과정의 증폭과 의식적 경험의 발생을 일으키는 것으로 여겨진다. 여기에 몇 가지 수준의 순환 처리 과정이 제시되어 있는데, 두 가지 점에 주목해야 한다. 첫째, 일단 감각 자극에 의해 편도가 활성화되면 기저 편도(BA)의 출력 신호를 통해, 진행 중인 감각 처리 과정뿐만 아니라 역시 감각 처리 영역과 상호 연결된, 주의와 작업 기억에 관여하는 피질 영역에도 영향을 준다. 둘째, 중심핵(CeA)은 방어 반응과 그것을 지원하는 신체의 생리적 변화를 일으킬 뿐만 아니라(그림에는 표시하지 않음) 뇌의 각성 시스템을 활성화해서 화학 물질을 분비해 위에서 언급한 모든 영역의 처리 과정을 조절하도록 한다. 그뿐만 아니라 신경조절물질은 편도에도 분비되어 편도의 처리 과정을 조절한다. 이처럼 위협이 지속되는 한 여러 겹의 반복되는 연결로 이루어진 거대한 되먹임 feed-back과 앞먹임feed-forward 처리 증폭 시스템이 일어나서, 유기체가 최대한 에너지를 모아 위협에 대처하도록 한다.

런데 현존하지 않고 결코 일어나지도 않을 위협을 걱정할 때 불안의 느낌은 어떤가? 우리가 앞서 살펴봤듯 가능하지만 불확실한 위협 상황에서 행동 제어에는 분계선조의 침대핵(BNST)이 편도의 역할을 보충한다. BNST는 편도와 달리 감각 시스템과 잘 연결되어 있지 않지만 전전두 피질과 해마, 편도에서 강력한 입력 신호를 받는다(4장 참조). 간단히 말해 BNST는 우리 미래의 자아가 경험할 수 있는 사건을 예측하거나 걱정하는 능력을 포함한, 사건의 인지적 표상에 의해 촉발될 수 있다.

수많은 위험 상황이 실제 위협과 불확실성을 모두 포함한다. 이런 상황에서는 편도와 BNST 모두 개입할 수 있다. 편도는 확실한 위협에 반응하고, BNST는 덜 확실한 요소에 대한 위험 평가를 개시한다. 새로움이나 불확실성이 주로 연관될 때 BNST가 가장 많은 일을 한다.

알아챌 수 없는 것을 알아채기

방어 동기 상태는 비의식적, 비인식적 상태다. 우리는 간단히 주의를 방어 생존 회로에 돌려 그것이 무슨 일을 하고 있는지 알아낼 수 없다. 그러나 우리는 관찰 가능한 결과를 모니터링함으로써 방어 생존 회로와 그에 수반하는 동기 유발 상태에 대해 간접적으로 알 수 있다.

분리 뇌 환자가 우뇌가 벌인 행동에 대한 언어적(좌뇌에 근거한) 설명을 지어낼 때, 좌뇌는 자아 감각을 유지하면서 비의식적 시스템이 벌인 행동에 대한 설명을 만들어낸다. 즉 우리의 행동은 우리가 누구인지 알게 되는 중요한 수단이다. 이것이 가자니가가 주장한 의식의 해석 이론의 정수다(6장 참조).

자신의 방어 동기 상태는 자신의 행동을 통해 가장 분명하게 알 수 있다. 자신의 행동을 관찰하고 작업 기억에 행동의 표상을 만들어내는 것을 "모니터링 monitoring"이라 한다.[77] 출력된 자신의 행동에 주의를 돌려 우리는 자신이 무엇을 하는지 정보를 얻고 자신의 생각, 기억, 느낌에 비추어 의도적으로 행동을 수정할 수 있다. 작업 기억의 실행 기능 중 하나인 모니터링은 물론 전전두 피질의 회로가 관여한다.[78] 우리는 자신의 행동에 대한 관찰을 이용해 사회적 상황에서 취할 행동을 조절한다.[79] 만일 자신의 행동이 다른 사람들에게 부정적 영향을 주고 있다는 것을 깨달으면, 사회적 상황의 전개에 맞게 자신의 행동을 수정할 수 있다. 혹은 자신이 특정 집단에 편향된 방식으로 행동하고 있다는 것을 깨달으면 그런 태도를 고칠 수 있다. 뿐만 아니라 모니터링을 통해 우리는 바람직하지 못한 습관을 관찰하고, 치료나 다른 수단으로 변화를 모색할 수도 있다. 모든 사람이 모니터링을 이용해 자신에 대한 자각을 향상시킬 수 있는 것은 아니다. 정서 지능 분야에서는 사람들이 그런 능력에서 어떤 차이를 보이며, 어떻게 하면 그런 능력을 향상시킬 수 있을지 연구한다.[80]

우리는 또한 신체 내부에서 오는 신호도 모니터링할 수 있다. 이것이 다마지오의 신체 표지자 가설(somatic marker hypothesis, 5장 참조)의 기반이다. 가장 두드러지는 것이 체성감각 시스템에서 오는 신호다. 시각이나 청각 시스템과 매우 비슷한 방식으로, 이 신호는 피부와 근육의 촉각, 온도, 자극, 통증 정보를 피질의 처리 영역으로 전달한다. 두통, 요통, 근육통, 가려움, 피부에 닿는 따뜻하거나 차가운 공기, 또는 발열을 느낄 때 우리는 피질 영역에서 처리되고 있는 체성감각 정보를 자각하게 된다.

우리는 또한 내부 장기의 몇몇 신호도 알아차릴 수 있다. 많은 내부 장기가 뇌로 신호를 보내 처리되게 한다. 예를 들어 우리는 방광이 가득 찼거나, 위가 비었거나, 위산으로 타는 듯 쓰리거나, 심장이 빠르게 뛰거나 하는 사실을 알아차릴 수 있다. 그러나 신체에서 나오는 대부분의 다른 신호들, 특히 내부 장기에서 오는 신호들은 더 모호하고 정확히 알기 어렵다. 쓸개, 충수, 췌장, 간, 신장, 그 밖의 대부분 장기들의 상태는 오작동으로 통증이나 예상치 못한 결과를 낳기 전에는 알기 어렵다. 그러나 이 장기에 있는 감각 신경이 뇌에 메시지를 보내 지각, 주의, 기억, 정서에 어느 정도 간접적이고 암묵적인 영향을 줄 수 있다. 또한 체내 다양한 장기에서 분비된 호르몬 일부는, 방어 동기 상태를 조절하는 편도와 다른 영역들, 그리고 감각 처리, 주의, 장기 기억(의미 및 일화 기억), 작업 기억에 기여하는 피질의 인지 처리 영역 등 많은 뇌 영역의 수용체와 결합해 의식에 간접적으로 영향을 줄 수 있다.

뇌의 각성 역시 간접적이기는 하지만 어느 정도 알아차릴 수 있다. 각성 수준이 높을 때 우리는 기민하고, 활동적이며, 긴장한다. 각성 수준이 낮을 때 우리는 굼뜨고 부주의하다. 암페타민 같은 약물은 신경조절물질의 각성 효과를 모방해서, 뇌의 각성 수준을 높여 인위적으로 경계와 집중력을 높인다.[81] 급작스러운 각성의 변화는 감지 가능하지만, 이와 연관된 정보의 내용은 빈약하다. 각성은 우리에게 뭔가 중요한 일이 일어났다는 것은 알려주지만, 그 일이 무엇인지 또는 어떤 의미를 갖는지 말해주지 않는다. 다른 추가적인 정보가 없다면, 우리는 외부로 향한 감각을 통해 우리의 행동과 주변을 모니터링한다.[82] 각성은 또한 정서를 경험하는 과정에 대한 최신 이론에서 중요한 역할을 맡고 있다.[83]

모니터링을 통해, 방어 동기 상태의 다양한 구성 요소들이 그 결과를 거쳐 의식적 경험에 영향을 줄 수 있다. 비의식적 뇌에 직접 접근 불가능하므로 모니터링은 훌륭한 대안이 된다. 그러나 여기에도 위험은 있다. 신체 반응의 근간에 있는 비의식적 원천과 동기에 대한 해석이 정확할 수도 있지만 그렇지 않을 수도 있기 때문이다.[84] 행동으로 표출되지 않은 뇌나 신체의 모호하고 부정확한 생리 신호를 모니터링할 때, 신호의 동기적 유의성이나 의미를 잘못 귀인할 가능성이 높다. 우리가 "육감gut feeling"으로 의사 결정을 할 때 이는 비의식적 처리 과정을 이용하는 것이다. 그런데 우리가 이런 식으로 내리는 결정이 많다고 해서, 의식적 의사 결정을 의도적으로 피해야 한다는 의미는 아니다. 육감은 경우에 따라 유용할 수 있지만 문제를 일으킬 수도 있으며(3장 참조), 정신적 게으름으로 이를 의사 결정의 기본 방식으로 삼아서는 안 된다.

공포나 불안의 느낌이 어땠는지 기억하기

이전 장에서 나는 느낌이 선천적이지 않다고 주장했다. "느낌의 언어와 불안의 느낌"이라는 제목의 흥미로운 글에도 비슷한 주장이 나온다.[85] 저자는 "우리가 태어날 때 세상과 현실을 알지 못하듯, 느낌이 무엇인지도 모를 것이다. 대신우리는 우리의 느낌이 무엇인지 학습하고, 이 학습은 사회-언어적 경험을 기반으로 한다"라고 썼다. 다시 말해 우리가 살아가면서 "공포"나 "불안" 같은 단어의 의미를 배우고, 이 단어를 우리의 뇌와 몸을 모니터링한 경험에 붙인다는 말이다. 어린 아이가 위험한 상황을 겪었을 때 부모는 "너 정말 무서웠겠구나"라고 말해줄 것이다. 혹은 아이가 학교 연극 무대에 오르기 전 초조할 때, 부모는 "걱정 마. 사람들이 쳐다보면 불안해지는 게 당연한 거야" 같은 말로 진정시킬 것이다. 또 아이는 다른 사람들이 공포나 불안에 대해 이야기하는 것을 듣기도 하고, TV나 영화에서 이런 상태의 사례를 보기도 한다. 요즘 어린이를 위한 영화 상당수는 주인공(주로 동물)이 무서운 도전에 직면하고, 오랜 기간 동안 불안한 상태를 겪다가, 마침내 목적지에 도달해 공포와 불안이 환희로 바뀌는 모험에 관한 것이다. 심리학자 마이클 루이스가 지적했듯, 아이들은 공포나 불안을 느낄 수 있기 훨씬 전부터 공포와 불안의 행동을 한다.[86] "공포"나 "불안" 같은 단어는, "나는 X에 공포를 느껴" 또는 "나는 X에 대해 불안해" 같은 명제와 관계를 확립한다. 일단 이것들을 인지적으로 학습하면, 공포나 불안의 느낌이 어떤 것인지 완전히 이해 못해도 X에 관해 공포나 불안을 느끼는 것이 무슨 의미인지는 알기 쉽다.[87]

아이는 다른 사람에게서 보거나 자신이 느끼는 각기 다른 정서의 표준적 사례 목록을 만들어간다. 스위스의 발달심리학자 장 피아제는 아이들이 획득한 뒤사고와 행동에 이용하는, 주제나 상황에 관한 정보의 체계적 집합체를 "스키마"라는 용어로 설명했다.[88] 정서 스키마는 의미 기억과 일화 기억에 정서 개념으로 저장된다.[89] 우리는 이 스키마를 이용해 상황을 위협적이거나 안전하다고 분류

한다. 위협 상황에서 뇌와 몸의 신호, 그리고 자신의 행동을 모니터링한다. 현재 상황이나 상태가 저장된 스키마와 (패턴 인식이라 불리는 과정을 통해) 일치하면, 현재 환경이 스키마에 저장된 정서로 인지적으로 개념화(해석)되고, 그 상태에 맞는 정서 단어가 꼬리표로 붙는다. 정서 상태의 구성 요소 일부만 존재할 때도 있다. 이때 패턴 완성이 요구된다. 정서적 경험이 쌓일수록 상태는 더 분화된다. 공포는 놀람, 공황, 경악과 구분되고 두려움은 염려, 걱정, 초조함과 구분된다. 그런데 이렇게 꼬리표를 붙이는 과정은 정확하지 않고 개인의 학습과 해석에 의존하므로 사람마다 이 용어들을 조금 다르게 사용할 수 있다.

심리학자 리사 배럿Lisa Barrett과 제임스 러셀James Russell은 정서적 경험의 근간에 있는 이런 스키마 및 해석 과정을, 정서의 심리적 구성에 기여하는 개념적 활동이라고 설명했다.[90] 아사프 크론Assaf Kron과 동료들이 쓴 논문 제목처럼 "느낌은 쉽게 생겨나지 않는다."[91] 느낌은 간단히 일어나지 않는다. 느낌에는 많은 정신적 작업이 필요하다.

모니터링의 기억이 경험에 꼬리표가 붙도록 돕지만, 우리가 꼬리표로 쓰는 단어가 그 상태인 것은 아니다. 그 단어는 경험에 대한 질문을 받았을 때 보고할 수 있게 해주고, 경험한 것을 이해하고 분류하려는 의식의 노력이다. 그렇다면 정서 그 자체의 경험은 어떻게 생겨나는가?

느낌의 탄생

의식에 정서적 느낌이 나타나는 과정은, 재료들이 만들어낸 수프의 풍미에 비유하면 이해하기 쉽다.[92] 예를 들어 소금, 후추, 마늘, 물은 치킨수프에 들어가는 흔한 재료다. 첨가되는 소금과 후추의 양은 수프의 성질을 크게 바꾸지 않으면서 맛을 강화할 수 있다. 우리는 셀러리나 피망, 파슬리 같은 다른 재료를 첨가해 다양한 종류의 치킨수프를 만들 수 있다. 여기에 루*를 넣으면 검보**가 되고, 커리

---

*   roux. 버터와 밀가루를 섞은 것, 소스를 걸쭉하게 만든다.

** gumbo. 걸쭉한 수프와 같은 뉴올리언스 크레올 특유의 요리.

가루를 넣으면 커리가 된다. 닭 대신 새우를 넣으면 수프의 성격이 또 달라진다. 이 개별 재료들은 그 자체로 수프의 성분은 아니다. 이것들은 수프가 없어도 별개로 존재한다.

　　정서가 심리적으로 구성된 상태라는 개념은 클로드 레비-스트로스Claude Levi-strauss의 "브리콜라주bricolage" 개념과 연관된다.[93] 브리콜라주는 형편 닿는 대로 이용 가능한 것들을 그러모아 구성한 것을 가리키는 프랑스 단어다. 레비-스트로스는 그 구성 과정에서 개인(브리콜뢰르bricoleur)과 개인을 둘러 싼 사회적 맥락이 중요하다고 강조했다. 이 개념을 기반으로 셜리 프렌더가스트 Shirly Prendergast와 사이먼 포레스트는 "아마도 사람, 사물, 맥락, 사건, 일상 생활의 구조는, 정서가 하루하루 일종의 정서적 브리콜라주가 되는 매개체일 것 이다"라고 말했다.[94] 뇌에서는 작업 기억이 "브리콜뢰르"이고, 구성 과정의 결과 인 정서적 의식의 내용이 브리콜라주인 셈이다.

　　이와 비슷하게 공포, 불안, 기타 정서는 본질적으로 비정서적 재료에서 발생 한다. 이 재료들은 다른 이유로 뇌에 존재하지만 의식 속에서 합쳐져 느낌을 만 들어낸다. 의식적 느낌의 재료들을 끓여내는 솥이 바로 작업 기억이다(그림 8.9). 재료의 차이, 또는 같은 재료들의 양적 차이가 공포와 불안의 차이, 각 범주 안에 서의 차이를 만들어낸다. 비록 스프 비유는 처음 소개하지만, 나는 의식적 느낌이 비정서적 재료들을 조립한 것이라는 기본 개념을 상당히 오랫동안 주장해왔다.[95]

공포의 느낌

보통 당신은 현존하는 것을 무서워한다. 그것에 대한 자각이 궁극적으로 다른 재료들의 도움을 받아 공포의 느낌을 낳는다. 따라서 공포 경험의 첫 번째 재료 는 뇌에서 일어나는, 특정 감각 대상이나 사건의 표상이다.

　　두 번째 재료는 시상과 피질의 입력 신호를 거친 방어 생존 회로의 활성화 다. 이것이 방어 반응과 그에 수반하는 생리적 변화를 일으킨다.

세 번째 재료는 주의와 작업 기억이다. 자극의 현존을 의식적으로 알기 위해서는 자극에 주의를 기울여야 한다. 주의는 자극을 작업 기억으로 가져온다. 여기에는 피질의 감각 영역과 전전두 및 두정 회로 사이의 상호 작용이 관여한다.

네 번째 재료는 의미 기억이다. 의미 기억은 특정 사물이 무엇인지 파악하고(대상 인식) 그것을 다른 대상들과 구별할 수 있게 해준다(차별화). 이런 종류의 정보 덕분에 우리는 현존하는 유형의 자극이 잠재적으로 해롭다는 것을 의식적으로 알 수 있다(이것은 뱀이다. 일부 뱀은 독사다. 독사에게 물리면 죽을 수 있다). 의미 기억과 자극 정보의 통합은 피질의 감각 처리 회로, 전전두 및 두정 영역의 주의/작업 기억 회로, 내측 측두엽의 의미 기억 회로 사이의 상호작용과 연관된다. 주의와 같은 실행 제어 기능에 의한, 감각 정보와 의미 지식의 통합은 자극에 대한 일종의 사실적 의식을 낳는다. 바로 털빙이 말하는 인식적 의식이다.

그 다음 재료는 일화 기억이다. 일화 기억은 나에 대한 기억이다. 일화 기억은 내 과거와 연관되지만, 내 미래의 자아에 대한 예측의 기반이기도 하다. 일화 기억의 의식적 경험은, 털빙의 용어로 의식의 자기인식적 상태다. 이 상태는 감각 피질 회로, 내측 측두엽의 일화 기억 회로, 전전두 및 두정 영역 회로 사이의 상호작용과 연관되며 자극(무엇), 자극과 나의 위치(어디), 일어난 시간(언제)과 관련해 작업 기억에서 동시적 표상을 만든다. 그뿐만 아니라 작업 기억은 이 모든 것이 내게 일어나고 있다는 사실을—자아가 연관되어야 한다— 표상해야 한다. 이것들이 자기인식적 경험의 기본 재료지만, 이것만으로는 우리가 공포나 불안을 느끼는 자기인식적 상태를 구성하기에 충분하지 않다.

방어 회로의 활성화는 신체 반응을 촉발할 뿐만 아니라 피질 회로가 정보를 처리하는 방식도 변화시킨다. 편도의 출력 신호가 뇌 각성을 높여 뇌 전역에서 활성화된 뉴런의 처리 과정을 더 강화한다. 피질 영역으로 가는 편도의 출력 신호가 주의를 붙잡으면, 재입력 과정의 순환을 통해 위협과 관련된 감각 처리 과정을 향상시킨다. 편도에서 장기 기억, 작업 기억, 주의 회로로 이어지는 연결도 재입력 방식으로, 위협과 관련된 의미 기억과 일화 기억의 인출을 촉진한다. 편

신체 반응 되먹임
• 생리적
• 행동적

기억
• 의미론적(스키마)
• 일화적
• 자전적
• 암묵적

실행 기능
• 주의
• 모니터링
• 꼬리표 달기
• 귀인

뇌 각성

생존 회로 활동

감각 처리 과정

느낌

작업 기억

그림 8.9: 비정서적 재료에서 어떻게 느낌이 만들어질까? 의식적인 정서적 느낌이 뇌에서 나타나는 과정은, 수프가 아닌 재료들로부터 수프의 풍미가 나타나는 과정에 비유할 수 있다. 치킨수프의 경우 물, 양파, 마늘, 당근, 닭, 소금, 후추, 월계수 잎, 파슬리 등은 수프의 성분 그 자체는 아니다. 이들은 단지 수프를 만드는 데 사용될 수 있는 자연 속의 재료들일 뿐이다. 재료를 바꾸면 수프의 맛도 달라진다. 약간 달라질 수도 있고(소금이나 후추를 넣으면 간이 더 세질 것이다) 질적으로 달라질 수도 있다(닭 대신 생선을 넣거나 루나 커리 가루를 넣거나). 정서 역시 고유의 특성(느끼는 방식)이 비정서적 재료의 조합에 의해 결정된다. 정서를 구성하는 비정서적 재료에는 감각 처리 과정, 생존 회로의 활동, 뇌의 각성, 신체의 되먹임, 기억 등이 있다. 작업 기억은 정서를 끓여내는 솥이다. 정서의 성격은 상향식으로 크게 영향받을 수 있지만(활성화된 생존 회로와 일어난 각성의 정도), 실행 기능은 재료의 특정 조합이 감각 시스템과 장기 기억으로부터 작업 기억으로 들어가도록 하고, 경험의 해석과 정서의 특성(걱정, 근심, 불안, 공포, 공황, 놀람, 경악)의 꼬리표를 붙이는 데 기여할 수 있다.

도 자체가 신경조절물질의 표적이라는 사실은 편도가 이 모든 처리 과정을 더 강력하게 밀어붙인다는 의미다. 방어 동기 상태의 결과는 비의식적(비인식적) 상태지만, 방어 동기 상태나 그 구성 요소는 우리가 실행 능력을 통해 그 상태의 식별 가능한 결과를 모니터링할 때 공포의 의식적 경험의 일부가 될 수 있다.

이제 우리는 공포의 의식적 상태와 매우 가까운 상태에 있다. 그것은 원초적인, 제대로 분화되지 않은 공포일 수도 있다. 그러나 한 단계가 남았다. 위험과 관련된 과거의 개인적 경험을 통해 우리는 어떤 재료들이 공포에 기여하는지 배웠다. 의식 속에서 (공포) 상태의 모니터링 가능한 측면들이 구성되면서, 이제 우리는 기억과 패턴 완성을 통해 현존하는 재료들이 공포의 표지임을 인식하기 시작한다. 그러면 우리는 그 상태를 범주화하고 꼬리표를 붙인다. 배럿, 러셀, 클로어, 오토니 등이 주장하는 인지적 틀, 스키마, 구성주의 이론의 개념적 행위 conceptual act 등이 이 작업을 한다.[96] 걱정, 놀람, 공황, 경악 중에 우리가 무엇을 느낄지는 재료들의 특정 조합과 저장된 스키마를 통해 그것이 인지적으로 해석되는 방식에 달려있다. 공포 및 다른 정서들은 가정, 추측, 기대에 근거한다. 정서는 뇌에서 비정서적 재료들로 구성된다.[97]

다양한 종류의 공포를 구분하는 것은 관련된 재료의 양과 조합이다. 모든 공포 사례들을 묶는 것은, 현존하거나 곧 일어날 가능성이 매우 높은 자신의 안락에 대한 위협의 자각이다.

간단히 말해, 공포를 느끼기 위해서는 비의식적 방어 동기 상태의 구성 요소들이 의식적 자각에 침투해 현존해야 한다.[98] 이는 오직 뇌에 표상되는 내부적, 외부적 사건을 자각하는 능력과 개인적, 자전적 의미에서 그 사건이 자신에게 일어나고 있다는 것을 아는 능력을 모두 가진 유기체에게만 일어날 수 있는 일이다. 그러니까 공포를 느끼기 위해서는 방어 상태가 문을 두드릴 때 누군가 뇌 안에 있어야 한다는 얘기다.[99]

피질하 뇌 영역에 구성된 방어 회로는 인지 및 언어를 담당하는 피질 회로보다 먼저 성숙한다. 따라서 내가 위에 언급했듯 아기들은 실제로 정서를 느끼기 훨씬 전부터 "정서적으로" 반응할 수 있으며[100] 성인인 인간과 인간이 아닌 동물도 꼭 정서를 느끼지 않아도 "정서적으로" 반응할 수 있다. 뇌가 자신의 활동을 의식할 수단을 갖고 있지 않다면, 공포의 인식 상태는 존재할 수 없다. 사건이 자신에게 일어나고 있다는 것을 파악하는 뇌의 능력이 없다면 공포의 자기인식적 경험은 생길 수 없다. 자기인식적 공포는 동물의 세계에서 극히 제한적일 것이다. 그리고 털빙이 주장하듯 인간만의 특성일 수 있다. 이론적으로 다른 동물들이 인식적 공포를 경험할 수 있다 해도, 지금까지 측정 문제는 인간이 아닌 영장류의 인식적 의식을 명확히 입증하는 데도 걸림돌이었다. 대뇌 피질이 인간보다 한층 더 다른 뇌를 가진 종일 경우 입증은 더 어려울 것이 분명하다.

경험을 범주화해서 정리하고자 하는 인간 뇌의 강박은 독특하며, 다른 인지 능력뿐만 아니라 부분적으로 자연 언어에 의존한다. 앞서 지적했듯 영어에서 공포와 관련된 다양한 경험을 구분하는 단어는 30가지가 넘는다.[101] 언어와 문화가 정서적 경험을 포함해 경험을 형성한다는 생각이[102] 지금 심리학에서 큰 힘을 얻고 있다.[103] 예를 들자면, 편도가 위협에 반응하는 방식에 문화와 경험이 기여한다는 것이다.[104] 언어 없이 제한된 자기 자각이 얼마나 가능한지 알 수 없으나, 분명한 것은 언어의 존재가 뇌에서 자아와 의식의 게임을 바꾼다는 점이다(6장과 7장의 동물 의식 논의 참조). 언어가 인간의 뇌에서 하는 일 중 하나는, 공포나 불안을 끌어내는 자극에 실제로 노출되지 않아도 이 정서들의 상징적 표상을 가능하게 하는 것이다.[105] 특정 상황에서 이는 우리가 안전을 도모하는 데 도움을 주지만, 지나친 숙고로 이어지면 건강을 해치는 수준의 불안 같은 원치 않는 결과를 낳을 수도 있다.

나는 여기서 방어 회로와 관련된 공포의 느낌이 어떻게 일어나는지 강조했다. 그 때문에 자칫하면 방어 생존 회로가 공포 회로라는 생각에 빠지기 쉽다. 그러나 사실 우리는 다른 생존 회로의 활동(굶주림, 탈수, 동상으로 죽는 것에 대한 공포)에 반응해서도 공포를 느낄 수 있다. 나는 이것들을 "공포"라 부르는데, 왜냐하면 이들 역시 특정 자극에 의해 촉발되고, 안락에 대한 위해나 위험과 연관된 스키마를 통해 해석되기 때문이다. 그런데 우리가 이 신호들을 위해의 원천으로 해석하면, 자기인식적 의식을 거쳐 그 결과를 숙고하기 시작하고, 그 시점에서 불안 스키마가 활성화되면 걱정이 우위를 차지하게 된다.

불안의 느낌

공포와 마찬가지로 불안도 외부에서 비롯될 수 있다. 자극은 분명 위해를 예고하는데, 정확히 언제 일어날지 예고하지 않을 때 그렇다. 또한 자극이 위험과 약하게 연합되어 위해가 실제로 일어날 수도, 일어나지 않을 수도 있을 때 불안이 촉발된다. 어떤 일이 일어날지 정확히 예상할 수 없는 새로운 상황도 불안을 촉발한다. 그리고 외부 사건과 상관없이 특정 기억이나 생각이 걱정으로 이어질 때 불안이 발생할 수도 있다. 이 각각의 사례에서 자극, 상황, 생각, 기억은 일단 주의를 받고 작업 기억으로 들어오면, 의미 기억 및 일화 기억에 근거한 인지적 틀과 스키마를 통해 해석되고, 자아에 미치는 영향을 포함해 인식적이고 자기인식적인 의식 상태를 낳는다. 이 과정이 일어나는 동안 편도로 이어지는 피질의 경로나 분계선조의 침대핵(4장 참조)을 거쳐 자극과 상황, 생각과 기억의 표상이 방어 생존 회로를 활성화해, 각성과 뇌와 몸에 일어나는 다른 생리적 결과, 그리고 불안을 유발하는 자극, 생각, 기억에 주의를 붙잡아놓는 방어 동기 상태의 다른 측면으로 이어진다.

　공포와 마찬가지로, 불안도 주로 방어 회로의 활성화를 포함한다. 그러나 조금 전에 살펴봤듯 불안은 다른 생존 회로 활동의 결과로 나타날 수도 있다. 공포와 마찬가지로 불안은 생존 회로 활성화의 직접적인 결과가 아니다. 불안은 인지적 해석이며, 자기인식적인 의식적 느낌을 낳는 생존 회로의 활동에 의존할 때도 있지만 항상 그런 건 아니다. 삶의 의미나 죽음의 필연성에 대한 고민 같은 실존적 불안은 생존 회로에 의존하는 것이 아니라, 자기인식적 의식에서 활동하는 고상한 염려다. 이런 불안은 생존 회로 활동에 간접적인 영향을 미칠 수도 있지만, 일차적으로는 의식적 자아를 중심으로, 예상되는 미래 상황에서의 선택과 가능한 결과에 대한 추상적 개념에 관여한다.

결론

심리치료사인 마크 엡스타인은 외상trauma이 인간 삶의 보이지 않는 부분이라고 말했다.[106] 외상에는 논리가 없지만, 근본적인 수준에서 개인을 세계와 연결한다. 외상을 공포와 불안의 렌즈로 바라보면, 논리의 결여는 부분적으로 암묵적 시스템을 통해 사건에 대한 기억이 저장된 결과로 볼 수 있다. 암묵적 시스템은 의식 및 의식의 언어적 분석 도구로 접근할 수 없고, 직접 모니터링할 수 없기 때문이다. 그리고 엡스타인이 말한 삶과의 근본적인 연관성은 보편적 생존 회로에 저장된 이 암묵적 기억에서 비롯되는 것일 수도 있다. 생물의 생존과 번영을 위해 존재하며, 간접적일지라도 모든 인간의 뇌에서 느낌의 구성에 기여하는 보편적 생존 회로 말이다. 이 삶과의 비의식적 연관성은 원초적 수준에서 우리를 우리 종의 모든 구성원과, 더 나아가 다른 종의 구성원들과 연결하는 중요한 요소다. 이 연관성은 말과 논리를 뛰어넘는 방식으로 인간과 동물을 연결시켜줄 수 있다. 우리가 감정 이입이나 의인화를 하는 것은 꼭 다른 이들과 느낌을 공유해서가 아니라, 비인식적 뇌의 비의식적 상호작용 때문이다. 이런 조건하에서는 다른 종을 포함해 상대에게 자연히 존재할 거라 상정하는 느낌이 우리 안에 생겨나지만, 내가 앞서 언급한 대로 무언가 자연적이라고(유전적으로 부호화되었다고) 해서 과학적으로 옳은 것은 아니다.

　공포나 불안 같은 느낌은 진화라는 케이크의 맨 위에 올린 아이싱과 같다. 우리는 케이크를 굽고 한참 후에야 아이싱을 바른다.[107] 여러분이 특정 종류의 케이크—예를 들어 바닐라 아이싱을 얹은 진한 초콜릿 케이크—의 정신적 스키마를 한번 갖게 되면, 아이싱을 빼고는 그런 종류의 케이크를 떠올리기 힘들다. 마찬가지로 일단 우리가 위험에 대한 반응으로 공포를 느낄 때, 동시에 일어나는 다른 반응들이 느낌과 인과적으로 묶여있지 않다고 상상하기 어렵고, 다른 동물들이 이와 같은 종류의 느낌 없이 위험에 반응할 거라고 상상하기도 어렵다.

공포와 불안은 생물학적으로 배선된 것이 아니다. 공포와 불안은 뇌 회로에서 완전한 형태의 의식으로 미리 완성되어 나오는 것이 아니다. 이것들은 비정서적 재료를 인지적으로 처리한 결과다. 공포와 불안은 다른 의식적 경험과 같은 방식으로 뇌에 나타나되, 비정서적 경험에 없는 재료들을 가졌을 뿐이다.[108]

09장

4천만 명의
불안한 뇌

"우리는 단지 몇 십 년간 의식을 갖고 살 뿐인데, 몇 백 년을 살 것처럼 야단법석
을 떤다."

— 크리스토퍼 히친스[1]

우리가 박테리아, 식물, 해면동물, 벌레, 벌, 물고기, 개구리, 공룡, 쥐, 고양이, 원
숭이, 침팬지와 공유하는 생물학적 구성단위는 우리의 생존을 가능하게 한다. 그
러나 우리는 궁극적으로 단순한 생존 기계 이상의 존재다. 현재에 살지만 우리
인간은 미래를 위해 산다. 이는 동물 세계에서 매우 드문, 어쩌면 유일한 정신적
특성이다. 이 특성은 매우 특별한 종류의 뇌를 필요로 한다. 자신을 자각하고, 자
신과 시간의 관계를 자각한다. 자기인식적 의식은 우리에게 축복이자 저주다. 이
능력 덕분에 우리는 성취를 위해 노력할 수 있지만, 실패할 거라는 걱정에 빠질
수도 있다.

문화역사학자인 루이 메난드Louis Menand는 키에르케고르의 말을 빌려
이렇게 말했다. "불안은 인간의 자유에 붙는 가격표다."[2] 키에르케고르는 우리가
미래의 행동을 선택할 수 있는 자유를 가졌으며, 그 선택이 우리가 누구인지를
규정한다고 믿었다.[3] 그러나 현대 과학은 우리의 자유가 생각과는 달리 환상에

가깝다는 결론을 내리고 있다.[4] 우리의 의지가 실제 얼마나 자유로운지와 관계없이, 우리가 실제 통제할 수 없다고 지각할 때나, 불확실한 상황에서 위험한 선택에 직면할 때, 또는 만일 과거에 다르게 행동했다면 지금 현재나 미래가 어떻게 달라졌을까 숙고할 때, 우리의 의지가 자유롭다고 믿는 그 사실이 우리를 불안하게 만든다.

불안은 인간 본성의 기반이지만, 일부 사람들에게 불안은 삶을 파괴할 정도로 혹독한 결과를 가져온다. 미국 국립 정신 보건원NIMH에 따르면, 미국에만 약 4천만 명의 사람이 어떤 형태로든 불안 장애를 갖고 있다. 불안 진단을 받은 사람 모두 장애가 있다고 봐야 하는지, 아니면 그저 생각보다 불안의 양이 더 큰 것뿐인지를 놓고 입씨름을 벌일 수도 있다.[5] "장애" 꼬리표가 합당하지 않은 사람도 분명 있지만, 정상적인 생활이 불가능한데 진단을 받지 못한 사람도 많다. 또 1장에서 지적했듯 범불안 장애는 우울증, 조현병, 자폐증 등 대부분 정신 장애에 동반하는 증상이며, 그 밖에 심각하거나 그렇지 않은 의료 문제에도 나타난다. 따라서 실제로 불안 장애로 고통 받는 사람의 수는 공식적으로 진단받은 4천만 명을 훨씬 넘어선다고 할 수 있다.

불안의 과학적 정의

프로이트와 키에르케고르로부터 내려온 전통적 견해는 불안이 불쾌한 의식적 경험이라는 것이다. 실제 우리는 개인적 느낌으로 불안을 인식하며, 불안을 느끼는 사람들은 보통 불쾌한 느낌에서 벗어나기 위해 도움을 구한다. 불안 연구의 선도자인 심리학자 리처드 맥널리Richard McNally는 "무의식적 불안"이라는 개념이 모순되었다고 지적하면서 불안에서 의식적 경험의 중요성을 강조했다.[6] 느낌은 사적이고, 인간을 대상으로 측정하기 쉽지 않으며, 동물을 대상으로 정확히 연구하기는 더 어렵기 때문에, 과학자들은 공포와 불안을 연구 주제로 다루기 쉽도록 비의식적인(느낌을 배제한) 용어로 재정의하려고 노력했다. 중심 동기 상태라는 개념도 동물 연구를 위한 해결책이었다. 인간 연구에서는 또 다른 접근법이 인기를 끌었다.

1960년대 정신과 의사들 사이에서 불안은 여전히 프로이트적 용어—무의식 속의 숨은 원인으로 나타나는 의식적 느낌—로 통용되었다. 그러나 행동주의 운동은 학습 이론에서 파생된 개념, 이를테면 소거extinction의 근간에 있는 원리를 이용하면 공포와 불안을 치료할 수 있다고 주장했다(10장 참조). 이에 관심을 가진 젊은 연구자 피터 랭Peter Lang은 그런 치료의 효과를 입증하려면 객관적인 측정 기준이 필요하다는 점을 깨달았다. 그는 불안이나 공포 같은 정서는 세 가지 반응 영역을 이용해 측정할 수 있다고 주장했다. (1) 언어 행동(사람들이 자신의 상황에 대해 뭐라고 말하는지), (2) 행동적 행위(도주나 회피), (3) 생리 반응(혈압, 심박수, 발한, 근긴장도의 변화, 놀람 반응, 나중에 뇌에 더해지는 생리적 변화—예로 각성 증가)이 그 세 가지다. 성공적인 치료는 이 세 가지 반응 시스템에 유의미하고 지속적인 변화를 가져올 수 있어야 한다고 그는 주장했다.[7] 이처럼 랭은 정신분석의 주된 관심이었던 공포와 불안의 "숨겨진 현상"에만 주목하던 경향에서 물러날 방법을 찾았고, 객관적으로 측정할 수 있는 반응에 중점을 두었다.[8]

랭의 세 가지 반응 시스템 중 언어 행동에 관해 논의해보자. 행동주의자들은 사고를 숨겨진 형태의 행동으로 보았고 말(언어 행동)을 숨겨진 행동을 측정하는 수단으로 보았다. B. F. 스키너는 언어 행동이 다른 행동과 마찬가지로 강화 규칙에 속한다고 주장했다.[9] 행동주의자들은 심지어 행동을 바꾸는 가장 강력한 수단이 언어라고 말했다.[10] 랭이 언어 행동을 공포와 불안 모델의 반응 시스템에 포함시킨 것은, 그가 언어를 "숨겨진 현상"에 대한 구두 보고를 얻기 위한 수단이 아닌 객관적 행동으로 보았다는 의미다.

랭의 세 가지 반응 모델은, 불안을 연구 목적에서 객관적 용어로 재정의했을 뿐만 아니라 환자 머릿속에 있는 말할 수 없는 현상이 아니라 반응 시스템 자체를 표적으로 삼아야 한다고 주장해 불안 치료에도 영향을 주었다. 그러나 이 접근법은 한 가지 문제를 푸는 동시에 새로운 문제를 낳았다.[11] 특히 그의 주장은 대부분의 사람들이 불안의 본질이라고 생각하는 것, 즉 불안의 느낌—주관적(숨겨진) 현상—을 중요하지 않은 것으로 치부하는 행동주의의 전통을 따랐다.

흥미롭게도 랭의 연구는 공포와 불안의 행동적, 생리적 측정값이 언어 행동과 자주 불일치한다는 것을 보여주었다.[12] 치료 상황에서 사람들은 행동적으로(폐소 공포증 환자가 지하철을 탈 수 있게 되거나) 혹은 생리적으로(거미 공포증 환자가 거미 그림을 봤을 때 이전보다 약한 흥분을 보이거나) 개선을 보이지만 여전히 그들의 상태에 불안과 걱정을 느낀다고 말한다.[13] 실제로 실험실 연구에서 각 반응 시스템을 여러 차례 측정한 결과, 각기 다른 행동 반응이나 각기 다른 생리적 수치 사이에 불일치를 보였고, 언어적 측정값이 더 일관된 것으로 나타났다.[14] 이 관찰 결과를 기반으로 인간 불안 분야의 영향력 있는 또 다른 인물인 스탠리 라흐만Stanley Rachman은 "언어 보고가 가장 명확하고 필수적이다"라고 결론 내렸다.[15]

랭이 처음 세 가지 반응 시스템을 제안할 무렵, 아직 남아있는 행동주의 심리학의 영향으로 의식에 대한 과학적 평판이 매우 나빴다. 대부분 인지과학자들은 의식적 경험이 어떻게 발생하는지보다 정보 처리 과정이 어떻게 작동하는지에 더 관심을 가졌다. 언어 행동은, 앞서 언급했듯 행동주의 용어로 간주된다. 그러나 앞서 살펴봤듯 이 분야는 이제 언어 자기 보고가 의식적 경험을 엿볼 수 있는 창문이라는 생각을 더 편안하게 받아들이고 있다. 자기 보고는 의식 전반에 관한 연구에서 주로 사용되며[16] 특히 공포와 불안 연구[17], 그리고 공포와 불안 장애 연구[18]에서도 그렇다. 다시 강조하지만 라흐만이 말한 대로 자기 보고는 "명확하고 필수적"이다. 따라서 의식적 경험으로서 느낌은, 의식에서 주의나 작업기억의 역할을 탐구하는 것과 같은 정보 처리적 접근법을 이용해 실험적으로 연구할 수 있다(실제로 랭은 후기 연구에서 정보 처리적 관점으로 옮겨갔다[19]).

우리는 또한 사람들이 위협에 직면해 자신의 느낌을 말하는 것과 몸의 반응이 서로 일치하지 않는 것은 뇌 구조의 자연적인 결과라는 사실을 알고 있다. 신체 반응은 비의식적으로 작동하는 생존 회로의 산물이고, 자기 보고에서 중요한 역할을 하는 작업 기억은 신체 반응을 제어하는 암묵적 시스템에 뇌 내에서는 직접 접근할 수 없다.[20] 작업 기억은 이 상태에 대한 정보를 관찰 가능한 결과의 모니터링을 통해 간접적으로 얻는다.

자신의 느낌에 대한 언어 보고는 단순히 또 다른 측정값이 아니다. 불안과 같은 정서의 본질은, 프로이트가 말했듯 "우리가 그것을 느껴야 한다는 점"이며 (1장 참조) 의식 상태는 언어 보고를 통해 가장 제대로 평가할 수 있다. 내가 이 책 전반에서 주장하듯, 불안에 기여하는 보고 불가능한 비의식적 요소는 불안의 의식적인 경험과 동등하게 취급될 수 없다. 그 요소들은 도전과 기회에 대처하는 뇌 수단의 일부이며, 오래된 생물학적 뿌리가 있지만 뇌에서 의식적 공포나 불안을 만들지는 않는다.

공포와 불안을 비주관적인nonsubjective 용어로(예로 행동적으로, 또는 생리 반응이나 비의식적 중심 상태로) 재정의하려는 노력이 복잡해졌고, 사실상 공포와 불안이 실제로 무엇인지 이해하려는 목표에 걸림돌이 되고 있다.[21] 일상 언어에서 빌려온, "공포"나 "불안" 같이 정신적 상태를 가리키는 용어의 기본 의미는 항상 정신적 상태(즉 현상적이고, 주관적이고, 의식적인) 의미—공포나 불안의 실제 느낌—여야 한다. 이 같은 용어들이 과학적 목적으로 비의식적 상태나 반응의 꼬리표로 사용될 때, 비의식적 관점에서 공포나 불안에 관한 얘기가 자신도 모르게 의식적 느낌에 관한 얘기로 흐르기 쉽다. 이는 과학자들 사이에서, 또는 과학자들이 일반인에게 공포와 불안을 이야기할 때 의미의 혼란을 일으킬 수 있다. 과학자들은 이렇게 부지불식간에 일어날 수 있는 의미의 혼란을 막아야 한다. 이런 일은 너무나 자연스럽게 일어나서, 알아차리지 못하고 넘어가는 경우가 많다.[22] 더 중요한 것은 이 혼란 때문에 불안 연구가 뇌에서 따로 제어되는 무언가(예로 방어 반응)에 대한 연구로 밝혀지는 상황이 벌어질 수도 있다. 과학자들은 자신의 연구를 분명하고 정확하게 소통할 의무가 있다. 그렇게 하는 것이 다소 딱딱해 보이더라도 말이다. 우리는 상품을 팔고 있는 것이 아니다. 우리는 사물이 작동하는 방식을 이해하고 설명하려고 노력하고 있는 것이다.

약물 발견 연구의 논리

과학적 목적이 아닌 다른 무언가로 불안을 보는 데서 발생하는 문제점을 보여주기 위해, 동물 연구로 생물학 기반의 치료법을 찾으려는 연구자들이 어떻게 불안을 개념화했는지 살펴볼 것이다. 곧 설명하겠지만 그 접근법의 성공은 지금까지 한계가 있었다. 나는 문제의 상당 부분이 공포와 불안을 이해하는 방식에 있다고 주장한다.

공포나 불안 관련 문제의 치료를 위한 새로운 약물을 찾아내려는 시도는 전통적으로 행동(얼어붙기, 도피 같은 선천적 반응, 도주나 회피 같은 학습된 반응을 포함)과 체내의 생리 반응(자율신경계 반응과 내분비계 반응 포함), 그리고 뇌(뇌 각성이나 더 세부적인 뇌 활동)를 측정하는 데 있었다. 이 접근법은 반응에 근거한 랭의 불안 개념에 잘 맞았다. 왜냐하면 이 방법은 느낌이라는 까다로운 문제 대신 객관적으로 접근 가능한 행동, 생리 반응에 중점을 두기 때문이다. 그러나 불안을 뇌 내에 실재하는 실체라기보다 반응 측정값들의 수집 분석으로 보는 랭의 관점과 달리(랭은 불안이 조작 가능한, 뇌 내 특정 단일 실체를 나타내지 않는다고 했다), 약물 발견 연구에서는 불안을 주로 약물로 제어할 수 있고 치료 효과를 행동 및 생리 반응으로 측정할 수 있는 단일 중심 상태로 취급한다. 그리고 많은 사람들이 중심 상태를 의식적 느낌이라기보다 생리적인 것으로 보기 때문에, 중심 상태를 변화시키는 약물을 찾는 노력은 의식 문제와 씨름할 필요 없이 동물 연구를 통해 추구해왔다. 불안을 행동 억제의 중심 상태로 보는 제프리 그레이의 생각은 약물 발견 연구에 매우 큰 영향을 끼쳤다.

그러나 여기에 문제가 있다. 그런 연구들에서 중심 상태 자체를 실제로 측정한 적이 전혀 없다는 것이다. 중심 상태는 존재한다고 단순히 상정된다. 그러면 가정은 더해지고, 문제는 더 커진다. 동물 의식 문제를 해결할 필요 없이 불안 연구의 길을 마련해 주었다고 생각된 불안의 중심 생리적 상태는, 불안의 의식적 느낌과 동일한 것으로 상정되었다. 따라서 중심 상태를 나타낸다고 생각되는 행동 반응이나 생리 반응을 감소시키는 약물이 쥐나 생쥐—그리고 암묵적으로, 사람—의 불안을 덜어준다고 여겨졌다. 그런 약물에 의해 동물의 불안이 줄었다고 묘사하는 일은 연구자들에게 사실상 상식이 되었다. 동물에게서 얻은 약물 연구 데이터를 인간의 느낌과 관련짓기 위해, 데이터가 동물에게 의미하는 바에 대한 가정이 차례로 쌓아올려졌고, 그 위로 인간에 대한 가정이 차례로 쌓아올려졌다. 뇌와 몸에서 비의식적으로 위협을 감지하고 반응을 조절하는 암묵적 처리 과정과, 의식적 느낌을 낳는 과정을 융합하는 일은 아무리 많은 돈과 노력, 시간을 쏟아부어도 필연적으로 실망스러운 결과를 낳게 된다. 바로 이것이 지금 약물 발견 연구에서 일어나고 있는 일이다.[23]

불안을 줄이는 불안 완화제anxiolytics가 발견되어, 일부 사람들의 불안감을 어느 정도 완화하는 데 도움을 주었다. 그러나 현재 시판되는 약들은 의료계에서나 약물 복용자에게나 이상적으로 생각되지 않는다. 나는 그 문제의 일부가 연구의 개념적 기반과 그것이 치료에서 약물이 쓰이는 방식에 미치는 영향 때문이라는 주장을 고수한다. 이 주제로 들어가기 전에 불안 완화제 발견 연구를 더 자세히 살펴보자.

불안 완화제를 찾아서

정신 활성 약물은 뇌의 신경화학적 성질을 변화시켜 행동, 생리, 사고, 느낌을 바꾼다고 알려져 있다. 조현병과 우울증 환자를 돕는 약물을 발견하면서 1950년대에 본격적으로 정신 활성 약물을 치료에 이용하기 시작했다.[24] 이 약물들은 주로 모노아민 계열의 신경전달물질에 영향을 주는 것으로 드러났다(조현병의 경우 도파민, 우울증의 경우 노르에피네프린). 이런 약물의 발견 덕분에 뇌의 화학적 불균형 가설은 오늘날까지도 지배적인 위치를 차지하고 있다.[25] 이 관점에서 정신 질환은 뇌의 신경전달물질의 균형이 붕괴된 결과로 나타나며 균형을 회복하면 정신 건강을 되찾을 수 있다.

나는 『시냅스와 자아』에서 항우울제 치료의 역사를 요약했다. 스캇 스토셀 Scott Stossel의 『나의 불안의 시대My Age of Anxiety』와[26] 엘리엇 발렌슈타 인의 『뇌를 비난하라Blaming the Brain』[27] 역시 항우울제의 역사에 관해 훌륭한 통찰을 담고 있다. 나는 여기에서 이 책의 주제와 깊이 관련된 몇 가지 핵심 사항만을 간추려보고자 한다.

약품이 개발되기 전까지는 알코올이 가장 흔히 사용되는 불안 완화제였다. 20세기 중반에 바비튜레이트barbiturates와 메프로바메이트meprobamate 가 불안을 치료하는 약물로 처음 등장했다. 그러나 높은 진정 작용과 중독성이 있는 것으로 드러났다. 이들은 1960년대 벤조디아제핀benzodiazepines이라 는 새로운 계열의 약물로 대체되었다. 발륨Valium, 리브륨Librium, 클로노핀 Klonopin, 자낙스Xanax 등이 여기에 포함된다. 조현병과 우울증 치료 약물과 달리 벤조디아제핀 계열의 약물은 모노아민 전달에 관여하지 않고, 억제성 전달 물질인 GABA(gamma-aminobutyric acid)에 관여한다. 벤조디아제핀은 GABA 수용체에 맞는 특별한 결합 부위를 갖고 있어서, 이들이 수용체와 결합하면 GABA의 억제가 강해지고 그 영향을 받은 정보 처리 회로의 능력이 약해진다.[28]

수십 년 동안 벤조디아제핀은 미국에서 가장 널리 처방되는 약품이었고 처 방 건수는 계속해서 증가했다.[29] 다른 많은 정신 질환 약물과 달리 벤조디아제핀 은 한 번만 복용해도 빠르게 효과가 나타난다. 그렇기 때문에 필요할 때마다 완 화 효과를 얻을 수 있다. 이 약물은 불안 장애 진단을 받은 사람뿐만 아니라 그저 불안감을 해소하고 싶어하는 사람들도 복용하게 되었다. 그러나 벤조디아제핀 역시 부작용이 있다. 진정 작용, 근육 이완, 기억 장애, 중독 가능성이 있으며 복 용 중단 시 금단 증상을 보일 수도 있다.

조현병, 우울증, 불안 장애의 약물 치료가 초기에 성공을 거두자 정신 질환과 관

련된 뇌의 화학적 성질에 관한 연구가 큰 인기를 끌었다. 이용 가능한 치료법이 분명 도움이 되었지만 이상적인 수준은 아니었다. 약물 발견에 혼신의 힘을 다하면 이런 증상을 치료할 마법의 탄환을 얻을 수 있지 않을까? 이런 생각이 인기를 끌었다. 1960년대 정신 질환의 신경전달물질 기반 연구에 연방 자금 지원이 이뤄졌고, 대형 제약 회사들은 정신 질환 치료제를 개발하는 CNS(중추 신경계) 부서를 신설했다. 임상 효과가 높고 부작용이 적은 약물을 찾아내겠다는 희망으로, 약물의 항우울 특성을 검사하는 데 동물 모델을 이용하기 시작했다.[30]

일반적인 연구에서는 쥐나 생쥐를 주로 위협적인, 일종의 도전적인 상황(몇 가지 예를 그림 9.1에 제시했다)에 직면시키는 행동 검사behavioral test를 한 번 혹은 여러 번 실시했다. 전기 충격을 가하거나, 숨을 곳이 없는 개방된 공간에 두거나, 포식자와 관련된 신호에 노출하거나, 동기가 상충하는 상황을 부과하거나, 같은 종의 낯선 구성원과 단 둘이 놓았다. 그리고 이런 상황을 다루는 동물의 능력을 강화하는 약물이 불안 완화 특성을 가진 것으로 간주되었다.

오늘날 문헌에서, 인간 불안의 동물 모델 연구에 사용된 행동 검사를 백 가지 넘게 찾아볼 수 있다. 그리고 이 연구의 대부분은 범불안 장애에 초점을 맞추고 있다.[31] 그러나 오늘날 새롭게 등장한 치료제 대부분은 동물의 불안 완화에 대한 가설을 검사한 특정 연구에서 얻은 것보다는, 주로 인간에게 사용되는 다른 약물에서 우연히 그 효과가 발견된 것이다.[32]

예를 들어 삼환계tricyclic 항우울제(예로 토프라닐)나 모노아민 산화효소 억제제(예로 나르딜) 같은 특정 항우울제 약물이 인간에게 불안 완화 효과가 있다는 사실이 발견되면서, 새롭고 내성이 적은 항우울제로 각광 받는 선택적 세라토닌 재흡수억제제(selective serotonin reuptake inhibitors, SSRIs)의 불안 완화 특성도 검사를 받았다. 프로작이나 졸로프트 같은 약물을 포함한 SSRIs는 일부 불안 장애에 효과가 있는 것으로 드러났지만, 치료제로서 자체적인 문제를 갖고 있다(늦은 효과, 위장 및 다른 신체 증상, 내성과 금단 증상). 세로토닌 수용체(특히 5HT1A 수용체)에 영향을 주거나 노르에피네프린 농도를 변화시키는 다른 항우울 약품(예로 선택적 노르에피네프린 재흡수 억제제, SNRIs) 역시, 불안에 시달리는 일부 사람들에게 어느 정도 유용한 효과를 보인다. 그러나 이것들은 연구를 통해 발견된 새로운 약물이라기보다 기존 약물이 새로운 용도로 사용된 것이다.

오늘날 불안을 치료할 때 첫 번째로 주로 심리치료를 적용하고, 약물을 처방할 경우 가장 흔히 선택되는 것은 여전히 벤조디아제핀이나 SSRIs, 또는 모노아민(세로토닌이나 노르에피네프린) 시스템을 표적으로 삼는 약물이다. 오랜 기간 연구가 진행되었지만 상황은 크게 바뀌지 않았다. 표 9.1에 각기 다른 증상에 흔히 권고되는 약물을 열거했다.

약물 발견 연구는 계속되고 있다. 벤조디아제핀이 GABA 수용체를 통해 작용하기 때문에, 더 효과적이고 내성이 적은 약물을 개발하기 위해 연구자들은 GABA 전달을 변화시킬 다른 방법에 많은 주의를 기울였다. 또 SSRIs는 세로토닌을 통해 작용하므로, 이 시스템을 변화시키는 신약을 찾으려는 노력도 계속되었다. 노르에피네프린 역시 효과 향상에 인기 있는 표적이다. 칼슘 채널 조절제도 일부 증상에 사용되고 있으며 이 분야의 연구 역시 진행 중이다. 흥분성 신경전달물질인 글루타메이트나 뇌의 호르몬과 펩타이드의 농도를 변화시키는 약물도 연구되고 있다. 예를 들어 기대되는 표적 중 하나는 펩타이드인 옥시토신으로 불안을 감소시키고 소속감, 유대감, 애정을 증진하며[33] 위협 조건형성의 소거를 촉진하는 것으로 보고된다.[34] 아직 확실하게 결론 난 것은 아니지만[35] 범불안 장애 환자의 치료에 옥시토신이 불안 수준을 감소시키고, 내측 전전두 피질과 편도 사이의 연결성을 강화시켜, 편도의 활동을 제어하는 피질의 영향력을 강화하는 것으로 보인다.[36] 또 다른 표적은 새롭게 발견된 신경전달물질 시스템인 엔도카나비노이드endocannabinoid 시스템이다. 이 시스템은 아난다미드anandamide라는 지질 분자와 연관되는데, 이 분자는 특정 수용체와 결합해 동물의 다양한 행동, 특히 위협 반응의 소거에 관여하는 것으로 알려져 있다.[37] 카나비노이드 수용체는 또한 마리화나와 결합해 정신 활성 효과를 일으킨다. 불안

완화 특성을 가진 다른 일부 약물과 마찬가지로 카나비노이드는 GABA와 상호
작용해 효과를 발휘한다. 엔도카나비노이드 시스템은 불안 장애와도 연관된 것
으로 알려져있다.[38]

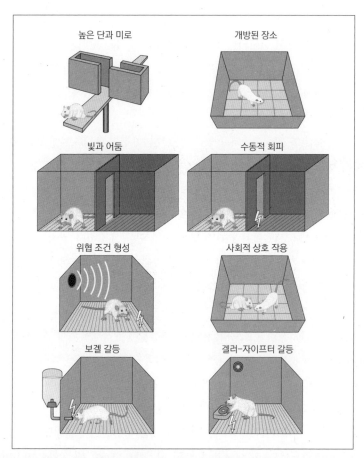

그림 9.1: 약물의 불안 완화 효과를 검사하는 데 흔히 사용되는 행동 과제들 불안 완화 약물의 선별 기
준에는 동물이 숨을 곳이 없는 밝고 개방된 장소에서 시간을 더 보내려고 하는가(높은 단과 미로, 개방된
장소, 빛과 어둠, 수동적 회피), 전기 충격을 예고하는(위협 조건형성된) 자극에 얼어붙기가 감소하는가, 같
은 종의 다른 동물과 더 많은 상호작용을 하는가(사회적 상호작용 테스트), 보상을 받기 위해 고통(전기 충
격)을 기꺼이 감수하려 하는가(보겔과 겔러-자이프터Vogel and Geller- Seifter 갈등 테스트) 등이 있다.
GRIEBEL AND HOLMES (2013), 맥밀란 출판사의 허가를 받아 수정함: NATURE REVIEWS DRUG
DISCOVERY (VOL. 12. PP. 667-87), ⓒ 2013.

항불안 약물 연구의 문제점은 무엇인가?

불안 완화 약물 발견이 실패한 원인에 대해 많은 분석이 있었다. 주요 비판 중 일부를 여기에 요약해보겠다.[39]

　　주요 문제 중 하나는 항불안 연구에 이용된 행동적 접근법이 대개 위협이나 다른 도전으로 유발된 일시적 상태를 평가할 뿐이라는 점이다. 특정 자극과 연결된 이런 지나가는 사건을 상태 불안state anxiety의 사례라고 부른다. 그런데 불안한 사람들은 대개 그들이 빠져나오고 싶어하는 만성적인 상태, 즉 특성 불안trait anxiety을 갖고 있다.[40] 임의의 쥐 집단의 순간적 방어 반응을 유도하는 실험은 유용한 면도 있지만 한계가 있다. 일부 실험에서는 같은 동물이 하루는 강한 반응을 보였다가 다음 날은 약한 반응을 보이기도 한다. 수많은 실험에서 반응의 강도는 각기 다를 수 있다. 문제를 더 복잡하게 만드는 것은, 대부분 연구에서 특별히 높은 수준의 불안 비슷한 행동을 보이는(특성 불안을 갖고 있는 사람과 비슷한 특징을 보이는) 동물을 선별하는 것이 아니라, 기존에 공급된 집단에서 임의로 선택한다는 사실이다. 인간의 특성 불안이 낳는 결과 중 하나로 촉발 자극이 더 효과적으로 강한 상태 불안을 유발한다.[41] 쥐도 만성적 상태를 갖지 않는 한 실험 결과는 병적인 특성 불안에 별로 유용하지 않을 것이다.

　　비교적 정상인 동물의 일시적 상태를 실험하는 문제를 극복하기 위해 연구자들은 몇 가지 전략을 고안해냈다. 그중 하나는 테스트 전에 동물을 한동안 스트레스에 노출시켜 더 만성적인 불안 상태, 심지어 병적인 상태를 조성하는 것이다. 또 다른 방법은 병적 불안의 일부 특징을 포함하는, 유전적으로 조작된 뇌를 가진 동물을 이용하는 것이다.[42] 불안을 분석하기 위해 행동 검사에서 특히 강하거나 약한 반응을 보이는 실험동물을 선택적으로 교배하는 방법도 있다. 아니면 단순히 동물들의 개별적 차이를 이용하는 방법도 있다. 예를 들어 파블로프 위협 조건형성 연구에서 우리는 임의로 선택한 쥐들이 조건형성된 얼어붙기 반응을 광범위하게 보이는 것을 발견했다.[43] 이런 연구에서 과장된 방어 반응을

약물 계열	DSM-IV 불안 장애				
	GAD 범불안 장애	PANIC 공황 장애	SAD 계절성 정서 장애	PTSD 외상 후 스트레스 장애	OCD 강박 장애
선택적 세로토닌 재흡수 억제제(SSRIs)	√	√	√	√	√
세로토닌 노르에피네프린 재흡수 억제제 (SNRIs)	√	√	√	√	
삼환계 항우울제		√		√	√
칼슘 채널 조절제	√		√		
모노아민 산화효소(MAO) 억제제		√	√	√	√
가역적 MAO 억제제			√		
벤조디아제핀	√	√	√		
비정형 항정신병약물	√		√		
삼환계 불안 완화제	√	√			
노르아드레날린성 및 선택적 세로토닌성 항우울제	√		√	√	√

* 각 범주에 속하는 각기 다른 약물은 각기 다른 용도를 갖는다. 예를 들어 각기 다른 SSRIs는 각기 다른 장애에 각기 다른 효과를 보인다. 권고되는 SSRIs는 장애에 따라 다르다.
Bandelow et al(2012) 표 3에 근거.

보이는 쥐를 연구하는 것도 생산적인 접근법이 될 수 있다.

　또 다른 문제점은, 과거 연구에서 인간에게 불안 완화 효과가 있다고 알려진 약물들(대부분 주로 벤조디아제핀)이 검사에서 행동 반응을 약화했기 때문에, 사용되던 행동 검사가 주로 선택된다는 점이다. 그 행동 과제가 다른 약물의 불안 완화 특성을 검사하는 데도 사용된다. 그러나 이는 주로 벤조디아제핀과 유사한 약물을 발견하는 데 유용한 것으로 드러났다. 벤조디아제핀에 민감한 과제가 다른 불안 완화 약물에도 꼭 민감할 필요는 없기 때문이다.[44] 다른 방식으로, 그리고 아마 더 효과적인 방식으로 작용할 새로운 불안 완화제는 이런 종류의 전략으로 찾아내기 어려울 듯하다.

이어지는 또 다른 문제는 주어진 실험에서 대개 약물이 동물에게 한 번 투여된다는 사실이다. 벤조디아제핀을 연구할 때는 이 방법이 유용한데, 사람에게 투여할 때 1시간 안에 긍정적인 효과가 나타나기 때문이다. 그러나 많은 정신 질환 약물이 치료 효과가 나타나기까지 몇 주가 걸린다. 이것이 SSRIs를 한 번 투여한 다수의 동물 실험에서 약물이 아무런 효과를 나타내지 못하거나, 심지어 방어 및 위험 평가 행동이 증가한 이유다. 예를 들어 SSRIs가 위협 조건형성에 미치는 영향 연구에서, 우리는 한 번의 치료로 전기 충격과 연합된 소리에 얼어붙기가 증가하는 것—논문에서 일반적으로 불안 유발anxiogenic(불안 생성anxiety producing)이라 부르는 효과—을 실제로 발견했다. 그러나 쥐에게 21일 동안 약물 치료를 한 결과 얼어붙기가 크게 감소했다.[45] 이는 사람에게도 치료 효과가 나타나기 전 주로 처음에 불안/동요/우울의 시기가 있다는 점과 일치한다. 치료 효과는 2~3주의 치료 기간을 필요로 한다. 한 번의 투여로 약물 검사를 하는 것은 약물 선별 과정을 쉽게 만들기는 하지만 궁극적으로 최선의 결과는 얻기 어렵다.

성별은 또 다른 중요한 요소다. 여성은 남성보다 불안 장애를 앓을 가능성이 훨씬 높다.[46] 그러나 동물 모델은 대개 수컷에 초점을 맞춘다. 이는 전반적인 동물 실험에 적용되는 상황이다.[47] (동물 실험에서 성차를 무시하는 것이 문제가 된다는 인식은 항상 있었으나, 이 문제를 해결하려면 실험에 필요한 동물의 수가 증가하고 실험 설계도 더 복잡해진다. 변화가 필요하긴 하지만, 변화를 수용하려면 자금 지원이 필요하다.)

이 모든 연구 결과가 기대에 미치지 못하지만, 그렇다고 이 연구들이 쓸모없다는 의미는 결코 아니다. 연구는 시행착오로부터 배워나가는 과정이다. 언급한 문제 중 일부는 연구를 진행하지 않고서는 발견할 수 없었던 것들이다. 몇 가지 간단한 해결책이 미래의 연구를 더 유용하게 만들 것이 분명하다. 예를 들어 과제에 과장된 행동 반응을 보이는 남성과 여성 피험자 모두에게 있어 급성적 약효보다는 만성적 약효에 더 노력을 기울이는 것도 한 가지 방법이다. 또한 신뢰성 평가를 위해 여러 날에 걸쳐 측정을 반복할 수도 있다. 신뢰할 만한 반응을 유도한다고 알려져 있고 특정 행동의 유효한 측정 방법으로 생각되는 다수의 과제를 사용할 수도 있다. 마지막으로 추가 기준이 필요하다. 1980년대 제프리 그레이는 사람에게 불안 완화 효과가 있다고 알려진 다양한 계열의 약물을 고려한 행동 검사를 동물의 불안 연구에 적용해야 한다고 주장했다.[48] 다수의 항불안제가 공통으로 행동에 미치는 효과의 기저에 있는 뇌 시스템이 바로 불안 시스템이라는 가정을 전제로 한 것이었다. 그 당시 약물의 종류는 오늘날과 다르다. 오늘날 우리는 더 많은 선택지를 갖고 있다. 그레이의 주장을 다시 수용해 오늘날의 약물들이 해부, 세포, 분자, 유전 인자 수준에서 공통점이 있는지 알아내는 것도 흥미로울 수 있다. 만약 그런 공통점을 찾을 수 있다면, 불안의 행동적 측면을 치료하는 새로운 약물을 발견할 길을 열어줄 것이다.

위에 언급한 사항들이 전부 해결돼도, 여전히 문제는 남아있다. 이 장의 뒷부분에 언급하겠지만, 바로 개념의 문제다.

불안 유전자를 찾아서

약물 연구와 더불어, 최근 과학자들은 정신 질환의 유전적 기반을 찾으려 노력하고 있다. 만일 잘못된 유전자를 발견한다면, 그 유전자의 오작동을 보완하는 약물이 치료에 유용할 것이다.

불안 유전자를 찾으려는 노력은 두 경로로 진행된다. 나는 앞서 선택적 교배나 유전자 표적화*를 이용해 불안과 유사한 행동을 보이는 동물을 만들려는

---

* gene targeting, 개체 안의 특정 유전자를 상동재조합homologous recombination의 방법으로 파괴하거나 주입하는 유전학적 기술

노력을 언급했다. 또 다른 접근법은 불안 장애가 있는 사람에게서 불안 증상과 상관관계를 보이는 유전자를 찾는 것이다. 만일 인간에게서 불안 유전자를 발견한다면, 이론적으로는 이를 동물에 적용해 병적 불안을 일으키는 해당 유전자의 오작동에 대한 기계론적 연구가 가능하다.

다른 사람보다 더 심한 불안을 느끼는 사람들이 있다는 사실을 입증하기 위해 과학적 증거가 필요하지는 않다. 그리고 일화적 증거는 신경과민이 집안 내력이라는 점을 시사한다. 후자는 불안의 개인차에 유전적 요소가 있음을 암시한다. 이는 어린 시절의 불안 경향이 성년까지 이어진다는 연구 결과로 뒷받침된다. 마치 불안이 개인의 안정적인(따라서 아마도 유전적으로 물려받은) 특성인 것처럼 말이다.[49]

유전자를 정신 질환과 관련짓는 전통적 접근법은, 유전적 배경이 비슷하거나 각기 다른 사람들에게서 관련 특질을 비교하면서 시작되었다. 이런 연구는 함께 자란 일란성 혹은 이란성 쌍둥이를 비교하거나, 따로 떨어져서 자란 일란성 쌍둥이를 비교할 때 가장 강력한 결과를 얻을 수 있다. 일란성 쌍둥이는 동일한 유전자를 갖지만 이란성 쌍둥이는 그렇지 않다. 이런 연구를 통해 우리는 유전적 요인과 비유전적(특히 환경적) 요인이 주어진 특질에 미치는 영향을 평가할 수 있다. 예를 들어 불안에 관한 쌍둥이 연구는 개인이 범불안 장애나 특정 불안 장애를 가질 가능성에 유전적 요인이 약 30~50% 정도의 영향을 미친다는 사실을 밝혀냈다.[50] 일단 유전적 요인이 확립되면, 관련 유전자의 탐색을 시작할 수 있다. 시간이 많이 걸리고 복잡한 과정이지만, 최근 인간 게놈 프로젝트에서 얻은 정보로 크게 촉진되었다.[51]

가족성 파킨슨병, 헌팅턴병 등과 같은 신경 질환에서 유전 연구의 성공은, 정신 질환에서도 비슷한 발전이 가능하다는 희망을 심어주었다. 그러나 이런 신경 질환과 달리 정신 장애는 멘델 유전학의 단순한 법칙을 따르지 않는다. 멘델 유전학에서는 형질들이 단일한 유전자의 제어를 받고, 그 결과 우성이거나 열성인 몇 가지 표준적인 유전 패턴이 생겨난다.[52] 그런데 일반적으로 정신 장애의 유전성은, 환경 요인과 상호작용해서 결과를 만드는 다양한 유전자에 의해 제어되는 복잡한 유전 패턴을 보인다.

분자유전학이 떠오르면서, 표적 유전자의 가능한 변화(돌연변이, 다형성)를 탐색할 수 있게 되었다. 연구자들은 세로토닌 전달에 기여하는 유전자의 변이를 찾는 데 많은 노력을 기울였다. 세로토닌과 관련된 약물이 항우울 및 불안 완화 특성을 갖기 때문이다. 이는 치료 메커니즘이 장애를 일으키는 메커니즘과 동일하다는 가정을 전제로 한다.[53] 이 가정은 과거의 화학적 불균형 가설과 일치하지만 신중한 평가 없이 단순히 받아들일 결론은 아니다. 그럼에도 세로토닌의 유전적 제어에 대한 연구는 흥미로운 결과를 가져왔다. 예를 들어 세로토닌 전달에 연관된 단백질을 제어하는 유전자의 특정 변형(다형성)을 가진 사람들은 위협 자극에·더 크게 반응하며, 이런 과잉반응성은 위협 중에 증가한 편도의 활동과 관련된 것으로 나타났다.[54] 그뿐만 아니라 불안 유전의 7%~9%가 이 변형된 유전자로 설명 가능하다고 보고되었다.[55]

최근 연구자들은 아난다미드를 분해하는 효소 유전자의 다형성에 크게 주목하고 있다. 앞서 살펴봤듯 아난다미드는 뇌에서 자연적으로 발생하는 물질로 엔도카나비노이드 수용체와 결합한다. 이 수용체가 없는 생쥐는 소거가 일어나지 않았다. 그뿐만 아니라 유전자 변이로 효소가 부족한 인간이나 동물은 아난다미드의 농도가 높고, "불안 비슷한anxiety-like" 행동을 덜 나타내며, 전전두피질과 편도 사이의 기능적 연결성이 증가했다.[56] 저자는 이 결과를 "불안 비슷한" 행동이라고 묘사했지만, 정신과 의사인 리처드 프리드만은 <뉴욕 타임즈 선데이 리뷰>에 이 연구를 요약 기고한 기사의 제목을 "기분이 좋아지게 하는 유전자The Feel Good Gene"라고 붙였다.[57] 이는 행동 연구에서 거리낌 없이 의식적 느낌으로 일반화를 한 또 하나의 사례다. 나는 이런 관행이 몇 가지 이유에서 부적절하다고 생각한다. 첫째, 이 연구에서 핵심 데이터는 행동이다. 비록 연구에서 수치상으로 불안에 관한 자기 보고의 변화가 보고되었지만, 그 차이는 매우 작았고 기사에서는 언급되지 않았다. 둘째, 유전자 변이로 불안을 덜 느끼더라도 이는 기분이 좋은 것과 다르다. 셋째, 상관관계는 인과관계가 아니다. 그리고 불안이 약간 감소한 원인이 유전자라는 증거는 없다. 도파민 추종자들은 걱정 마시라. 이 기사는 또한 도파민이 "쾌락의 감각"을 일으킨다고 덧붙였다.

　최근 후성유전학적epigenetic 메커니즘의 발견에 많은 과학자들이 열광하고 있다.[58] 후성유전학은 유전자의 기능이 환경의 영향으로 조절될 수 있음을 보여주었다. 환경이 DNA를 변형한다는 의미가 아니다. 유전자가 기능을 수행하는 방식—단백질 생성—에 영향을 준다는 것이다. 후성유전학은 생물학의 위대한 신세계이며 위협 처리, 위험 감수, 스트레스와 같이 불안의 주요 생물학적 처리 과정에 이미 새로운 통찰을 제공해주었다. 중독이나 섭식 장애 같은 증상도 마찬가지다.[59]

약물 및 유전자에 대한 연구 검토

불안이나 다른 정신 장애에서 약물과 유전자의 역할을 해명하는 것은 중요한 발전을 가져올 것이다. 그러면 연구자들은 인간을 위한 더 나은 치료법을 개발하기 위해, 이 약물과 유전자가 뇌에 영향을 주는 과정의 세부사항을 동물 모델로 추구해나갈 수 있다. 그러나 그 근간인 불안 개념이 뒷받침되어야 이런 노력이 의미가 있을 것이다.

　예를 들어 인간에게서 통제할 수 없는 불안감과 상관관계가 있는 유전자 집합을 발견하고, 이어 쥐에게서도 같은 유전자 집합이 불안 검사에서 행동에 영향을 주는 것으로 드러난다면, 이 결과는 분명히 앞서 언급한 "불안한 가재" 이야기와 마찬가지로(2장 참조) 표제 기사에 실릴 것이다. 또 이는 행동 수행을 정상화하는 약물을 찾는 연구, 부적응 유전자의 영향을 받는 뇌 회로가 어디에 있는지, 그리고 이 회로가 어떻게 부적응 행동에 기여하는지 알아내는 연구로 이어질 것이다. 그러나 이것들을 발견한다고 해서 우리가 무엇을 얻게 되는가?

　우리는 유전자가 뇌 회로의 기능에 영향을 미치고, 뇌 회로가 행동에 영향을 미친다는 사실을 분명 알고 있다. 그러나 불안감의 발생 과정에 대한 핵심 단서를 찾아냈다고는 볼 수 없다. 다른 중요한 고려 사항이 세 가지 있다. 첫째, 해당 유전자가 불안과 단순히 상관관계가 있는 것이 아니라 인간 뇌에서 불안감의 원인 역할을 하는 것이 입증되어야 한다. 둘째, 생존 회로의 활동을 증가시키거나 과잉 행동적인 방어 동기 상태를 유도하는 것처럼 불안감에 간접적으로 기여하는 것이 아니라, 직접적인 인과적 효과가 드러나야 한다. 셋째, 그리고 아마 가장 중요한 사항으로 쥐의 뇌가 자기인식적 의식을 가질 수 있다는 것이 입증되지 않는 한, 위 연구들은 병적 불안에 잠긴 인간의 마음을 좀먹는, 통제 불가능한 두려운 느낌에 유전자가 어떻게 기여하는지 밝혀낼 수 없을 것이다.

진단 범주

연구자들이 DSM에 규정된 정신 장애의 약학적, 신경 회로, 세포, 분자, 또는 유전적 기반을 이해하고자 시도할 때, 그들은 이런 장애가 특정 메커니즘과 연관되며 그 장애가 있는 메커니즘의 기능을 변화시켜 치료할 수 있는 생물학적 실체라는 생각을 수용한다. 연구자들은 특정 진단—예를 들어 공항 장애나 PTSD—을 받은 사람들의 표본을 모아서, 증상의 심각성을 뇌 기능이나 유전자와 관련짓고 증상 개선으로 약물 효과를 평가한다. 진단이 생물학적으로 유의미하다고 상정되기 때문에, 고장난 메커니즘을 정확히 찾아 치료할 방법을 찾기만 하면 된다.

그런데 사회과학자인 앨런 호르비츠Allan Horwitz와 제롬 웨이크필드 Jerome Wakefield가 이런 견해를 공격했다. 그들은 2012년 저서 『우리가 두려워해야 할 모든 것: 자연스러운 불안을 정신 장애로 탈바꿈시키는 정신 의학』에서[60] 불안은 병적 상태라기보다 주로 삶이 건네는 전형적인 도전에 대한 뇌의 정상적인 반응이라고 주장했다. 높은 곳, 뱀, 다른 사람의 평가에 대한 두려움, 과거의 트라우마를 떠올리는 것에 대한 두려움은 유전적 설계대로 기능하는 뇌 공포 시스템의 작동을 나타내는 것이지, 약물 치료가 필요한 장애를 나타내는 것이 아니다. 불안을 연구하는 주요 유전학자인 켄 켄들러Ken Kendler는 이 책에 대한 리뷰에서 장애의 경계를 재정의하려는 노력을 칭찬했지만, 우리의 유전적 자질이 오늘날의 환경과 맞지 않는 때가 있다는 사실을 저자가 간과했다고 말했다.[61] 예를 들어 "맥도날드의 시대"에 우리의 지방 축적 시스템은 유전적으로 프로그래밍된 방식대로 환경에 반응하지만, 그 결과 제2형 당뇨병이 만연하게 되었다. 그렇다면 우리는 "제2형 당뇨병을 앓는 사람은 장애가 있는 것이 아니며 그들의 신진대사는 진화한 대로 진행되고 있으니 보험 적용을 받게 해서는 안 된다"라고 주장해야 하는가?

그러나 사회과학자만이 정신 장애의 진단 및 통계 편람(Diagnostic and Statistical Manual of Mental Disorders, DSM)의 접근법을 비판한 것은 아니다. 생물학 중심의 정신과 의사들도 이에 합세했다. 생물학적 정신의학의 성지인 미국 국립 정신 건강 연구소NIMH의 소장 탐 인셀Tom Insel이 특히 비판의 목소리를 높였다. 그는 의학의 다른 분야에서 병리학적 생물학의 이해에 근거하지 않은 초기 기술적 진단은 문제를 일으킬 때가 많다고 지적했다.[62] 장애는 일관된 것처럼 보이지만 생물학을 알아갈수록 이질적인 것으로 드러난다. 이는 마음과 행동의 문제에도 적용된다고 그는 주장한다.

임상적 합의에 근거한 진단 범주는 임상 신경과학과 유전학에서 나온 결과와 맞지 않다. 이 범주의 경계는 치료 반응을 예측하지 못했다. 그리고 아마 가장 중요한 사실로서, 증상이나 징후에 근거한 이 범주는 기능 장애의 근간에 있는 메커니즘을 포착하지 못할 것이다.

이 문제에 더 깊이 들어가기 위해 일반적으로 환자가 어떻게 진단받는지 생각해보자. 일련의 질문에 대한 환자의 반응(언어 자기 보고)을 근거로 특정 유형의 증상이 얼마나 있는지 파악한다. 예를 들어 DSM-IV에서 PTSD 진단을 받으려면 재경험(반복되는 기억) 증상 5개 중 1개, 회피/마비 증상 7개 중 3개, 과잉흥분 증상 5개 중 2개가 있어야 한다. 내 동료인 아이작 갈라처-레비Isaac Galatzer-Levy의 계산에 따르면, DSM-IV에서 PTSD 진단을 받을 수 있는 조합이 70,000가지가 넘는다(그리고 DSM-5에서는 600,000가지가 넘는다. 더 잠재적인 증상까지 포함하기 때문이다).[63] 게다가 PTSD 증상의 수가 매우 많음에도 다양한 영역에서 특정 증상을 요구하는 엄격한 규정 때문에, 6개 증상을 올바른 조합으로 갖고 있는 사람은 장애 진단을 받는 반면, PTSD 증상이 18개 있어도 증상 조합이 특정 규정에 맞지 않으면 건강한 사람으로 간주될 수 있다.[64]

DSM 시스템은 단일한 장애가 아닌, 각기 다른 뇌 시스템(위협 처리, 주의, 기억, 각성, 회피 등)에 의존하는 다양한 요인들을 구분한다. 이는 마음과 행동의 문제가 생물학적 기능 장애와 일치하지 않는다는 의미가 아니다. 문제는 DSM 접근법이 기능 장애를 생물학적으로 의미 있게 분류하지 않는다는 점이다.

DSM 범주는 분명 어느 정도는 유용한 것으로 입증되었다.[65] 임상의와 연구자에게 공통 언어를 제공해주고, 이 범주는 여러 문화에 걸쳐 증상을 평가하는 데 사용될 수 있다. DSM 시스템은 또한 어느 정도 효과적인 치료를 위한 폭넓은 지침을 제공해준다. 한편 DSM 범주에 깔끔하게 맞지 않는 환자들이 있다. 그리고 많은 환자들이 복합적인 진단을 받게 된다. (예를 들어 주우울증major depression 진단을 받은 사람 대부분이 범불안 장애도 갖고 있다.) 즉 한 증상이 다른 증상의 위험 요인일 수도 있고, 사실상 같은 증상을 진단이 구분하는 것일 수도 있고, 아니면 단순히 진단 범주가 잘못된 것일 수도 있다.

임상의도 DSM 시스템이 완벽하지 않다는 점을 인정한다. 나와 대화를 나눈 수많은 치료사들이, DSM 범주는 간략한 지침으로 고려해야지 특정 개인의 문제를 제대로 포착하는 경우는 드물다는 데 동의한다. 게다가 그들이 말하길 꼬리표를 붙이는 일은 치료사, 가족 구성원, 사회관계에 환자의 상태에 대한 부적절한 추측을 불러일으키며, 환자 자신도 일단 그렇게 꼬리표가 붙으면 특정 방식으로 행동하고 느끼기 시작하게 되는 경우도 있다. 그럼에도 보험사의 배상을 받기 위해 치료사는 DSM 시스템이 제공하는 꼬리표를 이용할 수밖에 없다. 참전 용사에 대한 혜택 역시 이 진단 꼬리표에 의존하는 경우가 많다.

아무튼 DSM 범주를 만든 사람들의 의도가 뇌 연구를 위한 로드맵 제공이 아니라는 점을 염두에 두어야 한다.[66] 뇌를 이해하는 일은 우리가 온갖 노력을 쏟아도 쉽지 않다. DSM 개발자들은 치료 목적으로 진단을 체계화할 방법을 찾았을 뿐이지, 뇌에 특별히 관심이 많거나 많이 알아서 뇌의 기본 생물학적 구조를 정확히 반영하는 범주를 만들어냈을 것이라는 기대는 하지 않는 편이 낫다.

연구 영역의 기준

2007년 미국 국립정신건강연구소의 전 소장인 스티브 하이먼Steve Hyman은 다음과 같이 지적했다.

> 뇌가 [정신] 장애에서 중심 역할을 한다는 사실은 이제 의심의 여지가 없지만, 각기 다른 정신 장애의 근간에 있는 정확한 신경 이상을 찾아내려는 노력은 계속되는 좌절을 가져왔다.[67]

하이먼은 문제의 일부 책임이 DSM 시스템 초기에, 장애들을 더 적은 수의 질환들로 분류하는 대신, 증상들을 나누어 장애의 범주를 다수 설정한 상당히 임의적인 결정에 있다고 주장했다. 그는 또한 장애를 건강한 상태와 질적으로 다르게 보는 DSM의 관점에도 이의를 제기했다. 그는 정신 장애를 "정상" 상태의 연장선에 있는 연관된 특질로 볼 것을 제안했다. 개인에게서 하나 이상의 신경 회로의 기능이 변하는 방식에 변화가 생기면 정상에서 벗어날 수 있다는 것이다.

인셀이 이끄는 NIMH는 하이먼의 시도를 따랐다. 2010년 NIMH는 정신 장애 연구의 새로운 접근법의 개요를 내놓았다. 그 결과인 연구 영역 진단 편람(Research Domain Criteria, RDoC) 프로젝트는 세 가지 개념에 기초한다.[68]

1. 마음과 행동의 문제는 뇌의 문제다.
2. 신경과학의 도구는 행동과 마음의 문제 근간에 있는 뇌 기능 장애를 식별할 수 있다.
3. 뇌 기능 장애의 생물학적 표지를 발견하고, 그것을 이용해 마음과 행동의 문제를 진단하고 치료할 수 있다.

이 기준의 근간에 있는 기본 개념은, 불안이나 우울 같은 문제가 뇌의 핵심적인 불안 시스템이나 우울 시스템에서 나오지 않는다는 것이다. 오히려 마음과 행동의 문제가, 각각 다른 수준에서 작용하며 기본적인 심리적, 행동적 기능을 수행하는 특정 뇌 메커니즘의 변화를 반영한다고 본다. 불안 분야의 주요 연구자인 블레어 심슨Blair Simpson은 RDoC의 접근법이, 핵심 신경 영역 내의 심리적 구성물을 나타내며 이 구성물과 관련된 각기 다른 분석 단위를 묘사하는, 전통적인 진단 범주에서 벗어난 기본 틀이라고 요약했다.[69] 표 9.2에 제시한 것처럼 심리적 구성물은 다섯 가지 광범위한 기능적 영역 또는 시스템의 영향을 받는다. 부정적 유의성negative valence 시스템(예로 위협 처리 과정), 긍정적 유의성 시스템(보상 처리 과정), 인지 시스템(예로 주의, 지각, 기억, 작업 기억, 실행 기능), 각성 및 조절 시스템(예로 뇌 각성, 하루 주기 리듬, 동기), 사회 과정 시스템(예로 애착, 분리)이 그 다섯 가지다. 각기 다른 분석 수준(유전자, 분자, 세포, 생리학, 시스템, 행동, 내성적 자기 보고 등)에서 일련의 객관적인 측정값으로 얻은 데이터는, 현재 또는 미래의 연구에 근거해 각 영역에 제공될 것이다. 다섯 가지 영역은 각각 하위 요인들을 몇 가지 포함하는데, 이 하위 요인들 역시 측정값을 수집할 것이다. 예를 들어 부정적 유의성에는 긴급한 위협, 미래의 위협, 지속적 위협 등과 연관된 회로들이 포함된다.

기능적 영역	분석 단위							
	유전자	분자	세포	회로	생리학	행동	자기보고	패러다임
부정적 유의성 시스템(공포, 불안, 상실)								
긍정적 유의성 시스템(보상, 학습, 습관)								
인지 시스템 (주의, 지각, 기억, 작업 기억)								
각성 및 조절 시스템(각성, 하루 주기 리듬, 동기)								
사회 과정 시스템 (애착, 소통, 자신과 타인 지각)								

출처: http://www.nimh.nih.gov/research-priorities/rdoc/research-domain-criteria-matrix.shtml

NIMH가 추진하는 RDoC 접근법은 기본 메커니즘의 연구를 이끌어가는 데 매우 적합하다. 상당수는 동물과 인간 모두 대상으로 할 수 있다.[70] 특정 유형의 증상과 징후(공포와 불안의 느낌에 대한 자기 보고, 과잉 각성, 위협에 대한 주의 강화, 안전 감지 저하, 과도한 회피와 위험 평가 등)는 특정 회로에 의존하며, 따라서 특정 선행 요인의 영향을 받기 쉽다. 각기 다른 증상 역시 그 근간에 있는 회로를 표적으로 하는 각기 다른 접근법으로 치료할 수 있다. 따라서 다양한 증상에서 오작동하는, 특정 인지 및 행동 처리 과정의 근간에 있는 회로를 찾아내는 일은 불안 그리고 그 밖에 마음과 행동 문제를 이해하고 치료하는 새로운 접근법을 제공한다.

RDoC 모델이 DSM 시스템을 금방 대체할 수는 없다. 마음과 행동 문제를 분류하는 새로운 방법을 내놓을 만큼 충분한 정보를 수집하려면 시간이 걸릴 것이다. 그러나 기존의 데이터로 이 새로운 방법이 어떻게 이뤄질지 가늠할 수 있다. 예를 들자면 증상 분류가 필요해 보이는데, 편도 기반의 위험 처리 회로가 거의 모든 불안 장애와[71] 조현병, 우울증, 경계성 인격 장애, 자폐 스펙트럼 장애, 그 밖에 다른 질환과 연관되기 때문이다.[72] 그러나 범주가 손쉽게 금방 사라질 것 같지 않으므로, 우리는 일단 연구 데이터를 근거로 현재의 범주를 세분화해서 상황을 개선할 수 있다. 예를 들어, 다수의 외상과 단일한 외상으로 발생한 PTSD에서 각각 다른 처리 과정(RDoC 영역)의 변화가 일어나는 식이다.[73]

5장에서 우리는 특정 장애와 관계없이 불안으로 고통받는 사람들을 특정짓는 여섯 가지 과정을 열거했다.[74] (1) 위협에 대한 주의 증가, (2) 위협과 안전의 구분 실패, (3) 회피 증가, (4) 예측할 수 없는 위협에 대한 반응성 증가, (5) 위협의 중요성과 일어날 가능성 과대평가, 그리고 (6) 인지 및 행동 제어의 부적응이 그것이다. 편도, 중격핵, 분계 선조의 침대핵, 외측 전전두 피질, 배쪽내측 전전두 피질, 안와전두 피질, 전방 대상 피질, 해마, 뇌섬 피질, 각성 시스템이 이 과정에 기여한다. 불안 장애에서, 그리고 불안 장애와 불안의 증가 요인이 되는 다른 정신 장애(예로 우울증, 조현병, 자폐증) 사이의 근간에 있는 각 처리 과정과 특정 회로, 분자 메커니즘을 비교해보면 특히 흥미로울 것이다.

DSM에 따른 약물 발견은 우연한 성공이 많다. RDoC 접근법은 뇌에 관한 사실로 주어진 문제를 어떻게 이해하고, 연구하고, 치료해야 할지 보여준다. 이는 불안에 대해 훨씬 더 복잡한 견해로 이어지고, 문제를 해결할 마법 같은 약물이 있을 것이라는 단순한 생각에 반한다. RDoC 접근법이 치료 연구에 복잡함을 더하지만, 내가 이 책에서 전개해 온 견해로 보면 이는 왜 현재의 치료가 그다지 성공적이지 못한지 설명해준다.

방어 반응(얼어붙기와 그에 따른 생리 반응)과 행위(회피)에 미치는 효과 검사로 개발된 약물은, 본질적으로 방어 생존 회로와 방어 동기 상태를 표적으로 하며, 이는 불안한 느낌을 단지 간접적으로 변화시킬 뿐이다. 치료를 받은 사람들이 위협에 의한 생리적 각성이 덜하고 스트레스 받는 상황을 회피하려는 경향도 줄지만 여전히 불안감을 느끼는 것은 바로 이것 때문이다. 생존 회로가 작동하는 방식을 변화시키고 행동 반응과 생리 반응, 행위에 기여할 수 있는 것도 결코 작은 성취는 아니다. 그러나 느낌을 직접 변화시켜 사람들이 불안을 덜 느끼게 만드는 약물을 개발하려면, 의식적 느낌을 만들어내는 뇌 시스템을 표적으로 삼아야 한다.

벤조디아제핀은 흥미로운 사례다. 이 약물은 사람들의 주관적인 불안감을 완화하고, 특정 "불안" 검사에서 동물의 행동에도 영향을 준다. 그러나 이 약물이 쥐의 불안감을 완화하고 따라서 불안 검사에서 행동에 영향을 준 약물이 인간의 불안감도 완화할 수 있다는 결론을 내리기 전에, 벤조디아제핀이라는 약물을 더 깊이 살펴볼 필요가 있다. 이 계열의 약물은 동물을 이용한 약물 발견 연구의 결과가 아니라, 인간 연구의 결과다. 이 약물의 수용체는 GABA 수용체의 구성 요소로, 활성화하면 억제가 증가한다. 그리고 뇌의 신경 활동에 깊은 영향을 미친다. 즉 진정sedation 같은 광범위하고 주로 비특이적인 효과를 낳는다. 그러나 억제 충동 증가의 일반적인 효과는 무시하고, 불안 관련 기능의 억제 역할에만 초점을 맞춰 보자. 침대핵과 해마에서 억제가 증가하면 불확실한 상황에서 위험 평가 행동이 감소한다. 또한 해마에서 기억을 손상시켜 과거의 위험한 상황이 미치는 영향을 감소시키므로, 위험 지각력을 한층 더 감소시킬 수 있다. 벤조디아제핀 수용체는 전전두 피질에도 존재한다. 인간 뇌에서 벤조디아제핀 수용체의 기능 변화는 불안 장애가 있는 사람의 작업 기억, 주의, 의식과 연관된 영역에서 일어난다.[75] 벤조디아제핀이 방어 행동과 주관적 불안감에 미치는 영향은, 그 수용체가 작업 기억 회로와 위협 처리/위험 평가 회로에 모두 존재한다는 사실에 의존할 것이다. 따라서 우리는 어떤 약물이 동물의 "불안 비슷한" 행동에 영향을 주었다고 해서, 그 약물이 벤조디아제핀 같이 두 가지 처리 과정 모두의 근간에 있는 회로에 영향을 주지 않는 한, 인간의 불안감에도 영향을 줄 것이라고 간단히 결론 내릴 수 없다. 동물 행동 검사는 위험 평가에 미치는 영향의 탐색에 훌륭한 도구다. 그러나 주관적인 안락에 미치는 영향을 알아내기 위해서는 인간 연구가 필요하다. 우리가 반복해서 살펴봤듯 이 두 가지 효과가 늘 함께하지는 않는다.

치료 효과에 대한 평가는 치료가 하는 일에 대한 현실적인 기대에 근거해야 하며, 이는 평가에 사용되는 과제의 근간인 뇌 메커니즘의 이해에 달려있다. 사람들의 불안감을 감소시키는 데 별 효과가 없어 단지 조금 성공했다거나 아예 실패했다고 판단된 불안 완화 약물이, 실제로는 우리가 그 약물에 합리적으로 기대한 만큼의 효과를 발휘한 것일 수도 있다. 왜냐하면 이 약물은 인간의 느낌보다 동물의 생존 회로 활동을 측정한 연구에 근거하기 때문이다. 사람들이 약물 치료로 기분이 나아지지 않을 때도 있다는 얘기가 아니다. 문제는 우리가 뇌의 외현적 처리 과정과 암묵적 처리 과정에 영향을 미치는 치료의 차이를 인식해 더 나은 결과를 얻을 수 있는가다.

불안의 과학에서 의식적 경험에 주목하기

내가 앞서 주장했듯 불안의 본질은 자신이 불확실하고 위험한 상황을 통제할 수 없을 때 경험하는 불쾌한 느낌—초조함, 두려움, 고뇌, 걱정—이다. 이는 미래의 자신을 그릴 수 있고, 특히 일어날 가능성과 상관없이 불쾌하거나 심지어 비극적인 시나리오를 예측할 수 있는 인간 고유의 능력의 부산물이다.[76] 이 장의 앞부분에서, 키에르케고르의 말을 고쳐 쓴 "불안은 인간이 자유에 치러야 할 대가다"라는 메난드의 말을 인용했다. 나는 그것을 다시 한 번 비틀어, 불안은 인간이 자기인식적 의식에 치러야 할 대가라고 말하겠다.

불안의 의식적 경험은 불안한 사람에게 문제를 일으키는, 달라진 뇌 기능과의 접점이다. 또 이 경험은 그가 도움을 구하게 만들고, 진단이나 치료를 받을 때

보고하는 내용이기도 하다. 임상의는 상담자의 의식적 마음—의식적 느낌을 포함하는—과 상호작용하는 데 시간을 보내므로, 의식이 무엇보다 중요하다는 사실을 안다. 환자의 문제는 내면 깊은 곳에서 비롯된 것일 수도 있다. 그러나 언어 자기 보고를 통해 드러난 의식이야말로 그 사람의 생각과 느낌을 평가할 수 있는 주요 수단이다.

일부 과학자들은 공포와 불안을 개념화할 때 의식을 피해왔다. 이는 공포와 불안의 느낌을 이해하는 현실적 문제와 과학적 연구 사이에 간극을 만든다. 다른 과학자들은 다른 방향으로 너무 나아가, 동물 행동 검사가 의식적 불안의 메커니즘을 직접 드러낸다고 상정한다. 이는 잘못된 뇌 메커니즘을 공포, 불안과 관련짓고, 연구의 의미를 이해할 때 해석상의 문제를 낳는다. 또 다른 과학자들은 그들의 연구를 개념화할 때는 의식을 피하면서, 동물의 행동 데이터를 해석할 때는 의식적 느낌을 거론한다. 이 역시 연구의 의미를 이해하는 데 혼란을 불러일으킨다.

앞 장에서 논의했듯, 최근 몇 년간 인간 연구로 인간의 의식에 대한 과학에 많은 발전이 있었다. 이 연구 덕분에 의식적 처리 과정과 비의식적 처리 과정을 명확하게 구분하고, 각각의 처리 과정이 인간의 정신적 삶에 기여하는 부분도 구분해서 이해할 수 있게 되었다. 분명히 해두자면 의식적 경험은 여전히 개인적이다. 일부 주장과 달리 과학자들은 영상 장비로 인간 마음의 내용을 읽는 방법을 알아내지 못했다. 바뀐 것은 의식적 경험에 기여하는 구성 요소 과정의 일부—작업 기억, 주의, 모니터링, 그 외 실행 기능, 장기 의미(인식) 기억과 일화(자기인식) 기억 등—를 발견한 것이다.

RDoC 접근법은 불안의 과학적 연구에서 현상적 경험에 더 무게를 둔 기본 틀을 제공했다. 여기에는 전역적 방어 동기 상태를 특정짓는 데 필요한 모든 기능(각성, 위협 처리, 위험 평가, 회피 등)과, 이 활동과 관련된 신호를 인지적으로 처리하는 기능(감각 처리, 장기 외현 기억, 주의, 작업 기억, 모니터링, 자기 평가, 언어 자기 보고 등)이 포함된다. 그러나 안타깝게도 RDoC 접근법은 현상적 경험 그 자체의 중심적 역할을 강조하는 데는 미치지 못하고, 대신 정보 처리 과정에서 인지 처리 역할에 중점을 둔다. 불안의 의식적 경험을 구성하는 내용을 만들어내는 역할은 남겨두고서 말이다. 이 접근법은 언어 자기 보고를 포함하지만, 단지 분석의 또 다른 수준(표 9.2 참조)으로 포함할 뿐이다. 다른 모든 RDoC 측정값은 다양한 비의식적 재료가 불안의 느낌에 기여하는 과정에 대한 정보를 제공한다. 그러나 그 자체로서 불안의 측정값은 아니다. 불안의 의식적 경험, 불안을 느끼는 방식은 분석의 또 다른 수준에 불과한 것이 아니다. 그것은 불안 그 자체다.

하지만 모든 의식적 상태가 동일하지는 않다. 의식적 상태를 일으킬 수 있는 많은 종류의 인지 처리와 표상이 있다. 예를 들어 불안한 사람들은 부정적 사건이 일어날 가능성을 걱정한다. 그 일이 일어날 가능성이 매우 낮다는 것을 알아도 말이다.[77] 한 사건이 일어날 가능성을 가늠하는 것과 그 사건에 대해 걱정하는 것은 각기 다른 인지며, 둘 다 미래에 대한 의식적 평가와 연관된다.[78] 그러나 사건이 일어날 가능성에 대한 사실은 걱정을 해소하기에 충분하지 않다. 또 자신이 불안하다는 사실은 알아도 그 이유는 모를 수 있다. 따라서 자신에게 일어나고 있는 상태를 해석하고 이름 붙이는 데 기여하는 인지(나는 불안 또는 두려움을 느낀다)와 경험된 상태의 원인을 찾는 인지(내 느낌은 내가 지금 처한 상황에 기인하거나, 과거에 내게 일어난 일의 결과다)를 구분할 필요가 있다. 둘 다 자기인식 상태지만 서로 다르다. 하나는 자신이 느낀 경험이고, 다른 하나는 그 경험의 속성과 기원에 관한 추측이다. 이런 추측은 불안한 느낌을 증폭시킬 수 있다.

사람들은 보통 자신이 왜 불안한지 알지 못한다. 그리고 이 불확실성이 불안을 증폭시킨다. 느낌이나 행위의 동기적 원인에 대한 잘못된 귀인은 불안을 심화하는 원천이다. 잘못된 귀인은 그 상태를 적절히 설명하지 못하고 인지 부조화를 낳는다.[79] 사람들은 추가 귀인으로 그런 상태에서 벗어나려 한다.[80] 이는 잘못된 귀인과 불안이 더해질 가능성을 높인다. 경험에 대한 귀인(해석)은 의식적 자아의 정신적 연속성을 만들어내는 핵심 요인이지만,[81] 불안을 낳을 수도 있다.

불안에 이르는 네 가지 방식

이 장과 이전 장에서는 뇌 기반의 공포와 불안 이해에 현상적 경험을 끌어들이려 시도했다. 핵심 개념은 아래와 같이 네 가지 시나리오로 요약될 수 있다(표 9.3).

표 9.3: 불안에 이르는 네 가지 방식
1. 현존하거나 임박한 외부의 위협이 있을 때, 사건과 그 사건이 자신의 물리적, 심리적 안락에 미칠 영향을 걱정한다.
2. 신체 감각을 알아채고 그것이 자신의 물리적, 심리적 안락에 의미하는 바를 걱정한다.
3. 생각이나 기억이 물리적, 심리적 안락에 대한 걱정을 불러일으킨다.
4. 생각과 기억이 가치 있는 삶을 사는 것, 죽음의 필연성 같은 실존적 두려움을 불러일으킨다.

시나리오 1. 위협 신호가 발생하면 이는 위험이 현존하거나, 시공간적으로 가까이 있거나, 미래에 닥쳐올 것을 의미한다. 뇌의 비의식적 위협 처리 과정이 방어 생존 회로를 활성화해 뇌의 정보 처리 과정을 변화시킨다. 이를 부분적으로 제어하는 각성과 행동 및 생리 반응의 증가는, 뇌로 되먹임 되고 생리 변화를 보완하는 신호를 발생시켜 반응을 강화하고 더 오래 지속되게 한다. 총체적으로, 이는 방어 동기 상태를 일으킨다. 이 상태 자체나 그 구성 요소가 주의를 붙잡아 작업 기억으로 들어가면 경험의 표상이 만들어진다. 이 표상에는 방어 동기 상태의 정보(빠른 심장 박동이나 행동적 회피같이 알아챌 수 있는 반응을 포함)뿐만 아니라 외부 자극(위협과 현존하는 다른 자극들)과, 자극의 의미론적 의미 및 그 자극의 과거 일화적 경험에 대한 기억이 포함된다. 그 결과 최초의 위협 신호가 그 자체로 현존하는 명백한 위험인지 또는 미래의 잠재적 위험에 대한 경고인지에 따라 다양한 공포와 불안의 의식적 느낌을 낳는다. 그러나 위협이 현존한다 해

도 공포의 느낌은 빠르게 불안으로 바뀐다. 이 의식적 느낌은 간단히 스스로 나타나는 것이 아니라 해석을 통해 조합되어야 한다. 실제로 오늘날의 주요 이론 중 하나는 의식적인 정서적 느낌을, 기억에 저장된 스키마가 작업 기억 내의 현재 신호(뇌의 각성, 신체 되먹임, 기억 등)와 일치되어 경험을 일으키는, 심리적 구성물로 상정한다.[82]

시나리오 2. 촉발 자극이 꼭 외부 자극일 필요는 없다. 내부 자극도 불안을 촉발할 수 있다. 일부 사람들은 특히 신체 신호에 민감하다. 건강염려증에 걸리기 쉬운 사람은 내장의 약한 통증이나 근육 경련만으로도 건강에 대한 우려가 촉발되기 충분하다. 공황 발작을 앓는 사람은 특히 신체 감각에 예민하다. 이런 감각은 조건 형성된 촉발 인자가 되어 (외부 자극과 마찬가지로) 방어 회로를 활성화하고, 수많은 비슷한 결과를 낳는다. 스키마 형태의 일화 및 의미 기억으로 저장된 과거 경험에 근거한 개인의 인지적 편향이, 관련 증상이 나타나고 그것이 저장된 스키마와 일치할 때 질병이나 공황 발작이 일어날 것을 걱정하게 만든다. 조건 형성된 감각이 공황 발작을 일으킨다고 주장하는 것이 아니라, 이 감각이 공황 발작이 올지 모른다는 불안, 두려움, 걱정을 일으키는 처리 과정을 개시하고, 그것이 발작의 역치를 낮추는 식으로 뇌에 간접적인 영향을 줄 수 있다. (공황 장애를 다룬 최신 학습 이론을 살펴보고 싶다면, 심리학에서 각기 다른 배경을 가진 마크 부통Mark Bouton, 수잔 미네카Susan Mineka, 데이비드 발로David Barlow의 논문을 참조하라.[83])

시나리오 3. 생각과 기억이 불안을 촉발할 수도 있다. 꼭 외부나 내부 자극이 있어야 불안해지는 것은 아니다. 과거의 외상이나 공황 발작의 일화 기억만으로도 방어 회로를 활성화하고 일반적인 결과를 모두 일으키기에 충분하며, 그 결과가 저장된 스키마와 일치하면 느낌이 일어난다.

시나리오 4. 생각이나 기억이 이른바 실존적 두려움이라는 또 다른 종류의 불안을 낳기도 한다. 자신의 삶이 가치 있는지에 대한 숙고, 죽음의 필연성, 도덕적 가치가 연관된 의사 결정의 어려움이 그 예다. 이것들은 방어 시스템을 반드시 활성화하지는 않는다. 이것들은 많든 적든 순수한 형태의 인지적 불안이다. 이런 숙고가 위협이 되면, 방어 회로를 활성화하고 신체적 긴장, 생리적 흥분과 연관된 더 전형적인 형태의 불안을 일으킬 수 있다.

불안은 결국 의식적 느낌이다. 불안은 방어 회로의 활동에 의해 상향식으로 일어날 수 있고, 불확실한 미래나 존재 그 자체에 대한 걱정을 개념화한 상위 처리 과정에서 일어날 수도 있다. 어떤 경우든 불안은 공포와 마찬가지로 감각 정보, 기억을(만일 현존한다면) 생존 회로 활동의 결과와 함께 작업 기억에 표상해 의식적 생각에 이용할 수 있게 하는 피질의 처리 과정에 의존한다.

불안(걱정, 두려움, 근심, 초조, 고뇌)은 특정 종류의 의식적 생각과 연관된다. 이는 모두 자신에 대한 것이다. 그렇다. 우리는 사랑하는 사람을 걱정한다. 이는 그들이 우리의 일부기 때문이다. 나는 "피는 물보다 진하다"거나 "이기적 유전자"나 "모성 본능" 같은 생물학적 해석을 이야기하는 것이 아니다. 내가 말하는 것은·일화적, 자기인식적 자아, 미래로 투사할 수 있는 자아, 나쁜 일이 일어나면 미래의 자아가 어떻게 될 것인가 하는 숙고가 필요한 유형의 결합이다. 그리고 이뿐만 아니라 생물학적으로 관련이 있든 없든, 인간이든 반려동물이든, 지인이 아니라 우상이나 영웅일 뿐이든 관계없이 자아가 관심을 갖는 것들도 마찬가지다. 이들은 모두 심리적으로 우리의 확장된 자아의 일부다. 윌리엄 제임스는 이렇게 말했다. "남자의 '자아'는 그가 그의 것이라 부를 수 있는 모든 것이다. 그의 몸과 정신력뿐만 아니라 그의 옷, 그의 집, 그의 아내와 아이들, 그의 조상과 친구들, 그의 명성과 일, 그의 땅과 말, 요트와 은행 계좌도 그의 것이다. 이 모든 것들이 그에게 같은 정서를 준다. 이것들이 잘되고 번창하면 그는 의기양양해지고, 이것들이 쇠락하면 그는 낙담한다. 각각의 것들이 꼭 같은 정도는 아니겠지만, 거의 같은 방식으로 느껴진다."[84]

10장
불안한 뇌의
개조

"불안은 흔들의자와 같다. 뭔가 계속 하게 만들지만 결국 제자리다."

— 조디 피콜트[1]

어떻게 하면 불안이나 걱정을 덜 느낄 수 있을까? 불안을 사라지게 하거나, 최소한 증상을 완화하려면 어떻게 해야 할까?

마음과 행동의 문제는 주로 심리치료나 약물치료를, 경우에 따라서는 두 가지 방법을 모두 이용해 치료한다. 이전 장에서 나는 공포와 불안 완화를 위한 약물 사용과, 새롭고 더 나은 약물 치료법을 찾는 어려움에 대해 논했다. 그러나 사실상 불안이나 공포와 관련된 많은 문제에서 심리치료가 실행 가능한—실제로 최선의— 선택이다. 이 장과 다음 장에서 우리는 불안한 뇌를 변화시키는 방법으로서 심리치료를 살펴볼 것이다.[2] 비록 나는 치료사도 의사도 아니며 치료실에서 일어나는 일에 거의 경험이 없지만, 유기체가 위협받을 때 뇌에서 일어나는 일에 대해 몇 가지를 배웠고 이 관점에서 치료의 문제를 다룰 것이다.[3]

심리치료 접근법

미국 심리학회는 심리치료에 몇 가지 범주를 열거하고 있다. 여기에는 정신분석 치료, 정신역학 치료, 인본주의 치료, 행동 치료, 인지 치료, 둘 이상의 접근법을 혼합한 통합 및 절충 치료가 포함된다[4](표 10.1). 고전적인 정신역학 치료는 프로이트의 정신분석적 방법에 근거한 언어 자유 연상과 내성introspection을 이용해 억압된(무의식적) 기억에 숨은 마음과 행동 문제의 근본 원인을 찾는다. 특히 어린 시절의 외상이나 사회적으로 수용 불가능한 욕망이 이런 기억이 된다.[5] 새로운 정신역학 접근법은 현존하는 대인관계 갈등에 초점을 맞춘다.[6] 인본주의 치료(실존주의, 게슈탈트, 내담자 중심)는 사람들이 합리적 선택을 하고 삶에서 자신의 잠재력을 깨달으면서 타인에 관심과 애정을 보이도록 돕는다.[7] 행동 치료는 많은 문제가 학습에 기인한다 보고, 파블로프 및 도구적 조건 형성 원리를 이용해 부적응적 행동을 변화시키려 한다.[8] 공포와 불안의 행동 치료에서 특히 중요한 것은 노출이라는 방법으로, 소거extinction 원리에서 영감을 받은 것이다. 이 방법은 환자로 하여금 그를 불안하거나 두렵게 만드는 대상이나 상황을 반복해서 마주하게 한다. 인지 치료는 병적인 정서 상태(불안 같은)나 행동(회피 같은)의 근간에 고장난 인지(믿음)가 있다는 가정에 근거한다.[9] 이 믿음을 변화시키면 공포와 불안, 그리고 그와 연관된 행동 역시 변화시킬 수 있다고 본다. 인지-행동 치료는 위협에 노출시켜 공포와 불안을 감소시키는 방법과 인지적 중재를 병행한다. 수용전념 치료는 인지 치료의 변형으로, 환자에게 그들의 정서를 바꾸기보다 수용하고, 부정적 정서가 행동을 제어하게 놔두지 말고 자신이 가치를 두는 것의 맥락 안에서 의사 결정을 하라고 가르친다.[10] 다양한 인지 치료는 오늘날 가장 흔히 사용되는 심리치료 접근법이다.

표 10.1: 흔히 사용되는 심리치료의 몇 가지 유형
정신분석 및 정신역학 치료
인본주의 치료
행동 치료
인지 치료
통합/절충 치료
대안/보충 치료

출처: http://www.apa.org/topics/therapy/psychotherapy-approaches.aspx

그 효과는 아직 모든 사례에서 평가되지 않았지만, 불안 치료에서 대안적 접근법이 점점 관심을 끌고 있다. 마음챙김mindfulness에 근거한 방법은 이완, 호흡 훈련, 명상, 요가, 그리고 그 밖에 현재에 초점을 맞추고 긴장과 걱정을 줄이는 기술들을 이용한다.[11] 이 각각의 방법은 그 자체로 스트레스와 불안을 줄일 수 있지만, 다른 심리치료 접근법에 통합될 수도 있다. 예를 들어 행동 및 인지 치료는 종종 이완 훈련을 포함하고, 수용전념 치료는 마음챙김과 명상을 이용한다.[12] 프로이트가 가장 먼저 사용한 방법 중 하나지만 나중에 그가 부정했던 최면도 점점 인기를 끌고 있다.[13] 또 다른 접근법인 안구운동 민감소실 및 재처리 요법(eye movement desynchronization reprocessing, EMDR)은 시각적 자극으로 안구 운동 패턴을 유도해, 환자가 고통스러운 사건을 재처리하고 새로운 대처 기술을 습득하게 한다.[14]

심리치료와 뇌, 2002년

『시냅스와 자아』에서 나는 대화 기반 치료와 노출 기반 치료를 명확히 구분했다(그림 10.1). 그리고 이 두 접근법은 각기 다른 뇌 회로에 의존하기 때문에 근본적으로 다르다고 주장했다. 대화 치료는 의식적인 기억 인출과 그 기원 및 영향에 대한 생각이 필요하며, 따라서 외측 전전두 피질의 작업 기억 회로에 의존한다. 반면 노출 관련 치료는, 노출을 본뜬 과정인 소거에 기여하는 내측 전전두 영역에 의존한다. 나는 내측 전두 영역이 편도와 연결되는 반면 외측 영역은 그렇지 않다는 사실이, 대화 기반의 정신분석이나 인본주의 접근법보다 노출 기반의 접근법(행동 또는 인지-행동 치료)이 왜 공포, 공포증phobia, 불안을 더 쉽고 빠르게 치료하는지 설명해 준다고 밝혔다.

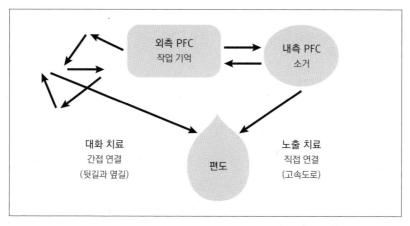

그림 10.1: 2002년 『시냅스와 자아』에 묘사된 심리치료와 뇌의 관계

돌이켜보면, 이 신경 가설은 옳은 점도 있지만 다른 면에서 지나치게 단순했다. 예를 들어 작업 기억과 그 실행 기능—주의와 다른 인지 제어 기능—은 전전두 피질의 외측 및 내측 영역과 모두 연관된다. 그리고 (외측은 아니고) 내측 전전두 피질이 편도와 강하게 연결되는 반면, 내측과 외측 전전두 영역 또한 서로 연결된다.[15] 8장에서 논의한 정서 조절과 재평가 연구는 이 영역들이 편도의 활동에 영향을 줄 수 있는 복잡한 방식을 보여주었다. 그러나 더 중요한 것은, 대화 치료는 인지와 의식에 의존하지만 노출 치료는 그렇지 않다는 내 생각이 지나치게

순진했다는 점이다. 모든 형태의 심리 치료는 환자와 치료자의 언어 소통에 의존하며 인지 처리 과정에—의식에 기여하는 과정을 포함해서— 관여한다.[16]

예를 들어 노출 치료는, 순수한 행동 치료든 인지 행동 치료든 환자의 문제와 우려에 관해 논의하고 노출 치료 계획을 이해시키며, 노출 중에 스트레스에 대처하는 방법을 언어로 지시하고, 새로운 대처 기술을 습득해 세션 동안 그리고 나중에 두려움이나 불안을 느낄 때 이 기술을 수행하려면 언어가 필요하다. 일부 행동주의자는 공포와 불안 행동을 바꾸는 데 언어가 가장 강력한 수단이라고 주장하기까지 한다.[17] 이 모든 활동 또한 작업 기억이 관여한다. 따라서 전통적인 심리치료와 마찬가지로, 노출 치료 역시 대화에 의존하고 작업 기억 회로에 관여한다.[18] 여기에는 외측 및 내측 전전두 회로 그리고 아마 두정 회로도 포함될 것이다.

이어질 내용에서 나는 노출 치료를 세부적으로 파헤쳐 그것이 어떻게 작동하는지 더 정확한 견해를 제시할 것이다. 노출 치료가 공포와 불안 문제를 다루는 유일한 심리치료 접근법은 아니지만, 오늘날 가장 효과적이고 널리 쓰인다.[19] 불안한 사람에게 노출이 도움이 되게 해주는 핵심 요인이 소거이고[20] 소거의 신경 기반을 이해하는 데 많은 발전이 있었으므로, 소거가 뇌에서 작동하는 과정에 대한 통찰은 노출이 왜, 어떻게 사람들을 돕는지 이해하는 데 큰 도움이 될 것이다.[21] 그러나 곧 살펴보겠지만 노출 치료에는 소거를 유도하는 자극의 반복 처리 과정 이상의 무엇이 있다. 그리고 소거의 역할을 노출에 기여하는 다른 처리 과정들과 분리하면, 사람들이 두려워하거나 불안해하는 대상과 마주함으로써 치료를 받을 때 뇌에서 일어나는 일에 더 섬세하게 접근할 수 있다.

따라서 심리치료가 뇌에 어떻게 작용하는지 이해하려 할 때 노출은 좋은 출발점이 될 수 있다. 이는 치료가 반드시 뇌의 신경 처리 과정으로 이해되어야 한다는 의미가 아니다. 또한 다른 치료 접근법이 가치가 없다는 의미도 아니다. 나는 다만 우리가 신경과학적으로 이해하는 소거와의 접점 때문에 노출에 초점을 맞추는 것이다.

치료의 시작

"만일 당신이 말에서 떨어졌다면, 두려움을 극복할 최선의 방법은 다시 말 등에 올라타는 것이다"라는 오래된 격언이 있다. 고소공포증이 있던 독일 시인 괴테도 이를 깨달았다.[22] 그는 그의 지역 대성당 꼭대기에 천천히 올라가, 작은 단 위에 서서 아무것도 붙잡지 않은 채 두려움이 사라질 때까지 도시를 내려다보았다. 그는 이 훈련을 반복했고 결국 즐거운 산행에 도전할 수 있게 되었다.

다양한 장애에서 공포와 불안을 감소시키는 데 노출이 매우 효과적이라는 것이 일반적으로, 아니 적어도 행동 및 인지 치료사들 사이에 받아들여지고 있다.[23] 노출은 주로 특정 자극이나 상황(동물, 높은 곳, 벌레, 시험, 연설, 사회적 조우, 과거의 외상)에 대한 공포나 불안의 치료법으로 알려져 있지만, 범불안의 특징인 과도한 걱정을 치료하는 중요한 방법이기도 하다. 이에 대해서는 나중에 설명할 것이다.[24]

프로이트 역시 환자에게 그들이 두려워하는 대상이나 장소를 대면시키는 것을 고려했다[25](그림 10.2). 그러나 노출 접근법이 공포와 불안의 치료법으로 공식화된 것은 한참 후의 일이다. 20세기 중반 불안과 그 치료에 지배적이었던 프로이트적 견해를 재개념화하는 데 파블로프 및 도구적 조건 형성에 근거한 행동주의 원리가 이용되기 시작했다.[26] 적응 문제의 근본 원인을 밝히는 것을 추구한 역학 치료와 달리, 행동 치료는 원인을 무시하고 증상을 공략했다.[27]

노출 치료는 20세기 중반 O. 호바트 모러와 닐 밀러가 유명한 회피 행동의 2요인 이론에서 주장한 불안 해석에서 자연스럽게 비롯되었다.[28] 3장에서 논의했듯 모러와 밀러는 회피 학습을 파블로프 조건형성과 도구적 조건형성의 조합으로 보았다. 첫째로, 파블로프 조건형성을 통해 중립적 자극이 공포를 끌어내는 능력을 얻고, 그다음 도구적 조건형성을 통해 도주할 수 있는 반응, 공포 유발 상황을 회피할 수 있는 반응을 배운다. 그러나 자극이 나중에 위해와 예측인 관련성을 상실하더라도, 개인은 공포를 소거할 기회는 갖지 못한다. 성공적인 회피가 위해를 경험 못하도록 막기 때문이다. 공포를 없애려면 습관적 회피를 극복하고, 공포를 일으키는 자극에 재노출되어 공포를 경험하고, 그다음 소거를 통해 그 자극이 사실 해로운 결과의 전조가 아님을 배워야 한다는 것이 이론의 요지다. 모러와 밀러 이론의 논리는 오늘날에도 공포와 불안의 치료에 노출을 사용하는 근거에 힘을 보태고 있다.[29]

노출 치료의 근간에 있는 기본 생각은, 공포를 마주하면 소거를 통해 촉발 자극에 덜 반응하도록 조건형성된다는 것이다. 예를 들어 당신이 엘리베이터를 무서워하면, 치료사가 당신에게 엘리베이터 사진을 보이는 식으로 당신의 반응을 약화할 수 있다. 또는 당신에게 엘리베이터 안에 있다고 상상하고 그 생각에 집중하라고 요구할 수도 있다. 다른 생각을 하면 당신이 공포와 걱정에서 정신적으로 도피할 수 있고, 이는 정신적 노출의 효과를 감소시키기 때문이다. 더 현실적인 요소를 추가하기 위해 치료사가 당신을 엘리베이터로 데려갈 수도 있다. 엘리베이터 안에 머물도록 강제함으로써 회피가 방지되고 소거가 작동할 수 있다. 초기 노출이 어느 정도 성공한 다음, 노출의 이로운 효과를 강화하고 유지하기 위해 특히 일상 상황에서 홀로 노출을 행하도록 환자에게 지시한다.

노출에 분명히 근거한 심리치료의 최초 형태는, 1950년대 후반 조셉 울프 Joseph Wolpe가 도입한 체계적 둔감화systematic desensitization였다.[30] 이 접근법은 상상의 위협에 점진적인 반복 노출을 사용하면서 이완 훈련을 병행한다. 그로부터 몇 년 동안 노출 치료의 수많은 변형이 등장했다.[31] 단계별 재훈련 grade retraining 역시 점진적인 노출을 포함하는데, 상상의 자극이 아니라 실생활에서 불안을 유발하는 상황을 이용한다.[32] 점진적 접근법과 달리 내파치료 implosive therapy라고도 불리는 홍수법flooding[33]은, 상상된 노출 동안 높은 수준의 공포를 유도 및 유지하면서, 공포 수준이 사라질 때까지 도주나 회피를 방지한다. 내파치료의 일부 형태에서 치료사는 상상된 노출이 높은 공포 수준을 유지하도록 유도한다. 지속노출치료prolonged exposure therapy는 홍수법의 변형으로, 높은 수준의 공포 유발을 유지하지만 그 핵심 전제는 랭의 세 가지 반

그림 10.2: 프로이트와 노출 치료

응 시스템(행동적 회피, 생리 반응, 언어 행동)에서 정의한 공포의 모든 측면이 감소해야 노출이 효과적이라 본다.[34] 다른 접근법은 고도로 구조화된 상황에서 실제 위협에 낮은 수준으로 노출하는 데 중점을 두면서, 다소 스트레스를 받더라도 개인이 절차를 계속하도록 언어 강화를 이용해 동기를 불러일으킨다.[35] 또 다른 접근법은 공포와 불안 감소를 위해 사회적 상황을 관찰시키는 대리 노출을 이용한다.[36] 반¾현실적semirealistic 맥락에서 가상현실 기술을 이용해 노출 치료를 시도하기도 한다.[37]

전반적으로 노출 치료는 상당히 높은 치료 효과를 보인다. 치료를 받은 환자의 대략 70%가 호전을 보였다.[38] 그러나 이 접근법에도 분명 개선의 여지가 있고 이에 대해 다음 장에 논의할 것이다.

노출에 "인지"를 더하기

노출은 소거에 근육 이완 훈련, 호흡 훈련, 몇몇 인지적 지원(지시, 언어적 강화, 사회적 모델링)을 더해 행동 치료의 중심으로 떠올랐다. 그러나 심리학에서 인지 열풍이 시작되면서 인지 원리가 조건형성과 소거[39] 그리고 이 이론의 영향을 받은 행동 치료에까지 침투하기 시작했다. 표준적인 치료 절차가 점점 더 인지 쪽에 무게가 실리게 되었다.[40] 그 결과 인지 치료가 탄생했다.[41]

인지 치료는 원래 스스로 인지-행동 치료라 부르면서 사실상 행동 치료를 중심에서부터 점령해나갔다.[42] (오늘날 "인지-행동 치료"와 "인지 치료"라는 용어는 사실상 같은 의미다.) 인지-행동 치료를 도입한 아론 벡Aaron Beck은 지속적인 정서와 행동의 변화를 위해서는 인지적 변화가 선행되어야 한다고 주장했다.[43] 노출은 그 자체로 변화를 가져오기보다 사람들이 자신의 문제를 생각하는 방식을 변화시키는 부수적 절차일 뿐이라고 주장했다. 인지 치료사는 노출을 인지 변화 전략의 일부로 포함하는 접근법이나, 노출을 사용하지 않고 인지를 변화시키는 접근법을 취사선택할 수 있다.

오늘날 인지 치료사가 이용하는 노출은 초기 행동주의자들이 이용하던 것과 좀 다르다. 둘 다 언어적 대화와 지시를 포함하지만, 인지 치료에서는 인지적(특히 부적응적) 믿음의 변화가 결정적이다. 따라서 인지 치료사에게는 외현적 인지, 작업 기억, 실행 제어 과정이 노출에 관여하는 소거 과정보다 더 중요하거나 적어도 그만큼 중요하다.

행동주의 심리학자이자 불안 이론가인 도널드 리바이스Donald Levis는 과학철학의 관점에서 인지 치료와 행동 치료의 근본적인 차이를 다음과 같이 기술했다. 행동 치료는 관찰 가능한 요인에 집중하고, 내면의 생각과 느낌의 언급을 회피한다.[44] 실제로 벡에 따르면 주된 차이는, 인지 치료사는 정서적 고통(느낌)이나 행동 문제와 관련된 정신적 내용(부적응적 생각이나 믿음)을 수정하려고 시도하는데, 행동 치료사는 외현적 행동(회피 반응 같은) 자체를 변화시키려 한다는 점이다.[45]

벡이 말하는 인지 치료의 목표는 상황에 대한 자동적인(비의식적) 부적응적 인지적 평가와 그에 따른 불안의 느낌, 그리고 인지적, 행동적 회피를 낳는 핵심적 믿음(또는 스키마)에 근거한 부정적 사고의 흐름을 변화시키는 것이다. 부적 정서와 회피를 없애고 지속적인 치료 효과를 보장하기 위해서, 부적응적 믿음(그중 일부는 무의식적인)을 식별하고 평가해 이를 건강한 생각과 행동, 느낌을 낳는 더 현실적인 사고 패턴으로 대체해야 한다고 벡은 주장한다.[46]

벡과 더불어 앨버트 엘리스도 합리적 정서 치료라는 인지적 접근법을 개발했다.[47] 엘리스의 ABC 모델에서 A(antecedent)는 선행 자극(소리), B(belief)는 (소리가 위험을 의미한다는) 믿음, C(consequence)는 결과(공포의 느낌과 회피 반응)를 의미한다. 불안한 사람들은 무해한 것을 위험한 것으로 해석하는 성향이 있으므로, 치료사가 할 일은 선행 사건과 결과를 연결시키는 믿음을 찾아내고 그 믿음을 변화시키는 것이다.

주요 인지 치료사인 데이비드 클라크는 부적응적 믿음을 "파국적 오해"라 불렀다.[48] 벡과 함께 쓴 논문에서 클라크는 노출 치료가 치료 과정의 일부로서 유용한데, 위협 스키마를 더 깊이 활성화해 회피로 인해 지속되는 파국적 오해를 부정할 기회를 주기 때문이라고 설명했다.[49] 다시 말해 이 인지 모델에서 노출은 치료의 주요 수단이 아니라, 부정하려는 믿음을 파악하는 방법이다.

안케 엘러스Anke Ehlers와 클라크의 연구는 인지 치료사들이 PTSD와 그 치료를 어떻게 바라보는지 잘 보여준다.[50] 엘러스와 클라크는 외상을 입고 나서 외상과 연합된 자극이 현재나 미래 상황에서 위협으로 평가되면 PTSD가 생겨난다고 추정했다. 그러면 그 자극은 위협과 그 결과에 대한 기억의 왜곡을 일으키는 촉발 인자 역할을 하고, 이는 과잉각성, 불안한 생각의 의식 침투로 이어져 과거의 외상과 관련해 일어난 정신적, 신체적 증상을 재경험하게 될 수 있다. 평가된 위협 또한 인지적, 행동적 회피를 동기 유발하고, 이는 (노출과 소거 방지로) 문제를 감소시키기보다 지속시키는 결과를 낳는다. 따라서 부정적 평가, 기억, 촉발 자극, 그리고 증상을 지속시키는 인지, 행동 요인을 찾아내는 것부터 치료가 시작된다. 그런 다음 치료사는 환자가 과도한 부정적 평가를 수정하고, 기억을 정교화하고, 기억을 재경험하게 만드는 촉발 인자를 구별하고 인지적, 행동적 회피를 제거하는 것을 돕는다.

수용전념 치료라 불리는 변형된 인지 치료는 약간 다른 접근법을 취한다. 이 치료법은 생각이나 믿음을 바꾸기보다, 마음챙김mindfulness 훈련을 통해 생각 수용에 초점을 맞춰 인지적 회피 전략에 맞서도록 한다.[51] 일부 사람들은 이를 완전히 새로운 인지적 방법의 치료라 보지만, 다른 이들은 기존의 인지 치료에 새로 추가된 도구일 뿐이라 본다.[52]

부적응적 믿음은 비의식적 처리 과정에 의해 습관화되고 자동적으로 실행되지만, 인지 치료에서 믿음이 변하는 과정은 주로 외현적 인지, 작업 기억이 관여한다. 여기에는 몇 가지 하향식 인지 도구가 이용된다.[53] 치료사는 환자가 내적 성찰로 자동적 사고를 인식하고 그것들이 반영하는 믿음을 찾도록 돕는다. 환자는 재평가 과정을 통해 다른 각도로 그 믿음을 바라보게 된다. 노출이 포함되면, 환자는 병적인 생각과 회피해온 행동이 정말 해로운지 검토하기를 강하게 권유받는다. 이완 훈련 및 다른 스트레스 감소 기술, 마음 챙김 훈련과 사고 수용 thought acceptance 역시 하향식 과정이라 할 수 있는데, 의도적인 노력으로 몸의 생리(이완)와 정신적 상태(마음 챙김)를 제어하려 하기 때문이다.

앞서 말했듯 벡은 인지 변화가 지속적 행동 변화의 선행 조건이라고 주장했다.[54] 그런데 인지 변화는 외현적 인지에 의해—작업 기억과 그 실행 기능에 의해—유도되고, 아마도 의식적 경험의 일부겠지만, 벡 또한 말한 것처럼 비의식적 인지(비의식적 믿음 또는 스키마에서 비롯된 자동적 사고)도 변해야 한다. 사회심리학 분야에서 편향으로 알려진 비의식적 믿음이, 사고와 행동에 깊은 영향을 미친다는 부정할 수 없는 증거가 제시되었다.[55] 앞 장에서 논의했다시피, 불안한 사람들은 위협의 감지, 반응에 편향을 가지며 잠재적 위협의 중요성을 과대평가한다. 이런 종류의 편향과 가치 평가는, 비의식적으로 일어나더라도 행동을 제어하고 의식적 사고에 영향을 줄 수 있다. 성공적인 치료는 외현적(의식적) 인지와 암묵적(비의식적) 인지를 모두 변화시켜야 한다.

인지 노출 치료가 행동 노출 치료를 향상시켰을까?

인지 개념이 행동 치료에 스며들면서 노출의 목적을 재구성했다. 회피 극복을 통한 조건 반응의 소거를 덜 지향하고, 인지 변화에 더 초점을 맞추게 되었다. 그렇다면 이런 변화로 소득이 있었을까?

1987년 영국의 공포 전문가 아이작 막스Isaac Marks가 논문들을 검토한 결과, 단순 노출에 다양한 보완적 치료를 더한 것(이완 훈련, 호흡 훈련, 위협에 대한 잘못된 믿음을 변화시키기 등등)이 불필요했으며 노출 치료만으로 충분하다고 결론 내렸다.[56] 더 최근의 연구 결과도 이 결론을 확인해주었다.[57] 그렇다면 여러분은 인지 치료 원리와 반대로 인지 처리 과정이 노출 치료에서 별 역할을 하지 않는다고 결론 내리고 싶을지도 모른다. 그러나 이는 잘못된 추론이다.

인지-행동 치료사인 스테판 호프만은, 인지 치료를 노출 치료에 추가하는 것이 치료 효과를 더하지 못하는 것은 그 절차에 인지적 중복이 있기 때문이라고 주장했다.[58] 다시 말해 인지는 단지 인지 치료의 기반일 뿐만 아니라 노출 치료에도 기여하고, 심지어 소거에도 기여한다는 것이다. 특히 위해의 원천에 대한 인지적 기대의 변화가 소거, 노출 치료, 인지 치료의 근간에서 공통 화폐 역할을 한다고 주장했다.

호프만의 가설을 평가하기 위해, 소거와 노출 치료에서 인지의 역할을 더 깊이 검토할 필요가 있다. 특히 네 가지 질문을 고려해봐야 한다. 첫째, 소거에 기여하는 인지 기능의 속성이 무엇인가? 둘째, 이 인지 기능은 노출 치료에 기여하는 인지 기능과 얼마나 겹치는가? 셋째, 노출 치료의 효과는 다른 치료 절차

(믿음 변화 등)가 아닌 소거(자극 반복)에 얼마나 의존하는가? 넷째, 소거와 노출 치료에서 인지의 역할은, 노출 요소가 없는 인지 치료에 기여하는 인지 처리 과정과 얼마나 겹치는가? 게다가 각각의 질문에서, 비의식적으로 작용하는 암묵적 인지와, 작업 기억과 그 실행 기능에 관여하고 의식적 자각을 가능하게 하는 외현적 인지를 구분해야 한다. 이 문제의 답을 얻는다면 심리치료의 신경 기반에 대해, 내가 『시냅스와 자아』에서 성취한 것보다 한층 더 정교한 견해를 위한 토대가 형성될 것이다.

소거에서의 인지

실험실 환경에서 소거는 "실험적 소거"라고도 하며, 불안 장애 환자의 치료와 달리 과학적 연구를 목적으로 비교적 순수한 자극을 반복해서 주는 식으로 이루어진다. 인간이 소거 연구의 대상인 경우, 물론 약간의 지시가 포함되지만 절차 자체는 주로 자극의 반복에 근거한다. 동물 연구에서는 자극의 반복이 전부다.

소거 절차에서 쥐나 인간에게 반복 자극을 주면 그들의 뇌에서 학습이 일어난다. 소거 학습을 포함해 학습은 사건의 내적 표상을 만드는 정보 처리에 관여하는 인지 처리 과정이다.[59] 그러니까 노출과 소거의 차이는, 한쪽은 인지에 관여하고 다른 쪽은 그렇지 않다는 식으로 단순하지 않다. 호프만이 보여줬듯 둘 모두 인지에 관여한다. 인지 처리 과정의 일부는 소거와 노출 치료에서 중복되지만[60] 다른 일부는 분명 다르다. 왜냐하면 실험실에서 단순히 소거 절차를 겪는 피험자에 비해, 노출 치료에서는 환자와 치료사의 상호작용에 외현적 인지가 더 많이 관여하기 때문이다.

인지가 소거에 기여하는 바를 논의하기 위해 조건형성의 언어로 돌아가보자. 가장 단순한 견해로 소거란, 파블로프 위협 조건형성 중에 획득한 CS-US 연합이 CS가 더 이상 US를 예고하지 않을 때 약해지는 것이다. 순수한 행동주의자의 관점에서, 위협 조건형성의 획득에 필요한 것은 CS와 US가 동시에 일어나는 것이 전부고, 소거에 필요한 것은 US 없이 CS만 반복 제시하는 것이 전부다.

초기 조건형성(CS-US 연합) 동안 유기체는 CS가 US를 예고한다고 학습한다. 그런데 소거 동안 유기체는 CS가 US의 부재를 예고한다고 학습한다(즉 "CS-US 부재"의 연합이 연관된다). 사실상 소거 훈련의 결과로 CS가 안전을 예고하게 된다. 예를 들어 당신이 램프를 켜다가 스위치의 전선 결함 때문에 감전되었다고 하자. 램프-감전 연합(CS-US 연합) 때문에 당신은 램프 만지기를 피할 것이다. 이제 램프를 수리한 뒤 조심스럽게 램프를 켜보고 감전되지 않은 것을 확인하면, 당신은 마음 편히 램프를 사용할 것이다. 당신은 새로운 연합 "램프-감전 없음"을 형성했고(CS-US 부재 연합), 그것이 이전의 연합을 무효화하거나 억제한다.[61]

인지 개념이 학습과 기억에 스며들면서 자극과 반응의 예고에 인지적 중재자가 끼어들게 되었다.[62] 구체적으로 CS의 발생이 CS-US 연합의 "표상"을 촉발한다고, 즉 CS의 발생이 US의 "예상"으로 이어지고 이 예상이 반응을 일으킨다고 생각되었다. 그다음 소거 동안 조건형성에서 확립된 예상은 CS가 이제 안전하다는 새로운 예상으로 대체된다.

예를 들어 로버트 레스콜라Robert Rescorla와 앨런 와그너Allan Wagner의 영향력 있는 조건형성 심리학 이론에서는, 조건형성 동안 소리 후 전기 충격이라는 "놀라운"(예상하지 못했던) 결과가 뇌의 학습으로 이어진다. 실제로 새로운 정보가 있을 때 학습이 일어난다.[63] 겉보기에 무의미한 사건인 소리가 들린 후 나쁜 사건이 뒤따를 것이라고 예상하지 않기 때문에, 전기 충격이 주어지면 이 예상이 깨지고 소리-전기 충격 연합의 학습으로 이어진다. 그리고 소거에서는 전기 충격의 부재가 학습된 예상과 상충하고, 이 예측 오류가 새로운 학습을 촉발한다. 예측 오류는 인간과 동물에게서 새로운 도구적 반응의 강화뿐만 아니라 파블로프 위협 조건형성 및 소거를 포함한 다양한 형태의 학습에서 중요한 요인인 것으로 드러났다.[64]

인간의 경우 기대가 행동을 제어할 때 예측, 믿음, 결정을 흔히 외현적 형태의 의식적 인지로 간주한다. 그러나 우리가 앞서 살펴봤듯, 동물 및 인간 연구는 의식적 믿음과 결정에 근거한 것으로 보이는 행동이 비의식적 정보 처리 과정으로 설명 가능한 경우가 많다는 것을 보여주었다. 동물의 소거 연구에 있어 틀림없는 주요 전문가이자 소거의 인지적 견해의 강력한 지지자인 마크 부통Mark Bouton은 의식이 동물의 소거와 무관하다고 본다.[65] 만일 그가 옳다면—나는 옳다고 생각하는데—왜 인간의 소거를 설명하는 데는 의식이 필요한가? 우리는 물론 소거 중에 CS만 홀로 일어나면 US의 부재를 의식할 수 있다. CS만 홀로 일어날 때 US의 부재에 대한 의식적 자각이 CS-US의 관계에 대한 의식적 기억 변화의 근간에 있겠지만, 그것이 소거에서 방어 반응을 억제하는 암묵적 기억의 형성을 설명해줄 것 같지 않다. 동일한 상황의 외현적 기억과 암묵적 기억은 따로 형성되고 저장된다. 8장에서 논의했듯, CS-US 관계에 대한 의식적 자각은 조건형성에 필요하지 않고 소거에도 마찬가지다.

내측 전전두 피질과 편도의 상호작용이 동물과[66] 인간의[67] 위협 소거의 근간이라는 강력한 증거가 있다. 소거를 받은 쥐는 CS에 덜 얼어붙는다. 내측 전전두 피질과 편도의 상호작용이, 외측 편도에서 중심 편도로 가는 회로를 가동하고 그 출력 신호를 PAG로 보내는 CS의 능력을 변화시키기 때문이다(조건형성 회로는 다음 장에서 자세히 다룰 것이다). 쥐가 얼어붙지 않는 것은 의식적으로 "아, 소리가 더 이상 전기충격을 예고하지 않는구나! 이제 얼어붙지 않아도 되겠네!"라고 생각하기 때문이 아니다. 기억을 인출해서(과거의 학습에 근거한 예상) 자극의 위협 유의성을 평가하는데, 이 기억은 편도에 연합(CS-US, CS-US 부재)으로 저장된 암묵 기억이며, 작업 기억과 실행 제어 기능 또는 이것들이 가능하게 하는 의식의 내용을 필요로 하지 않는다. 이와 비슷하게, 성공적으로 노출 치료를 받은 거미 공포증 환자가 이제 잡지에서 거미를 바라볼 수 있게 된 것은 소거의 결과로, 거미의 모습이 편도 회로로 들어가 방어 반응을 활성화하는 능력이 약해진 것이다. 이것이 공포증 치료에 필요한 전부는 아닐 것이다(소거된 반응이 인지적으로 회복되지 않도록, 거미에 대한 믿음을 바로잡아야 할 것이다). 그러나 방어 회로를 활성화하는 위협에 대한 암묵 기억의 소거가, 공포phobic 자극에 대한 행동적 반응의 소거의 기반인 것은 분명하다.

의식적 결정과 그런 결정이 의존하는 믿음, 가치가 우리의 반응, 행위, 습관을 완전히 설명하지 못한다고 해서 외현적, 의식적 생각이 행동에 아무런 역할도 하지 않는다거나 외현적, 의식적 사고를 변화시키는 것이 치료 접근법으로서 무용하다는 뜻은 아니다. 이는 단지 암묵적 처리 과정 역시 중요한 역할을 한다는 의미이며, 암묵적 인지가 배제되고 외현적 인지가 원인임을 직접 보여주기전까지는 의식을 관찰된 결과의 원인으로 상정해서는 안 된다는 의미다.

노출 치료에서의 인지

특히 주목할 필요가 있는 노출과 소거의 중요한 차이는 다음과 같다. 노출 치료에서 치료 효과를 측정할 때 가장 많이 쓰이는 척도는, 위협 자극이나 상황이 존재할 때 공포(또는 불안) 느낌의 감소에 대한 환자의 자기 보고다. 반면 위협 소거 연구에서는 일반적으로 반복 자극의 효과를 행동이나 생리 반응의 감소로 측정한다. 인간 또는 동물 연구자들은 흔히 소거가 "공포"를 감소시켰다고 말하지만, 실제 연구 목표는 보통 행동이나 생리 반응이 영향을 받았는지 알아내는 것이다. 쥐의 얼어붙기 감소나 인간의 피부전도성(skin conductance, 땀을 측정) 같은 일부 생리 반응의 변화가 공포의 의식적 느낌 감소를 나타내지는 않는다. 내가 앞서 지적했듯, 인간 연구는 행동적으로나 생리적으로 측정된 공포의 정도가 주관적 느낌의 자기 보고와 일치하지 않을 때가 많다.[68]

소거는 방어 회로를 활성화하는 위협 CS의 성향을 변화시키기 때문에, 암묵적 처리 과정을 변화시키는 쪽으로 치우쳐 있다. 노출 치료는 이 과정에 재평가 같은 하향식 인지의 층위를 더하고, 자기 보고에 근거해 진행을 평가한다. 건강한 피험자에게서 정서 조절의 신경 기반을 조사한 실험들은 흥미로운 사실을 보여준다. 예를 들어 앞 장에서 언급한 리즈 펠프스와 동료들의 연구에서는, 소거나 다른 정서 조절 훈련 기술을 이용해 내측 전전두 피질이 관여하는 생리 반응을 암묵적으로 변화시켰다.[69] 반면 하향식 재평가 전략을 이용해 자기 보고되는 정서를 변화시킨 제임스 그로스James Gross, 케빈 옥스너Kevin Ochsner와 동료들의 연구에서는 외측 전전두 피질이 더 중요한 역할을 한다는 사실이 밝혀졌다.[70]

나는 이런 사례를 포함해 소거와 노출의 차이가 왜 중요한지 설명하기 위해 지속 노출prolonged exposure이라는, 인기 있는 노출 치료의 한 형태를 논의할 것이다.[71] 이 방법은 에드나 포아Edna Foa와 마이클 코작Michael Kozak이 제안한 정서 처리 이론에 근거한다.[72] 지속 노출 치료의 기본 개념은 다음과 같다. 비합리적 공포의 대상인 사물이나 상황에 해를 입을 수 있다는 잘못된 믿음의 불일치를 인정하면서, 반복 노출되는 동안 공포 감소가 일어날 때까지 공포의 느낌을 끌어내고 지속시킨다. 만일 공포가 충분히 활성화되지 않으면, 소거는 제대로 일어나지 않고 문제는 계속될 것이다.

포아와 코작은 공포가 뇌에서 공포 구조물fear structures 또는 스키마의 형태로 표상된다는 피터 랭의 개념을 기반으로 하는데,[73] 이는 아론 벡의 스키마에 표상된 자동적 사고와 믿음 개념과 유사하다. (스키마가 정서의 심리 구조물 이론의 일부이기도 하다는 점과, 8장에서 설명한 내 이론을 상기하라.) 이는 공포와 불안을 반응 시스템으로 설명할 수 있다는 랭의 초기 생각을 정교화한 것이다. 공포 구조물은 위험에서 도주하거나 회피하는 일종의 프로그램(컴퓨터 프로그램과 비슷한)으로, 저장된 몇 가지 종류의 명제proposition를 포함한다. 위협에 관한 명제(위협 신호CS가 나타나면 나쁜 일US가 뒤따른다), 생리 변화에 관한 명제(CS가 일어나면 나는 땀을 흘리고 심장 박동이 빨라진다), 행위에 관한 명제(CS가 일어날 때 내가 특정 반응을 보이면, US를 피할 수 있다), 자극과 반응의 의미에 관한 명제(CS가 나를 두렵게 만들고 CS를 회피하면 공포를 방지한다)가 여기에 포함된다.[74] 구조물에 저장된 자극 정보에 맞는 입력 자극이 공포 프로그램을 활성화하고, 랭의 독창적인 3반응 시스템 이론의 핵심인 행동 반응, 생리 반응, 언어 반응을 일으킨다. 공포 구조물이 위협을 표상하는 방식의 차이가 건강한 공포 구조와 병적인 공포 구조의 차이, 또는 각각 다른 형태의 병적 공포 및 불안이 있는 사람들의 공포 구조의 차이를 만든다.

정서 처리 이론에 따르면, 치료를 통한 공포와 불안 감소에 필요한 두 가지 주요인은 공포 유발 자극에 의한 공포 구조물의 완전한 활성화와, 병리 정보와 양립할 수 없는 새로운 정보의 공포 구조물로의 삽입이다. 둘 모두 지속 노출로 달성할 수 있을 것으로 보인다. 환자로 하여금 괴롭지만 안전한 대상이나 상황에 접근하도록 강제하며 공포의 느낌을 유도하고, 해로운 결과가 일어나지 않는다는 것을 깨닫게 한다. 수정 정보가 공포 구조물에 추가되고 공포와 회피가 줄어든다.

정서 처리 이론은 오늘날의 학습 이론과 마찬가지로, 새로운 정보가 공포 구조물 내의 과거 정보를 대체하는 것이 아니라 오래된 기억을 억제하는 경쟁 기억을 만든다고 본다.[75] 새로운 기억(새로운 공포 구조물)은, 공포를 촉발하고 회피를 지원 및 유지하며 소거를 방지하는 병적인 연합을 포함하지 않는다. 따라서 부적 정서(공포와 불안)와 회피가 감소한다. 또한 학습 이론과 마찬가지로, 정서 처리 접근법은 기대한 것과 실제 일어난 것에 괴리가 있을 때 학습이 일어나 미래의 예상을 수정한다고 상정한다.[76] 그러나 암묵적 기대가 자극 반복 절차에 의해 직접 변화되는 순수한 소거와 달리, 내파치료나 다른 치료에서 기대의 변화는 하향식 과정이라 할 수 있다.

지금까지 여러 번 지적했듯, 학습은 파블로프 조건형성이든 도구적 조건형성이든 고차 인지 형태의 학습이든 시냅스가 변하는 과정이다. 시냅스의 변화는 분자 수준의 사건으로 유지되는 생리적 과정이다. 우리는 이 활동에 의식적으로 개입할 수 없다. 외현 기억의 경우 우리는 저장된 내용은 의식할 수 있지만, 저장을 가능하게 하는 처리 과정은 의식할 수 없다. 그러나 암묵적 시스템에서는 모든 변화가 비의식적이다. 다시 말해 우리는 주관적인 공포의 느낌이 행동 변화를 중재했다고 상정하지 않아도, 방어 행동과 생리 반응의 변화를 설명할 수 있다. 실제로 앞서 언급했듯 주관적 공포의 느낌은 위협에 의해 유도된 생리, 행동 반응과 항상 상관관계를 보이지는 않는다.[77] 정서 처리 이론은 이것이 공포 구조물의 불완전한 활성화 때문이며, 노출은 전반적인 공포 반응—행동, 생리, (언어 반응으로 평가되는) 인지 요소를 포함하는—에 대한 공포 구조물의 통제를 단지 부분적으로만 소멸시킨다고 설명할 것이다.

그러나 이는 행동 반응, 생리 반응, 언어 반응을 모두 뇌의 단일 시스템(공포 구조물 또는 프로그램)의 산물로 가정하는 것이다. 나는 이 책 전체에 걸쳐 그런 통합된 공포 시스템 개념에 반대해왔다. 정서 처리 이론은 매우 큰 영향력을 발휘해 왔지만 특정 지점들에서 도전을 받았다.[78]

랭은 공포가 만질 수 있는 뇌 안의 한 덩어리가 아니라고 말했지만, 전체로서 변해야 하는 공포 구조물의 개념은 뇌에서 공포와 관련된 모든 일을 담당하는 하나의 시스템 또는 모듈이 있다는 생각에 신빙성을 더한다. 나는 위협을 감지, 반응하는 하나의 방어 시스템이있다는 생각을 지지하지만, 공포는 이 시스템의 직접적인 산물이 아니다. 방어 시스템은 암묵적으로 작동하지만, 공포는 모든 종류의 의식적 자각을 담당하는 인지 시스템을 거쳐 구성되는 의식적 느낌이다. 이런 이유로 나는 암묵적 처리 과정과 외현적 처리 과정이 각각 다른 치료 전략에 따라 별도로 다루어져야 한다고 믿는다. 크리스 브루인Chris Brewin과 팀 달글리시Tim Dalgleish가 다중 표상 이론에서 이와 비슷한 개념을 제안했다. 그들은 공포와 불안 문제의 근간에 있는, 언어로 접근 가능한 과정과 자동적인 암묵적인 과정을 따로 치료해야 한다고 주장했다.[79]

암묵적으로 작동하는 시스템을 표적으로 삼는 치료 절차는 암묵 기억을 변화시키는 데 가장 적합하고, 외현적 처리 과정과 작업 기억에 관여하는 절차는 외현적 처리 과정을 변화시키는 데 가장 적합하다. 이런 관점에서, 내측 전전두-편도의 연결과 방어 제어 회로의 관련 요소들이 기여하는 다른 정서 조절 기능이나 소거에 의존하는 노출 치료의 특정 측면은, 자극이 방어 회로를 활성화하고 방어 행동, 생리 반응, 회피 행동을 제어하는 과정을 변화시키는 데 가장 적합하다. 그러나 인지적 회피로 이어지는 다른 인지와 부적응적 믿음을 변화시키며, 비합리적이고 병적인 기억과 경쟁하는 새로운 외현 기억을 저장하는 노출 치료의 측면은 대화, 지시, 재평가, 언어적 강화 등을 통한 접근법이 가장 적합하다. 순수한 소거 치료(언어적 교류나 지시를 최소화하고, 자극의 반복을 강조하는)의 치료 효과와 더 전통적인 노출 치료의 효과를 비교해보는 것도 흥미로울 것이다. 그렇게 하면 비의식적 소거에 의한 효과와 외현적 인지 변화에 의한 효과를 더 효과적으로 구분할 수 있다. 또 노출 치료를 실시할 때 비의식적(마스킹 처리를 한) 자극을 제시하는 연구도 매우 흥미로울 것이다.

내가 아는 한, (흔히 사용되는) 노출 치료의 효과와 순수한 자극 반복(소거 연구에서 주로 이용되는)의 효과를 실험적으로 비교한 연구는 아직 이루어지지 않았다. 비의식적 소거(소거될 자극을 마스킹이나, 의식을 우회하는 다른 기술을 통해 제시하는)를 실험이나 임상에 도입한 사례도 듣지 못했다. 그러나 공포증 환자에게 공포 자극을 마스킹해 1회 노출한 것과, 지속적으로 자유롭게 보도록 노출한 것을 비교한 연구에서 매우 흥미로운 결과가 나왔다.[80] 이는 소거 그 자체는 아니며 혹은 매우 제한된 소거인 셈인데, 시행이 단 한 번만 이루어졌기 때문이다. 그러나 그 효과는 극적이었다. 한 연구에서 1회 마스킹한(비의식적) 자극이 회피 행동을 감소시킨 반면, 자유롭게 본 자극은 회피 행동을 감소시키지 않았다. 두 번째 연구에서 마스킹한 자극과 자유롭게 본 자극이 회피와 주관적 고통에 미친 효과를 비교했다. 마스킹한 자극은 회피를 감소시켰지만 주관적 고통에는 영향을 주지 않았다. 자유롭게 본 자극은 반대의 효과를 가져왔다. 즉 회피에는 영향을 주지 않았지만 고통을 감소시켰다. 이 결과는 행동 반응과 주관적 느낌의 제어에 암묵적 시스템과 외현적 시스템의 차이를 인식하는 것이 얼마나 중요한지 보여준다. 나는 이 연구들을 다음 장에서 다시 논의할 것이다. 이처럼 자극에 단 한 번만 노출되는 것 또한 기억의 재응고화reconsolidation와 관련된 처리 과정을 통해 지속적 변화를 유도할 수 있다는 증거도 다음 장에서 다룰 것이다.

정상적인 관찰 조건과 반복 노출하에서도 방어 행동과 의식적 느낌에 변화가 일어날 수 있지만, 각각 다른 이유에서다. 방어 행동에 미친 영향은 암묵적 회로를 반복 자극한 직접적 결과고, 느낌에 미친 영향은 두 가지 경로로 나타날 수 있다.

첫째, 느낌은 방어회로의 제어에 따른 부차적 결과로 변할 수 있다. 만일 편도의 CS-US 연합이 소거에 의해 억제되면, 뇌와 몸에서 위협에 대한 반응이 약해질 것이다. 비의식적 방어 동기 상태에 기여할 때까지 그 구성 요소들은 피질 영역을 통해 공포의 느낌 형성을 돕고, 소거는 공포나 불안의 느낌을 감소시킬 수 있다.

둘째, 결과 없는 자극의 반복이 외현 기억에서 CS-US 연합의 인지적 표상을 변화시킬 수도 있다. 인간 인지의 한 가지 장점은 새로운 학습에 의존하지 않고 그때그때 의사결정을 내릴 수 있다는 것이다. 외현적 인지가 통제하고 있을 때, 과거에 위험했던 뭔가가 더 이상 그렇지 않다는 것을 관찰하면 당신은 재빨리 그것을 재평가하고 그것에 대해 다르게 생각하고 행동하기 시작한다. 회피의 극복이 의식적 믿음의 변화에 도움이 되는 것은 이 때문이다. 의식적 예상이 변하면 이전에 위협적이었던 자극을 새로운 관점으로 볼 수 있다. 그 결과 보통 "나는 지금 위험에 빠져 있고 두려운 느낌이 들어"라는 결론에 이르고 또 방어 회로와 그 생리적 결과를 활성화해 느낌의 인지적 구성을 지원하는 공포 스키마의 하향식 활성화를 더 이상 촉발하지 않게 된다. 방어 회로와 외현적 표상이 모두 변할 때 가장 큰 효과를 얻을 수 있을 것이다. 내 결론은 지속 노출 치료의 지지자들과 비슷하지만, 나는 다른 관점에서 이 결론에 이르렀다.

요약하자면, 외현적 시스템만 혹은 암묵적 시스템만 치료되면 치료되지 않은 시스템이 공포를 재활성화할 수 있다. 암묵적 시스템이 주의를 사로잡을 수 있고, 주의는 자극의 위험에 관한 과거의 기억을 인출해 새로운 공포의 느낌을 촉발하면서 자극이 위험하다는 믿음을 복구할 수 있다. 한편 외현적 시스템은 걱정과 회피를 유도해 추상적, 인지적 의미로 공포의 느낌을 생성하고, 그 느낌이 스트레스 호르몬을 분비하고 CS-US 연합을 재활성화해 위협 감수성, 과잉각성, 행동적 회피, 그 밖의 편도에 근거한 위협 조건형성의 결과물을 복구할 수 있다. 실제로 스트레스는 동물의 소거된 방어 반응을, 그리고 인간의 공포증적인 공포를 복구하는 강력한 촉발 인자로 오래전부터 알려져 왔다.[81]

불안 연구자들은 사람들의 공포와 불안이 주로 비합리적이며, 논리적 추론에 의존해서 고치기 쉽지 않다는 점을 잘 알고 있다.[82] 엘리베이터나 비행기가 무서워서 타지 못하는 사람들도 이성적으로는 해를 입을 가능성이 매우 낮다는 점을 알고 있다. 그러나 이런 의식적 지식은 암묵적인 행동 제어를 무효화하지 못한다. 그 결과 공포와 불안의 느낌이 나타난다.

치료가 실패하는 이유가 불완전한 소거 때문이라고 주장하는 포아, 코작, 랭 등이 옳을 수도 있다. 그러나 완전히 활성화되어야 하는 통합된 공포 구조물이 있기 때문은 아니다. 내 생각에는 노출 절차에서 보통 암묵적 과정과 외현적 과정을 따로 치료하지 않기 때문에, 불완전한 소거나 불완전한 사고 변화가 일어나고, 이는 (다음 장에서 설명하겠지만) 인지 자원을 위한 경쟁으로 이어진다. 먼저 "걱정"에 대해 알아보자.

노출로 걱정을 치료하기

병적 불안의 주된 특징은 만성적인 걱정이다.[83] 예를 들어 범불안 장애가 있는 사람들은 거미, 엘리베이터, 사회적 상황 등에 대해 특히 걱정하는 것이 아니다. 그들은 그냥 걱정한다. 사람이 걱정하면 그 걱정이 작업 기억을 차지하고 효과적이고 효율적으로 수행하는 능력을 떨어뜨린다.[84] 소거할 특정 대상이나 상황이 없다면, 노출 치료가 범불안 장애에 어떻게 적용될 수 있을지 궁금할 것이다. 걱정의 속성을 더 자세히 고려한 후에는 이 부분이 분명해질 것이다.

걱정의 과학에서 권위자인 토마스 보코벡Thomas Borkovec은[85] 걱정이 대개 내적 발화verbalization—언어 형태의 생각— 형태로 나타난다고 말한다.

자아와의 내적 대화는 위협을 더 추상적으로 만들어 그로부터 해방될 수 있게 한다. 이는 더 효과적으로 정서적 각성을 촉발하는 더 깊고 구체적인 과정을 회피하도록 돕고, 실제 위험 정도에 대한 불일치를 방지한다. 걱정은 행동적 회피의 인지적 등가물이라 할 수 있다. 보코벡이 말하듯 "개인의 삶을 제한하고 다른 종류의 장애를 일으키지만, 그 원천을 회피함으로써 그는 고통스러운 경험을 어느 정도 줄일 수 있다."[86] 그는 걱정이 많은 사람은 미래를 추상적인 언어로 생각함으로써(만약 걱정하는 사건이 일어난다면, 끔찍한 일이 일어날 것이다) 두려운 이미지에서 벗어난다고 설명한다.

불안한 사람들은 위협에 매우 민감하며, 따라서 위협을 지각하면 그것이 실제든 상상이든, 위협과 관련된 의미 기억과 일화 기억이 사고와 이미지의 형태로 인출된다는 것을 우리는 안다. 이는 부정적 시나리오에 대한 파국적 사고로 이어지고, 부정적 결과를 예상하고 그것이 일어나지 않도록 막는 인지적 대응 전략을 낳는다. 걱정이 많은 사람은 지나치게 많은 것들을 걱정하므로 최악의 시나리오가 실제로 일어나는 경우는 드물다. 그리고 부적 강화를 거쳐, 걱정으로 최악의 결과를 피했다는 지각에 의해 걱정은 영구화된다. 모든 불안 장애에서 걱정은 상당한 정도로 일어난다(표 10.2).

마이클 아이젱크Michael Eysenck의 불안에 관한 주의 제어 이론은 걱정의 인지적 기반을 개념화한다.[87] 그는 두 가지 주의 시스템을 구분한다. 하나는 목표 지향적이고 다른 하나는 자극 유도적이다. 그의 이론에서 불안과 걱정은 목표 지향적 시스템을 방해하며, 자극 유도적 시스템이 우세하도록 한다. 걱정은 작업 기억의 실행 주의 자원을 이용하는 생각을 만들어 그의 직업적, 개인적, 사회적 의무를 처리하는 데 이용 가능한 자원을 줄인다. 실행 기능 역시 위협과 그 결과에 관한 생각을 피하려는 노력에 이용된다. 걱정이 주의를 얻기 위해 경쟁하므로, 뭔가에 집중하기 어렵고 작업을 계속 수행하기 어렵다. 작업 기억이 위협에 집중하고, 자극 유도적 형태의 주의가 위협 자극이 더 쉽게 주의를 사로잡도록 만든다. 게다가 앞서 말했듯 불안한 사람들은 위협과 안전을 구별하는 능력이 떨어지고, 약한 위협의 위험도 과대평가하기 때문에, 위협적이지 않은 자극도 위험한 것으로 받아들인다. 그들의 삶에서 위협은 다른 사람보다 더 큰 역할을 한다.

이를 배경으로 노출 치료가 범불안 장애가 있는 사람의 걱정을 치료하는 데 얼마나 유용한지 살펴보자.[88] 이 방법은 노출의 예로 불안한 생각을 이용하고, 여기에 치료 전략을 적용하는 것이다. 처음에 환자는 자신의 걱정을 논의하고, 불안이 발생할 때 대처하는 전략을 배운다. 그 전략에는 이완 훈련(호흡, 근육 이완, 명상), 자기 제어에 의한 둔감화(걱정스러운 생각이나 이미지가 불안을 일으킬 때마다 이완을 연습), 인지적 재구성(자주 떠오르는 자동적 사고와 믿음을 확인, 다양한 대안적 관점을 개발, 예측에 대한 행동 검사, 재평가, 탈파국화) 등이 있다. 그다음 환자가 자신의 불안감 수준의 변화에 주의를 기울이고, 불안감이 걱정스러운 생각, 위협이나 미래의 위험한 결과에 대한 상상, 생리 반응, 행동적 회피, 그 밖에 증상과 관련된 외부 신호와 함께 일어나는지 살피도록 요구한다. 불안 신호를 자각하게 됨으로써 환자는 미리 대처 전략을 이용해 불안감의 고조를 예방할 수 있다.

동물 실험을 치료에 적용: 암묵적 처리 과정을 표적으로 삼기

오늘날 개업의들은 환자의 문제가 심장병이든, 암이든, 불안이든, 우울증이든, 전인적 치료의 필요성에 목소리를 높인다. 치료사가 환자의 특정 문제 그리고 그것과 환자의 전반적인 삶과의 관계를 이해하는 것은 물론 중요하다. 그런 의미에서 외현적 인지에 근거한 언어적 교류는 필수적이다. 그러나 치료사가 전인을 고려할 때 최선의 방법은, 전인적 치료를 한꺼번에 시도하지 않는 것이다. 구체적으로 나는 암묵적 처리 과정으로 제어되는 행동 및 생리 반응은, 외현적 처리 과정과 하향식 인지로 제어되는 행동 및 사고와 가능한 한 분리해서 치료해야 한다고 주장한다.

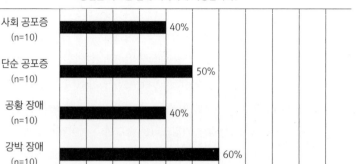

표 10.2: DSM-III 불안 장애에서의 걱정

"당신은 사소한 일에 지나치게 걱정합니까?"

DSM-III 진단

사회 공포증 (n=10) — 40%
단순 공포증 (n=10) — 50%
공황 장애 (n=10) — 40%
강박 장애 (n=10) — 60%
범불안 장애 (n=10) — 100%
광장 공포증 (n=10) — 50%

0 1 2 3 4 5 6 7 8 9 10

"그렇다"는 답변의 빈도

Sanderson and Barlow (1990)의 그림 4.3에 근거

특정 처리 과정을 표적으로 삼는 것이 새로운 생각은 아니다. 랭의 세 가지 반응 접근법도 공포 구조물의 각각 다른 구성 요소들을 모두 치료해야 한다고 제안한다. 인지 치료사들 역시 특정 장애와 관련된 특정 증상을 표적으로 하는 같은 계열의 접근법들을 이용한다.[89] 발로의 통합 인지 치료는 선행 사건 재평가, 회피 예방 전략, 정서 주도적 행동의 수정을 이용해 각각 다른 기능 장애적 정서 조절 과정을 표적으로 삼는다.[90] 앞서 언급한 브루인과 달글리시의 다중 표상 이론 역시 이 접근법을 제안한다. 내가 생각하는 대안은 이런 생각들을 대체하는 것이 아니라 보완하는 것이다.

동물 연구에서 행동 및 인지 기능과 뇌 메커니즘을 관련짓는 큰 성공을 거

둔 것은, 특정 처리 과정을 상대적으로 고립시켜 표적으로 삼을 수 있었기 때문이다. 쥐에게 과거나 미래에 대한 걱정을 생각해보라고 요구할 필요는 없다. 실험자는 그저 소리와 전기 충격을 함께 준 다음, 전기 충격 없이 소리만 들려주면 된다. 일어나는 일에 대해 쥐가 쥐의 방식으로 "생각"을 할지도 모르지만, 그것이 쥐의 뇌를 변화시키지는 않는다.

이와 반대로, 치료에서 생각은 대개 과정의 일부로 간주된다. 그러나 나는 노출 치료에서 그 절차가 실험실의 소거와 더 비슷하게 수행된다면, 즉 일반적으로 연관되는 인지 처리 과정 일부를 제거한다면 더 효과적으로 치료 목표에 도달할 것이라 생각한다. 공포 자극의 노출을 마스킹한(비의식적) 경우와 자유롭게 보여준(의식적) 경우를 비교한, 위에서 언급한 연구가 이를 뒷받침한다.

암묵적 처리 과정과 외현적 처리 과정이 서로 독립적이라면, 이제 당신은 이런 논의가 왜 필요한지 의문이 들 것이다. 의식적 마음이 관여해도 소거는 그저 자동적으로 진행되지 않겠는가? 우리는 실험실에서, 특히 동물 연구에서 암묵적 과정을 분리할 수 있지만, 실생활에서는 두 시스템이 상호작용한다. 암묵적 감각 처리 과정이 외현적 지각에 기여하고, 암묵적 기억 처리 과정이 외현 기억에 기여하며, 암묵적 인지 처리 과정이 작업 기억과 의식에 기여한다. 물론 그 역도 성립한다. 외현적 과정이 암묵적 과정을 개시해 과제를 수행하도록 한다. 예를 들어 사람들에게 특정 자극을 재평가시킬 때 그 과제는 언어적 지시와 자발적 제어로 시작되지만, 곧 이 과정이 암묵적으로 진행되는 다른 과정을 개시하고 편도와 상호작용해서 편도의 활동을 변화시킨다.

즉 뇌의 사소한 특정 과제는 궁극적으로 외현적 시스템이나 암묵적 시스템에 의존할지 모르지만, 실생활에서 두 시스템은 실시간으로 함께 일하고 공동의 자원을 활용할 것이다. 따라서 소거를 받는 세션에 믿음의 변화도 같이 시도한다면, 이는 이상적이지 않은 방식으로 학습을 하고 기억을 저장하라고 뇌에게 요구하는 것이다. 심리학자 미셸 크라스크Michelle Craske도 이와 비슷하게 소거와 인지적 중재는 분리되어야 한다고 주장했다.[91]

한 가지 예로 재평가를 검토해보자. 외측 전전두 피질이 관여하는 하향식 인지에 의한 재평가가 믿음의 변화를 가져오지만, 이는 간접적으로 편도에 영향을 준다. 그 한 가지 방법은 내측 전전두 피질과 편도의 상호작용이다.[92] 이는 소거에 관여하는 영역과 동일하다.[93] 그러나 우리는 전전두 피질과 편도에서 정확히 동일한 회로, 세포, 시냅스가 재평가와 소거에 모두 관여하는지는 알 수 없다. 설사 부분적으로만 중복되더라도 소거 중에 지시된 인지적 재평가가, 소거를 통해 위협에 대한 행동, 생리 반응을 변화시키려는 시도와 경쟁할 수 있다. 그 역도 마찬가지다.

더 나아가 아이젱크의 모델이 시사하듯 불안에 시달리는 개인은 과제와 무관한 위협 정보에 의해 작업 기억이 분산될 수 있다. 따라서 만일 환자가 위협에 노출되는 동안 대화를 나누고 지시를 처리하면, 그의 뇌는 소거 학습과 믿음의 변화를 동시에 겪어야 하고, 믿음의 변화가 필요한 인지 시스템은 분산될 것이다. 다시 말해 일반적으로 실행되는 노출 치료는 거의 항상 외측 및 내측 전전두 피질이 연관된 하향식 인지에 관여하는데, 이 사실은 인지 변화와 암묵적 행동 변화 둘 다 충분히 효과적이지 않다는 의미다.

비의식적 노출 치료는 기존의 노출 치료를 대체하거나 보완하는 유용한 방법이 될 수 있다. 비의식적 소거가 실현 가능한 방법인지는 아직 충분히 조사되지 못했다. 그러나 리즈 펠프스와 나는 현재 이 방법을 시험하고 있다. 그 결과가 이 책에 실릴 만큼 빨리 나올지 모르겠지만, 나의 출판물 목록을 수시로 업데이트하고 있는 실험실 홈페이지를 참조하기 바란다(www.cns.nyu.edu/ledoux).

외현적 과정과 암묵적 과정의 차이를 인식하면, 동물 연구가 왜 사람들의 삶을 향상시킬 유용한 통찰을 제공할 수 있는지 이해하는 데 도움이 된다. 외현적 과정도 중요하다. 그러나 내가 진행하는 종류의 동물 연구는 암묵적 과정을 이해하는 데 특히 도움이 된다. 마지막 장에서 나는 새로운 치료 전략에 기여하거나, 새로운 심리치료 접근법의 개발에 유용할 수 있는 몇 가지 동물 연구 결과를 검토할 것이다.

11장
치료:
실험실의 교훈

순결한 처녀의 운명은 얼마나 행복한가!
그녀는 세상을 잊고, 세상은 그녀를 잊는다.
티 없는 마음의 영원한 햇살이여!
모든 기도는 이뤄지고, 모든 소망은 물러난다.

— 알렉산더 포프[1]

우리 기억의 내용을 바꾸거나 그 정서적 색조를 고치는 일이 죄책감이나 고통스러운 의식을 완화하는 데 가치가 있다 해도, 적어도 우리 자신에게 우리의 정체성을 미묘하게 변화시킬 수 있다. 달라진 기억 덕분에 우리 자신에 대해 더 나은 기분을 느낄지 모르지만, 그 기분 나아진 "우리"가 이전과 같은 사람인지는 확실하지 않다.

— 조지 W. 부시의 생물윤리 자문 위원회 [2]

2000년 가을부터 사람들은 내게 자신의 기억을 지워달라는 전화와 이메일을 보내기 시작했다. 카림 네이더Karim Nader, 글렌 샤페Glenn Schafe, 그리고 나는 최근 <네이처>에 "공포의 기억을 인출한 다음 재응고화reconsolidation할 때 외측 편도의 단백질 합성이 필요하다"라는 다소 전문적인 제목의 논문을 발표했다.[3] 이 연구에서 우리는 쥐를 소리와 전기 충격으로 조건형성한 다음, 쥐의 외측 편도(LA)에 단백질 합성을 차단하는 약물을 주입하고 소리만 제시했다. LA는 편도에서 소리-충격 연합이 저장되는 핵심 영역이다. 다음날이나 이후 언제 검사해도 쥐는 조건형성되지 않은 것처럼 행동했다. 다시 말해 소리가 위험의 신호라는 기억이 약물 주입 절차로 지워진 것 같았다. 짧은 논문의 끝부분에서 우리는 이 기술을 이용하면(그러나 약물을 편도에 직접 주입할 필요 없이) PTSD 환자의 외상 기억을 약화할 수 있을 것이라고 제안했다.

<뉴욕타임즈>가 우리 논문을 요약해서 소개하자[4] 편집자에게 편지가 쇄도했다. 기억을 삭제할 수 있다는 생각에 일부는 매혹되었고, 다른 일부는 질겁했다. 예를 들어 한 외상 치료사는 우리가 불장난을 하고 있다고 지적했다. 외상 경험은 자아의 일부가 되며 기억할 필요가 있다는 것이다. "고통스러운 사건을 다루는 데 회피와 부정을 이용하는 문화에서 그런 가능성은 반갑게 느껴질지 모른다. 그러나 외상 경험은 그것이 주는 고통에도 불구하고 우리의 사적, 사회적, 정치적 현실을 표상한다. …… 예를 들어 홀로코스트 생존자들이 그들에게 일어난 일을 잊는다면 그것이 우리에게 실제로 더 나은 길이 될까? 문화적으로 우리는 바람직하지 못한 행동을 반복할 운명에 놓이지 않을까? 그런 세상은 끝없는 악몽과 같을 것이다."[5] 조지 W. 부시의 과학 자문 위원회도 비슷한 전망을 내놓았다. 기억은 신성불가침한 것으로, 설사 그 목표가 사람들을 더 기분 좋게 만드는 것이라 해도 과학자들이 갖고 놀아서는 안 된다는 것이 사실상 그들의 요지였다(이 장 서두의 인용문을 참조하라).

그러나 실제로 끔찍한 경험의 괴로운 기억으로 고통받는 사람들은 절실하게 치료를 원한다. 인간에게 입증되지 않은 치료법이라도, 그들의 자아 일부를 잃게 되더라도(사실, 이것이 바로 그들이 원하는 것이다) 이들은 자신의 의식적 기억이 지워지길 바란다. 그런데 우리가 실제 연구한 것은 방어 회로에 의해 제어되는 암묵적 기억의 약화였다.

우리는 계속해서 이 분야의 연구 결과를 발표했다. 그리고 새로운 논문이 나올 때마다 더 많은 언론의 조명과 전화, 이메일을 받았다. 이 연구의 상세한 내용과 그 영향은 뒤에서 다시 다룰 것이다. 지금은 기억을 치료의 표적으로 삼으면 안 되는가 하는 문제를 고려하기 위해 연구를 간략히 소개했을 뿐이다.

사실 두 사람 사이에 일어나는 모든 교류에는 기억의 인출과 저장이 관여한다. 기억 없이 사회적 관계는 불가능하다. 예를 들어 당신은 사회적으로 상호작용할 때 상대방, 공통된 이해관계, 전달하고자 하는 사실이나 경험의 기억된 세부 사항에 의존한다. 이 논의의 목적에 초점을 맞추자면, 수많은—아마도 모든—형태의 심리치료가 어떤 식으로든 기억에 관여하고, 기억을 변화시킨다는 얘기다. 정신분석은 억압된 기억을 추출하고 의식으로 가져오는 것에 근거한다. 인지 치료는 믿음, 즉 기억을 변화시키고, 새로운 대처 기술을 학습하고 기억하는 과정이다. 노출 치료에서 소거는 문제를 일으키는 기존의 암묵 기억과 경쟁하는 새로운 암묵 기억을 만들어내는 과정이다. 근본적으로 우리의 연구는 이런 치료들이 성취하려는 목표—고통스러운 기억이 문제를 일으키지 않게 예방하는 것—에 도달하는 새로운 방법을 제공하는 것이다.

주로 기억을 변화시켜 공포와 불안을 치료하는 수많은 접근법이 새롭게 개발되었다. 이것들은 대개 약물 치료보다는 학습을 통해 행동적으로 뇌를 변화시킨다. 지속적인 치료보다 학습 효과를 촉진하기 위해 약물을 급성으로 사용하는 경우가 있지만, 일단 변화가 자리를 잡으면 약물은 더 이상 필요하지 않다. (약물 치료에서와 달리, 대처 기술의 학습을 촉진하기 위한 일시적인 사용으로 보는 것이 옳다.)

곧이어 설명할 절차는 암묵적 기억 처리 과정을 일차 표적으로 삼는다. 상당수는 소거를 향상시켜 노출 치료를 향상하는 방법에 중점을 둔다. 그러나 나는 소거의 대안이 될 방법도 소개할 것이다. 소거처럼 위협 기억을 단순히 억제하는 것이 아니라, 글자 그대로 위협 기억을 지워버리는 절차다. 그러나 어떤 치료도 그것만으로 공포와 불안 문제를 모두 해결할 수 있는 만병통치약은 아니다. 치료가 최대의 이익과 지속적 효과를 가지려면 고통의 원인이 되는 의식적 기억과 비의식적 기억을 둘 다 변화시켜야 한다.[6] 그러므로 이 장에서 암묵적 학습의 신경과학을 강조한다고 대화, 연민, 인간 간의 상호작용 같은 외현적 과정이 별다른 역할을 하지 않는다는 의미가 아니다. 이전 장에서 주장했듯 의식적 과정과 비의식적 과정 모두 변해야 하며, 이를 위해서는 외현적이고 의식적인 기억과 암묵적 기억을 따로 표적으로 삼는 것이 최선이다.

뇌에서 소거가 일어나는 과정

나는 이미 소거의 속성과 노출 치료에서 그 역할에 대해 여러 차례 설명했다. 그러나 소거는 치료 도구로 한계가 있기 때문에, 소거와 노출이 더 효과적으로 작용하도록 만들기 위해 많은 노력이 들어갔다. 소거의 단점을 논하기 전에, 소거의 근간에 있는 회로에 대해 4장에서 설명한 것보다 더 자세히 살펴보고자 한다. 이 정보가 소거의 한계가 뇌에서 어떻게 드러나는지, 그리고 그 한계를 극복하려면 소거가 어떻게 수정되어야 할지 이해하는 데 도움을 줄 것이다.

방어 반응을 끌어내는 파블로프의 CS의 능력을 소거로 감소시키려면 이 반응에 대한 편도의 통제에 변화가 일어나야 한다. 이 과정의 핵심은 배쪽내측 전전두 피질(PFC$_{VM}$)과 편도 안에 있는 CS-US 기억을 저장하는 회로들—이 회로들이 활성화되면 방어 반응이 발현된다—을 조절하는 PFC$_{VM}$의 능력이다. 이것이 소거가 작용하는 방식이라는 생각은 1990년대 초 내 실험실에서 마리아 모건이 처음 발견했다.[7] 이전에 우리는 시각 피질이 손상된 동물은 광범위한 소거 훈련을 받아도 전기 충격과 연합된 빛에 얼어붙기를 멈추지 못하는 것처럼 보인다는 사실을 발견했다.[8] 우리는 시각 피질 그 자체가 소거를 담당한다고는 생각하지 않았다. 대신 시각 피질의 손상이 시각적 CS의 정보가 소거 회로에 도달하는 것을 막아서 CS-US 기억이 지워지지 않는다고(소거에 저항한다고) 생각했다.

이 비가역적인 혹은 지울 수 없는 편도의 기억이 어떻게 유지되는지 이해하려는 시도로 우리는, 전전두 피질에 손상을 입은 동물이나 인간이 일단 특정 인지적, 행동적 반응을 획득하면 그 반응이 더 이상 유용하지 않아도 그 행동을 반복하는(보속증perseveration) 경향이 있다는 점을 염두에 두었다.[9] 아마도 쥐의 전전두 피질 손상이 CS가 유발한 얼어붙기의 "정서적 보속증"을 낳은 것으로 보인다. 모건은 쥐의 PFC_VM 손상이 미치는 영향을 조사한 결과, 다시 한번 그 동물이 CS에 대한 반응으로 얼어붙기를 멈추지 못하는 것을 발견했다. PFC_VM의 영향이 사라지자 편도가 통제 불능이 되어, 더 이상 위협이 아닌 자극에도 반응하는 것처럼 보였다. 이는 즉각 불안 장애가 있는 사람들의 조절되지 않는 공포나 불안이 전전두-편도 회로의 조절 장애와 일부 연관될 것이라는 추측을 불러일으켰다. 마치 편도가 방어 반응의 가속 페달이고 전전두 피질이 브레이크인 것처럼 말이다(그림 11.1). 그리고 브레이크의 오작동은 반응의 발현을 통제하기 어렵게 만든다. 이 생각은 이후 동물과 인간 연구로 뒷받침되어 지금은 널리 인정받고 있다.[10]

모건이 이런 연구를 진행하고 있을 때, 우리 실험실의 또 다른 구성원인 그렉 쿼크Greg Quirk가 소거에 매력을 느꼈고, 곧 소거에서 전전두 피질의 제어에 관한 주요 연구자가 되었다.[11] 그의 연구는 PFC_VM이 편도를 조절하는 방식에 대한 탐구를 새로운 수준으로 끌어올렸고, 수많은 연구자를 이 분야로 끌어들였다.

소거 회로를 간단하게 도식화한 것이 그림 11.2다. 소거에 영향을 주는 세 주요 영역은 편도(CS-US 연합을 저장), PFC_VM(편도를 조절), 해마(처음 CS-US 연합을 학습할 때와 소거할 때의 맥락을 부호화)다.

외측 편도(LA)에서 CS-US 연합을 활성화하는 CS의 능력과, CeA 출력 신호를 제어하는 CS-US 연합의 능력을 변화시키는 것은 무엇이든, 위협 CS가 존재할 때 방어 행동의 발현과 생리 반응에 영향을 준다. 모건의 쥐 연구는 PFC_VM의 두 영역이 편도 조절에 각각 다르게 기여하는 것을 보여주었다.[12] 변연전 prelimbic 영역은, 한 번의 CS 제시가 편도의 출력 신호를 제어하는 능력을 조절한다. 반대로 PFC_VM의 변연하 영역은 다수의 CS 제시와 연관된 소거 훈련을 통해 새로운 연합(CS-US 부재 연합)을 형성한다. 이 새로운 연합은 LA에 저장된 CS-US 연합을 무효화하고, 더 지속적인 변화를 일으켜 나중에 CS가 일어날 때 적용된다. 다시 말해 변연전 영역은 CeA에 의해 제어되는, CS가 유도하는 방어 반응의 발현을 조절하는데, 노출될 때마다(실험실의 경우 매 실험마다) 일어나지만 지속적인 변화를 낳지는 않는다. 반면 변연하 피질은 소거 학습 동안 변화를 일으키는데, 이 변화는 노출 시간을 넘어 미래까지 지속된다. 해마는 최초의 학습과[13] 소거 둘 다 일어날 때의[14] 맥락을 부호함으로써 기여한다. 곧 살펴보겠지만, 소거는 맥락에 크게 의존한다. 따라서 소거의 이로운 효과는 치료 상황을 넘어 일반화되는 데 한계가 있다.

그렇다면 소거에서 일어난 새로운 학습(CS-US 부재 연합의 학습)이 원래의 기억(CS-US 연합)의 발현과 그것이 제어하는 방어 반응을 막을 수 있을까? 이를 이해하려면 편도의 위협 학습에서 세포 및 분자 메커니즘과[15] 소거 회로를[16] 내가 앞서 논의한 것보다 한층 더 자세히 살펴봐야 한다. 앞에서는 단지 핵심 요소들만 강조했을 뿐 세부사항은 다루지 않았다. 나는 초기 학습과 차후의 소거 학습에서 편도와 PFC_{VM}의 역할에 초점을 맞출 것이다.

무의미한 자극의 LA 세포 활성화와 방어 회로 촉발을 막는 것은 GABA 억제 세포들의 강한 네트워크다.[17] 위협 학습 동안 CS와 US가 LA에 수렴해 CS-US 연합을 형성하고 CS의 능력을 확립함으로써, 나중에 CS가 일어날 때 GABA 억제를 차단해 LA를 활성화하고, 그 결과 CeA의 출력 신호를 거쳐 방어 행동과 생리 반응이 발현되도록 한다.[18] 그림 11.3에 나오듯 LA는 몇 경로로 CeA와 연결된다. (1) LA에서 CeA로 직접 연결, (2) LA에서 기저 편도(BA)로, 그리고 BA에서 CeA로 연결, (3) LA와 BA에서 사이세포 집단이라는 GABA 억제 세포들의 집단을 거쳐 CeA로 연결된다.[19] 이 다양한 연결을 거치는 정보의 흐름은 흥분성 세포와 억제성 세포의 복잡한 상호 작용에 의해 조절된다.[20] 그 결과, 편도 내의 흥분과 억제 패턴은 CS가 CeA의 출력 신호를 내보낼 수 있게 한다. 그뿐만이 아니다. BA 내 CS-US 연합을 표상하는 "위협 뉴런들"이 있어서 LA를 CeA에 연결하고(직접 또는 사이세포를 통해)[21], "소거 뉴런들"이 있어서 위협 뉴런의 CeA 활성화를 막는다는 것을 보여주는 증거들이 있다.[22] CeA 내에는 외측 CeA와 내측 CeA라는 두 하위 영역이 상호작용한다.[23] 외측 CeA는 다른 편도 영역(LA, BA, 사이세포)으로부터 입력 신호를 받고, 내측 CeA는 방어 회로 활성

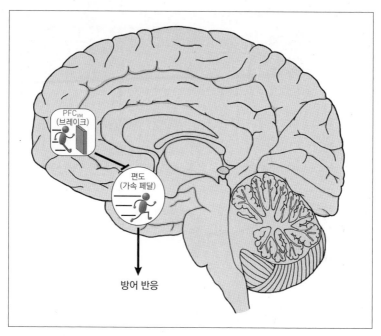

그림 11.1: 뇌에서 방어 반응의 가속 페달과 브레이크 편도는 방어 반응과 이를 지원하는 몸과 뇌의 생리 반응을 추진한다(가속 페달). 배쪽내측 전전두 피질(PFCvm)은 편도를 조절해서(브레이크) 방어 반응의 빈도와 강도를 상황에 맞게 조정한다. 공포와 불안에 시달리는 사람은 주로 이 메커니즘이 손상되어 있다(편도가 공포와 불안 느낌의 원천이기 때문이 아니라, 편도에 의존하는 뇌와 몸의 반응이 공포와 불안의 느낌을 형성하는 재료를 제공하기 때문이다).

화의 다양한 결과를 제어하는 해마와 뇌간으로 출력 신호를 보낸다(4장 참조).

CeA가 제어하는 방어 반응의 발현은 일단 학습되면, 내측 전전두 피질의 변연전 영역에서 BA로 가는 연결에 의해 조절되는데, 여기에서 CeA로 직접 연결되거나 사이세포를 거쳐 연결된다.[24] 소거 회로도 비슷하지만 한 가지 중요한 차이가 있다. 내측 전전두 피질의 변연전 영역이 아니라 변연하 영역이 편도의 기저 영역 및 사이세포와 연결된다는 점이다.[25] 게다가 해마에서 BA(그림 11.3에는 나오지 않는다)로 가는 연결은, 각기 다른 맥락 그리고 그 맥락의 CS가 경고하

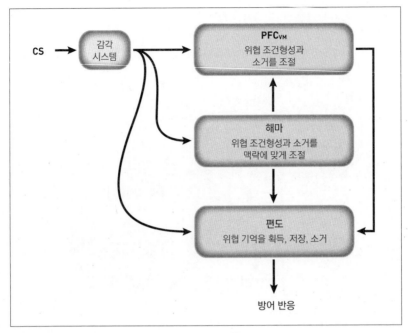

그림 11.2: 소거에 관여하는 핵심 뇌 영역 편도는 위협 기억의 획득, 저장, 발현, 소거에서 중요한 역할을 한다. 배쪽내측 전전두 피질(PFC_VM)은 편도에 의한 위협 기억의 획득, 저장, 발현, 소거를 조절한다. 해마는 획득의 맥락에 관해 학습하고, 맥락에 맞게 위협 기억의 발현과 소거를 조절한다.

는 위험과의 관계를 구분하는 데 중요하다.[26] 방어 반응의 발현과 소거의 근간인 이 모든 신경 상호작용은 신경조절물질(노르에피네프린이나 도파민 같은)과 펩타이드(엔도카나비노이드, 엔케팔린enkephalin, P물질substance P, 옥시토신, 뇌 유래 신경 성장 인자)에 의해 조절된다.[27]

소거 후 원래의 CS-US 연합의 발현을 막는 처리 과정에는 적어도 3가지 구성 요소가 있다.[28] 하나는 CS-US 부재의 연합이 LA의 처리 과정을 억제하는 과정이다(따라서 CS-US 연합을 활성화하는 CS의 능력을 약화한다). 다른 하나는 변연하 피질에서 CS의 기저핵과 사이세포 영역으로 가는 연결이 LA에서 CeA로 가는 CS의 능력을 추가로 억제하는 과정이다. 마지막으로, 소거가 CeA의 외측

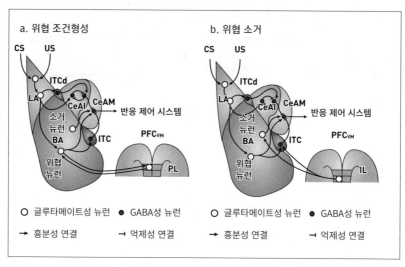

그림 11.3: 방어 반응의 조건형성과 소거의 근간에 있는 편도와 전전두 회로 위협 조건형성은 조건 자극(CS)과 무조건 자극(US)이 외측 편도(LA)에 수렴하는 것에 관여한다. LA는 사이세포(intercalated cell, ITC), 편도 중심핵의 외측 부분(CeAL), 그리고 기저 편도(BA)의 위협 뉴런으로 연결된다. BA의 위협 뉴런은 ITC, 중심핵의 내측 부분(CeAM)과 연결된다. CeAL 내에서 각기 다른 세포들이 LA와 ITC로부터 신호를 받는다. 그러나 두 세포 집단들은 서로 연결된다. 전전두 피질의 변연전 영역(PFC_PL)은 BA의 위협 뉴런과 연결되어 이 뉴런들을 조절한다. CeAL의 출력 신호는 반응 제어 영역과 연결된 CeAM으로 연결된다. 소거에도 비슷한 회로가 관여하는데, 다만 PFC_IL이 BA의 위협 뉴런이 아닌 소거 뉴런과 연결된다는 점에서 다르다. BA의 소거 뉴런은 CeAM을 조절한다.
LEE AT AL (2013)에 근거.

과 내측 영역의 균형에 개입해 내측 CeA에서 반응 제어 회로로 가는 출력 신호의 발현을 막는 과정이다.

모든 형태의 학습이 그렇듯[29] 소거도 새로운 정보를 학습하고 저장할 때 뉴런에서 일어나는 단백질 합성이 필요하다. 이 경우 소거의 효과가 장기 기억으로 지속되려면 변연하 피질과[30] 편도에서[31] 모두 단백질 합성이 일어나야 한다.

거의 모든 유기체에 있어, 그리고 거의 모든 형태의 기억에 있어 기억 저장의 근간인 단백질 합성 과정은 기억을 형성하는 뉴런 내 특정 유전자의 활성화에 의해 촉발된다. 주요 활성제activator는 유전자 전사 인자인 사이클릭 AMP

반응 요소 결합 단백질(CREB)이다.[32] 소거의 학습도 예외가 아닌데, 역시 CREB에 의존하는 단백질 합성이 관여하기 때문이다.[33] CREB의 활동은 노르에피네프린과 도파민 같은 신경조절물질의 조절을 받는다. 이 물질들은 CeA 출력 신호를 통해 분비된다. 다른 많은 분자와 단계도 여기에 관여한다.[34] 그 결과 소거 학습 동안, 단백질 합성이 일어나는 뉴런의 최근 활성화된 시냅스가 강화되고, 네트워크의 다양한 뉴런들 사이 새로운 시냅스 연결 패턴이 기억을 구성한다. 이 시냅스 재활성화의 결과로 소거 기억의 인출이 일어나 원래의 CS-US 연합을 억제한다.

이 회로들의 세부사항은 소거를 이해하기 위한 강력한 기반과 노출 치료를 향상시키는 더 나은 방법을 제공할 것이라 생각된다. 일단 극복해야 할 소거의 일부 한계에 관해 생각해보자.

소거 실험 연구로 드러난 노출 치료의 한계

노출 기반의 기술이 널리 사용되고 있지만, 그 효과에는 한계가 있다. 그중 상당수가 소거 자체의 한계다. 표 11.1에 몇 가지를 나열했고, 그림 11.4에 그래프로 나타냈다.

표 11.1: 소거의 한계
1. **맥락 의존성** 한 맥락에서 일어난 소거가 다른 맥락에서도 효과를 발휘하도록 일반화되지 않는다.
2. **자발적 회복** 소거 효과는 시간이 지나면 사라지는 경우가 많아, 조건 자극이 다시 위협이 된다.
3. **재생renewal** 원래의 조건형성 맥락에 노출되면 소거 효과를 역전시켜 조건 자극의 위협 유발 가능성을 되살릴 수 있다.
4. **복원reinstatement** 무조건 자극에 다시 노출되면 역시 소거 효과가 역전될 수 있다.
5. **스트레스 유발 역전reversal** 원래의 위협 학습과 전혀 관계없는 스트레스 경험이 소거 효과를 무효화할 수 있다.

소거는 소거가 일어나는 맥락에 강하게 의존한다.[35] 만일 쥐가 한 공간에서 소리와 전기 충격에 조건형성되고, 소리의 효과가 새로운 공간에서 소거되면, 쥐는 그 새로운 공간에서는 소리에 얼어붙기를 멈출 것이다. 하지만 원래 조건형성된 공간이나 소거가 일어나지 않은 또 다른 공간에서는 여전히 소리에 얼어붙는다.[36] 맥락에 따른 소거의 제어는 인간과 동물 모두 해마에 의존한다.[37] 이 맥락 특이성은 치료실에서만 행해진 노출치료의 효과를 제한하며, 따라서 가능한 한 많은 다른 상황[38], 특히 실제 위협이 일어나는 현실 세계에서 노출이 행해져야 한다는 목소리가 나오고 있다.[39] 따라서 인지 행동 치료의 일환으로 사람들은 일상에서 위협을 마주할 때 사용하는 노출 지침을 따르도록 교육받기도 한다.[40]

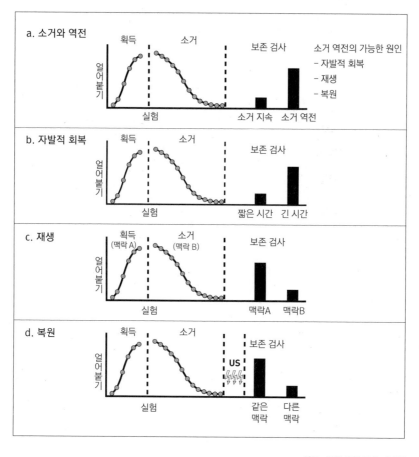

그림 11.4: 소거된 위협의 회복 a. 소거를 거쳐 방어 반응을 제어하는 학습된 위협의 능력이 약해진다. 성공적인 소거는 얼어붙기 같은 방어 반응의 수준을 낮춘다. 그러나 원래 위협의 기억은 되살아날 수 있다. 이는 소거가 원래의 위협 기억을 억누르는 억제 학습의 한 형태임을 시사한다. 회복은 단지 시간이 흘러 일어날 수도 있고(자발적 회복), 원래 기억이 형성된 맥락에 노출되어 일어날 수도 있고(재생), 무조건 자극에 노출되어 일어날 수도 있다(복원). b. 자발적 회복은 조건형성과 소거 사이에 긴 지연 시간이 있을 때 일어나며, 지연 시간이 짧으면 잘 일어나지 않는다. c. 재생renewal은 훈련 맥락에서 일어나고 새로운 맥락에서는 일어나지 않는다. d. 복원reinstatement은 소거 후 무조건 자극(US)을 받을 때 일어난다. 다음 실험이 같은 맥락에서 일어나면, 얼어붙기 반응이 복원된다.

Quirk and Muller (2008), 맥밀란 출판사의 허가를 받아 수정함. Neuropsychopharmacology (Vol. 33, pp. 56-72, ⓒ2008, and Myers and Davis (2007). 맥밀란 출판사의 허가를 받아 수정함. Molecular Psychiatry(Vol. 12, pp. 120-50)), ⓒ2007.

또 다른 한계는 소거 효과가 역전되어 원래의 CS-US 연합이 복구되고, 사실상 소거 학습 동안 자리를 잡은 CS-US 부재의 연합을 무효화할 수 있다는 점이다. 파블로프는 그의 선구적 연구인 개의 침 흘리기 조건형성에서 이 역전의 한 가지 형태를 발견했다.[41] 일단 개가 종소리에 침 흘리기를 학습하면 먹이 없이 반복되는 종소리에 의해 반응은 소거될 수 있다. 그러나 며칠 동안 종소리를 노출하지 않은 뒤 다시 들려주면, 개는 과거에 했던 것처럼 다시 침을 흘린다. 파블로프는 이를 자발적 회복spontaneous recovery—시간의 흐름에 따른 소거의 역전—이라 불렀다. 이후의 연구는 자발적 재발이 소거의 일반적인 특징이며 위협에 대해서도[42] 욕구 조건형성appetitive conditioning과 마찬가지로 일어나고[43] 인간과 동물에게 똑같이 영향을 미친다는[44] 것을 보여주었다. 안타깝게도 노출 치료는 소거에 의존하므로, 그 치료 효과 역시 자발적 회복에 의해 제대로 발휘되지 못할 수 있다. (여기서 회복이란 치료가 아니라 더 큰 고통을 의미한다는 점에 주의하라.)[45]

소거는 또한 복원reinstatement과 재생renewal이라는 과정에 의해 역전될 수 있다.[46] 재생의 경우, 조건형성이 일어난 맥락에 노출되기만 해도 CS-US 연합을 되살리기 충분하다.[47] 재생은 쥐와[48] 사람의 해마[49]에서 일어나는 맥락 처리 과정에 의존한다. 반면 복원은 혐오 US 자체에 노출될 때 일어난다. US 역시 맥락이나 CS 자체와 마찬가지로, 원래의 CS-US 연합을 활성화하고 조건 반응을 되살릴 수 있다.[50] 만일 위협 조건형성 후 완전히 소거된 쥐가 단 한 번 US에 노출되면, CS와 US를 또 짝짓지 않아도 쥐는 CS에 다시 얼어붙는다. 소거 후에 원래의 조건형성 경험이 자발적으로 회복될 수 있고, 복원되거나 재생될 수 있다는 사실은 소거가 기억을 지우지 않는다는 것을 입증한다.[51]

원래의 학습과 관계없이 스트레스나 고통을 받는 사건도 소거 효과를 역전하고 원래의 조건 반응을 복원할 수 있다. 예를 들어 노출 치료를 통해 성공적으로 치료한 공포증이, 공포증과 아무 관계없는 스트레스를 주는 사건이 일어난 후 재발할 수 있다.[52] (고소공포증이 가족의 죽음이나 자동차 사고 후에 재발할 수 있다.) 스트레스는 소거가 일어나는 것을 방해하기도 한다.[53] 이는 스트레스가 되는 사건이 뇌하수체-부신 시스템(3장 참조)을 통해 코티솔이라는 호르몬을 분비시키기 때문으로 여겨지는데, 이 호르몬에 PFC$_{VM}$의 기능을 저해하는 효과가 있다.[54] 따라서 소거를 유발해야 하는 바로 그 요인—스트레스가 되는 위협에 노출—이 소거를 막을 수 있다. 이는 높은 수준의 "공포"를 유도하는 홍수법이나 관련 노출 절차를 반대하는 주장의 근거가 된다. 그러나 소거를 저해하는, 스트레스를 받는 동안 분비되는 호르몬은 학습의 각기 다른 단계(획득, 기억 응고, 기억 인출, 소거, 기억 재응고)에서 때로 반대가 되기도 하는 복잡한 효과를 나타낸다.[55] 상대적으로 높은 스트레스가 학습의 어느 단계에 있느냐에 따라 도움이 되기도 하고 해가 되기도 한다.

일부 사람들은 소거의, 그러니까 노출 치료의 또 다른 한계는 치료하려는 반응이 학습을 거쳐 확립된 상황에 그 가치가 제한되는 점이라고 주장한다. 학습하지 않은 연합은 소거할 수 없다. 이 관점을 뒷받침하는 주요 의견은, 사람들이 그들 문제의 원천인 유해한 특정 경험을 알아내지 못한다는 것이다.[56] 그러나 조건형성 경험을 기억하지 못한다고 해서 조건형성이 일어나지 않은 것은 아니다.[57] 사실 스트레스가 큰 상황일수록 그것을 기억해내지 못할 가능성이 높다. 왜냐하면 스트레스를 받는 동안 분비된 코티솔이 해마를 공격하고 그 사건에 대한 기억상실을 유발해 의식적 기억을 남기지 않거나 저해하기 때문이다.[58] 같은 호르몬이 실제 편도의 비의식적인 위협 조건형성 과정에 힘을 실어주기도 한다.[59] 불안 전문가인 데이비드 발로는, 외부 자극이나 내적 사고나 신체 감각에 대한 불안 반응의 조건형성을 위해 필요한 것은 투쟁-도피 시스템(즉 방어회로의 활성화)이 전부라고—외부 자극은 외부 US보다는 그 상태와 연합한다고—주장했다.[60] 다시 강조하지만 이 조건형성 과정은 의식적 자각에 도달할 필요가 없다. 비의식적 조건형성 효과가 의식적 조건형성 효과보다 약할 수 있다는 증거가 있더라도,[61] 그것은 비의식적 조건형성이 중요성하다는 생각을 의심할 이유가 되지 않는다. 마스킹을 비롯해 자각의 결여를 유도하는 방법들은 정보 처리 과정의 깊이를 엄격하게 제한한다(이것이 이전 장에서 논의한 자극 제시 방법의 기술적 한계다). 실생활에서 수많은 사건이 막힘없이 눈에 들어오지만, 의식적 자각에 들어오지 않아도 여전히 인지와 행동에 영향을 준다.[62]

그러나 인간이 마주하는 모든 위협이 꼭 특정 학습 경험에 의한 것은 아니다. 일부 위협은 선천적인 요소를 가질 수 있다. 예를 들어 3장에서 우리는 진화적으로 갖춰진 위협을 논했다. 모든 사람이 뱀, 거미, 높은 곳, 사회적 상황에 병적인 공포를 느끼진 않는다. 그러나 하나의 종으로서 우리는 이런 조건에 선천적으로 민감하다. 다른 이보다 좀 더 민감한 사람도 있지만, 우리 모두 특정 조건 하에서 이런 대상에 민감성을 갖고 있다.

엄밀하게 말해서, 학습에 근거하지 않은 문제를 다루는 데는 소거가 사용될 수 없는 것이 맞다. 소거가 하는 일은 원래의 학습과 경쟁하는 새로운 학습을 유도하는 것이기 때문이다. 그러나 소거의 자극 반복 절차는 이용할 수 있다. 이 경우 자극 노출 절차를 "습관화habituation"라 부른다.[63] 습관화는 비연합적 학습의 한 형태인데, 선천적이거나 이미 존재하는, 행동에 영향을 줄 수 있는 능력을 가진 단일한 자극과 연관되기 때문이다. 예를 들어 큰 소리는 처음에 놀람 반사를 끌어낸다. 그러나 소리가 반복되면 반사를 끌어내는 능력이 약해진다. 반면 소거는 학습을 통해 힘을 획득한 자극에 근거하기 때문에 연합적이다.[64] 소거와 마찬가지로 습관화 역시 스트레스가 많은 자극으로 무효화될 수 있다(예를 들어 전기 충격은 탈습관화, 즉 습관화의 역전으로 이어진다).[65] 습관화는 지속 노출 치료의 핵심 개념이다. 이 치료에서는 한 세션 동안 환자의 반응이 진정될 때까지 위협 자극을 반복 제시한다. 노출 치료 동안 습관화와 소거 둘 다 자극 반복 효과에 기여할 수 있다.[67]

소거와 습관화의 가역성은, 치료 상황에서는 골칫거리지만 사실 뇌의 자연스럽고 유용한 특성이다. 상황이 바뀌면 뇌도 적응해야 한다. 자발적 회복은 시간 경과에 따라 상황을 살필 수 있게 해준다. 재생은 위험이 발생했던 특정 상황으로 돌아갔을 때의 경고 수단이다. 복원은 스트레스, 고통을 주거나 유해한 사건이 실제로 일어나면 전속력으로 방어 태세에 들어가고 과거의 학습을 불러오게 한다. 소거의 한계는, 어떤 의미에서는 소거가 자연적으로 제공하는 이점과 분리될 수 없다.

노출 치료가 더 효과 있도록 소거 절차를 개선할 수 있을까?

노출이 매우 유용하긴 하지만 쉽게 역전된다는 사실 때문에 새로운 대안이나 이를 더 효과적으로 만들 방법을 찾게 되었다. 여기서는 먼저 행동적인 개선을, 그다음 신경생물학적 제안을 논할 것이다.

심리학자 미셸 크라스크와 동료들은 소거를 향상시켜 노출 치료를 개선하려는 노력을 주도해왔다.[68] 그들은 주로 동물 소거 연구에 근거해 노출을 강화하고 역전에 더 강한 내성을 갖게 만드는 몇 가지 구체적인 제안을 내놓았다.

1. 소거 동안 기대 위반을 증가시킨다.

10장에서 언급했듯 소거 학습은 예측 오류, 즉 예상과 경험의 부조화에 의존한다.[69] 따라서 노출 상황의 부조화가 클수록 치료 결과가 향상될 것이다. 크라스크와 동료들은, 위협에 대한 믿음을 변화시켜 자극이 가져올 잠재적 위해를 과대평가하는 경향을 낮추는 전략이 부조화를 감소시켜 소거 학습을 약화할 것이라고 주장했다. 이 논리에 따르면 인지적 개입은 노출 후에만 사용되어야 한다. 그렇지 않으면 노출 치료의 효과를 향상시키기보다 오히려 약화할 것이다. 이는 노출이 외현적 인지에 관여하는 측면에서는 분명 맞는 말이다. 그러나 이는 또한 소거의 암묵적 학습에도 어느 정도 이상 적용된다. 치료의 암묵적 측면과 외현적 측면을 가능한 한 분리해야 각각의 효과를 최대한 볼 수 있다는, 앞 장의 내 논점을 상기하라.

2. 소거 동안 간헐적 강화만을 사용한다.

보통 소거에서는 CS를 단독으로 제시한다. 그러나 "간헐적 강화occasional reinforcement" 절차에서는 때때로 CS에 이어 US를 제시한다.[70] 이는 기대 위반을 증가시켜 소거 효과를 향상하고, CS의 현저성salience 또한 높여 새로운 학습을 자극할 것이다. 게다가 이런 강화는 환자에게 공포의 감소와 재발 경험을 반복시켜 실생활에서 공포 느낌이 돌아와도 낙담과 괴로움이 덜하다.

3. 소거 과정을 심화한다.

"심화된 소거" 절차에서는, 다수의 위협 CS를 따로 소거한 다음 복합 소거 세션에 결합시킨다.[71] 이 접근법은 동물과[72] 인간[73] 모두에게서 자발적 회복을 감소시킨다.

4. 안전 신호와 안전 행동을 제거한다.

안전 신호와 안전 행동은(3장 참조) 일시적 위안을 주는 버팀목이지만, 억제 학습을 방해하며 궁극적으로 비생산적이다. 이것들을 제거하면 더 나은 결과를 얻을 수 있다.

5. 다중 노출 맥락을 이용한다.

소거는 맥락에 의존하므로, 각기 다른 맥락에서 노출을 시행하는 것이 재생 renewal을 줄이는 방법이다. 하루의 각각 다른 시간에, 각기 다른 상황에서, 치료사가 있을 때와 없을 때, 상상의 자극과 실제 자극을 이용해서, 안전한 상황(집, 치료실)과 실생활에서 노출이 이루어져야 한다.

6. 기타

위 제안들과 그 밖에 크라스크와 동료들이 제안한 것들은 근거가 충분하고 소거 실험 연구에서 사용된 접근법과 매우 가까우며, 인지 조작과 행동 조작을 분리하는 장점도 있다. 나는 몇 가지 제안을 더하고자 한다. 내 제안 일부는 기존 심리치료 관점에서 실용적이지 못할 수도 있다. 그러나 이것들이 왜 이론적으로 노출 치료를 향상하는지 고려하기만 해도 유용하다.

첫째, 외현적 학습과 암묵적 학습은 서로 방해할 수 있으니, 한 세션에 한 유형의 학습 경험만 사용되어야 한다(이전 장 참조). 소거와 같은 암묵적 절차를 실시할 때는 자원을 놓고 서로 경쟁하고 방해하는 대화, 지시, 그 밖의 인지적 개입을 최소화해야 한다(위 크라스크의 논의에서도 강조되었다). 이는 단일 세션에서 성취 가능한 것을 제한하겠지만, 결국 더 나은 결과를 가져올 것이다.

둘째, 복잡한 사건 전체를 소거하려고 시도하지 말라. 사건의 장면은 많은 신호로 이루어져 있는데, 그중 일부만 외상 기억을 인출하는 요인이 된다. 사건을 특정 촉발 인자들로 나누고 각각 따로 접근하라.

셋째, 마스킹이나 다른 접근법으로 의식을 우회해 자극에 노출시키는 것을 고려해보라. 이는 암묵적 처리 과정을 다루는 데 최선의 방법이 될 것이다. 이 방법은 달성하기 어렵지만 특별한 도움이 될 것이다.

넷째, 세션 내에서 학습은 분산되어야 한다. 지속적인 기억을 만들어내는 데 집중 훈련이 분산 훈련보다 효과가 훨씬 덜하다는 것은 잘 알려져 있다.[74] 소거의 암묵 기억도 마찬가지다.[75] 분자 수준에서의 설명은, 단기 기억을 장기 기억으로 전환하는 과정에서 유전자 발현과 단백질 합성을 개시하는 CREB라는 전사 인자와 연관된다.[76] 집중 훈련은 CREB를 고갈시키고, 일단 CREB를 전부 소모하면 다시 공급되는 데 약 60분 정도의 회복 시간이 필요하다. 따라서 그 시간 안에 훈련을 추가적으로 실시하는 것은 재공급 과정을 방해할 뿐이다.[77] 소거의 장기간 유지를 위해서는 PFC$_{VM}$과[78] 편도[79] 내의 CREB에 의존하는 단백질 합성이 필요한 것으로 드러났다. 따라서 25회 노출할 예정이라면 25회를 한꺼번에 하기보다 5회씩 묶어서, 시간 간격을 두는 것이 낫다. 간단히 말해 시간 간격이 소거와 노출 효과를 더 지속되게 만든다.

다섯 번째, 학습 경험 후에는 기억의 응고consolidation를 방해할 수 있는 활동을 최소화해야 한다. 외현, 암묵 기억 모두 응고는 유전자 발현과 단백질 합성에 의존한다.[80] 이 과정은 적어도 4~6시간 걸린다. 이 시간 동안 분자적으로 또는 행동적으로 일어난 사건이 응고 과정을 방해해 기억을 약화할 수 있다.[81] 노출 후 환자를 격리하는 것은 비현실적이다. 환자들은 보통 일상 활동으로 돌아가야 한다. 그러나 최적의 효과를 위해서는 이런 조치가 필요할 수 있다. 이런 절차가 시행될 수 있는 야간 병동도 고려해 볼 만하다.[82] 기억 응고의 중요한 측면이 수면 중에 일어난다는 사실도 야간 격리로 이용할 수 있다.[83] 아마 몇 시간 정도겠지만 말이다. 치료 세션 뒤의 "낮잠"이 치료 효과를 향상시킨다는 최근 연구 결과도 있다.[84] 그러나 치료 직후의 낮잠은 촉발 신호에 대한 노출과 반추를 제거하고, 재응고화를 통한 기억 강화를 방해할 수도 있다.[85] 이유에 상관없이 낮잠은 실용적 가치가 있어 보인다. 물론 통제된 환경에서도 환자는 응고를 방해하는 생각을 할 수 있다. 따라서 이 연장된 세션 동안 치료 응고를 방해하지 않고 지지하는 체계적 활동을 확립하는 것도 신중하게 고려해볼 만하다.

이런 제안을 실행에 옮기는 것은 쉽지 않다. 첫째로, 나의 제안 몇 가지는 50분 세션으로 한정된, 일반적인 치료 방식으로 실행할 수 없다. 그러나 치료 방법의 간편성이 지도 원칙이라면, 심장병 환자가 심박 조율기의 도움을 받거나 파킨슨병 환자가 심부 뇌 자극술이나 유전자 치료를 받을 수 없었을 것이다. 나는 심리치료가 의학 모델을 따라야 한다고 주장하는 것이 아니다. 사람들을 가장 효과적으로 치료하기 위해서는 심료 치료 세션이 시행되는 방식에 변화가 필요하다는 얘기다.

마지막으로 한 가지 더 중요한 제안을 하고 싶다. 위에 나열한 것들과 달리 간단히 실행 가능한 제안이다. 이는 소거의 첫 번째 시행과 이어지는 시행의 관계와 연관된다. 일단 기억 재응고라는 주제를 살펴본 후 이 제안을 다룰 것이다.

소거의 신경생물학적 향상을 이용해 노출 치료를 개선하기

지금까지 나는 절차적 개선을 통해 소거를 향상하는 방법을 강조해왔다. 또 다른 접근법은 표준 소거 절차를 약물 등을 이용한 뇌 조작과 결합하는 것이다. 그러나 이것이 약물 치료가 아니라는 점을 강조하는 것이 중요하다. 환자가 연장된 일정 기간 동안 "약을 복용" 하는 것이 아니다. 약물이나 생물학적 조작은 소거 학습 효과를 향상시키기 위해 급성으로만 사용될 뿐이다.

약물을 통한 소거 향상

쥐 위협 학습의 신경 기반 연구에서 소거를 향상시킬 유망한 방법이 등장했다. 1990년대 나의 실험실과 그 외 연구자들이 실시한 수많은 연구에서, 편도에 의한 CS-US 연합 획득의 근간인 시냅스 가소성이 NMDA (N-methyl-D-aspartate) 수용체라는 글루타메이트 수용체의 하위 범주에 의존한다는 사실이 입증되었다.[86] 이 수용체의 메커니즘은 『시냅스와 자아』에서 설명했지만, 여기에서 정확한 세부사항은 중요하지 않다. 이 논의와 관련된 부분은 NMDA 수용체가 차단되면 위협 조건형성이 방해를 받는다는 점이다. 이 기본적 결과를 토대로, 마이클 데이비스는 NMDA 수용체의 기능을 촉진하면 학습이 향상될 것이라는 가설을 세웠고, 이는 사실로 입증되었다. 쥐에게 NMDA 촉진 약물인 DCS(D-cycloserine)을 투여하자, 조건형성으로 만들어진 기억이 더 강해졌다.

소거가 그 자체로 학습의 한 형태라는 사실을 인식한 데이비스는 NMDA 수용체의 기능을 촉진하면 소거 효과를 향상시킬 수 있을 것이라는 가설을 세웠다. 그 후 영감을 받은 데이비스는 정신과 동료들과 공동으로 작업했다. 특히 바바라 로스바움Barbara Rothbaum과 케리 레슬러Kerry Ressler는 DSC가 노출 치료를 향상하는지 검사했다.[87] 초기에는 데이비스의 가설을 지지하는 결과가 나왔다. 그러나 이후 몇 번의 연구에서 들쑥날쑥한 결과를 보였다.[88] 종합적으로, 동물 및 인간 연구 결과는 적어도 일부 조건에서 DSC가 소거와 노출의 효과를 강화한다는 것을 보여주었다.[89]

DSC 연구의 성공에 영감을 받은 연구자들은 화학적으로 노출을 향상시키는 다른 수단들을 탐색하기 시작했다. 설치류에게서 부신 피질 호르몬 코티솔(또는 합성된 변형 코티솔)이 소거를 촉진하는 것으로 나타났다.[90] 그다음 공포증 환자에게 노출 치료 전에 코티솔을 투여한 효과를 검사했다.[91] 코티솔 치료는 공포 자극에 노출되는 동안 불안과 생리 반응에 대한 자기 보고를 감소시켰고, 이 효과의 지속성을 향상시킨 것으로 나타났다. 따라서 코티솔은 외현적 및 암묵적 처리 시스템에 모두 영향을 주는 것으로 보인다. 이는 코티솔 수용체가 뇌의 신피질과 피질하 생존 회로에 광범위하게 분포한다는 사실과 일맥상통한다.[92]

내 실험실의 롭 시어스Rob Sears는 신경조절물질인 오렉신orexin을 차단하면 위협 조건형성을 방해한다는 것을 발견했다.[93] 이 효과는 청반locus coeruleus의 노르에피네프린 뉴런과 시상하부의 오렉신 시스템 사이의 상호작용과 연관된 것으로 나타났다. 시상하부 뉴런은 청반에서 오렉신을 방출하고, 청반은 편도에서 노르에피네프린을 방출한다. 청반의 오렉신 수용체를 차단하면, 외측 편도의 노르에피네프린이 감소하고 그 결과 조건형성을 방해한다. 또 다른 최근 연구 역시 이 조절 물질의 특정 수용체를 차단하는 것이 편도에 직접 주입될 경우 소거를 촉진하지만, PFC$_{VM}$이나 해마로 주입되는 경우 그렇지 않음을 보여주었다.[94] 오렉신은 또 인간의 불안, 특히 공황 장애와 연관된다.[95] 이 연구들은 노출 치료의 향상에 오렉신이 잠재적 표적이 될 수 있음을 보여준다.

뇌의 산성 감지 수용체에 관한 흥미진진한 새로운 연구들이 있다.[96] 아직 소거와 관련해 연구된 적은 없지만, 나는 이 연구가 매우 유망할 것으로 본다. 이 수용체는 뇌와 척수의 뉴런을 둘러싼 뇌척수액(cerebrospinal fluid, CSF)의 pH 수준을 감지한다. pH가 낮으면, 즉 산성도가 너무 높으면 이산화탄소가 혈액에서 CSF로 확산되었다는 의미다. 뇌에서 이산화탄소가 분해되고 그 결과 산성도가 증가한다. 이산화탄소 농도와 산성도는 모두 뇌간의 호흡 뉴런에 있는 특별한 센서에 의해 감지되는데, 이 센서는 횡격막 근육으로 신호를 보내 호흡수를 높여 산소를 더 받아들이고, 상승한 이산화탄소 농도와 균형을 맞춘다. 최근 설치류 연구에서도 편도(외측 편도와 기저 편도)의 뉴런과 분계선조의 침대핵(BNST)에서 산성도를 감지하는 센서가 발견되었다.[97] 산성도가 높아지면 이 영역들에 있는 뉴런의 흥분성이 증가해 위협 반응성이 높아진다.[98] 뇌의 산성도에 대한 과민성은 공황 장애의 유전적 소인이라는 주장이 있다.[99] 이는 클라인의 공황 장애의 질식 경고 이론(3장 참조)과 일맥상통한다.[100] 설치류 연구에서 편도와 BNST의 산성도 변화가 외부 및 내부 자극에 대한 반응을 변화시킨다는 점이 드러난 만큼, 산성 감지 수용체에 관한 연구는 공포 및 불안에 관여하는 광범위한 조건과 관련이 있을 것이다. 새로운 약물학 도구들은 산성도 조절이 가능한데, 이는 공포와 불안 문제를 치료하는 새로운 접근법을 제공할 수도 있다.[101] 동물 소거 연구가 이 가능성을 탐색할 이상적인 지점이다.

뇌의 엔도카나비노이드 시스템 기능을 높이는 약물을 이용해 동물의 소거와 인간의 노출 치료를 향상시킨 유망한 연구 결과도 드러났다.[102] 이 목적으로 옥시토신 같은 호르몬뿐 아니라 GABA, 세로토닌, 도파민, 아세틸콜린, 그 밖에 다른 신경전달물질을 표적으로 한 다른 약물들이 검토되었다.[103] 최근 환각제가 죽음에 대한 불안을 완화하는 데 효과적이라는 보고도 있었다.[104] 이런 화학 물질들과 작업 기억, 주의, 그 밖에 의식에 기여하는 인지 기능과 연관된 신피질 회로 그리고 생존 회로가 상호작용하는 방식에 대한 연구도 흥미로울 것이다.

소거 향상을 위한 뇌 자극

치료 목적으로 뇌와 말초 신경계를 자극하는 다양한 절차들이 개발되었다. 심부 뇌 자극술(deep brain stimulation, DBS), 경두개 자기 자극법transcranial magnetic stimulation, 미주 신경 자극법 등이 그에 속한다.[105]

심부 뇌 자극술(DBS)은 뇌에 전극을 삽입해 전류를 전달하며, 매우 침습적이다. 이 기술은 파킨슨병, 투렛 증후군, 우울증, 거식증, 불안 장애에서 어느 정도 성공을 보였다.[106] 쥐 연구에서 DBS가 소거를 향상시킬 수 있는 것으로 드러났다.[107] DBS가 인간의 노출 치료를 향상시킬 수 있을지 검토하는 연구는 상대적으로 드물지만, 지지하는 증거들은 존재한다.[108] 그러나 치료 효과의 근간에 있는 메커니즘은 충분히 밝혀지지 않았다.

DBS보다 덜 침습적 절차인 경두개 직류 자극법transcranial direct current stimulation은 두개골 표면에 낮은 수준의 전류를 전달하는 기술이다. 전류가 두개골을 거쳐 피질 밑의 천부로 흘러들어가, 환부 뉴런의 흥분성을 변화시킨다. 이 절차는 실험실의 다양한 인지 과제에서 정보 처리 과정을 변화시키거나 우울증을 치료하는 데 도움 되는 것으로 나타났지만, 불안 장애에 적용된 적은 없다.[109] 관련 절차로 경두개 자기 자극술을 이용해 뇌 활동을 조절하기도 한다. PTSD를 가진 사람에게 시행한 예비 연구에서 노출 치료의 효과를 향상시킨 것으로 드러났다.[110]

또 다른 자극 접근법은 미주 신경을 표적으로 한다. 하행 미주 신경은, 뇌가 부교감 신경계를 제어해 교감 신경계(투쟁-도피 시스템)에 대응하는 주된 경로다. 한편 상행 미주 신경은, 신체 상태에 관한 신호를 뇌로 전달하고 뇌간의 각성 시스템 조절을 담당한다. 미주 신경 자극을 받은 간질 환자가 기분이 나아진 모습을 보였고, 미주 신경의 자극이 불안과 우울증 치료에 유용할 수도 있다는 의견이 나왔다.[111] 불안 장애가 있는 사람들을 대상으로 검사한 결과 실제 치료 효과가 나타났다.[112] 쥐의 미주 신경 자극도 소거를 향상했다.[113] 스티븐 포지스Stephen Porges는 하행 미주 신경이 두 개의 구별되는 구성 요소를 가진다고 주장했다. 진화론적으로 더 오래된 구성 요소는 부동 및 가사 상태를 유도하고, 새로운 요소는 안정감과 사회적 상호 작용을 촉진한다.[114] 미주 신경 시스템을 표적으로 삼는 것이 노출 치료를 향상하는 데 유용할 것이다.

신경 자극 기술은 다양한 위험을 수반한다. 경두개 방법을 제외하고는 모두 침습적이다. 일부 방법은 적용하는 데 비용이 매우 많이 들고, 모든 절차의 효과가 충분히 입증되지도 않았다. 어떤 환자가 그런 침습적 불안 치료에 가장 적합한 후보인지 결정할 기준도 합의되지 않았다. 이 방법들과 또 다른 새로운 신경 과학 기술을 둘러싸고 윤리적 문제들이 겹겹이 제기되고 있다.[115] 다음에 설명할 유전자 치료도 예외가 아니다.

소거와 유전자 치료

아마도 우리가 고려할 수 있는 가장 급진적인 접근법은 유전자 치료일 것이다. 유전자 치료는 파킨슨병에 어느 정도 성공적으로 사용되어 왔다. 파킨슨병은 도파민을 생산하는 뉴런이 소실된 결과다.[116] 운동 제어를 담당하는 영역은 도파민에 의존하는데, 도파민이 부족하면 관련 회로의 조절 장애로 이어지고 그 결과 떨림 증상이 나타난다. 파킨슨병의 유전자 치료에서는, 유전자를 바이러스에 부착한 다음 기저핵의 운동 제어 영역에 주입해서 뉴런에 새로운 유전자를 전달한다. 그러면 유전자가 비非도파민 뉴런을 재프로그래밍해서 도파민을 생산하게 만든다. 이 절차는 지금까지 소수의 사례에 적용되었지만, 그 결과가 성공적으로 간주되어 더 널리 쓰일 것으로 전망된다.

뇌에 영향을 주는 증상에 유전자 치료를 적용하는 것은 병적 요인과 그 근간인 뇌 회로에 대한 지식에 근거한다. 우리는 방어 생존 회로에 기여하는 회로들에 관해 많은 지식을 쌓아왔고, 따라서 이 회로들의 오작동으로 발생하는 다양한 증상을 다룰 때 뇌의 어떤 영역을 표적으로 삼아야 할지 어느 정도 알고 있다. 예를 들어 로버트 새폴스키의 연구실은, 코티솔과 결합하는 수용체들이 외측 편도와 기저 편도에 집중적으로 분포한다는 관찰에서 출발했다.[117] 이 수용체들은 뉴런의 흥분성을 증가시켜 방어 반응의 획득과 발현에 기여한다. 에스트로겐 수용체가 같은 뉴런에서 활성을 억제한다는 점에 주목한 연구자들은, 코티솔과 에스트로겐 모두의 특성을 부호화한 키메라 유전자를 만들어냈다. 소리와 전기 충격으로 조건형성하기 전 쥐의 편도에 이 유전자를 주입하면, 소리에 대한 위협 기억의 응고를 저해해 얼어붙기 정도가 약해진다.

이런 발견들이 매우 고무적이기는 하지만, 불안 장애가 있는 사람의 치료를 위해 유전자를 뇌에 주입하는 일이 곧 일어날 것이라는 기대는 하지 않는 편이 낫다. 특정 개인에게 증상을 일으키는 회로를 정확히 집어낼 수 있어도, 이는 공포나 불안의 느낌을 간접적으로 변화시킬 뿐이다. 게다가 비용이 매우 많이 들고 감염이나 다른 부작용을 가져올 수 있는, 침습적 접근법의 사용을 정당화할 수 있는가 하는 문제도 제기될 것이다. 또한 이 방법은 표적 기능뿐만 아니라, 욕구 동기 같은 편도가 관여하는 다른 기능도 바꿀 수 있다는 매우 구체적인 위험을 내포한다. 우리는 욕구 회로와 혐오 회로에 대해 상당히 잘 알고 있다. 그러나 이 두 회로는 많은 부분에서 중복되는 것 같다.[118] 긍정적 강화 경험의 이점을 희생하면서 불안을 줄이는 것은 바람직한 결과로 보기 어렵다.

나노봇이 비상하면 언젠가 유전자 치료와 약물 전달이 일반적으로 간편해질 것이다.[119] 이 작은(나노미터 수준의) 분자 로봇은 잠재적으로 약물을 지정된 표적 영역에, 심지어 그 영역에 있는 특정 종류의 뉴런에 전달할 수 있을 것이다. 현재 연구자들은 항암제에 이 접근법을 사용하려 시도하고 있다. 이런 기술은 다른 첨단 기술과 마찬가지로 안전성과[120] 접근 기회, 비용 문제를 야기한다. 그리고 뇌 약물에 흔히 수반되는 문제로, 치료적 사용과 기호적recreational 사용의 경계가 명확하지 않을 수 있다. 누군가 비정상적으로 유통되는 약물을 통해, 우리 뇌의 정확한 지점을 건드려 황홀경을 얻는 방법을 알아낼 것이다.

기억을 그저 억제하는 대신 지워버릴 수 있을까?

소거는 새로운 기억을 만들어 위협 기억을 무효화하거나 억제한다.[121] 앞서 살펴 봤듯 이 방법은 효과가 있지만 완벽하지 않다. 원래의 기억이 다시 나타날 수 있 기 때문이다. 이 장의 서두에 언급한 카림 네이더의 논문은 또 다른 접근법의 가 능성을 시사한다.[122] 원래의 기억을 더 효율적으로 제어하고, 그 기억을 인출한 뒤 조작함으로써 심지어 지워버릴 수도 있지 않을까? 결국 기억 삭제에 관한 연 구가 물밀듯 진행되었다.

기억의 재응고 차단

미셸 공드리Michel Gondry 감독의 영화 <이터널 선샤인>에서 클레멘타인은 조엘을 떠난다. 슬픔과 외로움, 자꾸만 떠오르는 클레멘타인에 관한 생각을 극복 하기 위해 조엘은 기억을 지워주는 회사를 찾는다. 그 회사는 클레멘타인의 모 든 흔적을 조엘의 뇌에서 지울 수 있다고 주장한다. 그들은 조엘의 뇌에서 클레 멘타인에 대한 기억이 활성화될 때마다 그것을 지워버린다. 공상과학 시나리오 처럼 들리고 어떤 면에서는 정말 공상과학 영화지만(영화 속의 기계는 특정 기억 을 식별하고, 감시하고, 집어내서 파괴할 수 있다) 한 부분만은 그렇게 허무맹랑하 지 않다. 이 영화는 네이더의 논문에서 CS-US 기억이 인출되기 전 쥐의 편도에 약물을 주입하면, 편도 기반의 기억을 활성화하고 얼어붙기를 유도하는 CS의 능 력을 제거할 수 있음을 보여준 뒤 4년 후에 등장했다.

    네이더는 왜 그 연구를 수행했을까? 1960년대부터 이어져 온 연구에서 특 정 약물, 특히 단백질 합성 억제제를 학습 직후에 투여하면 학습의 응고(일시적 단기 기억에서 지속적 장기 기억으로의 전환)를 방해한다는 것이 드러났다.[123] 이 연구의 배경에 있는 기본 생각은, 기억이 불안정하거나 취약한 상태에 있으며 단백질 합성으로 안정화되기까지 붕괴될 수 있다는 점이다. 기억이 붕괴될 수

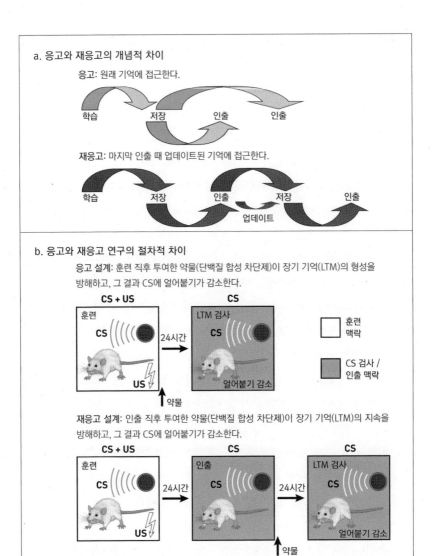

a. 응고와 재응고의 개념적 차이

응고: 원래 기억에 접근한다.

학습　　저장　　인출　　인출

재응고: 마지막 인출 때 업데이트된 기억에 접근한다.

학습　　저장　　인출　　저장　　인출
　　　　　　　　　　업데이트

b. 응고와 재응고 연구의 절차적 차이

응고 설계: 훈련 직후 투여한 약물(단백질 합성 차단제)이 장기 기억(LTM)의 형성을 방해하고, 그 결과 CS에 얼어붙기가 감소한다.

CS + US　　　　　　CS

훈련
CS

24시간

LTM 검사
CS
얼어붙기 감소

US
↑약물

□ 훈련 맥락
■ CS 검사 / 인출 맥락

재응고 설계: 인출 직후 투여한 약물(단백질 합성 차단제)이 장기 기억(LTM)의 지속을 방해하고, 그 결과 CS에 얼어붙기가 감소한다.

CS + US　　　　CS　　　　CS

훈련
CS
US

24시간

인출
CS

24시간

LTM 검사
CS
얼어붙기 감소

↑약물

그림 11.5: 기억 응고와 재응고 a. 응고와 재응고의 개념적 차이 기억 응고 이론에 따르면, 우리는 기억을 인출할 때마다 원래의 기억을 인출한다. 반면 재응고 이론에서는 우리가 기억을 인출할 때마다 기억은 잠재적으로 변한다(업데이트). 따라서 인출된 기억은 원래의 기억이라기보다, 마지막 인출 후 다시 저장한 기억인 셈이다. b. 응고와 재응고 연구의 절차적 차이 응고 연구에서는 대개 단백질 합성 차단제(응고를 차단한다고 알려진 약물)를 훈련 직후에 투여한다. 그런 다음 단기 기억(STM)을 검사한다. 그리고

다음날 장기 기억(LTM)을 검사한다. 일반적으로 단기 기억은 영향을 받지 않으나(기억이 형성됨을 보여줌) 장기 기억은 손상된(단기 기억이 지속인 장기 기억으로 응고되지 않았음을 보여줌) 결과가 나온다. 재응고 연구에서는 완전히 응고된 기억을 인출한 직후 약물을 투여한다. 그런 다음 단기 기억과 장기 기억을 검사한다. 일반적으로 인출 후 단기 기억은 그대로지만(인출 동안 기억이 현존함을 보여줌) 장기 기억은 손상된 결과가 나온다. 결론은 기억은 인출되는 동안 불안정해지며 단백질 합성을 통해 장기 기억으로 재응고어어야 한다는 것이다.

있는 시간은 획득된 지 4~6시간이었다. 이후에는 안정적이고 지속적인 상태가 된다. 이는 기억이 한 번 저장되면, 이후 기억과 관련된 일부 자극이 나타날 때마다 원래 기억이 활성화되고 발현된다는 표준 견해를 낳았다.

그러나 기억이 인출된 뒤에도 불안정하거나 붕괴할 수 있다는 연구도 있었다.[124] 인출로 응고 과정이 재개되어, 인출 후에도 기억이 지속되려면 다시 저장되거나 재응고어어야 하는 것 같았다. 기억의 응고와 재응고의 개념적 차이와 연구 절차상의 차이를 그림 11.5에 제시했다. 이 생각은 표준적이고 널리 인정받은 응고 이론과 맞지 않았기 때문에, 주요 연구자들로부터 거부당하고[125] 무시당했다. 이른바 재응고 가설은 1990년대 수잔 사라[126]의 연구로 되살아나는 듯했으나 큰 관심을 받지는 못했다.

약을 먹거나, 주사나 정맥 주입을 받으면, 약물은 혈류를 통해 뇌에 도달한다. 몸 전체와 뇌 전체가 약물의 영향을 받을 수 있다는 의미다. 응고와 재응고에 대한 초기 연구는 거의 이런 식으로 수행되었다. 내 연구실에서 기억의 응고와 재응고에 기여한 것은, 우리가 위협 기억에 관여한다고 생각한 뇌의 특정 영역에 약물을 주입한 것이었다. 글렌 샤페는 조건형성 직후 외측 편도의 단백질 합성을 차단하면 CS에 의해 유도된, 조건형성된 얼어붙기 반응은 방해하지 못했으나, 같은 쥐가 다음날에는 CS에 얼어붙지 않았음을 보여주었다. 다시 말해 약물은 단기 기억에는 아무런 영향을 미치지 않으나, 지속적인 장기 기억으로의 전환(응고)을 막는다는 것이다.[127] 네이더는 이에 근거해, 기억 인출 동안 LA의 단백질 합성 차단이 조건형성 직후 소리로 반응을 끌어내는 데는 영향을 미치지

못하지만, 다음날 검사에서는 기억을 방해했음을 보여주었다.[128]

우리는 기억에서의 역할이 알려진 특정 뇌 영역을 표적으로 했기 때문에, 전신 주입을 사용한 초기 연구들보다 다른 연구자들의 주목을 더 많이 받았다. 그리고 수백 편의 관련 연구가 뒤따랐다.[129] 우리의 기본적 발견은 편도, 해마, 신피질, 기저핵, 그 밖의 뇌 영역에 의존하는 기억을 통해 입증되었다. 위협 조건형성이나 음식, 중독성 약물에 의한 욕구 강화에 근거한 기억이 민감한 것으로 나타났다. 벌레, 벌, 달팽이, 그리고 다양한 포유류도 효과를 보였다. 재응고는 인간에게서도 입증되었다.[130] 이 분야에서 많은 중요한 연구를 수행한[131] 내 뉴욕대 동료인 크리스티나 앨버리니Cristina Alberini가 재응고 주제의 논문을 종합편집해 2013년 출간했다.[132]

왜 뇌는 기억이 인출되었을 때 붕괴될 수 있도록 하는 이상한 메커니즘을 갖고 있을까? 사실 이는 전혀 이상한 것이 아니다. 재응고의 목적은 기억의 붕괴가 아니라 업데이트다.[133] 업데이트의 한 예는 내 연구실의 로렌조 디아즈-마테 Lorenzo Diaz-Mataix와 발레리 도와이에르Valérie Doyère의 연구에서 나왔다.[134] 이 연구를 이해하기 위해서는 먼저 고려해야 할 것이 있다.

처음에 우리는 모든 기억이 재응고 차단으로 붕괴될 것이라 생각했다. 그러나 현재 맥길 대학교 교수인 네이더는 강하게 조건형성된 기억(특히 강한 US로 조건형성된 기억)은 재응고 차단으로부터 보호받는다는 것을 발견했다.[135] 이는 재응고 방해가 PTSD 치료에 이용될 수 있기를 희망했던 사람들에게는 나쁜 뉴스다. 왜냐하면 PTSD는 보통 끔찍한 상황에 대한 반응으로 형성된, 매우 강한 기억의 결과기 때문이다. 그러나 디아즈-마테Diaz-Mataix와 드와이에르 Doyère는 강한 기억도 새로운 정보가 그 기억에 통합되면, 다시 말해 기억이 업데이트되면 실제로 재응고를 받을 수 있다는 것을 발견했다.

그들은 CS와 강한 US를 짝지어 쥐를 조건형성했다. 그런 다음 나중에 CS와 US를 모두 제시해 기억을 재활성화했다. 그들은 두 가지 각기 다른 시나리오를 사용했다. 조건형성할 때와 인출할 때, 한 집단에는 US를 CS에 대해 같은 시점(CS가 끝날 때)에 제시했다. 이때 CS와 US의 관계에 새로운 정보는 없다. 또 다른 집단은 인출할 때 CS가 조건형성 때와 다른 시점에 주어졌다. 즉, 뭔가 다른 일이 일어난 것이다. 다음날 모든 동물을 재검사했다. 인출 시행으로 새로운 정보를 접한 동물들은 인출 동안의 재응고 차단 치료가 나중에 실시한 검사에서 기억을 붕괴시켰다(소리에 대한 얼어붙기가 감소했다). 한편 인출 시행으로 새로운 정보를 접하지 않은 동물들은, 앞서 네이더가 발견한 것처럼 재응고 차단이 아무런 효과를 보이지 않았다. 이는 기대 위반(예측 오류)이 새로운 학습을 촉발한 또 하나의 사례다.

요약하자면, 기억 붕괴는 과학자들에게 유용한 수법이지만 자연이 제공한 기능은 아니라는 얘기다. 재응고의 목적은 기억을 업데이트하는 것이다.[136] 기억 업데이트는 새로 도착한 정보를 수용할 수 있게 기억을 역동적으로 변화시키므로, 우리에게 주로 이롭게 작용하지만 골칫거리가 될 수도 있다. 이목이 집중된 범죄 사건의 증인이, 현장에서 본 것을 경찰에게 보고했는데 법정에서 돌연 다른 증언을 한다고 상상해보자. 두 사건 사이에 증인은 신문에서 범죄에 관해 읽고, 인터넷에서 새로운 관련 세부 사항과 소문을 자각하게 된다. 이 정보들이 인출된 원래 기억과 만나 그것을 업데이트한다. 그 결과 법정에서의 증언은, 실제로 경험하지 않은 새로운 정보 일부를 포함한 복합적인 기억으로 탈바꿈한다.

기억이 정확한지 그렇지 않은지 깨닫기란 어렵다. 예를 들어 리즈 펠프스, 빌 허스트Bill Hirst와 다른 과학자들은 월드 트레이드 센터 테러 사건에 관한 기억을 연구했다.[137] 그들은 피험자들이 그날에 대해 매우 생생하고 확고한 기억을 갖고 있다는 것을 발견했다. 그러나 사실을 확인한 결과, 피험자들이 확신한 세부사항 중 일부는 실제 부정확한 것으로 드러났다.

엘리자베스 로프터스Elizabeth Loftus[138]와 대니얼 샥터Daniel Schacter[139]는 다양한 이유로 기억을 신뢰할 수 없다고 주장했다. 전반적으로 볼 때 기억은 대체로 제 기능을 하지만, 경험의 충실한 복사본은 아니라는 것이다. 목격자의 증언은 판결의 유일한 근거가 되는 경우가 많다. 그러나 위 사례와 같이 증언은 부정확할 수 있다. 나는 보강증거가 없다면 증인 한 명의 증언을, 증인이 아무리 확신을 가져도, 확고한 증거로 간주해서는 안 된다고 생각한다.

1990년대 후반, 일부 사람들이 치료를 통해 잃어버린 성적 학대의 기억을 되찾았다고 주장하면서 큰 논란이 일어났다.[140] 가족 구성원으로부터 성적 학대를 당했거나, 감금되어 악마적 의식 속에서 학대를 당한 경험을 생생하게 떠올린 사람도 있었다. 특정 사례에서 한쪽 편을 드는게 아니라, 재응고 연구의 관점에서 보면 이런 사례에서 어떻게 잠재적으로 거짓 기억이 나타날 수 있는지 우리는 알고 있다. 예를 들어 성적 학대를 받았을 가능성을 생각해보라는 요청을 받는 동안, 순탄한 어린 시절 경험의 기억 인출이 이런 종류의 거짓 폭로로 이어질 수 있다. 가족 구성원이나 악마적 의식도 논의에 포함된다면, 이것들이 재응고된 기억에 통합될 수 있다. 슬픈 일이지만 실제로 강간과 어린 시절의 성적 학대 사례는 많이 존재한다. 그러나 사람들의 기억이 전부 실제 일어났던 일은 아니라는 점도 인정해야 한다.

내가 이 장의 첫머리에서 언급했듯, 외상 관련 기억의 재응고를 차단해 PTSD가 있는 사람들을 도울 수 있다는 생각에 반대하는 사람도 있다. 외상을 기억하는 것이 중요하다는 주장이다. 우리는 이 비판을 진지하게 고려해서 복잡한 경험(조건형성된 소리 같은 단일 자극과 반대로)의 기억을 재응고 차단으로 지울 수 있는지 시험해보고자 했다. 단일한 소리와 전기 충격을 가하는 대신, 하나의 경험을 구성하는 여러 요소들 사이의 관계를 형성하기 위해 우리는 많은 CS와 US를 다양하게 조합했다. 그다음 단일한 CS나 US를 이용해 복잡한 기억의 단 한 부분만을 활성화했다. 야체크 데비에크Jacek Dębiec, 로렌조 디아즈-마테와 발레리 드와이에르, 카림 네이더 등이 수행한 이 연구에서 재활성화되었던 특정 요소만이 영향을 받은 것으로 나타났다.[141] 기억의 다른 부분은 변하지 않은 그대로였다. 이 결과는 환자와 치료사가 개별 촉발 인자를 작업할 수 있고, 그들이 편안한 범위까지 기억을 다루고 과정을 중단할 수 있다는 의미다. 물론 이는 외현적 인지에 근거한 판단이며, 암묵 기억의 불완전한 소거로 이어질 수도 있다.

재응고 차단은 다른 장애를 치료할 가능성으로도 주목받았다. 예를 들어 배리 에버릿과 트레버 로빈스, 제인 테일러가 실시한 연구에서, 약물 중독된 쥐의 재응고를 차단해 재발을 막을 수 있었다.[142]

불안 장애의 임상 연구 일부에서 희망적인 결과가 나왔다.[143] 그러나 현재로서는 그 결과가 동물 연구만큼 극적이지 않고, 임상에서 재응고의 효과는 아직 결론이 나지 않았다.[144] 한 가지 문제는 동물의 재응고 차단에 가장 효과적인 약물 상당수가 인간에게는 안전하지 않거나 승인이 나지 않았다는 점이다. 재응고가 인간에게 유용한 치료 수단이 되도록 적합한 약물이 발견될지는 시간이 흘러야 알 수 있을 것이다.

임상적 관심은 대부분 재응고 차단에 초점을 두지만, 야체크 데비에크는 기억을 방해하는 것뿐만 아니라 강화하는 것도 가능하다는 것을 발견했다. 그는 기억을 강화하기 위해 단백질 합성 과정을 방해하는 대신 촉진하는 약물을 사용했다.[145] 이 절차로 기억을 강화할 수 있다는 사실은, 불안이나 우울의 촉발 인자가 즐겁거나 행복한 사건을 일깨우는 자극으로 바뀔 수 있음을 시사한다. 이 방법은 재평가reappraisal, 관점 변화perspective change, 인지 재구성cognitive restructuring 등을 유도하는 생물학적 도구로 기능할 수 있다.

재응고 연구에서 단일 자극 노출의 지속적인 효과는 위에서 논의한, 회피나 주관적 느낌을 변화시키는 단일 자극의 능력에 대한 흥미로운 발견을 상기시킨다. 실제로 그와 같은 절차가 재응고 메커니즘에 이용될 수 있다. 뿐만 아니라 앞서 설명한, 코티솔이 노출 치료의 효과를 강화한다는 연구 역시 응고보다는 재응고의 영향일 수 있다.[146]

동물 실험 연구에서 재응고 접근법의 힘을 보면, 적절한 조건이라면 임상 현장에서도 위력을 발휘할 것으로 보인다. 어쨌든 재응고는 뇌의 정상적인 처리 과정으로서, 기억을 인출하고 변화시키는 모든 치료 상황에 도움을 줄 수 있다. 다시 말해 인출이 기억을 불안정하고 가변적으로 만들기 때문에 재응고는 계속해서, 실제로 우리가 뭔가를 기억하는 매 순간마다 일어날 수 있다.

재응고와 소거를 분리하기

소거와 재응고는 복잡한 관계를 맺고 있다. 소거의 첫 번째 시행은 사실상 재응고 시행이다. CS가 CS-US 연합을 인출하기 때문이다. 게다가 소거에 관여하는 분자들이 똑같이 재응고에도 관여한다(단백질 합성, CREB, 글루타메이트 수용체, 다양한 키나아제).[147] 그렇다면 이 둘을 어떻게 구분할까?[148]

소거와 재응고는 모두 새로운 기억의 장기 보존을 위한 단백질 합성에 의존한다는 점을 상기하자. 이에 근거해, 야딘 두다이Yadin Dudai와 동료들은 첫째 날 동물 집단을 두 가지 중 한 가지 방법으로 조건형성했다. 그리고 둘째 날 CS를 제시해 기억을 인출했다.[149] 그다음 셋째 날 기억을 검사했다. 한 집단은 셋째 날 조건 반응이 나타나지 않는 것으로 보아, 둘째 날 인출 시행 동안 CS의 제시가 소거 학습을 일으켰다. 다른 집단은 조건 반응이 다음날 강하게 발현된 것으로 보아, 둘째 날 인출 시행 동안 CS의 제시가 소거를 일으키지 않았다. 이 실험의 핵심은, 둘째 날의 단백질 합성 차단 이후 셋째 날 두 집단이 조건 반응을 어떻게 보였는가 하는 점이다. 둘째 날 정상적으로 소거를 받은 집단은 셋째 날 강한 조건 반응을 보였다(둘째 날의 단백질 합성 억제가 소거 기억의 응고를 막아서, 첫째 날 획득한 조건 반응이 셋째 날까지 지속). 남은 집단은 셋째 날 조건 반응을 보이지 않았다(둘째 날의 단백질 합성 억제가 재응고를 막아서, 조건 반응이 셋째 날 발현되는 것을 막음). 이처럼 주어진 CS의 노출에 대한 단백질 합성 차단이 소거의 응고를 방해하는지, 아니면 반대로 원래 위협 기억의 재응고를 방해하는지는, 인출 동안 소거와 재응고 과정 중 어느 쪽이 더 우세한지에 달려 있다.[150] 이것이 두다이의 우세 영향dominant trace 이론이다.[151]

소거와 재응고의 이 상호작용은, 치료 관점에서 잠재적 치료를 더 복잡하게 만들 수 있다. 동일한 약물이 소거와 재응고에 모두 영향을 주기 때문에 특히 그렇다.[152] 까다롭겠지만, 정확한 기억 처리 과정을 표적으로 삼아 부작용 대신 의도한 치료 효과를 얻기 위해서는 노출 시기에 맞춰 약물 전달이 조정되어야 할 것이다.

약물 없이 재응고 처리하기

많은 중요한 발견이 우연히 얻어진다. 내 실험실의 마리 몬필즈Marie Monfils의 한 연구도 마찬가지였다.[153](그림 11.6) 그녀는 실제 실험 조건과 상관없는 이유로, 소거 절차의 첫 번째 시행과 두 번째 시행 사이에 짧은 시간 간격을 두었다. 그다음 자발적 회복과 재생renewal을 검사한 결과, 이것들이 일어나지 않은 것을 발견했다. 우리는 이 결과를 놓고 많은 토론을 했고, 첫 번째와 두 번째 시행 사이에 간격을 두는 것이 뇌가 첫 번째 시행을 사실상 재응고 시행으로 간주하도록 만들었을 것이라는 주장이 나왔다.[154] 다시 말해 그 간격이 위협 기억을 이후 4~6시간 동안 취약하게 만들어, 그동안 소거를 행하면 자극이 위험의 예고자가 아니라 안전의 예고자로 변한다는 것이다. 실제로 첫 번째 행과 두 번째 행의 간격이 10분에서 4시간 사이일 경우, 위협 기억은 전혀 돌아오지 않았다. 그러나 간격이 10분보다 짧거나 6시간보다 길면 위협 기억이 돌아왔다. 무언가 신속한 분자 메커니즘이 관여해서, 재응고의 문을 몇 시간 동안 열어두는 것 같았다. 몬필즈의 초기 연구는 글루타메이트의 하위 수용체와 연관된 것으로 알려져 있다. 나중에 존스 홉킨스의 리처드 휴거니어Richard Huganir 연구소에서 로저 클렘 Roger Clem이 복잡한 분자 유전 기술을 이용해, 글루타메이트 수용체가 어떻게 이 과정에 참여해 기억의 가변성을 촉발하고 새로운(업데이트된) 기억을 안정화하는지 세부적으로 밝혀냈다.[155]

그다음 우리는 다니엘라 실러Daniela Schiller의 책임하에 리즈 펠프스의 실험실과 협동 연구를 시작했다. 이 연구로 쥐 연구 결과를 학부생들에게서 확인했는데, 그들은 조건형성을 받은 뒤 1번의 인출 시행을 받고 이어서 10분, 1시간, 6시간, 혹은 그 이상의 시간이 지난 뒤에 소거를 받았다. 10분과 1시간의 간격은 1년 뒤의 검사에서도 회복을 방지했다. 그러나 그 이상의 시간 간격은 아무런 효과가 없었다.[156] 실러 그리고 펠프스 연구실의 다른 연구자들이 진행한 연구는 심리학 연구 결과를 확장했을 뿐만 아니라, 이렇게 소거를 이용해 위협 자극을 위험한 것이 아니라 안전한 것으로 업데이트하는 데 PFC$_{VM}$—사실, 소거와 암묵적 재평가에 관여하는 영역과 동일한—이 관여한다는 사실을 밝혀냈다.[157]

---

a. 재응고/소거 설계

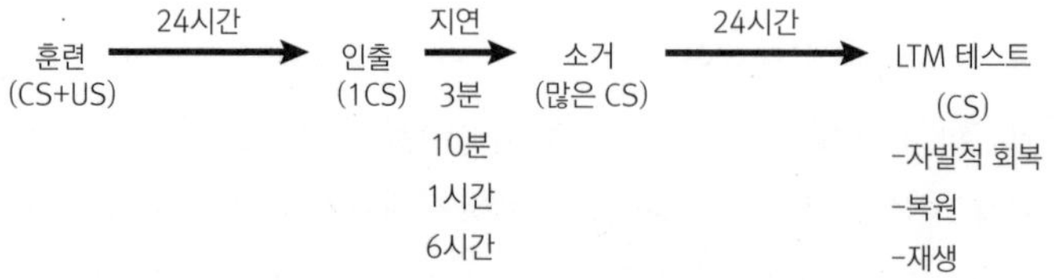

훈련 →24시간→ 인출 →지연→ 소거 →24시간→ LTM 테스트
(CS+US)   (1CS) 3분   (많은 CS)   (CS)
                       10분   -자발적 회복
                       1시간   -복원
                       6시간   -재생

b. 인간과 쥐에서 인출 시행과 소거의 시간 지연이 소거에 미치는 영향

지연	최초의 위협 학습이 회복에 미치는 영향
3분	소거가 자발적 회복, 재생, 복원 가능
10분	소거가 자발적 회복, 재생, 복원 되지 않음
1시간	소거가 자발적 회복, 재생, 복원 되지 않음
6시간	소거가 자발적 회복, 재생, 복원 가능

c. 결론

위협 기억을 한 번만 인출해도 재응고가 기억을 불안정하게 만든다. 이때 재응고 간격(10분~4시간) 안에 소거를 실행하면 CS가 위협 신호에서 안전 신호로 변하고, 소거는 자발적 회복, 재생, 복원으로부터 보호를 받게 된다.

그림 11.6: 쥐와 인간의 소거와 재응고를 결합해 소거를 향상하기
(MONFILS ET AL [2009] AND SCHILLER ET AL [2010]에서 보고한 연구 결과에 근거.)

몬필즈와 실러의 연구에 근거해, 재응고 간격 동안의 소거가 전쟁 PTSD를 치료하는 새로운 접근법의 근간인 행위 메커니즘으로 제안되고 있다.[158] 중독 연구자들도 몬필즈와 실러의 연구 결과를 이해하고, 중독된 쥐와 인간에게 재발을 일으키는 복용 시기의 효과를 검사했다.[159] 이 절차는 쥐와 인간 모두의 재발을 지속적으로 방지했다. 이는 간단하지만 강력한 절차적 변화의 적용을 보여준 인상

적인 사례다.

이 연구에서 연구자들이 한 일은 단지 첫 번째와 두 번째 소거 시행의 시간 간격을 변화시킨 것뿐이라는 점을 강조해야겠다. 약물 조작을 배제하고 단지 절차적 변화로, 한 번의 인출 시행으로 열린 재응고의 창문을 우연히 활용했을 뿐이다. 자극 노출 시점의 단순한 조정만으로 노출 치료의 효과를 크게 향상시킬수 있다는 사실은 매우 고무적이다. 모든 연구에서 기술한 대로 효과가 나타난 것은 아니지만[160] 다른 종에 대한 다른 종류의 검사에서 수많은 비슷한 성공적인 결과가 나타났다. 어떤 조건하에서 이런 효과를 기대할 수 있는지 추가 연구가 밝혀내야 할 것이다.

미래에 이 방법을 임상에 적용하고자 한다면 실험실 절차를 최대한 가깝게 따라야 한다. 외현적 인지를 최소화하는 것도 여기에 포함된다. 이는 동물 연구 결과를 더 쉽게 인간에게 재현하고 다양한 처리 과정이 뇌 자원을 놓고 경쟁할때 간섭을 예방하는 데도 도움이 될 것이다.

기억과 효소

PKM제타라는 효소의 연구에서 기억을 지우는 또 다른 접근법이 생겨났다. 브루클린의 SUNY 다운스테이트Downstate에서 근무하는 토드 색터Todd Sacktor는 이 효소를 이용해 해마의 시냅스 가소성을 향상시킬 수 있으며, ZIP(제타 억제 펩타이드)라는 화학물질로 가소성을 방해할 수 있다는 것을 발견했다.[161] 이 발견을 토대로 그는 안드레 펜톤(Andre Fenton, 현재 NYU의 동료)과 함께 PKM제타가 해마 기반의 기억에서 어떤 역할을 하는지 조사했다.[162] 그들은 학습이 일어난 지 오랜 뒤에 ZIP를 주입해도 조건형성된 기억이 지워진다는 사실을 발견했다. 그 후로 편도, 신피질, 그 밖에 다른 영역에서 수많은 연구가 진행되어 같은 효과를 확인했다.[163] 이런 연구 결과들은 ZIP가 기억을 변화시킬 잠재적으로 강력한 도구임을 시사하지만, 여기에도 난점이 있다. 기억의 재활성화와 재응고에 근거한 절차는, 특정 기억을 개별적으로 재활성화해 표적으로 삼을 수 있다. 즉 외측 편도에 주입한 단백질 합성 억제제는 단지 재활성화된 기억에만 영향을 주고, 외측 편도에 저장되어 있는 다른 기억들은 건드리지 않는다. 그러나 ZIP는 약물을 주입하는 영역에 저장된 모든 기억을 방해한다. PKM제타 조작이 유용한 치료법으로 자리 잡으려면, 특정 기억에만 선택적으로 영향을 줄 수단을 강구해야 한다.

소거보다 회피?

911 테러 이후 뉴욕 및 다른 곳에 사는 많은 사람들은 집에 틀어박혀 직장, 학교, 사회적 상호작용 같은 일상을 회피하면서 테러 공격에 대처하는 모습을 보였다.[164] 실제로 그들은 병적으로 TV 앞을 떠나지 못했고, 뉴스 채널을 돌려가면서 비행기가 빌딩으로 날아드는 모습을 보고 또 보았다.

앞서 살펴봤듯, 회피는 정신 건강 분야에서 보통 부정적인 것으로 간주된다. 그러나 나는 정신과 의사인 잭 고먼Jack Gorman과 함께 미국 정신의학 회지 American Journal of Psychiatry에 기고한 사설에서, 일부 형태의 회피는 불안과 불안의 촉발 인자를 지배하고 능동적으로 대처하는 수단으로서, 적응적이고 유용한 전략으로 생각될 수 있다고 주장했다.[165] 이 사설은 우리가 실험실에서 위협으로부터의 도주escape-from-threat 절차를 이용한 쥐 연구에 근거한 것이다(3장과 4장 참조).[166] 요약하자면, 우리는 일반적인 방법대로 쥐를 소리와 전기 충격으로 조건형성한 다음, 새로운 상황에 옮기고 소리를 다시 제시했다. 쥐가 움직이면 소리는 중단되었다. 쥐에게 위협적인 소리에서 도주하는 것을 허용함으로써 이런 움직임은 강화되었다. 몇 번의 시도에 걸쳐 쥐는 방에 놓이자마자 반대쪽으로 달려가면 소리가 전혀 나지 않는다는 사실을 배웠다. 즉 쥐는 행위를 통해 자신의 환경과 위협 촉발 인자를 제어할 수 있다는 것을 학습했다.

연구의 핵심 부분은 멍에 통제*를 실시한 별도의 집단이 있다는 점이다.[167] 각 집단은 같은 절차를 거치지만 별도의 방에서 받는다. 통제 쥐는 실험 쥐와 같은 자극을 받지만, 실험 쥐의 행동만 CS를 제어할 수 있다. 훈련이 끝날 무렵 두 집단 모두 CS에 얼어붙기를 보이지 않았다. 실험 집단은 CS의 발생을 능동적으로 제어할 수 있어서 얼어붙기가 제거되었지만, 통제 집단은 CS에 US가 뒤따르지 않았기 때문에(통제 집단 역시 실험 집단과 동일한 자극을 받는다는 점을 기억하라. 실험 집단은 행동으로 US의 발생을 막았다) 소거에 의해 수동적으로 얼어붙기가 제거되었다. 우리가 두 집단의 쥐에게서 자발적 회복과 복원reinstatement을 검사한 결과, 소거에 의해 얼어붙기를 멈춘 집단은 다시 얼어붙었지만(CS-US 연합의 회복) CS를 제어하는 법을 학습해 얼어붙기를 멈춘 집단은 다시 얼어붙지 않았다. 방어 반응의 촉발을 재개하는 위협의 능력을 막는 데 능동적인 행동의 개입과 제어가 소거보다 더 효과적인 것 같다.

4장에서 설명했듯 능동적인 제어는 CS가 LA에서 CeA로 가는 경로를 추진하는 것을 막고, 대신 LA의 출력 신호를 BA로, 그리고 BA의 출력 신호를 중격핵으로 보내는 식으로 작용하는 것 같다. 이 연결을 통해 CS는 부적 강화물reinforcer, 즉 혐오 자극을 제거하는 행동을 강화하는 자극으로 기능한다(3, 4장 참조).

고먼과 나는 사설에서 911이나 다른 외상 상황 이후에, 사람들이 출근하거나 친구를 만날 때마다, 그들은 꼼짝 않고 수동적으로 삶을 회피하는 대신 능동적 대처active coping로 한 걸음 나아가는 것이라고 주장했다. 능동적 대처에 관한 우리의 생각에 외상 치료사인 베셀 반 데어 콜크Bessel van der Kolk가 호응했다. 그는 외상을 입은 개인에게 능동적 대처 훈련이, 과장된 얼어붙기-도피-투쟁 반응의 지배적 경향 극복에 도움이 될 수 있다는 것을 발견했다.[168]

---

* yoked control, 실험 집단과 통제 집단이 멍에처럼 연결되어 있다는 전제하에 시행하는 방법 중 하나. 실험 집단의 피험자들이 강화 또는 처벌을 받을 때 통제 집단의 피험자들도 동시에 강화 또는 처벌을 받게 해서 실험 집단, 통제 집단 모두 전체 강화 수 또는 처벌 수가 동일하도록 처치하는 방법이다.

이런 전략의 사용은 탄력성 있는 개인이 외상에 재빨리 적응할 수 있는 이유를 설명하는 데도 도움이 될 수 있다. 조지 보나노George Bonanno의 연구에 따르면 탄력성 있는 개인은 많은 능동적 대처 방법을 갖고 있고, 특정 맥락에 가장 적절한 대처를 고르는 데 능숙하며, 환경과의 되먹임을 이용해 필요에 따라 자신의 전략을 조정하는 데 뛰어나다.[169] 능동적 대처 전략의 훈련은, 탄력성 있는 개인이 자연스럽게 이용하는 행동을 외상을 입은 개인이 학습하는 데 도움이 될 수 있다.

우리의 실험에서 쥐는 소리와 그 소리가 경고하는 부정적인 결과를 회피했다. 회피가 스트레스 관련 신호나 사건을 통제하고 그 영향을 변화시키기 위해 직접 관여하는 행동 및 생각을 포함한다면 이는 유용한 형태의 회피, 능동적 대처의 한 형태다.[170] 나는 <뉴욕타임즈> 외부 논평란에 불안에 대한 일련의 글을 기고했다. 마지막 편은 능동적 대처에 관한 글이었다.[171] 이 글에서 나는 "주도적 회피proactive avoidance"라는 용어를 사용해, 불안 촉발 인자에 직접 관여해 학습을 거쳐 그 영향을 변화시키고, 그렇게 함으로써 유기체가 통제력을 발휘하도록 돕는 행동과 생각을 설명했다(치료 공동체에서 "주체agency"라는 용어가 비슷한 의미를 담고 있는 듯하다). 이 종류의 전략은 불안 유발 상황에 대한 자기 노출과, 촉발 신호에 대한 통제력을 얻는 전략을 결합한다. 과거 내 실험실의 연구자였고 현재 사회 불안social anxiety 전문가인 마이클 로건은[172] 파티에서 불안을 억지로 참아내려고 노력하는 것(홍수법)보다 이완과 능동적 대처(예로 잠시 화장실을 가거나, 전화를 걸러 나오기) 같은, 재노출 전에 마음을 가다듬을 수 있게 해주는 불안 통제 전략을 쓰는 것이 더 효과적이라고 제안한다. 따라서 방어 반응의 성공적인 조절에 의해 도구적 학습이 강화되는 식으로 노출이 이루어질 수 있다(그림 11.7). 이는 한꺼번에 너무 많은 것을 성취하려 들지 말라는 나의 이전 경고와 일맥상통한다. 위협적인 사회적 자극에 의해 촉발되는 방어 반응의 감소가 도구적 학습의 강화에 꼭 필요하기 때문이다. 이 전략은 촉발 인자의 학습 여부에 관한 질문을 우회해 나간다(위의 논의 참조). 왜냐하면 이 전략의 목표는, 행동의 근원이 무엇이든 간에 신호에 의해 유도되는 반응을 감소시키는 능동적인 제어 행동을 강화하는 것이기 때문이다.

동물들은 대개 시행착오를 통해 회피 행동을 배워야 한다. 인간도 역시 도구적 강화 과정(암묵적 학습)을 통해 학습하지만, 관찰과 지시를 통해 외현적으로 회피를 배울 수 있다.[173] 이런 접근법이나 순수한 상상을 통해서 우리는 회피 개념이나 스키마를 만들고, 위험에 빠졌을 때 이 저장된 행동 계획에 의존한다. 그러면 위협을 마주할 때, 그것이 회피 스키마를 촉발하고 반응 수행 동기를 유발한다. 불안한 사람들의 위협에 대한 과민성을 고려하면, 학습되거나 스키마로 저장된 회피가 쉽게 촉발되어 병적인 행동을 유발할 수도 있지만, 주도적 회피 스키마는 개인의 대처 기술 중 하나로 기능할 수 있다. 병적 회피에서 적응적(주도적) 회피로 균형을 옮기는 것이 핵심이다. 쉽지 않겠지만, 둘의 차이를 이해하는 것이 유용한 첫걸음이다.

불안과 호흡

뇌가 우리를 위해 호흡을 처리하고 있기 때문에[174] 보통은 숨 쉬는 것을 의식할 필요가 없다. 예를 들어 당신이 신체 활동을 하면—조깅을 할 때—호흡이 빨라지면서 더 많은 공기를 받아들이는데, 이는 더 많은 산소를 추출하고 혈류로 보내 대사과정을 돕기 위해서다. 대사과정은 산소를 이용해 포도당을 분해하고 에너지를 발생시킨다.

이처럼 자동으로 일어나는 호흡은, 폐근육으로 연결되는 후뇌의 연수와 뇌교에 있는 호흡 회로에 의해 제어된다.[175] 이곳의 뉴런은 이산화탄소와 산성도에 민감한데(앞 논의 참조) 이것이 횡격막의 수축을 제어하는 데 핵심 역할을 한다. 횡격막은 들어오는 공기의 양을 제어해서 우리 몸의 산소와 이산화탄소 균형을 맞춘다. 이런 자동적 호흡 제어 외에 우리는 공기 흡입량과 호흡 속도를 수의적으로 제어할 수도 있다. 노래를 부르거나 플루트, 색소폰, 하모니카 등을 연주하

그림 11.7: 능동적 대처
(LEDOUX AND GORMAN [2001], LEDOUX [2013]에서 발전시킨 생각에 근거.)

는 데도 수의적 호흡 제어가 관여한다. 이 과정을 의식적으로 제어하는 데는 신피질의 실행 제어 기능과 호흡을 조절하는 연수-척수 뉴런이 관여한다.[176]

　　누군가 스트레스를 받았을 때 흔히 "심호흡을 하라"는 조언을 한다. 이 세속적 지혜는 진실을 담고 있다. 스트레스를 받으면 교감 신경계가 부교감 신경계에 우위를 차지한다. 그 결과 심박수heart rate는 빨라지지만 심박변이도heart rate variability는 감소하고 얕은 숨을 쉬게 된다.[177] 명상, 요가, 이완 훈련 등에서 흔히 가르치듯 숨을 천천히, 규칙적으로 쉬면 부교감 신경계를 통제하는 미주 신경이 더 활성화되어, 교감 신경계와 부교감 신경계의 균형이 향상된다. 결과적으로 심박변이도가 증가하고, 그것이 다소 느려질 때쯤 심박수를 낮추는 자동적 과정이 진행될 기회가 생기며, 높아진 혈압이나 다른 교감 신경계의 반응이 약해진다.[178]

　　이는 불안을 통제할 수 있는 쉽고 간편한 방법이기 때문에 누구나 배워야 한다. 사실 나는 호흡 제어가 조기 교육의 주요 부분에 포함되어, 아이들이 긴장을 느낄 때마다 습관처럼 활용하도록 훈련받을 수 있어야 한다고 생각한다. 아이들이 심각한 문제를 마주하기 전에 이 간단한 요령을 익힌다면, 성장기에 통제되지 않는 스트레스로 인한 부작용을 크게 줄일 수 있을 것이다.[179]

작업 기억을 "무아(無我, selfless)" 상태로

1960년대에 명상은 주로 히피들의 전유물이자, 동양적이거나 신비한 것에 대한 열광의 한 사례로 생각되었다. 그러나 결국 명상은 주류 현상이 되었다. 오늘날 일부 인지 치료사들은 이완, 재평가, 노출, 대처 전략과 함께 명상, 이른바 "마음챙김mindfulness"을 치료 프로그램의 일부로 이용하고 있다. 수용전념 치료[180]라 불리는 인지 치료에서는, 환자에게 마음챙김(즉각적인 경험에 머무르기)을 하고 생각과 경험을 바꾸거나 반응, 판단하지 말고 그냥 받아들이라고 가르친다.

　　그렇다면 명상할 때 뇌에서는 어떤 일이 일어날까? 『선禪과 뇌Zen and the

Brain』의 저자인 제임스 오스틴은 명상을 "꼬리에 꼬리를 물고 일어나는 생각으로부터 우리를 해방시켜 주는 …… 이완된 주의 상태"로 설명한다.[181] 명상에 관한 논의에서는 "무념무상no mind"이나 "무아no self" 같은 표현이 보여주듯 주로 "자아"의 해체를 이야기한다.[182] 그러나 이는 텅 빈 마음이라기보다 오스틴이 말하는 "생각의 오염"에서 벗어난 마음을 뜻한다.[183] "끝없는 수다"가 중단되면, 남는 것은 "현재의 순간"이다.[184]

비록 오스틴의 생각은 추측에 지나지 않지만, 최근 몇 년간 명상은 현대 신경과학과 인지심리학의 기본 원리에 기반을 둔 수많은 연구의 주제가 되었다. 이 분야의 선구자인 리처드 데이비슨과 앙투안 루츠Antoine Lutz에 따르면, 명상은 "안락과 정서적 균형을 촉진하는 …… 복잡한 정서와 주의 조절 전략의 집합체"다.[185] 명상의 한 가지 방식은 특정 대상이나 생각에 지속적으로 집중하는 집중 명상이고, 다른 하나는 매 순간 자신의 경험을 반응하지 않고 관찰하는 통찰 명상이다. 보통 개인 훈련에서는 두 방식을 모두 사용한다.

명상 훈련이 주로 호흡에서 시작된다는 점은 의미심장하다. 앞서 살펴봤듯 호흡 제어는 불안 완화 효과를 갖고 있다.[186] 이 효과는 "현재에" 머무르려는 활동에 더 집중할 수 있도록 마음을 준비시킨다. 내가 전에 언급한 『선禪 수행Zen Training』이라는 책에서 카츠키 세키다는 숨을 멈춘 동안 집중하는 것이 얼마나 쉬운지 보여주었다. 호흡 근육의 긴장이 주의를 받쳐주기 때문이다. 우리는 짧은 시간 동안만 숨을 참을 수 있지만, 세키다의 말에 따르면 선사禪師들의 호흡법을 배우면 연속적으로 반복되는 주기에 따라 호흡하는 것이 가능해 주의를 지속할 수 있다. 이는 호흡이 망상체(reticular formation, 이제 각성 시스템이라 부르겠다)에 영향을 주기 때문이다. 다른 장에서 말했듯, 각성 시스템은 신경조절물질을 방출해 피질 영역에서 제어하는 주의 및 경계 기능을 조절한다. 흥미롭게도, 제어된 호흡 역시 상행 미주 신경을 거쳐 각성 시스템에 메시지를 전달한다. 이중으로 각성에 영향을 미치는 셈이다.

명상에 관한 논의에서 주의가 반복해서 등장한다는 점을 생각해 보면,

fMRI로 인간이 명상할 때 뇌 활동을 측정한 연구 결과는 흥미롭다. 사실 이런 연구는 수행하기 매우 까다롭다. fMRI 기계 안에 들어가 있는 것은 명상하기에 적합한 고요하고 안정된 환경과 가장 거리가 멀기 때문이다. 그러나 초보에서 숙련된 승려에 이르기까지 수행 정도가 다양한 사람들을 대상으로 많은 연구가 실시되었다. 전두(외측, 내측, 안와, 대상, 뇌섬) 및 두정을 포함한 뇌의 CCNs 영역이 주의와 작업 기억에 관여한다.[187] 추가로 뇌의 "디폴트 네트워크default network"[188]라고 하는, 뇌가 특별한 작업을 수행하지 않을 때(예를 들어 백일몽을 꿀 때) 작동되는 영역도 때때로 관여한다. 이 분야의 주요 연구자인 피터 말리노프스키Peter Malinowski는 각기 다른 뇌 회로와 관련된 다섯 가지 인지 처리 과정이 관여하는 뇌와 명상 모델을 개발했다. 지향orienting, 경고alerting, 현저성salience, 실행executive, 디폴트 모드가 그 5가지다.[189] 이는 미래의 연구를 위한 유용한 지표가 될 것이다.

이제 순수한 추측의 영역이다. 호흡 제어를 통해, 각성 시스템은 작업 기억 네트워크를 거쳐 주의가 지속되도록 한다. 그런데 훈련을 계속하다 보면, 습관이 되어 실행 제어를 수행할 필요가 없는 경지에 이른다. 따라서 실행 제어를 오로지 작업 기억 내용의 주의 제어에만 이용할 수 있다. 지금까지는 작업 기억에 들어갈 것을 선택하는 맥락에서만 주의를 이야기했지만 선택이란, 의미상 배제를 포함한다. 즉 실행 기능은 정보가 작업 기억에 들어오는 것을 막을 수도 있다. 실제로 사람들이 특정 자극이나 기억을 무시하도록 훈련받을 수 있다는 것을 보여준 연구도 있다.[190] 호흡이 유발하는 각성 시스템 제어를 통해 작업 기억을 외부 자극이나 자신에 관한 기억(일화 기억과 자기인식적 의식)으로부터 격리시키면, 임의적인 생각의 자유로운 흐름에 지속적인 집중이 유지될 것이다. 이는 일종의 순수한 상태의 "무아" 작업 기억으로 볼 수 있다(그림 11.8).

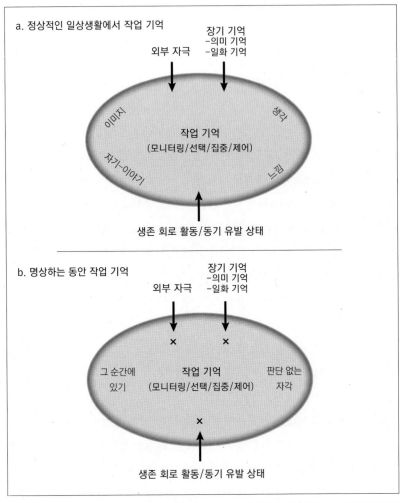

a. 정상적인 일상생활에서 작업 기억

외부 자극

장기 기억
-의미 기억
-일화 기억

이미지

생각

작업 기억
(모니터링/선택/집중/제어)

자기-이야기

느낌

생존 회로 활동/동기 유발 상태

b. 명상하는 동안 작업 기억

외부 자극

장기 기억
-의미 기억
-일화 기억

×

×

그 순간에
있기

작업 기억
(모니터링/선택/집중/제어)

판단 없는
자각

×

생존 회로 활동/동기 유발 상태

그림 11.8: 명상과 작업 기억 여기에 묘사되는 가설은 지금까지 확립된, 인지에서 작업 기억의 역할(모니터링, 선택, 집중, 제어)에 근거한 것이다. 이 과정들은 무엇이 작업 기억을 차지하며 즉각적인 의식적 경험(이미지, 생각, 느낌)의 내용을 구성할지 결정하고, 자기-이야기self-narrative를 추진한다. 명상하는 동안 작업 기억은 동일한 인지 처리 과정을 이용해 입력 신호가 작업 기억으로 들어오는 것을 막고, 마음이 그 순간에 아무런 판단 없이nonjudgemental 현존하며, 진행 중인 자기-이야기에서 벗어날 수 있게 해준다.

이런 무아 작업 기억이 공포와 불안을 어떻게 완화할까? 내가 앞서 주장했듯 공포와 불안의 느낌은 자기인식적 의식 상태이며, 따라서 자아에 대한 의식이다. 만일 이 느낌들의 경험에 필요한 재료들을 작업 기억에 제공하는 신경 회로가, 명상을 통해 실제 효과적으로 제어될 수 있다면 이 "무아"의 마음은 공포나 걱정을 개인적 경험의 차원에서 느낄 수 없을 것이다. 광범위한 훈련을 통해, 위협이나 걱정이 생겨날 가능성이 있을 때 우리는 이 무아의 마음 상태를 불러내고, 공포나 불안 느낌의 인지적 형성을 막는 법을 배울 수도 있다. 이런 유의 정신적 태도를 이용해 우리는 더 "자각적"이고 "아무런 판단 없이" "현재에 있는" 방식으로 생각하며 행동할 수 있고, 명상이 몸과 마음의 건강에 주는 이로운 효과를 누릴 수 있다.[191]

불교의 가르침은 오래전부터 "자아"에 덜 얽매이는 삶의 중요성을 강조해 왔다. 불안이나 공포에 사로잡힐 때 우리는 나 자신과 나의 안락을 염려한다. 이는 자신의 건강, 가족, 친구, 재산, 삶, 죽음 등에 대한 자기인식적 생각이다. 불교 신자이자 정신분석학자인 마크 엡스타인Mark Epstein에 따르면, 우리의 의식적 자아는 자신이 성취한 자립, 권력, 지배력, 성공을 유지하기 위해서라면 그 일이 다른 사람, 다른 문화, 또는 세계에 고통을 주더라도 거의 무엇이든 할 것이다.[192] 우리가 만들어낸 이런 "절대적 자아"를 풀어주고, 더 폭넓은 삶의 의미를 인식하는 것이 더 건강한 삶의 접근법이라고 엡스타인은 말한다.

명상을 배우는 것은 쉽지 않지만, 분명 인간의 능력 범위 안에 있는 일이다. 선천적으로 여유 있고 불안이 덜한 개인은, 외부 세계나 내면의 걱정이 자신의 생각을 지배하는 것을 막는 특별한 성향을 타고났을 수 있다. 명상과 그 효과를 처음 발견한 사람들은 아마도 선천적으로 이런 성향을 타고났는데, 훈련을 통해 그것을 다른 사람들에게 넘겨주는 법을 익혔을 것이다. 모든 사람이 수년을 투자해 최고 수준의 수행에 도달할 수는 없다. 그러나 마음챙김과 명상의 핵심인 간단한 이완과 호흡법을 배우는 것은 그다지 어렵거나 많은 시간이 들지 않는다. 약간의 노력만 투자해도 거의 모든 사람들이 혜택을 받을 것이다.

일상 속의 불안

자기인식적 의식은 최고의 친구인 동시에 최악의 적이다. 자기인식적 의식 덕에 우리는 매일 매 순간의 삶 속에서 우리의 이야기, 자기-이야기를 쓰고 고쳐나갈 수 있다. 또 이것 덕분에 우리는 미래 자기 모습의 빈 칸을 채울 수도 있다. 그 빈 칸을 채워나가는 방식은 우리 인생의 전반적인 전망에서 중요한 요소다. 공포 와 불안에 사로잡힌 사람들은 문제를 미리 걱정하면서 일어나지 않는 최악의 시 나리오를 골몰히 생각한다. 그들은 걱정이 과거에 일어났던 나쁜 일을 예방하는 계획을 실행할 힘을 준다고 믿는다. 그러나 뇌는 불안을 배울 수 있듯 불안에서 벗어나는 법도 배울 수 있다. 비록 일부 사람들은 기질적으로 다른 사람들보다 더 불안을 느끼지만, 커가는 불안 속에서 살아가는 것이 그들의 운명은 아니다. 변화는 어렵다. 그리고 다양한 이유로 다른 사람들보다 더 변하기 힘든 사람들 도 있다. 하지만 우리의 뇌는 적응할 수 있다. 변화를 일으킬 수 있는 능력을 갖 추는 것만이 문제다. 여기가 불안과 공포의 과학이 희망적인 도움을 줄 수 있는 지점이다. 먼 길을 걸어왔지만, 갈 길은 여전히 멀다. 하지만 실험에 근거한 명확 한 개념, 탁월한 아이디어, 새로운 과학적 도구와 함께 한다면 미래 세대는 자신 들의 시대를 불안의 시대로 여기는 마음이 덜할 것이다.

주

01장_ 불안과 공포의 아수라장

1. Montaigne (1993).
2. Dickinson (1993).
3. Kagan (1994); Eysenck (1995).
4. Kagan (1994).
5. LeDoux (2002).
6. 이 부분에서 불안의 역사를 요약하는 데 몇몇 저자의 도움을 크게 받았다. 특히 중요한 저서는 Zeidner and Matthews (2011)와 Freeman and Freeman (2012)이 집필한 것이다. 이 저자들은 책을 쓸 때 나에게 도움을 구했고, 나 또한 그들의 글을 읽으면서 많은 것을 배울 수 있었다. Menand (2014), Smith (2012), Stossel (2013)의 저서도 유용하게 쓰였다. http://blogs.hbr.org/2014/01/the-relationship-between-anxiety-and-performance/ (retrieved Nov. 20, 2014). 나는 이 책을 쓰는 작업 후반에야 우연히 스토셀Stossel의 훌륭한 저서 『나의 불안의 시대My Age of Anxiety』와 메난드Menand가 〈뉴요커〉에 실은 이 책에 관한 간결하고 유익한 리뷰를 읽게 되었다. 이 문헌들은 내가 참조한 다른 출처에서 얻을 수 없었던 유용한 정보를 제공해 주었다.
7. 이 어원의 역사는 다음 문헌에 근거한다. Lewis (1970); Rachman (1998); Zeidner and Matthews (2011); Freeman and Freeman (2012), 온라인 어원 사전(http://www.etymonline.com). Stossel (2013)이 어원학의 추가적인 측면을 제시했다.
8. 뉴욕대학교의 고전학자인 피터 메이넥Peter Meineck의 지적에 따르면, "angh"의 음역은 "ankhô"이며 이는 질식을 의미한다. 옥스퍼드 대학교에서 고전학을 전공하는 나의 아들 마일로 르두 역시 도움을 주었다.
9. Freeman and Freeman (2012).
10. 트로이의 아폴로 사제인 라오콘은, 트로이의 목마 선물이 계략이라는 사실을 트로이 사람들에게 경고했기 때문에 그리스의 신인 아테네와 포세이돈에게 벌을 받았다. Boardman (1993); Laocoön, cat. 1059, Pio Clementino Museum, Octagonal Court. Retrieved Sept. 21, 2014, from mv.vatican.va.
11. Retrieved Sept. 19, 2014, from http://www.theoi.com/Daimon/Deimos.html.
12. St. Thomas Aquinas, The Summa Theologica.
13. Makari (2012).
14. Kierkegaard (1980).
15. 수많은 저자들이 프로이트의 영역본을 내놓았는데, 제임스 스트레치(James Strachey)가 번역한 『지그문트 프로이트 심리학 전집The Complete Psychological Works of Sigmund Freud (the Standard Edition)』이 가장 완벽한 판본으로 꼽힌다.
16. Klein (2002).
17. Zeidner and Matthews (2011); Freeman and Freeman (2012).
18. Breuer and Freud (1893 - 1895).
19. Freud (1917), p. 393.
20. Spielberger (1966), Chapter 1, p. 9.
21. Freud (1917). Quoted by Zeidner and Matthews (2011).
22. Freud (1959).
23. Heidegger (1927).
24. Sartre (1943).

25. Freeman and Freeman (2012).

26. Kierkegaard (1980).

27. "Existentialism," Stanford Encyclopedia of Anxiety. http://plato.stanford.edu/entries/existentialism/#AnxNotAbs.

28. Tauber (2010).

29. Kierkegaard (1980), p. 156.

30. Epstein (1972), p. 313.

31. Yerkes and Dodson (1908); McGaugh (2003).

32. David Barlow, quoted by Scott Stossel. Retrieved Nov. 20, 2014, from http://blogs.hbr.org/2014/01/the-relationship-between-anxiety-and-performance/.

33. Kandel (1999).

34. 그러나 분석학계 내부에서 일부 학자들은 신경과학과 정신분석학을 연결하려는 시도를 했다(http://neuropsa.org.uk/). 정신분석학자인 마크 솜스Mark Solms와 신경과학자인 자크 판크세프Jaak Panksepp가 특히 활발한 노력을 펼쳤다. Solms (2014) and Panksepp and Solms (2012).

35. Freeman and Freeman (2012); Menand (2014); Stossel (2014).

36. Auden (1947).

37. Auden (2011)의 서문에서.

38. http://www.laphil.com/philpedia/music/symphony-no-2-age-of-anxiety-leonard-bernstein.

39. Smith (2012).

40. 나는 이것을 폴 마주르스키 감독의 영화 〈결혼하지 않은 여인An Unmarried Woman〉(1977)의 한 장면으로 기억했다. 그러나 로빈 마란츠 헤닉Robin Marantz Henig이 〈뉴욕 타임즈〉의 "오피니언" 란에 기고한 글 덕분에 파큘라 감독의 〈사랑의 새출발Starting Over〉로 정정할 수 있었다. 두 영화 모두 질 클레이버그Jill Clayburgh가 출연했기 때문에 헷갈렸던 것 같다. http://www.nytimes.com/2012/09/30/sunday-review/valium-and-the-new-normal.html.

41. May (1950); Menand (2014).

42. Smith (2012)에 인용.

43. 공포와 불안은 이처럼 서로 구분할 수 있는데, "공포"와 "불안"이라는 용어는 경우에 따라 서로 바꿔 쓰이기도 하고 때로는 일관성 없이 섞어 쓰기도 한다. 예를 들어 프로이트의 저서를 번역한 스트레치는 Angst를 불안으로 번역했다. 독일어 Angst는 특정 대상이 있는 상태(공포)와 좀 더 일반적인 걱정과 두려움의 상태(불안)를 둘 다 가리킬 수 있다. 스트레치는 그 사실을 잘 알았지만, 프로이트가 Angst라는 단어로 가리키고자 했던 것이 불안이라고 느꼈던 것이다(Freeman and Freeman, 2012). 스트레치는 프로이트의 글 일부에서 Angst와 Furcht가 혼란을 야기할 수 있음을 시인했다. 영어에서도 불안이나 걱정과 관련된 상황을 가리킬 때 fear를 쓰기도 한다. (예로 "나는 너를 실망시킬까봐 두려워I fear I will let you down"라든지 "그에게 사실을 말하기가 무서워I'm afraid to tell him the truth" 등.) 두 단어가 호환 가능하다는 사실은, 프로이트와 키에르케고르가 모두 불안을 공포의 일종으로 보았다는 데서도(프로이트의 경우 부동성free-floating 공포, 키에르케고르의 경우 무nothingness에 대한 공포) 드러난다. 그러나 프로이트는 공포가 불안의 일종이라고도 말했다(일차적 불안). 프로이트의 다른 표현에서도 공포와 불안의 융합 사례를 찾아볼 수 있다. 그는 예감되는 공포expectant fear와 불안한 예감anxious expectation에 대해 이야기했는데, 이 두 표현은 예상할 수 없는 미래의 사건에 대한 걱정, 두려움, 근심을 가리키는 "예상"을 강조했다는 점에서 동일하다. 프로이트의 부동성 공포는 오늘날 대개 부동성 불안이라 불린다.

44. Marks (1987).

45. Smith (2012)를 보라.

46. Wenger et al (1956)이 이와 같은 접근법을 제안했다. 본문에 열거한 상태들은 내가 해석한 이 약함, 중간, 강함 척도에 따라 배정한 것이다.

47. Hofmann et al (2012); Barlow (2002).

48. Barlow (2002); Rachman (1998, 2004); Zeidner and Matthews (2011); Stein et al (2009); Beck and Clark (1997); Anxiety Disorders Association of America (ADAA): http://www.adaa.org/understanding-anxiety; National Institute of Mental Health: http://www.nimh.nih.gov/health/topics/anxiety-disorders/index. shtml; http://www.psychiatry.org/ dsm5.

49. http://en.wikipedia.org/wiki/Diagnostic_and_Statistical_Manual_of_Mental_Disorders.

50. http://apps.who.int/classifications/icd10/browse/2010/en#/V.

51. 보스턴 대학교 소속 인지 기반 심리 치료사이자 연구자인 스테판 호프만Stefan Hofmann은 내가 불안 장애의 역사를 이 해하는 데 큰 도움을 주었다. 내 설명에 실수가 있다면, 이는 내가 그의 말을 해석하는 데 오류가 있었기 때문일 것이다.

52. 이 역사를 요약해서 알려준 사람은 스테판 호프만이다. 그는 나에게 공황 발작의 역사에 관한 리처드 맥낼리Richard McNally의 탁월한 요약을 소개해주었다(McNally, 1994). 또한 다음 문헌들을 참조하라. Klein (1964, 1981, 1993, 2002); Klein and Fink (1962); Barlow (1988); Marks (1987).

53. Meuret and Hofmann (2005).

54. 호흡 곤란(숨이 가빠짐)과의 연관성으로, 일부 전문가들은 과호흡을 공황 상태의 원인으로 지목한다. 과호흡으로 산소가 부족해지기 때문이라는 것이다. 그러나 도널드 클라인은 산소 부족이 아니라 혈액 속의 이산화탄소 농도 증가가 뇌의 경 고 시스템을 작동시켜서, 자신이 곧 질식할 것이라는 잘못된 믿음으로 환자를 이끈다고 주장한다(Klein, 1993; Roth, 2005도 참조. 공황 상태의 원인은 아직 불분명한 상태로 남아있다(Ley, 1994; Stein, 2008).

55. "향수nostalgia"라는 용어는 원래 병사들이 몸이 쇠약해질 정도로 고향을 그리워하는 상태를 일컫는 데 사용되었다. 좋 은 시절에 대한 낭만적인 갈망이라기보다 심한 동요 상태를 가리키는 용어였다.

56. OCD를 포함시켜야 한다는 주장을 할 수도 있지만, 나는 그 방향으로 나가지 않기로 결정했다.

57. Anxiety Disorders Association of America (ADAA): http://www.adaa.org/understanding-anxiety; National Institute of Mental Health: http://www.nimh.nih.gov/ health/ topics/anxiety-disorders/index.shtml.

58. Anxiety Disorders Association of America (ADAA): http://www.adaa.org/understanding-anxiety; National Institute of Mental Health: http://www.nimh.nih.gov/health/topics/anxiety-disorders/index.shtml.

59. Lim et al (2000).

60. Galea et al (2005); Kessler et al (1995).

61. Barlow (2002). Barlow의 이 요약은 Meuret and Hofmann (2005)에 근거한다.

62. Hettema et al (2001a, 2001b, 2008); Kendler (1996); Kendler et al (2008, 2011).

63. Horwitz and Wakefield (2012).

64. Wakefield (1998).

65. Epstein (1972), p. 313.

66. Grupe and Nitschke (2013); Meuret and Hofmann (2005); Hofmann (2011); Dillon et al (2014); Bar-Hamin et al (2007). Grupe and Nitschke가 제안한 모델은 4장에서 구체적으로 다룰 것이다.

67. 9장에서 나는 미국 국립 정신 보건원이 마음과 행동 문제의 원인과 치료법을 찾고자 하는 뇌 연구를 안내하는 지침으로, DSM 범주를 강조하지 않는 방향으로 움직여온 것에 대해 설명한다.

68. LeDoux (1984, 1987, 1996, 2002, 2008, 2012, 2014, 2015).

69. LeDoux (2012, 2014, 2015).

70. 이 요약은 Winkielman et al (2005)에 근거한다.

71. James (1884, 1890).

72. Freud (1915), p. 109.

73. Barrett (2006a, 2006b, 2009); Barrett and Russell (2015); Russell (2003); Russell and Barrett (1999); Lindquist et al (2006); Barrett et al (2007); Lindquist and Barrett (2008); Clore and Ortony (2013).

74. Clore (1994).

75. Watson (1913, 1919, 1925, 1938); Skinner (1938, 1950, 1953, 1974).

76. Tolman (1932, 1935); Hull (1943, 1952).

77. Morgan (1943); Hebb (1955); Stellar (1954); Bindra (1969, 1974); Rescorla and Solomon (1967); Bolles and Fanselow (1980); McAllister and McAllister (1971); Masterson and Crawford (1982); Gray (1982, 1987); Gray and McNaughton (2000); Bouton (2005).

78. Scherer (1984, 2000, 2012).

79. Tomkins (1962); Ekman (1972, 1977, 1984, 1992a, 1992b, 1993, 1999); Izard (1971, 1992, 2007); Panksepp (1982, 1998, 2000, 2005); Panksepp et al (1991); Vandekerckhove and Panksepp (2009, 2011); Damasio (1994, 1996, 1999, 2010); Damasio and Carvalho (2013); Damasio et al (2000); Prinz (2004); Scarantino (2009).

80. LeDoux (1984, 1987, 1996, 2002, 2008, 2012, 2014, 2015).

81. Schachter and Singer (1962); Arnold (1960); Smith and Ellsworth (1985); Scherer (1984, 2000, 2012); Lazarus (1991a, 1991b); Ortony and Clore (1989); Ortony et al (1988); Clore (1994); Clore and Ketalaar (1997); Clore and Ortony (2013); Johnson-Laird (1988); Johnson-Laird and Oatley (1989, 1992); Levenson, Soto, and Pole (2007).

82. Barrett (2006a, 2006b, 2009); Barrett and Russell (2015); Russell (2003); Russell and Barrett (1999); Lindquist et al (2006); Barrett et al (2007); Lindquist and Barrett (2008); Clore and Ortony (2013).

02장_ 정서의 뇌를 다시 생각하기

1. Kagan (2003).

2. LeDoux (2012, 2014).

3. MacLean (1949, 1952, 1970).

4. 변연계 이론은 20세기 초 루드비히 에딩거(Edinger, 1908)와 그의 추종자들(Arien Kappers et al, 1936; Herrick, 1933, 1948; Papez, 1929)이 제안한 뇌 진화 개념에 근거한 것이다. 이 진화 이론은 수많은 학자들의 비판을 받았다(Nauta and Karten, 1970; Butler and Hodos, 2005; Northcutt, 2001; Reiner, 1990; Jarvis et al, 2005; Striedter, 2005). 변연계 이론 자체도 많은 비판을 받았다(Brodal, 1982; Swanson, 1983; Reiner, 1990; Kotter and Meyer, 1992; LeDoux, 1991, 1996, 2012b).

5. Gazzaniga and LeDoux (1978).

6. Gazzaniga (1970).

7. Watson (1925); Skinner (1938).

8. Neisser (1967); Gardner (1987).

9. Hirst et al (1984); LeDoux et al (1983); Volpe et al (1979).

10. Gazzaniga and LeDoux (1978).

11. 신경과학회는 1969년에 설립되었고, 1971년 워싱턴 DC에서 첫 학회를 가졌다.

12. Kandel and Spencer (1968); Kandel (1976); Kandel and Schwartz (1982); Hawkins et al (2006); Kandel (2001, 2006).

13. Pavlov (1927).

14. Thorndike (1913).

15. Skinner (1938).

16. Skinner (1953).

17. Carew et al (1972, 1981); Pinsker et al (1973); Walters et al (1979); Kandel et al (1983); Hawkins et al (1983).

18. Cohen (1975, 1984); Schneiderman et al (1974); Berger et al (1976); Thompson et al (1983); Woody (1982); Ryugo and Weinberger (1978); Berthier and Moore (1980).

19. Blanchard and Blanchard (1969); Bolles and Fanselow (1980); Bouton and Bolles (1980); Brown and Farber (1951); McAllister and McAllister (1971); Brady and Hunt (1955).

20. Blanchard and Blanchard (1969); Bolles and Fanselow (1980); Bouton and Bolles (1980).

21. Blanchard and Blanchard (1969); Bolles and Fanselow (1980); Bouton and Bolles (1979); Gray (1987); Edmunds (1974); Brain et al (1990).

22. Schneiderman et al (1974); Kapp et al (1979); Smith et al (1980); Cohen (1984); Gray et al (1989); LeDoux et al (1982); Sakaguchi et al (1983).

23. 이 주제에 관한 논의를 찾아보고 싶다면 다음 문헌을 참조하라. Lorenz (1950); Tinbergen (1951); Beach (1955); Lehrman (1961); Elman et al (1997); Blumberg (2013).

24. 블랜차드 부부는 1970년대 편도 손상이 조건형성된 공포에 미치는 영향을 연구했다(Blanchard and Blanchard, 1972). 내가 막 나의 연구를 시작할 무렵 브루스 캅Bruce Kapp이 편도 중심핵이 공포에서 담당하는 역할에 관한 논문을 발표하려는 시점이었지만(Kapp et al, 1979), 나는 나의 연구가 한참 진행될 때까지 캅의 연구에 대해 알지 못했다.

25. Weiskrantz (1956); Goddard (1964); Sarter and Markowitsch (1985).

26. 공포 조건형성에 관한 나의 연구의 요약은 다음 문헌들을 참조하라. LeDoux (1987, 1992, 1996, 2000, 2002, 2007 2008, 2012a, 2014); Quirk et al (1996); LeDoux and Phelps (2008); Johansen et al (2011); Rodrigues et al (2004).

27. Kandel (1997; 2012); Byrne et al (1991); Glanzman (2010).

28. 서문에 열거한 연구자들의 이름을 참조하라.

29. Kapp et al (1984, 1992); Davis (1992).

30. Fanselow and Lester (1988).

31. Kim et al (1993); Maren and Fanselow (1996).

32. 각 연구실의 일부 제자들을 열거하자면 다음과 같다. 캅Kapp 연구실: Paul Whalen, Michaela Gallagher; 데이비스Davis 연구실: David Walker, Jeff Rosen, Serge Campeau, Katherine Myers; Shenna Josslyn; 팬슬로Fanselow 연구실: Jeansok Kim, Fred Helmstetter; Steve Maren.

33. 중요한 도움을 준 다른 연구자들은 다음과 같다. Denis Paré, Andreas Luthi, Chris Pape, Pankaj Sah, Vadim Bolshakov. 지난 몇 년 간 다른 많은 연구자들이 합류했다. 그러나 그들의 수가 너무 많아서 일일이 언급하기 어렵다. 그 중 상당수는 이 책 곳곳에 인용되었다.

34. LeDoux (1987, 1992, 1996, 2002, 2007); Rodrigues et al (2004); Johansen et al (2011); Fanselow and Poulos (2005); Davis (1992); Paré et al (2004); Pape and Paré (2010); Sah et al (2008).

35. LeDoux (1996), p. 128.

36. James (1884, 1890).

37. Darwin (1872).

38. Panksepp (1998).

39. Mowrer (1939, 1940, 1947); Mowrer and Lamoreaux (1946).

40. Miller (1941, 1948, 1951); Brady and Hunt (1955); Rescorla and Solomon (1967); McAllister and McAllister (1971); Masterson and Crawford (1982); Bolles and Fanselow (1980).

41. 이 연구자들은 보통 공포의 상태가 주관적 느낌을 의미하지 않는다고 주장한다. 그러나 그들은 글을 쓸 때 종종 "공포에 질려 얼어붙는다"와 같이, 이 주장과 일치하지 않는 방식으로 표현한다. 이 분야의 지적 선구자인 허버트 모러(1960)는

쥐가 전기 충격을 피하도록 만드는 것은 의식적 느낌이라고 공공연히 주장했다. 그러나 대부분 이론가들의 표준적 입장은 공포가 주관적이지 않은 동기 상태라는 것이다.

42. McAllister and McAllister (1971); Masterson and Crawford (1982); Bolles and Fanselow (1980).

43. 이와 같은 중심 동기 상태가 존재한다는 주장은 1940년대에 처음 등장했다(Beach, 1942; Hull, 1943; Mowrer and Lamoreaux, 1946; Morgan, 1943, 1957; Stellar, 1954; Hebb, 1955; Bindra, 1969, 1974). 그 당시 뇌 기능에 대해 거의 알려진 것이 없었고 이 상태들은 실제 중추신경계가 아닌 개념적 신경계의 한 구성 요소인 것처럼 거론되었다 (Hebb, 1955).

44. Tolman (1932); Hull (1943); MacCorquodale and Meehl (1948); Marx (1951).

45. 공포 중심 상태를 매개하는 공포 중추라는 개념을 주장한 초기 이론가 중에 마이클 데이비스Michael Davis, 피터 랭 Peter Lang, 마이클 팬슬로Michael Fanselow가 있다 (Davis, 1992; Lang, 1995; Fanselow, 1989; Fanselow and Lester, 1988). 그 후 다른 연구자들도 이 견해를 받아들였다 (예로 Rosen and Schulkin, 1998; Adolphs, 2013).

46. 이메일을 통한 사적 의견 교환.

47. Bolles (1967).

48. 이메일을 통한 사적 의견 교환.

49. Gazzaniga and LeDoux (1978)에 요약되어 있다.

50. Gazzaniga and LeDoux (1978).

51. Gazzaniga (1998).

52. LeDoux (1984).

53. LeDoux (1996), p. 267.

54. Olsson and Phelps (2004); Bornemann et al (2012); Mineka and Ohman (2002); Vuilleumier et al (2002); Knight et al (2005); Whalen et al (1998); Liddell et al (2005); Luo et al (2010); Morris et al (1998); Pourtois et al (2013).

55. Bornemann et al (2012).

56. Kahneman (2011).

57. Fletcher (1995); Churchland (1988).

58. Bacon (1620), p. 68; Arturo Rosenblueth and Norbert Wiener, quoted in Lewontin (2001), p. 1264.

59. Panksepp (1998, 2000); Ekman (1992a, 1992b, 1999); Tomkins (1962); Izard (1992, 2007). 정서가 자연 적인 것이라는 견해에 대한 비판은 다음 문헌을 참조하라 (2006a, 2006b, 2013); Barrett et al (2007); LeDoux (2012).

60. Panksepp (1998, 2000, 2005, 2011); Adolphs (2013); Anderson and Adolphs (2014).

61. Ekman (1992a, 1992b, 1999); Tomkins (1962); Izard (1992, 2007); Scarantino (2009); Prinz (2004); Panksepp (1998); Damasio (1994).

62. Feinstein et al (2013).

63. Gray and McNaughton (2000).

64. Fossat et al (2014).

65. 사이크센트럴PsychCentral이라는 웹사이트의 기사 제목이다(http://psychcentral.com/news/2014/06/17/ fear-center-in-brain-larger-among-anxious-kids/71325.html. Retrieved Jul. 20, 2014).

66. Qin et al (2014).

67. Ekman (1992a, 1992b, 1999); Tomkins (1962); Izard (1992, 2007); Panksepp (1998); Damasio (1994).

68. Kelley (1992); Fletcher (1995); Mandler and Kessen (1964).

69. Fletcher (1995).

70. Mandler and Kessen (1964).

71. Kelley (1992).

72. Mandler and Kessen (1964).

73. Churchland PM (1984, 1988); Churchland PS (1986, 1988); Graziano (2013); Graziano (2014).

74. Fletcher (1995).

75. 중심 방어 시스템 개념은 원래 모건Morgan, 코노스키Konorski, 헵Hebb, 빈드라Bindra의 중심 상태 이론에서 파생된 것이다 (Morgan, 1943; Bindra, 1969; Hebb, 1955; Konorski, 1967). 그리고 중심 방어 시스템은 원래 방어 동기에 관련된 개념이었으나, "방어 시스템"이나 "공포 시스템"과 종종 호환 가능한 의미로 사용된다. 방어 동기 시스템에 관한 몇 가지 개념이 다음 여러 문헌에 제시되어 있다: Konorski (1967); Masterson and Crawford (1982); Bolles and Fanselow (1980); McAllister and McAllister (1971); Fanselow and Lester (1988); Cardinal et al (2002); Blanchard and Blanchard (1988); Davis (1992); Rosen and Schulkin (1998); Adolphs (2013); Bouton (2007); Lang et al (1998); Mineka (1979).

76. Gazzaniga and LeDoux (1978); Gazzaniga (1998, 2008, 2012).

77. Ekman (1992a, 1992b, 1999); Tomkins (1962); Izard (1992, 2007); Scarantino (2009); Prinz (2004); Panksepp (1998); Damasio (1994).

78. LeDoux (2012, 2014).

79. LeDoux (2012, 2014).

80. LeDoux (2012); Sternson (2013); Giske et al (2013).

81. Wang et al (2011); Lebetsky et al (2009); Dickson (2008); McGrath et al (2009); Pirri and Alkema (2012); Garrity et al (2010); Bendesky et al (2011); Kupfermann (1974, 1994); Kupfermann et al (1992).

82. Macnab and Koshland (1972); Hennessey et al (1979); Fernando et al (2009); Berg (1975, 2000); Harshey (1994); Eriksson et al (2002); Helmstetter et al (1968) Rothfield et al (1999).

83. Emes and Grant (2012).

84. LeDoux (2012).

85. LeDoux (2012, 2014).

86. LeDoux (2012); Giske et al (2013).

87. Beach (1942); Morgan (1943, 1957); Stellar (1954); Hebb (1955); Bindra (1969, 1974).

88. Bargmann (2006, 2012); Galliot (2012); Lebetsky et al (2009); Bendesky et al (2011); Dickson (2008); Pirri and Alkema (2012); Garrity et al (2010); Kupfermann (1974, 1994); Kupfermann et al (1992).

89. Sara and Bouret (2012); Bouret and Sara (2005); Foote et al (1983); Aston-Jones and Cohen (2005); Saper et al (2005); Nadim and Bucher (2014); Luchiccchi et al (2014).

90. Konorski (1967); Masterson and Crawford (1982); Bolles and Fanselow (1980); McAllister and McAllister (1971); Fanselow and Lester (1988); Cardinal et al (2002); Blanchard and Blanchard (1988); Davis (1992); Rosen and Schulkin (1998); Adolphs (2013); Bouton (2007); Lang et al (1998); Mineka (1979).

91. Barrett (2006, 2009, 2012); Barrett et al (2007); Lindquist and Barrett (2008); Wilson-Mendenhall et al (2011); Russell (2003, 2009); Russell and Barrett (1999); Wilson-Mendenhall et al (2013).

92. Russell (1991, 1994, 2003, 2009; 2012, 2014); Russell and Barrett (1999); Barrett (2006a, 2006b); Barrett and Russell (2014); Lindquist and Barrett LF (2008); Clore and Ortony (2013); Levenson, Soto, and Pole (2007).

93. Lashley (1950).

94. Kihlstrom (1987).

95. Dickinson (2008); LeDoux (2008, 2012a); Winkielman and Berridge (2004).

96. Balleine and Dickinson (1998); Dickinson (2008); Heyes (2008).

97. Chamberlain (1890).

98. Heyes (2008); Rosenthal (1990).

99. Hatkoff (2009).

100. 구달의 서문 (Hatkoff, 2009).

101. "유인원도 법적 권리를 가져야 할까?"에 구달이 인용되었다. The Week, August 3, 2013. http://theweek.com/article/index/247763/should-apes-have-legal-rights. Retrieved Nov. 5, 2014.

102. 동물의 법적 권리에 대한 주장은 주로 과학보다는 도덕에 근거한다. "유인원도 법적 권리를 가져야 할까?" 참조. The Week, August 3, 2013. http://theweek.com/article/index/247763/should-apes-have-legal-rights. Retrieved Nov. 5, 2014.

103. Caporael and Heyes (1997).

104. 공감의 문화 건립 센터Center for Building a Culture of Empathy에서 에드윈 럿쉬Edwin Rutsch가 프란스 드 발 Frans de Waal을 인터뷰했다. http://cultureofempathy.com/references/Experts/Frans-de-Waal.htm. Retrieved Nov. 6, 2014.

105. Frans de Waal, interview for Wonderlance.com. http://www.wonderlance.com/february2011_scientech_fransdewaal.html. Retrieved Nov. 6, 2014.

106. Barbey et al (2012).

107. Semendeferi et al (2011).

108. Preuss (1995, 2001); Wise (2008).

109. Dennett (1991); Jackendoff (2007); Weiskrantz (1997); Frith et al (1999); Naccache and Dehaene (2007); Dehaene et al (2003); Dehaene and Changeux (2004); Koch and Tsuchiya (2007); Sergent and Rees (2007); Alanen (2003).

110. Weiskrantz (1997); Heyes (2008).

111. Mitchell et al (1996); Kennedy (1992).

112. Decety (2002).

113. Fletcher (1995); Churchland (1988).

114. Heider and Simmel (1944); Heberlein and Adolphs (2004); Greene and Cohen (2004).

115. Greene and Cohen (2004).

03장_ 이불 밖은 위험해

1. Emerson (1870).

2. Moyer (1976).

3. LeDoux (2012).

4. Gallistel (1980); Godsil and Fansleow (2013); LeDoux (2012).

5. Cannon (1929).

6. Darwin (1872).

7. Miller (1948); Hunt and Brady (1951); Blanchard and Blanchard (1969); Bouton and Bolles (1980); Bolles and Fanselow (1980).

8. Suarez and Gallup (1981).

9. Edmunds (1974); Blanchard and Blanchard (1969); Bracha et al (2004); Ratner (1967, 1975).

10. 이 구절은 다음 문헌에 근거한다. Edmunds (1974); Ratner (1967, 1975); Langerhans (2007); Pinel and Treit (1978).

11. Edmunds (1974).

12. Rosen (2004); Takahashi et al (2005); Gross and Canteras (2012); Dielenberg et al (2001); Hubbard et al (2004)

13. Breviglieri et al (2013); Zanette et al (2011).

14. Litvin et al (2007).

15. Vermeij (1987); Dawkins and Krebs (1979); Mougi (2010); Edmunds (1974).

16. Edmund (1974); Dawkins and Krebs (1979).

17. Langerhans (2007).

18. 이 구절은 다음 문헌에 근거한다. Benison and Barger (1978); Fleming (1973); Brown and Fee (2002).

19. Bernard (1865/ 1957); Langley (1903); Cannon (1929).

20. Blessing (1997); Porges (2001).

21. 2장에서 "선천적인innate"이라는 용어의 의미에 대해 논했다.

22. Lang (1968, 1978, 1979).

23. Selye (1956).

24. Rodrigues et al (2009).

25. McEwen and Lasley (2002); Sapolsky (1998); McGaugh (2000); de Quervain et al (2009).

26. Klein (1993); Preter and Klein (2008); Roth (2005).

27. Freire et al (2010); Johnson et al (2014); Wemmie (2011).

28. Ley (1994); Vickers and McNally (2005).

29. see Blanchard and Blanchard (1988); Gray (1982); Bolles and Fanselow (1980); Fanselow and Lester (1988); Fanselow (1989).

30. Edmunds (1974); Ratner (1967, 1975).

31. Tolman (1932); Blanchard et al (1976); Blanchard and Blanchard (1988); Bolles and Fanselow (1980); Adams (1979).

32. Bolles and Collier (1976); Bolles and Fanselow (1980); Blanchard et al (1976); Blanchard and Blanchard (1988).

33. Fanselow and Lester (1988).

34. 팬슬로는 이것을 "대결 후 단계postencounter stage"라고 불렀다. 그러나 좀 더 간단한 "대결 단계"가 더 명확하다.

35. Bolles (1970); Bolles and Fanselow (1980); Fanselow (1989); Fanselow (1986); Fanselow and Lester (1988)

36. 이 저자들에 대한 인용문은 1장에 나와 있다.

37. Brain et al (1990), p. 420.

38. Rosen (2004); Takahashi et al (2005).

39. Rosen (2004).

40. Hebb (1949); Magee and Johnston (1997); Bliss and Collingridge (1993); Martin et al(2000); Johansen et al (2010); Kelso et al (1986).

41. Pavlov (1927); Myers and Davis (2002); Milad and Quirk (2012); Bouton (2002); Sotres-Bayon et al (2004, 2006).

42. Jacobs and Nadel (1985); Bouton (1993, 2002, 2004); Bouton et al (2006).

43. Wolpe (1969); Rachman (1967); Eysenck (1987); Kazdin and Wilson (1978); Hofmann et al (2013); Beck (1991); Foa (2011); Marks and Tobena (1990); Barlow (1990); Barlow (2002).

44. Williams (2001); Beck et al (2011); Genud-Gabai et al (2013).

45. See Grupe and Nitschke (2013).
46. Rogan et al (1997); Rogan et al (2005); Etkin et al (2004); Walasek et al (1995).
47. Demertzis and Kraske (2005).
48. Ohman (1988, 2002, 2005, 2007, 2009); Phelps (2006); Phelps and LeDoux (2005); Dolan and Vuilleumier (2003); Buchel and Dolan (2000); Armony and Dolan (2002); Dunsmoor et al (2014); Schiller et al (2008); Pine et al (2001); Olsson et al (2007); Delgado et al (2008); Lau et al (2011); Grillon (2008).
49. Bandura (1977); Rachman (1990).
50. Mineka and Cook (1993); Berger (1962); Hygge and Öhman (1978); Olsson and Phelps(2004); Olsson et al (2007); Olsson and Phelps (2007).
51. Litvin et al (2007); Jones et al (2014); Masuda et al (2013); Kim et al (2010); Chivers et al (1996); Gibson and Pickett (1983); Flower et al (2014).
52. Olsson and Phelps (2004); Raes et al (2014); Dymond et al (2012).
53. Mineka and Cook (1993); Berger (1962); Hygge and Öhman (1978); Olsson and Phelps(2004); Olsson et al (2007); Olsson and Phelps (2007).
54. Miller (1948); McAllister and McAllister (1971); Mineka (1979); Moscarello and LeDoux (2013); Choi et al (2010); Cain and LeDoux (2007); LeDoux et al (2009); Cain et al (2010); Cain and LeDoux (2008)
55. Balleine and Dickinson (1998); Cardinal et al (2002).
56. Miller (1948); Choi et al (2010).
57. 1960년대와 70년대 이 분야의 영향력 있는 인물인 로버트 볼즈Robert Bolles는 회피의 도구적 속성에 강한 비판 입장을 보였다(Bolles, 1970, 1972; Bolles and Fanselow, 1980). 그는 회피 반응이 단순히 종 특유의 반응이며, 그 자체로 학습되지 않는다고 주장했다. 그의 강한 부정적 태도가 이 주제에 관한 연구를 가로막았다.
58. LeDoux (2014).
59. McAllister and McAllister (1971); Miller (1941, 1948, 1951); Mowrer and Lamoreaux (1946); Miller (1948); Amorapanth et al (2000); Coover et al (1978); Daly (1968); Dinsmoor (1962); Esmoris-Arranz et al (2003); Goldstein (1960); Kalish (1954); McAllister and McAllister (1991); Desiderato (1964); Kent et al (1960); McAllister et al (1972, 1980).
60. McAllister and McAllister (1971); Mineka (1979); Levis (1989); Cain and LeDoux (2007); LeDoux et al (2009); Cain et al (2010); Cain and LeDoux (2008).
61. Cain and LeDoux (2007).
62. Skinner (1938, 1950, 1953); Kanazawa, S. (2010). Common Misconceptions about Science VI: "egative Reinforcement."Psychology Today. Retrieved Oct. 29, 2014, from http://www.psychologytoday.com/blog/the-scientific-fundamentalist/201001/common-misconceptions-about-science-i-egative-reinforcem.
63. Mowrer and Lamoreaux (1946); Miller (1948); McAllister and McAllister (1971); Masterson and Crawford (1982); Levis (1989); Gray (1987).
64. Mowrer and Lamoreaux (1946); Miller (1941, 1948, 1951); Miller (1948); McAllister and McAllister (1971); Levis (1989); Masterson and Crawford (1982).
65. Thorndike (1898, 1913); Olds (1956, 1958, 1977); Olds and Milner (1954); Panksepp (1998).
66. Rescorla and Solomon (1967); Bolles (1975); Bolles and Fanselow (1980); Masterson and Crawford (1982)
67. Ricard and Lauterbach (2007); Hofmann (2008); Dymond and Roche (2009).
68. Schultz (2013); Tully and Bolshakov (2010).

69. Grupe and Nitschke (2013).

70. Borkovec et al (1999).

71. See Thorndike (1913); Cardinal et al (2002); Balleine and Dickinson (1998); Balleine and O'oherty (2010)

72. Church et al (1966); Solomon (1980).

73. LeDoux (2013).

74. Barlow (2002).

75. Dymond and Roche (2009).

76. 의사 결정 연구의 요약을 보려면 다음 문헌을 참조하라. Glimcher (2003); Bechara et al (1997); Levy and Glimcher (2012); Sugrue et al (2005); Rorie and Newsome (2005); Shadlen and Kiani (2013); Rangel et al (2008); Dolan and Dayan (2013); Balleine and Dickinson (1998); Cardinal et al (2002); Balleine (2011); Delgado et al (2008); Delgado and Dickerson (2012); Hartley and Phelps (2012); Dayan and Daw (2008); Rolls (2014).

77. Corbit and Balleine (2005); Holmes et al (2010); Holland (2004); Rescorla (1994). 이 가치 전이 효과의 근간에는 두 가지 동기 처리 과정이 있다. CS가 일반적인 동기 처리 과정을 촉발하고, 그 결과 비특이적 방식으로 행동을 돕는다. 또 CS는 파블로프 US에 특이적인 동기 처리 과정을 촉발할 수도 있다. 이 US에 특이적인 동기가, 도구적 반응(두 경우 모두 음식이거나 전기 자극)의 결과와 동기적으로 맞는 CS가 반응을 더 크게 촉진하는 이유를 설명한다. 특이적 효과를 제외하면 남는 것은 일반적인 동기 효과다.

78. Campese et al (2013).

79. Holmes et al (2010); Volkow et al (2008); Robinson and Berridge (2008).

80. Grupe and Nitschke (2013); Beck and Emery (1985); Barlow (2002).

81. Bindra (1968); Cofer (1972).

82. Gray and McNaughton (2000); Grupe and Nitschke (2013).

83. Kendler et al (2003); Bell (2009); Bevilacqua and Goldman (2013); Gorwood et al (2012); Pavlov et al (2012); Nemoda et al (2011); Mitchell (2011); Congdon and Canli (2008); Casey et al (2011).

84. Blanchard and Blanchard (1988).

85. Gray and McNaughton (2000); Grupe and Nitschke (2013).

86. File et al (2004); Campos et al (2013); Sudakov et al (2013); Davis et al (1997); Davis et al (2010); Belzung and Griebel (2001); Clément et al (2002); Crawley and Paylor (1997); Griebel and Holmes (2013); Kumar et al (2013); Millan (2003); File (1993, 1995, 2001); File and Seth (2003).

87. Erlich et al (2012).

88. Waddell et al (2006); Walker and Davis (1997, 2002, 2008).

89. Millan and Brocco (2003).

90. Gray (1982, 1987); Gray and McNaughton (2000); McNaughton and Corr (2004); McNaughton (1989).

91. Blanchard and Blanchard (1988); Gray and McNaughton (2000).

92. Loewenstein et al (2001). 광범위한 심리학 및 행동경제학 연구 문헌을 조사한 저자들은, 누가 봐도 차선인 결정을 내리는 데 정서가 미치는 영향을 강조하는 "느낌으로서의 위험risk-as-feelings" 가설을 내놓았다. 나는 그들이 "정서"나 "인지"라는 표현을 사용하는 방식에 동의하지 않는다. 그들의 주장과 달리, 나는 그들이 정서 시스템이라고 부르는 것은 사실 생존 회로고, 그들이 인지라고 부르는 것은 인지와 정서(느낌) 처리 과정을 모두 포섭하는 것이라 본다. 그러나 나는 각기 다른 뇌 시스템이 위험을 각기 다른 방식으로 다룬다는 점에서는 그들에 동의한다.

93. 이 표현은 마이클 가자니가가 쓴, 같은 제목의 책에서 빌려온 것이다.

94. Evans (2008); Kahneman (2011); Newell and Shanks (2014).

95. Kahneman (2011); Tversky and Kahneman (1974); Kahneman et al (1982);

96. Tversky and Kahneman (1974); Kahneman et al (1982); Kahaneman (2011).

97. Park et al (2014); Redelmeier (2005); Minué et al (2014); but see Marewski and Gigerenzer (2012).

98. Evans (2010); Evans (2014).

99. Nisbett and Wilson (1977); Wilson (2002); Wilson et al (1993); Bargh (1997); Kihlstrom (1987).

100. Gazzaniga and LeDoux (1978); Gazzaniga (2012); Wilson (2002); Evans (2014).

101. Wegner (2002); Velmans (2000); Bargh and Ferguson (2000); Evans (2010); Greene and Cohen (2004); Gazzaniga (2012).

102. 이 주제는 다음 문헌에서 집중적으로 논의하고 있다. Newell and Shanks (2014). 이들은 무의식적 요인의 중요성을 최소화하지만, 다른 연구자들은 그들의 견해에 강한 비판을 제기하고, 의사 결정에서 무의식적 요인이 담당하는 역할을 지지하는 강력한 증거를 내놓고 있다. 논문 마지막 부분 다음 저자들의 주석을 참조하라. Evans et al, Coppin et al, Ingram and Prochownik, Ogilvie and Carruthers, and Finkbeiner and Coltheart.

103. Gazzaniaga (2012); Jones (2004); Zeki and Goodenough (2004).

04장_ 방어하는 뇌

1. Tolkien (1955).

2. Barres (2008).

3. Behrmann and Plaut (2013).

4. 신피질이라는 이름이 붙은 이유는 진화 과정에서 포유류에 이르러 처음으로 덧붙여진 조직이라고 생각되었기 때문이다 (Edinger, 1908; Ariens Kappers et al, 1936). 그런데 이 견해는 나중에 도전을 받았다 (Nauta and Karten, 1970; Butler and Hodos, 2005; Northcutt, 2001; Reiner, 1990; Jarvis et al, 2005; Striedter, 2005). 오늘날 일부 학자들은 이런 진화론적 함의를 피하기 위해 좀 더 중립적인 "일종피질(isocortex)"이라는 용어를 선호하기도 한다. 그러나 "신피질"이라는 용어가 널리 쓰이고 있으므로, 이 책에서는 이 용어를 사용하기로 한다.

5. 내측 피질 중 5개 층으로 이루어진 부분은 신피질과 이종피질의 중간 단계 피질로 생각된다 (Mesulam and Mufson, 1982; Allman et al, 2001). 그러나 논의를 단순하게 하기 위해 나는 이 중간 단계의 피질과 이종피질을 합쳐서 내측 피질이라 부를 것이다.

6. 신피질의 일부가 내측을 감싸고 들어간다. 그러나 신피질 조직의 대부분은 외측에 자리 잡고 있다.

7. 나는 오랫동안 정서의 변연계 이론에 대한 비판자였다. 이 이론은 에딩거의 뇌 진화 이론에 근거한다 (Edinger, 1908; Ariens Kappers et al, 1936). 그러나 나중에 이 이론은 부정되었다 (Nauta and Karten, 1970; Butler and Hodos, 2005; Northcutt, 2001; Reiner, 1990; Jarvis et al, 2005; Striedter, 2005). 변연계 이론에 대한 다른 비판자들은 다음과 같다. Brodal (1982); Swanson (1983); Kotter and Meyer (1992); Reiner (1990).

8. Goltz (1892).

9. Cannon (1929); Cannon and Britton (1925); Bard (1928).

10. Karplus and Kreidl (1909).

11. Cannon (1929, 1936).

12. Bard (1928); Bard and Rioch (1937).

13. Ranson and Magoun (1939); Eliasson et al (1951); Uvnas (1960); Eliasson et al (1951); Grant et al (1958)

14. Hess and Brugger (1943); Hess (1949); Hunsperger (1956); Fernandez de Molina and Hunsperger (1959); Hoebel (1979); Vaughan and Fisher (1962).

15. Abrahams et al (1960); Abrahams et al (1960).

16. Hilton and Zbrozyna (1963); Hilton (1979); Fernandez de Molina and Hunsperger (1962).

17. Kluver and Bucy (1937); Weiskrantz (1956); MacLean (1949, 1952).

18. See the discussion of innateness in Chapter 2.

19. Hilton (1982).

20. Lindsley (1951).

21. Moruzzi and Magoun (1949).

22. Lindsley (1951).

23. Saper (1987).

24. Flynn (1967); Siegel and Edinger (1981); Panksepp (1971); Zanchetti et al (1972).

25. Sternson (2013); (Wise, 1969); Valenstein (1970).

26. Bandler and Carrive (1988).

27. Deisseroth (2012); Boyden et al (2005); Sternson (2013); Lin et al (2011).

28. Lin et al (2011).

29. Sternson (2013).

30. 설치류 동물에서 포식자의 냄새가 어떻게 내재된 방어 행동을 끌어내는지 많은 것이 알려져 있다 (Gross and Canteras, 2012; Rosen, 2004; Blanchard et al, 1989). 그러나 이 책에서는 자세히 들어가지 않을 것이다.

31. Hebb (1949).

32. Johansen et al (2011); Maren (2005).

33. Hebb (1949); Brown et al (1990); Magee and Johnston (1997); Bliss and Collingridge (1993); Martin et al (2000); Johansen et al (2010).

34. For review see Quirk et al (1996); LeDoux (2002); Maren (2005); Johansen et al (2011); Rogan et al (2001); Paré and Collins (2000); Paré et al (2004).

35. Rodrigues et al (2004); Johansen et al (2011); Maren (2005); Tully and Bolshakov (2010); Sah et al (2008); Rogan et al (2001); Nguyen (2001); Josselyn (2010); Fanselow and Poulos (2005); Schafe and LeDoux (2008)

36. Pitkanen et al (1997); Pitkanen (2000); Amaral et al (1992).

37. Quirk et al (1995, 1997); Repa et al (2001).

38. Paré and Smith (1993, 1994); Royer and Paré (2002).

39. Haubensak et al (2010); Ciocchi et al (2010).

40. Price and Amaral (1981); Hopkins and Holstege (1978); da Costa Gomez and Behbehani (1995).

41. LeDoux et al (1988); Amorapanth et al (1999); Fanselow et al (1995); Kim et al (1993); De Oca et al (1998).

42. Gross and Canteras (2012).

43. LeDoux (1992, 1996); Davis (1992).

44. LeDoux et al (1988); Amorapanth et al (1999).

45. LeDoux et al (1988).

46. Morrison and Reis (1991); Cravo et al (1991); Saha (2005); Macefield et al (2013); Reis and LeDoux

47. 이것은 위에서 설명한, PAG에 가한 전기 자극이 자동적 반응을 이끌어낸 결과와 대조적이다. 그러나 전기 자극은 거짓 양성 결과가 나오기 쉬운 조악한 방법이다. 뇌를 인공적으로 자극해 반응을 이끌어낼 수 있다는 사실이, 더 자연스러운 조건에서도 뇌가 같은 방식으로 기능한다는 의미는 아니다.

48. Kapp et al (1979, 1984); Schwaber et al (1982); Danielsen et al (1989); Pitkanen et al (1997); Pitkanen (2000); Liubashina et al (2002); Veening et al (1984); van der Kooy et al (1984); Takeuchi et al (1983); Higgins and Schwaber (1983).

49. Gray and Bingaman (1996); Gray et al (1989, 1993); Rodrigues et al (2009); Sullivan et al (2004).

50. Sara and Bouret (2012); Bouret and Sara 2005); Foote et al (1983); Aston-Jones and Cohen (2005); Saper et al (2005); Nadim and Bucher (2014); Luchiccchi et al (2014); Holland and Gallagher (1999); Whalen (1998); Weinberger (1982, 1995); Lindsley (1951); Aston-Jones et al (1991); Sears et al (2013); Davis and Whalen (2001).

51. Kapp et al (1992); Weinberger (1995); Sears et al (2013); Davis and Whalen (2001); Holland and Gallagher (1999); Gallagher and Holland (1994); Lee et al (2010); Wallace et al (1989); Van Bockstaele et al (1996); Luppi et al (1995); Bouret et al (2003); Spannuth et al (2011); Samuels and Szabadi (2008).

52. Holland and Gallagher (1999); Whalen (1998); Weinberger (1982, 1995); Lindsley (1951); Aston-Jones et al (1991); Sears et al (2013); Davis and Whalen (2001).

53. Weinberger (1995, 2003, 2007); Armony et al (1998); Apergis-Schoute et al (2014); Morris et al (1998, 2001)

54. Maren et al (2001); Goosens and Maren (2002); Herry et al (2008); Li and Rainnie (2014); Wolff et al (2014).

55. Pascoe and Kapp (1985); Wilensky et al (1999, 2000, 2006); Paré et al (2004); Duvarci et al (2011); Haubensak et al (2010); Ciocchi et al (2010); Li et al (2013); Duvarchi and Paré (2014); Pape and Paré (2010); Penzo et al (2014).

56. Quirk et al (1996); Maren et al (2001).

57. Morgan et al (1993); Morgan and LeDoux (1995); Quirk and Mueller (2008); Quirk et al(2006); Milad and Quirk (2012); Sotres-Bayon et al (2004, 2006); Likhtik et al (2005); Duvarci and Paré (2014).

58. Sotres-Bayon et al (2004); LeDoux (1996, 2002); Morgan et al (1993); Morgan and LeDoux (1995); Quirk and Mueller (2008); Quirk et al (2006); Milad and Quirk (2012); Sotres-Bayon et al (2004, 2006); Lithtik et al (2005); Duvarci and Paré (2014).

59. LeDoux (1996, 2002); Quirk and Mueller (2008); Quirk et al (2006); Milad and Quirk (2012); Sotres-Bayon et al (2004, 2006); Lithtik et al (2005); Duvarci and Paré (2014); Paré and Duvarci (2012); VanElzakker et al (2014); Gilmartin et al (2014); Gorman et al (1989); Davidson (2002); Bishop (2007); Shin and Liberzon (2010); Mathew et al (2008).

60. LeDoux (2013).

61. Phillips and LeDoux (1992, 1994); Kim and Fanselow (1992); Ji and Maren (2007); Maren (2005); Maren and Fanselow (1997); Sanders et al (2003).

62. Frankland et al (1998).

63. LaBar et al (1995); Bechara et al (1995).

64. LaBar et al (1998); Buchel et al (1998).

65. Morris et al (1998, 1999).

66. LaBar and Phelps (2005); Lonsdorf et al (2014); Marschner et al (2008); Chun and Phelps (1999); Huff et al (2011).

67. Schiller et al (2008); Phelps et al (2004); Hartley et al (2011); Kim et al (2011); Quirk and Beer (2006); Milad et al (2007); Delgado et al (2004, 2006, 2008); Schiller and Delgado (2010).

68. Olsson and Phelps (2004).

69. Ostroff et al (2010).

70. Structural plasticity: Lamprecht and LeDoux (2004); Ostroff et al (2010); Bourne and Harris (2012); Bailey and Kandel (2008); Martin (2004).

71. Kandel (1999, 2006).

72. LeDoux (1996, 2002); Cain et al (2010); Choi et al (2010).

73. 반응이 진짜로 도구적인지(목표 지향적인지) 판별하는 기준에 회피 조건형성이 맞는지 의문이 제기되었다 (Bolles 1970, 1972). 우리는 이 오래된 논쟁의 결론을 찾기 위한 실험을 진행 중이다.

74. 이 연구에서, 우리가 획득한 파블로프 조건 형성 결과를 기반으로 나는 신호에 대한 설치류의 적극적 회피로부터 얻은 발견을 강조했다. 다른 작업에 대한 연구도 행해졌는데, 특히 언급할 만한 연구는 회피 학습의 뇌 메커니즘에 대해 많은 정보를 축적한 마이클 가브리엘의 연구다. 그런데 가브리엘은 정서 조절 반응이라기보다 학습을 향한 창으로서의 회피 기능에 더 관심이 많다. 그뿐만 아니라 절차적 차이와 각기 다른 뇌 기능에 대한 강조 때문에 그의 발견은 우리의 연구와 비교해서 평가하기 어렵다. 가브리엘의 연구에 관한 요약은 다음 문헌을 참조하라. Gabriel (1990); Gabriel and Orona (1982); Hart et al (1997).

75. LeDoux (2002).

76. Amorapanth et al (2000).

77. Cain et al (2010); Cain and LeDoux (2007, 2008); Choi et al (2010); Moscarello and LeDoux (2012); Campese et al (2013, 2014); Lazaro-Munoz et al (2010); LeDoux et al (2010); McCue et al (2014); Martinez et al (2013); Galatzer-Levy et al (2014).

78. Choi et al (2010); Moscarello and LeDoux (2013).

79. LeDoux and Gorman (2001).

80. Choi et al (2010); Moscarello and LeDoux (2013).

81. Choi et al (2010); Moscarello and LeDoux (2013).

82. Moscarello and LeDoux (2013).

83. Wendler et al (2014); Lichtenberg et al (2014); Ramirez et al (2015).

84. Delgado et al (2009); Aupperle and Paulus (2010); Schiller and Delgado (2010); Schlund et al (2010, 2011, 2013); Schlund and Cataldo (2010).

85. Cain and LeDoux (2007).

86. Amorapanth et al (2000); Campese, Cain and LeDoux (unpublished data)

87. Everitt and Robbins (2005); Everitt et al (1989); Cardinal et al (2002).

88. Grace et al 2007; Grace and Sesack (2010); Gato and Grace (2008).

89. Berridge (2009); Berridge and Kringelbach (2013); Pecina et al (2006); Castro and Berridge (2014).

90. Lazaro-Munoz et al (2010).

91. Fernando et al (2013); Morrison and Salzman (2010); Savage and Ramos (2009); Balleine and Killcross (2006); Rolls (2005); Holland and Gallagher (2004); Petrovich and Gallagher (2003); Cardinal et al (2002); Everitt et al (1999).

92. Everitt and Robbins (2005, 2013); Everitt et al (2008); Smith and Graybiel (2014); Devan et al (2011); Balleine and O'oherty (2010); Packard (2009); Balleine (2005); Wickens et al (2007).

93. Wendler et al (2014).

94. Barlow (2002); Borkovec et al (2004); Foa and Kozak (1986).

95. See LeDoux and Gorman (2001) and LeDoux (2013).

96. Corbit and Balleine (2005); Holmes et al (2010); Holland (2004); Rescorla (1994).

97. 요약은 다음 문헌을 참조하라. Holmes et al (2010).

98. Talmi et al (2008); Bray et al (2008); Prevost et al (2012); Lewis et al (2013); Nadler et al (2011); Talmi et al (2008).

99. Campese et al (2013, 2014); McCue et al (2014).

100. Morrison and Salzman (2010).

101. Levy and Glimcher (2012); Rolls (2014).

102. Glimcher (2009); Paulus and Yu (2012); Kishida et al (2010); Rangel et al (2008); Bach and Dolan (2012); Bach et al (2011); Toelch et al (2013); Yoshida et al (2013); Clark et al (2008).

103. Alheid and Heimer (1988).

104. Davis et al (1997); Tye et al (2011); Adhikari (2014); Waddell et al (2006).

105. Somerville et al (2010, 2013); Grupe et al (2013).

106. Sink et al (2011, 2013); Davis et al (2010); Walker and Davis (2008); Liu and Liang (2009); Liu et al (2009); Liang et al (2001); Graeff (1994); Waddell et al (2006); Sajdyk (2008).

107. Davis et al (1997, 2010); Davis (2006); Walker and Davis (2008).

108. 요약은 다음 문헌을 참조하라. Whalen (1998); McDonald (1998); Cullinan et al (1993); Alheid et al (1998); Alheid and Heimer (1988); Davis et al (2010); Stamatakis et al (2014); Dong and Swanson (2004a, 2004b, 2006a, 2006b); Dong et al (2001).

109. Poulos et al (2010).

110. Whalen (1998); McDonald (1998); Cullinan et al (1993); Alheid et al (1998); Alheid and Heimer (1988); Davis et al (2010); Stamatakis et al (2014); Dong and Swanson (2004a, 2004b, 2006a, 2006b); Dong et al (2001); Pitkanen et al (1997); Pitkanen (2000).

111. O'eefe and Nadel (1978); Moser et al (2014); Moser and Moser (2008); Kubie and Muller (1991); Muller et al (1987); Hartley et al (2014); Burgess and O'eefe (2011); O'eefe et al (1998); McNaughton et al (1996); Terrazas et al (2005).

112. Gray 1982; Gray and McNaughton (1996, 2000).

113. Anthony et al (2014).

114. Sparks and LeDoux (2000); Treit et al (1990).

115. Johansen (2013).

116. Jennings et al (2013); Kim, S.Y. et al (2013).

117. Risold and Swanson (1996); Swanson (1987); Groenewegen et al (1996, 1997, 1999); Grace et al (2007); Alheid and Heimer (1998); Amaral et al (1992); Pitaken et al (1997); Swanson (1983).

118. Mathew et al (2008); Charney (2003); Patel et al (2012); Vermetten and Bremner (2002); Southwick et al (2007); Yehuda and LeDoux (2007); Shin and Liberzon (2010); Rauch et al (2003, 2006); Dillon et al (2014); Tuescher et al (2011); Protopopescu et al (2005); Grupe and Nitschke (2013); Pitman et al (2001, 2012); Shin et al (2006).

119. Grupe and Nitschke (2013).

120. Nesse and Klaas (1994).

121. Grupe and Nitschke (2013).

122. Beck and Emery (1985); Barlow (2002).

123. Butler and Mathews (1983); Foa et al (1996); Mathews et al (1989); Bar-Haim et al (2007, 2010); Bishop (2007); Beck and Clark (1997); Eysenck et al (2007); Fox (1994); McTeague et al (2011); Bradley et al (1999); Buckley et al (2002); Öhman et al (2001); Mogg and Bradley (1998); Mineka et al (2012).

124. Rosen and Schulkin (1998); Sakai et al (2005); Semple et al (2000); Chung et al (2006); Furmark et al (2002); Atkin and Wager (2007); Nitschke et al (2009); Lorberbaum et al (2004); Guyer et al (2008).

125. Weinberger (1995); Kapp et al (1992); Davis and Whalen (2001).

126. Kalisch and Gerlicher (2014); Berggren and Derakshan (2013); Cisler and Koster (2010); Etkin et al (2011); Erk et al (2006); Vuilleumier (2002).

127. Etkin et al (2004); Schiller et al (2008); Hartley and Phelps (2010); Milad and Quirk (2012).

128. Lissek et al (2005, 2009); Woody and Rachman (1994); Grillon et al (2008, 2009); Jovanovic et al (2010, 2012); Waters et al (2009); Jovanovic and Norrholm (2011); Corcoran and Quirk, 2007; Maren et al (2013).

129. Gorman et al (2000).

130. Morgan et al (1993); LeDoux (1996, 2002); Morgan et al (1993); Sotres-Bayon et al (2004); Hartley and Phelps (2010); Quirk and Mueller (2008); Kolb (1990); Rolls (1992); Frysztak and Neafsey (1991); Markowska and Lukaszewska (1980); Goldin et al (2008); Delgado et al (2008); Hermann et al (2014); Grace and Rosenkranz (2002); Salomons et al (2014).

131. Jacobsen (1936); Mark and Ervin (1970); Teuber (1964); Nauta (1971); Myers (1972); Stuss and Benson (1986); Damasio et al (1990); Fuster (1989); Morgan et al (1993); LeDoux (1996, 2002); Milad and Quirk (2012); Sehlmeyer et al (2011); Rauch et al (2006); Likhtik et al (2005); Gilboa et al (2004); Barad (2005); Urry et al (2006); Milad et al (2014); Graham and Milad (2011).

132. Beck and Emery (1985); Barlow (2002); Borkovec et al (2004); Foa and Kozak (1986); Lovibond et al (2009).

133. 위 사례들의 출처는 다음과 같다. Grupe and Nitschke (2013).

134. Aupperle and Paulus (2010); Shackman et al (2011).

135. Straube et al (2006); Hauner et al (2012); de Carvalho et al (2010); Schienle et al (2007); Klumpp et al (2013, 2014).

136. Yook et al (2010); Dupuy and Ladouceur (2008); Carleton (2012); Reuther et al (2013); Whiting et al (2014); McEvoy and Mahoney (2012); Mahoney and McEvoy (2012).

137. Somerville et al (2010); Bechtholt et al (2008); Grillon et al (2006); Baas et al (2002); Straube et al (2007); Alvarez et al (2011); Adhikari (2014).

138. Butler and Mathews (1983, 1987); Foa et al (1996); Gilboa-Schechtman et al (2000); Borkovec et al (1999); Stöber (1997); Mitte (2007); Volz et al (2003); Knutson et al (2005); Preuschoff et al (2008); Padoa-Schioppa and Assad (2006); Peters and Büchel (2010); Plassmann et al (2010); Rangel and Hare (2010); Schoenbaum et al (2011); Wallis (2012); Gottlich et al (2014).

139. Shackman et al (2011).

140. 요약은 다음 문헌을 참조하라. Grupe and Nitschke (2013).

05장_ 우리의 정서는 동물 조상에게서 온 것일까?

1. Tinbergen (1951), pp. 4-5.

2. Darwin (1872).

3. Darwin (1859).

4. Duchenne (1862).

5. Schott (2013)에 따르면, 뒤셴은 고대 조각가들이 정서 표현에서 얼굴 근육의 역할에 관해 갖고 있던 관점이 조금 부정확했다고 밝혔다.

6. Plutchick (1980), p. 3.

7. Keller (1973), p. 49.

8. Oliver Sacks (2014)는 뉴욕 서평New York Review of Books에 기고한 글에서 채소 곰팡이와 벌레의 습관에 관한 다윈의 책 (1881)을 인용했다.

9. Darwin, Knoll (1997)에 인용, p. 15.
10. Romanes (1883).
11. Romanes (1882). Keller (1973)에 인용, p. 49.
12. Keller (1973), p. 49.
13. See Kennedy (1992); Mitchell et al (1996).
14. Knoll (1997).
15. Heyes C (1994, 1995, 2008).
16. Morgan (1890 - 1891).
17. Paraphrased from Keller (1973), p. 51.
18. Keller (1973), p. 40.
19. Keller (1973), p. 51.
20. 이 구절은 다음 문헌에 기초한 것이다. Boring (1950).
21. Wundt (1874).
22. James (1890).
23. James (1884).
24. Thorndike (1898).
25. Donahoe, J.W. (1999).
26. Keller (1973)에 요약되어 있다.
27. Watson (1913, 1919, 1925).
28. Skinner (1938).
29. Watson (1925).
30. Skinner (1938, 1974).
31. Tolman (1932, 1935); Hull (1943).
32. Mowrer (1939, 1940, 1960); Mowrer and Lamoreaux (1942, 1946), Miller (1948); Dollard and Miller (1950)
33. McAllister and McAllister (1971); Masterson and Crawford (1982); Bolles and Fanselow (1980).
34. Skinner (1938).
35. Hess (1962), p. 57.
36. Sheffield and Roby (1950); Cofer (1972).
37. Berridge (1996); Berridge and Winkielman (2003); Castro and Berridge (2014); Winkielman et al (2005).
38. Morgan (1943); Stellar (1954); Konorski (1948, 1967); Hebb (1955); Bindra (1969); Rescorla and Solomon (1967).
39. LeDoux (2012, 2014).
40. LeDoux (2012, 2014).
41. "선천성"에 관한 논의는 3장을 참조하라.
42. Tompkins (1962, 1963).
43. Izard (1971, 1992, 2007).
44. Ekman (1977, 1984, 1999); Ekman and Friesen (1975).
45. Panksepp (1980, 1998); Johnson-Laird and Oatley (1992).
46. Ekman (1980, 1984, 1992a, 1992b, 1993).
47. Aoki et al (2014); Sabatinelli et al (2011).
48. http://www.nytimes.com/2009/02/15/weekinreview/15marsh.html?partner=rss&emc=rss&pagewant

ed=all&_r=0.

49. http://www.fastcompany.com/1800709/human-lie-detector-paul-ekman-decodes-faces-depression-terrorism-and-joy.

50. Lie to Me, on Fox. http://www.imdb.com/title/tt1235099/; http://www.theguardian.com/lifeandstyle/2009/may/12/psychology-lying-microexpressions-paul-ekman.

51. 심리학에서 기본 정서에 관해 알고 싶다면 다음을 참조하라. Tracy and Randles (2011).

52. Scarantino (2009) and Prinz (2004) survey the philosophy of basic emotions.

53. Ortony and Turner (1990); Barrett (2006); Barrett et al (2007); LeDoux (2012).

54. Leys (2012).

55. Russell (1994).

56. Scherer and Ellgring (2007).

57. Rachel Adelson, "Detecting Deception," http://www.apa.org/monitor/julaug04/detecting.aspx. Retrieved Nov. 21, 2014.

58. Barrett et al (2006, 2007).

59. Barrett et al (2006, 2007); Russell (2009).

60. Mandler and Kessen (1959).

61. Discussed in LeDoux (2012).

62. Ekman (2003).

63. Panksepp (1998, 2005, 2012).

64. Damsio and Carvalho (2013).

65. Mineka and Ohman (2002); Ohman and Mineka (2001).

66. Cosmides and Tooby (1999, 2013); Tooby and Cosmides (2008).

67. 그중 한 예외가 로버트 레벤슨Robert Levenson이다.

68. Panksepp (1998, 2005, 2012); Panksepp and Panksepp (2013); Vandekerckhove and Panksepp (2009, 2011).

69. Panksepp (1998), p. 234.

70. 판크세프의 논문에 추가로 동료인 Douglass Watt (Watt, 2005)의 글과, 동물의 의식에 관한 "선언문declaration"에도 그의 견해가 나타나 있다. 선언문에는 판크세프 외에도 2012년 케임브리지 대학교에서 열린 학회에 참여한 많은 참가자들의 서명이 들어가 있다. 다음 링크에 최초로 공개된 Low et al (2012)의 글에 주목하라. http://fcmconferenceorg/. Churchill College, University of Cambridge. 글은 인터넷에서 삭제되었고, 2014년 12월 24일 다음 주소에서 다시 공개되었다. http://fcmconference.org/img/CambridgeDeclarationOnConsciousness.pdf.

71. Panksepp (1998).

72. Panksepp (1998), p. 122.

73. Panksepp (1998), p. 26.

74. Panksepp (1998), p. 208.

75. Panksepp (1998), p. 213.

76. 판크세프는 정서 지시 시스템을 대문자로 표기했다 (예로 FEAR). 그러나 나는 단순성을 위해 정서 지시 시스템을 소문자로 표기했다.

77. Sternson (2013); Lin et al (2011).

78. Panksepp (1998, 2011); Panksepp and Panksepp (2013).

79. Heath (1954, 1963, 1972); Heath and Mickle (1960).

80. Panksepp (1998), p. 213.
81. Vandekerckhove and Panksepp (2009, 2011).
82. Panksepp (1998).
83. Panksepp (1998), p. 214.
84. Heath (1954, 1963, 1972); Heath and Mickle (1960).
85. Crichton (1972).
86. Percy (1971).
87. 논란의 요약을 보려면 다음 문헌을 참조하라 (Baumeister, 2000, 2006). 계획의 주된 목표가 환자 치료가 아니라 연구 수행이었기 때문에, 그는 연구에 참여하겠다는 환자의 동의를 얻었는지가 핵심 쟁점이라고 지적했다. 사전 동의 기준이 오늘날 크게 높아졌지만, 당시의 낮은 기준으로도 적절한 동의를 얻지 않고 진행한 것으로 보인다고 바우마이스터는 결론 내렸다.
88. 다음 사례들을 참조하라. Gloor et al (1982); Halgren (1981); Halgren et al (1978); Lanteaume et al (2007); Nashold et al (1969); Sem-Jacobson (1968).
89. Baumeister (2006).
90. Berridge and Kringelbach (2008, 2011).
91. Panksepp (1998), p. 214.
92. Halgren (1981); Halgren et al (1978).
93. Halgren (1981); Halgren et al (1978).
94. Berrios and Markova (2013).
95. Lindsley (1951); Aston-Jones et al (1986, 1991, 2000); Saper (1987).
96. Festinger (1957); Schachter and Singer (1962).
97. Festinger (1957); Schachter and Singer (1962); Nisbett and Wilson (1977); Wilson (2002); Kelley (1967).
98. Schachter and Singer (1962).
99. Hooper and Teresi (1991), pp. 152 - 161.
100. LeDoux et al (1977); Gazzaniga and LeDoux (1978).
101. Heath (1964), p. 78.
102. James (1884, 1890).
103. Cannon (1927, 1929, 1931).
104. 정서에서 신체 되먹임의 특이성에 관한 현재 연구 상황과 역사의 요약은 다음 문헌을 참조하라. Friedman (2010), Critchley et al (2001, 2004), Nicotra et al (2006). 이 연구들은 몇 가지 특이성이 있음을 보여주었지만, 그와 같은 되먹임이 느낌에 꼭 필요한지 여부는 확신하기 어렵다.
105. Tomkins (1962, 1963); Izard (1971, 1992, 2007).
106. Whissell (1985); Buck (1980).
107. Damasio (1994).
108. Damasio (1994, 1999); Damasio et al (2013); Damasio and Carvalho (2013).
109. Damasio (1994); Damasio and Carvalho (2013).
110. Damasio (1996).
111. Damasio (1999); Damasio and Carvalho (2013); Craig (2002, 2003, 2009).
112. McEwen and Lasley (2002); Sapolsky (1996).
113. McGaugh (2003).
114. Damasio (1994).
115. Damasio et al (2000).

116. Damasio et al (2013); Damasio and Carvalho (2013); Philippi et al (2012).
117. Craig (2002, 2003).
118. Craig (2009).
119. Gu et al (2013); Morris (2002); Critchley (2005, 2009); Jones et al (2010); Medford and Critchley (2010); Singer et al (2004); Singer (2006); Singer (2007).
120. Damasio et al (2013); Damasio and Carvalho (2013).
121. Philippi et al (2012).
122. Laureys and Schiff (2012).
123. Damasio et al (2000).
124. Mobbs et al (2007).
125. Damasio and Carvalho (2013).
126. Damasio and Carvalho (2013).
127. Damasio and Carvalho (2013).
128. Dickinson (2008).
129. Balleine and Dickinson (1991); Balleine et al (1995); Balleine (2005); Balleine and Dickinson (1998).
130. Gould and Lewontin (1979).
131. Dickinson (2008).
132. Summarized in Keller (1973).
133. Panksepp (1998), p. 38.
134. Everitt and Robbins (2005); Dickinson (2008); Castro and Berridge (2014); Winkielman and Berridge (2004).
135. Huber et al (2011); Baxter and Byrne (2006); Brembs (2003).
136. Johansen et al (2014).
137. Whitten et al (2011).
138. Berridge (1996); Berridge and Winkielman (2003); Castro and Berridge (2014).
139. Winkielman et al (2005).
140. Berridge and Winkielman (2003); Cabanac (1996).
141. Schultz (1997, 2002); Baudonnat et al (2013); Schultz (2013); Doll et al (2012); Berridge (2007); Dalley and Everitt (2009).
142. "Reward Lasers." The Connectome, http://theconnecto.me/2012/03/reward-lasers/. Retrieved October 30, 2014. "By hooking rats up to a tiny fiber-optic cable and firing lasers directly into their brains, a team led by Garret D. Stuber at the University of North Carolina at Chapel Hill School of Medicine were able to isolate specific neurochemical shifts that cause rats to feel pleasure or anxiety—and switch between them at will."
143. http://www.dailymail.co.uk/sciencetech/article-2347921/Why-love-chocolate-The-sweet-treat-releases-feel-good-chemical-dopamine-brains-causing-pupils-dilate.html; http://www.news-medical.net/health/Dopamine-Functions.aspx Retrieved Dec. 23, 2014.
144. Everitt and Robbins (2005); Castro and Berridge (2014); Winkielman and Berridge (2004).
145. Huber et al (2011); Baxter and Byrne (2006); Brembs (2003); Bendesky et al (2011); Bendesky and Bargmann (2011); Lebetsky et al (2009); Bargmann (2006, 2012); Hawkins et al (2006); Kandel (2011); Byrne et al (1993); Glanzman (2010); Martin (2002, 2004).
146. 이것은 도파민이 동물 내에서 쾌감을 낳을 가능성보다 더 터무니없다고 볼 수 있지만, 그렇다고 입증하기 쉽지도 않다.

147. Berridge (2007).

148. van Zessen et al (2012).

149. "Reward Lasers." The Connectome. http://theconnecto.me/2012/03/reward-lasers/. Retrieved October 30, 2014.

150. McCarthy et al (2010); Baker et al (2004a, 2004b); Wiers and Stacy (2006).

151. Lamb et al (1991).

152. Fischman (1989); Fischman and Foltin (1992).

153. Koob (2013).

154. McCarthy et al (2010); Baker et al (2004a, 2004b); Wiers and Stacy (2006).

155. 통증에 대한 최면의 긍정적 효과에 관한 요약은 미국 심리학회 사이트를 참조하라. http://www.apa.org/research/action/hypnosis.aspx Retrieved Nov. 17, 2014; Spiegel (2007); Butler et al (2005).

156. Hoeft et al (2012).

157. Fernandez and Turk (1992); Price and Harkins (1992); Rainville et al (1992).

158. 쾌락과 고통의 전용 감각 처리 시스템에 대한 의존성이 이 상태를 다른 고전적인 정서들(공포, 분노, 즐거움, 사랑, 공감 같은)과 구분시킨다. 두 가지 상태 모두 의식 가능한 뇌에서 의식적으로 느낄 수 있지만, 그렇다고 쾌락과 고통이 전통적인 정서들과 같다는 뜻은 아니다.

159. Barrett (2006); Barrett et al (2007); Russell (2009).

160. LeDoux (2012, 2014).

06장_ 의식의 물리학

1. Maugham (1949).

2. 생물 의식 대 정신적 상태 의식에 관한 논의는 다음 문헌을 참조하라. Piccinini (2007); Rosenthal (2002).

3. 다른 이들의 정의와 정확히 같지는 않겠지만, 이것이 내가 말하는 생물 의식과 정신적 상태 의식이다.

4. 동물 의식에 관한 다양한 견해는 다음 문헌을 참조하라. Panksepp (1998, 2005, 2011); Dixon (2001); Edelman and Seth (2009); Bekoff (2007); Griffin (1985); Heyes (2008); Shea and Heyes (2010); Weiskrantz (1995); Masson and McCarthy (1996); Dickinson (2008); Grandin (2005); Singer (2005); Jane Goodall's Introduction in Hatkoff (2009), p. 13; LeDoux (2008, 2012, 2014, 2015).

5. Gross (2013); Gallup (1991); Hampton (2001); Griffin (1985); Burghardt (1985, 2004); Jane Goodall's Introduction in Hatkoff (2009), p. 13; Interview with primatologist Frans de Waal, http://www.wonderlance.com/february2011_scientech_fransdewaal.html. Retrieved Nov. 5, 2014; Goodall (2013), "Should Apes Have Legal Rights?" The Week, http://theweek.com/article/index/247763/should-apes-have-legal-rights. Retrieved Nov. 5, 2014.

6. Panksepp (1998).

7. Clayton and Dickinson (1998).

8. Panksepp (1998, 2011); Damasio (1994, 1999, 2010), Vandekerckhove and Panksepp (2009, 2011).

9. Edelman and Seth (2009).

10. http://www.plantconsciousness.com/. retrieved Nov. 5, 2014; http://forums.philosophyforums.com/threads/are-cells-conscious-52606.html, retrieved Nov. 5, 2014.

11. Tononi (2005); Chalmers (2013).

12. Dennett (1991); Churchland PM (1984, 1988a, 1988b); Churchland PS (1986, 2013); Graziano (2013); Lamme (2006).

13. Descartes (1637, 1644).

14. Descartes (1637); Shugg (1968); Rosenfield (1941); Haldane and Ross (1911).

15. Boring (1950).

16. Watson (1913, 1919, 1925).

17. Strachey (1966 – 74).

18. Gardner (1987).

19. Neisser (1967).

20. Lashley (1950).

21. Bargh (1997); Bargh and Ferguson (2000); Bargh and Morsella (2008); Wilson (2002); Wilson and Dunn (2004); Jacoby (1991); Kihlstrom (1987); Ohman (1988, 2002); Ohman and Soares (1991); Ohman and Mineka (2001); Ohman et al (2000); Mineka and Ohman (2002); Phelps (2006).

22. Freud (1915).

23. Dehaene et al (2006).

24. Frith et al (1999); Naccache and Dehaene (2007); Weiskrantz (1997); Dehaene et al (2003); Dehaene and Changeux (2004); Sergent and Reis (2007); Koch and Tsuchiya (2007).

25. Descartes (1637); Shugg (1968).

26. Dennett (1991).

27. Dennett (1991); Jackendoff (2007); Wittgenstein (1958); Alanen (2003).

28. Lazarus and McCleary (1951).

29. Shimojo (2014); Kouider and Dehaene (2007); Macknik (2006).

30. 이 다양한 연구에서 떠오르는 한 가지 문제는, 피험자가 자극을 자각하지 못한 것이 아니라 자각을 부정하거나(마스킹이나 뇌 손상 때문에) 자각이 약해진 것임을 어느 정도까지로 봐야하느냐다. 사람들이 자각하지 못한다고 주장할 때 그것이 어느 정도인가 하는 문제의 답을 얻기 위해 다양한 대안적 측정 방법이 제기되었다. 예를 들어 한 방법에서는, 피험자가 자극을 자각할 가능성을 체계적으로 조절하면서 자극을 제공해, 피험자들로 하여금 자극을 보았는지 보지 못했는지에 대한 자신의 판단에 대한 확신에 등급을 매기도록 요구했다. 확신할 수 있는 능력이 자각이 가능했는지 여부를 어느 정도 알려줄 수도 있겠지만, 이는 완전한 의식적 경험과 다르다. 약한 의식이 선택에 영향을 줄 수 있다는 주장도 그리 설득력이 없다. 왜냐하면 다음과 같은 순환적 논리에 귀결되기 때문이다. 만일 약한 의식이 선택에 영향을 주었다면, 피험자는 그것을 자각했음이 틀림없다는 식으로 말이다. 자극의 무의식적 입력이 사실은 약화된 의식적 지각이라는 주장에 대해서는 다음 문헌을 참조하라. Szczepanowski and Pessoa (2007); Mitchell and Greening (2012). 비의식적 입력이라는 주장에 대해서는 다음 문헌을 참조하라. Merikle et al (2001); Kouider and Dehaene (2007). 아예 없거나 전부라기보다 어느 정도 점진적인 상태로 의식이 존재하는 것은 사실이겠지만, 약한 의식(예로 "스크린에 과일이 있었던 것 같기도 해요")은 완전한 의식적 경험(예로 "나는 벌레 먹은 자국과 꼭지가 있는 빨간 사과를 봤어요")과는 다르다. 경험된 감각질이 완전히 다르다.

31. 한 가지 방법은 쌍안경으로 이미지를 제공하는 것이다. 쌍안경의 양쪽 눈에 각기 다른 이미지를 보여주면 피험자는 한 번에 한 가지 이미지만 의식적으로 자각할 수 있다. 이 방법으로 "보지 못한" 이미지의 효과를 평가할 수도 있다 (Maier et al, 2012). 또 다른 방법은 연속 인상 억제continuous flash suppression와 관련된 방법이다 (Yang et al, 2014; Sterzer et al, 2014). 지금까지 고려한 대부분의 연구 방법에서 의식은 아예 없거나 전부인 상태로 간주되었다. 최근 일부 연구자들이 의식을 연속선상에서 봐야 하지 않겠냐고 의문을 제기하고 있다. 이 견해에 따르면 우리는 자극을 "보았느냐" 혹은 "보지 못했느냐"고 묻는 대신, 봤는지 못 봤는지에 얼마나 확신을 갖고 있는지를 물어야 한다 (Sahraie et al, 1998; Tunney, 2005). 이는 여전히 언어 보고이고 따라서 주관적 측정 방법이다. 다른 연구자들은 뭔가를 봤다는 것에 내기를 걸게 함으로써 자각의 정도를 좀 더 직접적으로 측정할 수 있다고 주장한다 (Persaud et al, 2007; Seth et al, 2008). 그러나 이 방법의 문제점 역시 제기되었다(Overgaard et al, 2010).

32. Romanes (1882, 1883); Jane Goodall's Introduction in Hatkoff (2009), p. 13. 왜 복잡한 행동이 의식의 증거가 아닌지에 대한 설명은 다음 문헌을 참조하라. Smith et al (2012); Fleming et al (2012); Wynne (2004); Harley (1999).

33. 이 방법의 위험성은 앞 장들에서 살펴본 결과들이 보여주고 있다. 파블로프 위협 조건형성을 받은 사람들은 종종 CS와 US, 그리고 둘 사이의 관계를 자각한다. 그러나 이런 지식이 조건 반응을 이끌어내는 CS의 능력의 원인이 되지는 않는다 (8장 참조).

34. Amsterdam (1972).

35. Povinelli et al (1997); Reiss and Marino (2001); Uchino and Watanabe (2014); Plotnik et al (2006); Gallup (1991); Keenan et al (2003).

36. Heyes (1994, 1995, 2008).

37. 헤이스(Heyes, 2008)는 의식 상태와 비의식 상태를 구별하는 대안적 가설들에 대한 검사를 이용하는 연구와 (Hampton, 2001) 동물이 의식을 갖고 있다는 가정에서 출발해 이 능력이 몇 가지 조작에 의해 어떤 영향을 받는지 판별하고자 하는 연구 사이의 차이점을 강조했다. (Cowey and Stoerig, 1995; Leopold and Logothetis, 1996). Smith et al (2012)도 이 문제를 논의했다.

38. Weiskrantz (1977); Weiskrantz (1997), p. 75.

39. Cowey and Stoerig (1992), pp. 11 - 37.

40. Weiskrantz (1997), p. 75.

41. Smith et al (2012); Hampton (2009); Shea and Heyes (2010); Smith (2009).

42. Metcalfe and Shimamura (1994); Flavell (1979); Kornell (2009); Terrace and Metcalfe(2004).

43. Sahraie et al (1998); Tunney (2005).

44. Persaud et al (2007).

45. Persaud et al (2007).

46. Seth (2008); Overgaard et al (2010).

47. Smith et al (2012).

48. Crystal (2014); Heyes (2008); Fleming et al (2012); Wynne (2004); Harley (1999).

49. Smith et al (2012).

50. Tulving (2001, 2005).

51. Tulving (2005).

52. Tononi and Koch (2015)

53. Frith et al (1999).

54. Dennett (1991).

55. Edelman (1989); Jackendoff (2007); Wittgenstein (1958); Alanen (2003); Carruthers (1996, 2002); Macphail (1998, 2000); Bridgeman (1992); Chafe (1996); Fireman et al (2003); Lecours (1998); Ricciardelli (1993); Searle (2002); Sekhar (1948); Stamenov (1997); Subitzky (2003); Clark (1998). Bloom (2000); Rosenthal (1990b).

56. Rolls (2008).

57. Preuss (1995, 2001); Wise (2008).

58. Semendeferi et al (2011); Barbey et al (2012); Gazzaniga (2008); Preuss (2001); Wise (2008); Bendarik (2011); Falk (1990).

59. Gazzaniga and LeDoux (1978); Gazzaniga (2008).

60. 그러나 그들은 사회적 상황에서 언어를 이용해 학습하는 능력이 결여되었으며, 그 이유로 고통 받을 수 있다. 올리버 색스 (Sacks, 1989)가 그 결과에 대해 설명했다.

61. LeDoux (2008). 다른 사람들도 이와 비슷한 생각을 나타냈다. Jackendoff (1987, 2007); Dennett (1991).
62. Wittgenstein (1958), p. 223.
63. http://www.theconsciousnesscollective.com/. Retrieved Nov. 6, 2014.
64. New York Times article on Qualia Fest.
65. Nagel (1974).
66. Chalmers (1996). 차머스가 이 책을 쓸 당시 그는 샌터 크루즈의 캘리포니아 대학교에 있었다.
67. Chalmers (1996); Block (2007).
68. 2015년 2월 19일 차머스가 나에게 보낸 이메일에 적힌 내용이다.
69. Edelman (2004); Block (2007); Papineau (2002); Dennett (1991); Rosenthal (1990a, 1993, 2005); Humphrey (2006).
70. 의식을 좀 더 광범위하게 검토한 이론과 논의를 찾아보려면 다음 문헌을 참조하라. Seth et al (2008); Searle (2000); Seth (2009); Flanagan (2003); Hobson (2009); Edelman (2001, 2004); Hameroff and Penrose (2014); Tononi (2012); Metzinger (2008); Hurley (2008); O"Regan and Noë (2001); Papineau (2008); Humphrey (2006); Noe (2012); Greenfield (1995).
71. Johnson-Laird (1988, 1993); Dennett (1991); Norman and Shallice (1980); Shallice (1988); Baddeley (2000, 2001);Gardiner (2001); Schacter (1989, 1998); Schacter et al (1998); Frith et al (1999); Frith and Dolan (1996); Frith (1992, 2008); Courtney et al (1998).
72. Hassin et al (2009); Kintsch et al (1999); Cowan (1999); O'eilly et al (1999); Ellis (2005); Ercetin and Alptekin (2013).
73. Rosenthal (2005; 2012); Armstrong (1979); Carruthers (1996, 2002, 2009, 2014); Lycan (1986, 1995).
74. Rosenthal (2005, 2012).
75. Rosenthal (2005, 2012).
76. Sekida (1985), p. 110.
77. Heyes (2008).
78. Cleeremans (2008, 2011).
79. Dennett (1991).
80. Gazzaniga (1988, 1998, 2008, 2012).
81. Weiskrantz (1997); Dehaene and Changeux (2004).
82. Weiskrantz (1997), p. 167.
83. Baars (1988, 2005); Baars et al (2013); Baars and Franklin (2007); Cho et al (1997).
84. Dehaene and Changeux (2004, 2011); Dehaene et al (1998, 2003); Dehaene and Naccache (2001).
85. Murray Shanahan and Bernard Baars; comment in Block (2007).
86. Brentano (1874/ 1924); Metzinger (2003); Burge (2006); Block (2007).
87. Block (2007), p. 485.
88. Block (1990, 1992, 1995a, 1995b, 2002, 2007).
89. Block (1990, 1992); he has since proposed calling phenomenal consciousness simply phenomenology.
90. Block (2007).
91. 최신 연구들은 주의 전 감각 기억이 의식적 지각의 경험과 비슷한 방식으로 표상에 관여할 수 있음을 보여주었지만 (Vandenbroucke et al, 2012), 이것이 주의 전 감각 처리 과정이나 기억이 의식적으로 경험됨을 입증하지는 않는다.
92. Naccache and Dehaene (2007).
93. Desimone (1996); Miller and Desimone (1996); Miller et al (1996).
94. Zeman (2009).

95. Putnam (1960).
96. Fodor (1975).
97. Crick and Koch (1990, 1995, 2003); Koch (2004).
98. Livingston (2008); Purves and Lotto (2003).
99. Critchley (1953).
100. Humphrey (1970, 1974); Cowey and Stoerig (1995); Stoerig and Cowey (2007).
101. Weiskrantz (1997).
102. Milner and Goodale (2006).
103. Weizkrantz (1997).
104. Ungerleider and Mishkin (1982); Milner DA and Goodale M (2006).
105. Frith et al (1999); Rees and Frith (2007); Lau and Passingham (2006); Dehaene and Naccache (2001); Dehaene et al (2003).
106. Meyer (2011).
107. Persaud et al (2011); Lau and Passingham (2006).
108. Vuilleumier et al (2008); Del Cul et al (2009); Pascual-Leone and Walsh (2001).
109. Weiskrantz (1997); Wheeler et al (1997); Courtney et al (1998); Knight and Grabowecky (2000); Maia and Cleeremans (2005); Bor and Seth (2007); Mazoyer et al (2001).
110. Edelman (1987).
111. Geschwind (1965a, 1965b); Jones and Powell (1970); Mesulam et al (1977); Damasio (1989).
112. Fuster (1985, 1991, 2006); Fuster and Bressler (2012); Goldman-Rakic (1995, 1996); Levy and Goldman-Rakic (2000).
113. Crick and Koch (1990, 1995, 2003); Koch (2004).
114. 코흐가 최근 실시한 연구는, 시각적 지각이 일어나는 동안 시각 피질과 전전두 네트워크 사이의 기능적 연결성의 변화가 의식에서 원거리 연결의 중요성을 뒷받침해준다는 것을 보여주었다 (Imamoglu et al, 2012).
115. Meyer (2011).
116. 그러나 코흐는 전전두 피질이 손상된 경우, 시각 피질은 인지적 접근 없이도 단순한 종류의 현상적 의식을 만들 수 있다고 주장했다 (Christof Koch and Naotsugu Tsuchiya, comment in Block, 2007). 그는 또 주의와 의식의 불일치를 강조하고 있다.
117. Edelman (1987, 1989, 1993).
118. Gaillard et al (2009).
119. Lamme (2006); van Gaal and Lamme (2012).
120. Tononi (2005, 2012).
121. Rosenthal (2012).
122. Dehaene et al (2006).
123. Block (2005).
124. See Block (2007).
125. Block (2007).
126. Rees et al (2000, 2002); Driver and Vuilleumier (2001).
127. Berger and Posner (2000); Mesulam (1999); Critchley (1953).
128. 그들은 또한 전장claustrum뿐만 아니라 일부 시상 영역도 기여할 수 있다고 주장한다.
129. See responses to Block (2007).
130. Lau and Brown. http://consciousnessonline.com/2012/02/17/empty-thoughts-an-explainatory-

problem-for-higher-order-theories-of-consciousness/. Retrieved Jan. 20, 2015.

131. Davies, M., http://www.mkdavies.net/Martin_ Davies/Mind_files/Ischia1.pdf. Retrieved Jan. 20, 2015.

132. 또 다른 옥스퍼드 대학교의 철학자인 니콜라스 시어Nicholas Shea는 좀 더 긍정적인 입장을 취했다 (Shea, 2012). 그는 현상적 의식이 자연적인 것임을 보여주려 했고, 그 생각을 검증할 방법을 제안하기도 했다.

133. Zeman (2009).

134. Papineau (2008).

135. Merker (2007).

136. Dickinson (2008).

137. Merker (2007).

138. Renier et al (2014); Sadato (2006); Neville and Bavelier (2002); Sur et al (1999).

139. Lennenberg (1967); Basser (1962); Vanlancker-Sidtis (2004).

140. Vandekerckhove and Panksepp (2009).

141. Vandekerckhove and Panksepp (2011).

142. Dickinson (2008); Smith et al (2012); Fleming et al (2012); Wynne (2004); Harley (1999); Weiskrantz (1997).

143. Bor and Seth (2012); Prinz (2012); Baars (1988, 2005); Johnson-Laird (1988, 1993); Frith et al (1999); Frith and Dolan (1996); Frith (1992, 2008); Schacter (1989, 1998); Schacter et al (1998); Dehaene et al (2003); Dehaene and Changeux (2004); Naccache and Dehaene (2007).

144. Carretie (2014); Han and Marois (2014); Ansorge et al (2011); Jonides and Yantis (1988); Abrams and Christ (2003); Ohman and Mineka (2001); Vuilleumier and Driver (2007).

145. Prinz (2012); Bor and Seth (2012).

146. Cohen et al (2012).

147. van Boxtel et al (2010); Cohen et al (2012); Hassin et al (2009); Soto et al (2011).

148. Tsuchiya and Koch (2009); Ansorge et al (2011); Kiefer (2012).

149. van Gaal and Lamme (2012); Thakral (2011).

150. Behrmann and Plaut (2013).

151. Goldman-Rakic (1987, 1995, 1999); Fuster (1989, 2000, 2003); Curtis (2006); Miller and Cohen (2001); Bor and Seth (2012).

152. Faw (2003); Goel and Vartanian (2005); Barde and Thompson-Schill (2002); Muller et al (2002); D'sposito et al (1999); Duncan and Owen (2000).

153. Rolls et al (2003); Rolls (2005); Kringelbach (2008); Damasio (1994, 1999); Faw (2003); Damasio (1994, 1999); Medford and Critchley (2010); Posner and Rothbart (1998) Mayr (2004); Vogt et al (1992); Devinsky et al (1995); Shenhav et al (2013); Carter et al (1999); Oakley (1999); Reinders et al (2003); Ochsner et al (2004); Medford and Critchley (2010); Hasson et al (2007); Crick and Koch (2005); Craig (2002, 2003, 2009, 2010); Bechara et al (2000); Clark et al (2008); Damasio et al (2013); Philippi et al (2012); Damasio and Carvalho (2013); Hinson et al (2002); Critchley et al (2004); Critchley (2005); Smith and Alloway (2010); Thomson (2014); Stevens (2005).

154. 다음 사례를 참고하라. Phillipi et al (2012).

155. Cotterill (2001); O'eefe (1985); Gray (2004); Kandel (2006).

156. van Gaal and Lamme (2012).

157. Demertzi et al (2013).

158. Demertzi et al (2011).

159. Crick and Koch (2003).

07장_ 개인의 문제: 기억은 의식에 어떻게 영향을 미칠까?

1. Butler (1917).
2. 올더스 헉슬리가 한 말이라고 전해지지만, 출처는 확실하지 않다. Aldous Huxley Quotes. Quotes.net. Retrieved February 17, 2014, from http://www.quotes.net/quote/52460.
3. Tulving (1972, 1983, 2002, 2005).
4. Schacter (1985); Squire (1987, 1992).
5. Tulving (1989); Schacter (1985); Squire (1987, 1992).
6. Tulving (2002, 2005); Suddendorf and Corbalis (2010)
7. Tulving (2002, 2005); Suddendorf and Corbalis (2010).
8. LeDoux (2002).
9. Tulving (1983); Greenberg and Verfaellie (2010); Simons et al (2002).
10. Scoville and Milner (1957); Milner (1962, 1965, 1967).
11. Suzuki and Amaral (2004).
12. 실제 연구 결과 해마는 의식적 기억에 필요하지만, 해마 의존성 외현 기억이라 불리는 비의식적 처리 과정에도 관여한다 (Hannula and Greene, 2012).
13. Wheeler et al (1997); Buckner and Koutstaal (1998); Garcia-Lazaro et al (2012); Lee et al (2000); Rugg et al (2002); Mayes and Montaldi (2001); Fletcher and Henson (2001); Yancey and Phelps (2001); Buckner et al (2000); Cabeza and Nyberg (2000).
14. Cabeza et al (2012); Schoo et al (2011); Hutchinson et al (2009).
15. Barrouillet et al (2004, 2007).
16. Vredeveldt et al (2011).
17. 활성화된 기억과 비활성화된 기억의 구분은 루이스 (Lewis, 1979)에게서 빌려온 것인데, 그는 이 용어들을 다른 맥락에서 사용했다.
18. Barbas (1992, 2000); Fuster (2008).
19. Vargha-Khadem et al (2001); de Haan et al (2006); Dickerson and Eichenbaum (2010); Mayes and Montaldi (2001).
20. Moscovitch et al (2005).
21. Strenziok et al (2013).
22. Bechara et al (1995); LaBar et al (1995).
23. Shimamura (1986); Wiggs and Martin (1998); Farah (1989); Hamann and Squire (1997).
24. Marcel (1983); Dehaene et al (1998, 2006); Naccache et al (2002); Greenwald et al (1996). 무의식적 프라이밍의 한계에 관한 논의는 다음 문헌을 참조하라. Abrams and Greenwald (2000); Merikle et al (1995).
25. Hamann and Squire (1997); Schacter (1997); Schacter and Buckner (1998).
26. Dell'cqua and Grainger (1999).
27. Scoville and Milner (1957); Milner (1965); Corkin (1968); Squire (1987); Squire and Cohen (1984); Cohen and Squire (1980).
28. Squire (1987); Squire and Kandel (1999); LeDoux (1996).
29. Tulving (1972, 1983, 2002, 2005); Reber et al (1980); Seger (1994).
30. Marr (1971); Mizumori et al (1989); O'eilly and McClelland (1994); Recce and Harris (1996); Willshaw

and Buckingham (1990); Rolls (1996).

31. Liddell and Scott's Lexicon. http://www.perseus.tufts.edu/hopper/text?doc=Perseus%3Atext%3A1999.
    04.0058%3Aentry%3Dnoe%2Fw. Retrieved Nov. 7, 2014.
32. Tulving (2001, 2002, 2005); Gardiner (2001); Klein (2013); Metcalfe and Son (2012).
33. Conway (2005); Marsh and Roediger (2013).
34. Frith and Frith (2007).
35. Lewis (2013).
36. Gazzaniga (1988, 1998, 2008, 2012).
37. "anoetic"과 "autonoetic"을 헷갈리지 않도록 anoetic을 a-noetic으로 표기했다.
38. Tulving (1985); Ebbinghaus (1885/ 1964).
39. 나는 털빙에게 직접 연락해서, 그가 비인식a-noetic 상태를 의식적 상태로 보는지 비의식적 상태로 보는지 명확한 입장
    을 요구했다. 이메일로 오간 대화 중 2013년 7월 24일, 그가 "비인식적 의식"이라는 말을 사용할 때, 이는 정신적 상태,
    현상적 의식을 가리키는 것이 아니라 생물이 자각은 없지만 살아있고 정보를 처리, 행동할 수 있는 (생물 의식에 가까운)
    상태를 일컫는다고 설명했다. 털빙은 자신이 비인식적 의식이라고 부르는 것이 다른 대부분의 과학자들이 말하는 비의식
    상태와 같은 것이라고 인정했다.
40. Vandekerckhove and Panksepp (2009, 2011).
41. Marcel (1983); Dehaene et al (1998, 2006); Naccache et al (2002); Greenwald et al (1996). 무의식적 프라
    이밍의 한계에 대한 논의는 다음을 참조하라. Abrams and Greenwald (2000); Merikle et al (1995).
42. Shimamura (1986); Hamann and Squire (1997).
43. Taylor and Gray (2009); Gallistel (1989); Dickinson (2012); Clayton (2007); Premack (2007); Wasserman
    (1997); Mackintosh (1994); Clayton and Dickinson (1998).
44. Pahl et al (2013); Chittka and Jensen (2011); Srinivasan (2010); Webb (2012); Skorupski and Chittka
    (2006); Menzel and Giurfa (1999); Gould (1990); Giurfa (2013).
45. Tulving (2005).
46. Clayton and Dickinson (1998).
47. Menzel (2005).
48. Eichenbaum and Fortin (2005); Fortin et al (2004); Allen and Fortin (2013).
49. Clayton and Dickinson (1998).
50. Menzel (2009).
51. Clatyon et al (2003); Suddendorf and Busby (2003); Suddendorf and Corbalis (2010).
52. Dickerson and Eichenbaum (2010).
53. McKenzie S et al (2014).
54. Allen and Fortin (2013).
55. Eichenbaum (1992, 1994, 2002); Kesner (1995); Olton et al (1979); McNaughton (1998); Wilson and
    McNaughton (1994); McGaugh (2000).
56. Kesner and Churchwell (2011); Sullivan and Brake (2003); Thuault et al (2013).
57. Preuss (1995); Wise (2008).
58. Semendeferi et al (2011); Gazzaniga (2008).
59. Dere et al (2006); Menzel (2005); Belzung and Philippot (2007); Suddendorf and Butler(2013); Plotnik
    et al (2010); Salwiczek et al (2010); Suddendorf and Corbalis (2007, 2010); Suddendorf et al (2009).
60. Frith et al (1999); Naccache and Dehaene (2007); Weiskrantz (1997); Dehaene et al (2003); Dehaene
    and Changeux (2004); Claire Sergent and Geraint Rees, comment in Block(2007); Christof Koch and

Naotsugu Tsuchiya, comment in Block (2007).

61. Panagiotaropoulos et al (2014, 2013); Safavi et al (2014).
62. Preuss (1995); Wise (2008); Semendeferi et al (2011); Gazzaniga (2008).
63. Morgan (1890 - 1891).
64. Boring (1950); Keller (1973); LeDoux (2014).

08장_ 느낌: 정서 의식

1. Fowles (1965).
2. Seligman (1971); Ohman and Mineka (2001). 갖춰졌다는 말은, 어떤 자극은 우리의 진화적 역사에 의해 다른 자극보다 반응을 촉발할 가능성이 더 높다는 의미다.
3. Ohman and Mineka (2001); Ohman (2009); Whalen et al (1998); Whalen and Phelps (2009); Olsson and Phelps (2004); Esteves et al (1994).
4. 다음 사례를 참조하라. Lazarus and McCleary (1951); Ohman and Mineka (2001); Olsson and Phelps (2004); Lissek et al (2008); Alvarez et al (2008); Morris et al (1998, 1999); Critchley et al (2002, 2005); Williams et al (2006); Hamm et al (2003); Phelps (2005); Morris et al (1998, 1999); Whalen et al (1998); Etkin et al (2004); de Gelder et al (2005); Hariri et al (2002); Das et al (2005); Williams et al (2006); Luo et al (2009); Mitchell et al (2008); Vuilleumier (2005).
5. Lazarus and McCleary (1951); Ohman and Mineka (2001); Olsson and Phelps (2004); Lissek et al (2008); Alvarez et al (2008); Morris et al (1998, 1999); Critchley et al (2002, 2005); Williams et al (2006).
6. 3장에서 논의한 것과 같이, 진정으로 의식적인 의사결정인지 아니면 사후에 의식적으로 합리화한 결정인지 구분하기 어렵다. 그러나 우리의 결정 중 일부는 의식적으로 내려질 가능성이 높다.
7. Morris et al (1998, 1999); Whalen et al (1998); Etkin et al (2004); de Gelder et al (2005); Hariri et al (2002); Das et al (2005); Williams et al (2006); Luo et al (2009); Mitchell et al (2008).
8. Vuilleumier and Schwartz (2001); Vuilleumier and Driver (2007); Anderson and Phelps (2001); Vuilleumier (2005); Hadj-Bouziane et al (2012).
9. Maratos EJ, Dolan RJ et al, Neuropsychologia (2001) 39:910 - 920.
10. Ohman (2009); Ohman and Mineka (2001); Buchel and Dolan (2000); Dolan and Vuilleumier (2003); LaBar et al (1998); Anderson and Phelps (2001); Olsson and Phelps (2004); Raio et al (2008); Phelps (2006); Vuilleumier (2005); Morris et al (1998); Pasley et al (2004); Whalen et al (1998); Liddell et al (2005); Öhman (2002); Brooks et al (2012); Liddell et al (2005); Williams et al (2006); Zald (2003); Luo et al (2009); Mitchell et al (2008).
11. Morris et al (2001); Tamietto and de Gelder (2010); Vuilleumier and Schwartz (2001); Vuilleumier et al (2002); Van den Stock et al (2011); Ward et al (2005); de Gelder et al (1999).
12. LaBar et al (1995); Bechara et al (1995).
13. Bechara et al (1995).
14. Shanks and Dickinson (1990); Shanks and Lovibond (2002); Lovibond et al (2011); Mitchell et al (2009).
15. Schultz and Helmstetter (2010); Asli and Falaten (2012).
16. Knight et al (2009).
17. Knight et al (2009).
18. Bechara et al (1995).
19. Anderson and Phelps (2001); Vuilleumier (2005); Hadj-Bouziane et al (2012).

20. Gross and Canteras (2012).

21. Everitt and Robbins (1999); Cardinal et al (2002); Holland and Gallagher (1999, 2004); Balleine and Killcross (2006); Balleine et al (2003); Robbins et al (2008).

22. Jones and Mishkin (1972); Mishkin and Aggleton (1981); Van Hoesen and Pandya (1975).

23. LeDoux et al (1984); Romanski and LeDoux (1992); LeDoux (1996).

24. LeDoux (1996).

25. den Hulk et al (2003); Heerebout and Phaf (2010).

26. Morris et al (1999); Luo et al (2010).

27. Morris et al, 2001; Morris et al (2001); Tamietto and de Gelder (2010); Vuilleumier and Schwartz (2001); Vuilleumier et al (2002); Van den Stock et al (2011); Ward et al (2005); de Gelder et al (1999).

28. Pourtois et al (2010); Pourtois et al (2013).

29. LeDoux (2008); Vuilleumier (2005); Pourtois et al (2013); Pessoa and Adolphs (2010).

30. Pessoa and Ungerleider (2004); Pessoa et al (2002).

31. Pessoa (2008, 2013); Pessoa and Adolphs (2010); Pessoa et al (2002).

32. see Mitchell and Greening (2012); Pessoa (2008, 2013); Pessoa and Adolphs (2010); Pessoa et al (2002); Pessoa and Ungerleider (2004).

33. Pessoa (2013); Pessoa and Adolphs (2010).

34. Repa et al (2001).

35. Luo et al (2010); Pourtois et al (2010).

36. Repa et al (2001); Josselyn (2010); Han et al (2007, 2009); Reijmers et al (2007); Garner et al (2012).

37. 시각 피질에서 처리 과정의 주의 증폭에 관한 논의는, 6장에서 소개된 코흐와 크릭의 의식의 전역적 작업 공간 이론을 참조하라.

38. Mitchell and Greening (2012).

39. Mitchell and Greening (2012).

40. LeDoux (2008); Vuilleumier (2005); Pourtois et al (2013); Pessoa and Adolphs (2010).

41. Van den Bussche et al (2009a, 2009b); Kinoshita et al (2008); Kouider and Dehaene (2007); Abrams and Grinspan (2007); Gaillard et al (2006); Abrams et al (2002); Lin and He (2009); Yang et al (2014); Kang et al (2011).

42. See Mitchell and Greening (2012).

43. Raio et al (2012).

44. Bargh (1997); Bargh and Chartrand (1999); Bargh and Morsella (2009); Wilson (2002); Wilson and Dunn (2004); Greenwald and Banaji (1995); Phelps et al (2000); Devos and Banaji (2003); Debner and Jacoby (1994); Kihlstrom (1984, 1987, 1990); Kihlstrom et al (1992).

45. Bargh (1997).

46. Kubota et al (2012); Phelps et al (2000); Olsson et al (2005); Stanley et al (2011).

47. LeDoux (1996, 2002).

48. Bebko et al (2014); Silvers et al (2014); Gruber et al (2014); Blechert et al (2012); Ochsner et al (2002); Shurick et al (2012).

49. Bebko et al (2014).

50. Amaral et al (1992); Barbas (1992, 2002).

51. Buhle et al (2013).

52. Delgado et al (2008).

53. Simon (1967).
54. Armony et al (1995, 1997a, 1997b).
55. Armony et al (1997).
56. Eysenck et al (2007).
57. Anderson and Phelps (2001); Mitchell and Greening (2012); Williams et al (2006); Vuilleumier (2005); Hadj-Bouziane et al (2012); Ohman et al (2001a, 2001b); Anderson and Phelps (2001); Schmidt et al (2014); Kappenman et al (2014); Lin et al (2009); Ohman (2005); Mohanty and Sussman (2013); Vuilleumier and Driver (2007); Mineka and Ohman (2002); Ohman and Mineka (2001); Fox et al (2000); Vuilleumier and Schwartz (2001); Raymond et al (1992); Fox (2002).
58. Kapp et al (1992); Lang and Davis (2006); Davis and Whalen (2001); Holland and Gallagher (1999); Mohanty and Sussman (2013); Vuilleumier and Driver (2007); Mineka and Ohman (2002); Ohman and Mineka (2001); Fox et al (2000); Anderson and Phelps (2001); Bar et al (2006).
59. Raymond et al (1992).
60. Anderson and Phelps (2001).
61. Anderson and Phelps (2001).
62. Price et al (1987).
63. Amaral et al (1992, 2003).
64. Phelps et al (2006).
65. Mitchell and Greening (2012); Williams et al (2006).
66. Mitchell and Greening (2012).
67. Kapp et al (1992); Lang and Davis (2006); Morris et al (1997, 1998b); Hurlemann et al (2007); Aston-Jones et al (1991); Woodward et al (1991); Davis and Whalen (2001); Sara (1989, 2009); Sara et al (1994); Foote et al (1980, 1983).
68. Lindsley (1951).
69. Saper (1987).
70. McCormick (1989); McCormick and Bal (1994); Woodward et al (1991); Edeline (2012); Aston-Jones et al (1991); Aton (2013); Levy and Farrow (2001); Gordon et al (1988); Singer (1986); Morrison et al (1982); Arnsten (2011); Ramos and Arnsten (2007); Dalmaz et al (1993); Johansen et al (2014); Tully and Bolshakov (2010); Bijak (1996); Harley (1991); Coull (1998); Kapp et al (1992); Lang and Davis (2006); Hurlemann et al (2007); Davis and Whalen (2001).
71. Bentley et al (2003).
72. Foote et al (1983); Waterhouse and Woodward (1980); Hasselmo et al (1997).
73. Kapp et al (1992); Lang and Davis (2006); Davis and Whalen (2001); Weinberger (1995); Sears et al (2013).
74. Holland and Gallagher (1999); Gallagher and Holland (1994); Lee et al (2010).
75. Sears et al (2013).
76. Grupe and Nitschke (2013); Hayes et al (2012); Barlow (2002); Matthews and Wells (2000); Mathews et al (1989); McNally (1995); MacLeod and Hagen (1992); Lang et al (1990).
77. Miller and Cohen (2001) Botvinick et al (2001) Golkar et al (2012); Beer et al (2006); Shallice and Burgess (1996); Amstadter (2008); Gross (2002).
78. Vallesi et al (2009).
79. Gangestad and Snyder (2000) Riggio and Friedman (1982); Gyurak et al (2011).

80. Goleman (2005).
81. Wood et al (2013); Berridge and Arnsten (2013); Hart et al (2012).
82. Schachter and Singer (1962).
83. Posner et al (2005); Russell and Barrett (1999); Russell (2003); Kuppens et al (2013).
84. Schachter and Singer (1962); Wilson and Dunn (2004).
85. Forsyth and Eifert (1996).
86. Lewis (2013).
87. Forsyth and Eifert (1996).
88. Piaget (1971).
89. Posner et al (2005); Russell (2003, 2009); Izard (2007).
90. Barrett (2006, 2009a, 2012); Barrett et al (2007); Lindquist and Barrett (2008); Wilson-Mendenhall et al (2011, 2013); Russell (2003, 2009); Russell and Barrett (1999); Barrett and Russell (2015).
91. Kron et al (2010).
92. 비록 나는 한동안 느낌에 관한 글을 재료와 관련지어 써왔지만 (LeDoux, 1996), 수프 비유를 처음 사용한 것은 LeDoux (2014)에서였다. 리사 배럿도 자신도 요리 비유를 제안했다고 말했다 (Barrett, 2009b).
93. Levi-Strauss (1962).
94. Prendergast and Forrest (1998), p. 169.
95. LeDoux (1996, 2002, 2008, 2012, 2014, 2015a, 2015b).
96. Barrett (2006, 2009a, 2012); Barrett et al (2007); Lindquist and Barrett (2008); Wilson-Mendenhall et al (2011, 2013); Russell (2003, 2009); Russell and Barrett (1999); Barrett and Russell (2015).
97. Barrett (2006, 2009a, 2012); Barrett et al (2007); Lindquist and Barrett (2008); Wilson-Mendenhall et al (2011, 2013); Russell (2003, 2009); Russell and Barrett (1999); Barrett and Russell (2015).
98. Noe (2012).
99. LeDoux (1996, 2002, 2008, 2012, 2014, 2015a, 2015b).
100. Lewis (2013).
101. Marks (1987).
102. Whorf (1956); Sapir (1921).
103. Prinz (2013); Zhu et al (2007); Hedden et al (2008); Bowerman and Levinson (2001); Gentner and Goldin-Meadow (2003); Kitayama and Markus (1994); Wierzbicka (1994); Russell (1991).
104. Adams et al (2010); Chiao et al (2008).
105. Forsyth and Eifert (1996); Staats and Eifert (1990).
106. LeDoux (1996), p302; LeDoux (2002).
107. Epstein (2013).
108. LeDoux (1996, 2002, 2008, 2012, 2014, 2015a, 2015b).

09장_ 4천만 명의 불안한 뇌

1. Hitchens (2010), p. 367.
2. Menand (2014), p. 64.
3. Kierkegaard (1980).
4. Gazzaniga (2012); Wegner (2003); Wilson (2002).
5. Horwitz and Wakefield (2012).

6. McNally (2009), p. 42.
7. "An Interview with Peter Lang." Retrieved Dec. 31, 2014, from: https://www.sprweb.org/student/interviews/interviewlang.htm.
8. Lang (1968, 1978, 1979); Lang et al (1990); Lang and McTeague (2009).
9. 이것은 스키너의 『언어 행동』이라는 책에 설명되어 있다 (Skinner, 1957). 언어학자 노엄 촘스키는 스키너의 언어 관점에 매우 비판적이었다. 그 비판은 심리학의 중심이 행동주의에서 인지주의로 옮겨가게 만든 요인 중 하나였다.
10. Forsyth and Eifert (1996).
11. See Kozak and Miller (1982); Zinbarg (1998).
12. Lang (1968); see also Kozak and Miller (1982); Kozak et al (1988); Zinbarg (1998).
13. Rachman (2004).
14. Summarized in Rachman (2004).
15. Rachman (2004).
16. Frith et al (1999); Naccache and Dehaene (2007); Weiskrantz (1997); Dehaene et al (2003); Dehaene and Changeux (2004); Claire Sergent and Geraint Rees, comment in Block (2007); Christof Koch and Naotsugu Tsuchiya, comment in Block (2007).
17. Zinbarg (1998).
18. Wilhelm and Roth (2001); Clark (1999); Beck (1970).
19. Lang (1977, 1979); Lang et al (1990, 2009).
20. 첨언이지만 얼어붙기 같은 선천적 행동과 생리 반응 사이의 불일치보다, 회피같이 랭이 명시적 행동이라고 부른 것과 생리 반응 사이의 불일치가 더 크다. 이런 일이 일어나는 까닭은 선천적 행동이 내장된 생리적 반응 패턴을 갖는 반면, 회피같이 학습된 행동은 그렇지 않기 때문이다. 이것은 불일치 논란과 관련 있는데, 왜냐하면 인간 연구는 거의 항상 선천적 행동보다 학습된 행동에 초점을 맞추기 때문이다.
21. LeDoux (2012, 2014).
22. Mandler and Kessen (1959).
23. See Griebel and Holmes (2013); Belzung and Lemoine (2011).
24. Valenstein (1999).
25. Valenstein (1999).
26. Stossel (2013).
27. Valenstein (1999).
28. Skolnick (2012).
29. John Ericson, "U.S. Doctors Prescribing More Xanax, Valium, and Other Sedatives than Ever Before." Medical Daily, Mar 9, 2014. http://www.medicaldaily.com/us-doctors-prescribing-more-xanax-valium-and-other-sedatives-ever-270844. Retrieved Nov. 12, 2014.
30. Carson et al (2004).
31. See Griebel and Holmes (2013); Kumar et al (2013); Belzung and Griebel (2001).
32. 이 구절은 다음 문헌에 근거한다. Griebel and Holmes (2013).
33. Young et al (1998); Insel (2010); Striepens et al (2011); Neumann and Landgraf (2012); Debiec (2005); Cochran et al (2013).
34. Eckstein et al (2014).
35. MacDonald and Feifel (2014).
36. Dodhia et al (2014).
37. Lafenetre et al (2007).

38. Neumeister (2013); Vinod and Hungund (2005).

39. 이 논의는 바로 아래의 첫 번째 논점을 제외하고는 다음 문헌에 근거한다. Belzung and Griebel (2001); Griebel and Holmes (2013); Belzung and Lemoine (2011).

40. Spielberger (1966).

41. Horikawa and Yagi (2012).

42. Griebel and Holmes (2013).

43. Bush et al (2007); Cowansage et al (2013).

44. Griebel and Holmes (2013).

45. Burghardt et al (2004, 2007, 2013).

46. McLean et al (2011).

47. 이것은 암컷의 월경 주기가 실험 설계에 변동성을 더하기 때문이다.

48. Gray (1982).

49. Kagan (1994); Kagan and Snidman (1999); Rothbart et al (2000).

50. See Kendler et al (1992a, 1992b, 1994, 1995); Hettema et al (2001); Eysenck and Eysenck (1985); Eley et al (2003).

51. Stephens et al (1990); Little (1990); Watson (1990).

52. Cowan et al (2000, 2002).

53. Hyman (2007).

54. Fisher and Hariri (2013); Hariri and Holmes (2006); Hariri and Weinberger (2003); Hariri et al (2006).

55. Lesch et al (1996).

56. Dincheva et al.

57. Friedman (2015).

58. Reik (2007); Miller (2010); Mehler (2008).

59. Hartley (et al, 2012); Bishop et al 2006); Hariri et al (2006); Fisher and Hariri (2013); Hartley and Casey (2013); Casey et al (2011); Rrielingsdorf et al (2010); Kaminsky et al (2008); Nestler (2012); McGowan et al (2009); Szyf et al (2008).

60. Horwitz and Wakefield (2012).

61. Kendler (2013).

62. Insel et al (2010).

63. Galatzer-Levy (2013).

64. Galatzer-Levy (2014).

65. 이 구절은 다음 문헌에 근거한다. Hyman (2007); Insel et al (2010); Dillon et al (2014).

66. 그러나, DSM-5는 이 방향으로 좀 더 기울어 있다.

67. Hyman (2007).

68. Insel et al (2010); Morris and Cuthbert (2012).

69. Simpson (2012).

70. 작업 기억, 주의, 기타 실행 기능에 관여하는 일부 회로들은 인간과 그 외 영장류에서 더 잘 연구되었다. 그러나 다른 많은 처리 과정들, 특히 피질하 회로들은 설치류에서 더 생산적으로 연구될 수 있다. 게다가 분자 메커니즘은 잘 보존되어 있는 경우가 많으며, 심지어 무척추동물로 연구할 수도 있다.

71. Rauch et al (2006); Bremner (2006); Bishop (2007); Liberzon and Sripada (2008); Koenigs and Grafman (2009); Shin and Liberzon (2010); Hughes and Shin (2011); Olmos-Serrano and Corbin (2011); Holzschneider and Mulert (2011); Blackford and Pine (2012); Fredrikson and Faria (2013); Fisher and

Hariri (2013); Ipser et al (2013); Schulz et al (2013); Bruhl et al (2014).

72. Etkin et al (2013); Zalla and Sperduti (2013); Dillon et al (2014); Apkarian et al (2013); Stone (2013); Chiapponi et al (2013); Mazefsky et al (2013); Kennedy and Adolphs (2012); Townsend and Altshuler (2012); Mihov and Hurlemann (2012); Hamilton et al (2012); Kile et al (2009); Jellinger (2008); Horinek et al (2007); Olmos-Serrano and Corbin (2011); Amaral et al (2008).

73. 2014년 7월 8일 이메일을 통해 이루어진 탐 인셀과의 개인적 소통.

74. Grupe and Nitschke (2013).

75. Tilhonene et al (1997); Brandt et al (1998).

76. Clark and Beck (2010); Clark et al (1997).

77. Grupe and Nitschke (2013).

78. 이것은 3장에서 논의한 Loewenstein et al (2001)의 이중 위험 평가 모델과 어느 정도 비슷하다.

79. Rachman (2004); Barlow (2002); Clark (1997); Salkoviskis (1996).

80. Festinger (1957); Schachter and Singer (1962); Heider (1958); Abelson (1983).

81. Gazzaniga and LeDoux (1978); Gazzaniga (2008, 2012),

82. Barrett (2013); Barrett and Russell (2014); Russell (2003); Clore and Ortony (2013).

83. Bouton et al (2001),

84. James (1980), vol 1, pp. 291 - 292.

10장_ 불안한 뇌의 개조

1. Picoult (2011).

2. 보스턴 대학교의 스테판 호프만에게, 인지 치료에 관한 연구를 안내해준 것에 감사를 전한다.

3. 내가 사람들에게 치료에 관한 조언을 해줄 수 있는 자격을 갖추지 못했음을 기억해주기 바란다. 만일 당신이 도움이 필요하고 이 아이디어들이 흥미롭고 유용할 수 있다고 생각한다면, 이 자료가 당신의 상황에 도움이 될지 전문가의 조언을 구하는 것이 좋다.

4. http://www.apa.org/topics/therapy/psychotherapy-approaches.aspx.

5. Freud (1917); Etchegoyen (2005).

6. Shedler (2010); McKay (2011); Sundberg (2001).

7. Greening (2006); Kramer et al (2009).

8. Wolpe (1969); Eysenck (1960); O'eary and Wilson (1975); Yates (1970); Marks (1987); O'onohue et al (2003); Lindsley et al (1953); O'onohue (2001); Stampfl and Levis (1967); Bandura (1969); Ferster and Skinner (1957).

9. Beck (1970, 1976); Ellis (1957, 1980); Ellis and MacLaren (2005) Clark and Beck (2010); Beck (2014); Hofmann and Smits (2008); Leahy (2004).

10. Eifert and Forsyth (2005); Hayes et al (2006).

11. Khoury et al (2013); Evans et al (2008); Chiesa and Serretti (2011); Yook et al (2008); Goyal et al (2014); Chugh-Gupta et al (2013).

12. Hayes et al (2006).

13. Hammond (2010); Armfield and Heaton (2013); Golden (2012).

14. Shapiro (1999); McGuire et al (2014); Rathschlag and Memmert (2014); Nazari et al (2011); Lu (2010)

15. Faw (2003); Osaka (2007); Rolls et al (2003); Rolls (2005); Kringelbach (2008); Damasio (1994, 1999); Medford and Critchley (2010); Posner and Rothbart (1998) Mayr (2004); Vogt et al (1992); Devinsky et

al (1995); Shenhav et al (2013); Carter et al (1999); Oakley (1999); Reinders et al (2003); Ochsner et al (2004); Hasson et al (2007); Crick and Koch (2005); Craig (2002, 2003, 2009, 2010); Bechara et al (2000); Clark et al (2008); Damasio et al (2013); Philippi et al (2012); Damasio and Carvalho (2013); Hinson et al (2002); Critchley et al (2004); Critchley (2005); Smith and Alloway (2010); Thomson (2014); Stevens (2005); Miller and Cohen (2001); Posner (1992, 1994); Posner and Dehaene (1994); Badgaiyan and Posner (1998); Bush et al (2000).

16. Hofmann (2008).
17. Forsyth and Eifert (1996).
18. Eysenck et al (2007); Borkovec et al (1998).
19. Hofmann (2008); Ramnero (2012); Powers et al (2010); Feske and Chambless (1995); Foa et al (1999); Ost et al (2001).
20. Craske et al (2008); Bouton et al (2001); Mineka (1985); Eelen and Vervliet (2006); Foa (2011).
21. Hofmann (2008); Craske et al (2014).
22. Cited in Marks (1987), p. 458.
23. Foa et al (1999); Hofmann (2008); Ramnero (2012); Powers et al (2010); Feske and Chambless (1995); Abramowitz (1997); Ost et al (2001); Mitte (2005); Rubin et al (2009); Hoyer and Beesdo-Baum (2012);
24. Craske et al (1992); Van der Heiden and ten Broecke (2009); Borkovec et al (1998); Neudeck and Wittchen (2012).
25. Ramnero (2012).
26. Mowrer (1947), Dollard and Miller (1950).
27. Wolpe (1958, 1969) Lindsley et al (1953); O'onohue (2001); Stampfl and Levis (1967); Bandura (1969); Ferster and Skinner (1957).
28. Mowrer (1947), Dollard and Miller (1950); Miller (1948); Mowrer (1950, 1951).
29. Ricard and Lauterbach (2007); Hofmann (2008); Dymond and Roche (2009).
30. Wolpe (1958).
31. Abramowitz et al (2010); Foa et al (2007).
32. Meyer and Gelder (1963); Ramnero (2012).
33. Polin (1959); Stampfl and Levis (1967); Boulougouris and Marks (1969).
34. Foa and Kozak (1985).
35. Agras et al (1968); Barlow (2002).
36. Bandura (1977); Rachman (1977).
37. Rothbaum et al (2006); Gerardi et al (2008).
38. Hofmann (2008); Marks (1987).
39. Spence (1950); Rescorla and Wagner (1972); Bolles (1972); O'eefe and Nadel (1974); Mackintosh (1994); Dickinson (1981).
40. Agras et al (1968).
41. 초기의 인지적 접근 방법에는 합리적 정서 치료 (Ellis, 1957, 1980), 인지 재구조화 (cognitive restructuring, Goldfried et al, 1974), 인지 행동 치료 (Beck, 1970) 등이 포함된다.
42. Levis (1999).
43. Beck (1970, 1976).
44. Levis (1999).
45. Beck (1970, 1976).

46. Beck (1970, 1976); Beck et al (2005); Beck and Haight (2014).
47. Ellis (1957, 1980); Ellis and MacLaren (2005).
48. Clark (1986).
49. Clark and Beck (2010).
50. Ehlers and Clark (2000); Ehlers et al (2005).
51. Hayes et al (1999); Eifert and Forsyth (2005); Hayes (2004).
52. Hofmann and Asmundson (2008).
53. Hofmann and Asmundson (2008).
54. Beck (1970, 1976); Beck et al (2005); Beck and Haight (2014).
55. Kubota et al (2012); Olsson et al (2005); Phelps et al (2000); Phelps (2001).
56. Marks (1987).
57. See Hofmann (2008); Feske and Chambless (1995); Feske and Chambless (1995).
58. Hofmann (2008).
59. Hofmann (2008); Craske (2008, 2014); Seligman and Johnston (1973); Bolles (1978); Rescorla and Wagner (1972); Rescorla (1988); Dykman (1965); Bouton et al (2001); Kirsch et al (2004); Dickinson (1981, 2012); Gallistel (1989); Bouton (1993, 2000, 2002); Holland and Bouton (1999); Pearce and Bouton (2001); Pickens and Holland (2004); Holland (1993, 2008); Balsam and Gallistel (2009); Gallistel and Gibbon (2000).
60. Hofmann (2008); Craske (2008, 2014).
61. Myers and Davis (2007); Bouton (1993, 2014).
62. Rescorla and Wagner (1972); Holland (1993, 2008); Pickens and Holland (2004); Bouton (1993, 2000, 2002); Holland and Bouton (1999); Pearce and Bouton (2001).
63. Rescorla and Wagner (1972).
64. Dickinson (2012); Roesch et al (2012); Goosens (2011); van der Meer and Redish (2010); Delgado et al (2008a); Schultz and Dickinson (2000); Schultz et al (1997)
65. Bouton (2005).
66. Morgan and LeDoux (1995, 1999); Morgan et al (1993, 2003); Quirk and Gehlert (2003); Milad et al (2006); Quirk and Beer (2006); Quirk et al (2006); Quirk and Mueller (2008); Milad and Quirk (2012); Myers and Davis (2002, 2007); Sotres-Bayon et al (2004, 2006); Sotres-Bayon and Quirk (2010); Walker and Davis (2002).
67. Phelps et al (2004); Delgado et al (2006, 2008); Rauch et al (2006); Hartley and Phelps (2010); Schiller et al (2013); Milad and Quirk (2012); Milad et al (2007); Linnman et al (2012).
68. Lang (1971); Rachman and Hodgson (1974).
69. Phelps et al (2004); Delgado et al (2008b); Schiller et al (2008, 2013); Hartley and Phelps (2010).
70. Ochsner and Gross (2005); Ochsner et al (2002). 두 연구에서 모두 내측 및 외측 PFC의 개입이 발견되었다. 하향식 제어의 효과는 외측 PFC에서 의미 처리 영역으로의 연결과 연관되고, 암묵적 조절은 내측 PFC에서 편도로의 직접적 연결과 연관된다는 증거가 있다.
71. Foa and Kozak (1986); Salkovskis et al (2006); Foa and McNally (1996).
72. Foa and Kozak (1986); Foa (2011).
73. Lang (1977, 1979).
74. 지속된 노출에 관한 이 요약은 포아의 문헌 (Foa, 2011)에 근거한다.
75. Myers and Davis (2007); Bouton (1993, 2014).

76. Rescorla and Wagner (1972).
77. Lang (1971); Rachman and Hodgson (1974).
78. McNally (2007); Dalgleish (2004); Brewin (2001).
79. Brewin (2001); Dalgleish (2004).
80. Siegel and Warren (2013); Siegel and Weinberger (2012).
81. Jacobs and Nadel (1985).
82. Barlow (2002); Durand and Barlow (2006); Hofmann (2011).
83. Borkovec et al (1998); Barlow (2002).
84. Eysenck et al (2007).
85. Borkovec et al (1998).
86. Borkovec et al (1998).
87. Eysenck et al (2007).
88. Newman and Borkovec (1995).
89. Hofmann et al (2013).
90. Barlow et al (2004).
91. Craske et al (2008, 2014).
92. Delgado et al (2008).
93. Schiller et al (2008, 2013); Schiller and Delgado (2010); Delgado et al (2008); Phelps et al (2004); Milad et al (2005); Milad et al (2007); Linnman et al (2012).

11장_ 치료: 실험실의 교훈

1. Pope (1803).
2. The President's Council on Bioethics. Beyond Therapy: Biotechnology and the Pursuit of Happiness. Washington, D.C., October 2003.
3. Nader et al (2000).
4. Blakeslee, Sandra (2000) "rain Updating May Explain False Memories." New York Times, Sept. 19, 2000. http://www.nytimes.com/2000/09/19/health/brain-updating-machinery-may-explain-false-memories.html?module=Search&mabReward=relbias%3As%2C{%221%22%3A%22RI%3A6%22}. Retrieved Nov. 14, 2014.
5. Cloitre Marylene (2000). "Power to Erase False Memories." New York Times, Sept. 26, 2000. http://www.nytimes.com/2000/09/26/science/l-ower-o-rase-memories-343382.html?module=Search&mabReward=relbias%3Aw%2C{%221%22%3A%22RI%3A9%22}. Retrieved Nov. 14, 2014.
6. 이 생각은 앞 장에서 언급한 피터 랭, 에드나 포아, 마이클 코작이 제안한 정서 처리 이론과 비슷하다.
7. Morgan et al (1993); Morgan and LeDoux (1995).
8. LeDoux et al (1989).
9. Milner (1963); Teuber (1972); Nauta (1971); Goldberg and Bilder (1987).
10. LeDoux (1996, 2002); Quirk and Mueller (2008); Quirk et al (2006); Milad and Quirk (2012); Sotres-Bayon et al (2004, 2006); Lithtik et al (2005); Duvarci and Paré (2014); Paré and Duvarci (2012); VanElzakker et al (2014); Gilmartin et al (2014); Gorman et al (1989); Davidson (2002); Bishop (2007); Shin and Liberzon (2010); Mathew et al (2008); Charney (2003); Casey et al (2011); Patel et al (2012); Vermetten and Bremner (2002); Southwick et al (2007); Yehuda and LeDoux (2007).

11. Milad and Quirk (2012); Quirk and Mueller (2008); Quirk et al (2006); Quirk and Gehlert (2003).

12. Morgan and LeDoux (1995); Sotres-Bayon and Quirk GJ (2010); Vidal-Gonzalez et al (2006).

13. Phillips and LeDoux (1992, 1994); Kim and Fanselow (1992); Frankland et al (1998).

14. Maren (2005); Ji and Maren (2007); Maren and Fanselow (1997); Sanders et al (2003).

15. LeDoux (2002); Johansen et al (2011); Paré et al (2004); Fanselow and Poulos (2005); Sah et al (2003, 2008); Marek et al (2013); Ehrlich et al (2009); Maren (2005); Maren and Quirk (2004); Pape and Paré (2010); Stork and Pape (2002); Duvarci and Paré (2014); Paré (2002).

16. 소거 회로는 다음 문헌에 요약된 자료에 근거한다. Morgan et al (1993); Morgan and LeDoux (1995); Riebe et al (2012); Quirk et al (2010); Herry et al (2010); Ehrlich et al (2009); Paré et al (2004); Pape and Paré (2010); Paré and Duvarci (2012); Duvarci and Paré (2014); Maren et al (2013); Orsini and Maren (2012); Bouton et al (2006); Goode and Maren (2014); Rosenkranz et al (2003); Grace and Rosenkranz (2002); Ochsner et al (2004); Milad et al (2014); Graham and Milad (2011); Milad and Rauch (2007).

17. Macdonald (1985); Li et al (1996); Woodson et al (2000).

18. LeDoux (2002); Johansen et al (2011); Bissiere et al (2003); Paré et al (2003); Ehrlich et al (2009); Tully et al (2007).

19. Pitkanen et al (1997); Paré and Smith (1993, 1993); Paré et al (1995); LeDoux (2002).

20. Paré and Duvarci (2012).

21. BA를 CeA로 연결하는 정확한 경로는 논란이 되고 있다. (논의에 관해서는 다음 문헌을 참조하라. Amano et al, 2011). 한 경로는 BA에서 사이세포로 연결된 다음, 외측 CeA로 연결된다. 또 다른 경로는 BA(특히 보조 기저 편도 또는 기저내측 편도)에서 중심핵의 내측 영역으로 연결된다. 두 경로 모두 소거에 기여하는 것으로 보인다.

22. Herry et al (2010)에서 BA 내 위협 뉴런과 소거 뉴런의 구분을 제안했다. 단 저자들은 위협 뉴런을 "공포" 뉴런이라 불렀다.

23. Ciocchi et al (2010); Ehrlich et al (2009); Haubensak et al (2010).

24. Morgan et al (1995); Sotres-Bayon and Quirk (2010).

25. Quirk et al (2008, 2010); Paré et al, 2004; Paré and Duvarci (2012); Rosenkranz et al (2003, 2006); Grace and Rosenkrantz (2002).

26. Maren et al (2013).

27. Papini et al (2014); Fitzgerald et al (2014); Myskiw et al (2014); Rabinak and Pham (2014); Andero et al (2012); Bowers et al (2012); Lafenetre et al (2007).

28. Thanks to Christopher Cain for this summary.

29. Bailey et al (1996); Dudai (1996).

30. Santini et al (2004); Lin et al (2003).

31. Tronson et al (2012).

32. Stevens (1994); Abel and Kandel (1998); Lee et al (2008); Alberini and Chen (2012); Josselyn et al (2004); Silva et al (1998); Yin and Tully (1996); Tully et al (2003); Josselyn (2010); Frankland et al (2004).

33. Lin et al (2003); Tronson et al (2012).

34. Johansen et al (2011, 2014).

35. Bouton and King (1983); Bouton and Nelson (1994); Carew and Rudy (1991); Bouton (2000).

36. Bouton (1988, 2000, 2005).

37. Bouton et al (2006); Holland and Bouton (1999); Maren et al (2013); Ji and Maren (2007); Lonsdorf et al (2014); Huff et al (2011); LaBar and Phelps (2005).

38. Goldstein and Kanfer (1979).

39. Craske et al (2014).
40. Hofmann et al (2013).
41. Pavlov (1927).
42. Baum (1988).
43. Brooks and Bouton (1993); Bouton et al (1993).
44. Silverstein (1967); James et al (1974).
45. Jacobs and Nadel (1985); Vervliet et al (2013); Rowe and Craske (1998); Bouton (1988).
46. Bouton (1993, 2002, 2004).
47. Bouton (1993, 2002, 2004).
48. Bouton et al (2006); Holland and Bouton (1999).
49. LaBar and Phelps (2005).
50. Rescorla and Heth (1975).
51. Myers and Davis (2007); Bouton (1993, 2014).
52. Jacobs and Nadel (1985).
53. Baker et al (2014); Holmes and Wellman (2009); Akirav and Maroun (2007); Miracle et al (2006); Izquierdo et al (2006); Deschaux et al (2013); Knox et al (2012); Raio et al (2014).
54. Radley et al (2006); Diorio et al (1993); Bhatnagar et al (1996); McEwen (2005).
55. Rodrigues et al (2009).
56. Clark (1988); McNally (1999); Rachman (1977).
57. Ost and Hugdahl (1983); Rimm et al (1977); Merckelbach et al (1989); Forsyth and Eifert (1996); Barlow (1988).
58. McEwen and Lasley (2002); Sapolsky (1998); McGaugh (2003); Rodrigues et al (2009); Cahill and McGaugh (1996); Roozendaal and McGaugh (2011); Roozendaal et al (2009); McEwen and Sapolsky (1995); Kim et al (2006); Zoladz and Diamond (2008); Shors (2006).
59. Reviewed in LeDoux (1996, 2002); McEwen and Lasley (2002); Rodrigues et al (2009); Roozendaal et al (2009).
60. Barlow (2002).
61. Raio et al (2012).
62. Bargh (1997); Bargh and Chartrand (1999); Bargh and Morsella (2008); Wilson (2002); Wilson and Dunn (2004); Greenwald and Banaji (1995); Phelps et al (2000); Devos and Banaji (2003); Debner and Jacoby (1994); Kihlstrom (1984, 1987, 1990); Kihlstrom et al (1992).
63. Groves and Thompson (1970); Kandel (1976).
64. Groves and Thompson (1970); Kandel (1976, 2001); Kandel and Schwartz (1982).
65. Hawkins et al (2006).
66. Foa and Kozak (1985, 1986); Foa (2011).
67. For a different view, see Craske (2014) and Vervliet et al (2013).
68. Craske et al (2008, 2014).
69. Rescorla and Wagner (1972).
70. Bouton et al (2004).
71. Rescorla (2000).
72. Rescorla (2006).
73. Craske et al (2014).

74. Yin et al (1994); Kramar et al (2012); Bello-Medina et al (2013); Sutton et al (2002); Rowe and Craske (1998); Chen et al (2012); Long and Fanselow (2012); Cain et al (2003); Martasian and Smith (1993); Martasian et al (1992).

75. 대부분의 연구가 집중된 소거보다 분산된 소거가 더 이롭다는 사실을 보여준다 (Li and Westbrook, 2008; Urcelay et al, 2009; Long and Fanselow, 2012). 그런데 한 연구에서 초기에 집중 훈련을 한 다음 분산 훈련을 할 경우 소거 효과가 향상된 것으로 나타났다 (Cain et al, 2003).

76. Stevens (1994); Abel and Kandel (1998); Lee et al (2008); Alberini and Chen (2012); Josselyn et al (2004); Silva et al (1998); Yin and Tully (1996); Tully et al (2003); Josselyn (2010).

77. 이것은 Kogan et al (1997)의 연구에 근거한다. CREB와 기억의 전문가인 셰나 조슬린 (Shenna Josselyn, 2010)은 추가적 학습이 CREB에 접근하기 위해서는 각 시도 사이에 대략 60분 정도의 간격을 두어야 한다고 주장했다 (2014년 8월 23일 이메일).

78. Santini et al (2004); Lin et al (2003).

79. Tronson et al (2012).

80. Kandel (1997, 2001, 2012).

81. Bailey et al (1996); Dudai (1996).

82. 기억에서 CREB의 역할을 발견한 주요 연구자인 팀 툴리Tim Tully는 그와 같은 치료실의 설립을 고려하고 있다고 내게 말했다.

83. Buzsaki (1991, 2011).

84. Kleim et al (2014).

85. Dardennes et al (2015).

86. Weisskopf and LeDoux (1999); Weisskopf et al (1999); Rodrigues et al (2001); Goosens and Maren (2003, 2004); Walker and Davis (2000, 2002).

87. Walker et al (2002); Ressler et al (2004); Davis et al (2006).

88. Hofmann et al (2012, 2014).

89. Fitzgerald et al (2014).

90. Barrett and Gonzalez-Lima (2004); Cai et al (2006); Yang et al (2006).

91. Soravia et al (2006); de Quervain et al (2011); Bentz et al (2010).

92. McEwen (2005); McEwen and Lasley (2002); Roozendaal et al (2009).

93. Sears et al (2013).

94. Flores et al (2014).

95. Johnson et al (2012); Mathew et al (2008).

96. Spyer and Gourine (2009); Urfy and Suarez (2014); Alheid and McCrimmon (2008); Wemmie (2011).

97. Wemmie (2011); Wemmie et al (2013).

98. Pidoplichko et al (2014); Shekhar et al (2003); Sajdyk and Shekhar (2000).

99. Esquivel et al (2010).

100. Wemmie (2011); Wemmie et al (2006).

101. Wemmie et al (2006); Sluka et al (2009).

102. Hofmann et al (2012); Neumeister (2013); Vinod and Hungund (2005); Riebe et al (2012); Lafenetre et al (2007); Papini et al (2014).

103. Cochran et al (2013); MacDonald and Feifel (2014); Kormos and Gaszner (2013); Kendrick et al (2014); Dodhia et al (2004); Insel (2010); Neumann and Landgraf (2012); Striepens et al (2011).

104. Benedict Carey. "LSD reconsidered for Threrapy." New York Times, March 3, 2015. http://www.nytimes.

com/2014/03/04/health/lsd-reconsidered-for-therapy.html?_ r= 0, retrieved on Feb. 21, 2014. Michael Pollan, "he Trip Treatment." The New Yorker, Feb. 9, 2015. Retrieved Feb. 21, 2015. Gasser P, Kirchner K, Passie, T. "LSD-assisted psychotherapy for anxiety associated with a life-threatening disease: a qualitative study of acute andsustained subjective effects." Journal of Psychopharmacol. Jan. 29, 2015, (1):57-68.

105. Marin et al (2014).

106. Ressler and Mayberg (2007); Couto et al (2014); Lipsman et al (2013a, 2013b); Voon et al (2013); Heeramun-Aubeeluck and Lu (2013).

107. Rodriguez-Romaguera et al (2012); Whittle et al (2013); Do-onte et al (2013).

108. Mantione et al (2014); Marin et al (2014).

109. Marin et al (2014).

110. Isserles et al (2013).

111. Pena et al (2012).

112. George et al (2008); Porges (2001).

113. Pena et al (2012).

114. Porges (2001).

115. Farah (2012); Farah et al (2004); Hariz et al (2013); Ragan et al (2013).

116. Ambasudhan et al (2014); Allen and Feigin (2014).

117. Mitra and Sapolsky (2010).

118. Cardinal et al (2002); Balleine and Killcross (2006).

119. Nehoff et al (2014); Toumey (2013); Jacob et al (2011).

120. Florczyk and Saha (2007).

121. Myers and Davis (2007); Bouton (1993, 2014).

122. Nader et al (2000).

123. Davis and Squire (1984); Martinez et al (1981); Agranoff et al (1966); Flexner and Flexner (1966); Barondes and Cohen (1967); Barondes (1970); Quartermain et al (1970); Dudai (2004).

124. Misanin et al (1968); Lewis (1979).

125. McGaugh (2004).

126. Sara (2000); Przybyslawski and Sara (1997).

127. Schafe et al (1999); Schafe and LeDoux (2000).

128. 떠오른 생각 하나는 약물이 소거를 더 빠르고 효과 있게 만들었다는 것이다. 그러나 재응고에서는 소거와 같은 효과를 보이지 않았다. 기억이 자발적 회복, 재생, 복원에 의해 다시 살아나는 데 저항하는 듯하다. 기억은 소거보다 훨씬 더 지속적인 것 같다.

129. 이 주제에 관한 리뷰 자료는 다음과 같다. Nader and Einarsson (2010); Wang et al (2009); Nader and Hardt (2009); Milton and Everitt (2010); Reichelt and Lee (2013); Tronson and Taylor (2007, 2013); Besnard et al (2012); Dudai (2006, 2012); Alberini and LeDoux (2013); Alberini (2013).

130. Kindt et al (2009, 2014); Bos et al (2014); Schwabe et al (2014); Chan and LaPaglia (2013); Lonergan et al (2013); Agren et al (2012); Hupbach et al (2007); Stickgold and Walker (2005).

131. Alberini (2005).

132. Alberini (2013).

133. Diaz-Mataix et al (2013).

134. Diaz-Mataix et al (2013).

135. Wang et al (2009).
136. Schiller et al (2010, 2013); Monfils et al (2009); Haubrich et al (2014); De Oliveira Alvares et al (2013); Diaz-Mataix et al (2013); Lee (2010); Hupbach et al (2008).
137. Hirst et al (2009).
138. Loftus (1996); Bonham and Gonzalez-Vallejo (2009).
139. Schacter (Dęiec 2001, 2012).
140. Johnson et al (2012); Kopelman (2010); Whitfield (2000); Loftus and Davis (2006); Laney and Loftus (2005); Loftus and Polage (1999); Stocks (1998).
141. Diaz-Mataix (2011); Dęiec et al (2010); Dęiec et al (2006).
142. Tronson and Taylor (2013); Milton and Everitt (2010).
143. Brunet et al (2011); Poundja et al (2012); Lonergan et al (2013).
144. Kindt (2014); Schiller and Phelps (2011); Lane et al (2014).
145. Dębiec and LeDoux (2006); Dębiec et al (2011). 이 연구에서 데비에크는 노르에피네프린(NE)과 결합하는, 외측 편도에 있는 수용체를 촉진하거나 억제했다. NE 수용체가 cAMP를 통해 CREB 의존성 단백질 합성을 조절하므로, 이것을 차단하면 간접적으로 단백질 합성을 억제할 수 있고 이 수용체의 결합을 활성화하면 단백질 합성을 촉진할 수 있다.
146. Taubenfeld et al (2009); Pitman et al (2011).
147. Miller and Sweatt (2006); Alberini (2005); Alberini and LeDoux (2013).
148. Lattal and Wood (2013)는 소거 중에 행동적으로는 관찰할 수 없지만, 뇌에서 특정 분자의 지속적인 변화가 일어나 재응고와 "소리 없는 소거"를 구분하기 어렵게 만든다고 주장했다.
149. Eisenberg et al (2003).
150. Sangha et al (2003); Pedreira and Maldonado (2003); Suzuki et al (2004).
151. Dudai and Eisenberg (2004).
152. Quirk and Mueller (2008).
153. Monfils et al (2009).
154. 내 연구실처럼 연구자들이 발견 내용을 개방적으로 토론하는 연구실에서는 핵심 아이디어를 낸 사람이 누군지 정확히 집어내기 어려울 때가 많다. 몬필즈Monfils, 다니엘라 실러Daniela Schiller, 크리스 케인Chris Cain과 다른 연구자들이 참여한 토론에서 몬필즈의 연구 계획이 탄생했던 것 같다.
155. Clem and Huganir (2010).
156. Schiller et al (2010).
157. Steinfurth et al (2014); Schiller et al (2013).
158. Kip et al (2014).
159. Xue et al (2012).
160. Baker et al (2013); Kindt and Soeter (2013).
161. Serrano et al (2005).
162. Pastalkova et al (2006).
163. Serrano et al (2008); Shema et al (2009); Shema et al (2007); von Kraus et al (2010).
164. 이 장의 일부는 내가 2013년 4월 7일 〈뉴욕 타임즈〉 웹사이트의 오피니어네이터Opinionator 란에 기고한 다음 기사에 근거한다. "For the Anxious, Avoidance Can Have an Upside." http://opinionator.blogs.nytimes.com/2013/04/07/for-the-anxious-avoidance-can-have-an-upside/?_php=true&_type=blogs&_r=0.
165. LeDoux and Gorman (2001).
166. Amorapanth et al (2000).
167. 비록 비판이 있었지만 (Church, 1964) 이 방법은 지금까지도 학습과 자극 노출의 효과를 비교 평가하는 데 가장 뛰어나다.

168. van der Kolk (1994, 2006, 2014).
169. Bonanno and Burton (2013).
170. MacArthur Research Network description of coping strategies. http://www.macses.ucsf.edu/research/psychosocial/coping.php. Retrieved Jan. 26, 2015.
171. 나는 〈뉴욕 타임즈〉의 오피니어네이터에 일련의 기사를 세 편 기고했다. 그중 마지막 기사는 "불안한 사람들에게는 회피가 도움이 될 수 있다For the Anxious, Avoidance Can Have an Upside"였다. The New York Times, April 7, 2013. See LeDoux (2013).
172. http:// michaelroganphd.com/neuroscience-research/.
173. Dymond et al (2012); Dymond and Roche (2009).
174. Guz (1997); Haouzi et al (2006).
175. Spyer and Gourine (2009); Urfy and Suarez (2014); Alheid and McCrimmon (2008).
176. Urfy and Suarez (2014); Haouzi et al (2006); Mitchell and Berger (1975).
177. Porges (2001).
178. Porges (2001); Streeter et al (2012).
179. McGowan et al (2009); Johnson and Casey (2014); Casey et al (2010, 2011); Tottenham (2014); Perry and Sullivan (2014); Rincón-Cortés and Sullivan (2014); Sullivan and Holman (2010).
180. Eifert and Forsyth (2005); Hayes et al (2006).
181. Austin (1998).
182. Epstein (2013).
183. Austin (1998).
184. Austin (1998).
185. Davidson and Lutz (2008); Lutz et al (2007).
186. Davidson and Lutz (2008); Lutz et al (2007); Fox et al (2014); Zeidan et al (2014); Dickenson et al (2013); Davanger et al (2010); Jang et al (2011); Manna et al (2010).
187. Marchand (2014); Malinowski (2013); Chiesa et al (2013); Farb et al (2012); Rubia (2009); Lutz et al (2008); Deshmukh (2006).
188. Raichle and Snyder (2007); Gusnard et al (2001); Andrews-Hanna et al (2014); Barkhof et al (2014); Buckner (2013).
189. Malinowski (2013).
190. Anderson and Hanslmayr (2014); DePrince et al (2012); Anderson and Huddleston (2012); Whitmer and Gotlib (2013).
191. Malinowski (2013).
192. Epstein (1995); "Freud and Buddha" by Mark Epstein: http://spiritualprogressives.org/newsite/?p=651. Retrieved Feb. 8, 2015.

참고 문헌

Abel, T., and E. Kandel. "Positive and Negative Regulatory Mechanisms That Mediate Long-Term Memory Storage." Brain Research. Brain Research Reviews (Amsterdam) (1998) 26:360 - 78.

Abelson, R.P. "Whatever Became of Consistency Theory?" Personality and Social Psychology Bulletin (1983) 9:37 - 64.

Abrahams, V.C., S.M. Hilton, and A. Zbrozyna. "Active Muscle Vasodilatation Produced by Stimulation of the Brain Stem: Its Significance in the Defence Reaction." Journal of Physiology (1960) 154:491 - 513.

Abramowitz, J.S. "Effectiveness of Psychological and Pharmacological Treatments for Obsessive-Compulsive Disorder: "A Quantitative Review." Journal of Consulting and Clinical Psychology (1997) 65:44 - 52.

Abramowitz, J.S., B.J. Deacon, and S.P.H. Whiteside. Exposure Therapy for Anxiety: Principles and Practice (New York: Guilford Press, 2010).

Abrams, R.A., and S.E. Christ. "Motion Onset Captures Attention." Psychological Science (2003) 14:427 - 32.

Abrams, R.L., and A.G. Greenwald. "Parts Outweigh the Whole (Word) in Unconscious Analysis of Meaning." Psychological Science (2000) 11:118 - 24.

Abrams, R.L., and J. Grinspan. "Unconscious Semantic Priming in the Absence of Partial Awareness." Consciousness and Cognition (2007) 16:942 - 953; discussion 954-958.

Abrams, R.L., M.R. Klinger, and A.G. Greenwald. "Subliminal Words Activate Semantic Categories (Not Automated Motor Responses)." Psychonomic Bulletin & Review (2002) 9:100 - 106.

Adams, D.B. "Brain Mechanisms for Offense, Defense, and Submission." Behavioral and Brain Sciences (1979) 2:201 - 42.

Adams, R.B. Jr., et al. "Culture, Gaze and the Neural Processing of Fear Expressions." Social Cognitive and Affective Neuroscience (2010) 5:340 - 48.

Adhikari, A. "Distributed Circuits Underlying Anxiety." Frontiers in Behavioral Neuroscience (2014) 8:112.

Adolphs, R. "The Biology of Fear." Current Biology (2013) 23:R79 - 93.

Agranoff, B.W., R.E. Davis, and J.J. Brink. "Chemical Studies on Memory Fixation in Goldfish." Brain Research (1966) 1:303 - 9.

Agras, S., H. Leitenberg, and D.H. Barlow. "Social Reinforcement in the Modification of Agoraphobia." Archives of General Psychiatry (1968) 19:423 - 27.

Agren, T., et al. "Disruption of Reconsolidation Erases a Fear Memory Trace in the Human Amygdala." Science (2012) 337:1550 - 52.

Akirav, I., and M. Maroun. "The Role of the Medial Prefrontal Cortex-Amygdala Circuit in Stress Effects on the Extinction of Fear." (2007) 2007:30873.

Alanen, L. Descartes's Concept of Mind (Cambridge, MA: Harvard University Press, 2003).

Alberini, C.M. "Mechanisms of Memory Stabilization: Are Consolidation and Reconsolidation Similar or Distinct Processes?" Trends in Neurosciences (2005) 28:51 - 56.

Alberini, C.M., ed. Memory Consolidation (New York: Elsevier, 2013).

Alberini, C.M., and D.Y. Chen. "Memory Enhancement: Consolidation, Reconsolidation and Insulin-like Growth Factor 2." Trends in Neurosciences (2012) 35:274 - 83.

Alberini, C.M., and J.E. LeDoux. "Memory Reconsolidation." Current Biology (2013) 23:R746 - 50.

Alheid, G.F., et al. "The Neuronal Organization of the Supracapsular Part of the Stria Terminalis in the Rat: The Dorsal Component of the Extended Amygdala." Neuroscience (1998) 84:967 - 96.

Alheid, G.F., and L. Heimer. "New Perspectives in Basal Forebrain Organization of Special Relevance for Neuropsychiatric Disorders: The Striatopallidal, Amygdaloid, and Corticopetal Components of Substantia Innominata." Neuroscience (1988) 27:1 - 39.

Alheid, G.F., and D.R. McCrimmon. "The Chemical Neuroanatomy of Breathing." Respiratory Physiology & Neurobiology (2008) 164:3 - 11.

Allen, P.J., and A. Feigin. "Gene-Based Therapies in Parkinson's Disease." Neurotherapeutics: The Journal of the American Society for Experimental Neurotherapeutics (2014) 11:60 - 67.

Allen, T.A., and N.J. Fortin. "The Evolution of Episodic Memory." Proceedings of the National Academy of Sciences of the United States of America (2013) 110(Suppl 2):10379 - 86.

Allman, J.M., et al. "The Anterior Cingulate Cortex. The Evolution of an Interface Between Emotion and Cognition." Annals of the New York Academy of Sciences (2001) 935:107 - 17.

Alvarez, R.P., et al. "Contextual Fear Conditioning in Humans: Cortical-Hippocampal and Amygdala Contributions." Journal of Neuroscience (2008) 28:6211 - 19.

Alvarez, R.P., et al. "Phasic and Sustained Fear in Humans Elicits Distinct Patterns of Brain Activity." NeuroImage (2011) 55:389 - 400.

Amano T, Duvarci S, Popa D, and Paré D. "The Fear Circuit Revisited: Contributions of the Basal Amygdala Nuclei to Conditioned Fear." Journal of Neuroscience (2011) 31: 1581 - 1589.

Amaral, D.G., et al. "Topographic Organization of Projections from the Amygdala to the Visual Cortex in the Macaque Monkey." Neuroscience (2003) 118:1099 - 1120.

Amaral, D.G., et al. "Anatomical Organization of the Primate Amygdaloid Complex." In: the Amygdala: Neurobiological Aspects of Emotion, Memory, and Mental Dysfunction, ed. J.P. Aggleton (New York: Wiley-Liss, Inc., 1992), 1 - 66.

Amaral, D.G., C.M. Schumann, and C.W. Nordahl. "Neuroanatomy of Autism." Trends in Neurosciences (2008) 31:137 - 45.

Ambasudhan, R., et al. "Potential for Cell Therapy in Parkinson's Disease Using Genetically Programmed Human Embryonic Stem Cell-Derived Neural Progenitor Cells." Journal of Comparative Neurology (2014) 522:2845 - 56.

Amorapanth, P., J.E. LeDoux, and K. Nader. "Different Lateral Amygdala Outputs Mediate Reactions and Actions Elicited by a Fear-Arousing Stimulus." Nature Neuroscience (2000) 3:74 - 79.

Amorapanth, P., K. Nader, and J.E. LeDoux. "Lesions of Periaqueductal Gray Dissociate-Conditioned Freezing from Conditioned Suppression Behavior in Rats." Learning & Memory (1999) 6:491 - 99.

Amstadter, A. "Emotion Regulation and Anxiety Disorders." Journal of Anxiety Disorders (2008) 22:211 - 21.

Amsterdam, B. "Mirror Self-Image Reactions Before Age Two." Developmental Psychobiology (1972) 5:297 - 305.

Anagnostaras, S.G., G.D. Gale, and M.S. Fanselow. "Hippocampus and Contextual Fear Conditioning: Recent Controversies and Advances." Hippocampus (2001) 11:8 - 17.

Anders, S., et al. "When Seeing Outweighs Feeling: A Role for Prefrontal Cortex in Passive Control of Negative Affect in Blindsight." Brain: A Journal of Neurology (2009) 132:3021 - 31.

Anderson, A.K., and E.A. Phelps. "Lesions of the Human Amygdala Impair Enhanced Perception of Emotionally Salient Events." Nature (2001) 411:305 - 309.

Anderson, D.J., and R. Adolphs. "A Framework for Studying Emotions Across Species." Cell (2014) 157:187 - 200.

Anderson, M.C., and S. Hanslmayr. "Neural Mechanisms of Motivated Forgetting." Trends in Cognitive Sciences (2014) 18:279 - 92.

Anderson, M.C., and E. Huddleston. "Towards a Cognitive and Neurobiological Model of Motivated Forgetting." Nebraska Symposium on Motivation (2012) 58:53 - 120.

Andrews-Hanna, J.R., J. Smallwood, and R.N. Spreng. "The Default Network and Self-Generated Thought: Component Processes, Dynamic Control, and Clinical Relevance." Annals of the New York Academy of Sciences (2014) 1316:29 - 52.

Ansorge, U., G. Horstmann, and I. Scharlau. "Top-Down Contingent Feature-Specific Orienting with and without Awareness of the Visual Input." Advances in Cognitive Psychology / University of Finance and Management in Warsaw (2011) 7:108 - 19.

Aoki, Y., S. Cortese, and M. Tansella. "Neural Bases of Atypical Emotional Face Processing in Autism: A Meta-Analysis of fMRI Studies." The World Journal of Biological Psychiatry: The Official Journal of the World Federation of Societies of Biological Psychiatry (2014) 1 - 10.

Apergis-Schoute, A.M., et al. "Extinction Resistant Changes in the Human Auditory Association Cortex Following Threat Learning." Neurobiology of Learning and Memory (2014) 113:109 - 114.

Apkarian, A.V., et al. "Neural Mechanisms of Pain and Alcohol Dependence." Pharmacology, Biochemistry, and Behavior (2013) 112:34 - 41.

Ariëns Kappers, C.U., C.G. Huber, and E.C. Crosby. The Comparative Anatomy of the Nervous System of Vertebrates, Including Man (New York: Macmillan Company, 1936).

Armfield, J.M., and L.J. Heaton. "Management of Fear and Anxiety in the Dental Clinic: A Review." Australian Dental Journal (2013) 58:390 - 407; quiz 531.

Armony, J.L., and R.J. Dolan. "Modulation of Spatial Attention by Fear-Conditioned Stimuli: An Event-Related fMRI Study." Neuropsychologia (2002) 40:817 - 26.

Armony, J.L., G.J. Quirk, and J.E. LeDoux. "Differential Effects of Amygdala Lesions on Early and Late Plastic Components of Auditory Cortex Spike Trains during Fear Conditioning." Journal of Neuroscience (1998) 18:2592 - 2601.

Armony J.L., et al. "An Anatomically Constrained Neural Network Model of Fear Conditioning." Behavioral Neuroscience (1995) 109:246 - 57.

Armony J.L., et al. "Computational Modeling of Emotion: Explorations Through the Anatomy and Physiology of Fear Conditioning." Trends in Cognitive Sciences (1997) 1:28 - 34.

Armony, J.L., et al. "Stimulus Generalization of Fear Responses: Effects of Auditory Cortex Lesions in a Computational Model and in Rats." Cerebral Cortex (1997) 7:157 - 65.

Armstrong, D.M. "Three Types of Consciousness." CIBA Foundation Symposium (1979) 235 - 53.

Arnold, M.B. Emotion and Personality (New York: Columbia University Press, 1960).

Arnsten, A.F. "Catecholamine Influences on Dorsolateral Prefrontal Cortical Networks." Biological Psychiatry (2011) 69:E89 - 99.

Asli, O., and M.A. Flaten. "In the Blink of an Eye: Investigating the Role of Awareness in Fear Responding by Measuring the Latency of Startle Potentiation." Brain Sciences (2012) 2:61 - 84.

Aston-Jones G., C. Chiang, and T. Alexinsky. "Discharge of Noradrenergic Locus Coeruleus Neurons in Behaving Rats and Monkeys Suggests a Role in Vigilance." Progress in Brain Research (1991) 88:501 - 20.

Aston-Jones G., and J.D. Cohen. "An Integrative Theory of Locus Coeruleus-Norepinephrine Function: Adaptive Gain and Optimal Performance." Annual Review of Neuroscience (2005) 28:403 - 50.

Aston-Jones G., et al. "The Brain Nucleus Locus Coeruleus: Restricted Afferent Control of a Broad Efferent Network." Science (1986) 234:734 - 36.

Aston-Jones G., J. Rajkowski, and J. Cohen. "Locus Coeruleus and Regulation of Behavioral Flexibility and Attention." Progress in Brain Research (2000) 126:165 - 82.

Atkin A., and T.D. Wager. "Functional Neuroimaging of Anxiety: A Meta-Analysis of Emotional Processing in PTSD, Social Anxiety Disorder, and Specific Phobia." The American Journal of Psychiatry (2007) 164:1476 - 88.

Aton, S.J. "Set and Setting: How Behavioral State Regulates Sensory Function and Plasticity." Neurobiology of Learning and Memory (2013) 106:1 - 10.

Auden, W.H. The Age of Anxiety: A Baroque Eclogue (New York: Random House, 1947).

Auden, W.H. The Age of Anxiety (Reissue) (Princeton: Princeton University Press, 2011).

Aupperle, R.L., and M.P. Paulus. "Neural Systems Underlying Approach and Avoidance in Anxiety Disorders." Dialogues in Clinical Neuroscience (2010) 12:517 - 31.

Austin, J. Zen and the Brain (Cambridge, MA: MIT Press, 1998).

Baars, B.J. A Cognitive Theory of Consciousness (New York: Cambridge University Press, 1988).

Baars, B.J. "Global Workspace Theory of Consciousness: Toward a Cognitive Neuroscience of Human Experience." Progress in Brain Research (2005) 150:45 - 53.

Baars, B.J., and S. Franklin. "An Architectural Model of Conscious and Unconscious Brain Functions: Global Workspace Theory and IDA." Neural Networks: The Official Journal of the International Neural Network Society (2007) 20:955 - 61.

Baars, B.J., S. Franklin, and T.Z. Ramsoy "Global Workspace Dynamics: Cortical 'Binding and Propagation' Enables Conscious Contents." Frontiers in Psychology (2013) 4:200.

Baas, J.M., et al. "Benzodiazepines Have No Effect on Fear-Potentiated Startle in Humans." Psychopharmacology (Berl) (2002) 161:233 - 47.

Bach, D.R., and R.J. Dolan. "Knowing How Much You Don't Know: a Neural Organization of Uncertainty Estimates." Nature Reviews Neuroscience (2012) 13:572 - 86.

Bach, D.R., et al. "The Known Unknowns: Neural Representation of Second-Order Uncertainty, and Ambiguity." Journal of Neuroscience (2011) 31:4811 - 20.

Bacon, F. Instauratio Magna. Novum Organum (1620). London: John Brill, p. 68. Cited in Mandler and Kessen, The Language of Psychology (New York: John Wiley, 1964).

Baddeley, A. "Working Memory." Science (1992) 255:556 - 59.

Baddeley, A. "The Episodic Buffer: A New Component of Working Memory?" Trends in Cognitive Sciences (2000) 4:417 - 23.

Baddeley, A. "The Concept of Episodic Memory." Philosophical Transactions of the Royal Society B: Biological Sciences (2001) 356:1345 - 50.

Baddeley, A. "Working Memory and Language: An Overview." Journal of Communication Disorders (2003) 36:189 - 208.

Bailey, C.H., D. Bartsch, and E.R. Kandel. "Toward a Molecular Definition of Long-Term Memory Storage." Proceedings of the National Academy of Sciences of the United States of America (1996) 93:13445 - 52.

Bailey, C.H., and E.R. Kandel. "Synaptic Remodeling, Synaptic Growth and the Storage of Long-Term Memory in Aplysia." Progress in Brain Research (2008) 169:179 - 98.

Baker, K.D., et al. "A Window of Vulnerability: Impaired Fear Extinction in Adolescence." Neurobiology of

Learning and Memory (2014) 113:90 - 100.

Baker, K.D., G.P. McNally, and R. Richardson. "Memory Retrieval Before or after Extinction Reduces Recovery of Fear in Adolescent Rats." Learning & Memory (2013) 20:467 - 73.

Baker, T.B., T.H. Brandon, and L. Chassin. "Motivational Influences on Cigarette Smoking." Annual Review of Psychology (2004) 55:463 - 91.

Baker, T.B., et al. "Addiction Motivation Reformulated: An Affective Processing Model of Negative Reinforcement." Psychological Review (2004) 111:33 - 51.

Balleine, B., and A. Dickinson. "Instrumental Performance Following Reinforcer Devaluation Depends upon Incentive Learning." Quarterly Journal of Experimental Psychology B (1991) 43:279 - 96.

Balleine, B., C. Gerner, and A. Dickinson. "Instrumental Outcome Devaluation Is Attenuated by the Anti-emetic Ondansetron." Quarterly Journal of Experimental Psychology B (1995) 48:235 - 51.

Balleine, B.W. "Neural Bases of Food-Seeking: Affect, Arousal and Reward in Corticostriatolimbic Circuits." Physiology & Behavior (2005) 86:717 - 30.

Balleine, B.W. "Sensation, Incentive Learning and the Motivational Control of Goal-Directed Action." In: Neurobiology of Sensation and Reward, ed. J.A. Gottfried (Boca Raton, FL: CRC Press, 2011), 287 - 310.

Balleine, B.W., and A. Dickinson. "Consciousness: The Interface Between Affect and Cognition." In: Consciousness and Human Identity, ed. J. Cornwall (Oxford: Oxford University Press, 1998), 57 - 85.

Balleine, B.W., and A. Dickinson. "Goal-Directed Instrumental Action: Contingency and Incentive Learning and Their Cortical Substrates." Neuropharmacology (1998) 37:407 - 19.

Balleine, B.W., A.S. Killcross, and A. Dickinson. "The Effect of Lesions of the Basolateral Amygdala on Instrumental Conditioning." Journal of Neuroscience (2003) 23:666 - 75.

Balleine, B.W., and S. Killcross. "Parallel Incentive Processing: An Integrated View of Amygdala Function." Trends in Neurosciences (2006) 29:272 - 79.

Balleine, B.W., and J.P. O'Doherty. "Human and Rodent Homologies in Action Control: Corticostriatal Determinants of Goal-Directed and Habitual Action." Neuropsychopharmacology (2010) 35:48 - 69.

Balsam, P.D., and C.R. Gallistel. "Temporal Maps and Informativeness in Associative Learning." Trends in Neurosciences (2009) 32:73 - 78.

Bandelow, B., et al. Care Wtfomdip, WFSBP Task Force on Anxiety Disorders OCD, PTSD. "Guidelines for the Pharmacological Treatment of Anxiety Disorders, Obsessive-Compulsive Disorder and Posttraumatic Stress Disorder in Primary Care." International Journal of Psychiatry in Clinical Practice (2012) 16:77 - 84.

Bandler, R., and P. Carrive. "Integrated Defence Reaction Elicited by Excitatory Amino Acid Microinjection in the Midbrain Periaqueductal Grey Region of the Unrestrained Cat." Brain Research (1988) 439:95 - 106.

Bandura, A. Principles of Behavior Modification (New York: Holt, 1969).

Bandura, A. Social Learning Theory (Englewood Cliffs, NJ: Prentice Hall, 1977).

Bar, M., et al. "Top-Down Facilitation of Visual Recognition." Proceedings of the National Academy of Sciences of the United States of America (2006) 103:449 - 54.

Barad, M. "Fear Extinction in Rodents: Basic Insight to Clinical Promise." Current Opinion in Neurobiology (2005) 15:710 - 15.

Barbas, H. "Architecture and Cortical Connections of the Prefrontal Cortex in the Rhesus Monkey." Advances in Neurology (1992) 57:91 - 115.

Barbas, H. "Connections Underlying the Synthesis of Cognition, Memory, and Emotion in Primate Prefrontal Cortices." Brain Research Bulletin (2000) 52:319 - 30.

Barbey, A.K., et al. "An Integrative Architecture for General Intelligence and Executive Function Revealed by Lesion Mapping." Brain (2012) 135:1154 - 64.

Bard, P. "A Diencephalic Mechanism for the Expression of Rage with Special Reference to the Sympathetic Nervous System." American Journal of Physiology (1928) 84:490 - 515.

Bard, P., and D.M. Rioch. "A Study of Four Cats Deprived of Neocortex and Additional Parts of the Forebrain." Bulletin of the Johns Hopkins Hospital (1937) 60:73 - 147.

Barde, L.H., and S.L. Thompson-Schill. "Models of Functional Organization of the Lateral Prefrontal Cortex in Verbal Working Memory: Evidence in Favor of the Process Model." Journal of Cognitive Neuroscience (2002) 14:1054 - 63.

Bargh, J.A. "The Automaticity of Everyday Life." In: Advances in Social Cognition, Vol. 10, ed. R.S. Wyer (Mahwah, NJ: Erlbaum, 1997).

Bargh, J.A., and T.L. Chartrand. "The Unbearable Automaticity of Being." American Psychologist (1999) 54:462 - 79.

Bargh, J.A., and M.J. Ferguson. "Beyond Behaviorism: on the Automaticity of Higher Mental Processes." Psychological Bulletin (2000) 126:925 - 45.

Bargh, J.A., and E. Morsella. "The Unconscious Mind." Perspectives on Psychological Science (2008) 3:73 - 79.

Bargmann, C.I. "Comparative Chemosensation from Receptors to Ecology." Nature (2006) 444:295 - 301.

Bargmann, C.I. "Beyond the Connectome: How Neuromodulators Shape Neural Circuits." BioEssays (2012) 34:458 - 65.

Bar-Haim, Y., et al. "When Time Slows Down: The Influence of Threat on Time Perception in Anxiety." Cognition and Emotion (2010) 24:255 - 63.

Bar-Haim, Y., et al. "Threat-Related Attentional Bias in Anxious and Nonanxious Individuals: A Meta-Analytic Study." Psychological Bulletin (2007) 133:1 - 24.

Barkhof, F., S. Haller, and S.A. Rombouts. "Resting-State Functional MR Imaging: A New Window to the Brain." Radiology (2014) 272:29 - 49.

Barlow, D.H. Anxiety and Its Disorders: The Nature and Treatment of Anxiety and Panic (New York: Guilford, 1988).

Barlow, D.H. "Long-Term Outcome for Patients with Panic Disorder Treated with Cognitive-Behavioral Therapy." The Journal of Clinical Psychiatry (1990) 51(Suppl A):17 - 23.

Barlow, D.H. Anxiety and Its Disorders: The Nature and Treatment of Anxiety and Panic (New York: Guilford Press, 2002).

Barlow, D.H., L.B. Allen, and M.L. Choate. "Toward a Unified Treatment for Emotional Disorders." Behavior Therapy (2004) 35:205 - 30.

Barondes, S.H. "Cerebral Protein Synthesis Inhibitors Block Long-Term Memory." International Review of Neurobiology (1970) 12:177 - 205.

Barondes, S.H., and H.D. Cohen. "Comparative Effects of Cycloheximide and Puromycin on Cerebral Protein Synthesis and Consolidation of Memory in Mice." Brain Research (1967) 4:44 - 51.

Barres B.A. "The Mystery and Magic of Glia: A Perspective on Their Roles in Health and Disease." Neuron (2008) 6:430 - 40.

Barrett, D., and F. Gonzalez-Lima. "Behavioral Effects of Metyrapone on Pavlovian Extinction." Neuroscience Letters (2004) 371:91 - 96.

Barrett, L.F. "Are Emotions Natural Kinds?" Perspectives on Psychological Science (2006) 1:28 - 58.

Barrett, L.F. "Solving the Emotion Paradox: Categorization and the Experience of Emotion." Personality and Social Psychology Review (2006) 10:20 - 46.

Barrett, L.F. "The Future of Psychology: Connecting Mind to Brain." Perspectives on Psychological Science (2009) 4:326 - 39.

Barrett, L.F. "Variety Is the Spice of Life: A Psychological Construction Approach to Understanding Variability in Emotion." Cognition and Emotion (2009) 23:1284 - 1306.

Barrett, L.F. "Emotions Are Real." Emotion (2012) 12:413 - 29.

Barrett, L.F. "Psychological Construction: The Darwinian Approach to the Science of Emotion." Emotion Review (2013) 5:379 - 89.

Barrett, L.F., et al. "Of Mice and Men: Natural Kinds of Emotions in the Mammalian Brain? A Response to Panksepp and Izard." Perspectives on Psychological Science (2007) 2:297 - 311.

Barrett, L.F., K.A. Lindquist, and M. Gendron. "Language as Context for the Perception of Emotion." Trends in Cognitive Sciences (2007) 11:327 - 32.

Barrett, L.F., and J.A. Russell, eds. The Psychological Construction of Emotion (New York: Guilford Press, 2014).

Barrouillet, P., S. Bernardin, and V. Camos. "Time Constraints and Resource Sharing in Adults' Working Memory Spans." Journal of Experimental Psychology: General (2004) 133:83 - 100.

Barrouillet, P., et al. "Time and Cognitive Load in Working Memory." Journal of Experimental Psychology Learning, Memory, and Cognition (2007) 33:570 - 85.

Barton, R.A., and C. Venditti. "Human Frontal Lobes Are Not Relatively Large." Proceedings of the National Academy of Sciences of the United States of America (2013) 110:9001 - 9006.

Basser, L.S. "Hemiplegia of Early Onset and the Faculty of Speech with Special Reference to the Effects of Hemispherectomy." Brain: A Journal of Neurology (1962) 85:427 - 60.

Baudonnat, M., et al. "Heads for Learning, Tails for Memory: Reward, Reinforcement and a Role of Dopamine in Determining Behavioral Relevance Across Multiple Timescales." Frontiers in Neuroscience (2013) 7:175.

Baum, M. "Spontaneous Recovery from the Effects of Flooding (Exposure) in Animals." Behaviour Research and Therapy (1988) 26:185 - 86.

Baumeister, A.A. "The Tulane Electrical Brain Stimulation Program a Historical Case Study in Medical Ethics." Journal of the History of the Neurosciences (2000) 9:262 - 78.

Baumeister, A.A. "Serendipity and the Cerebral Localization of Pleasure." Journal of the History of the Neurosciences (2006) 15:92 - 98.

Beach, F.A. "Central Nervous Mechanisms Involved in the Reproductive Behavior of Vertebrates." Psychological Bulletin (1942) 39:200 - 26.

Beach, F.A. "The Descent of Instinct." Psychological Review (1955) 62:401 - 10.

Bebko, G.M., et al. "Attentional Deployment Is Not Necessary for Successful Emotion Regulation via Cognitive Reappraisal or Expressive Suppression." Emotion (2014) 14:504 - 12.

Bechara, A., H. Damasio, and A.R. Damasio. "Emotion, Decision Making and the Orbitofrontal Cortex." Cerebral Cortex (2000) 10:295 - 307.

Bechara, A., et al. "Deciding Advantageously Before Knowing the Advantageous Strategy." Science (1997) 275:1293 - 95.

Bechara, A., et al. "Double Dissociation of Conditioning and Declarative Knowledge Relative to the Amygdala and Hippocampus in Humans." Science (1995) 269:1115 - 18.

Bechtholt, A.J., R.J. Valentino, and I. Lucki. "Overlapping and Distinct Brain Regions Associated with the Anxiolytic Effects of Chlordiazepoxide and Chronic Fluoxetine." Neuropsychopharmacology (2008) 33:2117 - 30.

Beck, A.T. "Cognitive Therapy: Nature and Relation to Behavior Therapy." Behavior Therapy (1970) 1:184 - 200.

Beck, A.T. Cognitive Therapy and the Emotional Disorders (New York: International Universities Press, 1976).

Beck, A.T. "Cognitive Therapy. A 30-Year Retrospective." The American Psychologist (1991) 46:368 - 75.

Beck, A.T., and D.A. Clark. "An Information Processing Model of Anxiety: Automatic and Strategic Processes." Behaviour Research and Therapy (1997) 35:49 - 58.

Beck, A.T., and G. Emer. Anxiety Disorders and Phobias: ACognitive Perspective (New York:
Basic Books, 1985).

Beck, A.T., G. Emery, and R.L Greenberg. Anxiety Disorders and Phobias: A Cognitive Perspective (New York: Basic Books, 2005).

Beck, A.T., and E.A. Haigh. "Advances in Cognitive Theory and Therapy: The Generic Cognitive Model." Annual Review of Clinical Psychology (2014) 10:1 - 24.

Beck, K.D., et al. "Vulnerability Factors in Anxiety: Strain and Sex Differences in the Use of Signals Associated with Non-Threat during the Acquisition and Extinction of Active-Avoidance Behavior." Progress in Neuro-Psychopharmacology & Biological Psychiatry (2011) 35:1659 - 70.

Beer, J.S., et al. "Orbitofrontal Cortex and Social Behavior: Integrating Self-Monitoring and Emotion-Cognition Interactions." Journal of Cognitive Neuroscience (2006) 18:871 - 79.

Bekoff, M. The Emotional Lives of Animals: A Leading Scientist Explores Animal Joy, Sorrow, and Empathy— And Why They Matter (Novato, CA: New World Library, 2007).

Bell, A.M. "Approaching the Genomics of Risk-Taking Behavior." Advances in Genetics (2009) 68:83 - 104.

Bello-Medina, P.C., et al. "Differential Effects of Spaced vs. Massed Training in Long-Term Object-Identity and Object-Location Recognition Memory." Behavioural Brain Research (2013) 250:102 - 13.

Belzung, C., and G. Griebel. "Measuring Normal and Pathological Anxiety-Like Behaviour in Mice: A Review." Behavioural Brain Research (2001) 125:141 - 49.

Belzung, C., and M. Lemoine. "Criteria of Validity for Animal Models of Psychiatric Disorders: Focus on Anxiety Disorders and Depression." Biology of Mood & Anxiety Disorders (2011) 1:9.

Belzung, C., and P. Philippot. "Anxiety from a Phylogenetic Perspective: Is There a Qualitative Difference Between Human and Animal Anxiety?" Neural Plasticity (2007) 2007:59676.

Bem, D.J. "Self-Perception: An Alternative Interpretation to Cognitive Dissonance Phenomena." Psychological Review (1972) 74:183 - 200.

Bebdarik, R. The Human Condition (New York, Springer, 2011).

Bendesky, A., et al. "Catecholamine Receptor Polymorphisms Affect Decision-Making in C. elegans." Nature (2011) 472:313 - 18.

Benison, S., and A.C. Barger. "Walter Bradford Cannon." In: Dictionary of Scientific Biography, Vol. 15, ed. C.C. Gillispie (New York: Charles Scribner's Sons, 1978), 71 - 77.

Bentley, P., et al. "Cholinergic Enhancement Modulates Neural Correlates of Selective Attention and Emotional Processing." NeuroImage (2003) 20:58 - 70.

Bentz, D., et al. "Enhancing Exposure Therapy for Anxiety Disorders with Glucocorticoids: From Basic Mechanisms of Emotional Learning to Clinical Applications." Journal of Anxiety Disorders (2010) 24:223 - 30.

Beran, M.J., and J.D. Smith. "The Uncertainty Response in Animal-Metacognition Researchers." The Journal of Comparative Psychology (2014) 128:155 - 59.

Berg, H.C. "Bacterial Behaviour." Nature (1975) 254:389 - 92.

Berg, H.C. "Motile Behavior of Bacteria." Physics Today (2000) 53:24 - 29.

Berger, A., and M.I. Posner. "Pathologies of Brain Attentional Networks." Neuroscience and Biobehavioral Reviews (2000) 24:3 - 5.

Berger, S. "Conditioning Through Vicarious Instigation." Psychological Review (1962) 69:450 - 66.

Berger, T.W., B. Alger, and R.F. Thompson. "Neuronal Substrate of Classical Conditioning in the Hippocampus." Science (1976) 192:483 - 85.

Berggren, N., and N. Derakshan. "Attentional Control Deficits in Trait Anxiety: Why You See Them and Why You Don't." Biological Psychology (2013) 92:440 - 46.

Bernard, C. An Introduction to the Study of Experimental Medicine (New York: Dover Press, 1865/ 1957).

Berridge, C.W., and A.F. Arnsten. "Psychostimulants and Motivated Behavior: Arousal and Cognition." Neuroscience and Biobehavioral Reviews (2013) 37:1976 - 84.

Berridge, K.C. "Food Reward: Brain Substrates of Wanting and Liking." Neuroscience and Biobehavioral Reviews (1996) 20:1 - 25.

Berridge, K.C. "The Debate over Dopamine's Role in Reward: The Case for Incentive Salience." Psychopharmacology (Berl) (2007) 191:391 - 431.

Berridge, K.C., and M.L. Kringelbach. "Affective Neuroscience of Pleasure: Reward in Humans and Animals." Psychopharmacology (Berl) (2008) 199:457 - 80.

Berridge, K.C., and M.L. Kringelbach. "Building a Neuroscience of Pleasure and Well-Being." Psychology of Well-Being (2011) 1:1 - 3.

Berridge, K.C., and P. Winkielman. "What Is an Unconscious Emotion: The Case of Unconscious 'Liking.' " Cognition and Emotion (2003) 17:181 - 211.

Berrios, G.E., and I.S. Markova. "Is the Concept of 'Dimension' Applicable to Psychiatric Objects?" World Psychiatry: Official Journal of the World Psychiatric Association (2013) 12:76 - 78.

Berthier, N.E., and J.W. Moore. "Disrupted Conditioned Inhibition of the Rabbit Nictitating Membrane Response Following Mesencephalic Lesions." Physiology & Behavior (1980) 25:667 - 73.

Besnard, A., J. Caboche, and S. Laroche. "Reconsolidation of Memory: A Decade of Debate." Progress in Neurobiology (2012) 99:61 - 80.

Bevilacqua, L., and D. Goldman. "Genetics of Impulsive Behaviour." Philosophical Transactions of the Royal Society B: Biological Sciences (2013) 368:20120380.

Bhatnagar, S., N. Shanks, and M.J. Meaney. "Plaque-Forming Cell Responses and Antibody Titers Following Injection of Sheep Red Blood Cells in Nonstressed, Acute, and/ or Chronically Stressed Handled and Nonhandled Animals." Developmental Psychobiology (1996) 29:171 - 81.

Bijak, M. "Monoamine Modulation of the Synaptic Inhibition in the Hippocampus." Acta Neurobiologiae Experimentalis (1996) 56:385 - 95.

Bindra, D. "Neuropsychological Interpretation of the Effects of Drive and Incentive-Motivation on General Activity and Instrumental Behavior." Psychological Review (1968) 75:1 - 22.

Bindra, D. "The Interrelated Mechanisms of Reinforcement and Motivation, and the Nature of Their Influence on Response." In: Nebraska Symposium on Motivation, W.J. Arnold and D. Levine, eds. (Lincoln: University of Nebraska Press, 1969), 1 - 33.

Bindra, D. "A Unified Interpretation of Emotion and Motivation." Annals of the New York Academy of Sciences (1969) 159:1071 - 83.

Bindra, D. "A Motivational View of Learning, Performance, and Behavior Modification." Psychological Review (1974) 81:199 - 213.

Bishop, S.J. "Neurocognitive Mechanisms of Anxiety: An Integrative Account." Trends in Cognitive Sciences (2007) 11:307 - 16.

Bishop, S.J., et al. "COMT Genotype Influences Prefrontal Response to Emotional Distraction." Cognitive, Affective & Behavioral Neuroscience (2006) 6:62 - 70.

Blackford, J.U., and D.S. Pine. "Neural Substrates of Childhood Anxiety Disorders: A Review of Neuroimaging Findings." Child and Adolescent Psychiatric Clinics of North America (2012) 21:501 - 25.

Blanchard, D.C., and R.J. Blanchard. "Innate and Conditioned Reactions to Threat in Rats with Amygdaloid Lesions." Journal of Comparative and Physiological Psychology (1972) 81:281 - 90.

Blanchard, D.C., and R.J. Blanchard. "Ethoexperimental Approaches to the Biology of Emotion." Annual Review of Psychology (1988) 39:43 - 68.

Blanchard, R.J., and D.C. Blanchard. "Crouching as an Index of Fear." Journal of Comparative and Physiological Psychology (1969) 67:370 - 75.

Blanchard, R.J., D.C. Blanchard, and K. Hor. "An Ethoexperimental Approach to the Study of Defense." In: Ethoexperimental Approaches to the Study of Behavior, Vol. 48, eds. R.J. Blanchard, et al. (Dordrecht, Netherlands: Kluwer Academic, 1989), 114 - 36.

Blanchard, R.J., K.K. Fukunaga, and D.C. Blanchard. "Environmental Control of Defensive Reactions to Footshock." Bulletin of the Psychonomic Society (1976) 8:129 - 30.

Blessing W.W. The Lower Brainstem and Bodily Homeostasis. (New York: Oxford University Press, (1997)..

Blechert, J., et al. "See What You Think: Reappraisal Modulates Behavioral and Neural Responses to Social Stimuli." Psychological Science (2012) 23:346 - 53.

Bliss, T.V., and G.L. Collingridge. "A Synaptic Model of Memory: Long-Term Potentiation in the Hippocampus." Nature (1993) 361:31 - 39.

Block, N. "Consciousness and Accessibility." Behavioral and Brain Sciences (1990) 13:596 - 98.

Block, N. "Begging the Question Against Phenomenal Consciousness." Behavioral and Brain Sciences (1992) 15:205 - 06.

Block, N. "How Many Concepts of Consciousness?" Behavioral and Brain Sciences (1995) 18:272 - 84.

Block, N. "On a Confusion About a Function of Consciousness." Behavioral and Brain Sciences (1995) 18:227 - 47.

Block, N. "Concepts of Consciousness." In: Philosophy of Mind: Classical and Contemporary Readings, ed. D. Chalmers (New York: Oxford University Press, 2002), 206 - 18.

Block, N. "Two Neural Correlates of Consciousness." Trends in Cognitive Sciences (2005) 9:46 - 52.

Block, N. "Consciousness, Accessibility, and the Mesh Between Psychology and Neuroscience." Behavioral and Brain Sciences (2007) 30:481 - 99; discussion 499 - 548.

Bloom, P. "Language and Thought: Does Grammar Make Us Smart?" Current Biology (2000) 10:R516 - 17.

Blumberg, M.S. "On the Origins of Complex Behaviors: From Innateness to Epigenesis" (keynote address). In: Conference Entitled "Hormonal Control of Circuits for Complex Behaviors," Janelia Farm Research Campus, Howard Hughes Medical Institute, Ashburn, Virginia, October 27 - 30, 2013.

Boardman, J., ed. The Oxford History of Classical Art (Oxford: Oxford University Press, 1993).

Bolles, R.C. Theory of Motivation (New York: Harper and Row, 1967).

Bolles, R.C. "Species-Specific Defense Reactions and Avoidance Learning." Psychological Review (1970) 77:32 - 48.

Bolles, R.C. "The Avoidance Learning Problem." In: the Psychology of Learning and Motivation, Vol. 6, ed. G.H. Bower, (New York: Academic Press, 1972) 97□145.

Bolles, R.C. "The Role of Stimulus Learning in Defensive Behavior." In: Cognitive Processes in Animal Behavior, eds. S.H. Hulse, et al. (Hillsdale, NJ: Erlbaum, 1978), 89 - 107.

Bolles, R.C., and A.C. Collier. "The Effect of Predictive Cues on Freezing in Rats." Animal Learning & Behavior (1976) 4:6 - 8.

Bolles, R.C., and M.S. Fanselow. "A Perceptual-Defensive-Recuperative Model of Fear and Pain." Behavioral and Brain Sciences (1980) 3:291 - 323.

Bonanno, G.A., and C.L. Burton. "Regulatory Flexibility: An Individual Differences Perspective on Coping and Emotion Regulation." Perspectives on Psychological Science (2013) 8:591 - 612.

Bonham, A.J., and C. Gonzalez-Vallejo. "Assessment of Calibration for Reconstructed Eye-Witness Memories." Acta Psychologica (2009) 131:34 - 52.

Bor, D., and A.K. Seth. "Consciousness and the Prefrontal Parietal Network: Insights from Attention, Working Memory, and Chunking." Frontiers in Psychology (2012) 3:63.

Boring, E.G. A History of Experimental Psychology (New York: Appleton-Century-Crofts, 1950).

Borkovec, T.D., O.M. Alcaine, and E. Behar. "Avoidance Theory of Worry and Generalized Anxiety Disorder." In: Generalized Anxiety Disorders: Advances in Research and Practice, eds. R.G. Heimberg, et al. (New York: Guilford Press, 2004), 77 - 108.

Borkovec, T.D., H. Hazlett-Stevens, and M.L. Diaz. "The Role of Positive Beliefs About Worry in Generalized Anxiety Disorder and Its Treatment." Clinical Psychology & Psychotherapy (1999) 6:126 - 38.

Borkovec, T.D., W.J. Ray, and J. Stober. "Worry: A Cognitive Phenomenon Intimately Linked to Affective, Physiological, and Interpersonal Behavioral Processes." Cognitive Therapy and Research (1998) 22:561 - 76.

Bornemann, B., P. Winkielman, and E. van der Meer. "Can You Feel What You Do Not See? Using Internal Feedback to Detect Briefly Presented Emotional Stimuli." International Journal of Psychophysiology: Official Journal of the International Organization of Psychophysiology (2012) 85:116 - 24.

Bos, M.G., et al. "Stress Enhances Reconsolidation of Declarative Memory." Psychoneuroendocrinology (2014) 46:102 - 13.

Botvinick, M.M., et al. "Conflict Monitoring and Cognitive Control." Psychological Review (2001) 108:624 - 52.

Boulougouris, J.C., and I.M. Marks. "Implosion (Flooding)— A New Treatment for Phobias." British Medical Journal (1969) 2:721 - 23.

Bouret, S., et al. "Phasic Activation of Locus Ceruleus Neurons by the Central Nucleus of the Amygdala." Journal of Neuroscience (2003) 23:3491 - 97.

Bouret, S., and S.J. Sara. "Network Reset: A Simplified Overarching Theory of Locus Coeruleus Noradrenaline Function." Trends in Neurosciences (2005) 28:574 - 82.

Bourne, J.N., and K.M. Harris. "Nanoscale Analysis of Structural Synaptic Plasticity." Current Opinion in Neurobiology (2012) 22:372 - 82.

Bouton, M.E. "Context and Ambiguity in the Extinction of Emotional Learning: Implications for Exposure Therapy." Behaviour Research and Therapy (1988) 26:137 - 49.

Bouton, M.E. "Context, Time, and Memory Retrieval in the Interference Paradigms of Pavlovian Learning." Psychological Bulletin (1993) 114:80 - 99.

Bouton, M.E. "A Learning Theory Perspective on Lapse, Relapse, and the Maintenance of Behavior Change." Health Psychology (2000) 19:57 - 63.

Bouton, M.E. "Context, Ambiguity, and Unlearning: Sources of Relapse after Behavioral Extinction." Biological Psychiatry (2002) 52:976 - 86.

Bouton, M.E. "Context and Behavioral Processes in Extinction." Learning & Memory (2004) 11:485 - 94.

Bouton, M.E. "Behavior Systems and the Contextual Control of Anxiety, Fear, and Panic." In: Emotion and Consciousness, eds. L.F. Barrett, et al. (New York: Guilford Press, 2005), 205 - 30.

Bouton, M.E. Learning and Behavior: A Contemporary Synthesis (Sunderland, MA: Sinauer Associates, Inc., 2007).

Bouton, M.E. "Why Behavior Change Is Difficult to Sustain." Preventive Medicine. (2014) 68:29 - 36.

Bouton, M.E., and R.C. Bolles. "Contextual Control of Extinction of Conditioned Fear." Journal of Experimental Psychology: Animal Behavior Processes (1979) 10:445 - 66.

Bouton, M.E., and R.C. Bolles. "Conditioned Fear Assessed by Freezing and by the Suppression of Three Different Baselines." Animal Learning and Behavior (1980) 8:429 - 34.

Bouton, M.E., and J.B. Nelson. "Context-Specificity of Target Versus Feature Inhibition in a Feature-Negative Discrimination." Journal of Experimental Psychology: Animal Behavior Processes (1994) 20:51 - 65.

Bouton, M.E., and D.A. King. "Contextual Control of the Extinction of Conditioned Fear: Tests for the Associative Value of the Context." Journal of Experimental Psychology: Animal Behavior Processes (1983) 9:248 - 65.

Bouton, M.E., S. Mineka, and D.H. Barlow. "A Modern Learning Theory Perspective on the Etiology of Panic Disorder." Psychological Review (2001) 108:4 - 32.

Bouton, M.E., et al. "Effects of Contextual Conditioning and Unconditional Stimulus Presentation on Performance in Appetitive Conditioning." Quarterly Journal of Experimental Psychology (1993) 46B:63 - 95.

Bouton, M.E., et al. "Contextual and Temporal Modulation of Extinction: Behavioral and Biological Mechanisms." Biological Psychiatry (2006) 60:352 - 60.

Bouton, M.E., A.M. Woods, and O. Pineno. "Occasional Reinforced Trials during Extinction Can Slow the Rate of Rapid Reacquisition." Learning and Motivation (2004) 35:371 - 90.

Bowerman, M., and S.C. Levinson. eds. Language Acquisition and Conceptual Development (Cambridge: Cambridge University Press, 2001).

Bownds, M.D. The Biology of Mind: Origins and Structures of Mind, Brain, and Consciousness. (New York: John Wiley and Sons, 1999).

Boyden, E.S., et al. "Millisecond-Timescale, Genetically Targeted Optical Control of Neural Activity." Nature Neuroscience (2005) 8:1263 - 68.

Bracha, H.S., et al. "Does 'Fight or Flight' Need Updating?" Psychosomatics (2004) 45:448 - 49.

Bradley, B.P., et al. "Attentional Bias for Emotional Faces in Generalized Anxiety Disorder." The British Journal of Clinical Psychology / The British Psychological Society (1999) 38 (Pt 3):267 - 78.

Brady, J.V., and H.F. Hunt. "An Experimental Approach to the Analysis of Emotional Behavior." Journal of Psychology (1955) 40:313 - 24.

Brain, P.F., et al., eds. Fear and Defense (London: Harwood Academic Publishers, 1990).

Bray, S., A. et al. "The Neural Mechanisms Underlying the Influence of Pavlovian Cues on Human Decision Making." Journal of Neuroscience (2008) 28:5861 – 66.

Bremner, J.D. "Traumatic Stress: Effects on the Brain." Dialogues in Clinical Neuroscience (2006) 8:445 – 61.

Brentano, F. Psychologie vom empirischen Standpunkt (Leipzig: Felix Meiner, 1874/ 1924).

Breuer, J., and S. Freud. Studies on Hysteria (New York: Hogarth Press, 1893 – 1895).

Breviglieri, C.P., et al. "Predation-Risk Effects of Predator Identity on the Foraging Behaviors of Frugivorous Bats." Oecologia (2013) 173:905 – 12.

Brewin, C.R. "A Cognitive Neuroscience Account of Posttraumatic Stress Disorder and Its Treatment." Behaviour Research and Therapy (2001) 39:373 – 93.

Bridgeman, B. "On the Evolution of Consciousness and Language." PSYCOLOQUY (1992) 3.

Brodal, A. Neurological Anatomy (New York: Oxford University Press, 1982).

Brooks, D.C., and M.E. Bouton. "A Retrieval Cue for Extinction Attenuates Spontaneous Recovery." Journal of Experimental Psychology: Animal Behavior Processes (1993) 19:77 – 89.

Brooks, S.J., et al. "Exposure to Subliminal Arousing Stimuli Induces Robust Activation in the Amygdala, Hippocampus, Anterior Cingulate, Insular Cortex and Primary Visual Cortex: A Systematic Meta-Analysis of fMRI Studies." NeuroImage (2012) 59:2962 – 73.

Brown, J.S., and I.E. Farber. "Emotions Conceptualized as Intervening Variables—With Suggestions Toward a Theory of Frustration." Psychological Bulletin (1951) 48:465 – 95.

Brown, T.H., E.W. Kairiss, and C.L. Keenan. "Hebbian Synapses: Biophysical Mechanisms and Algorithms." Annual Review of Neuroscience (1990) 13:475 – 511.

Brown, T.M., and E. Fee. "Walter Bradford Cannon—Pioneer Physiologist of Human Emotions." American Journal of Public Health (2002) 92:1594 – 95.

Bruhl, A.B., et al. "Neuroimaging in Social Anxiety Disorder: A Meta-Analytic Review Resulting in a New Neurofunctional Model." Neuroscience and Biobehavioral Reviews (2014) 47C:260 – 80.

Brunet, A., et al. "Does Reconsolidation Occur in Humans: A Reply." Frontiers in Behavioral Neuroscience (2011) 5:74.

Buchel, C., and R.J. Dolan. "Classical Fear Conditioning in Functional Neuroimaging." Current Opinion in Neurobiology (2000) 10:219 – 23.

Buchel, C., et al. "Brain Systems Mediating Aversive Conditioning: An Event-Related fMRI Study." Neuron (1998) 20:947 – 57.

Buck, R. "Nonverbal Behavior and the Theory of Emotion: The Facial Feedback Hypothesis." Journal of Personality and Social Psychology (1980) 38:811 – 24.

Buckley, T.C., E.B. Blanchard, and E.J. Hickling. "Automatic and Strategic Processing of Threat Stimuli: A Comparison Between PTSD, Panic Disorder, and Non-anxiety Controls." Cognitive Therapy and Research (2002) 26:97 – 115.

Buckner, R.L. "The Brain's Default Network: Origins and Implications for the Study of Psychosis." Dialogues in Clinical Neuroscience (2013) 15:351 – 58.

Buckner, R.L., and W. Koutstaal. "Functional Neuroimaging Studies of Encoding, Priming, and Explicit Memory Retrieval." Proceedings of the National Academy of Sciences of the United States of America (1998) 95:891 – 98.

Buckner, R.L., et al. "Cognitive Neuroscience of Episodic Memory Encoding." Acta Psychologica (2000) 105:127 – 39.

Buhle, J.T., et al. "Cognitive Reappraisal of Emotion: A Meta-Analysis of Human Neuroimaging Studies." Cerebral Cortex (2014) 24:2981 - 90.

Burge, T. "Reflections on Two Kinds of Consciousness." In: Philosophical Essays, Vol II: Foundations of Mind, ed. T. Burge (Oxford: Oxford University Press, 2006), 392 - 419.

Burgess, N., and J. O'Keefe. "Models of Place and Grid Cell Firing and Theta Rhythmicity." Current Opinion in Neurobiology (2011) 21:734 - 44.

Burghardt, G.M. "Animal Awareness. Current Perceptions and Historical Perspective." The American Psychologist (1985) 40:905 - 19.

Burghardt, G.M. "Ground Rules for Dealing with Anthropomorphism." Nature (2004) 430:15.

Burghardt, N.S., et al. "Acute Selective Serotonin Reuptake Inhibitors Increase Conditioned Fear Expression: Blockade with a 5-HT(2C) Receptor Antagonist." Biological Psychiatry (2007) 62:1111 - 18.

Burghardt, N.S., et al. "Chronic Antidepressant Treatment Impairs the Acquisition of Fear Extinction." Biological Psychiatry (2013) 73:1078 - 86.

Burghardt, N.S., et al. "The Selective Serotonin Reuptake Inhibitor Citalopram Increases Fear after Acute Treatment but Reduces Fear with Chronic Treatment: A Comparison with Tianeptine." Biological Psychiatry (2004) 55:1171 - 78.

Bush, D.E., F. Sotres-Bayon, and J.E. LeDoux. "Individual Differences in Fear: Isolating Fear Reactivity and Fear Recovery Phenotypes." Journal of Traumatic Stress (2007) 20:413 - 22.

Butler, A.B., and W. Hodos. Comparative Vertebrate Neuroanatomy: Evolution and Adaptation (Hoboken: John Wiley & Sons, Inc., 2005).

Butler, G., and A. Mathews. "Cognitive Processes in Anxiety." Advances in Behaviour Research and Therapy (1983) 5:51 - 62.

Butler, G., and A. Mathews. "Anticipatory Anxiety and Risk Perception." Cognitive Therapy and Research (1987) 11:551 - 65.

Butler, L.D., et al. "Hypnosis Reduces Distress and Duration of an Invasive Medical Procedure for Children." Pediatrics (2005) 115:E77 - 85.

Buzsaki, G. "Network Properties of Memory Trace Formation in the Hippocampus." Bollettino Della Societa Italiana Di Biologia Sperimentale (1991) 67:817 - 35.

Buzsaki, G. Rhythms of the Brain (Oxford: Oxford University Press, 2011).

Byrne, J.H., et al. "Roles of Second Messenger Pathways in Neuronal Plasticity and in Learning and Memory. Insights Gained from Aplysia." Advances in Second Messenger and Phosphoprotein Research (1993) 27:47 - 108.

Cabanac, M. "On the Origin of Consciousness, a Postulate and Its Corollary." Neuroscience and Biobehavioral Reviews (1996) 20:33 - 40.

Cabeza, R., E. Ciaramelli, and M. Moscovitch. "Cognitive Contributions of the Ventral Parietal Cortex: An Integrative Theoretical Account." Trends in Cognitive Sciences (2012) 16:338 - 52.

Cabeza, R., and L. Nyberg. "Neural Bases of Learning and Memory: Functional Neuroimaging Evidence." Current Opinion in Neurology (2000) 13:415 - 21.

Cahill, L., and J.L. McGaugh. "Modulation of Memory Storage." Current Opinion in Neurobiology (1996) 6:237 - 42.

Cai, W.H., et al. "Postreactivation Glucocorticoids Impair Recall of Established Fear Memory." Journal of Neuroscience (2006) 26:9560 - 66.

Cain, C.K., A.M. Blouin, and M. Barad. "Temporally Massed CS Presentations Generate More Fear Extinction Than Spaced Presentations." Journal of Experimental Psychology: Animal Behavior Processes (2003) 29:323 - 33.

Cain, C.K., J.S. Choi, and J.E. LeDoux. "Active Avoidance and Escape Learning." In: Encyclopedia of Behavioral Neuroscience, eds. G. Koob, et al. (New York: Elsevier, 2010).

Cain, C.K., and J.E. LeDoux. "Escape from Fear: A Detailed Behavioral Analysis of Two Atypical Responses Reinforced by CS Termination." Journal of Experimental Psychology: Animal Behavior Processes (2007) 33:451 - 63.

Cain, C.K., and J.E. LeDoux. "Brain Mechanisms of Pavlovian and Instrumental Aversive Conditioning." In: Handbook of Anxiety and Fear, eds. R.J. Blanchard, et al. (Jordan Hill: Academic Press, 2008), 103 - 24.

Campese, V., et al. "Development of an Aversive Pavlovian-To-Instrumental Transfer Task in Rat." Frontiers in Behavioral Neuroscience (2013) 7:176.

Campese, V.D., et al. "Lesions of Lateral or Central Amygdala Abolish Aversive Pavlovian-to-Instrumental Transfer in Rats." Frontiers in Behavioral Neuroscience (2014) 8:161.

Campos, A.C., et al. "Animal Models of Anxiety Disorders and Stress." Revista Brasileira de Psiquiatria (2013) 35(Suppl 2):S101 - 11.

Candland, D.K., et al. Emotion (Belmont, CA: Wadsworth Publishing Company, Inc., 1977).

Cannon, W.B. Bodily Changes in Pain, Hunger, Fear, and Rage (New York: Appleton, 1929).

Cannon, W.B. "Again the James-Lange and the Thalamic Theories of Emotion." Psychological Review (1931) 38:281 - 95.

Cannon, W.B. "The Role of Emotions in Disease." Annals of Internal Medicine (1936) 9:1453 - 65.

Cannon, W.B., and S.W. Britton. "Pseudoaffective Medulliadrenal Secretion." American Journal of Physiology (1925) 72:283 - 94.

Caporael, L.R., and C.M. Heyes. "Why Anthropomorphize? Folk Psychology and Other Stories." In: Anthropomorphism, Anecdotes, and Animals, eds. R.W. Mitchell, et al. (Albany: SUNY Press, 1977) 59 - 73.

Cardinal, R.N., et al. "Emotion and Motivation: The Role of the Amygdala, Ventral Striatum, and Prefrontal Cortex." Neuroscience and Biobehavioral Reviews (2002) 26:321 - 52.

Carey B. "LSD Reconsidered for Therapy." New York Times, March 3, 2015. Retrieved on Feb. 21, 2014, from http://www.nytimes.com/2014/03/04/health/lsd-reconsidered-for-therapy.html?_ r= 0,. Carew, M.B., and J.W. Rudy. "Multiple Functions of Context during Conditioning: A Developmental Analysis." Developmental Psychobiology (1991) 24:191 - 209.

Carew, T.J., H.M. Pinsker, and E.R. Kandel. "Long-Term Habituation of a Defensive Withdrawal Reflex in Aplysia." Science (1972) 175:451 - 54.

Carew, T.J., E.T. Walters, and E.R. Kandel. "Associative Learning in Aplysia: Cellular Correlates Supporting a Conditioned Fear Hypothesis." Science (1981) 211:501 - 504.

Carleton, R.N. "The Intolerance of Uncertainty Construct in the Context of Anxiety Disorders: Theoretical and Practical Perspectives." Expert Review of Neurotherapeutics (2012) 12:937 - 47.

Carretie, L. "Exogenous (Automatic) Attention to Emotional Stimuli: A Review." Cognitive, Affective & Behavioral Neuroscience (2014) 14:1228 - 58.

Carruthers, P. Language, Thought and Consciousness: An Essay in Philosophical Psychology (Cambridge: Cambridge University Press, 1996).

Carruthers, P. "The Cognitive Functions of Language." Behavioral and Brain Sciences (2002)25:657 - 74;

discussion 674 - 725.

Carruthers, P. "How We Know Our Own Minds: The Relationship Between Mindreading and Metacognition." Behavioral and Brain Sciences (2009) 32:121 - 138; discussion 138 - 82.

Carruthers, P. "Unconsciously Competing Goals Can Collaborate or Compromise as Well as Win or Lose." Behavioral and Brain Sciences (2014) 37:139 - 40.

Carson, W.H., H. Kitagawa, and C.B. Nemeroff. "Drug Development for Anxiety Disorders: New Roles for Atypical Antipsychotics." Psychopharmacology Bulletin (2004) 38(Suppl 1):38 - 45.

Carter, C.S., M.M. Botvinick, and J.D. Cohen. "The Contribution of the Anterior Cingulate Cortex to Executive Processes in Cognition." Reviews in the Neurosciences (1999) 10:49 - 57.

Casey, B.J., et al. "The Storm and Stress of Adolescence: Insights from Human Imaging and Mouse Genetics." Developmental Psychobiology (2010) 52:225 - 35.

Casey, B.J., et al. "Transitional and Translational Studies of Risk for Anxiety." Depression and Anxiety (2011) 28:18 - 28.

Casey B.J., R.M Jones, L.H. Somerville. "Braking and Accelerating of the Adolescent Brain." Journal of Research on Adolescence. (2011) 21:21 - 33.

Castro, D.C., and K.C. Berridge. "Advances in the Neurobiological Bases for Food 'Liking' Versus 'Wanting.' " Physiology & Behavior (2014) 136:22–30.

Chafe, W.L. "How Consciousness Shapes Language." Pragmatics and Cognition (1996) 4:35 - 54.

Chalmers, D. The Conscious Mind (New York: Oxford University Press, 1996).

Chalmers, D.J. "Panpsychism and Panprotopsychism." Amherst Lecture in Philosophy 2013. Also in (T. Alter and Y. Nagasawa, eds) Russellian Monism (Oxford University Press, 2013); and in (G. Bruntrup and L. Jaskolla, eds) Panpsychism (Oxford University Press).

Chalmers, D.J. Constructing the World (New York: Oxford University Press, 2014).

Chan, J.C., and J.A. LaPaglia. "Impairing Existing Declarative Memory in Humans by Disrupting Reconsolidation." Proceedings of the National Academy of Sciences of the United States of America (2013) 110:9309 - 13.

Charney, D.S. "Neuroanatomical Circuits Modulating Ear and Anxiety Behaviors." Acta Psychiat Scand Suppl (2003) 417: 38–50.

Chen, C.C., et al. "Visualizing Long-Term Memory Formation in Two Neurons of the Drosophila Brain." Science (2012) 335:678 - 85.

Chiao, J.Y., et al. "Cultural Specificity in Amygdala Response to Fear Faces." Journal of Cognitive Neuroscience (2008) 20:2167 - 74.

Chiapponi, C., et al. "Age-Related Brain Trajectories in Schizophrenia: A Systematic Review of Structural MRI Studies." Psychiatry Research (2013) 214:83 - 93.

Chiesa, A., and A. Serretti. "Mindfulness Based Cognitive Therapy for Psychiatric Disorders: A Systematic Review and Meta-Analysis." Psychiatry Research (2011) 187:441 - 53.

Chiesa, A., A. Serretti, and J.C. Jakobsen. "Mindfulness: Top-Down or Bottom-Up Emotion Regulation Strategy?" Clinical Psychology Review (2013) 33:82 - 96.

Chittka, L., and K. Jensen. "Animal Cognition: Concepts from Apes to Bees." Current Biology (2011) 21:R116 - 19.

Chivers, D.P., G.E. Brown, and R.J.F. Smith. "The Evolution of Chemical Alarm Signals: Attracting Predators Benefits Alarm Signal Senders." American Naturalists (1996) 148:649 - 59.

Cho, S.B., B.J. Baars, and J. Newman. "A Neural Global Workspace Model for Conscious Attention." Neural Networks: The Official Journal of the International Neural Network Society (1997) 10:1195 - 1206.

Choi, J.S., C.K. Cain, and J.E. LeDoux. "The Role of Amygdala Nuclei in the Expression of Auditory Signaled Two-Way Active Avoidance in Rats." Learning & Memory (2010) 17:139 - 47.

Chugh-Gupta, N., F.G. Baldassarre, and B.H. Vrkljan. "A Systematic Review of Yoga for State Anxiety: Considerations for Occupational Therapy." Canadian Journal of Occupational Therapy (2013) 80:150 - 70.

Chun, M.M., and E.A. Phelps. "Memory Deficits for Implicit Contextual Information in Amnesic Subjects with Hippocampal Damage." Nature Neuroscience (1999) 2:844 - 47.

Chung, Y.A., et al. "Alterations in Cerebral Perfusion in Posttraumatic Stress Disorder Patients Without Re-Exposure to Accident-Related Stimuli." Clinical Neurophysiology: Official Journal of the International Federation of Clinical Neurophysiology (2006) 117:637 - 42.

Church, R.M. "Systematic Effect of Random Error in the Yoked Control Design." Psychological Bulletinl (1964) 62: 122 - 131.

Church, R.M., et al. "Cardiac Responses to Shock in Curarized Dogs: Effects of Shock Intensity and Duration, Warning Signal, and Prior Experience with Shock." Journal of Comparative and Physiological Psychology (1966) 62:1 - 7.

Churchland, P. "Reduction and the Neurobiological Basis of Consciousness." In: Consciousness in Contemporary Science, eds. A. Marcel and E. Bisiach (Oxford: Oxford University Press, 1988).

Churchland, P.M. Matter and Consciousness (Cambridge, MA: MIT Press, 1984).

Churchland, P.M. "Folk Psychology and the Explanation of Human Behavior." Proceedings of the Aristotelian Society (1988) 62:209 - 21.

Churchland, P.S. Neurophilosophy: Toward a Unified Science of the Mind-Brain (Cambridge, MA: MIT Press, 1986).

Churchland, P.S. Touching a Nerve: The Self as Brain (New York: W. W. Norton & Company, 2013).

Ciocchi, S., et al. "Encoding of Conditioned Fear in Central Amygdala Inhibitory Circuits." Nature (2010) 468:277 - 82.

Cisler, J.M., and E.H. Koster. "Mechanisms of Attentional Biases Towards Threat in Anxiety Disorders: An Integrative Review." Clinical Psychology Review (2010) 30:203 - 16.

Clark, A. Being There (Cambridge, MA: MIT Press, 1998).

Clark, D.A., and A.T. Beck. Cognitive Therapy of Anxiety Disorders (New York: Guilford Press, 2010).

Clark, D.M. "A Cognitive Approach to Panic." Behaviour Research and Therapy (1986) 24:461 - 70.

Clark, D.M. "A Cognitive Model of Panic." In: Panic: Psychological Perspective, eds. S. Rachman and J.D. Maser (Hillsdale, NJ: Erlbaum, 1988), 71 - 89.

Clark, D.M. "Panic Disorder and Social Phobia." In: Science and Practice of Cognitive Behaviour Therapy, eds. D.M. Clark and C. Fairburn (Oxford: Oxford University Press, 1997).

Clark, D.M. "Anxiety Disorders: Why They Persist and How to Treat Them." Behaviour Research and Therapy (1999) 37(Suppl 1):S5 - 27.

Clark, D.M., et al. "Misinterpretation of Body Sensations in Panic Disorder." Journal of Consulting and Clinical Psychology (1997) 65:203 - 13.

Clark, L., et al. "Differential Effects of Insular and Ventromedial Prefrontal Cortex Lesions on Risky Decision-Making." Brain: A Journal of Neurology (2008) 131:1311 - 22.

Clayton, N. "Animal Cognition: Crows Spontaneously Solve a Metatool Task." Current Biology (2007)

17:R894 - 95.

Clayton, N.S., T.J. Bussey, and A. Dickinson. "Can Animals Recall the Past and Plan for the Future?" Nature Reviews Neuroscience (2003) 4:685 - 91.

Clayton, N.S., and A. Dickinson. "Episodic-Like Memory during Cache Recovery by Scrub Jays." Nature (1998) 395:272 - 74.

Cleeremans, A. "Consciousness: The Radical Plasticity Thesis." Progress in Brain Research (2008) 168:19 - 33.

Cleeremans, A. "The Radical Plasticity Thesis: How the Brain Learns to Be Conscious." Frontiers in Psychology (2011) 2:86.

Clem, R.L., and R.L. Huganir. "Calcium-Permeable AMPA Receptor Dynamics Mediate Fear Memory Erasure." Science (2010) 330:1108 - 12.

Clement, Y., F. Calatayud, and C. Belzung. "Genetic Basis of Anxiety-Like Behaviour: A Critical Review." Brain Research Bulletin (2002) 57:57 - 71.

Clore, G. "Why Emotions Are Never Unconscious." In: The Nature of Emotion: Fundamental Questions, eds. P. Ekman and R.J. Davidson (New York: Oxford University Press, 1994), 285 - 90.

Clore, G., and T. Ketelaar. "Minding Our Emotions. On the Role of Automatic Unconscious Affect." In: Advances in Social Cognition, Vol. 10, ed. R.S. Wyer (1997), 105 - 20 (Mahwah, NJ: Erlbaum).

Clore, G.L., and A. Ortony. "Psychological Construction in the OCC Model of Emotion." Emotion Review (2013) 5:335 - 43.

Cochran, D.M., et al. "The Role of Oxytocin in Psychiatric Disorders: A Review of Biological and Therapeutic Research Findings." Harvard Review of Psychiatry (2013) 21:219 - 47.

Cofer, C.N. Motivation and Emotion (Glenview: Scott Foresman, 1972).

Cohen, D.H. "Involvement of the Avian Amygdalar Homologue (Archistriatum Posterior and Mediale) in Defensively Conditioned Heart Rate Change." Journal of Comparative Neurology (1975) 160:13 - 35.

Cohen, D.H. "Identification of Vertebrate Neurons Modified During Learning: Analysis of Sensory Pathways." In: Primary Neural Substrates of Learning and Behavioral Change, eds. D.L. Alkon and J. Farley (Cambridge: Cambridge Press, 1984).

Cohen, M.A., et al. "The Attentional Requirements of Consciousness." Trends in Cognitive Sciences (2012) 16:411 - 17.

Cohen, N.J., and L. Squire. "Preserved Learning and Retention of Pattern-Analyzing Skill in Amnesia: Dissociation of Knowing How and Knowing That." Science (1980) 210:207 - 209.

Congdon, E., and T. Canli. "A Neurogenetic Approach to Impulsivity." Journal of Personality (2008) 76:1447 - 84.

Conway, M.A. "Memory and the Self." Journal of Memory and Language (2005) 53:594 - 628.

Coover, G.D., et al. "Corticosterone Responses, Hurdle-Jump Acquisition, and the Effects of Dexamethasone Using Classical Conditioning of Fear." Hormones and Behavior (1978) 11:279 - 94.

Corbit, L.H., and B.W. Balleine. "Double Dissociation of Basolateral and Central Amygdala Lesions on the General and Outcome-Specific Forms of Pavlovian-Instrumental Transfer." Journal of Neuroscience (2005) 25:962 - 70.

Corbit, L.H., and B.W. Balleine. "The General and Outcome-Specific Forms of Pavlovian-Instrumental Transfer Are Differentially Mediated by the Nucleus Accumbens Core and Shell." Journal of Neuroscience (2011) 31:11786 - 94.

Corbit, L.H., and P.H. Janak. "Ethanol-Associated Cues Produce General Pavlovian-Instrumental Transfer."

Alcoholism: Clinical and Experimental Research (2007) 31:766 - 74.

Corbit, L.H., and P.H. Janak. "Inactivation of the Lateral but Not Medial Dorsal Striatum Eliminates the Excitatory Impact of Pavlovian Stimuli on Instrumental Responding." Journal of Neuroscience (2007) 27:13977 - 81.

Corbit, L.H., P.H. Janak, and B.W. Balleine. "General and Outcome-Specific Forms of Pavlovian-Instrumental Transfer: The Effect of Shifts in Motivational State and Inactivation of the Ventral Tegmental Area." European Journal of Neuroscience (2007) 26:3141 - 49.

Corcoran, K.A., and G.J. Quirk. "Recalling Safety: Cooperative Functions of the Ventromedial Prefrontal Cortex and the Hippocampus in Extinction." CNS Spectrums (2007) 12:200 - 206.

Corkin, S. "Acquisition of Motor Skill after Bilateral Medial Temporal Lobe Excision." Neuropsychologia (1968) 6:255 - 65.

Cosmides, L., and J. Tooby. "Evolutionary Psychology." In: Encyclopedia of Cognitive Science (Cambridge, MA: MIT Press, 1999), 295 - 97.

Cosmides, L., and J. Tooby. "Evolutionary Psychology: New Perspectives on Cognition and Motivation." Annual Review of Psychology (2013) 64:201 - 29.

Cotterill, R.M. "Cooperation of the Basal Ganglia, Cerebellum, Sensory Cerebrum and Hippocampus: Possible Implications for Cognition, Consciousness, Intelligence and Creativity." Progress in Neurobiology (2001) 64:1 - 33.

Coull, J.T. "Neural Correlates of Attention and Arousal: Insights from Electrophysiology, Functional Neuroimaging and Psychopharmacology." Progress in Neurobiology (1998) 55:343 - 61.

Courtney, S.M., et al. "The Role of Prefrontal Cortex in Working Memory: Examining the Contents of Consciousness." Philosophical Transactions of the Royal Society B: Biological Sciences (1998) 353:1819 - 28.

Couto, M.I., et al. "Depression and Anxiety Following Deep Brain Stimulation in Parkinson's Disease: Systematic Review and Meta-Analysis." Acta Médica Portuguesa (2014) 27:372 - 82.

Cowan, N. "An Embedded-Processes Model of Working Memory." In: Models of Working Memory: Mechanisms of Active Maintenance and Executive Control, (eds. A. Miyake and P. Shah (New York: Cambridge University Press, 1999), 62 - 101.

Cowan, W.M., D.H. Harter, and E.R. Kandel. "The Emergence of Modern Neuroscience: Some Implications for Neurology and Psychiatry." Annual Review of Neuroscience (2000) 23:343 - 91.

Cowan, W.M., K.L. Kopnisky, and S.E. Hyman. "The Human Genome Project and Its Impact on Psychiatry." Annual Review of Neuroscience (2002) 25:1 - 50.

Cowansage, K.K., et al. "Basal Variability in CREB Phosphorylation Predicts Trait-Like Differences in Amygdala-Dependent Memory." Proceedings of the National Academy of Sciences of the United States of America (2013) 110:16645 - 50.

Cowey, A., and P. Stoerig. "Reflections on Blindsight." In: The Neuropsychology of Consciousness, eds. D. Milner and M. Rugg (London: Academic Press, 1992), 11 - 37.

Cowey, A., and P. Stoerig. "Blindsight in Monkeys." Nature (1995) 373:247 - 49.

Craig, A.D. "How Do You Feel? Interoception: The Sense of the Physiological Condition of the Body." Nature Reviews Neuroscience (2002) 3:655 - 66.

Craig, A.D. "Interoception: The Sense of the Physiological Condition of the Body." Current Opinion in Neurobiology (2003) 13:500 - 505.

Craig, A.D. "How Do You Feel—Now? The Anterior Insula and Human Awareness." Nature Reviews Neuroscience (2009) 10:59 - 70.

Craig, A.D. "The Sentient Self." Brain Structure & Function (2010) 214:563 - 77.

Craske, M.G., D.H. Barlow, and T.A. O'Leary. Mastery of Your Anxiety and Worry (Boulder, CO: Graywind Publications, 1992).

Craske, M.G., et al. "Optimizing Inhibitory Learning during Exposure Therapy." Behaviour Research and Therapy (2008) 46:5 - 27.

Craske, M.G., et al. "Maximizing Exposure Therapy: An Inhibitory Learning Approach." Behaviour Research and Therapy (2014) 58:10 - 23.

Cravo, S.L., S.F. Morrison, and D.J. Reis. "Differentiation of Two Cardiovascular Regions Within Caudal Ventrolateral Medulla." American Journal of Physiology (1991) 261:R985 - 94.

Crawley, J.N., and R. Paylor. "A Proposed Test Battery and Constellations of Specific Behavioral Paradigms to Investigate the Behavioral Phenotypes of Transgenic and Knockout Mice." Hormones and Behavior (1997) 31:197 - 211.

Crichton, M. Terminal Man (New York: Knopf, 1972).

Crick, F., and C. Koch. "Toward a Neurobiological Theory of Consciousness." Seminars in the Neurosciences (1990) 2:263 - 75.

Crick, F., and C. Koch. "Are We Aware of Neural Activity in Primary Visual Cortex?" Nature (1995) 375:121 - 23.

Crick, F., and C. Koch "A Framework for Consciousness." Nature Neuroscience (2003) 6:119 - 26.

Crick, F.C., and C. Koch. "What Is the Function of the Claustrum?" Philosophical Transactions of the Royal Society B: Biological Sciences (2005) 360:1271 - 79.

Critchley, H.D. "Neural Mechanisms of Autonomic, Affective, and Cognitive Integration." Journal of Comparative Neurology (2005) 493:154 - 66.

Critchley, H.D. "Psychophysiology of Neural, Cognitive and Affective Integration: fMRI and Autonomic Indicants." International Journal of Psychophysiology: Official Journal of the International Organization of Psychophysiology (2009) 73:88 - 94.

Critchley, H.D., C.J. Mathias, and R.J. Dolan. "Neuroanatomical Basis for First-and Second-Order Representations of Bodily States." Nature Neuroscience (2001) 4:207 - 12.

Critchley, H.D., C.J. Mathias, and R.J. Dolan. "Fear Conditioning in Humans: The Influence of Awareness and Autonomic Arousal on Functional Neuroanatomy." Neuron (2002) 33:653 - 63.

Critchley, H.D., et al. "Activity in the Human Brain Predicting Differential Heart Rate Responses to Emotional Facial Expressions." NeuroImage (2005) 24:751 - 62.

Critchley, H.D., et al. "Neural Systems Supporting Interoceptive Awareness." Nature Neuroscience (2004) 7:189 - 95.

Critchley, M. The Parietal Lobes (London: Edward Arnold, 1953).

Crystal, J.D. "Where Is the Skepticism in Animal Metacognition?" The Journal of Comparative Psychology (2014) 128:152 - 54; discussion 160 - 152.

Cullinan, W.E., J.P. Herman, and S.J. Watson. "Ventral Subicular Interaction with the Hypothalamic Paraventricular Nucleus: Evidence for a Relay in the Bed Nucleus of the Stria Terminalis." Journal of Comparative Neurology (1993) 332:1 - 20.

Curtis, C.E. "Prefrontal and Parietal Contributions to Spatial Working Memory." Neuroscience (2006) 139:173 - 80.

da Costa Gomez, T.M., and M.M. Behbehani. "An Electrophysiological Characterization of the Projection from the Central Nucleus of the Amygdala to the Periaqueductal Gray of the Rat: The Role of Opioid Receptors." Brain Research (1995) 689:21 - 31.

Dalgleish, T. "Cognitive Approaches to Posttraumatic Stress Disorder: The Evolution of Multirepresentational Theorizing." Psychological Bulletin (2004) 130:228 - 60.

Dalley, J.W., and B.J. Everitt. "Dopamine Receptors in the Learning, Memory and Drug Reward Circuitry." Seminars in Cell & Developmental Biology (2009) 20:403 - 10.

Dalmaz, C., I.B. Introini-Colliso, and J.L. McGaugh. "Noradrenergic and Cholinergic Interactions in the Amygdala and the Modulation of Memory Storage." Behavioural Brain Research (1993) 58:167 - 74.

Daly, H.B. "Disruptive Effects of Scopolamine on Fear Conditioning and on Instrumental Escape Learning." Journal of Comparative and Physiological Psychology (1968) 66:579 - 83.

Damasio, A. Descartes' Error: Emotion, Reason, and the Human Brain (New York: Gosset/Putnam, 1994).

Damasio, A. Self Comes to Mind: Constructing the Conscious Brain (New York: Pantheon Books, 2010).

Damasio, A., Carvalho GB. "The Nature of Feelings: Evolutionary and Neurobiological Origins." Nature Reviews Neuroscience (2013) 14:143 - 52.

Damasio, A., H. Damasio, and D. Tranel. "Persistence of Feelings and Sentience after Bilateral Damage of the Insula." Cerebral Cortex (2013) 4:833 - 46.

Damasio, A.R. "The Brain Binds Entities and Events by Multiregional Activation from Convergence Zones." Neural Computation (1989) 1:123 - 32.

Damasio, A.R. "The Somatic Marker Hypothesis and the Possible Functions of the Prefrontal Cortex." Philosophical Transactions of the Royal Society B: Biological Sciences (1996) 351:1413 - 20.

Damasio, A.R. The Feeling of What Happens: Body and Emotion in the Making of Consciousness (New York: Harcourt Brace, 1999).

Damasio, A.R. et al. "Subcortical and Cortical Brain Activity during the Feeling of Self-Generated Emotions." Nature Neuroscience (2000) 3:1049 - 56.

Damasio, A.R., D. Tranel, and H. Damasio. "Individuals with Sociopathic Behavior Caused by Frontal Damage Fail to Respond Autonomically to Social Stimuli." Behavioral Brain Research (1990) 41:91 - 94.

Danielsen, E.H., D.J. Magnuson, and T.S. Gray. "The Central Amygdaloid Nucleus Innervation of the Dorsal Vagal Complex in Rat: a Phaseolus Vulgaris Leucoagglutinin Lectin Anterograde Tracing Study." Brain Research Bulletin (1989) 22:705 - 15.

Darwin, C. The Origin of Species by Means of Natural Selection: Or, the Preservation of Favored Races in the Struggle for Life (New York: Collier, 1859).

Darwin, C. The Expression of the Emotions in Man and Animals (London: Fontana Press, 1872).

Darwin C. The Formation of Vegetable Mould Through the Action of Worms: With Observations on Their Habits (London: John Murray 1881).

Das, P., et al. "Pathways for Fear Perception: Modulation of Amygdala Activity by Thalamo- Cortical Systems." NeuroImage (2005) 26:141 - 48.

Davanger, S., et al. "Meditation-Specific Prefrontal Cortical Activation during Acem Meditation: An fMRI Study." Perceptual and Motor Skills (2010) 111:291 - 306.

Davidson, R.J. "Anxiety and Affective Style: Role of Prefrontal Cortex and Amygdala." Biological Psychiatry (2002) 51:68 - 80.

Davidson, R.J., and A. Lutz. "Buddha's Brain: Neuroplasticity and Meditation." IEEE Signal Processing

Magazine (2008) 25:176 – 74.

Davis, H.P., and L.R. Squire. "Protein Synthesis and Memory: A Review." Psychological Bulletin (1984) 96:518 – 59.

Davis, M. "The Role of the Amygdala in Conditioned Fear." In: The Amygdala: Neurobiological Aspects of Emotion, Memory, and Mental Dysfunction, ed. J.P. Aggleton (New York: Wiley–Liss, Inc., 1992), 255 – 306.

Davis, M. "Neural Systems Involved in Fear and Anxiety Measured with Fear–Potentiated Startle." The American Psychologist (2006) 61:741 – 56.

Davis, M., et al. "Effects of d–cycloserine on Extinction: Translation from Preclinical to Clinical Work." Biological Psychiatry (2006) 60:369 – 75.

Davis, M., D.L. Walker, and Y. Lee. "Amygdala and Bed Nucleus of the Stria Terminalis: Differential Roles in Fear and Anxiety Measured with the Acoustic Startle Reflex." Philosophical Transactions of the Royal Society B: Biological Sciences (1997) 352:1675 – 87.

Davis, M., et al. "Phasic vs. Sustained Fear in Rats and Humans: Role of the Extended Amygdala in Fear vs. Anxiety." Neuropsychopharmacology (2010) 35:105 – 35.

Davis, M., and P.J. Whalen. "The Amygdala: Vigilance and Emotion." Molecular Psychiatry (2001) 6:13 – 34.

Dawkins, R., and J.R. Krebs. "Arms Races Between and Within Species." Proceedings of the Royal Society of London Series B, Containing Papers of a Biological Character Royal Society (1979) 205:489 – 511.

Dayan, P., and N.D. Daw. "Decision Theory, Reinforcement Learning, and the Brain." Cognitive, Affective & Behavioral Neuroscience (2008) 8:429 – 53.

de Carvalho, M.R., M. Rozenthal, and A.E. Nardi. "The Fear Circuitry in Panic Disorder and Its Modulation by Cognitive–Behaviour Therapy Interventions." The World Journal of Biological Psychiatry: The Official Journal of the World Federation of Societies of Biological Psychiatry (2010) 11:188 – 98.

de Gelder, B., J.S. Morris, and R.J. Dolan. "Unconscious Fear Influences Emotional Awareness of Faces and Voices." Proceedings of the National Academy of Sciences of the United States of America (2005) 102:18682 – 87.

de Gelder, B., et al. "Non–Conscious Recognition of Affect in the Absence of Striate Cortex." Neuroreport (1999) 10:3759 – 63.

de Haan, M., et al. "Human Memory Development and Its Dysfunction after Early Hippocampal Injury." Trends in Neurosciences (2006) 29:374 – 81.

De Oca, B.M., et al. "Distinct Regions of the Periaqueductal Gray Are Involved in the Acquisition and Expression of Defensive Responses." Journal of Neuroscience (1998) 18:3426 – 32.

De Oliveira Alvares, L., et al. "Reactivation Enables Memory Updating, Precision–Keeping and Strengthening: Exploring the Possible Biological Roles of Reconsolidation." Neuroscience (2013) 244:42 – 48.

De Quervain, D.J., A. Aerni, G. Schelling, and B. Roozendaal. "Glucocorticoids and the Regulation of Memory in Health and Disease. Frontiers in Neuroendocrinology (2009) 30:358 – 70.

de Quervain, D.J., et al. "Glucocorticoids Enhance Extinction–Based Psychotherapy." Proceedings of the National Academy of Sciences of the United States of America (2011) 108:6621 – 25.

Dębiec, J. "Peptides of Love and Fear: Vasopressin and Oxytocin Modulate the Integration of Information in the Amygdala." BioEssays (2005) 27:869 – 73.

Dębiec, J., D.E. Bush, and J.E. LeDoux. "Noradrenergic Enhancement of Reconsolidation in the Amygdala Impairs Extinction of Conditioned Fear in Rats—A Possible Mechanism for the Persistence of Traumatic Memories in PTSD." Depression and Anxiety (2011) 28:186 – 93.

Dębiec, J., et al. "The Amygdala Encodes Specific Sensory Features of an Aversive Reinforcer." Nature Neuroscience (2010) 13:536 - 37.

Dębiec, J., Doyere, V., Nader, K., LeDoux, J.E. "Directly Reactivated, but Not Indirectly Reactivated, Memories Undergo Reconsolidation in the Amygdala." Proceedings of the National Academy of Sciences of the United States of America (2006) 103:3428 - 33.

Dębiec, J., and J.E. LeDoux. "Noradrenergic Signaling in the Amygdala Contributes to the Reconsolidation of Fear Memory: Treatment Implications for PTSD. Annals of the New York Academy of Sciences (2006) 1071:521 - 24.

Debner, J.A., and L.L. Jacoby. "Unconscious Perception: Attention, Awareness, and Control." Journal of Experimental Psychology Learning, Memory, and Cognition (1994) 20:304 - 17.

Decety, J. "[Naturalizing Empathy]." L'Encephale (2002) 28:9 - 20.

Dehaene, S., and J-P. Changeux. "Neural Mechanisms for Access to Consciousness." In: The Cognitive Neurosciences 3rd Edition, ed. M.S. Gazzaniga (Cambridge, MA: MIT Press, 2004), 1145 - 58.

Dehaene, S., and J-P. Changeux. "Experimental and Theoretical Approaches to Conscious Processing." Neuron (2011) 70:200 - 27.

Dehaene, S., et al. "Conscious, Preconscious, and Subliminal Processing: A Testable Taxonomy." Trends in Cognitive Sciences (2006) 10:204 - 11.

Dehaene, S., M. Kerszberg, and J-P. Changeux. "A Neuronal Model of a Global Workspace in Effortful Cognitive Tasks." Proceedings of the National Academy of Sciences of the United States of America (1998) 95:14529 - 34.

Dehaene, S., and L. Naccache. "Towards a Cognitive Neuroscience of Consciousness: Basic Evidence and a Workspace Framework." Cognition (2001) 79:1 - 37.

Dehaene, S., et al. "Imaging Conscious Semantic Priming." Nature (1998) 395:597 - 600.

Dehaene, S., C. Sergent, and J-P. Changeux. "A Neuronal Network Model Linking Subjective Reports and Objective Physiological Data during Conscious Perception." Proceedings of the National Academy of Sciences of the United States of America (2003) 100:8520 - 25.

Deisseroth, K. "Optogenetics and Psychiatry: Applications, Challenges, and Opportunities." Biological Psychiatry (2012) 71:1030 - 32.

Del Cul, A., et al. "Causal Role of Prefrontal Cortex in the Threshold for Access to Consciousness." Brain: a Journal of Neurology (2009) 132:2531 - 40.

Delgado, M.R., and K.C. Dickerson. "Reward-Related Learning via Multiple Memory Systems." Biological Psychiatry (2012) 72:134 - 41.

Delgado, M.R., et al. "Avoiding Negative Outcomes: Tracking the Mechanisms of Avoidance Learning in Humans during Fear Conditioning." Frontiers in Behavioral Neuroscience (2009) 3:33.

Delgado, M.R., et al. "The Role of the Striatum in Aversive Learning and Aversive Prediction Errors." Philosophical Transactions of the Royal Society B: Biological Sciences (2008) 363: 3787 - 3800.

Delgado, M.R., et al. "Neural Circuitry Underlying the Regulation of Conditioned Fear and Its Relation to Extinction." Neuron (2008) 59:829 - 38.

Delgado, M.R., A. Olsson, and E.A. Phelps. "Extending Animal Models of Fear Conditioning to Humans." Biological Psychology (2006) 73:39 - 48.

Delgado, M.R., et al. "Emotion Regulation of Conditioned Fear: The Contributions of Reappraisal." Paper presented at the 11th Annual Meeting of the Cognitive Neuroscience Society San Francisco (2004).

Dell'Acqua, R., and J. Grainger. "Unconscious Semantic Priming from Pictures." Cognition (1999) 73:B1 - B15.

Demertzi, A., et al. "Hypnotic Modulation of Resting State fMRI Default Mode and Extrinsic Network Connectivity." Progress in Brain Research (2011) 193:309 - 22.

Demertzi, A., A. Soddu, and S. Laureys. "Consciousness Supporting Networks." Current Opinion in Neurobiology (2013) 23:239 - 44.

Demertzis, K.H., and M.G. Kraske. "Cognitive-Behavioral Therapy for Anxiety Disorders in Primary Care." Primary Psychiatry (2005). Retrieved Dec. 19, 2014. http://primarypsychiatry.com/cognitive-behavioral-therapy-for-anxiety-disorders-in-primary-care.

den Dulk, P., B.T. Heerebout, and R.H. Phaf. "A Computational Study into the Evolution of Dual-Route Dynamics for Affective Processing." Journal of Cognitive Neuroscience (2003) 15:194 - 208.

Dennett, D.C. Consciousness Explained (Boston: Little, Brown and Company, 1991).

DePrince, A.P., et al. "Motivated Forgetting and Misremembering: Perspectives from Betrayal Trauma Theory." Nebraska Symposium on Motivation (2012) 58:193 - 242.

Dere, E., et al. "The Case for Episodic Memory in Animals." Neuroscience and Biobehavioral Reviews (2006) 30:1206 - 24.

Descartes, R. Discourse on the Method (Indianapolis: Hackett, 1637).

Descartes, R. Principia Philosophiae (Ghent University: Apud Ludovicum Elzevirium, 1644).

Deschaux, O., et al. "Post-Extinction Fluoxetine Treatment Prevents Stress-Induced Reemergence of Extinguished Fear." Psychopharmacology (Berl) (2013) 225:209 - 16.

Deshmukh, V.D. "Neuroscience of Meditation." The Scientific World Journal (2006) 6:2239 - 53.

Desiderato, O. "Generalization of Acquired Fear as a Function of CS Intensity and Number of Acquisition Trials." Journal of Experimental Psychology (1964) 67:41 - 47.

Desimone, R. "Neural Mechanisms for Visual Memory and Their Role in Attention." Proceedings of the National Academy of Sciences of the United States of America (1996) 93:13494 - 99.

D'Esposito, M., et al. "Maintenance Versus Manipulation of Information Held in Working Memory: An Event-Related fMRI Study." Brain and Cognition (1999) 41:66 - 86.

Devan, B.D., N.S. Hong, and R.J. McDonald. "Parallel Associative Processing in the Dorsal Striatum: Segregation of Stimulus-Response and Cognitive Control Subregions." Neurobiology of Learning and Memory (2011) 96:95 - 120.

Devinsky, O., M.J. Morrell, and B.A. Vogt. "Contributions of Anterior Cingulate Cortex to Behaviour." Brain: A Journal of Neurology (1995) 118:279 - 306.

Devos, T., and M.R. Banaji. "Implicit Self and Identity." Annals of the New York Academy of Sciences (2003) 1001:177 - 211.

Diaz-Mataix, L., et al. "Sensory-Specific Associations Stored in the Lateral Amygdala Allow for Selective Alteration of Fear Memories." Journal of Neuroscience (2011) 31:9538 - 43.

Diaz-Mataix, L., et al. "Detection of a Temporal Error Triggers Reconsolidation of Amygdala-Dependent Memories." Current Biology (2013) 23:467 - 72.

Dickenson, J., et al. "Neural Correlates of Focused Attention during a Brief Mindfulness Induction." Social Cognitive and Affective Neuroscience (2013) 8:40 - 47.

Dickerson, B.C., and H. Eichenbaum. "The Episodic Memory System: Neurocircuitry and Disorders." Neuropsychopharmacology (2010) 35:86 - 104.

Dickinson, A. "Conditioning and Associative Learning." British Medical Bulletin (1981) 37:165 - 68.

Dickinson, A. "Why a Rat Is Not a Beast Machine." In: Frontiers of Consciousness, eds. L. Weiskrantz and M. Davies (Oxford: Oxford University Press, 2008), 275 - 288.

Dickinson, A. "Associative Learning and Animal Cognition." Philosophical Transactions of the Royal Society B: Biological Sciences (2012) 367:2733 - 42.

Dickinson, E. Emily Dickinson—Selected Poems (New York: St. Martin's Press, 1992).

Dickson, B.J. "Wired for Sex: The Neurobiology of Drosophila Mating Decisions." Science (2008) 322:904 - 909.

Dielenberg, R.A., P. Carrive, and I.S. McGregor. "The Cardiovascular and Behavioral Response to Cat Odor in Rats: Unconditioned and Conditioned Effects." Brain Research (2001) 897:228 - 37.

Dillon, D.G., et al. "Peril and Pleasure: An RDoC-Inspired Examination of Threat Responses and Reward Processing in Anxiety and Depression." Depression and Anxiety (2014) 31:233 - 49.

Dinsmoor, J.A. "Variable-Interval Escape from Stimuli Accompanied by Shocks." Journal of the Experimental Analysis of Behavior (1962) 5:41 - 47.

Diorio, D., V. Viau, and M.J. Meaney. "The Role of the Medial Prefrontal Cortex (Cingulate Gyrus) in the Regulation of Hypothalamic-Pituitary-Adrenal Responses to Stress." Journal of Neuroscience (1993) 13:3839 - 47.

Dityatev, A.E., and V.Y. Bolshakov. "Amygdala, Long-Term Potentiation, and Fear Conditioning." Neuroscientist (2005) 11:75 - 88.

Dixon, B.A. "Animal Emotion." Ethics and the Environment (2001) 6:22 - 30.

Dodhia, S., et al. "Modulation of Resting-State Amygdala-Frontal Functional Connectivity by Oxytocin in Generalized Social Anxiety Disorder." Neuropsychopharmacology (2014) 39:2061 - 69.

Dolan, R.J., and P. Dayan. "Goals and Habits in the Brain." Neuron (2013) 80:312 - 25.

Dolan, R.J., and P. Vuilleumier. "Amygdala Automaticity in Emotional Processing." Annals of the New York Academy of Sciences (2003) 985:348 - 55.

Dolcos F., A.D. Iordan, and S. Dolcos (2011) "Neural Correlates of emotion-cognition interactions: a review of evidence from brain imaging investigations." J Cogn Psychol (Hove) 23:669–694.

Doll, B.B., D.A. Simon, and N.D. Daw. "The Ubiquity of Model-Based Reinforcement Learning." Current Opinion in Neurobiology (2012) 22:1075 - 81.

Dollard, J., and N.E. Miller. Personality and Psychotherapy: an Analysis in Terms of Learning, Thinking, and Culture (New York: McGraw-Hill, 1950).

Do-Monte, F.H., et al. "Deep Brain Stimulation of the Ventral Striatum Increases BDNF in the Fear Extinction Circuit." Frontiers in Behavioral Neuroscience (2013) 7:102.

Donahoe, J.W. "Edward L. Thorndike: The Selectionist Connection." Journal of the Experimental Analysis of Behavior (1999) 72:451 - 54.

Dong, H.W., G.D. Petrovich, and L.W. Swanson. "Topography of Projections from Amygdala to Bed Nuclei of the Stria Terminalis." Brain Research. Brain Research Reviews (Amsterdam) (2001) 38:192 - 246.

Dong, H.W., and L.W. Swanson. "Organization of Axonal Projections from the Anterolateral Area of the Bed Nuclei of the Stria Terminalis." Journal of Comparative Neurology (2004) 468:277 - 98.

Dong, H.W., and L.W. Swanson. "Projections from Bed Nuclei of the Stria Terminalis, Posterior Division: Implications for Cerebral Hemisphere Regulation of Defensive and Reproductive Behaviors." Journal of Comparative Neurology (2004) 471:396 - 433.

Dong, H.W., and L.W. Swanson. "Projections from Bed Nuclei of the Stria Terminalis, Anteromedial Area:

Cerebral Hemisphere Integration of Neuroendocrine, Autonomic, and Behavioral Aspects of Energy Balance." Journal of Comparative Neurology (2006) 494:142 - 78.

Dong, H.W., and L.W. Swanson. "Projections from Bed Nuclei of the Stria Terminalis, Dorsomedial Nucleus: Implications for Cerebral Hemisphere Integration of Neuroendocrine, Autonomic, and Drinking Responses." Journal of Comparative Neurology (2006) 494:75 - 107.

Driver, J., and P. Vuilleumier. "Perceptual Awareness and Its Loss in Unilateral Neglect and Extinction." Cognition (2001) 79:39 - 88.

Duchenne, G-B. Mécanisme de la physionomie humaine ou Analyse électrophysiologique de l'expression des passions applicable à la pratique des arts plastiques (Paris: Jules Renouard, 1862).

Dudai, Y. "Consolidation: Fragility on the Road to the Engram." Neuron (1996) 17:367 - 70.

Dudai, Y. "The Neurobiology of Consolidations, or, How Stable Is the Engram?" Annual Review of Psychology (2004) 55:51 - 86.

Dudai Y. "Reconsolidation: The Advantage of Being Refocused." Current Opinion in Neurobiology (2006) 16:174 - 78.

Dudai, Y. "The Restless Engram: Consolidations Never End." Annual Review of Neuroscience (2012) 35:227 - 47.

Dudai, Y., and M. Eisenberg. "Rites of Passage of the Engram: Reconsolidation and the Lingering Consolidation Hypothesis." Neuron (2004) 44:93 - 100.

Duncan, J., and A.M. Owen. "Common Regions of the Human Frontal Lobe Recruited by Diverse Cognitive Demands." Trends in Neurosciences (2000) 23:475 - 83.

Dunsmoor, J.E., et al. "Aversive Learning Modulates Cortical Representations of Object Categories." Cerebral Cortex (2014) 24:2859 - 72.

Dupuy, J.B., and R. Ladouceur. "Cognitive Processes of Generalized Anxiety Disorder in Comorbid Generalized Anxiety Disorder and Major Depressive Disorder." Journal of Anxiety Disorders (2008) 22:505 - 14.

Durand, V.M., and D.H. Barlow. Essentials of Abnormal Psychology (Independence, KY: Cengage Learning, 2006).

Duvarci, S., and D. Paré. "Amygdala Microcircuits Controlling Learned Fear." Neuron (2014) 82:966 - 80.

Duvarci, S., D. Popa, and D. Paré. "Central Amygdala Activity during Fear Conditioning." Journal of Neuroscience (2011) 31:289 - 94.

Dykman, R.A. "Toward a Theory of Classical Conditioning: Cognitive, Emotional, and Motor Components of the Conditional Reflex." Progress in Experimental Personality Research (1965) 2:229 - 317.

Dymond, S., et al. "Safe from Harm: Learned, Instructed, and Symbolic Generalization Pathways of Human Threat-Avoidance." PLoS One (2012) 7:E47539.

Dymond, S., and B. Roche. "A Contemporary Behavior Analysis of Anxiety and Avoidance." The Behavior Analyst (2009) 32:7 - 27.

Ebbinghaus, H. On Memory (New York: Dover Edition, 1885/ 1964).

Eckstein, M., et al. "Oxytocin Facilitates the Extinction of Conditioned Fear in Humans." Biological Psychiatry (2014). in press.

Edeline, J.M. "Beyond Traditional Approaches to Understanding the Functional Role of Neuromodulators in Sensory Cortices." Frontiers in Behavioral Neuroscience (2012) 6: article 45. Published online July 30. 2012. doi: 10.3389/ fnbeh.2012.00045 PMCID: PMC3407859

Edelman, D.B., and A.K. Seth. "Animal Consciousness: a Synthetic Approach." Trends in Neurosciences (2009)

32:476 - 84.

Edelman, G. Bright Air, Brilliant Fire: On the Matter of Mind (New York: Basic Books, 1993).

Edelman, G. "Consciousness: The Remembered Present." Annals of the New York Academy of Sciences (2001) 929:111 - 22.

Edelman, G.M. Neural Darwinism (New York: Basic Books, 1987).

Edelman, G.M. The Remembered Present (New York: Basic Books, 1989).

Edelman, G.M. Wider Than the Sky: The Phenomenal Gift of Consciousness (New Haven: Yale University Press, 2004).

Edinger, L. Vorlesungen uber den Bau der nervosen Zentralorgane (Leipzig: Vogel, 1908).

Edmunds, M. Defence in Animals: A Survey of Anti-Predator Defences (New York: Longman, 1974).

Eelen, P., and B. Vervliet. "Fear Conditioning and Clinical Implications: What Can We Learn from the Past?" In: Fear and Learning: From Basic Processes to Clinical Implications, eds. M.G. Craske, et al. (Washington, D.C.: American Psychological Association, 2006), 197 - 215.

Ehlers, A., and D.M. Clark. "A Cognitive Model of Posttraumatic Stress Disorder." Behaviour Research and Therapy (2000) 38:319 - 45.

Ehlers, A., et al. "Cognitive Therapy for Post-Traumatic Stress Disorder: Development and Evaluation." Behaviour Research and Therapy (2005) 43:413 - 31.

Ehrlich, I, et al. "Amygdala Inhibitory Circuits and the Control of Fear Memory." Neuron (2009) 62:757 - 71.

Eichenbaum, H. "The Hippocampal System and Declarative Memory in Animals." Journal of Cognitive Neuroscience (1992) 4:217 - 31.

Eichenbaum, H. "The Hippocampal System and Declarative Memory in Humans and Animals: Experimental Analysis and Historical Origins." In: Memory System, eds. D.L. Schacter and E. Tulving (Cambridge, MA: MIT Press, 1994), 147 - 201.

Eichenbaum, H. The Cognitive Neuroscience of Memory (New York: Oxford University Press, 2002).

Eichenbaum, H., and N.J. Fortin. "Bridging the Gap Between Brain and Behavior: Cognitive and Neural Mechanisms of Episodic Memory." Journal of the Experimental Analysis of Behavior (2005) 84:619 - 29.

Eifert, G.H., and J.P. Forsyth. Acceptance and Commitment Therapy for Anxiety Disorders: A Practitioner's Treatment Guide to Using Mindfulness, Acceptance, and Values-Based Behavior Change Strategies (Oakland, CA: New Harbinger Publications, 2005).

Eisenberg, M., et al. "Stability of Retrieved Memory: Inverse Correlation with Trace Dominance." Science (2003) 301:1102 - 04.

Ekman, P. "Universals and Cultural Differences in Facial Expressions of Emotions." In: Nebraska Symposium on Motivation 1971, ed. J. Cole (Lincoln, Nebraska: University of Nebraska Press, 1972), 207 - 83.

Ekman, P. "Biological and Cultural Contributions to Body and Facial Movement." In: The Anthropology of the Body, ed. J. Blacking (London: Academic Press, 1977), 39 - 84.

Ekman, P. "Biological and Cultural Contributions to Body and Facial Movement in the Expression of Emotions." In: Explaining Emotions, ed. A.O. Rorty (Berkeley: University of California Press, 1980).

Ekman, P. "Expression and Nature of Emotion." In: Approaches to Emotion, eds. K. Scherer and P. Ekman (Hillsdale, NJ: Erlbaum, 1984), 319 - 43.

Ekman, P. "Are There Basic Emotions?" Psychological Review (1992) 99:550 - 53.

Ekman, P. "An Argument for Basic Emotions." Cognition and Emotion (1992) 6:169 - 200.

Ekman, P. "Facial Expressions of Emotion: New Findings, New Questions." Psychological Science (1992)

3:34 - 38.

Ekman, P. "Facial Expression and Emotion." American Psychologist (1993) 48.

Ekman, P. "Basic Emotions." In: Handbook of Cognition and Emotion, eds. T. Dalgleish and M. Power (Chichester: John Wiley and Sons, Co., 1999), 45 - 60.

Ekman, P. Emotions Revealed: Recognizing Faces and Feelings to Improve Communication and Emotional Life (New York: Times Books, 2003).

Ekman, P., and W.V. Friesen. Unmasking the Face (Englewood, NJ: Prentice-Hall, 1975).

El-Amamy, H., and P.C. Holland. "Dissociable Effects of Disconnecting Amygdala Central Nucleus from the Ventral Tegmental Area or Substantia Nigra on Learned Orienting and Incentive Motivation." European Journal of Neuroscience (2007) 25:1557 - 67.

Eley, T.C., et al. "A Twin Study of Anxiety-Related Behaviours in Pre-School Children." Journal of Child Psychology and Psychiatry, and Allied Disciplines (2003) 44:945 - 60.

Eliasson, S., et al. "Activation of Sympathetic Vasodilator Nerves to the Skeletal Muscles in the Cat by Hypothalamic Stimulation." Acta Physiologica Scandinavica (1951) 23:333 - 51.

Ellis, A. "Rational Psychotherapy and Individual Psychology." Journal of Individual Psychology (1957) 13:38 - 44.

Ellis, A. "Rational-Emotive Therapy and Cognitive Behavior Therapy: Similarities and Differences." Cognitive Therapy and Research (1980) 4:325 - 40.

Ellis, A., and C. MacLaren. Rational Emotive Behavior Therapy: a Therapist's Guide (San Luis Obispo, CA: Impact Publishers, 2005).

Ellis, N. "At the Interface: Dynamic Interactions of Explicit and Implicit Language Knowledge." Studies in Second Language Acquisition (2005) 27:305 - 52.

Elman, J., et al. Rethinking Innateness (Cambridge, MA: MIT Press, 1997).

Emerson, R.W. Society and Solitude (Boston: Fields, Osgood & Co, 1870).

Emes, R.D., and S.G. Grant. "Evolution of Synapse Complexity and Diversity." Annual Review of Neuroscience (2012) 35:111 - 31.

Epstein, M. Thoughts without a Thinker: Psychotherapy from a Buddhist Perspective (New York: Basic Books, 2013).

Epstein, S. "The Nature of Anxiety with Emphasis upon Its Relationship to Expectancy." In: Anxiety: Current Trends in Theory and Research, ed. C.D. Speilberger (New York: Academic Press, 1972), 292 - 338.

Ercetin, G., and C.E.M. Alptekin. "The Explicit/ Implicit Knowledge Distinction and Working Memory: Implications for Second Language Reading Comprehension." Applied Psycholinguistics (2013) 34:727 - 53.

Eriksson, S., R. Hurme, and M. Rhen. "Low-Temperature Sensors in Bacteria." Philosophical Transactions of the Royal Society B: Biological Sciences (2002) 357:887 - 93.

Erk, S., B. Abler, and H. Walter. "Cognitive Modulation of Emotion Anticipation." European Journal of Neuroscience (2006) 24:1227 - 36.

Erlich, J.C., D.E. Bush, and J.E. LeDoux. "The Role of the Lateral Amygdala in the Retrieval and Maintenance of Fear-Memories Formed by Repeated Probabilistic Reinforcement." Frontiers in Behavioral Neuroscience (2012) 6:16.

Esmoris-Arranz, F.J., J.L. Pardo-Vazquez, and G.A. Vazquez-Garcia. "Differential Effects of Forward or Simultaneous Conditioned Stimulus-Unconditioned Stimulus Intervals on the Defensive Behavior System of the Norway Rat (Rattus norvegicus)." Journal of Experimental Psychology: Animal Behavior Processes (2003) 29:334 - 40.

España, R.A., and T.E. Scammell. "Sleep Neurobiology from a Clinical Perspective." Sleep (2011) 34:845 – 858.

Esquivel, G., et al. "Acids in the Brain: a Factor in Panic?" Journal of Psychopharmacology (2010) 24:639 – 47.

Esteves, F., et al. "Nonconscious Associative Learning: Pavlovian Conditioning of Skin Conductance Responses to Masked Fear-Relevant Facial Stimuli." Psychophysiology (1994) 31:375 – 85.

Etchegoyen, R.H. The Fundamentals of Psychoanalytic Technique (New York: Karnac Books, 2005).

Etkin, A., T. Egner, and R. Kalisch. "Emotional Processing in Anterior Cingulate and Medial Prefrontal Cortex." Trends in Cognitive Sciences (2011) 15:85 – 93.

Etkin, A., A. Gyurak, and R. O'Hara. "A Neurobiological Approach to the Cognitive Deficits of Psychiatric Disorders." Dialogues in Clinical Neuroscience (2013) 15:419 – 29.

Etkin, A., et al. "Individual Differences in Trait Anxiety Predict the Response of the Basolateral Amygdala to Unconsciously Processed Fearful Faces." Neuron (2004) 44:1043 – 55.

Evans, J.S. "Dual-Processing Accounts of Reasoning, Judgment, and Social Cognition." Annual Review of Psychology (2008) 59:255 – 78.

Evans, J.S. Thinking Twice: Two Minds in One Brain (Oxford: Oxford University Press, 2010).

Evans, J.S. "Rationality and the Illusion of Choice." Frontiers in Psychology (2014) 5:104.

Evans, S., et al. "Mindfulness-Based Cognitive Therapy for Generalized Anxiety Disorder." Journal of Anxiety Disorders (2008) 22:716 – 21.

Everitt, B., and T. Robbins. "Motivation and Reward." In: Fundamental Neuroscience, eds. M.J. Zigmond, et al. (San Diego: Academic Press, 1999).

Everitt, B.J., et al. "Review." Neural Mechanisms Underlying the Vulnerability to Develop Compulsive Drug-Seeking Habits and Addiction." Philosophical Transactions of the Royal Society B: Biological Sciences (2008) 363:3125 – 35.

Everitt, B.J., M. Cador, and T.W. Robbins. "Interactions Between the Amygdala and Ventral Striatum in Stimulus-Reward Associations: Studies Using a Second-Order Schedule of Sexual Reinforcement." Neuroscience (1989) 30:63 – 75.

Everitt, B.J., A. Dickinson, and T.W. Robbins. "The Neuropsychological Basis of Addictive Behaviour." Brain Research. Brain Research Reviews (Amsterdam) (2001) 36:129 – 38.

Everitt, B.J., et al. "Associative Processes in Addiction and Reward: The Role of Amygdala-Ventral Striatal Subsystems." Annals of the New York Academy of Sciences (1999) 877:412 – 38.

Everitt, B.J., and T.W. Robbins. "Neural Systems of Reinforcement for Drug Addiction: From Actions to Habits to Compulsion." Nature Neuroscience (2005) 8:1481 – 89.

Everitt, B.J., and T.W. Robbins. "From the Ventral to the Dorsal Striatum: Devolving Views of Their Roles in Drug Addiction." Neuroscience and Biobehavioral Reviews (2013) 37:1946 – 54.

Ewbank, M.P., E. Fox, and A.J. Calder. "The Interaction Between Gaze and Facial Expression in the Amygdala and Extended Amygdala is Modulated by Anxiety." Frontiers in Human Neuroscience (2010) 4:56.

Eysenck, H.J. Behaviour Therapy and the Neuroses (London: Pergamon Press, 1960).

Eysenck, H.J. "Behavior Therapy." In: Theoretical Foundations of Behavior Therapy, eds. H.J. Eysenck and I. Martin (New York: Plenum, 1987), 3 – 36.

Eysenck, H.J. "Anxiety and the Natural History of Neurosis." In Stress and Anxiety (vol. 1), eds. C.D. Spielberger and I.G. Sarason (New York: Wiley, 1995), 51 – 94.

Eysenck, H.J., and M.W. Eysenck. Personality and Individual Differences (New York: Plenum, 1985).

Eysenck, M.W., et al. "Anxiety and Cognitive Performance: Attentional Control Theory." Emotion (2007) 7:336 - 53.

Falk, D. "Brain Evolution in Homo: The 'Radiator' Theory." Behavioral and Brain Sciences (1990) 13:333 - 44.

Fanselow, M.S. "Associative vs. Topographical Accounts of the Immediate Shock-Freezing Deficits in Rats: Implications for the Response Selection Rules Governing Species-Specific Defensive Reactions." Learning and Motivation (1986) 17:16 - 39.

Fanselow, M.S. "The Adaptive Function of Conditioned Defensive Behavior: An Ecological Approach to Pavlovian Stimulus-Substitution Theory." In: Ethoexperimental Approaches to the Study of Behavior, eds. R.J. Blanchard, et al. (Dordrecht, the Netherlands: Kluwer, 1989), 151 - 66.

Fanselow, M.S. "Contextual Fear, Gestalt Memories, and the Hippocampus." Behavioural Brain Research (2000) 110:73 - 81.

Fanselow, M.S., et al. "Ventral and Dorsolateral Regions of the Midbrain Periaqueductal Gray (PAG) Control Different Stages of Defensive Behavior: Dorsolateral, PAG Lesions Enhance the Defensive Freezing Produced by Massed and Immediate Shock." Aggressive Behavior (1995) 21:63 - 77.

Fanselow, M.S., and L.S. Lester. "A Functional Behavioristic Approach to Aversively Motivated Behavior: Predatory Imminence as a Determinant of the Topography of Defensive Behavior." In: Evolution and Learning, eds. R.C. Bolles and M.D. Beecher (Hillsdale, NJ: Erlbaum, 1988), 185 - 211.

Fanselow, M.S., and A.M. Poulos. "The Neuroscience of Mammalian Associative Learning." Annual Review of Psychology (2005) 56:207 - 34.

Farah, M.J. "Semantic and Perceptual Priming: How Similar Are the Underlying Mechanisms?" Journal of Experimental Psychology Human Perception and Performance (1989) 15:188 - 94.

Farah, M.J. "Neuroethics: The Ethical, Legal, and Societal Impact of Neuroscience." Annual Review of Psychology (2012) 63:571 - 91.

Farah, M.J., et al. "Neurocognitive Enhancement: What Can We Do and What Should We Do?" Nature Reviews Neuroscience (2004) 5:421 - 25.

Farb, N.A., A.K. Anderson, and Z.V. Segal. "The Mindful Brain and Emotion Regulation in Mood Disorders." Canadian Journal of Psychiatry / Revue Canadienne de Psychiatrie (2012) 57:70 - 77.

Faw, B. "Pre-Frontal Executive Committee for Perception, Working Memory, Attention, Long-Term Memory, Motor Control, and Thinking: a Tutorial Review." Consciousness and Cognition (2003) 12:83 - 139.

Feinstein, J.S., et al. "Fear and Panic in Humans with Bilateral Amygdala Damage." Nature Neuroscience (2013) 16:270 - 72.

Fernandez de Molina, A., and R.W. Hunsperger. "Central Representation of Affective Reactions in Forebrain and Brain Stem: Electrical Stimulation of Amygdala, Stria Terminalis, and Adjacent Structures." Journal of Physiology (1959) 145:251 - 65.

Fernandez de Molina, A., and R.W. Hunsperger. "Organization of the Subcortical System Governing Defense and Flight Reactions in the Cat." Journal of Physiology (1962) 160:200 - 13.

Fernandez, E., and D.C. Turk. "Sensory and Affective Components of Pain: Separation and Synthesis." Psychological Bulletin (1992) 112:205 - 17.

Fernando, A.B., J.E. Murray, and A.L. Milton. "The Amygdala: Securing Pleasure and Avoiding Pain." Frontiers in Behavioral Neuroscience (2013) 7:190.

Fernando, C.T., et al. "Molecular Circuits for Associative Learning in Single-Celled Organisms." Journal of the Royal Society Interface (2009) 6:463 - 69.

Ferrier, D. The Functions of the Brain (New York: G. P. Putnam's Sons, 1886).

Feske, U., and D.L. Chambless. "Cognitive Behavioral Versus Exposure Only Treatment for Social Phobia: a Meta-Analysis." Behavior Therapy (1995) 26:695 – 720.

Festinger, L. A Theory of Cognitive Dissonance (Evanston: Row Peterson, 1957).

Festinger, L. "Cognitive Dissonance." Scientific American (1962) 207:93 – 102.

File, S.E. "The Interplay of Learning and Anxiety in the Elevated Plus-Maze." Behavioural Brain Research (1993) 58:199 – 202.

File, S.E. "Animal Models of Different Anxiety States." Advances in Biochemical Psychopharmacology (1995) 48:93 – 113.

File, S.E. "Factors Controlling Measures of Anxiety and Responses to Novelty in the Mouse." Behavioural Brain Research (2001) 125:151 – 57.

File, S.E., et al. "Animal Tests of Anxiety." Current Protocols in Neuroscience (2004) Chapter 8: Unit 8 3.

File, S.E., and P. Seth. "A Review of 25 Years of the Social Interaction Test." European Journal of Pharmacology (2003) 463:35 – 53.

Fireman, G.D., T.E. McVay, and O.J. Flanagan, eds. Narrative and Consciousness: Literature, Psychology and the Brain (Oxford: Oxford University Press, 2003).

Fischman, M.W. "Relationship Between Self-Reported Drug Effects and Their Reinforcing Effects: Studies with Stimulant Drugs." NIDA Research Monograph (1989) 92:211 – 30.

Fischman, M.W., and R.W. Foltin. "Self-Administration of Cocaine by Humans: a Laboratory Perspective." CIBA Foundation Symposium (1992) 166:165 – 73; discussion 173 – 80.

Fisher, P.M., and A.R. Hariri. "Identifying Serotonergic Mechanisms Underlying the Corticolimbic Response to Threat in Humans." Philosophical Transactions of the Royal Society B: Biological Sciences (2013) 368:20120192.

Fitzgerald, P.J., J.R. Seemann, and S. Maren. "Can Fear Extinction Be Enhanced? a Review of Pharmacological and Behavioral Findings." Brain Research Bulletin (2014) 105:46 – 60.

Flanagan, O. The Problem of the Soul: Two Visions of Mind and How to Reconcile Them (New York: Basic Books, 2003).

Flavell, J.H. "Metacognition and Cognitive Monitoring: A New Area of Cognitive-Developmental Inquiry." The American Psychologist (1979) 34:906 – 11.

Fleming, D. "Walter Bradford Cannon." In: Dictionary of American Biography Supplement 3, ed. W.T. James (New York: Charles Scribner's Sons, 1973), 133 – 37.

Fleming, S.M., R.J. Dolan, and C.D. Frith. "Metacognition: Computation, Biology and Function." Philosophical Transactions of the Royal Society B: Biological Sciences (2012) 367:1280 – 86.

Fletcher, G.J.O. "Two Uses of Folk Psychology: Implications for Psychological Science." Philosophical Psychology (1995) 8:221 – 38.

Fletcher, P.C., and R.N. Henson. "Frontal Lobes and Human Memory: Insights from Functional Neuroimaging." Brain: A Journal of Neurology (2001) 124:849 – 81.

Flexner, L.B., and J.B. Flexner. "Effect of Acetoxycycloheximide and of an Acetoxycycloheximide-Puromycin Mixture on Cerebral Protein Synthesis and Memory in Mice." Proceedings of the National Academy of Sciences of the United States of America (1966) 55:369 – 74.

Florczyk, S.J., and S. Saha. "Ethical Issues in Nanotechnology." Journal of Long-Term Effects of Medical Implants (2007) 17:271 – 80.

Flores A., et al. "The Hypocretin/ Orexin System Mediates the Extinction of Fear Memories." Neuropsychopharmacology (2014) 39:2732 - 41.

Flower, T.P., M. Gribble, and A.R. Ridley. "Deception by Flexible Alarm Mimicry in an African Bird." Science (2014) 344:513 - 16.

Flynn, J.P. "The Neural Basis of Aggression in Cats." In: Biology and Behavior: Neurophysiology and Emotion, ed. D.C. Glass (New York: Rockefeller University Press and Russell Sage Foundation, 1967), 40 - 60.

Foa, E.B. "Prolonged Exposure Therapy: Past, Present, and Future." Depression and Anxiety (2011) 28:1043 - 47.

Foa, E.B., et al. "A Comparison of Exposure Therapy, Stress Inoculation Training, and Their Combination for Reducing Posttraumatic Stress Disorder in Female Assault Victims." Journal of Consulting and Clinical Psychology (1999) 67:194 - 200.

Foa, E.B., et al. "Cognitive Biases in Generalized Social Phobia." Journal of Abnormal Psychology (1996) 105:433 - 39.

Foa, E.B., E.A. Hembree, and B.O. Rothbaum. Prolonged Exposure Therapy for PTSD: Emotional Processing of Traumatic Experiences Therapist Guide (Oxford: Oxford University Press, 2007).

Foa, E.B., and M.J. Kozak. "Treatment of Anxiety Disorders: Implications for Psychopathology." In: Anxiety and the Anxiety Disorders, eds. A.H. Tuma and J.D. Maser (Hillsdale, NJ: Erlbaum, 1985), 421 - 52.

Foa, E.B., and M.J. Kozak. "Emotional Processing of Fear: Exposure to Corrective Information." Psychological Bulletin (1986) 99:20 - 35.

Foa, E.B., and R. McNally. "Mechanics of Change in Exposure Therapy." In: Current Controversies in the Anxiety Disorders, ed. R.M. Rapee (New York: Guilford, 1996), 329 - 43.

Fodor, J. The Language of Thought (Cambridge, MA: Harvard University Press, 1975).

Foote, S.L., G. Aston-Jones, and F.E. Bloom. "Impulse Activity of Locus Coeruleus Neurons in Awake Rats and Monkeys Is a Function of Sensory Stimulation and Arousal." Proceedings of the National Academy of Sciences of the United States of America (1980) 77:3033 - 37.

Foote, S.L., F.E. Bloom, and G. Aston-Jones. "Nucleus Locus Ceruleus: New Evidence of Anatomical and Physiological Specificity." Physiological Reviews (1983) 63:844 - 914.

Forsyth, J.P., and G.H. Eifert. "The Language of Feeling and the Feeling of Anxiety: Contributions of the Behaviorisms Toward Understanding the Function-Altering Effects of Language." Psychological Record (1996) 46.

Fortin, N.J., S.P. Wright, and H. Eichenbaum. "Recollection-Like Memory Retrieval in Rats Is Dependent on the Hippocampus." Nature (2004) 431:188 - 91.

Fossat, P., et al. "Comparative Behavior. Anxiety-Like Behavior in Crayfish Is Controlled by Serotonin." Science (2014) 344:1293 - 97.

Fowles, J. The Magus (New York: Little, Brown and Company, 1965).

Fox, E. "Attentional Bias in Anxiety: A Defective Inhibition Hypothesis." Cognition & Emotion (1994) 8:165 - 96.

Fox, E. "Processing Emotional Facial Expressions: The Role of Anxiety and Awareness." Cognitive, Affective & Behavioral Neuroscience (2002) 2:52 - 63.

Fox, E., et al. "Facial Expressions of Emotion: Are Angry Faces Detected More Efficiently?" Cognition & Emotion (2000) 14:61 - 92.

Fox, K.C., et al. "Is Meditation Associated with Altered Brain Structure? A Systematic Review and Meta-Analysis of Morphometric Neuroimaging in Meditation Practitioners." Neuroscience and Biobehavioral Reviews (2014) 43:48 - 73.

Frankland, P.W., et al. "The Dorsal Hippocampus Is Essential for Context Discrimination but Not for Contextual Conditioning." Behavioral Neuroscience (1998) 112:863 - 74.

Frankland, P.W., et al. "Consolidation of CS and US Representations in Associative Fear Conditioning." Hippocampus (2004) 14:557 - 69.

Fredrikson, M., and V. Faria. "Neuroimaging in Anxiety Disorders." Modern Trends in Pharmacopsychiatry (2013) 29:47 - 66.

Freeman, D., and J. Freeman. Anxiety: A Very Short Introduction (Oxford: Oxford University Press, 2012).

Freire, R.C., G. Perna, and A.E. Nardi. "Panic Disorder Respiratory Subtype: Psychopathology, Laboratory Challenge Tests, and Response to Treatment." Harvard Review of Psychiatry (2010) 18:220 - 29.

Freud, S. "The Unconscious." In: The Standard Edition of the Complete Psychological Works of Sigmund Freud, Vol. 14, ed. J. Strachey (London: The Hogarth Press, 1915), 161 - 215.

Freud, S. Introductory Lectures on Psychoanalysis (Wien: H. Heller, 1917).

Freud, S. Beyond the Pleasure Principle (New York: Bantam Books, 1959).

Friedman, B.H. "Feelings and the Body: The Jamesian Perspective on Autonomic Specificity of Emotion." Biological Psychology (2010) 84:383 - 93.

Frielingsdorf, H., et al. "Variant Brain-Derived Neurotrophic Factor Val66Met Endophenotypes: Implications for Posttraumatic Stress Disorder." Annals of the New York Academy of Sciences (2010) 1208:150 - 57.

Frith, C., and R. Dolan. "The Role of the Prefrontal Cortex in Higher Cognitive Functions." Brain Research. Cognitive Brain Research (1996) 5:175 - 81.

Frith, C., R. Perry, and E. Lumer. "The Neural Correlates of Conscious Experience: An Experimental Framework." Trends in Cognitive Sciences (1999) 3:105 - 14.

Frith, C.D. "Consciousness, Information Processing and the Brain." Journal of Psychopharmacology (1992) 6:436 - 40.

Frith, C.D. "The Social Functions of Consciousness." In: Frontiers of Consciousness: Chichele Lectures, eds. L. Weiskrantz and M. Davies (Oxford: Oxford University Press, 2008), 225 - 44.

Frith, C.D., and U. Frith. "Social Cognition in Humans." Current Biology (2007) 17:R724 - 32.

Frohardt, R.J., F.A. Guarraci, and M.E. Bouton. "The Effects of Neurotoxic Hippocampal Lesions on Two Effects of Context after Fear Extinction." Behavioral Neuroscience (2000) 114:227 - 40.

Frysztak, R.J., and E.J. Neafsey. "The Effect of Medial Frontal Cortex Lesions on Respiration, 'Freezing,' and Ultrasonic Vocalizations during Conditioned Emotional Responses in Rats." Cerebral Cortex (1991) 1:418 - 25.

Furmark, T., et al. "Common Changes in Cerebral Blood Flow in Patients with Social Phobia Treated with Citalopram or Cognitive-Behavioral Therapy." Archives of General Psychiatry (2002) 59:425 - 33.

Fuster, J. The Prefrontal Corte (New York: Academic Press, 2008).

Fuster, J.M. "The Prefrontal Cortex, Mediator of Cross-Temporal Contingencies." Human Neurobiology (1985) 4:169 - 79.

Fuster, J.M. The Prefrontal Cortex (New York: Raven, 1989).

Fuster, J.M. "The Prefrontal Cortex and Its Relation to Behavior." Progress in Brain Research (1991) 87:201 - 11.

Fuster, J.M. "Prefrontal Neurons in Networks of Executive Memory." Brain Research Bulletin (2000) 52:331 - 36.

Fuster, J.M. Cortex and Mind: Unifying Cognition (Oxford: Oxford University Press, 2003).

Fuster, J.M. "The Cognit: A Network Model of Cortical Representation." International Journal of Psychophysiology: Official Journal of the International Organization of Psychophysiology (2006) 60:125 - 32.

Fuster, J.M., and S.L. Bressler. "Cognit Activation: A Mechanism Enabling Temporal Integration in Working Memory." Trends in Cognitive Sciences (2012) 16:207 - 18.

Gabriel, M. "Functions of Anterior and Posterior Cingulate Cortex during Avoidance Learning in Rabbits." Progress in Brain Research (1990) 85:467 - 82.

Gabriel, M., and E. Orona. "Parallel and Serial Processes of the Prefrontal and Cingulate Cortical Systems during Behavioral Learning." Brain Research Bulletin (1982) 8:781 - 85.

Gaillard, R., et al. "Converging Intracranial Markers of Conscious Access." PLoS Biology (2009) 7:E61.

Gaillard, R., et al. "Nonconscious Semantic Processing of Emotional Words Modulates Conscious Access." Proceedings of the National Academy of Sciences of the United States of America (2006) 103:7524 - 29.

Galatzer-Levy, I.R. "Empirical Characterization of Heterogeneous Posttraumatic Stress Responses Is Necessary to Improve the Science of Posttraumatic Stress." The Journal of Clinical Psychiatry (2014) 75:E950 - 52.

Galatzer-Levy, I.R., and R.A. Bryant. "636,120 Ways to Have Posttraumatic Stress Disorder." Perspectives in Psychological Science (2013) 50:161 - 80.

Galatzer-Levy, I.R., et al. "Heterogeneity in Signaled Active Avoidance Learning: Substantive and Methodological Relevance of Diversity in Instrumental Defensive Responses to Threat Cues." Frontiers in Systems Neuroscience (2014) 8:179.

Galea, S., A. Nandi, and D. Vlahov. "The Epidemiology of Post-Traumatic Stress Disorder after Disasters." Epidemiologic Reviews (2005) 27:78 - 91.

Gallagher, M., and P.C. Holland. "The Amygdala Complex: Multiple Roles in Associative Learning and Attention." Proceedings of the National Academy of Sciences of the United States of America (1994) 91:11771 - 76.

Galliot, B. "Hydra, a Fruitful Model System for 270 Years." International Journal of Developmental Biology (2012) 56:411 - 23.

Gallistel, C.R. "Animal Cognition: The Representation of Space, Time and Number." Annual Review of Psychology (1989) 40:155 - 89.

Gallistel, C.R., Gibbon J. "Time, Rate, and Conditioning." Psychological Review (2000) 107:289 - 344.

Gallistel, R. The Organization of Action: A New Synthesis (Hillsdale, NJ: Erlbaum, 1980).

Gallup, G. "Toward a Comparative Psychology of Self-Awareness: Species Limitations and Cognitive Consequences." In: The Self: Interdisciplinary Approaches, eds. J. Strauss and G.R. Goethals (New York: Springer, 1991).

Gangestad, S.W., and M. Snyder. "Self-Monitoring: Appraisal and Reappraisal." Psychological Bulletin (2000) 126:530 - 55.

Garcia-Lazaro, H.G., et al. "Neuroanatomy of Episodic and Semantic Memory in Humans: A Brief Review of Neuroimaging Studies." Neurology India (2012) 60:613 - 17.

Gardiner, J.M. "Episodic Memory and Autonoetic Consciousness: A First-Person Approach." Philosophical Transactions of the Royal Society B: Biological Sciences (2001) 356:1351 - 61.

Gardner, H. The Mind's New Science: a History of the Cognitive Revolution (New York: Basic Books, 1987).

Garner, A.R., et al. "Generation of a Synthetic Memory Trace." Science (2012) 335:1513 - 16.

Garrido, M.I., et al. "Functional Evidence for a Dual Route to Amygdala." Current Biology (2012) 22:129 - 34.

Garrity, P.A., et al. "Running Hot and Cold: Behavioral Strategies, Neural Circuits, and the Molecular Machinery for Thermotaxis in C. elegans and Drosophila." Genes & Development (2010) 24:2365 - 82.

Gasser P., K. Kirchner, and T. Passie. "LSD-Assisted Psychotherapy for Anxiety Associated with a Life-Threatening Disease: A Qualitative Study of Acute and Sustained Subjective Effects." Journal of Psychopharmacology (2015) 29:57 - 68.

Gazzaniga, M.S. The Bisected Brain (New York: Appleton-Century-Crofts, 1970).

Gazzaniga, M.S. Mind Matters (Cambridge, MA: MIT Press, 1988).

Gazzaniga, M.S. The Mind's Past (Berkeley: University of California Press, 1998).

Gazzaniga, M.S. "The Split Brain Revisited." Scientific American (1998) 279:50 - 55.

Gazzaniga, M.S. Human: The Science Behind What Makes Us Unique (New York: Ecco, 2008).

Gazzaniga, M.S. Who's in Charge?: Free Will and the Science of the Brain (New York: Ecco, 2012).

Gazzaniga, M.S., and J.E. LeDoux. The Integrated Mind (New York: Plenum, 1978).

Gentner, D., and S. Goldin-Meadow, eds. Language in Mind: Advances in the Study of Language and Thought (Cambridge, MA: MIT Press. 2003).

Genud-Gabai, R., O. Klavir, and R. Paz. "Safety Signals in the Primate Amygdala." Journal of Neuroscience (2013) 33:17986 - 94.

George, M.S., et al. "A Pilot Study of Vagus Nerve Stimulation (VNS) for Treatment-Resistant Anxiety Disorders." Brain Stimulation (2008) 1:112 - 21.

Gerardi, M., et al. "Virtual Reality Exposure Therapy Using a Virtual Iraq: Case Report." Journal of Traumatic Stress (2008) 21:209 - 13.

Geschwind, N. "The Disconnexion Syndromes in Animals and Man." Part I. Brain: A Journal of Neurology (1965) 88:237 - 94.

Geschwind, N. "The Disconnexion Syndromes in Animals and Man." Part II. Brain: A Journal of Neurology (1965) 88:585 - 644.

Gibson, R.W., and J.A. Pickett. "Wild Potato Repels Aphids by Release of Aphid Alarm Pheromone." Nature (1983) 302:608 - 609.

Gilboa, A., et al. "Functional Connectivity of the Prefrontal Cortex and the Amygdala in Posttraumatic Stress Disorder." Biological Psychiatry (2004) 55:263 - 72.

Gilboa-Schechtman, E., M.E. Franklin, and E.B. Foa. "Anticipated Reactions to Social Events: Differences Among Individuals with Generalized Social Phobia, Obsessive Compulsive Disorder, and Nonanxious Controls." Cognitive Therapy and Research (2000) 24:731 - 46.

Gilmartin, M.R., N.L. Balderston, and F.J. Helmstetter. "Prefrontal Cortical Regulation of Fear Learning." Trends in Neurosciences (2014) 37:455 - 64.

Giske, J., et al. "Effects of the Emotion System on Adaptive Behavior." American Naturalist (2013) 182:689 - 703.

Giurfa, M. "Cognition with Few Neurons: Higher-Order Learning in Insects." Trends in Neurosciences (2013) 36:285 - 94.

Glanzman, D.L. "Common Mechanisms of Synaptic Plasticity in Vertebrates and Invertebrates." Current Biology (2010) 20:R31 - 36.

Glimcher, P.W. Decisions, Uncertainty, and the Brain: The Science of Neuroeconomics (Cambridge, MA: MIT Press, 2003).

Glimcher, P.W. Neuroeconomics Decision Making and the Brain (San Diego: Academic Press, 2009).

Gloor, P., et al. "The Role of the Limbic System in Experiential Phenomena of Temporal Lobe Epilepsy." Annals of Neurology (1982) 12:129 - 44.

Gluck, M.A., E. Mercado, and C.E. Myers. Learning and Memory: From Brain to Behavior (New York: Worth Publishers, 2007).

Goddard, G. "Functions of the Amygdala." Psychological Review (1964) 62:89 - 109.

Godsil, B.P., and M.S. Fanselow. "Motivation." In: Handbook of Psychology, Vol. 4, eds. A.F. Healy and R.W. Proctor (Hoboken, NJ: John Wiley & Sons, 2013), 32 - 60.

Goel, V., and O. Vartanian. "Dissociating the Roles of Right Ventral Lateral and Dorsal Lateral Prefrontal Cortex in Generation and Maintenance of Hypotheses in Set-Shift Problems." Cerebral Cortex (2005) 15:1170 - 77.

Goldberg, E., and R.M. Bilder Jr. "The Frontal Lobes and Hierarchical Organization of Cognitive Control." In: The Frontal Lobes Revisited, ed. E. Perecman (New York: IRBN Press, 1987), 159 - 87.

Golden, W.L. "Cognitive Hypnotherapy for Anxiety Disorders." The American Journal of Clinical Hypnosis (2012) 54:263 - 74.

Goldfried, M.R., E.T. Decenteceo, and L. Weinberg. "Systematic Rational Restructuring as a Self-Control Technique." Behavior Therapy (1974) 5:247 - 54.

Goldin, P.R., et al. "The Neural Bases of Emotion Regulation: Reappraisal and Suppression of Negative Emotion." Biological Psychiatry (2008) 63:577 - 86.

Goldman-Rakic, P.S. "Circuitry of Primate Prefrontal Cortex and Regulation of Behavior by Representational Memory." In: Handbook of Physiology Section 1: The Nervous System Vol V, Higher Functions of the Brain, ed. F. Plum (Bethesda: American Physiological Society, 1987), 373 - 418.

Goldman-Rakic, P.S. "Architecture of the Prefrontal Cortex and the Central Executive." Annals of the New York Academy of Sciences (1995) 769:71 - 83.

Goldman-Rakic, P.S. "The Prefrontal Landscape: Implications of Functional Architecture for Understanding Human Mentation and the Central Executive." Philosophical Transactions of the Royal Society B: Biological Sciences (1996) 351:1445 - 53.

Goldman-Rakic, P.S. "Working Memory, Neural Basis." In: MIT Encyclopedia of Cognitive Sciences, eds. R.A. Wilson and F.C. Keil (Cambridge, MA: MIT Press, 1999).

Goldstein, A.P., and F.H. Kanfer, eds. Maximizing Treatment Gains: Transfer Enhancement in Psychotherapy (New York: Academic Press, 1979).

Goldstein, M.L. "Acquired Drive Strength as a Joint Function of Shock Intensity and Number of Acquisition Trials." Journal of Experimental Psychology (1960) 60:349 - 58.

Goleman, D. Emotional Intelligence: Why It Can Matter More Than IQ (New York: Bantam Books, 2005).

Golkar, A., et al. "Distinct Contributions of the Dorsolateral Prefrontal and Orbitofrontal Cortex during Emotion Regulation." PLoS One (2012) 7:E48107.

Goltz, F. "Der Hund ohne Grosshirn." Pfluegers Archiv für die gesammte Physiologie des Menschen und der Tiere (1892) 51:570 - 614.

Goode, T.D., and S. Maren. "Animal Models of Fear Relapse." ILAR Journal / National Research Council, Institute of Laboratory Animal Resources (2014) 55:246 - 58.

Goosens, K.A. "Hippocampal Regulation of Aversive Memories." Current Opinion in Neurobiology (2011) 21:460 - 66.

Goosens, K.A., and S. Maren. "Long-Term Potentiation as a Substrate for Memory: Evidence from Studies of Amygdaloid Plasticity and Pavlovian Fear Conditioning." Hippocampus (2002) 12:592 - 99.

Goosens, K.A., and S. Maren. "Pretraining NMDA Receptor Blockade in the Basolateral Complex, but Not the Central Nucleus, of the Amygdala Prevents Savings of Conditional Fear." Behavioral Neuroscience (2003) 117:738 - 50.

Goosens, K.A., and S. Maren. "NMDA Receptors Are Essential for the Acquisition, but Not Expression, of Conditional Fear and Associative Spike Firing in the Lateral Amygdala." European Journal of Neuroscience (2004) 20:537 - 48.

Gordon, B., E.E. Allen, and P.Q. Trombley. "The Role of Norepinephrine in Plasticity of Visual Cortex." Progress in Neurobiology (1988) 30:171 - 91.

Gorman, J.M., et al. "Neuroanatomical Hypothesis of Panic Disorder, Revised." The American Journal of Psychiatry (2000) 157:493 - 505.

Gorman, J.M., et al. "A Neuroanatomical Hypothesis for Panic Disorder." The American Journal of Psychiatry (1989) 146:148 - 61.

Gorwood, P., et al. "Genetics of Dopamine Receptors and Drug Addiction." Human Genetics (2012) 131:803 - 22.

Gottlich, M., et al. "Decreased Limbic and Increased Fronto-Parietal Connectivity in Unmedicated Patients with Obsessive-Compulsive Disorder." Human Brain Mapping (2014) 35:5617 - 32.

Gould, J.L. "Honey Bee Cognition." Cognition (1990) 37:83 - 103.

Gould, S.J., and R.C. Lewontin. "The Spandrels of San Marco and the Panglossian Paradigm: A Critique of the Adaptationist Programme." Proceedings of the Royal Society of London Series B, Containing Papers of a Biological Character Royal Society (1979) 205:581 - 98.

Goyal, M., et al. "Meditation Programs for Psychological Stress and Well-Being: A Systematic Review and Meta-Analysis." JAMA Internal Medicine (2014) 174:357 - 68.

Grace, A.A., and J.A. Rosenkranz. "Regulation of Conditioned Responses of Basolateral Amygdala Neurons." Physiology & Behavior (2002) 77:489 - 93.

Graeff, F.G. "Neuroanatomy and Neurotransmitter Regulation of Defensive Behaviors and Related Emotions in Mammals." Brazilian Journal of Medical and Biological Research = Revista Brasileira de Pesquisas Medicas e Biologicas / Sociedade Brasileira de Biofisica [et al] (1994) 27:811 - 29.

Graham, B.M., and M.R. Milad. "The Study of Fear Extinction: Implications for Anxiety Disorders." The American Journal of Psychiatry (2011) 168:1255 - 65.

Grandin, T. Animals in Translation (New York: Mariner Books, 2005).

Grant, R., et al. "The Release of Catechols from the Adrenal Medulla on Activation of the Sympathetic Vasodilator Nerves to the Skeletal Muscles in the Cat by Hypothalamic Stimulation." Acta Physiologica Scandinavica (1958) 43:135 - 54.

Gray, J.A. The Neuropsychology of Anxiety (New York: Oxford University Press, 1982).

Gray, J.A. The Psychology of Fear and Stress (New York: Cambridge University Press, 1987).

Gray, J.A. Consciousness: Creeping Up on the Hard Problem (Oxford: Oxford University Press, 2004).

Gray, J.A., and N. McNaughton. "The Neuropsychology of Anxiety: Reprise." Nebraska Symposium on Motivation (1996) 43:61 - 134.

Gray, J.A., and N. McNaughton. The Neuropsychology of Anxiety, 2nd ed (Oxford: Oxford University Press, 2000).

Gray, T.S., and E.W. Bingaman. "The Amygdala: Corticotropin-Releasing Factor, Steroids, and Stress." Critical Reviews in Neurobiology (1996) 10:155 - 68.

Gray, T.S., M.E. Carney, and D.J. Magnuson. "Direct Projections from the Central Amygdaloid Nucleus to the

Hypothalamic Paraventricular Nucleus: Possible Role in Stress-Induced Adrenocorticotropin Release." Neuroendocrinology (1989) 50:433 - 46.

Gray, T.S., et al. "Ibotenic Acid Lesions in the Bed Nucleus of the Stria Terminalis Attenuate Conditioned Stress Induced Increases in Prolactin, A.C.TH, and Corticosterone." Neuroendocrinology (1993) 57:517 - 24.

Graziano, M.S.A. Consciousness and the Social Brain (Oxford: Oxford University Press, 2013).

Graziano, M.S.A. "Are We Really Conscious?" In: Sunday Review. The New York Times (New York: The New York Times Company, 2014).

Greenberg, D.L., and M. Verfaellie. "Interdependence of Episodic and Semantic Memory: Evidence from Neuropsychology." Journal of the International Neuropsychological Society: JINS (2010) 16:748 - 53.

Greene, J., and J. Cohen. "For the Law, Neuroscience Changes Nothing and Everything." Philosophical Transactions of the Royal Society B: Biological Sciences (2004) 359:1775 - 85.

Greenfield, S. Journey to the Centers of the Mind: Toward a Science of Consciousness (San Francisco: W. H. Freeman, 1995).

Greening, T. "Five Basic Postulates of Humanistic Psychology." Journal of Humanistic Psychology (2006) 46:239.

Greenwald, A.G., and M.R. Banaji. "Implicit Social Cognition: Attitudes, Self-Esteem, and Stereotypes." Psychological Review (1995) 102:4 - 27.

Greenwald, A.G., S.C. Draine, and R.L. Abrams. "Three Cognitive Markers of Unconscious Semantic Activation." Science (1996) 273:1699 - 1702.

Griebel, G., and A. Holmes. "50 Years of Hurdles and Hope in Anxiolytic Drug Discovery." Nature Reviews Drug Discovery (2013) 12:667 - 87.

Griffin, D.R. "Animal Consciousness." Neuroscience and Biobehavioral Reviews (1985) 9:615 - 22.

Griffiths, P.E. What Emotions Really Are: The Problem of Psychological Categories (Chicago: University of Chicago Press, 1997).

Griffiths, P.E. "Is Emotion a Natural Kind?" In: Thinking About Feeling: Contemporary Philosophers on Emotions, ed. R.C. Solomon (Oxford: Oxford University Press, 2004), 233 - 49.

Grillon, C. "Models and Mechanisms of Anxiety: Evidence from Startle Studies." Psychopharmacology (Berl) (2008) 199:421 - 37.

Grillon, C., et al. "The Benzodiazepine Alprazolam Dissociates Contextual Fear from Cued Fear in Humans as Assessed by Fear-Potentiated Startle." Biological Psychiatry (2006) 60:760 - 66.

Grillon, C., et al. "Increased Anxiety during Anticipation of Unpredictable but Not Predictable Aversive Stimuli as a Psychophysiologic Marker of Panic Disorder." The American Journal of Psychiatry (2008) 165:898 - 904.

Grillon, C., et al. "Increased Anxiety during Anticipation of Unpredictable Aversive Stimuli in Posttraumatic Stress Disorder but Not in Generalized Anxiety Disorder." Biological Psychiatry (2009) 66:47 - 53.

Gross, C.T., and N.S. Canteras. "The Many Paths to Fear." Nature Reviews Neuroscience (2012) 13:651 - 58.

Gross, J.J. "Emotion Regulation: Affective, Cognitive, and Social Consequences." Psychophysiology (2002) 39:281 - 91.

Gross, M. "Elements of Consciousness in Animals." Current Biology (2013) 23:R981 - 83.

Groves, P.M., R. De Marco, and R.F. Thompson. "Habituation and Sensitization of Spinal Interneuron Activity in Acute Spinal Cat." Brain Research (1969) 14:521 - 25.

Groves, P.M., and R.F. Thompson. "Habituation: a Dual-Process Theory." Psychological Review (1970)

77:419 - 50.

Gruber, J., A.C. Hay, and J.J. Gross. "Rethinking Emotion: Cognitive Reappraisal Is an Effective Positive and Negative Emotion Regulation Strategy in Bipolar Disorder." Emotion (2014) 14: 388 - 96.

Grupe, D.W., and J.B. Nitschke. "Uncertainty and Anticipation in Anxiety: An Integrated Neurobiological and Psychological Perspective." Nature Reviews Neuroscience (2013) 14:488 - 501.

Grupe, D.W., D.J. Oathes, and J.B. Nitschke. "Dissecting the Anticipation of Aversion Reveals Dissociable Neural Networks." Cerebral Cortex (2013) 23:1874 - 83.

Gu X, et al. "Anterior Insular Cortex and Emotional Awareness." Journal of Comparative Neurology (2013) 521:3371 - 88.

Gusnard, D.A., and M.E. Raichle. "Searching for a Baseline: Functional Imaging and the Resting Human Brain." Nature Reviews Neuroscience (2001) 2:685 - 94.

Guyer, A.E., et al. "Amygdala and Ventrolateral Prefrontal Cortex Function during Anticipated Peer Evaluation in Pediatric Social Anxiety." Archives of General Psychiatry (2008) 65:1303 - 12.

Guz, A. "Brain, Breathing and Breathlessness." Respiration Physiology (1997) 109:197 - 204.

Gyurak, A., J.J. Gross, and A. Etkin. "Explicit and Implicit Emotion Regulation: A Dual-Process Framework." Cognition & Emotion (2011) 25:400 - 12.

Hadj-Bouziane, F., et al. "Amygdala Lesions Disrupt Modulation of Functional MRI Activity Evoked by Facial Expression in the Monkey Inferior Temporal Cortex." Proceedings of the National Academy of Sciences of the United States of America (2012) 109:E3640 - 48.

Haldane, E.S., and G.R.T. Ross. The Philosophical Works of Descarte (Cambridge: Cambridge University Press, 1911).

Halgren, E. "The Amygdala Contribution to Emotion and Memory: Current Studies in Humans." In: The Amygdaloid Complex, ed. Y. Ben-Ari (Amsterdam: Elsevier, 1981), 395 - 408.

Halgren, E., et al. "Mental Phenomena Evoked by Electrical Stimulation of the Human Hippocampal Formation and Amygdala." Brain: A Journal of Neurology (1978) 101:83 - 117.

Hall, J., et al. "Involvement of the Central Nucleus of the Amygdala and Nucleus Accumbens Core in Mediating Pavlovian Influences on Instrumental Behaviour." European Journal of Neuroscience (2001) 13:1984 - 92.

Hamann, S.B., and L.R. Squire. "Intact Priming for Novel Perceptual Representations in Amnesia." Journal of Cognitive Neuroscience (1997) 9:699 - 713.

Hameroff, S., and R. Penrose. "Consciousness in the Universe: A Review of the 'Orch OR' Theory." Physics of Life Reviews (2014) 11:39 - 78.

Hamilton, J.P., et al. "Functional Neuroimaging of Major Depressive Disorder: A Meta-Analysis and New Integration of Base Line Activation and Neural Response Data." The American Journal of Psychiatry (2012) 169:693 - 703.

Hamm, A.O., et al. "Affective Blindsight: Intact Fear Conditioning to a Visual Cue in a Cortically Blind Patient." Brain: A Journal of Neurology (2003) 126:267 - 75.

Hammond, D.C. "Hypnosis in the Treatment of Anxiety- and Stress-Related Disorders." Expert Review of Neurotherapeutics (2010) 10:263 - 73.

Hampton, R.R. "Rhesus Monkeys Know When They Remember." Proceedings of the National Academy of Sciences of the United States of America (2001) 98:5359 - 62.

Hampton, R.R. "Multiple Demonstrations of Metacognition in Nonhumans: Converging Evidence or Multiple Mechanisms?" Comparative Cognition & Behavior Reviews (2009) 4:17 - 28.

Han, J.H., et al. "Neuronal Competition and Selection during Memory Formation." Science (2007) 316:457 - 60.

Han, J.H., et al. "Selective Erasure of a Fear Memory." Science (2009) 323:1492 - 96.

Han, S.W., and R. Marois. "The Effects of Stimulus-Driven Competition and Task Set on Involuntary Attention." Journal of Vision (2014) 14.

Hannula, D.E., and A.J. Greene. "The Hippocampus Reevaluated in Unconscious Learning and Memory: At a Tipping Point?" Frontiers in Human Neuroscience (2012) 6:80.

Haouzi, P., B. Chenuel, and G. Barroche. "Interactions Between Volitional and Automatic Breathing during Respiratory Apraxia." Respiratory Physiology & Neurobiology (2006) 152:169 - 75.

Hariri, A.R., E.M. Drabant, and D.R. Weinberger. "Imaging Genetics: Perspectives from Studies of Genetically Driven Variation in Serotonin Function and Corticolimbic Affective Processing." Biological Psychiatry (2006) 59:888 - 97.

Hariri, A.R., and A. Holmes. "Genetics of Emotional Regulation: The Role of the Serotonin Transporter in Neural Function." Trends in Cognitive Sciences (2006) 10:182 - 91.

Hariri A.R., et al. "The Amygdala Response to Emotional Stimuli: A Comparison of Faces and Scenes." NeuroImage (2002) 17:317 - 23.

Hariri, A.R., and D.R. Weinberger. "Functional Neuroimaging of Genetic Variation in Serotonergic Neurotransmission." Genes, Brain, and Behavior (2003) 2:341 - 49.

Hariz, M., P. Blomstedt, and L. Zrinzo. "Future of Brain Stimulation: New Targets, New Indications, New Technology." Movement Disorders: Official Journal of the Movement Disorder Society (2013) 28:1784 - 92.

Harley, C. "Noradrenergic and Locus Coeruleus Modulation of the Perforant Path-Evoked Potential in Rat Dentate Gyrus Supports a Role for the Locus Coeruleus in Attentional and Memorial Processes." Progress in Brain Research (1991) 88:307 - 21.

Harley, H.E. "Consciousness in Dolphins? A Review of Recent Evidence." Journal of Comparative Physiology A, Neuroethology, Sensory, Neural, and Behavioral Physiology (2013) 199:565 - 82.

Harshey, R.M. "Bees Aren't the Only Ones: Swarming in Gram-Negative Bacteria." Molecular Microbiology (1994) 13:389 - 94.

Hart, C.L., et al. "Is Cognitive Functioning Impaired in Methamphetamine Users? A Critical Review." Neuropsychopharmacology (2012) 37:586 - 608.

Hart, M., A. Poremba, and M. Gabriel. "The Nomadic Engram: Overtraining Eliminates the Impairment of Discriminative Avoidance Behavior Produced by Limbic Thalamic Lesions." Behavioural Brain Research (1997) 82:169 - 77.

Hartley, C.A., and B.J. Casey. "Risk for Anxiety and Implications for Treatment: Developmental, Environmental, and Genetic Factors Governing Fear Regulation." Annals of the New York Academy of Sciences (2013) 1304:1 - 13.

Hartley, C.A., B. Fischl, and E.A. Phelps. "Brain Structure Correlates of Individual Differences in the Acquisition and Inhibition of Conditioned Fear." Cerebral Cortex (2011) 21:1954 - 62.

Hartley, C.A., et al. "Serotonin Transporter Polyadenylation Polymorphism Modulates the Retention of Fear Extinction Memory." Proceedings of the National Academy of Sciences of the United States of America (2012) 109:5493 - 98.

Hartley, C.A., and E.A. Phelps. "Changing Fear: The Neurocircuitry of Emotion Regulation." Neuropsychopharmacology (2010) 35:136 - 46.

Hartley, C.A., and E.A. Phelps. "Anxiety and Decision-Making." Biological Psychiatry (2012) 72:113 - 18.

Hartley, T., et al. "Space in the Brain: How the Hippocampal Formation Supports Spatial Cognition." Philosophical Transactions of the Royal Society B: Biological Sciences (2014) 369:20120510.

Hasselmo, M.E., et al. "Noradrenergic Suppression of Synaptic Transmission May Influence Cortical Signal-to-Noise Ratio." Journal of Neurophysiology (1997) 77:3326 - 39.

Hassin, R.R., et al. "Implicit Working Memory." Consciousness and Cognition (2009) 18:665 - 78.

Hasson, U., et al. "Abstract Coding of Audiovisual Speech: Beyond Sensory Representation." Neuron (2007) 56:1116 - 26.

Hatkoff, A. The Inner World of Farm Animals (New York: Stewart, Tabori, and Chang, 2009).

Haubensak, W, et al. "Genetic Dissection of an Amygdala Microcircuit That Gates Conditioned Fear." Nature (2010) 468:270 - 76.

Haubrich, J., et al. "Reconsolidation Allows Fear Memory to Be Updated to a Less Aversive Level Through the Incorporation of Appetitive Information." Neuropsychopharmacology (2014) 40: 315 - 326.

Hauner, K.K., et al. "Exposure Therapy Triggers Lasting Reorganization of Neural Fear Processing." Proceedings of the National Academy of Sciences of the United States of America (2012) 109:9203 - 208.

Hawkins, R.D., et al. "A Cellular Mechanism of Classical Conditioning in Aplysia: Activity-Dependent Amplification of Presynaptic Facilitation." Science (1983) 219:400 - 405.

Hawkins, R.D., E.R. Kandel, and C.H. Bailey. "Molecular Mechanisms of Memory Storage in Aplysia." The Biological Bulletin (2006) 210:174 - 91.

Hayes, J.P., M.B. Vanelzakker, and L.M. Shin. "Emotion and Cognition Interactions in PTSD: A Review of Neurocognitive and Neuroimaging Studies." Frontiers in Integrative Neuroscience (2012) 6:89.

Hayes, S.C. "Acceptance and Commitment Therapy, Relational Frame Theory, and the Third Wave of Behavioral and Cognitive Therapies." Behavior Therapy (2004) 35:639 - 65.

Hayes, S.C., et al. "Acceptance and Commitment Therapy: Model, Processes and Outcomes." Behaviour Research and Therapy (2006) 44:1 - 25.

Hayes, S.C., K. Strosahl, and K.G. Wilson. Acceptance and Commitment Therapy: an Experiential Approach to Behavior Change (New York: Guilford Press, 1999).

Heath, R.G. Studies in Schizophrenia: A Multidisciplinary Approach to Mind-Brain Relationships (Cambridge, MA: Harvard University Press, 1954).

Heath, R.G. "Electrical Self-Stimulation of the Brain in Man." The American Journal of Psychiatry (1963) 120:571 - 77.

Heath, R.G. (Ed.) The Role of Pleasure in Human Behavior (New York: Harper and Row, 1964).

Heath, R.G. "Pleasure and Brain Activity in Man. Deep and Surface Electroencephalograms during Orgasm." The Journal of Nervous and Mental Disease (1972) 154:3 - 18.

Heath, R.G., and W.A. Mickle. "Evaluation of Seven Years' Experience with Depth Electrode Studies in Human Patients." In: Electrical Studies on the Unanesthetized Brain, eds. E.R. Ramey and D.S. O'Doherty (New York: Hoeber, 1960), 214 - 47.

Hebb, D.O. The Organization of Behavior (New York: John Wiley and Sons, 1949).

Hebb, D.O. "Drives and the CNS. (Conceptual Nervous System)." Psychological Review (1955) 62:243 - 54.

Heberlein, A.S., and R. Adolphs. "Impaired Spontaneous Anthropomorphizing Despite Intact Perception and Social Knowledge." Proceedings of the National Academy of Sciences of the United States of America (2004) 101:7487 - 91.

Hedden, T., et al. "Cultural Influences on Neural Substrates of Attentional Control." Psychological Science (2008) 19:12 - 17.

Heeramun-Aubeeluck, A., and Z. Lu. "Neurosurgery for Mental Disorders: A Review." African Journal of Psychiatry (2013) 16:177 - 81.

Heerebout, B.T., and R.H. Phaf. "Emergent Oscillations in Evolutionary Simulations: Oscillating Networks Increase Switching Efficacy." Journal of Cognitive Neuroscience (2010) 22:807 - 23.

Heidegger, M. Time and Being (Germany: , 1927).

Heider, F. The Psychology of Interpersonal Relations (New York: John Wiley & Sons, 1958).

Heider, F., and M. Simmel. "An Experimental Study of Apparent Behavior." American Journal of Psychology (1944) 57:243 - 59.

Helmstetter, C., et al. "On the Bacterial Life Sequence." Cold Spring Harbor Symposium on Quantitative Biology (1968) 33:809 - 22.

Hennessey, T.M., W.B. Rucker, and C.G. McDiarmid. "Classical Conditioning in Paramecia." Animal Learning and Behavior (1979) 7:417 - 23.

Hermann, A., et al. "Brain Structural Basis of Cognitive Reappraisal and Expressive Suppression." Social Cognitive and Affective Neuroscience (2014) 9:1435 - 42.

Herrick, C.J. "The Functions of the Olfactory Parts of the Cerebral Cortex." Proceedings of the National Academy of Sciences (1933) 19:7 - 14.

Herrick, C.J. TheBrain of the Tiger Salamander (Chicago: The University of Chicago Press, 1948).

Herry, C., et al. "Switching on and off Fear by Distinct Neuronal Circuits." Nature (2008) 454:600 - 606.

Herry, C., et al. "Neuronal Circuits of Fear Extinction." European Journal of Neuroscience (2010) 31:599 - 612.

Hess, W.R. Das Zwischenhirn. Syndrome, Lokalisationen, Funktionen.(Basel: Schwabe, 1949).

Hess, W.R. The Biology of Mind (Chicago: University of Chicago, 1962).

Hess, W.R., and M. Brugger. "Das Subkortikale Zentrum der Affektiven Abwehrreaktion."
Helvetica Physiologica et Pharmacologica Acta (1943) 1:35 - 52.

Hettema, J.M., et al. "The Genetic Covariation Between Fear Conditioning and Self-Report Fears." Biological Psychiatry (2008) 63:587 - 93.

Hettema, J.M., M.C. Neale, and K.S. Kendler. "A Review and Meta-Analysis of the Genetic Epidemiology of Anxiety Disorders." The American Journal of Psychiatry (2001) 158:1568 - 78.

Hettema, J.M., C.A. Prescott, and K.S. Kendler. "A Population-Based Twin Study of Generalized Anxiety Disorder in Men and Women." The Journal of Nervous and Mental Disease (2001) 189:413 - 20.

Heyes, C. "Beast Machines? Questions of Animal Consciousness." In: Frontiers of Consciousness: Chichelle Lectures, eds. L. Weiskrantz and M. Davies (Oxford: Oxford University Press, 2008), 259 - 74.

Heyes, C.M. "Reflections on Self-Recognition in Primates." Animal Behaviour (1994) 47:909 - 19.

Heyes, C.M. "Self-Recognition in Primates: Further Reflections Create a Hall of Mirrors." Animal Behaviour (1995) 50:1533 - 42.

Higgins, G.A., and J.S. Schwaber. "Somatostatinergic Projections from the Central Nucleus of the Amygdala to the Vagal Nuclei." Peptides (1983) 4:657 - 62.

Hilton, S.M. "The Defense Reaction as a Paradigm for Cardiovascular Control." In: Integrative Functions of the Autonomic Nervous System, eds. C.M. Brooks, et al. (Tokyo: University of Tokyo Press, 1979), 443 - 49.

Hilton, S.M. "The Defence-Arousal System and Its Relevance for Circulatory and Respiratory Control." The Journal of Experimental Biology (1982) 100:159 - 74. Hilton, S.M., and A.W. Zbrozyna. "Amydaloid Region for Defense Reactions and Its Efferent Pathway to the Brainstem." Journal of Physiology (1963) 165:160 - 73.

Hinson, J.M., T.L. Jameson, and P. Whitney. "Somatic Markers, Working Memory, and Decision Making." Cognitive, Affective & Behavioral Neuroscience (2002) 2:341 - 53.

Hirst, W., J. LeDoux, and S. Stein. "Constraints on the Processing of Indirect Speech Acts: Evidence from Aphasiology." Brain and Language (1984) 23:26 - 33.

Hirst, W., et al. "Long-Term Memory for the Terrorist Attack of September 11: Flashbulb Memories, Event Memories, and the Factors That Influence Their Retention." Journal of Experimental Psychology: General (2009) 138:161 - 76.

Hitchens, C. Hitch-22: a Memoir (London: Atlantic Books, 2010).

Hobson, A. "The Neurobiology of Consciousness: Lucid Dreaming Wakes Up." Intl J Dream Res (2009) 2:41 - 44.

Hoebel, B.G. "Hypothalamic Self-Stimulation and Stimulation Escape in Relation to Feeding and Mating." Federation Proceedings (1979) 38:2454 - 61.

Hoeft, F., et al. "Functional Brain Basis of Hypnotizability." Archives of General Psychiatry (2012) 69:1064 - 72.

Hofmann, S.G. "Cognitive Processes during Fear Acquisition and Extinction in Animals and Humans: Implications for Exposure Therapy of Anxiety Disorders." Clinical Psychological Review (2008) 28:199 - 210.

Hofmann, S.G. An Introduction to Modern CBT: Psychological Solutions to Mental Health Problems (New York: Wiley-Blackwell, 2011).

Hofmann, S.G., and G.J. Asmundson. "Acceptance and Mindfulness-Based Therapy: New Wave or Old Hat?" Clinical Psychological Review (2008) 28:1 - 16.

Hofmann, S.G., G.J. Asmundson, and A.T. Beck. "The Science of Cognitive Therapy." Behavior Therapy (2013) 44:199 - 212.

Hofmann, S.G., K.K. Ellard, and G.J. Siegle. "Neurobiological Correlates of Cognitions in Fear and Anxiety: A Cognitive-Neurobiological Information-Processing Model." Cognition & Emotion (2012) 26:282 - 99.

Hofmann, S.G., A. Fang, and C.A. Gutner. "Cognitive Enhancers for the Treatment of Anxiety Disorders." Restorative Neurology and Neuroscience (2014) 32:183 - 95.

Hofmann, S.G., C.A. Gutner, and A. Asnaani. "Cognitive Enhancers in Exposure Therapy for Anxiety and Related Disorders." In: Exposure Therapy: Rethinking the Model—Refining the Method, eds. P. Neudeck and H.-U. Wittchen (New York: Springer, 2012), 89 - 110.

Hofmann, S.G., and J.A. Smits. "Cognitive-Behavioral Therapy for Adult Anxiety Disorders: A Meta-Analysis of Randomized Placebo-Controlled Trials." The Journal of Clinical Psychiatry (2008) 69:621 - 32.

Holland, P.C. "Cognitive Aspects of Classical Conditioning." Current Opinion in Neurobiology (1993) 3:230 - 36.

Holland, P.C. "Relations Between Pavlovian-Instrumental Transfer and Reinforcer Devaluation." Journal of Experimental Psychology: Animal Behavior Processes (2004) 30:104 - 17.

Holland, P.C. "Cognitive Versus Stimulus-Response Theories of Learning." Learning & Behavior (2008) 36:227 - 41.

Holland, P.C., and M.E. Bouton. "Hippocampus and Context in Classical Conditioning." Current Opinion in Neurobiology (1999) 9:195 - 202.

Holland, P.C., and M. Gallagher. "Amygdala Circuitry in Attentional and Representational Processes." Trends in Cognitive Sciences (1999) 3:65 - 73.

Holland, P.C., and M. Gallagher. "Amygdala-Frontal Interactions and Reward Expectancy." Current Opinion in Neurobiology (2004) 14:148 - 55.

Holmes, A., and C.L. Wellman. "Stress-Induced Prefrontal Reorganization and Executive Dysfunction in Rodents." Neuroscience and Biobehavioral Reviews (2009) 33:773-83.

Holmes, N.M., A.R. Marchand, and E. Coutureau. "Pavlovian to Instrumental Transfer: a Neurobehavioural Perspective." Neuroscience and Biobehavioral Reviews (2010) 34:1277-95.

Holzschneider, K., and C. Mulert. "Neuroimaging in Anxiety Disorders." Dialogues in Clinical Neuroscience (2011) 13:453-61.

Homayoun, H., and B. Moghaddam. "Differential Representation of Pavlovian-Instrumental Transfer by Prefrontal Cortex Subregions and Striatum." European Journal of Neuroscience (2009) 29:1461-76.

Hooper, J., and D. Teresi. The Three-Pound Universe (New York: G. P. Putnam, 1991).

Hopkins, D.A., and D. Holstege. "Amygdaloid Projections to the Mesencephalon, Pons, and Medulla Oblongata in the Cat." Experimental Brain Research (1978) 32:529-47.

Horikawa, M., and A. Yagi. "The Relationships Among Trait Anxiety, State Anxiety and the Goal Performance of Penalty Shoot-Out by University Soccer Players." PLoS One (2012) 7:E35727.

Horinek, D., A. Varjassyova, and J. Hort. "Magnetic Resonance Analysis of Amygdalar Volume in Alzheimer's Disease." Current Opinion in Psychiatry (2007) 20:273-77.

Horwitz, A.V., and J.C. Wakefield. All We Have to Fear: Psychiatry's Transformation of Natural Anxieties into Mental Disorders (New York: Oxford University Press, 2012).

Hoyer, J., and K. Beesdo-Baum. "Prolonged Imaginal Exposure Based on Worry Scenarios." In: Exposure Therapy: Rethinking the Model—Refining the Method, eds. P. Neudeck and H.-U. Wittchen (New York: Springer, 2012), 245-60.

Hubbard, D.T., et al. "Development of Defensive Behavior and Conditioning to Cat Odor in the Rat." Physiology & Behavior (2004) 80:525-30.

Huff, N.C., et al. "Revealing Context-Specific Conditioned Fear Memories with Full Immersion Virtual Reality." Frontiers in Behavioral Neuroscience (2011) 5:75.

Hughes, K.C., and L.M. Shin. "Functional Neuroimaging Studies of Post-Traumatic Stress Disorder." Expert Review of Neurotherapeutics (2011) 11:275-85.

Hull, C.L. Principles of Behavior (New York: Appleton-Century-Crofts, 1943).

Hull, C.L. A Behavior System: An Introduction to Behavior Theory Concerning the Individual Organism (New Haven: Yale University, 1952).

Humphrey, N. Seeing Red: A Study in Consciousness (Cambridge, MA: Harvard University Press, 2006).

Humphrey, N.K. "What the Frog's Eye Tells the Monkey's Brain." Brain, Behavior and Evolution (1970) 3:324-37.

Humphrey, N.K. "Vision in a Monkey without Striate Cortex: a Case Study." Perception (1974) 3:241-55.

Hunsperger, R.W. "Affektreaktionen auf elektrische Reizung im Hirnstamm der Katze." Helvetica Physiologica et Pharmacologica Acta (1956) 14:70-92.

Hunt, H.F., and J.V. Brady. "Some Effects of Electro-Convulsive Shock on a Conditioned Emotional Response ('Anxiety')." Journal of Comparative and Physiological Psychology (1951) 44:88-98.

Hupbach, A., et al. "Reconsolidation of Episodic Memories: A Subtle Reminder Triggers Integration of New Information." Learning & Memory (2007) 14:47-53.

Hupbach, A., et al. "The Dynamics of Memory: Context-Dependent Updating." Learning & Memory (2008) 15:574-79.

Hurlemann, R., et al. "Emotion-Induced Retrograde Amnesia Varies as a Function of Noradrenergic-

Glucocorticoid Activity." Psychopharmacology (Berl) (2007) 194:261 - 69.

Hurley, S. "The Shared Circuits Model (SCM): How Control, Mirroring, and Simulation Can Enable Imitation, Deliberation, and Mindreading." Behavioral and Brain Sciences (2008) 31:1 - 22; discussion 22 - 58.

Hutchinson, J.B., M.R. Uncapher, and A.D. Wagner. "Posterior Parietal Cortex and Episodic Retrieval: Convergent and Divergent Effects of Attention and Memory." Learning & Memory (2009) 16:343 - 56.

Hygge, S., and A. Öhman. "Modeling Processes in the Acquisition of Fears: Vicarious Electrodermal Conditioning to Fear-Relevant Stimuli." Journal of Personality and Social Psychology (1978) 36:271 - 79.

Hyman, S.E. "Can Neuroscience Be Integrated into the DSM-V?" Nature Reviews Neuroscience (2007) 8:725 - 32.

Imamoglu, F., et al. "Changes in Functional Connectivity Support Conscious Object Recognition." NeuroImage (2012) 63:1909 - 17.

Insel, T., et al. "Research Domain Criteria (RDoC): Toward a New Classification Framework for Research on Mental Disorders." The American Journal of Psychiatry (2010) 167:748 - 51.

Insel, T.R. "The Challenge of Translation in Social Neuroscience: A Review of Oxytocin, Vasopressin, and Affiliative Behavior." Neuron (2010) 65:768 - 79.

Ipser, J.C., L. Singh, and D.J. Stein. "Meta-Analysis of Functional Brain Imaging in Specific Phobia." Psychiatry and Clinical Neurosciences (2013) 67:311 - 22.

Isserles, M., et al. "Effectiveness of Deep Transcranial Magnetic Stimulation Combined with a Brief Exposure Procedure in Post-Traumatic Stress Disorder—A Pilot Study." Brain Stimulation (2013) 6:377 - 83.

Izard, C.E. The Face of Emotion (New York: Appleton-Century-Crofts, 1971).

Izard, C.E. "Basic Emotions, Relations Among Emotions, and Emotion-Cognition Relations." Psychological Review (1992) 99:561 - 65.

Izard, C.E. "Basic Emotions, Natural Kinds, Emotion Schemas, and a New Paradigm." Perspectives on Psychological Science (2007) 2:260 - 80.

Izquierdo A., C.L. Wellman, and A. Holmes. "Brief Uncontrollable Stress Causes Dendritic Retraction in Infralimbic Cortex and Resistance to Fear Extinction in Mice." Journal of Neuroscience (2006) 26:5733 - 38.

Izquierdo, I, et al. "The Connection Between the Hippocampal and the Striatal Memory Systems of the Brain: a Review of Recent Findings." Neurotoxicity Research (2006) 10:113 - 21.

Jackendoff, R. Consciousness and the Computational Mind (Cambridge, MA: Bradford Books/MIT Press, 1987).

Jackendoff, R. Language, Consciousness, Culture: Essays on Mental Structure (Cambridge, MA: MIT Press, 2007).

Jacob, T., et al. "A Nanotechnology-Based Delivery System: Nanobots. Novel Vehicles for Molecular Medicine." The Journal of Cardiovascular Surgery (2011) 52:159 - 67.

Jacobs, W.J., and L. Nadel. "Stress-Induced Recovery of Fears and Phobias." Psychological Review (1985) 92:512 - 31.

Jacobsen, C.F. "Studies of Cerebral Function in Primates. I. the Functions of the Frontal Associations Areas in Monkeys." Comparative Psychology Monographs (1936) 13:3 - 60.

Jacoby, L.L. "A Process Dissociation Framework: Separating Automatic from Intentional Uses of Memory." Journal of Memory and Learning (1991) 30:513 - 41.

James, J.P., K.R. Daniels, and B. Hanson. "Overhabituation and Spontaneous Recovery of the Galvanic Skin Response." Journal of Experimental Psychology (1974) 102:732 - 34.

James, W. "What Is an Emotion?" Mind (1884) 9:188 - 205.

James, W. Principles of Psychology (New York: Holt, 1890).

Jang, J.H., et al. "Increased Default Mode Network Connectivity Associated with Meditation." Neuroscience Letters (2011) 487:358 - 62.

Jarvis, E.D., et al. "Avian Brains and a New Understanding of Vertebrate Brain Evolution." Nature Reviews Neuroscience (2005) 6:151 - 59.

Jellinger, K.A. "Neuropathological Aspects of Alzheimer Disease, Parkinson Disease and Frontotemporal Dementia." Neuro-Degenerative Diseases (2008) 5:118 - 21.

Jennings, J.H., et al. "Distinct Extended Amygdala Circuits for Divergent Motivational States." Nature (2013) 496:224 - 28.

Ji, J., Maren S. "Hippocampal Involvement in Contextual Modulation of Fear Extinction." Hippocampus (2007) 17:749 - 58.

Johansen, J.P. "Neuroscience: Anxiety Is the Sum of Its Parts." Nature (2013) 496:174 - 75.

Johansen, J.P., et al. "Molecular Mechanisms of Fear Learning and Memory." Cell (2011) 147:509 - 24.

Johansen, J.P., et al. "Hebbian and Neuromodulatory Mechanisms Interact to Trigger Associative Memory Formation." Proceedings of the National Academy of Sciences USA. (2014) 111:E5584 - 92.

Johansen, J.P., et al. "Optical Activation of Lateral Amygdala Pyramidal Cells Instructs Associative Fear Learning." Proceedings of the National Academy of Sciences of the United States of America (2010) 107:12692 - 697.

Johnson, D.C., and B.J. Casey. "Easy to Remember, Difficult to Forget: the Development of Fear Regulation." Developmental Cognitive Neuroscience (2014). 11:42 - 55.

Johnson, M.K., et al. "The Cognitive Neuroscience of True and False Memories." Nebraska Symposium on Motivation (2012) 58:15 - 52.

Johnson, P.L., L.M. Federici, and A. Shekhar. "Etiology, Triggers and Neurochemical Circuits Associated with Unexpected, Expected, and Laboratory-Induced Panic Attacks." Neuroscience and Biobehavioral Reviews (2014). 46:429 - 54.

Johnson, P.L., et al. "Orexin, Stress, and Anxiety/ Panic States." Progress in Brain Research (2012) 198:133 - 61.

Johnson-Laird, P.N. The Computer and the Mind: An Introduction to Cognitive Science (Cambridge, MA: Harvard University Press, 1988).

Johnson-Laird, P.N. "A Computational Analysis of Consciousness." In: Consciousness in Contemporary Science, eds. A.J. Marcel and E. Bisiach (Oxford: Oxford University Press, 1993), 357 - 68.

Johnson-Laird, P.N., and K. Oatley. "The Language of Emotions: An Analysis of a Semantic Field." Cognition and Emotion (1989) 3:81 - 123.

Johnson-Laird, P.N., and K. Oatley. "Basic Emotions, Rationality, and Folk Theory." Cognition and Emotion (1992) 6:201 - 23.

Jones C.E., et al. "Social Transmission of Pavlovian Fear: Fear-Conditioning by-Proxy in Related Female Rats." Animal Cognition (2014) 17:827 - 34.

Jones, C.L., J. Ward, and H.D. Critchley. "The Neuropsychological Impact of Insular Cortex Lesions." Journal of Neurology, Neurosurgery, and Psychiatry (2010) 81:611 - 18.

Jones, E.G., and T.P.S. Powell. "An Anatomical Study of Converging Sensory Pathways Within the Cerebral Cortex of the Monkey." Brain: a Journal of Neurology (1970) 93:793 - 820.

Jones, O.D. "Law, Evolution and the Brain: Applications and Open Questions." Philosophical Transactions of the Royal Society B: Biological Sciences (2004) 359:1697 - 1707.

Jonides, J., and S. Yantis. "Uniqueness of Abrupt Visual Onset in Capturing Attention." Perception & Psychophysics (1988) 43:346 - 54.

Josselyn, S.A. "Continuing the Search for the Engram: Examining the Mechanism of Fear Memories." Journal of Psychiatry & Neuroscience (2010) 35:221 - 28.

Josselyn, S.A., S. Kida, and A.J. Silva. "Inducible Repression of CREB Function Disrupts Amygdala–Dependent Memory." Neurobiology of Learning and Memory (2004) 82:159 - 63.

Jovanovic, T., et al. "Impaired Safety Signal Learning May Be a Biomarker of PTSD." Neuropharmacology (2012) 62:695 - 704.

Jovanovic, T., and S.D. Norrholm. "Neural Mechanisms of Impaired Fear Inhibition in Posttraumatic Stress Disorder." Frontiers in Behavioral Neuroscience (2011) 5:44.

Jovanovic, T., et al. "Impaired Fear Inhibition Is a Biomarker of PTSD but Not Depression." Depression and Anxiety (2010) 27:244 - 51.

Kagan, J. Galen's Prophecy: Temperament in Human Nature (New York: Basic Books, 1994).

Kagan, J. (2003) "Understanding the Effects of Temperament, Anxiety, and Guilt. Panel: The Affect of Emotions: Laying the Groundwork in Childhood." Library of Congress/ NIMH Decade of the Brain Project. Jan 3, 2003. http://www.loc.gov/loc/brain/emotion/kagan.html.

Kagan, J., and N. Snidman. "Early Childhood Predictors of Adult Anxiety Disorders." Biological Psychiatry (1999) 46:1536 - 41.

Kahneman, D. Thinking, Fast and Slow (New York: Farrar, Straus and Giroux, 2011).

Kahneman, D., P. Slovic, and A. Tversky. Judgement Under Uncertainty: Heuristics and Biases (Cambridge: Cambridge University Press, 1982).

Kalisch, R., and A.M. Gerlicher. "Making a Mountain Out of a Molehill: on the Role of the Rostral Dorsal Anterior Cingulate and Dorsomedial Prefrontal Cortex in Conscious Threat Appraisal, Catastrophizing, and Worrying." Neuroscience and Biobehavioral Reviews (2014) 42:1 - 8.

Kalish, H.I. "Strength of Fear as a Function of the Number of Acquisition and Extinction Trials." Journal of Experimental Psychology (1954) 47:1 - 9.

Kaminsky, Z., et al. "Epigenetics of Personality Traits: An Illustrative Study of Identical Twins Discordant for Risk-Taking Behavior." Twin Research and Human Genetics: The Official Journal of the International Society for Twin Studies (2008) 11:1 - 11.

Kanazawa, S. "Common Misconceptions About Science VI: 'Negative Reinforcement.' " Psychology Today. Post published by Satoshi Kanazawa on Jan. 03, 2010.

Kandel, E.R. Cellular Basis of Behavior: An Introduction to Behavioral Neurobiology (San Francisco: W.H. Freeman and Company, 1976).

Kandel, E.R. "From Metapsychology to Molecular Biology: Explorations into the Nature of Anxiety." The American Journal of Psychiatry (1983) 140:1277 - 93.

Kandel, E.R. "Genes, Synapses, and Long-Term Memory." Journal of Cellular Physiology (1997) 173:124 - 25.

Kandel, E.R. "Biology and the Future of Psychoanalysis: a New Intellectual Framework for Psychiatry Revisited." The American Journal of Psychiatry (1999) 156:505 - 24.

Kandel, E.R. "The Molecular Biology of Memory Storage: a Dialog Between Genes and Synapses." Bioscience Reports (2001) 21:565 - 611.

Kandel, E.R. "The Molecular Biology of Memory Storage: a Dialogue Between Genes and Synapses." Science (2001) 294:1030 - 38.

Kandel, E.R. In Search of Memory: The Emergence of a New Science of Mind (New York: W.W. Norton, 2006).

Kandel, E.R. "The Molecular Biology of Memory: aAMP, PKA, CRE, CREB-1, CREB-2, and CPEB." Molecular Brain (2012) 5:14.

Kandel, E.R., et al. "Classical Conditioning and Sensitization Share Aspects of the Same Molecular Cascade in Aplysia." Cold Spring Harbor Symposium on Quantitative Biology (1983) 48(Pt 2):821 - 30.

Kandel, E.R., and J.H. Schwartz. "Molecular Biology of Learning: Modulation of Transmitter Release." Science (1982) 218:433 - 43.

Kandel, E.R., and W.A. Spencer. "Cellular Neurophysiological Approaches to the Study of Learning." Physiological Reviews (1968) 48:65 - 134.

Kang, M.S., R. Blake, and G.F. Woodman. "Semantic Analysis Does Not Occur in the Absence of Awareness Induced by Interocular Suppression." Journal of Neuroscience (2011) 31:13535 - 45.

Kapp, B.S., et al. "Amygdala Central Nucleus Lesions: Effect on Heart Rate Conditioning in the Rabbit." Physiology & Behavior (1979) 23:1109 - 17.

Kapp, B.S., J.P. Pascoe, and M.A. Bixler. "The Amygdala: A Neuroanatomical Systems Approach to Its Contributions to Aversive Conditioning." In: Neuropsychology of Memory, eds. N. Buttlers and L.R. Squire (New York: Guilford, 1984), 473 - 88.

Kapp, B.S., et al. "Amygdaloid Contributions to Conditioned Arousal and Sensory Information Processing." In: the Amygdala: Neurobiological Aspects of Emotion, Memory, and Mental Dysfunction, ed. J.P. Aggleton (New York: Wiley-Liss, 1992), 229 - 54.

Kappenman, E.S., A. Macnamara, and G.H. Proudfit. "Electrocortical Evidence for Rapid Allocation of Attention to Threat in the Dot-Probe Task." Social Cognitive and Affective Neuroscience (2014). Published online Dec, 4, 2014: doi: 10.3389/ fpsyg.2014.01368.

Karplus, J.P., and A. Kreidl. "Gehirn und Sympathicus. I. Zwischenhirn Basis und Halssympathicus." Archiv f d ges Physiologie (Pflüger's) (1909) 129:138 - 44.

Kazdin, A.E., and G.T. Wilson. Evalution of Behavior Therapy: Issues, Evidence and Research Strategies (Cambridge, MA: Ballinger, 1978).

Keenan, J.P., G.G. Gallup, and D. Falk. The Face in the Mirror: The Search for the Origins of Consciousness (London: Ecco/ Harper Collins, 2003).

Keller, F.S. The Definition of Psychology (New York: Appleton-Century-Crofts, 1973).

Kelley, H.H. "Attribution Theory in Social Psychology." Nebraska Symposium on Motivation (1967) 15:192 - 238.

Kelley, H.H. "Common-Sense Psychology and Scientific Psychology." Annual Review of Psychology (1992) 43:1 - 24.

Kelso, S.R., A.H. Ganong, and T.H. Brown. "Hebbian Synapses in Hippocampus." Proceedings of the National Academy of Science U SA (1986) 83:5326 - 30.

Kendler, K.S. "Major Depression and Generalised Anxiety Disorder. Same Genes, (Partly) Different Environments—Revisited." The British Journal of Psychiatry Supplement (1996) 68 - 75.

Kendler, K.S. "All We Have to Fear: Psychiatry's Transformation of Natural Anxieties into Mental Disorders." American Journal of Psychiatry (2013) 170:124 - 25.

Kendler, K.S., et al. "The Impact of Environmental Experiences on Symptoms of Anxiety and Depression Across the Life Span." Psychological Science (2011) 22:1343 - 52.

Kendler, K.S., C.O. Gardner, and P. Lichtenstein. "A Developmental Twin Study of Symptoms of Anxiety and Depression: Evidence for Genetic Innovation and Attenuation." Psychological Medicine (2008) 38:1567 - 75.

Kendler, K.S., et al. "Specificity of Genetic and Environmental Risk Factors for Use and Abuse/Dependence of Cannabis, Cocaine, Hallucinogens, Sedatives, Stimulants, and Opiates in Male Twins." The American Journal of Psychiatry (2003) 160:687 - 95.

Kendler, K.S., et al. "Generalized Anxiety Disorder in Women. A Population-Based Twin Study." Archives of General Psychiatry (1992) 49:267 - 72.

Kendler, K.S., et al. "Major Depression and Generalized Anxiety Disorder. Same Genes, (Partly) Different Environments?" Archives of General Psychiatry (1992) 49:716 - 22.

Kendler, K.S., et al. "Clinical Characteristics of Familial Generalized Anxiety Disorder." Anxiety (1994) 1:186 - 91.

Kendler, K.S., et al. "The Structure of the Genetic and Environmental Risk Factors for Six Major Psychiatric Disorders in Women. Phobia, Generalized Anxiety Disorder, Panic Disorder, Bulimia, Major Depression, and Alcoholism." Archives of General Psychiatry (1995) 52:374 - 83.

Kennedy, D.P., and R. Adolphs. "The Social Brain in Psychiatric and Neurological Disorders." Trends in Cognitive Sciences (2012) 16:559 - 72.

Kennedy, J.S. The New Anthropomorphism (New York: Cambridge University Press, 1992).

Kent, N.D., M.K. Wagner, and D.R. Gannon. "Effects of Unconditioned Response Restriction on Subsequent Acquisition of a Habit Motivated by 'Fear.' " Psychological Reports (1960) 6:335 - 38.

Kesner, R.P. "Learning and Memory in Rats with an Emphasis on the Role of the Hippocampal Formation." In Neurobiology of Comparative Cognition, eds. R.P. Kesner and D.S. Olton (Hillsdale, NJ: Erlbaum, 1990), 179 - 204.

Kesner, R.P., and J.C. Churchwell. "An Analysis of Rat Prefrontal Cortex in Mediating Executive Function." Neurobiology of Learning and Memory (2011) 96:417 - 31.

Kessler, R.C., et al. "Posttraumatic Stress Disorder in the National Comorbidity Survey." Archives of General Psychiatry (1995) 52:1048 - 60.

Khoury B., et al. "Mindfulness-Based Therapy: a Comprehensive Meta-Analysis." Clinical Psychological Review (2013) 33:763 - 71.

Kiefer, M. "Executive Control over Unconscious Cognition: Attentional Sensitization of Unconscious Information Processing." Frontiers in Human Neuroscience (2012) 6:61.

Kierkegaard S. The Concept of Anxiety: a Simple Psychologically Orienting Deliberation on the Dogmatic Issue of Hereditary Sin (Princeton, NJ: Princeton University Press, 1980).

Kihlstrom, J.F. "Conscious, Subconscious, Unconscious: A Cognitive Perspective." In: The Unconscious Reconsidered, eds. K.S. Bowers and D. Meichenbaum (New York: John Wiley & Sons, 1984), 149 - 211.

Kihlstrom, J.F. "The Cognitive Unconscious." Science (1987) 237:1445 - 52.

Kihlstrom, J.F. "The Psychological Unconscious." In: Handbook of Personality: Theory and Research, ed. L. Pervin (New York: Guilford, 1990), 445 - 64.

Kihlstrom, J.F., T.M. Barnhardt, and D.J. Tataryn. "Implicit Perception." In: Perception without Awareness: Cognitive, Clinical, and Social Perspectives, eds. R.F. Bornstein and T.S. Pittman (New York: The Guilford Press, 1992), 17 - 54.

Kihlstrom, J.F., T.M. Barnhardt, and D.J. Tatryn. "The Psychological Unconscious: Found, Lost, Regained." The American Psychologist (1992) 47:788 - 91.

Kile, S.J., et al. "Alzheimer Abnormalities of the Amygdala with Kluver-Bucy Syndrome Symptoms: An Amygdaloid Variant of Alzheimer Disease." Archives of Neurology (2009) 66:125 - 29.

Kim, E.J., et al. "Social Transmission of Fear in Rats: The Role of 22-kHz Ultrasonic Distress Vocalization." PLoS One (2010) 5:E15077.

Kim, J.J., and M.S. Fanselow. "Modality-Specific Retrograde Amnesia of Fear." Science (1992) 256:675 - 77.

Kim, J.J., R.A. Rison, and M.S. Fanselow. "Effects of Amygdala, Hippocampus, and Periaqueductal Gray Lesions on Short- and Long-Term Contextual Fear." Behavioral Neuroscience (1993) 107:1093 - 98.

Kim, J.J., E.Y. Song, and T.A. Kosten. "Stress Effects in the Hippocampus: Synaptic Plasticity and Memory." Stress (2006) 9:1 - 11.

Kim, M.J., et al. "The Structural and Functional Connectivity of the Amygdala: From Normal Emotion to Pathological Anxiety." Behavioural Brain Research (2011) 223:403 - 10.

Kim, S.Y., et al. "Diverging Neural Pathways Assemble a Behavioural State from Separable Features in Anxiety." Nature (2013) 496:219 - 23.

Kindt, M. "A Behavioural Neuroscience Perspective on the Aetiology and Treatment of Anxiety Disorders." Behaviour Research and Therapy (2014) 62:24 - 36.

Kindt, M., and M. Soeter. "Reconsolidation in a Human Fear Conditioning Study: a Test of Extinction as Updating Mechanism." Biological Psychology (2013) 92:43 - 50.

Kindt, M., M. Soeter, and D. Sevenster. "Disrupting Reconsolidation of Fear Memory in Humans by a Noradrenergic Beta-Blocker." Journal of Visualized Experiments (2014). http://www.jove.com/video/52151/disrupting-reconsolidation-fear-memory-humans-noradrenergic.

Kindt, M., M. Soeter, and B. Vervliet. "Beyond Extinction: Erasing Human Fear Responses and Preventing the Return of Fear." Nature Neuroscience (2009) 12:256 - 58.

Kinoshita, S., K.I. Forster, and M.C. Mozer. "Unconscious Cognition Isn't That Smart: Modulation of Masked Repetition Priming Effect in the Word Naming Task." Cognition (2008) 107:623 - 49.

Kintsch, W., et al. "Eight Questions and Some General Issues." In: Models of Working Memory: Mechanisms of Active Maintenance and Executive Control, eds. A. Miyake and P. Shah (New York: Cambridge University Press, 1999), 412 - 41.

Kip K.E., A. Shuman, D.F. Hernandez , D.M. Diamond, and L. Rosenzweig. "Case Report and Theoretical Description of Accelerated Resolution Therapy (ART) for Military-Related Post-Traumatic Stress Disorder." Military Medicine (2014) 179: 31 - 7.

Kirsch, I, et al. "The Role of Cognition in Classical and Operant Conditioning." Journal of Clinical Psychology (2004) 60:369 - 92.

Kishida, K.T., B. King-Casas, and P.R. Montague. "Neuroeconomic Approaches to Mental Disorders." Neuron (2010) 67:543 - 54.

Kitayama, S., and H.R. Markus, eds. Emotion and Culture: Empirical Studies of Mutual Influence (Washington, D.C.: American Psychological Association, 1994).

Klein, D. "Anxiety Reconceptualized." In: New Research and Changing Concepts, eds. D. Klein and J. Rabkin (New York: Raven, 1981).

Klein, D.F. "Delineation of Two Drug-Responsive Anxiety Syndromes." Psychopharmacologia (1964) 5:397 - 408.

Klein, D.F. "False Suffocation Alarms, Spontaneous Panics, and Related Conditions. An Integrative Hypothesis." Archives of General Psychiatry (1993) 50:306 - 17.

Klein, D.F. "Historical Aspects of Anxiety." Dialogues in Clinical Neuroscience (2002) 4:295 - 304.

Klein, D.F., and M. Fink. "Psychiatric Reaction Patterns to Imipramine." The American Journal of Psychiatry (1962) 119:432 - 38.

Klein, S.B. "Making the Case That Episodic Recollection Is Attributable to Operations Occurring at Retrieval Rather Than to Content Stored in a Dedicated Subsystem of Long-Term Memory." Frontiers in Behavioral Neuroscience (2013) 7:3.

Klumpp, H., et al. "Neural Response during Attentional Control and Emotion Processing Predicts Improvement after Cognitive Behavioral Therapy in Generalized Social Anxiety Disorder." Psychological Medicine (2014) 44:3109 - 21.

Klumpp, H., D.A. Fitzgerald, and K.L. Phan. "Neural Predictors and Mechanisms of Cognitive Behavioral Therapy on Threat Processing in Social Anxiety Disorder." Progress in Neuro-Psychopharmacology & Biological Psychiatry (2013) 45:83 - 91.

Kluver, H., and P.C. Bucy. " 'Psychic Blindness' and Other Symptoms Following Bilateral Temporal Lobectomy in Rhesus Monkeys." American Journal of Physiology (1937) 119:352 - 53.

Knight, D.C., H.T. Nguyen, and P.A. Bandettini. "The Role of the Human Amygdala in the Production of Conditioned Fear Responses." NeuroImage (2005) 26:1193 - 1200.

Knight, D.C., H.T. Nguyen, and P.A. Bandettini. "The Role of Awareness in Delay and Trace Fear Conditioning in Humans." Cognitive, Affective, & Behavioral Neuroscience (2006) 6:157 - 62.

Knight, D.C., N.S. Waters, and P.A. Bandettini. "Neural Substrates of Explicit and Implicit Fear Memory." NeuroImage (2009) 45:208 - 14.

Knight, R.T., and M. Grabowecky. "Prefrontal Cortex, Time and Consciousness." In: The New Cognitive Neurosciences, ed. M.S. Gazzaniga (Cambridge, MA: MIT Press, 2000).

Knoll, E. "Dogs, Darwinism, and English Sensibilities." In: Anthropomorphism, Anecdotes, and Animals, eds. R.W. Mitchell, et al. (Albany: State University of New York Press, 1997), 12 - 21.

Knox, D., et al. "Single Prolonged Stress Disrupts Retention of Extinguished Fear in Rats." Learning & Memory (2012) 19:43 - 49.

Knutson, B., et al. "Distributed Neural Representation of Expected Value." Journal of Neuroscience (2005) 25:4806 - 12.

Koch, C. The Quest for Consciousness: A Neurobiological Approach (Denver: Roberts and Co., 2004).

Koch, C., and N. Tsuchiya. "Phenomenology without Conscious Access Is a Form of Consciousness without Top-Down Attention." Behavioral and Brain Sciences (2007) 30:509 - 10.

Koenigs, M., and J. Grafman. "Posttraumatic Stress Disorder: The Role of Medial Prefrontal Cortex and Amygdala." Neuroscientist (2009) 15:540 - 48.

Kogan, J.H., et al. "Spaced Training Induces Normal Long-Term Memory in CREB Mutant Mice." Current Biology (1997) 7:1 - 11.

Kolb, B.J. "Prefrontal Cortex." In: The Cerebral Cortex of the Rat, eds. B.J. Kolb and R.C. Tees (Cambridge, MA: MIT Press, 1990), 437 - 58.

Konorski, J. Conditioned Reflexes and Neuron Organization (Cambridge, UK: Cambridge University Press, 1948).

Konorski, J. Integrative Activity of the Brain (Chicago: University of Chicago Press, 1967).

Koob, G.F. "Negative Reinforcement in Drug Addiction: The Darkness Within." Current Opinion in Neurobiology (2013) 23:559 - 63.

Kopelman, M.D. "Varieties of Confabulation and Delusion." Cognitive Neuropsychiatry (2010) 15:14 - 37.

Kormos, V., and B. Gaszner. "Role of Neuropeptides in Anxiety, Stress, and Depression: From Animals to Humans." Neuropeptides (2013) 47:401 - 19.

Kornell, N. "Metacognition in Humans and Animals." Current Directions in Psychological Science (2009) 18:11 - 15.

Kotter, R., and N. Meyer. "The Limbic System: A Review of Its Empirical Foundation." Behavioural Brain Research (1992) 52:105 - 27.

Kouider, S., and S. Dehaene. "Levels of Processing during Non-Conscious Perception: A Critical Review of Visual Masking." Philosophical Transactions of the Royal Society B: Biological Sciences (2007) 362:857 - 75.

Kozak, M.J., E.B. Foa, and G. Steketee. "Process and Outcome of Exposure Treatment with Obsessive-Compulsives: Psychophysiological Indicators of Emotional Processing." Behavior Therapy (1988) 19:157 - 69.

Kozak, M.J., and G.A. Miller. "Hypothetical Constructs Versus Intervening Variables: A Reappraisal of the Three-Systems Model of Anxiety Assessment." Behavioral Assessment (1982) 4:347 - 58.

Kramar, E.A., et al. "Synaptic Evidence for the Efficacy of Spaced Learning." Proceedings of the National Academy of Sciences of the United States of America (2012) 109:5121 - 26.

Kramer, G.P., D.A. Bernstein, and V. Phares. Introduction to Clinical Psychology (Upper Saddle River, NJ: Pearson Prentice Hall, 2009).

Kringelbach, M.L. The Pleasure Center: Trust Your Animal Instincts (Oxford: Oxford University Press, 2008).

Kron, A., et al. "Feelings Don't Come Easy: Studies on the Effortful Nature of Feelings." Journal of Experimental Psychology: General (2010) 139:520 - 34.

Kubiak, A. Stages of Terror: Terrorism, Ideology, and Coercion as Theatre History (Indiana University Press, 1991).

Kubie, J.L., and R.U. Muller. "Multiple Representations in the Hippocampus." Hippocampus (1991) 1:240 - 42.

Kubota, J.T., M.R. Banaji, and E.A. Phelps. "The Neuroscience of Race." Nature Neuroscience (2012) 15:940 - 48.

Kumar, V., Z.A. Bhat, and D. Kumar. "Animal Models of Anxiety: A Comprehensive Review." Journal of Pharmacological and Toxicological Methods (2013) 68:175 - 83.

Kupfermann, I. "Feeding Behavior in Aplysia: A Simple System for the Study of Motivation." Behavioral Biology (1974) 10:1 - 26.

Kupfermann, I. "Neural Control of Feeding." Current Opinion in Neurobiology (1994) 4:869 - 76.

Kupfermann, I, et al. "Behavioral Switching of Biting and of Directed Head Turning in Aplysia: Explorations Using Neural Network Models." Acta Biologica Hungarica (1992) 43:315 - 28.

Kuppens, P., et al. "The Relation Between Valence and Arousal in Subjective Experience." Psychological Bulletin (2013) 139:917 - 40.

Kwapis, J.L., and M.A. Wood. "Epigenetic Mechanisms in Fear Conditioning: Implications for Treating Post-Traumatic Stress Disorder." Trends in Neuroscience (2014) 37:706 - 720.

LaBar, K.S., et al. "Human Amygdala Activation During Conditioned Fear Acquisition and Extinction: a Mixed-Trial fMRI Study." Neuron (1998) 20:937 - 45.

LaBar, K.S., et al. "Impaired Fear Conditioning Following Unilateral Temporal Lobectomy in Humans." Journal of Neuroscience (1995) 15:6846 - 55.

LaBar, K.S., and E.A. Phelps. "Reinstatement of Conditioned Fear in Humans Is Context Dependent and Impaired in Amnesia." Behavioral Neuroscience (2005) 119:677 - 86.

Lafenetre, P., F. Chaouloff, and G. Marsicano. "The Endocannabinoid System in the Processing of Anxiety and Fear and How CB1 Receptors May Modulate Fear Extinction." Pharmacological Research: The Official Journal of the Italian Pharmacological Society (2007) 56:367 - 81.

Lamb, R.J., et al. "The Reinforcing and Subjective Effects of Morphine in Post-Addicts: A Dose-Response Study." Journal of Pharmacology and Experimental Therapeutics (1991) 259:1165 - 73.

Lamme, V.A. "Towards a True Neural Stance on Consciousness." Trends in Cognitive Sciences (2006) 10:494 - 501.

Lamprecht, R., and J. LeDoux. "Structural Plasticity and Memory." Nature Reviews Neuroscience (2004) 5:45 - 54.

Lane, R.D., et al. "Memory Reconsolidation, Emotional Arousal and the Process of Change in Psychotherapy: New Insights from Brain Science." Behavioral and Brain Sciences (2014) 1 - 80.

Laney, C., and E.F. Loftus. "Traumatic Memories Are Not Necessarily Accurate Memories." Canadian Journal of Psychiatry (2005) 50:823 - 28.

Lang, P. "The Application of Psychophysiological Methods to the Study of Psychotherapy and Behaviour Modification." In: Handbook of Psychotherapy and Behaviour Change, eds. A. Bergin and S. Garfield (New York: John Wiley & Sons, 1971).

Lang, P. "A Bioinformational Theory of Emotional Imagery." Psychophysiology (1979) 16:495 - 512.

Lang, P.J. "Fear Reduction and Fear Behavior: Problems in Treating a Construct." In: Research in Psychotherapy, Vol. 3, ed. J.M. Schlien (Washington, D.C.: American Psychological Association, 1968), 90 - 103.

Lang, P.J. "Imagery in Therapy: An Information Processing Analysis of Fear." Behavior Therapy (1977) 8:862 - 86.

Lang, P.J. "Anxiety: Toward a Psychophysiological Definition." In: Psychiatric Diagnosis: Exploration of Biological Criteria, eds. H.S. Akiskal and W.L. Webb (New York: Spectrum, 1978), 265 - 389.

Lang, P.J. "The Emotion Probe: Studies of Motivation and Attention." American Psychologist(1995) 5:372 - 85.

Lang, P.J., M.M. Bradley, and B.N. Cuthbert. "Emotion, Attention, and the Startle Reflex." Psychological Review (1990) 97:377 - 95.

Lang, P.J., M.M. Bradley, B.N. Cuthbert. "Emotion, Motivation, and Anxiety: Brain Mechanisms and Psychophysiology." Biological Psychiatry (1998) 44:1248 - 63.

Lang, P.J., and M. Davis. "Emotion, Motivation, and the Brain: Reflex Foundations in Animal and Human Research." Progress in Brain Research (2006) 156:3 - 29.

Lang, P.J., and L.M. McTeague. "The Anxiety Disorder Spectrum: Fear Imagery, Physiological Reactivity, and Differential Diagnosis." Anxiety, Stress, and Coping (2009) 22:5 - 25.

Langley, J.N. "The Autonomic Nervous System." Brain (1903) 26, 1 - 26.

Langerhans, R.B. "Evolutionary Consequences of Predation: Avoidance, Escape, and Diversification." In: Predation in Organisms, ed. A.M.T. Elewa (Berlin and Heidelberg: Springer, 2007), 177 - 220.

Lanteaume, L., et al. "Emotion Induction after Direct Intracerebral Stimulations of Human Amygdala." Cerebral Cortex (2007) 17:1307 - 13.

Lashley, K. "The Problem of Serial Order in Behavior." In: Cerebral Mechanisms in Behavior, ed. L.A. Jeffers

(New York: Wiley, 1950).

Lattal, K.M., and M.A. Wood. "Epigenetics and Persistent Memory: Implications for Reconsolidation and Silent Extinction Beyond the Zero." Nature Neuroscience (2013) 16:124 - 29.

Lau, H., and R. Brown. "The Emperor's New Phenomenology? The Empirical Case for Conscious Experience Without First-Order Representations." http://philpapers.org/archive/BROTEN.1.pdf

Lau, H.C., and R.E. Passingham. "Relative Blindsight in Normal Observers and the Neural Correlate of Visual Consciousness." Proceedings of the National Academy of Sciences of the United States of America (2006) 103:18763 - 68.

Lau, J.Y., et al. "Distinct Neural Signatures of Threat Learning in Adolescents and Adults." Proceedings of the National Academy of Sciences of the United States of America (2011) 108:4500 - 505.

Laureys, S., and N.D. Schiff. "Coma and Consciousness: Paradigms (Re)framed by Neuroimaging." NeuroImage (2012) 61:478 - 91.

Lázaro-Muñoz, G., J.E. LeDoux, and C.K. Cain. "Sidman Instrumental Avoidance Initially Depends on Lateral and Basal Amygdala and Is Constrained by Central Amygdala-Mediated Pavlovian Processes." Biological Psychiatry (2010) 67:1120 - 27.

Lazarus, R., R. McCleary. "Autonomic Discrimination without Awareness: A Study of Subception." Psychological Review (1951) 58:113 - 22.

Lazarus, R.S. "Cognition and Motivation in Emotion." American Psychologist (1991) 46:352 - 67.

Lazarus, R.S. Emotion and Adaptation (New York: Oxford University Press, 1991).

Leahy, R.L. Contemporary Cognitive Therapy: Theory, Research, and Practice (New York: Guilford Press, 2004).

Lebestky, T., et al. "Two Different Forms of Arousal in Drosophila Are Oppositely Regulated by the Dopamine D1 Receptor Ortholog DopR via Distinct Neural Circuits." Neuron (2009) 64:522 - 36.

Lecours, A.R. "Language Contrivance on Consciousness (and Vice Versa)." In: Consciousness: At the Frontiers of Neuroscience, eds. H. Jasper, et al. (Philadelphia: Lippincott-Raven, 1998), 167 - 80.

LeDoux, J.E. "Cognition and Emotion: Processing Functions and Brain Systems." In: Handbook of Cognitive Neuroscience, ed. M.S. Gazzaniga (New York: Plenum Publishing Corp., 1984), 357 - 68.

LeDoux, J.E. "Emotion." In: Handbook of Physiology 1: The Nervous System Vol. V., Higher Functions of the Brain, ed. F. Plum (Bethesda: American Physiological Society, 1987), 419 - 59.

LeDoux, J.E. "Emotion and the Limbic System Concept." Concepts in Neuroscience (1991) 2:169 - 99.

LeDoux, J.E. "Emotion and the Amygdala." In: The Amygdala: Neurobiological Aspects of Emotion, Memory, and Mental Dysfunction, ed. J.P. Aggleton (New York: Wiley-Liss, Inc., 1992), 339 - 51.

LeDoux, J.E. "Emotion, Memory and the Brain." Scientific American (1994) 270:50 - 57.

LeDoux, J.E. The Emotional Brain (New York: Simon and Schuster, 1996).

LeDoux, J.E. "Emotion Circuits in the Brain." Annual Review of Neuroscience (2000) 23:155 - 84.

LeDoux, J.E. Synaptic Self: How Our Brains Become Who We Are (New York: Viking, 2002).

LeDoux, J. "The Amygdala." Current Biology (2007) 17:R868 - 74.

LeDoux, J.E. "Emotional Colouration of Consciousness: How Feelings Come About." In: Frontiers of Consciousness: Chichele Lectures, eds. L. Weiskrantz and M. Davies (Oxford: Oxford University Press, 2008), 69 - 130.

LeDoux, J. "Rethinking the Emotional Brain." Neuron (2012) 73:653 - 76.

LeDoux, J.E. "Evolution of Human Emotion: a View Through Fear." Progress in Brain Research (2012)

195:431 - 42.

LeDoux, J.E. "For the Anxious, Avoidance Can Have an Upside." The New York Times, April 7, 2013. Retrieved on Dec. 29, 2014, from http://opinionator.blogs.nytimes.com/2013/04/07/for-the-anxious-avoidance-can-have-an-upside/?_r=0

LeDoux, J.E. "The Slippery Slope of Fear." Trends in Cognitive Sciences (2013) 17:155 - 56.

LeDoux, J.E. "Coming to Terms with Fear." Proceedings of the National Academy of Sciences of the United States of America (2014) 111:2871 - 78.

LeDoux, J.E. "Afterword: Emotional Construction in the Brain." In: The Psychological Construction of Emotion, eds. L.F. Barrett and J.A. Russell (New York: Guilford Press, 2014), 459 - 63.

LeDoux, J.E. "Feelings: What Are They and How Does the Brain Make Them?" Daedalus (2015) 144.

LeDoux, J.E., C. Blum, and W. Hirst. "Inferential Processing of Context: Studies of Cognitively Impaired Persons." Brain and Language (1983) 19:216 - 24.

LeDoux, J.E., and J.M. Gorman. "A Call to Action: Overcoming Anxiety Through Active Coping." American Journal of Psychiatry (2001) 158:1953 - 55.

LeDoux, J.E., et al. "Different Projections of the Central Amygdaloid Nucleus Mediate Autonomic and Behavioral Correlates of Conditioned Fear." Journal of Neuroscience (1988) 8:2517 - 29.

LeDoux, J.E., and E.A. Phelps. "Emotional Networks in the Brain." In: Handbook of Emotions, eds. M. Lewis, et al. (New York: Guilford Press, 2008), 159 - 79.

LeDoux, J.E., L.M. Romanski, and A.E. Xagoraris. "Indelibility of Subcortical Emotional Memories." Journal of Cognitive Neuroscience (1989) 1:238 - 43.

LeDoux, J.E., A. Sakaguchi, and D.J. Reis. "Behaviorally Selective Cardiovascular Hyperreactivity in Spontaneously Hypertensive Rats. Evidence for Hypoemotionality and Enhanced Appetitive Motivation." Hypertension (1982) 4:853 - 63.

LeDoux, J.E., A. Sakaguchi, and D.J. Reis. "Subcortical Efferent Projections of the Medial Geniculate Nucleus Mediate Emotional Responses Conditioned to Acoustic Stimuli." Journal of Neuroscience (1984) 4:683 - 98.

LeDoux, J.E., D. Schiller, and C. Cain. "Emotional Reaction and Action: From Threat Processing to Goal-Directed Behavior." In: The Cognitive Neurosciences, ed. M.S. Gazzaniga (Cambridge, MA: MIT Press, 2009), 905 - 24.

LeDoux, J.E., D.H. Wilson, and M.S. Gazzaniga. "A Divided Mind: Observations on the Conscious Properties of the Separated Hemispheres." Annals of Neurology (1977) 2:417 - 21.

Lee, A.C., T.W. Robbins, and A.M. Owen. "Episodic Memory Meets Working Memory in the Frontal Lobe: Functional Neuroimaging Studies of Encoding and Retrieval." Critical Reviews in Neurobiology (2000) 14:165 - 97.

Lee, H.J., M. Gallagher, and P.C. Holland. "The Central Amygdala Projection to the Substantia Nigra Reflects Prediction Error Information in Appetitive Conditioning." Learning & Memory (2010) 17:531 - 38.

Lee, J.L. "Memory Reconsolidation Mediates the Updating of Hippocampal Memory Content." Frontiers in Behavioral Neuroscience (2010) 4:168.

Lee, S, S-J. Kim, O.B. Kwon, J.H. Lee, and J.H. Kim.(2013) "Inhibitory Networks of the Amygdala for Emotional Memory." Frontiers in Neural Circuits Aug. 1, 2013. doi: 10.3389/fncir.2013.00129

Lee, Y.S., et al. "Transcriptional Regulation of Long-Term Memory in the Marine Snail Aplysia." Molecular Brain (2008) 1:3.

Lehrman, D.S. "Problems Raised by Instinct Theories." In: Instinct: an Enduring Problem in Psychology, eds.

R.C. Birney and R.C. Teevan (New York: D. Van Nostrand Company, Inc., 1961), 152 - 64.

Lenneberg, E. Biological Foundations of Language (New York John Wiley & Sons, 1967).

Leopold, D.A., and N.K. Logothetis. "Activity Changes in Early Visual Cortex Reflect Monkeys' Percepts during Binocular Rivalry." Nature (1996) 379:549 - 53.

Lerhman, D. "A Critique of Konrad Lorenz's Theory of Instinctive Behavior." Quarterly Review of Biology (1953) 28:337 - 63.

Lesch, K-P, et al. "Association of Anxiety-Related Traits with a Polymorphism in the Serotonin Transporter Gene Regulatory Region." Science (1996) 274:1527 - 31.

Levenson, R.W. "Basic Emotion Questions." Emotion Review (2011) 3:379 - 86.

Levenson, R.W., J. Soto, and N. Pole. "Emotion, Biology, and Culture." In: Handbook of Cultural Psychology, eds. S. Kitayama and D. Cohen (New York: Guilford Press, 2007), 780 - 96.

Levis, D.J. "The Case for a Return to a Two-Factor Theory of Avoidance: The Failure of Non-Fear Interpretations." In: Contemporary Learning Theories: Pavlovian Conditioning and the Status of Traditional Learning Theory, eds. S.B. Klein and R.R. Mowrer (Hillsdale: Lawrence Erlbaum, 1989), 227 - 77.

Levis, D.J. "The Negative Impact of the Cognitive Movement on the Continued Growth of the Behavior Therapy Movement: A Historical Perspective." Genetic, Social, and General Psychology Monographs (1999) 125:157 - 71.

Levy, D.J., and P.W. Glimcher. "The Root of All Value: A Neural Common Currency for Choice." Current Opinion in Neurobiology (2012) 22:1027 - 38.

Levy, F., and M. Farrow. "Working Memory in ADHD: Prefrontal/ Parietal Connections." Current Drug Targets (2001) 2:347 - 52.

Levy, R., and P.S. Goldman-Rakic. "Segregation of Working Memory Functions Within the Dorsolateral Prefrontal Cortex." Experimental Brain Research (2000) 133:23 - 32.

Lewis, A. "The Ambiguous Word 'Anxiety.' " International Journal of Psychiatry (1970) 9:62 - 79.

Lewis, A.H., et al. "Avoidance-Based Human Pavlovian-to-Instrumental Transfer." European Journal of Neuroscience (2013) 38:3740 - 48.

Lewis, D.J. "Psychobiology of Active and Inactive Memory." Psychological Bulletin (1979) 86:1054 - 83.

Lewis, M. The Rise of Consciousness and the Development of Emotional Life (New York: The Guilford Press, 2013).

Lewontin, R.C. "In the Beginning Was the Word." Science (2001) 291:1263 - 64.

Ley, R. "The 'Suffocation Alarm' Theory of Panic Attacks: A Critical Commentary." Journal of Behavior Therapy and Experimental Psychiatry (1994) 25:269 - 73.

Leys, R. "How Did Fear Become a Scientific Object and What Kind of Object Is It?" In: Fear: Across the Disciplines, eds. J. Plamper and B. Lazier (Pittsburgh, PA: University of Pittsburgh Press, 2012), 51 - 77.

Li, C., and D.G. Rainnie. "Bidirectional Regulation of Synaptic Plasticity in the Basolateral Amygdala Induced by the D1-Like Family of Dopamine Receptors and Group II Metabotropic Glutamate Receptors." Journal of Physiology (2014) 592:4329 - 51.

Li, H., et al. "Experience-Dependent Modification of a Central Amygdala Fear Circuit." Nature Neuroscience (2013) 16:332 - 39.

Li, S.H., and R.F. Westbrook. "Massed Extinction Trials Produce Better Short-Term but Worse Long-Term Loss of Context Conditioned Fear Responses Than Spaced Trials." Journal of Experimental Psychology: Animal Behavior Processes (2008) 34:336 - 51.

Liang, K.C., H.C. Chen, and D.Y. Chen. "Posttraining Infusion of Norepinephrine and Corticotropin Releasing Factor into the Bed Nucleus of the Stria Terminalis Enhanced Retention in an Inhibitory Avoidance Task." The Chinese Journal of Physiology (2001) 44:33 - 43.

Liberzon, I., and C.S. Sripada. "The Functional Neuroanatomy of PTSD: A Critical Review." Progress in Brain Research (2008) 167:151 - 69.

Lichtenberg, N.T., et al. "Nucleus Accumbens Core Lesions Enhance Two-Way Active Avoidance." Neuroscience (2014) 258:340 - 46.

Liddell, B.J., et al. "A Direct Brainstem-Amygdala-Cortical 'Alarm' System for Subliminal Signals of Fear." NeuroImage (2005) 24:235 - 43.

Likhtik, E., et al. "Prefrontal Control of the Amygdala." Journal of Neuroscience (2005) 25:7429 - 37.

Lim, D., K. Sanderson, and G. Andrews. "Lost Productivity Among Full-Time Workers with Mental Disorders." The Journal of Mental Health Policy and Economics (2000) 3:139 - 46.

Lin, C.H., et al. "The Similarities and Diversities of Signal Pathways Leading to Consolidation of Conditioning and Consolidation of Extinction of Fear Memory." Journal of Neuroscience (2003) 23:8310 - 17.

Lin, D., et al. "Functional Identification of an Aggression Locus in the Mouse Hypothalamus." Nature (2011) 470:221 - 26.

Lin, J.Y., S.O. Murray, and G.M. Boynton. "Capture of Attention to Threatening Stimuli without Perceptual Awareness." Current Biology (2009) 19:1118 - 22.

Lin, Z., and S. He. "Seeing the Invisible: The Scope and Limits of Unconscious Processing in Binocular Rivalry." Progress in Neurobiology (2009) 87:195 - 211.

Lindquist, K.A., and L.F. Barrett. "Constructing Emotion: The Experience of Fear as a Conceptual Act." Psychological Science (2008) 19:898 - 903.

Lindquist, K.A., et al. "Language and the Perception of Emotion." Emotion (2006) 6:125 - 38.

Lindsley, D.B. "Emotions." In: Handbook of Experimental Psychology, ed. S.S. Stevens (New York: Wiley, 1951), 473 - 516.

Lindsley, O.R., B.F. Skinner, and H.C. Solomon. Study of Psychotic Behavior, Studies in Behavior Therapy (Harvard Medical School, Department of Psychiatry, Metropolitan State Hospital, Waltham, M.A., 1953).

Linnman, C., et al. "Resting Amygdala and Medial Prefrontal Metabolism Predicts Functional Activation of the Fear Extinction Circuit." TheAmerican Journal of Psychiatry (2012) 169:415 - 23.

Lipsman, N., P. Giacobbe, and A.M. Lozano. "Deep Brain Stimulation in Obsessive-Compulsive Disorder: Neurocircuitry and Clinical Experience." Handbook of Clinical Neurology (2013) 116:245 - 50.

Lipsman, N., B. Woodside, and A.M. Lozano. "Evaluating the Potential of Deep Brain Stimulation for Treatment-Resistant Anorexia Nervosa." Handbook of Clinical Neurology (2013) 116:271 - 76.

Lissek, S., et al. "Elevated Fear Conditioning to Socially Relevant Unconditioned Stimuli in Social Anxiety Disorder." The American Journal of Psychiatry (2008) 165:124 - 32.

Lissek, S., et al. "Classical Fear Conditioning in the Anxiety Disorders: A Meta-Analysis." Behaviour Research and Therapy (2005) 43:1391 - 1424.

Lissek, S., et al. "Impaired Discriminative Fear-Conditioning Resulting from Elevated Fear Responding to Learned Safety Cues Among Individuals with Panic Disorder." Behaviour Research and Therapy (2009) 47:111 - 18.

Little, P.F. "Gene Mapping and the Human Genome Mapping Project." Current Opinion in Cell Biology (1990) 2:478 - 84.

Litvin, Y., D.C. Blanchard, and R.J. Blanchard "Rat 22kHz Ultrasonic Vocalizations as Alarm Cries." Behavioural Brain Research (2007) 182:166 - 72.

Liu, T.L., D.Y. Chen, and K.C. Liang. "Post-Training Infusion of Glutamate into the Bed Nucleus of the Stria Terminalis Enhanced Inhibitory Avoidance Memory: An Effect Involving Norepinephrine." Neurobiology of Learning and Memory (2009) 91:456 - 65.

Liu, T.L., and K.C. Liang. "Posttraining Infusion of Cholinergic Drugs into the Ventral Subiculum Modulated Memory in an Inhibitory Avoidance Task: Interaction with the Bed Nucleus of the Stria Terminalis." Neurobiology of Learning and Memory (2009) 91:235 - 42.

Liubashina, O., V. Bagaev, and S. Khotiantsev. "Amygdalofugal Modulation of the Vago-Vagal Gastric Motor Reflex in Rat." Neuroscience Letters (2002) 325:183 - 86.

Livingstone M. Vision and Art: The Biology of Seeing (New York: Abrams, 2008).

Loewenstein, G.F., et al. "Risk as Feelings." Psychological Bulletin (2001) 127:267 - 86.

Loftus, E.F. Eyewitness Testimony (Cambridge, MA: Harvard University Press, 1996).

Loftus, E.F., and D. Davis. "Recovered Memories." Annual Review of Clinical Psychology (2006) 2:469 - 98.

Loftus, E.F., and D.C. Polage. "Repressed Memories. When Are They Real? How Are They False?" The Psychiatric Clinics of North America (1999) 22:61 - 70.

Lonergan, M.H., et al. "Propranolol's Effects on the Consolidation and Reconsolidation of Long-Term Emotional Memory in Healthy Participants: A Meta-Analysis." Journal of Psychiatry & Neuroscience (2013) 38:222 - 31.

Long, V.A., and M.S. Fanselow. "Stress-Enhanced Fear Learning in Rats Is Resistant to the Effects of Immediate Massed Extinction." Stress (2012) 15:627 - 36.

Lonsdorf, T.B., J. Haaker, and R. Kalisch. "Long-Term Expression of Human Contextual Fear and Extinction Memories Involves Amygdala, Hippocampus and Ventromedial Prefrontal Cortex: A Reinstatement Study in Two Independent Samples." Social Cognitive and Affective Neuroscience (2014). First published online in Feb. 3, 2014. doi: 10.1093/scan/nsu018

Lorberbaum, J.P., et al. "Neural Correlates of Speech Anticipatory Anxiety in Generalized Social Phobia." Neuroreport (2004) 15:2701 - 705.

Lorenz, K.Z. "The Comparative Method in Studying Innate Behavior Patterns." Symposia of the Society for Experimental Biology (1950) 4:221 - 68.

Lovibond, P.F., et al. "Awareness Is Necessary for Differential Trace and Delay Eyeblink Conditioning in Humans." Biological Psychology (2011) 87:393 - 400.

Lovibond, P.F., et al. "Safety Behaviours Preserve Threat Beliefs: Protection from Extinction of Human Fear Conditioning by an Avoidance Response." Behaviour Research and Therapy (2009) 47:716 - 20.

Low, P. (2012) "Cambridge Declaration on Consciousness in Non-Human Animals." (Also by J. Panksepp, D. Reiss, D. Edelman, B. van Swinderen, and C. Koch). Originally retrieved on Sept. 26, 2013, from http://fcmconferenceorg/Churchill College, University of Cambridge. This link was subsequently removed. A search on Dec. 24, 2014, revealed that the document was again available through this link: http://fcmconference.org/img/cambridgedeclarationonconsciousness.pdf.

Lu, D.P. "Using Alternating Bilateral Stimulation of Eye Movement Desensitization for Treatment of Fearful Patients." General Dentistry (2010) 58:E140 - 47.

Luchicchi, A., et al. "Illuminating the Role of Cholinergic Signaling in Circuits of Attention and Emotionally Salient Behaviors." Frontiers in Synaptic Neuroscience (2014) 6:24.

Luo, Q., et al. "Emotional Automaticity Is a Matter of Timing." Journal of Neuroscience (2010) 30:5825 - 29.

Luo, Q. et al. "Visual Awareness, Emotion, and Gamma Band Synchronization." Cerebral Cortex (2009) 19:1896 - 1904.

Luppi, P.H., et al. "Afferent Projections to the Rat Locus Coeruleus Demonstrated by Retrograde and Anterograde Tracing with Cholera-Toxin B Subunit and Phaseolus vulgaris leucoagglutinin." Neuroscience (1995) 65:119 - 60.

Lutz, A., J.P. Dunne, and R.J. Davidson. "Meditation and the Neuroscience of Consciousness: An Introduction." In: The Cambridge Handbook of Consciousness, eds. P.D. Zelazo, et al. (Cambridge: Cambridge University Press, 2007), 499 - 552.

Lutz, A., et al. "Attention Regulation and Monitoring in Meditation." Trends in Cognitive Sciences (2008) 12:163 - 69.

Lycan, W.G. Consciousness (Cambridge, MA: Bradford Books/ MIT Press, 1986).

Lycan, W.G. Consciousness and Experience (Cambridge, MA: Bradford Books/ MIT Press, 1995).

Maccorquodale, K., and P.E. Meehl. "On a Distinction Between Hypothetical Constructs and Intervening Variables." Psychological Review (1948) 55:95 - 107.

Macdonald, K., and D. Feifel. "Oxytocin's Role in Anxiety: A Critical Appraisal." Brain Research (2014) 580:22 - 56.

Macefield, V.G., C. James, and L.A. Henderson. "Identification of Sites of Sympathetic Outflow at Rest and during Emotional Arousal: Concurrent Recordings of Sympathetic Nerve Activity and fMRI of the Brain." International Journal of Psychophysiology: Official Journal of the International Organization of Psychophysiology (2013) 89:451 - 59.

Mackintosh, N.J., ed. Animal Learning and Cognition (San Diego: Academic Press, Inc., 1994).

Macknik, S.L. "Visual Masking Approaches to Visual Awareness." Progress in Brain Research (2006) 155:177 - 215.

MacLean, P.D. "Psychosomatic Disease and the 'Visceral Brain': Recent Developments Bearing on the Papez Theory of Emotion." Psychosomatic Medicine (1949) 11:338 - 53.

MacLean, P.D. "Some Psychiatric Implications of Physiological Studies on Frontotemporal Portion of Limbic System (Visceral Brain)." Electroencephalography and Clinical Neurophysiology (1952) 4:407 - 18.

MacLean, P.D. "The Triune Brain, Emotion and Scientific Bias." In: The Neurosciences: Second Study Program, ed. F.O. Schmitt (New York: Rockefeller University Press, 1970), 336 - 49.

MacLeod, C., and R. Hagan. "Individual Differences in the Selective Processing of Threatening Information, and Emotional Responses to a Stressful Life Event." Behaviour Research and Therapy (1992) 30:151 - 61.

Macnab, R.M., and D.E. Koshland Jr. "The Gradient-Sensing Mechanism in Bacterial Chemotaxis." Proceedings of the National Academy of Sciences of the United States of America (1972) 69:2509 - 12.

Macphail, E.M. The Evolution of Consciousness (Oxford: Oxford University Press, 1998).

Macphail, E.M. "The Search for a Mental Rubicon." In: The Evolution of Cognition, eds. C. Heyes and L. Huber (Cambridge: MIT Press, 2000), 253 - 71.

Magee, J.C., and D. Johnston. "A Synaptically Controlled, Associative Signal for Hebbian Plasticity in Hippocampal Neurons." Science (1997) 275:209 - 13.

Mahler, S.V., and K.C. Berridge. "What and When to 'Want'? Amygdala-Based Focusing of Incentive Salience upon Sugar and Sex." Psychopharmacology (Berl) (2012) 221:407 - 26.

Mahoney, A.E., and P.M. McEvoy. "A Transdiagnostic Examination of Intolerance of Uncertainty Across Anxiety and Depressive Disorders." Cognitive Behaviour Therapy (2012) 41:212 - 22.

Maia, T.V., and A. Cleeremans. "Consciousness: Converging Insights from Connectionist Modeling and Neuroscience." Trends in Cognitive Sciences (2005) 9:397 - 404.

Maier, A., et al. "Introduction to Research Topic—Binocular Rivalry: a Gateway to Studying Consciousness." Frontiers in Human Neuroscience (2012) 6:263.

Makari, G. "In the Arcadian Woods." The New York Times, April 16, 2012. Retrieved Nov. 30, 2014, from http://opinionator.blogs.nytimes.com/2012/04/16/in-the-arcadian-woods/?_r=0.

Malinowski, P. "Neural Mechanisms of Attentional Control in Mindfulness Meditation." Frontiers in Neuroscience (2013) 7:8.

Mandler, G., and W. Kessen. The Language of Psychology (New York: John Wiley & Sons, Inc., 1959).

Manna, A., et al. "Neural Correlates of Focused Attention and Cognitive Monitoring in Meditation." Brain Research Bulletin (2010) 82:46 - 56.

Mantione, M., et al. "Cognitive-Behavioural Therapy Augments the Effects of Deep Brain Stimulation in Obsessive-Compulsive Disorder." Psychological Medicine (2014) 44:3515 - 22.

Marcel, A.J. "Conscious and Unconscious Perception: Experiments on Visual Masking and Word Recognition." Cognitive Psychology (1983) 15:197 - 237.

Marchand, W.R. "Neural Mechanisms of Mindfulness and Meditation: Evidence from Neuroimaging Studies." World Journal of Radiology (2014) 6:471 - 79.

Marder, E. "Neuromodulation of Neuronal Circuits: Back to the Future." Neuron (2012) 76:1 - 11.

Marek, R., et al. "The Amygdala and Medial Prefrontal Cortex: Partners in the Fear Circuit." Journal of Physiology (2013) 591:2381 - 91.

Maren, S. "Synaptic Mechanisms of Associative Memory in the Amygdala." Neuron (2005) 47:783 - 86.

Maren, S., and M.S. Fanselow. "The Amygdala and Fear Conditioning: Has the Nut Been Cracked?" Neuron (1996) 16:237 - 40.

Maren, S., and M.S. Fanselow. "Electrolytic Lesions of the Fimbria/ Fornix, Dorsal Hippocampus, or Entorhinal Cortex Produce Anterograde Deficits in Contextual Fear Conditioning in Rats." Neurobiology of Learning and Memory (1997) 67:142 - 49.

Maren, S., K.L. Phan, and I. Liberzon. "The Contextual Brain: Implications for Fear Conditioning, Extinction and Psychopathology." Nature Reviews Neuroscience (2013) 14:417 - 28.

Maren, S., and G.J. Quirk. "Neuronal Signalling of Fear Memory." Nature Reviews Neuroscience (2004) 5:844 - 52.

Maren, S., S.A. Yap, and K.A. Goosens. "The Amygdala Is Essential for the Development of Neuronal Plasticity in the Medial Geniculate Nucleus during Auditory Fear Conditioning in Rats." Journal of Neuroscience (2001) 21:RC135.

Marewski, J.N., and G. Gigerenzer. "Heuristic Decision Making in Medicine." Dialogues in Clinical Neuroscience (2012) 14:77 - 89.

Marin, M.F., et al. "Device-Based Brain Stimulation to Augment Fear Extinction: Implications for PTSD Treatment and Beyond." Depression and Anxiety (2014) 31:269 - 78.

Mark, V.H., and F.R. Ervin. Violence and the Brain (New York: Harper & Row, Publishers, 1970).

Markowska, A., and I. Lukaszewska. "Emotional Reactivity after Frontomedial Cortical, Neostriatal or Hippocampal Lesions in Rats." Acta Neurobiologiae Experimentalis (1980) 40:881 - 93.

Marks, I. Fears, Phobias, and Rituals: Panic, Anxiety and Their Disorders (New York: Oxford University Press, 1987).

Marks, I., and A. Tobena. "Learning and Unlearning Fear: A Clinical and Evolutionary Perspective." Neuroscience and Biobehavioral Reviews (1990) 14:365 - 84.

Marr, D. "Simple Memory: A Theory for Archicortex." Philosophical Transactions of the Royal Society B: Biological Sciences (1971) 262:23 - 81.

Marschner, A., et al. "Dissociable Roles for the Hippocampus and the Amygdala in Human Cued Versus Context Fear Conditioning." Journal of Neuroscience (2008) 28:9030 - 36.

Marsh, E.J., and H.L. Roediger. "Episodic and Autobiographical Memory." In: Handbook of Psychology: Volume 4, Experimental Psychology, Vol. 4, eds. A.F. Healy and R.W. Proctor (New York: John Wiley & Sons, 2013), 472 - 94.

Martasian, P.J., and N.F. Smith. "A Preliminary Resolution of the Retention of Distributed Vs Massed Response Prevention in Rats." Psychological Reports (1993) 72:1367 - 77.

Martasian, P.J., et al. "Retention of Massed Vs Distributed Response-Prevention Treatments in Rats and a Revised Training Procedure." Psychological Reports (1992) 70:339 - 55.

Martin, K.C. "Local Protein Synthesis during Axon Guidance and Synaptic Plasticity." Current Opinion in Neurobiology (2004) 14:305 - 10.

Martin, S.J., P.D. Grimwood, and R.G.M. Morris. "Synaptic Plasticity and Memory: An Evaluation of the Hypothesis." Annual Review of Neuroscience (2000) 23:649 - 711.

Martinez, J.L. Jr., R.A. Jensen, and J.L. McGaugh. "Attenuation of Experimentally-Induced Amnesia." Progress in Neurobiology (1981) 16:155 - 86.

Martinez, R.C., et al. "Active vs. Reactive Threat Responding Is Associated with Differential c-Fos Expression in Specific Regions of Amygdala and Prefrontal Cortex." Learning & Memory (2013) 20:446 - 52.

Masson, J.M., and S. McCarthy. When Elephants Weep: The Emotional Lives of Animals (New York: Delacorte, 1996).

Masterson, F.A., and M. Crawford. "The Defense Motivation System: A Theory of Avoidance Behavior." Behavioral and Brain Sciences (1982) 5:661 - 96.

Masuda, A., et al. "Multisensory Interaction Mediates the Social Transmission of Avoidance in Rats: Dissociation from Social Transmission of Fear." Behavioural Brain Research (2013) 252:334 - 38.

Mather, J. "Consciousness in Cephalopods?" Journal of Cosmology (2011) 14.

Mathew, S.J., R.B. Price, and D.S. Charney. "Recent Advances in the Neurobiology of Anxiety Disorders: Implications for Novel Therapeutics." American Journal of Medical Genetics Part C, Seminars in Medical Genetics (2008) 148C:89 - 98.

Mathews, A., et al. "Implicit and Explicit Memory Bias in Anxiety." Journal of Abnormal Psychology (1989) 98:236 - 40.

Mathews, A., A. Richards, and M. Eysenck. "Interpretation of Homophones Related to Threat in Anxiety States." Journal of Abnormal Psychology (1989) 98:31 - 34.

Matthews, G., and A. Wells. "Attention, Automaticity, and Affective Disorder." Behavior Modification (2000) 24:69 - 93.

Maugham, W.S. (1949) A Writer's Notebook, p. 78. (London: William Heinemann). Quoted by Alan Cowey. "TMS and Visual Awareness," Ch 27. In: Oxford Handbook of Transcranial Stimulation, eds. E. Wasserman, C. Epstein, and U. Ziemann (Oxford, Oxford University Press, 2008).

May, R. The Meaning of Anxiety (New York: W. W. Norton, 1950).

Mayes, A.R., and D. Montaldi. "Exploring the Neural Bases of Episodic and Semantic Memory: The Role of

Structural and Functional Neuroimaging." Neuroscience and Biobehavioral Reviews (2001) 25:555 - 73.

Marx, M.H. "Intervening Variable or Hypothetical Construct?" Psychological Review (1951) 58:235 - 47.

Mayr, U. "Conflict, Consciousness, and Control." Trends in Cognitive Sciences (2004) 8:145 - 48.

Mazefsky, C.A., et al. "The Role of Emotion Regulation in Autism Spectrum Disorder." Journal of the American Academy of Child and Adolescent Psychiatry (2013) 52:679 - 88.

Mazoyer, B., et al. "Cortical Networks for Working Memory and Executive Functions Sustain the Conscious Resting State in Man." Brain Research Bulletin (2001) 54:287 - 98.

McAllister, D.E., and W.R. McAllister. "Fear Theory and Aversively Motivated Behavior: Some Controversial Issues." In: Fear, Avoidance, and Phobias: A Fundamental Analysis, ed. M.R. Denny (Hillsdale, NJ: Erlbaum, 1991).

McAllister, D.E., et al. "Magnitude and Shift of Reward in Instrumental Aversive Learning in Rats." Journal of Comparative and Physiological Psychology (1972) 80:490 - 501.

McAllister, D.E., et al. "Escape-from-Fear Performance as Affected by Handling Method and an Additional CS-Shock Treatment." Animal Learning and Behavior (1980) 8:417 - 23.

McAllister, W.R., and D.E. McAllister. "Behavioral Measurement of Conditioned Fear." In: Aversive Conditioning and Learning, ed. F.R. Brush (New York: Academic Press, 1971), 105 - 79.

McCarthy, D.E., et al. "Negative Reinforcement: Possible Clinical Implications of an Integrative Model." In: Substance Abuse and Emotion, ed. J. Kassel (Washington, D.C.: American Psychological Association, 2010), 15 - 42.

McCormick, D.A. "Cholinergic and Noradrenergic Modulation of Thalamocortical Processing." Trends in Neurosciences (1989) 12:215 - 21.

McCormick, D.A., and T. Bal. "Sensory Gating Mechanisms of the Thalamus." Current Opinion in Neurobiology (1994) 4:550 - 56.

McCue, M.G., J.E. LeDoux, and C.K. Cain. "Medial Amygdala Lesions Selectively Block Aversive Pavlovian-Instrumental Transfer in Rats." Frontiers in Behavioral Neuroscience (2014) 8:329.

McDannald, M.A., et al. "Learning Theory: A Driving Force in Understanding Orbitofrontal Function." Neurobiology of Learning and Memory (2014) 108:22 - 27.

McDonald, A.J. "Cortical Pathways to the Mammalian Amygdala." Progress in Neurobiology (1998) 55:257 - 332.

McEvoy, P.M., and A.E. Mahoney. "To Be Sure, to Be Sure: Intolerance of Uncertainty Mediates Symptoms of Various Anxiety Disorders and Depression." Behavior Therapy (2012) 43:533 - 45.

McEwen, B.S. "Glucocorticoids, Depression, and Mood Disorders: Structural Remodeling in the Brain." Metabolism: Clinical and Experimental (2005) 54:20 - 23.

McEwen, B.S., and E.N. Lasley. The End of Stress as We Know It (Washington, D.C.: Joseph Henry Press, 2002).

McEwen, B.S., and R.M. Sapolsky. "Stress and Cognitive Function." Current Opinion in Neurobiology (1995) 5:205 - 16.

McGaugh, J.L. "Memory—A Century of Consolidation." Science (2000) 287:248 - 51.

McGaugh, J.L. Memory and Emotion: The Making of Lasting Memories (London: The Orion Publishing Group, 2003).

McGaugh, J.L. "Memory Reconsolidation Hypothesis Revived but Restrained: Theoretical Comment on Biedenkapp and Rudy (2004)." Behavioral Neuroscience (2004) 118:1140 - 42.

McGowan, P.O., et al. "Epigenetic Regulation of the Glucocorticoid Receptor in Human Brain Associates with

Childhood Abuse." Nature Neuroscience (2009) 12:342 – 48.

McGrath, P.T., et al. "Quantitative Mapping of a Digenic Behavioral Trait Implicates Globin Variation in C. elegans Sensory Behaviors." Neuron (2009) 61:692 – 99.

McGuire, T.M., C.W. Lee, and P.D. Drummond. "Potential of Eye Movement Desensitization and Reprocessing Therapy in the Treatment of Post–Traumatic Stress Disorder." Psychology Research and Behavior Management (2014) 7:273 – 83.

McKay, D. "Methods and Mechanisms in the Efficacy of Psychodynamic Psychotherapy." The American Psychologist (2011) 66:147 – 148; discussion 152 – 144.

McKenzie, S., et al. "Hippocampal Representation of Related and Opposing Memories Develop Within Distinct, Hierarchically Organized Neural Schemas." Neuron (2014) 83:202 – 15.

McLean, C.P., et al. "Gender Differences in Anxiety Disorders: Prevalence, Course of Illness, Comorbidity and Burden of Illness." Journal of Psychiatric Research (2011) 45:1027 – 35.

McNally, R. "Theoretical Approaches to Fear and Anxiety." In: Anxiety Sensitivity: Theory, Research, and Treatment of the Fear of Anxiety, ed. S. Taylor (Hillsdale, NJ: Erlbaum, 1999), 3 – 16.

McNally, R. "Anxiety." In: Oxford Companion to Emotion and the Affective Sciences, eds. D. Sander and Scherer (Oxford: Oxford University Press, 2009).

McNally, R.J. Panic Disorder: A Critical Analysis (New York: Guilford Press, 1994).

McNally, R.J. "Automaticity and the Anxiety Disorders." Behaviour Research and Therapy (1995) 33:747 – 54.

McNally, R.J. "Mechanisms of Exposure Therapy: How Neuroscience Can Improve Psychological Treatments for Anxiety Disorders." Clinial Psychology Review (2007) 27:750 – 59.

McNaughton, B.L. "The Neurophysiology of Reminiscence." Neurobiology of Learning and Memory (1998) 70:252 – 67.

McNaughton, B.L., et al. "Deciphering the Hippocampal Polyglot: The Hippocampus as a Path Integration System." The Journal of Experimental Biology (1996) 199:173 – 85.

McNaughton, N. Biology and Emotion (Cambridge: Cambridge University Press, 1989).

McNaughton, N., and P.J. Corr. "A Two–Dimensional Neuropsychology of Defense: Fear/ Anxiety and Defensive Distance." Neuroscience and Biobehavioral Reviews (2004) 28:285 – 305.

McTeague, L.M., et al. "Social Vision: Sustained Perceptual Enhancement of Affective Facial Cues in Social Anxiety." NeuroImage (2011) 54:1615 – 24.

Medford, N., and H.D. Critchley. "Conjoint Activity of Anterior Insular and Anterior Cingulate Cortex: Awareness and Response." Brain Structure & Function (2010) 214:535 – 49.

Mehler, M.F. "Epigenetic Principles and Mechanisms Underlying Nervous System Functions in Health and Disease." Progress in Neurobiology (2008) 86:305 – 41.

Menand, L. "The Prisoner of Stress: What Does Anxiety Mean?" The New Yorker (New York: Conde Nast, 2014).

Menzel, E. "Progress in the Study of Chimpanzee Recall and Episodic Memory." In: The Missing Link in Cognition, eds. H. Terrace and J. Metcalfe (Oxford: Oxford University Press, 2005), 188 – 224.

Menzel, R. "Serial Position Learning in Honeybees." PLoS One (2009) 4:E4694.

Menzel, R., and M. Giurfa. "Cognition by a Mini Brain." Nature (1999) 400:718 – 19.

Merckelbach, H., et al. "Conditioning Experiences and Phobias." Behaviour Research and Therapy (1989) 27:657 – 62.

Merikle, P.M., S. Joordens, and J.A. Stolz. "Measuring the Relative Magnitude of Unconscious Influences." Consciousness and Cognition (1995) 4:422 – 39.

Merikle, P.M., D. Smilek, and J.D. Eastwood. "Perception without Awareness: Perspectives from Cognitive Psychology." Cognition (2001) 79:115 - 34.

Merker, B. "Consciousness Without a Cerebral Cortex: A Challenge for Neuroscience and Medicine." Behavioral and Brain Sciences, a discussion (2007) 30:63 - 81, 81 - 134.

Mesulam, M.M. "Spatial Attention and Neglect: Parietal, Frontal and Cingulate Contributions to the Mental Representation and Attentional Targeting of Salient Extrapersonal Events." Philosophical Transactions of the Royal Society B: Biological Sciences (1999) 354:1325 - 46.

Mesulam, M.M., and E.J. Mufson. "Insula of the Old World Monkey. I. Architectonics in the Insulo-Orbito-Temporal Component of the Paralimbic Brain." Journal of Comparative Neurology (1982) 212:1 - 22.

Metcalfe, J., and A.P. Shimamura. Metacognition: Knowing About Knowing (Cambridge, MA: Bradford Books, 1994).

Metcalfe, J., and L.K. Son. "Anoetic, Noetic and Autonoetic Metacognition." In: The Foundations of Metacognition, eds. M. Beran et al. (Oxford: Oxford University Press, 2012).

Metzinger, T. Being No One (Cambridge, MA: MIT Press, 2003).

Metzinger, T. "Empirical Perspectives from the Self-Model Theory of Subjectivity: A Brief Summary with Examples." Progress in Brain Research (2008) 168:215 - 45.

Meuret, A.E., and S.G. Hofmann. "Anxiety Disorders in Adulthood." In: Handbook of Neurodevelopmental and Genetic Disorders in Adults, eds. S. Goldstein and C. Reynolds (New York: Guilford Press, 2005), 172 - 94.

Meyer, K. "Primary Sensory Cortices, Top-Down Projections and Conscious Experience." Progress in Neurobiology (2011) 94:408 - 17.

Meyer, V., and M.G. Gelder. "Behaviour Therapy and Phobic Disorders." The British Journal of Psychiatry: The Journal of Mental Science (1963) 109:19 - 28.

Mihov, Y., and R. Hurlemann. "Altered Amygdala Function in Nicotine Addiction: Insights from Human Neuroimaging Studies." Neuropsychologia (2012) 50:1719 - 29.

Milad, M.R., et al. "Thickness of Ventromedial Prefrontal Cortex in Humans Is Correlated with Extinction Memory." Proceedings of the National Academy of Sciences of the United States of America (2005) 102:10706 - 11.

Milad, M.R., and G.J. Quirk. "Fear Extinction as a Model for Translational Neuroscience: Ten Years of Progress." Annual Review of Psychology (2012) 63:129 - 51.

Milad, M.R., and S.L. Rauch. "The Role of the Orbitofrontal Cortex in Anxiety Disorders." Annals of the New York Academy of Sciences (2007) 1121:546 - 61.

Milad, M.R., et al. "Fear Extinction in Rats: Implications for Human Brain Imaging and Anxiety Disorders." Biological Psychology (2006) 73:61 - 71.

Milad, M.R., B.L. Rosenbaum, and N.M. Simon. "Neuroscience of Fear Extinction: Implications for Assessment and Treatment of Fear-Based and Anxiety Related Disorders." Behaviour Research and Therapy (2014) 62:17 - 23.

Milad, M.R., et al. "Recall of Fear Extinction in Humans Activates the Ventromedial Prefrontal Cortex and Hippocampus in Concert." Biological Psychiatry (2007) 62:446 - 54.

Millan, M.J. "The Neurobiology and Control of Anxious States." Progress in Neurobiology (2003) 70:83 - 244.

Millan, M.J., and M. Brocco. "The Vogel Conflict Test: Procedural Aspects, Gamma-Aminobutyric Acid, Glutamate and Monoamines." European Journal of Pharmacology (2003) 463:67 - 96.

Miller, C.A., and J.D. Sweatt. "Amnesia or Retrieval Deficit? Implications of a Molecular Approach to the

Question of Reconsolidation." Learning & Memory (2006) 13:498 - 505.

Miller, E.K., and J.D. Cohen. "An Integrative Theory of Prefrontal Cortex Function." Annual Review of Neuroscience (2001) 24:167 - 202.

Miller, E.K., and R. Desimone. "Parallel Neuronal Mechanisms for Short-Term Memory." Science (1994) 263:520 - 22.

Miller, E.K., C.A. Erickson, and R. Desimone. "Neural Mechanisms of Visual Working Memory in Prefrontal Cortex of the Macaque." The Journal of Neuroscience (1996) 16:5154 - 67.

Miller, G. "Epigenetics. The Seductive Allure of Behavioral Epigenetics." Science (2010) 329:24 - 27.

Miller, N.E. "An Experimental Investigation of Acquired Drives." Psychological Bulletin (1941) 38:534 - 35.

Miller, N.E. "Studies of Fear as an Acquirable Drive: I. Fear as Motivation and Fear Reduction as Reinforcement in the Learning of New Responses." Journal of Experimental Psychology (1948) 38:89 - 101.

Miller, N.E. "Learnable Drives and Rewards." In: Handbook of Experimental Psychology, ed. S.S. Stevens (New York: Wiley, 1951), 435 - 72.

Milner, B. "Les troubles de la memoire accompagnant des lesions hippocampiques bilaterales." In: Physiologie de l'Hippocampe, ed. P. Plassouant (Paris: Centre de la Recherche Scientifique, 1962).

Milner, B. "Effects of Different Brain Lesions on Card Sorting: The Role of the Frontal Lobes." Archives of Neurology (1963) 9:90 - 100.

Milner, B. "Memory Disturbances after Bilateral Hippocampal Lesions in Man." In: Cognitive Processes and Brain, eds. P.M. Milner and S.E. Glickman (Princeton: Van Nostrand, 1965).

Milner, B. "Brain Mechanisms Suggested by Studies of Temporal Lobes." In: Brain Mechanisms Underlying Speech and Language, ed. F.L. Darley (New York: Grune and Stratton, 1967).

Milner, D., and M. Goodale. The Visual Brain in Action (Oxford: Oxford University Press, 2006).

Milton, A.L., and B.J. Everitt. "The Psychological and Neurochemical Mechanisms of Drug Memory Reconsolidation: Implications for the Treatment of Addiction." European Journal of Neuroscience (2010) 31:2308 - 19.

Mineka, S. "The Role of Fear in Theories of Avoidance Learning, Flooding, and Extinction." Psychological Bulletin (1979) 86:985 - 1010.

Mineka, S. "Animal Models of Anxiety-Based Disorders: Their Usefulness and Limitation." In: Anxiety and Anxiety Disorders, eds. A.H. Tuma and J.D. Maser (England: Lawrence Erlbaum Associates, Inc., 1985).

Mineka, S., and M. Cook. "Mechanisms Involved in the Observational Conditioning of Fear." Journal of Experimental Psychology: General (1993) 122:23 - 38.

Mineka, S., and A. Öhman. "Phobias and Preparedness: The Selective, Automatic, and Encapsulated Nature of Fear." Biological Psychiatry (2002) 52:927 - 37.

Mineka, S., E. Rafaeli, and I. Yovel. "Cognitive Biases in Emotional Disorders: Information Processing and Social-Cognitive Perspectives." In: Handbook of Affective Sciences, eds. R.J. Davidson, et al. (New York: Oxford University Press, 2012), 976 - 1009.

Minue, S., et al. "Identification of Factors Associated with Diagnostic Error in Primary Care." BMC Family Practice (2014) 15:92.

Miracle, A.D., et al. "Chronic Stress Impairs Recall of Extinction of Conditioned Fear." Neurobiology of Learning and Memory (2006) 85:213 - 18.

Misanin, J.R., R.R. Miller, and D.J. Lewis. "Retrograde Amnesia Produced by Electroconvulsive Shock after Reactivation of a Consolidated Memory Trace." Science (1968) 160:554 - 55.

Mitchell, C.J., J. De Houwer, and P.F. Lovibond. "The Propositional Nature of Human Associative Learning." Behavioral and Brain Sciences (2009) 32:183 - 98; discussion 198 - 246.

Mitchell, D.G., and S.G. Greening. "Conscious Perception of Emotional Stimuli: Brain Mechanisms." Neuroscientist (2012) 18:386 - 98.

Mitchell, D.G., et al. "The Interference of Operant Task Performance by Emotional Distracters: An Antagonistic Relationship Between the Amygdala and Frontoparietal Cortices." Neuro-Image (2008) 40:859 - 68.

Mitchell, R.A., and A.J. Berger. "Neural Regulation of Respiration." The American Review of Respiratory Disease (1975) 111:206 - 24.

Mitchell, R.W., N.S. Thompson, and H.L. Miles, eds. Anthropomorphism, Anecdotes, and Animals (New York: SUNY Press, 1996).

Mitchell, S.H. "The Genetic Basis of Delay Discounting and Its Genetic Relationship to Alcohol Dependence." Behavioural Processes (2011) 87:10 - 17.

Mitra, R., and R.M. Sapolsky. "Gene Therapy in Rodent Amygdala Against Fear Disorders." Expert Opinion on Biological Therapy (2010) 10:1289 - 1303.

Mitte, K. "Meta-Analysis of Cognitive-Behavioral Treatments for Generalized Anxiety Disorder: a Comparison with Pharmacotherapy." Psychological Bulletin (2005) 131:785 - 95.

Mitte, K. "Anxiety and Risky Decision-Making: The Role of Subjective Probability and Subjective Costs of Negative Events." Personality and Individual Differences (2007) 43:243 - 53.

Mizumori, S.J., et al. "Preserved Spatial Coding in Hippocampal, C.A.1 Pyramidal Cells during Reversible Suppression of C.A.3c Output: Evidence for Pattern Completion in Hippocampus." Journal of Neuroscience (1989) 9:3915 - 28.

Mobbs, D., et al. "When Fear Is Near: Threat Imminence Elicits Prefrontal-Periaqueductal Gray Shifts in Humans." Science (2007) 317:1079 - 83.

Mogg, K., and B.P. Bradley. "A Cognitive-Motivational Analysis of Anxiety." Behaviour Research and Therapy (1998) 36:809 - 48.

Mohanty, A., and T.J. Sussman. "Top-Down Modulation of Attention by Emotion." Frontiers in Human Neuroscience (2013) 7:102.

Monfils, M.H., et al. "Extinction-Reconsolidation Boundaries: Key to Persistent Attenuation of Fear Memories." Science (2009) 324:951 - 55.

Montaigne, M. de. Michel de Montaigne—The Complete Essays (New York: Penguin Classics, 1993).

Morgan, C.L. Animal Life and Intelligence (Boston: Ginn & Company, 1890 - 1891).

Morgan, C.T. Physiological Psychology (New York: McGraw-Hill, 1943).

Morgan, C.T. "Physiological Mechanisms of Motivation." Nebraska Symposium on Motivation (1957) 5:1 - 43.

Morgan, M.A., and J.E. LeDoux. "Differential Contribution of Dorsal and Ventral Medial Prefrontal Cortex to the Acquisition and Extinction of Conditioned Fear in Rats." Behavioral Neuroscience (1995) 109:681 - 88.

Morgan, M.A., and J.E. LeDoux. "Contribution of Ventrolateral Prefrontal Cortex to the Acquisition and Extinction of Conditioned Fear in Rats." Neurobiology of Learning and Memory (1999) 72:244 - 51.

Morgan, M.A., L.M. Romanski, and J.E. LeDoux. "Extinction of Emotional Learning: Contribution of Medial Prefrontal Cortex." Neuroscience Letters (1993) 163:109 - 13.

Morgan, M.A., J. Schulkin, and J.E. LeDoux. "Ventral Medial Prefrontal Cortex and Emotional Perseveration: The Memory for Prior Extinction Training." Behavioural Brain Research (2003) 146:121 - 30.

Morris, J.S., C. Buchel, and R.J. Dolan. "Parallel Neural Responses in Amygdala Subregions and Sensory

Cortex During Implicit Fear Conditioning." NeuroImage (2001) 13:1044 - 52.

Morris, J.S., et al. "Differential Extrageniculostriate and Amygdala Responses to Presentation of Emotional Faces in a Cortically Blind Field." Brain: A Journal of Neurology (2001) 124:1241 - 52.

Morris, J.S., K.J. Friston, and R.J. Dolan. "Neural Responses to Salient Visual Stimuli." Proceedings of the Royal Society of London Series B, Containing Papers of a Biological Character Royal Society (1997) 264:769 - 75.

Morris, J.S., K.J. Friston, and R.J. Dolan. "Experience-Dependent Modulation of Tonotopic Neural Responses in Human Auditory Cortex." Proceedings Biological Sciences / the Royal Society (1998) 265:649 - 57.

Morris, J.S., A. Öhman, and R.J. Dolan. "Conscious and Unconscious Emotional Learning in the Human Amygdala." Nature (1998) 393:467 - 70.

Morris, J.S., A. Öhman, and R.J. Dolan. "A Subcortical Pathway to the Right Amygdala Mediating 'Unseen' Fear." Proceedings of the National Academy of Sciences of the United States of America (1999) 96:1680 - 85.

Morris, S.N., and B.N. Cuthbert. "Research Domain Criteria: Cognitive Systems, Neural Circuits, and Dimensions of Behavior." Dialogues in Clinical Neuroscience (2012) 14:29 - 37.

Morrisj, J.S. "How Do You Feel?" Trends in Cognitive Sciences (2002) 6:317 - 19.

Morrison, J.H., et al. "Noradrenergic and Serotonergic Fibers Innervate Complementary Layers in Monkey Primary Visual Cortex: An Immunohistochemical Study." Proceedings of the National Academy of Sciences of the United States of America (1982) 79:2401 - 05.

Morrison, S.E., and C.D. Salzman. "Re-Valuing the Amygdala." Current Opinion in Neurobiology (2010) 20:221 - 30.

Morrison, S.F., and D.J. Reis. "Responses of Sympathetic Preganglionic Neurons to Rostral Ventrolateral Medullary Stimulation." American Journal of Physiology (1991) 261:R1247 - 56.

Moruzzi, G., and H.W. Magoun. "Brain Stem Reticular Formation and Activation of the EEG. Electroencephalography and Clinical Neurophysiology (1949) 1:455 - 73.

Moscarello, J.M., and J.E. LeDoux. "Active Avoidance Learning Requires Prefrontal Suppression of Amygdala-Mediated Defensive Reactions." Journal of Neuroscience (2013) 33:3815 - 23.

Moscovitch, M., et al. "Functional Neuroanatomy of Remote Episodic, Semantic and Spatial Memory: A Unified Account Based on Multiple Trace Theory." Journal of Anatomy (2005) 207:35 - 66.

Moser, E.I., and M.B. Moser. "A Metric for Space." Hippocampus (2008) 18:1142 - 56.

Moser, E.I., et al. "Grid Cells and Cortical Representation." Nature Reviews Neuroscience (2014) 15:466 - 81.

Mougi, A. "Coevolution in a One Predator-Two Prey System." PLoS One (2010) 5:E13887.

Mowrer, O.H. "A Stimulus-Response Analysis of Anxiety and Its Role as a Reinforcing Agent." Psychological Review (1939) 46:553 - 65.

Mowrer, O.H. "Anxiety-Reduction and Learning." Journal of Experimental Psychology (1940) 27:497 - 516.

Mowrer, O.H. "On the Dual Nature of Learning: a Reinterpretation of 'Conditioning' and 'Problem Solving'. Harvard Educational Review (1947) 17:102 - 48.

Mowrer, O.H. Learning Theory and Personality Dynamics (New York: The Ronald Press Co., 1950).

Mowrer, O.H. "Two-Factor Learning Theory: Summary and Comment." Psychological Review (1951) 58:350 - 54.

Mowrer, O.H. Learning Theory and Behavior (New York: Wiley, 1960).

Mowrer, O.H., and R.R. Lamoreaux. "Avoidance Conditioning and Signal Duration: A Study of Secondary Motivation and Reward." Psychological Monographs (1942) 54.

Mowrer, O.H., and R.R. Lamoreaux. "Fear as an Intervening Variable in Avoidance Conditioning." Journal of

Comparative Psychology (1946) 39:29 - 50.

Moyer, K.E. The Psychobiology of Aggression (New York: Harper & Row, 1976).

Muller, N.G., L. Machado, and R.T. Knight. "Contributions of Subregions of the Prefrontal Cortex to Working Memory: Evidence from Brain Lesions in Humans." Journal of Cognitive Neuroscience (2002) 14:673 - 86.

Muller, R.U., J.L. Kubie, and J.B. Ranck Jr. "Spatial Firing Patterns of Hippocampal Complex-Spike Cells in a Fixed Environment." Journal of Neuroscience (1987) 7:1935 - 50.

Munk, H. "Weitere Mittheilungen zur Physiologie der Grosshirnrinde." Verhandlungen der Physiologischen Gesellschaft zu Berlin (1878) 162 - 78.

Myers, K.M., and M. Davis. "Behavioral and Neural Analysis of Extinction." Neuron (2002) 36:567 - 84.

Myers, K.M., and M. Davis. "Mechanisms of Fear Extinction." Molecular Psychiatry (2007) 12:120 - 50.

Myers, R.E. "Role of Prefrontal and Anterior Temporal Cortex in Social Behavior and Affect in Monkeys." Acta Neurobiologiae Experimentalis (1972) 32:567 - 79.

Naccache, L., E. Blandin, and S. Dehaene. "Unconscious Masked Priming Depends on Temporal Attention." Psychological Science (2002) 13:416 - 24.

Naccache, L., and S. Dehaene. "Reportability and Illusions of Phenomenality in the Light of the Global Neuronal Workspace Model." Behavioral and Brain Sciences (2007) 30:518 - 20.

Nader, K., and E.O. Einarsson. "Memory Reconsolidation: An Update." Annals of the New York Academy of Sciences (2010) 1191:27 - 41.

Nader, K., and O. Hardt. "A Single Standard for Memory: The Case for Reconsolidation." Nature Reviews Neuroscience (2009) 10:224 - 34.

Nader, K., and G.E. Schafe, and J.E. LeDoux. "Fear Memories Require Protein Synthesis in the Amygdala for Reconsolidation after Retrieval." Nature (2000) 406:722 - 26.

Nadel, L., and O. Hardt. "Update on Memory Systems and Processes." Neuropsychopharmacology (2011) 36:251 - 73.

Nadim, F., and D. Bucher. "Neuromodulation of Neurons and Synapses." Current Opinion in Neurobiology (2014) 29C:48 - 56.

Nadler, N., M.R. Delgado, and A.R. Delamater. "Pavlovian to Instrumental Transfer of Control in a Human Learning Task." Emotion (2011) 11:1112 - 23.

Nagel, T. "What Is It Like to Be a Bat?" Philosophical Review (1974) 83:4435 - 50.

Nashold, B.S. Jr., W.P. Wilson, and D.G. Slaughter. "Sensations Evoked by Stimulation in the Midbrain of Man." Journal of Neurosurgery (1969) 30:14 - 24.

Nauta, W.J. "The Problem of the Frontal Lobe: A Reinterpretation." Journal of Psychiatric Research (1971) 8:167 - 87.

Nauta, W.J.H, and H.J. Karten. "A General Profile of the Vertebrate Brain, with Sidelights on thé Ancestry of Cerebral Cortex." In: The Neurosciences: Second Study Program, ed. F.O. Schmitt (New York: The Rockefeller University Press, 1970), 7 - 26.

Nazari, H., et al. "Comparison of Eye Movement Desensitization and Reprocessing with Citalopram in Treatment of Obsessive-Compulsive Disorder." International Journal of Psychiatry in Clinical Practice (2011) 15:270 - 74.

Nehoff, H., et al. "Nanomedicine for Drug Targeting: Strategies Beyond the Enhanced Permeability and Retention Effect." International Journal of Nanomedicine (2014) 9:2539 - 55.

Neisser, U. Cognitive Psychology (Englewood Cliffs, NJ: Prentice Hall, 1967).

Nemoda, Z., A. Szekely, and M. Sasvari-Szekely. "Psychopathological Aspects of Dopaminergic Gene Polymorphisms in Adolescence and Young Adulthood." Neuroscience and Biobehavioral Reviews (2011) 35:1665‑86.

Nesse. R.M., and R. Klaas. "Risk Perception by Patients with Anxiety Disorders." The Journal of Nervous and Mental Disease (1994) 182:465‑70.

Nestler, E.J. "Transcriptional Mechanisms of Drug Addiction." Clinical Psychopharmacology and Neuroscience: The Official Scientific Journal of the Korean College of Neuropsychopharmacology (2012) 10:136‑43.

Neudeck, P., and H-U Wittchen. Exposure Therapy: Rethinking the Model—Refining the Method (New York: Springer, 2012).

Neumann, I.D., and R. Landgraf. "Balance of Brain Oxytocin and Vasopressin: Implications for Anxiety, Depression, and Social Behaviors." Trends in Neurosciences (2012) 35:649‑59.

Neumeister, A. "The Endocannabinoid System Provides an Avenue for Evidence-Based Treatment Development for PTSD. Depression and Anxiety (2013) 30:93‑96.

Neville, H., and D. Bavelier. "Human Brain Plasticity: Evidence from Sensory Deprivation and Altered Language Experience." Progress in Brain Research (2002) 138:177‑88.

Newell, B.R., and D.R. Shanks. "Unconscious Influences on Decision Making: A Critical Review." Behavioral and Brain Sciences (2014) 37:1‑19.

Newman, M.G., and T.D. Borkovec. "Cognitive-Behavioral Treatment of Generalized Anxiety Disorder." Clinical Psychology (1995) 48:5‑7.

Nguyen, P.V. "CREB and the Enhancement of Long-Term Memory." Trends in Neurosciences (2001) 24:314.

Nicotra, A., et al. "Emotional and Autonomic Consequences of Spinal Cord Injury Explored Using Functional Brain Imaging." Brain: a Journal of Neurology (2006) 129:718‑28.

Nisbett, R.E., and T.D. Wilson. "Telling More Than We Can Know: Verbal Reports on Mental Processes." Psychological Review (1977) 84:231‑59.

Nitschke, J.B., et al. "Anticipatory Activation in the Amygdala and Anterior Cingulate in Generalized Anxiety Disorder and Prediction of Treatment Response." The American Journal of Psychiatry (2009) 166:302‑10.

Noë, A. Varieties of Presence (Cambridge, MA: Harvard University Press, 2012).

Norman, D.A., and T. Shallice. "Attention to Action: Willed and Automatic Control of Behavior." In: Consciousness and Self-Regulation, eds. R.J. Davidson, et al. (New York: Plenum, 1980), 1‑18.

Northcutt, R.G. "Changing Views of Brain Evolution." Brain Research Bulletin (2001) 55:663‑74.

Oakley, D.A. "Hypnosis and Conversion Hysteria: A Unifying Model." Cognitive Neuropsychiatry (1999) 4:243‑65.

Ochsner, K.N., et al. "Rethinking Feelings: An fMRI Study of the Cognitive Regulation of Emotion." Journal of Cognitive Neuroscience (2002) 14:1215‑29.

Ochsner, K.N., and J.J. Gross. "The Cognitive Control of Emotion." Trends in Cognitive Sciences (2005) 9:242‑49.

Ochsner, K.N., et al. "for Better or for Worse: Neural Systems Supporting the Cognitive Downand Up-Regulation of Negative Emotion." NeuroImage (2004) 23:483‑99.

O'Donohue, W.T. A History of the Behavioral Therapies: Founders' Personal Histories (Reno, NV: Context Press, 2001).

O'Donohue, W.T., et al. eds. A History of the Behavioral Therapies: Founders' Personal Histories (New York: Wiley, 2003).

Öhman, A. "Automaticity and the Amgydala: Nonconscious Responses to Emotional Faces." Current Directions in Psychological Science (2002) 11:62 – 66.

Öhman, A. "The Role of the Amygdala in Human Fear: Automatic Detection of Threat." Psychoneuroendocrinology (2005) 30:953 – 58.

Öhman, A. "Has Evolution Primed Humans to 'Beware the Beast'?" Proceedings of the National Academy of Sciences of the United States of America (2007) 104:16396 – 97.

Öhman, A. "Of Snakes and Faces: An Evolutionary Perspective on the Psychology of Fear." Scandinavian Journal of Psychology (2009) 50:543 – 52.

Öhman, A. "Nonconscious Control of Autonomic Responses: A Role for Pavlovian Conditioning?" Biological Psychology (1988) 27:113 – 35.

Öhman, A., Flykt A.; Esteves F. "Emotion Drives Attention: Detecting the Snake in the Grass." Journal of Experimental Psychology: General (2001) 130:466 – 78.

Öhman, A., D. Lundqvist, and F. Esteves. "The Face in the Crowd Revisited: A Threat Advantage with Schematic Stimuli." Journal of Personality and Social Psychology (2001) 80:381 – 96.

Öhman, A., and S. Mineka. "Fears, Phobias, and Preparedness: Toward an Evolved Module of Fear and Fear Learning." Psychological Review (2001) 108:483 – 522.

O'Keefe, J. "Is Consciousness the Gateway to the Hippocampal Cognitive Map? A Speculative Essay on the Neural Basis of Mind." In: Brain & Mind, ed. D.A. Oakley (New York: Methuen & Co, 1985).

O'Keefe, J., et al. "Place Cells, Navigational Accuracy, and the Human Hippocampus." Philosophical Transactions of the Royal Society B: Biological Sciences (1998) 353:1333 – 40.

O'Keefe, J., and L. Nadel. The Hippocampus as a Cognitive Map (Oxford: Clarendon Press, 1978).

Olds, J. "Pleasure Centers in the Brain." Scientific American (1956) 195:105 – 16.

Olds, J. "Self Stimulation of the Brain." Science (1958) 127:315 – 24.

Olds, J. Drives and Reinforcement (New York: Raven, 1977).

Olds, J., and P. Milner. "Positive Reinforcement Produced by Electrical Stimulation of Septal and Other Regions of the Brain." Journal of Comparative and Physiological Psychology (1954) 47:419 – 27.

O'Leary, K.D., and G.T. Wilson. Behavior Therapy: Application and Outcome (Englewood Cliffs, NJ: Prentice-Hall, 1975).

Olmos–Serrano, J.L., and J.G. Corbin. "Amygdala Regulation of Fear and Emotionality in Fragile X Syndrome." Developmental Neuroscience (2011) 33:365 – 78.

Olsson, A., et al. "The Role of Social Groups in the Persistence of Learned Fear." Science (2005) 309:785 – 87.

Olsson, A., K.I. Nearing, and E.A. Phelps. "Learning Fears by Observing Others: The Neural Systems of Social Fear Transmission." Social Cognitive and Affective Neuroscience (2007) 2:3 – 11.

Olsson, A., and E.A. Phelps. "Learned Fear of 'Unseen' Faces after Pavlovian, Observational, and Instructed Fear." Psychological Science (2004) 15:822 – 28.

Olsson, A., and E.A. Phelps. "Social Learning of Fear." Nature Neuroscience (2007) 10:1095 – 1102.

Olton, D., J.T. Becker, and G.E. Handleman. "Hippocampus, Space and Memory." Behavioral and Brain Sciences (1979) 2:313 – 65.

O'Regan, J.K., and A. Noe. "A Sensorimotor Account of Vision and Visual Consciousness." Behavioral and Brain Sciences (2001) 24:939 – 973; discussion 973 – 1031.

O'Reilly, R.C., T.S. Braver, and J.D. Cohen. "A Biologically Based Computational Model of Working Memory." In: Models of Working Memory: Mechanisms of Active Maintenance and Executive Control, eds. A. Miyake and P. Shah (New York: Cambridge University Press, 1999), 375 - 411.

O'Reilly, R.C., and J.L. McClelland. "Hippocampal Conjunctive Encoding, Storage, and Recall: Avoiding a Trade-off." Hippocampus (1994) 4:661 - 82.

Orsini, C.A., and S. Maren. "Neural and Cellular Mechanisms of Fear and Extinction Memory Formation." Neuroscience and Biobehavioral Reviews (2012) 36:1773 - 1802.

Ortony, A., and G.L. Clore. "Emotions, Moods, and Conscious Awareness." Cognition and Emotion (1989u) 3:125 - 37.

Ortony, A., G.L. Clore, and A. Collins. The Cognitive Structure of Emotions (Cambridge University Press: Cambridge, 1988).

Ortony, A., and T.J. Turner. "What's Basic About Basic Emotions?" Psychological Review (1990) 97:315 - 31.

Osaka, N. "[Active Consciousness and the Prefrontal Cortex: A Working-Memory Approach]. Shinrigaku Kenkyu: The Japanese Journal of Psychology (2007) 77:553 - 66.

Ost, L.G., and K. Hugdahl. "Acquisition of Agoraphobia, Mode of Onset and Anxiety Response Patterns." Behaviour Research and Therapy (1983) 21:623 - 31.

Ost, L.G., et al. "One-Session Treatment of Specific Phobias in Youths: A Randomized Clinical Trial." Journal of Consulting and Clinical Psychology (2001) 69:814 - 24.

Ostroff, L.E., et al. "Fear and Safety Learning Differentially Affect Synapse Size and Dendritic Translation in the Lateral Amygdala." Proceedings of the National Academy of Sciences of the United States of America (2010) 107:9418 - 23.

Overgaard, M., et al. "Optimizing Subjective Measures of Consciousness." Consciousness and Cognition (2010) 19:682 - 684; discussion 685 - 86.

Owen, A.M. "Detecting Consciousness: A Unique Role for Neuroimaging." Annual Review of Psychology (2013) 64:109 - 33.

Owen, A.M., and M.R. Coleman. "Functional MRI in Disorders of Consciousness: Advantages and Limitations." Current Opinion in Neurology (2007) 20:632 - 37.

Owen, A.M., et al. "Detecting Awareness in the Vegetative State." Science (2006) 313:1402.

Packard, M.G. "Anxiety, Cognition, and Habit: A Multiple Memory Systems Perspective." Brain Research (2009) 1293:121 - 28.

Padoa-Schioppa C., and J.A. Assad. "Neurons in the Orbitofrontal Cortex Encode Economic Value." Nature (2006) 441:223 - 26.

Pahl, M., A. Si, and S. Zhang. "Numerical Cognition in Bees and Other Insects." Frontiers in Psychology (2013) 4:162.

Panagiotaropoulos, T.I., V. Kapoor, and N.K. Logothetis. "Desynchronization and Rebound of Beta Oscillations during Conscious and Unconscious Local Neuronal Processing in the Macaque Lateral Prefrontal Cortex." Frontiers in Psychology (2013) 4:603.

Panagiotaropoulos, T.I., V. Kapoor, and N.K. Logothetis. "Subjective Visual Perception: From Local Processing to Emergent Phenomena of Brain Activity." Philosophical Transactions of the Royal Society B: Biological Sciences (2014) 369:20130534.

Panksepp, J. "Aggression Elicited by Electrical Stimulation of the Hypothalamus in Albino Rat." Physiology & Behavior (1971) 6:321 - 29.

Panksepp, J. "Hypothalamic Integration of Behavior: Rewards, Punishments, and Related Psychological Processes." In: Handbook of the Hypothalamus Vol. 3, Behavioral Studies of the Hypothalamus, eds. P.J.

Morgane and J. Panksepp (New York: Marcel Dekker, 1980), 289 – 43.

Panksepp, J. "Toward a General Psychobiological Theory of Emotions." Behavioral and Brain Sciences (1982) 5:407 – 67.

Panksepp, J. Affective Neuroscience (New York: Oxford University Press, 1998).

Panksepp, J. "Emotions as Natural Kinds Within the Mammalian Brain." In: Handbook of Emotions, eds. M. Lewis and J.M. Haviland-Jones (New York: The Guilford Press, 2000), 137 – 56.

Panksepp, J. "Affective Consciousness: Core Emotional Feelings in Animals and Humans." Consciousness and Cognition (2005) 14:30 – 80.

Panksepp, J. "Neurologizing the Psychology of Affects: How Appraisal-Based Constructivism and Basic Emotion Theory Can Coexist." Perspectives on Psychological Science (2007) 2:281 – 96.

Panksepp, J. "The Basic Emotional Circuits of Mammalian Brains: Do Animals Have Affective Lives?" Neuroscience and Biobehavioral Reviews (2011) 35:1791 – 1804.

Panksepp, J. "Cross-Species Affective Neuroscience Decoding of the Primal Affective Experiences of Humans and Related Animals." PLoS One (2011) 6:E21236.

Panksepp, J. The Archaeology of Mind: Neuroevolutionary Origins of Human Emotion (New York: W. W. Norton & Company, 2012).

Panksepp, J., et al. "The Psycho-and Neurobiology of Fear Systems in the Brain." In: Fear, Avoidance, and Phobias, ed. M.R. Denny (Hillsdale, NJ: Erlbaum, 1991), 7 – 59.

Pape, H.C., and D. Paré. "Plastic Synaptic Networks of the Amygdala for the Acquisition, Expression, and Extinction of Conditioned Fear." Physiological Reviews (2010) 90:419 – 63.

Papez, J.W. Comparative Neurology (New York: Thomas Y. Crowell Co, 1929).

Papineau, D. "Functionalism." In: Routledge Encyclopedia of Philosophy, ed. E. Craig (London: Routledge, 1998).

Papineau, D. Thinking About Consciousness (Oxford: Oxford University Press, 2002).

Papineau, D. "Explanatory Gaps and Dualist Intuitions." In: Frontiers of Consciousness: Chichele Lectures, eds. L. Weiskrantz and M. Davies (Oxford: Oxford University Press, 2008), 55 – 68.

Papini, S., et al. "Toward a Translational Approach to Targeting the Endocannabinoid System in Posttraumatic Stress Disorder: a Critical Review of Preclinical Research." Biological Psychology (2014) 104C:8 – 18.

Paré, D. "Mechanisms of Pavlovian Fear Conditioning: Has the Engram Been Located?" Trends in Neurosciences (2002) 25:436 – 437; discussion 437 – 38.

Paré, D., and D.R. Collins. "Neuronal Correlates of Fear in the Lateral Amygdala: Multiple Extracellular Recordings in Conscious Cats." Journal of Neuroscience (2000) 20:2701 – 10.

Paré D., and S. Duvarci. "Amygdala Microcircuits Mediating Fear Expression and Extinction." Current Opinion in Neurobiology (2012) 22:717 – 23.

Paré, D., G.J. Quirk, and J.E. LeDoux. "New Vistas on Amygdala Networks in Conditioned Fear." Journal of Neurophysiology (2004) 92:1 – 9.

Paré D., Y. Smith, J.F. Paré. "Intra-Amygdaloid Projections of the Basolateral and Basomedial Nuclei in the Cat: Phaseolus Vulgaris-Leucoagglutinin Anterograde Tracing at the Light and Electron Microscopic Level." Neuroscience (1995) 69:567 – 83.

Paré, D., and Y. Smith. "The Intercalated Cell Masses Project to the Central and Medial Nuclei of the Amygdala in Cats." Neuroscience 57: 19931077 – 90.

Paré, D., and Y. Smith. "GABAergic Projection from the Intercalated Cell Masses of the Amygdala to the Basal

Forebrain in Cats." Journal of Comparative Neurology (1994) 344:33 - 49.

Park, D.B., J.V. Dobson, and J.D. Losek. "All That Wheezes Is Not Asthma: Cognitive Bias in Pediatric Emergency Medical Decision Making." Pediatric Emergency Care (2014) 30:104 - 07.

Pascoe, J.P., and B.S. Kapp. "Electrophysiological Characteristics of Amygdaloid Central Nucleus Neurons during Pavlovian Fear Conditioning in the Rabbit." Behavioural Brain Research (1985) 16:117 - 33.

Pascual-Leone A., and V. Walsh. "Fast Backprojections from the Motion to the Primary Visual Area Necessary for Visual Awareness." Science (2001) 292:510 - 12.

Pasley, B.N., L.C. Mayes, and R.T. Schultz. "Subcortical Discrimination of Unperceived Objects during Binocular Rivalry." Neuron (2004) 42:163 - 72.

Pastalkova, E., et al. "Storage of Spatial Information by the Maintenance Mechanism of LTP." Science (2006) 313:1141 - 44.

Patel, R., R.N. Spreng, L.M. Shin, and T.A. Girard. "Neurocircuitry Models of Posttraumatic Stress Disorder and Beyond: A Meta-Analysis of Functional Neuroimaging Studies." Neuroscience & Biobehavioral Reviews 36: 2130 - 2142.

Paulus, M.P., and A.J. Yu. "Emotion and Decision-Making: Affect-Driven Belief Systems in Anxiety and Depression." Trends in Cognitive Sciences (2012) 16:476 - 83.

Pavlov, I.P. Conditioned Reflexes (New York: Dover, 1927).

Pavlov, K.A., D.A. Chistiakov, and V.P. Chekhonin. "Genetic Determinants of Aggression and Impulsivity in Humans." Journal of Applied Genetics (2012) 53:61 - 82.

Pearce, J.M., and M.E. Bouton. "Theories of Associative Learning in Animals." Annual Review of Psychology (2001) 52:111 - 39.

Pedreira, M.E., and H. Maldonado. "Protein Synthesis Subserves Reconsolidation or Extinction Depending on Reminder Duration." Neuron (2003) 38:863 - 69.

Pena, D.F., N.D. Engineer, and C.K. McIntyre. "Rapid Remission of Conditioned Fear Expression with Extinction Training Paired with Vagus Nerve Stimulation." Biological Psychiatry (2013) 73:1071 - 77.

Penzo, M.A., V. Robert, and B. Li. "Fear Conditioning Potentiates Synaptic Transmission onto Long-Range Projection Neurons in the Lateral Subdivision of Central Amygdala." The Journal of Neuroscience: The Official Journal of the Society for Neuroscience (2014) 34:2432 - 37.

Percy, W. Love in the Ruins (New York: Farrar, Straus & Giroux, 1971).

Perry, R., and R.M. Sullivan. "Neurobiology of Attachment to an Abusive Caregiver: Short-Term Benefits and Long-Term Costs." Developmental Psychobiology (2014) 56:1626 - 34.

Persaud, N., et al. "Awareness-Related Activity in Prefrontal and Parietal Cortices in Blindsight Reflects More Than Superior Visual Performance." NeuroImage (2011) 58:605 - 11.

Persaud, N., P. McLeod, and A. Cowey. "Post-Decision Wagering Objectively Measures Awareness." Nature Neuroscience (2007) 10:257 - 61.

Pessoa, L. "On the Relationship Between Emotion and Cognition." Nature Reviews Neuroscience (2008) 9:148 - 58.

Pessoa, L. The Cognitive-Emotional Brain: From Interactions to Integration (Cambridge, MA: MIT Press, 2013).

Pessoa, L., and R. Adolphs. "Emotion Processing and the Amygdala: From a 'Low Road' to 'Many Roads' of Evaluating Biological Significance." Nature Reviews Neuroscience (2010) 11:773 - 83.

Pessoa, L., S. Kastner, and L.G. Ungerleider. "Attentional Control of the Processing of Neural and Emotional Stimuli." Brain Research. Cognitive Brain Research (2002) 15:31 - 45.

Pessoa, L., et al. "Neural Processing of Emotional Faces Requires Attention." Proceedings of the National Academy of Sciences of the United States of America (2002) 99:11458 - 63.

Pessoa, L., and L.G. Ungerleider. "Neuroimaging Studies of Attention and the Processing of Emotion-Laden Stimuli." Progress in Brain Research (2004) 144:171 - 82.

Peters, J., and C. Buchel. "Neural Representations of Subjective Reward Value." Behavioural Brain Research (2010) 213:135 - 41.

Petrovich, G.D., and M. Gallagher. "Amygdala Subsystems and Control of Feeding Behavior by Learned Cues." Annals of the New York Academy of Sciences (2003) 985:251 - 62.

Phelps, E.A. "Faces and Races in the Brain." Nature Neuroscience (2001) 4:775 - 76.

Phelps, E.A. "Emotion and Cognition: Insights from Studies of the Human Amygdala." Annual Review of Psychology (2006) 57:27 - 53.

Phelps, E.A., et al. "Extinction Learning in Humans: Role of the Amygdala and vmPFC." Neuron (2004) 43:897 - 905.

Phelps, E.A., and J.E. LeDoux. "Contributions of the Amygdala to Emotion Processing: From Animal Models to Human Behavior." Neuron (2005) 48:175 - 87.

Phelps, E.A., S. Ling, and M. Carrasco. "Emotion Facilitates Perception and Potentiates the Perceptual Benefits of Attention." Psychological Science (2006) 17:292 - 99.

Phelps, E.A., et al. "Performance on Indirect Measures of Race Evaluation Predicts Amygdala Activation." Journal of Cognitive Neuroscience (2000) 12:729 - 38.

Philippi, C.L., et al. "Preserved Self-Awareness Following Extensive Bilateral Brain Damage to the Insula, Anterior Cingulate, and Medial Prefrontal Cortices." PLoS One (2012) 7:E38413.

Phillips, R.G., and J.E. LeDoux. "Differential Contribution of Amygdala and Hippocampus to Cued and Contextual Fear Conditioning." Behavioral Neuroscience (1992) 106:274 - 85.

Phillips, R.G., and J.E. LeDoux. "Lesions of the Dorsal Hippocampal Formation Interfere with Background but Not Foreground Contextual Fear Conditioning." Learning & Memory (1994) 1:34 - 44.

Piaget, J. Biology and Knowledge (Edinburgh: Edinburgh University Press, 1971).

Piccinini, G. "The Ontology of Creature Consciousness: a Challenge for Philosophy." Behavioral and Brain Sciences (2007) 30:103 - 04.

Pickens, C.L., and P.C. Holland. "Conditioning and Cognition." Neuroscience and Biobehavioral Reviews (2004) 28:651 - 61.

Picoult, J. Sing You Home (New York: Simon and Schuster, 2011), 322.

Pidoplichko, V.I., et al. "ASIC1a Activation Enhances Inhibition in the Basolateral Amygdala and Reduces Anxiety." Journal of Neuroscience (2014) 34:3130 - 41.

Pine, D.S., et al. "Methods for Developmental Studies of Fear Conditioning Circuitry." Biological Psychiatry (2001) 50:225 - 28.

Pinel, J.P.J, and D. Treit. "Burying as a Defensive Response in Rats." Journal of Comparative and Physiological Psychology (1978) 92:708 - 12.

Pinsker, H.M., et al. "Long-Term Sensitization of a Defensive Withdrawal Reflex in Aplysia." Science (1973) 182:1039 - 42.

Pirri, J.K., and M.J. Alkema. "The Neuroethology of C. elegans Escape." Current Opinion in Neurobiology. (2012) 22:187 - 93.

Pitkänen, A. "Connectivity of the Rat Amygdaloid Complex." In: The Amygdala: A Functional Analysis, ed. J.P.

Aggleton (Oxford: Oxford University Press, 2000), 31 – 115.

Pitkänen, A., V. Savander, and J.E. LeDoux. "Organization of Intra-Amygdaloid Circuitries in the Rat: An Emerging Framework for Understanding Functions of the Amygdala." Trends in Neurosciences (1997) 20:517 – 23.

Plassmann, H., J.P. O'Doherty, and A. Rangel. "Appetitive and Aversive Goal Values Are Encoded in the Medial Orbitofrontal Cortex at the Time of Decision Making." Journal of Neuroscience (2010) 30:10799 – 10808.

Plotnik, J.M., et al. "Self-Recognition in the Asian Elephant and Future Directions for Cognitive Research with Elephants in Zoological Settings." Zoo Biology (2010) 29:179 – 91.

Plotnik, J.M., F.B. de Waal, D. Reiss. "Self-Recognition in an Asian Elephant." Proceedings of the National Academy of Sciences of the United States of America (2006) 103:17053 – 57.

Plutchik, R. Emotion: A Psychoevolutionary Synthesis (New York: Harper & Row, 1980).

Pollan, M. "The Trip Treatment." The New Yorker, Feb. 9, 2015. Retrieved Feb. 21, 2015.

Polin, A.T. "The Effects of Flooding and Physical Suppression as Extinction Techniques on an Anxiety Motivated Avoidance Locomotor Response." Journal of Psychology (1959) 47:235 – 45.

Porges, S.W. "The Polyvagal Theory: Phylogenetic Substrates of a Social Nervous System." International Journal of Psychophysiology: Official Journal of the International Organization of Psychophysiology (2001) 42:123 – 46.

Posner, M.I., and M.K. Rothbart. "Attention, Self-Regulation and Consciousness." Philosophical Transactions of the Royal Society B: Biological Sciences (1998) 353:1915 – 27.

Poulos, A.M., et al. "Compensation in the Neural Circuitry of Fear Conditioning Awakens Learning Circuits in the Bed Nuclei of the Stria Terminalis." Proceedings of the National Academy of Sciences of the United States of America (2010) 107:14881 – 86.

Poundja, J., et al. "Trauma Reactivation Under the Influence of Propranolol: An Examination of Clinical Predictors." European Journal of Psychotraumatology (2012) 3.

Pourtois, G., A. Schettino, and P. Vuilleumier. "Brain Mechanisms for Emotional Influences on Perception and Attention: What Is Magic and What Is Not." Biological Psychology (2013) 92:492 – 512.

Pourtois, G., et al. "Temporal Precedence of Emotion over Attention Modulations in the Lateral Amygdala: Intracranial, E.R.P Evidence from a Patient with Temporal Lobe Epilepsy." Cognitive, Affective & Behavioral Neuroscience (2010) 10:83 – 93.

Povinelli, D.J., et al. "Chimpanzees Recognize Themselves in Mirrors." Animal Behavior (1997) 53:1083 – 88.

Powers, M.B., et al. "Helping Exposure Succeed: Learning Theory Perspectives on Treatment Resistance and Relapse." In: Avoiding Treatment Failures in the Anxiety Disorders, eds. M.W. Otto and S.G. Hofmann (New York: Springer, 2010), 31 – 49.

Premack, D. "Human and Animal Cognition: Continuity and Discontinuity." Proceedings of the National Academy of Sciences of the United States of America (2007) 104:13861 – 67.

Preter, M., and D.F. Klein. "Panic, Suffocation False Alarms, Separation Anxiety and Endogenous Opioids." Progress in Neuro-Psychopharmacology & Biological Psychiatry (2008) 32:603 – 12.

Preuschoff, K., S.R. Quartz, and P. Bossaerts. "Human Insula Activation Reflects Risk Prediction Errors as Well as Risk." Journal of Neuroscience (2008) 28:2745 – 52.

Preuss, T.M. "Do Rats Have Prefrontal Cortex? The Rose-Woolsey-Akert Program Reconsidered." Journal of Cognitive Neuroscience (1995) 7:1 – 24.

Preuss, T.M. "The Discovery of Cerebral Diversity: An Unwelcome Scientific Revolution." In: Evolutionary

Anatomy of Primate Cerebral Cortex, eds. D. Falk and K.R. Gibson (Cambridge: Cambridge University Press, 2001), 138 - 64.

Prevost, C., et al. "Neural Correlates of Specific and General Pavlovian-To-Instrumental Transfer Within Human Amygdalar Subregions: A High-Resolution fMRI Study." Journal of Neuroscience (2012) 32:8383 - 90.

Price, D.D., and S.W. Harkins. "The Affective-Motivational Dimension of Pain a Two-Stage Model." APS Journal (1992) 1:229 - 39.

Price, J.L., and D.G. Amaral. "An Autoradiographic Study of the Projections of the Central Nucleus of the Monkey Amygdala." Journal of Neuroscience (1981) 1:1242 - 59.

Price, J.L., F.T. Russchen, and D.G. Amaral. "The Limbic Region. II: The Amygdaloid Complex." In: Handbook of Chemical Neuroanatomy Vol 5: Integrated Systems of the CNS, Pt 1, eds. A. Bjorklund, et al. (Amsterdam: Elsevier, 1987), 279 - 388.

Prinz, J. "Which Emotions Are Basic?" In: Emotion, Evolution and Rationality, eds. P. Cruise and D. Evans (Oxford: Oxford University Press, 2004), 69 - 87.

Prinz, J.J. The Conscious Brain: How Attention Engenders Experience (New York: Oxford University Press, 2012).

Prinz, J.J. Beyond Human Nature: How Culture and Experience Shape Our Lives (London: Penguin, 2013).

Protopopescu, X., et al. "Differential Time Courses and Specificity of Amygdala Activity in Posttraumatic Stress Disorder Subjects and Normal Control Subjects." Biological Psychiatry (2005) 57:464 - 73.

Przybyslawski, J., and S.J. Sara. "Reconsolidation of Memory after Its Reactivation." Behavioural Brain Research (1997) 84:241 - 46.

Purves, D., and R.B. Lotto. Why We See What We Do: An Empirical Theory of Vision (Sunderland, MA: Sinauer Associates, 2003).

Putnam, H. "Minds and Machines." In: Dimensions of Mind, ed. S. Hook (New York: Collier Books, 1960).

Qin, S., et al. "Amygdala Subregional Structure and Intrinsic Functional Connectivity Predicts Individual Differences in Anxiety during Early Childhood." Biological Psychiatry (2014) 75:892 - 900.

Quartermain, D., B.S. McEwen, and E.C. Azmitia Jr. "Amnesia Produced by Electroconvulsive Shock or Cycloheximide: Conditions for Recovery." Science (1970) 169:683 - 86.

Quirk, G., et al. "Emotional Memory: A Search for Sites of Plasticity." Cold Spring Harbor Symposium on Quantitative Biology (1996) 61:247 - 57.

Quirk, G.J., J.L. Armony, and J.E. LeDoux. "Fear Conditioning Enhances Different Temporal Components of Tone-Evoked Spike Trains in Auditory Cortex and Lateral Amygdala." Neuron(1997) 19:613 - 24.

Quirk, G.J., et al. "Emotional Memory: A Search for Sites of Plasticity." Cold Spring Harbor Symposium on Quantitative Biology (1996) 61:247 - 57.

Quirk, G.J., and J.S. Beer. "Prefrontal Involvement in the Regulation of Emotion: Convergence of Rat and Human Studies." Current Opinion in Neurobiology (2006) 16:723 - 27.

Quirk, G.J., R. Garcia, and F. Gonzalez-Lima. "Prefrontal Mechanisms in Extinction of Conditioned Fear." Biological Psychiatry (2006) 60:337 - 43.

Quirk, G.J., and D.R. Gehlert. "Inhibition of the Amygdala: Key to Pathological States?" Annals of the New York Academy of Sciences (2003) 985:263 - 72.

Quirk, G.J., and D. Mueller. "Neural Mechanisms of Extinction Learning and Retrieval." Neuropsychopharmacology (2008) 33:56 - 72.

Quirk, G.J., et al. "Erasing Fear Memories with Extinction Training." Journal of Neuroscience (2010) 30:14993 - 97.

Quirk, G.J., C. Repa, and J.E. LeDoux. "Fear Conditioning Enhances Short-Latency Auditory Responses of Lateral Amygdala Neurons: Parallel Recordings in the Freely Behaving Rat." Neuron (1995) 15:1029 - 39.

Rachman, S. "Systematic Desensitization." Psychological Bulletin (1967) 67:93 - 103.

Rachman, S. "The Conditioning Theory of Fear-Acquisition: A Critical Examination." Behaviour Research and Therapy (1977) 15:375 - 87.

Rachman, S. Fear and Courage (New York: W.H. Freeman, 1990).

Rachman, S. Anxiety (Hove, East Sussex: Psychology Press, 1998).

Rachman, S. Anxiety (Hove, East Sussex: Psychology Press, 2004).

Rachman, S., and R. Hodgson. "I. Synchrony and Desynchrony in Fear and Avoidance." Behaviour Research and Therapy (1974) 12:311 - 18.

Radley, J.J., et al. "Repeated Stress Induces Dendritic Spine Loss in the Rat Medial Prefrontal Cortex." Cerebral Cortex (2006) 16:313 - 20.

Raes, A.K., et al. "Do CS-US Pairings Actually Matter? a Within-Subject Comparison of Instructed Fear Conditioning with and without Actual CS-US Pairings." PLoS One (2014) 9:E84888.

Ragan, C.I., et al. "What Should We Do About Student Use of Cognitive Enhancers? An Analysis of Current Evidence." Neuropharmacology (2013) 64:588 - 95.

Raichle, M.E., and A.Z. Snyder. "A Default Mode of Brain Function: A Brief History of an Evolving Idea." NeuroImage (2007) 37:1083 - 1090; discussion 1097 - 89.

Rainville, P., et al. "A Psychophysical Comparison of Sensory and Affective Responses to Four Modalities of Experimental Pain." Somatosensory & Motor Research (1992) 9:265 - 77.

Raio, C.M., et al. "Acute Stress Impairs the Retrieval of Extinction Memory in Humans." Neurobiology of Learning and Memory (2014) 112:212 - 21.

Raio, C.M., et al. "Nonconscious Fear Is Quickly Acquired but Swiftly Forgotten." Current Biology (2012) 22:R477 - 79.

Ramirez, F., et al. (2015) "Active avoidance requires a serial basal amygdala to nucleus accumbens shell circuit," J. Neurosicne (in press)

Ramnero, J. "Exposure Therapy for Anxiety Disorders: Is There Room for Cognitive Interventions?" In: Exposure Therapy: Rethinking the Model—Refining the Method, eds. P. Neudeck and H.-U. Wittchen (New York: Springer, 2012), 275 - 98.

Ramos, B.P., and A.F. Arnsten. "Adrenergic Pharmacology and Cognition: Focus on the Prefrontal Cortex." Pharmacology & Therapeutics (2007) 113:523 - 36.

Rangel, A., C. Camerer, and P.R. Montague. "A Framework for Studying the Neurobiology of Value-Based Decision Making." Nature Reviews Neuroscience (2008) 9:545 - 56.

Rangel, A., and T. Hare. "Neural Computations Associated with Goal-Directed Choice." Current Opinion in Neurobiology (2010) 20:262 - 70.

Ranson, S.W., and H.W. Magoun. "The Hypothalamus." Ergebnis der Physiologie (1939) 41:56 - 163.

Rao-Ruiz, P., et al. "Retrieval-Specific Endocytosis of GluA2-AMPARS Underlies Adaptive Reconsolidation of Contextual Fear." Nature Neuroscience (2011) 14:1302 - 308.

Rathschlag, M., and D. Memmert. "Reducing Anxiety and Enhancing Physical Performance by Using an

Advanced Version of EMDR: A Pilot Study." Brain and Behavior (2014) 4:348 - 55.

Ratner, S.C. "Comparative Aspects of Hypnosis." In: Handbook of Clinical and Experimental Hypnosis, ed. J.E. Gordon (New York: Macmillan, 1967).

Ratner, S.C. "Animal's Defenses: Fighting in Predator-Prey Relations." In: Nonverbal Communication of Aggression, ed. P. Pliner, et al. (New York: Plenum, 1975).

Rauch, S.L., L.M. Shin, and E.A. Phelps. "Neurocircuitry Models of Posttraumatic Stress Disorder and Extinction: Human Neuroimaging Research—Past, Present, and Future." Biological Psychiatry (2006) 60:376 - 82.

Rauch, S.L., L.M. Shin, and C.I. Wright. "Neuroimaging Studies of Amygdala Function in Anxiety Disorders." Annals of the New York Academy of Sciences (2003) 985:389 - 410.

Raymond, J.E., K.L. Shapiro, and K.M. Arnell. "Temporary Suppression of Visual Processing in an RSVP Task: An Attentional Blink?" Journal of Experimental Psychology: Human Perception and Performance (1992) 18:849 - 60.

Reber, A.S., et al. "On the Relationship Between Implicit and Explicit Modes in the Learning of a Complex Rule Structure." Journal of Experimental Psychology: Human Learning and Memory (1980) 6:492 - 502.

Recce, M., and K.D. Harris. "Memory for Places: A Navigational Model in Support of Marr's Theory of Hippocampal Function." Hippocampus (1996) 6:735 - 48.

Redelmeier, D.A. "Improving Patient Care. The Cognitive Psychology of Missed Diagnoses." Annals of Internal Medicine (2005) 142:115 - 20.

Rees, G., and C. Frith. "Methodologies for Identifying the Neural Correlates of Consciousness." In: A Companion to Consciousness, eds. M. Velmans and S. Schneider (Oxford: Blackwell, 2007).

Rees, G., et al. "Unconscious Activation of Visual Cortex in the Damaged Right Hemisphere of a Parietal Patient with Extinction." Brain: A Journal of Neurology (2000) 123(Pt 8):1624 - 33.

Rees, G., et al. "Neural Correlates of Conscious and Unconscious Vision in Parietal Extinction." Neurocase (2002) 8:387 - 93.

Reichelt, A.C., and J.L. Lee. "Memory Reconsolidation in Aversive and Appetitive Settings." Frontiers in Behavioral Neuroscience (2013) 7:118.

Reijmers, L.G., et al. "Localization of a Stable Neural Correlate of Associative Memory." Science (2007) 317:1230 - 33.

Reik, W. "Stability and Flexibility of Epigenetic Gene Regulation in Mammalian Development." Nature (2007) 447:425 - 32.

Reinders, A.A., et al. "One Brain, Two Selves." NeuroImage (2003) 20:2119 - 25.

Reiner, A. "An Explanation of Behavior." Science (1990) 250:303 - 05.

Reis, D.J., and J.E. LeDoux. "Some Central Neural Mechanisms Governing Resting and Behaviorally Coupled Control of Blood Pressure." Circulation (1987) 76:12 - 19.

Reiss, D., and L. Marino. "Mirror Self-Recognition in the Bottlenose Dolphin: A Case of Cognitive Convergence." Proceedings of the National Academy of Sciences of the United States of America (2001) 98:5937 - 42.

Renier, L., A.G. De Volder, and J.P. Rauschecker. "Cortical Plasticity and Preserved Function in Early Blindness." Neuroscience and Biobehavioral Reviews (2014) 41:53 - 63.

Repa, J.C., et al. "Two Different Lateral Amygdala Cell Populations Contribute to the Initiation and Storage of Memory." Nature Neuroscience (2001) 4:724 - 31.

Rescorla, R.A. "Behavioral Studies of Pavlovian Conditioning." Annual Review of Neuroscience (1988)

11:329 - 52.

Rescorla, R.A. "Transfer of Instrumental Control Mediated by a Devalued Outcome." Animal Learning & Behavior (1994) 22:27 - 33.

Rescorla, R.A. "Extinction Can Be Enhanced by a Concurrent Excitor." Journal of Experimental Psychology: Animal Behavior Processes (2000) 26:251 - 60.

Rescorla, R.A. "Deepened Extinction from Compound Stimulus Presentation." Journal of Experimental Psychology: Animal Behavior Processes (2006) 32:135 - 44.

Rescorla, R.A., and C.D. Heth. "Reinstatement of Fear to an Extinguished Conditioned Stimulus." Journal of Experimental Psychology: Animal Behavior Processes (1975) 104:88 - 96.

Rescorla, R.A., and R.L. Solomon. "Two Process Learning Theory: Relationships Between Pavlovian Conditioning and Instrumental Learning." Psychological Review (1967) 74:151 - 82.

Rescorla, R.A., and A.R. Wagner. "A Theory of Pavlovian Conditioning: Variations in the Effectiveness of Reinforcement and Nonreinforcement." In: Classical Conditioning II: Current Research and Theory, eds. A.A. Black and W.F. Prokasy (New York: Appleton-Century-Crofts, 1972), 64 - 99.

Ressler, K.J., and H.S. Mayberg. "Targeting Abnormal Neural Circuits in Mood and Anxiety Disorders: From the Laboratory to the Clinic." Nature Neuroscience (2007) 10:1116 - 24.

Ressler, K.J., et al. "Cognitive Enhancers as Adjuncts to Psychotherapy: Use of d-cycloserine in Phobic Individuals to Facilitate Extinction of Fear." Archives of General Psychiatry (2004) 61:1136 - 44.

Reuther, E.T., et al. "Intolerance of Uncertainty as a Mediator of the Relationship Between Perfectionism and Obsessive-Compulsive Symptom Severity." Depression and Anxiety (2013) 30:773 - 77.

Ricciardelli, L.A. "Two Components of Metalinguistic Awareness: Control of Linguistic Processing and Analysis of Linguistic Knowledge." Applied Psycholinguistics (1993) 14:349 - 67.

Richard, D.C.S., and D. Lauterbach. Handbook of Exposure Therapy (San Diego, C.A.: Academic Press, 2007).

Riebe, C.J., et al. "Fear Relief—Toward a New Conceptual Frame Work and What Endocannabinoids Gotta Do with It." Neuroscience (2012) 204:159 - 85.

Riggio, R.E., and H.S. Friedman. "The Interrelationships of Self-Monitoring Factors, Personality Traits, and Nonverbal Social Skills." Journal of Nonverbal Behavior (1982) 7:33 - 45.

Rimm, D.C., et al. "An Exploratory Investigation of the Origin and Maintenance of Phobias." Behaviour Research and Therapy (1977) 15:231 - 38.

Rincón-Cortés, M., and R.M. Sullivan. "Early Life Trauma and Attachment: Immediate and Enduring Effects on Neurobehavioral and Stress Axis Development." Frontiers in Endocrinology (2014) 5:33.

Robbins, T.W., K.D. Ersche, and B.J. Everitt. "Drug Addiction and the Memory Systems of the Brain." Annals of the New York Academy of Sciences (2008) 1141:1 - 21.

Robinson, T.E., and K.C. Berridge. "Review. The Incentive Sensitization Theory of Addiction: Some Current Issues." Philosophical Transactions of the Royal Society B: Biological Sciences (2008) 363:3137 - 46.

Rodrigues, S.M., J.E. LeDoux, and R.M. Sapolsky. "The Influence of Stress Hormones on Fear Circuitry." Annual Review of Neuroscience (2009) 32:289 - 313.

Rodrigues, S.M., G.E. Schafe, and J.E. LeDoux. "Intra-Amygdala Blockade of the NR2B Subunit of the NMDA Receptor Disrupts the Acquisition but Not the Expression of Fear Conditioning." Journal of Neuroscience (2001) 21:6889 - 96.

Rodrigues, S.M., G.E. Schafe, and J.E. LeDoux. "Molecular Mechanisms Underlying Emotional Learning and Memory in the Lateral Amygdala." Neuron (2004) 44:75 - 91.

Rodriguez-Romaguera, J., F.H, Do Monte, and G.J. Quirk. "Deep Brain Stimulation of the Ventral Striatum Enhances Extinction of Conditioned Fear." Proceedings of the National Academy of Sciences of the United States of America (2012) 109:8764 - 69.

Roesch, M.R., et al. "Surprise! Neural Correlates of Pearce-Hall and Rescorla-Wagner Coexist Within the Brain." European Journal of Neuroscience (2012) 35:1190 - 1200.

Rogan, M.T., et al. "Distinct Neural Signatures for Safety and Danger in the Amygdala and Striatum of the Mouse." Neuron (2005) 46:309 - 20.

Rogan, M.T., U.V. Staubli, and J.E. LeDoux. "Fear Conditioning Induces Associative Long-Term Potentiation in the Amygdala." Nature (1997) 390:604 - 607.

Rogan, M.T., et al. "Long-Term Potentiation in the Amygdala: Implications for Memory." In: Neuronal Mechanisms of Memory Formation, ed. C. Holscher (Cambridge: Cambridge University Press, 2001), 58 - 76.

Rolls, E.T. "Neurophysiology and Functions of the Primate Amygdala." In: The Amygdala: Neurobiological Aspects of Emotion, Memory, and Mental Dysfunction, ed. J.P. Aggleton (New York: Wiley-Liss, Inc., 1992), 143 - 65.

Rolls, E.T. "A Theory of Hippocampal Function in Memory." Hippocampus (1996) 6:601 - 20.

Rolls, E.T. Emotion Explained (New York: Oxford University Press, 2005).

Rolls, E.T. "Emotion, Higher-Order Syntactic Thoughts, and Consciousness." In: Frontiers of Consciousness: Chichele Lectures, eds. L. Weiskrantz and M. Davies (Oxford: Oxford University Press, 2008), 131 - 67.

Rolls, E.T. Emotion and Decision-Making Explained (Oxford: Oxford University Press, 2014).

Rolls, E.T., M.L. Kringelbach, and I.E. De Araujo. "Different Representations of Pleasant and Unpleasant Odours in the Human Brain." European Journal of Neuroscience (2003) 18:695 - 703.

Romanes, G.J. Animal Intelligence (London: Kegan Paul, Trench & Co., 1882).

Romanes, G.J. Mental Evolution in Animals (London: Kegan Paul, Trench, & Co., 1883).

Romanski, L.M., and J.E. LeDoux. "Equipotentiality of Thalamo-Amygdala and Thalamo-Cortico-Amygdala Circuits in Auditory Fear Conditioning." Journal of Neuroscience (1992) 12:4501 - 09.

Roozendaal, B., B.S. McEwen, and S. Chattarji. "Stress, Memory and the Amygdala." Nature Reviews Neuroscience (2009) 10:423 - 33.

Roozendaal, B., and J.L. McGaugh. "Memory Modulation." Behavioral Neuroscience (2011) 125:797 - 824.

Rorie, A.E., and W.T. Newsome. "A General Mechanism for Decision-Making in the Human Brain?" Trends in Cognitive Sciences (2005) 9:41 - 43.

Rosen, J.B. "The Neurobiology of Conditioned and Unconditioned Fear: A Neurobehavioral System Analysis of the Amygdala." Behavioral and Cognitive Neuroscience Reviews (2004) 3:23 - 41.

Rosen, J.B., and J. Schulkin. "From Normal Fear to Pathological Anxiety." Psychological Review (1998) 105:325 - 50.

Rosenblueth A., and N. Wiener. Quoted in Lewontin, R.C. "In the Beginning Was the Word."(2001) Science 291:1264.

Rosenfield, L.C. From Beast-Machine to Man-Machine: Animal Soul in French Letters from Descartes to la Mettrie (New York: Octagon Books, 1941).

Rosenkranz, J.A., H. Moore, and A.A. Grace. "The Prefrontal Cortex Regulates Lateral Amygdala Neuronal Plasticity and Responses to Previously Conditioned Stimuli." Journal of Neuroscience (2003) 23:11054 - 64.

Rosenthal, D. "A Theory of Consciousness." In: University of Bielefeld Mind and Brain Technical Report 40.

Perspectives in Theoretical Psychology and Philosophy of Mind (ZiF). (Bielefeld, Germany: University of Bielefeld, 1990).

Rosenthal, D. "Higher-Order Thoughts and the Appendage Theory of Consciousness." Philosophical Psychology (1993) 6:155 - 66.

Rosenthal, D. "Explaining Consciousness." In: Philosophy of Mind: Classical and Contemporary Readings, ed. D.J. Chalmers (Oxford: Oxford University Press, 2002), 406 - 17.

Rosenthal, D. "Higher-Order Awareness, Misrepresentation and Function." Philosophical Transactions of the Royal Society B: Biological Sciences (2012) 367:1424 - 38.

Rosenthal, D.M. "Why Are Verbally Expressed Thoughts Conscious?" Bielefeld Report (1990). In: University of Bielefeld Mind and Brain Technical Report 40. Perspectives in Theoretical Psychology and Philosophy of Mind (ZiF).). (Bielefeld, Germany: University of Bielefeld, 1990).

Rosenthal, D.M. Consciousness and Mind (Oxford: Oxford University Press, 2005).

Roth, W.T. "Physiological Markers for Anxiety: Panic Disorder and Phobias." International Journal of Psychophysiology: Official Journal of the International Organization of Psychophysiology (2005) 58:190 - 98.

Rothbart, M.K., S.A. Ahadi, and D.E. Evans. "Temperament and Personality: Origins and Outcomes." Journal of Personality and Social Psychology (2000) 78:122 - 35.

Rothbaum, B.O., et al. "Virtual Reality Exposure Therapy and Standard (In Vivo) Exposure Therapy in the Treatment of Fear of Flying." Behavior Therapy (2006) 37:80 - 90.

Rothfield, L., S. Justice, and J. Garcia-Lara. "Bacterial Cell Division." Annual Review of Genetics (1999) 33:423 - 48.

Rowe, M.K., and M.G. Craske. "Effects of an Expanding-Spaced Vs Massed Exposure Schedule on Fear Reduction and Return of Fear." Behaviour Research and Therapy (1998) 36:701 - 17.

Royer, S., and D. Paré. "Bidirectional Synaptic Plasticity in Intercalated Amygdala Neurons and the Extinction of Conditioned Fear Responses." Neuroscience (2002) 115:455 - 62.

Rubia, K. "The Neurobiology of Meditation and Its Clinical Effectiveness in Psychiatric Disorders." Biological Psychology (2009) 82:1 - 11.

Rubin, D.B., et al. "Dosed Versus Prolonged Exposure in the Treatment of Fear: An Experimental Evaluation and Review of Behavioral Mechanisms." Journal of Anxiety Disorders (2003) 23:806 - 12.

Rugg, M.D., L.J. Otten, and R.N. Henson. "The Neural Basis of Episodic Memory: Evidence from Functional Neuroimaging." Philosophical Transactions of the Royal Society B: Biological Sciences (2002) 357:1097 - 1110.

Russell, J.A. "Natural Language Concepts of Emotion." In: Perspectives in Personality, Vol. 3, eds. R. Hogan, et al. (London: Jessica Kingsley, 1991).

Russell, J.A. "Is There Universal Recognition of Emotion from Facial Expression? A Review of the Cross-Cultural Studies." Psychological Bulletin (1994) 115:102 - 41.

Russell, J.A. "Core Affect and the Psychological Construction of Emotion." Psychological Review (2003) 110:145 - 72.

Russell, J.A. "Emotion, Core Affect, and Psychological Construction." Cognition and Emotion (2009) 23:1259 - 83.

Russell, J.A. "From a Psychological Constructionist Perspective." In: Categorical Versus Dimensional Models of Affect: A Seminar on the Theories of Panksepp and Russell, eds. P. Zachar and R. Ellis (Amsterdam: John

Benjamins Publishing, 2012).

Russell, J.A. "The Greater Constructionist Project for Emotion." In: The Psychological Construction of Emotion, eds. L.F. Barrett and J.A. Russell (New York: Guilford Press, 2014).

Russell, J.A., Barrett LF. "Core Affect, Prototypical Emotional Episodes, and Other Things Called Emotion: Dissecting the Elephant." Journal of Personality and Social Psychology (1999) 76:805 - 19.

Ryugo, D.K., and N.M. Weinberger. "Differential Plasticity of Morphologically Distinct Neuron Populations in the Medial Geniculate Body of the Cat during Classical Conditioning." Behavioral Biology (1978) 22:275 - 301.

Sabatinelli, D., et al. "Emotional Perception: Meta-Analyses of Face and Natural Scene Processing." NeuroImage (2011) 54:2524 - 33.

Sacks, O. "The Mental Life of Plants and Worms." The New York Review of Books, Apr. 3, 2014.

Sacks. O. (1989) Seeing Voices: A Journey into the World of the Deaf. (Oakland, CA: University of California Press, 1989).

Sadato, N. "Cross-Modal Plasticity in the Blind Revealed by Functional Neuroimaging." Supplements to Clinical Neurophysiology (2006) 59:75 - 79.

Safavi, S., et al. "Is the Frontal Lobe Involved in Conscious Perception?" Frontiers in Psychology (2014) 5:1063.

Sah, P., et al. "The Amygdaloid Complex: Anatomy and Physiology." Physiological Reviews (2003) 83:803 - 34.

Sah, P., R.F. Westbrook, and A. Luthi. "Fear Conditioning and Long-Term Potentiation in the Amygdala: What Really Is the Connection?" Annals of the New York Academy of Sciences (2008) 1129:88 - 95.

Saha, S. "Role of the Central Nucleus of the Amygdala in the Control of Blood Pressure: Descending Pathways to Medullary Cardiovascular Nuclei." Clinical and Experimental Pharmacology & Physiology (2005) 32:450 - 56.

Sahraie, A., L. Weiskrantz, and J.L. Barbur. "Awareness and Confidence Ratings in Motion Perception without Geniculo-Striate Projection." Behavioural Brain Research (1998) 96:71 - 77.

Sajdyk, T., et al. "Chronic Inhibition of GABA Synthesis in the Bed Nucleus of the Stria Terminalis Elicits Anxiety-Like Behavior." Journal of Psychopharmacology (2008) 22:633 - 41.

Sajdyk, T.J., and A. Shekhar. "Sodium Lactate Elicits Anxiety in Rats after Repeated GABA Receptor Blockade in the Basolateral Amygdala." European Journal of Pharmacology (2000) 394:265 - 73.

Sakaguchi, A., J.E. LeDoux, and D.J. Reis. "Sympathetic Nerves and Adrenal Medulla: Contributions to Cardiovascular-Conditioned Emotional Responses in Spontaneously Hypertensive Rats." Hypertension (1983) 5:728 - 38.

Sakai, Y., et al. "Cerebral Glucose Metabolism Associated with a Fear Network in Panic Disorder." Neuroreport (2005) 16:927 - 31.

Salkovskis, P. "The Cognitive Approach to Anxiety: Threat Beliefs, Safety-Seeking Behaviours and the Special Case of Health Anxiety and Obsessions." In: The Frontiers of Cognitive Therapy, ed. P. Salkovskis (New York: Guilford Press, 1996), 48 - 74.

Salkovskis, P.M., et al. "Belief Disconfirmation Versus Habituation Approaches to Situational Exposure in Panic Disorder with Agoraphobia: A Pilot Study." Behaviour Research and Therapy (2006) 45:877 - 85.

Salomons, T.V., et al. "Neural Emotion Regulation Circuitry Underlying Anxiolytic Effects of Perceived Control over Pain." Journal of Cognitive Neuroscience (2014) 1 - 12.

Salwiczek, L.H., A. Watanabe, and N.S. Clayton. "Ten Years of Research into Avian Models of Episodic-Like

Memory and Its Implications for Developmental and Comparative Cognition." Behavioural Brain Research (2010) 215:221 – 34.

Samuels, E.R., and E. Szabadi. "Functional Neuroanatomy of the Noradrenergic Locus Coeruleus: Its Roles in the Regulation of Arousal and Autonomic Function Part I: Principles of Functional Organisation." Current Neuropharmacology (2008) 6:235 – 53.

Sanders, M.J., B.J. Wiltgen, and M.S. Fanselow. "The Place of the Hippocampus in Fear Conditioning." European Journal of Pharmacology (2003) 463:217 – 23.

Sanderson, W.C., and D.H. Barlow. "Clients' Answers to Interviewer's Question, 'Do You Worry Excessively About Minor Things?' (From a Description of Patients Diagnosed with DSM-III-R Generalized Anxiety Disorder)." Journal of Nervous and Mental Disease (1990) 178:590.

Sangha, S., A. Scheibenstock, and K. Lukowiak. "Reconsolidation of a Long-Term Memory in Lymnaea Requires New Protein and RNA Synthesis and the Soma of Right Pedal Dorsal 1." Journal of Neuroscience (2003) 23:8034 – 40.

Santini, E., et al. "Consolidation of Fear Extinction Requires Protein Synthesis in the Medial Prefrontal Cortex." Journal of Neuroscience (2004) 24:5704 – 10.

Saper, C.B. "Diffuse Cortical Projection Systems: Anatomical Organization and Role in Cortical Function." In: Handbook of Physiology 1: The Nervous System Vol. V., Higher Functions of the Brain, Vol. V, eds. V.B. Mountcastle, et al. (Bethesda: American Physiological Society, 1987), 169 – 210.

Saper, C.B., T.E. Scammell, and J. Lu. "Hypothalamic Regulation of Sleep and Circadian Rhythms." Nature (2005) 437:1257 – 63.

Sapir, E. Language: an Introduction to the Study of Speech (New York: Harcourt Brace, 1921).

Sapolsky, R.M. "Why Stress Is Bad for Your Brain." Science (1996) 273:749 – 50.

Sapolsky, R.M. Why Zebras Don't Get Ulcers (New York: Freeman, 1998).

Sara, S.J. "Noradrenergic-Cholinergic Interaction: Its Possible Role in Memory Dysfunction Associated with Senile Dementia." Archives of Gerontology and Geriatrics Supplement (1989) 1:99 – 108.

Sara, S.J. "Retrieval and Reconsolidation: Toward a Neurobiology of Remembering." Learning & Memory (2000) 7:73 – 84.

Sara, S.J. "The Locus Coeruleus and Noradrenergic Modulation of Cognition." Nature Reviews Neuroscience (2009) 10:211 – 23.

Sara, S.J., and S. Bouret. "Orienting and Reorienting: The Locus Coeruleus Mediates Cognition Through Arousal." Neuron (2012) 76:130 – 41.

Sara, S.J., A. Vankov, and A. Herve. "Locus Coeruleus-Evoked Responses in Behaving Rats: A Clue to the Role of Noradrenaline in Memory." Brain Research Bulletin (1994) 35:457 – 65.

Sarter, M.F., and H.J. Markowitsch. "Involvement of the Amygdala in Learning and Memory: A Critical Review, with Emphasis on Anatomical Relations." Behavioral Neuroscience (1985) 99:342 – 80.

Sartre, J-P. Being and Nothingness (France: Gallimard, 1943).

Savage, L.M., and R.L. Ramos. "Reward Expectation Alters Learning and Memory: The Impact of the Amygdala on Appetitive-Driven Behaviors." Behavioural Brain Research (2009) 198:1 – 12.

Scarantino, A. "Core Affect and Natural Affective Kinds." Philosophy of Science (2009) 76:940 – 57.

Schachter, S., and J.E. Singer. "Cognitive, Social, and Physiological Determinants of Emotional State." Psychological Review (1962) 69:379 – 99.

Schacter, D. The Seven Sins of Memory (Boston: Houghton-Mifflin, 2001).

Schacter, D.L. "Multiple Forms of Memory in Humans and Animals." In: Memory Systems of the Brain: Animal and Human Cognitive Processes, eds. N.M. Weinberger, et al. (New York: Guilford Publications, 1985), 351 - 79.

Schacter, D.L. "On the Relation Between Memory and Consciousness: Dissociable Interactions and Conscious Experience." In: Varieties of Memory and Consciousness: Essays in Honour of Endel Tulving, eds. H.L.I Roediger and F.I.M. Craik (Hillsdale, NJ: Lawrence Erlbaum Associates, 1989), 355 - 89.

Schacter, D.L. "The Cognitive Neuroscience of Memory: Perspectives from Neuroimaging Research." Philosophical Transactions of the Royal Society B: Biological Sciences (1997) 352:1689 - 95.

Schacter, D.L. "Memory and Awareness." Science (1998) 280:59 - 60.

Schacter, D.L. "Constructive Memory: Past and Future." Dialogues in Clinical Neuroscience (2012) 14:7 - 18.

Schacter, D.L., and R.L. Buckner. "Priming and the Brain." Neuron (1998) 20:185 - 95.

Schacter, D.L., R.L. Buckner, and W. Koutstaal. "Memory, Consciousness and Neuroimaging." Philosophical Transactions of the Royal Society B: Biological Sciences (1998) 353:1861 - 78.

Schafe, G.E., and J.E. LeDoux. "Memory Consolidation of Auditory Pavlovian Fear Conditioning Requires Protein Synthesis and Protein Kinase a in the Amygdala." Journal of Neuroscience (2000) 20:RC96.

Schafe, G.E., and J.E. LeDoux. "Neural and Molecular Mechanisms of Fear Memory." In: Learning & Memory: A Comprehensive Reference: Molecular Mechanisms, ed. J.D. Sweatt (New York: Academic Press, 2008).

Schafe, G.E., et al. "Memory Consolidation for Contextual and Auditory Fear Conditioning Is Dependent on Protein Synthesis, PKA, and MAP Kinase." Learning & Memory (1999) 6:97 - 110.

Scherer, K. "Emotions as Episodes of Subsystem Synchronization Driven by Nonlinear Appraisal Processes." In: Emotion, Development, and Self-Organization: Dynamic Systems Approaches to Emotional Development, eds. M. Lewis and I. Granic (New York: Cambridge University Press, 2000), 70 - 99.

Scherer, K.R. "Emotion as a Multicomponent Process: A Model and Some Cross-Cultural Data." Review of Personality and Social Psychology (1984) 5:37 - 63.

Scherer, K.R. "Neuroscience Findings Are Consistent with Appraisal Theories of Emotion; but Does the Brain 'Respect' Constructionism?" Behavioral and Brain Sciences (2012) 35:163 - 64.

Scherer, K.R., and H. Ellgring. "Are Facial Expressions of Emotion Produced by Categorical Affect Programs or Dynamically Driven by Appraisal?" Emotion (2007) 7:113 - 30.

Schienle, A., et al. "Symptom Provocation and Reduction in Patients Suffering from Spider Phobia: An fMRI Study on Exposure Therapy." European Archives of Psychiatry and Clinical Neuroscience (2007) 257:486 - 93.

Schiller, D., et al. "Evidence for Recovery of Fear Following Immediate Extinction in Rats and Humans." Learning & Memory (2008) 15:394 - 402.

Schiller, D., and M.R. Delgado. "Overlapping Neural Systems Mediating Extinction, Reversal and Regulation of Fear." Trends in Cognitive Sciences (2010) 14:268 - 76.

Schiller, D., et al. "Extinction During Reconsolidation of Threat Memory Diminishes Prefrontal Cortex Involvement." Proceedings of the National Academy of Sciences of the United States of America (2013) 110:20040 - 45.

Schiller, D., et al. "From Fear to Safety and Back: Reversal of Fear in the Human Brain." Journal of Neuroscience (2008) 28:11517 - 25.

Schiller, D., et al. "Preventing the Return of Fear in Humans Using Reconsolidation Update Mechanisms." Nature (2010) 463:49 - 53.

Schiller, D., and E.A. Phelps. "Does Reconsolidation Occur in Humans?" Frontiers in Behavioral Neuroscience (2011) 5:24.

Schlund, M.W., and M.R. Cataldo. "Amygdala Involvement in Human Avoidance, Escape and Approach Behavior." NeuroImage (2010) 53:769 - 76.

Schlund, M.W., et al. "Neuroimaging the Temporal Dynamics of Human Avoidance to Sustained Threat." Behavioural Brain Research (2013) 257:148 - 55.

Schlund, M.W., S. Magee, and C.D. Hudgins. "Human Avoidance and Approach Learning: Evidence for Overlapping Neural Systems and Experiential Avoidance Modulation of Avoidance Neurocircuitry." Behavioural Brain Research (2011) 225:437 - 48.

Schlund, M.W., et al. "Nothing to Fear? Neural Systems Supporting Avoidance Behavior in Healthy Youths." NeuroImage (2010) 52:710 - 19.

Schmidt, L.J., A.V. Belopolsky, and J. Theeuwes. "Attentional Capture by Signals of Threat." Cognition & Emotion (2014) 1 - 8.

Schneiderman, N., et al. "CNS Integration of Learned Cardiovascular Behavior." In: Limbic and Autonomic Nervous System Research, ed. L.V. Dicara (New York: Plenum, 1974), 277 - 309.

Schoenbaum, G., and M. Roesch. "Orbitofrontal Cortex, Associative Learning, and Expectancies." Neuron (2005) 47:633 - 36.

Schoenbaum, G., et al. "Does the Orbitofrontal Cortex Signal Value?" Annals of the New York Academy of Sciences (2011) 1239:87 - 99.

Schoo, L.A., et al. "The Posterior Parietal Paradox: Why Do Functional Magnetic Resonance Imaging and Lesion Studies on Episodic Memory Produce Conflicting Results?" Journal of Neuropsychology (2011) 5:15 - 38.

Schott, G. "Duchenne Superciliously 'Corrects' the Laocoön: Sculptural Considerations in the Mecanisme de la Physionomie Humaine." Journal of Neurology, Neurosurgery, and Psychiatry(2013) 84:10 - 13.

Schrader, G.A. Existential Philosophers: Kierkegaard to Merlau-Ponty (New York: McGraw-Hill, 1967).

Schultz, D.H., and F.J. Helmstetter. "Classical Conditioning of Autonomic Fear Responses Is Independent of Contingency Awareness." Journal of Experimental Psychology: Animal Behavior Processes (2010) 36:495 - 500.

Schultz, W. "Dopamine Neurons and Their Role in Reward Mechanisms." Current Opinion in Neurobiology (1997) 7:191 - 97.

Schultz, W. "Getting Formal with Dopamine and Reward." Neuron (2002) 36:241 - 63.

Schultz, W. "Updating Dopamine Reward Signals." Current Opinion in Neurobiology (2013) 23:229 - 38.

Schultz, W, P. Dayan, and P.R. Montague. "A Neural Substrate of Prediction and Reward." Science (1997) 275:1593 - 99.

Schultz, W, and A. Dickinson. "Neuronal Coding of Prediction Errors." Annual Review of Neuroscience (2000) 23:473 - 500.

Schulz, C., M. Mothes-Lasch, and T. Straube. "Automatic Neural Processing of Disorder-Related Stimuli in Social Anxiety Disorder: Faces and More." Frontiers in Psychology (2013) 4:282.

Schwabe, L., K. Nader, and J.C. Pruessner. "Reconsolidation of Human Memory: Brain Mechanisms and Clinical Relevance." Biological Psychiatry (2014) 76:274 - 80.

Schwaber, J.S., et al. "Amygdaloid and Basal Forebrain Direct Connections with the Nucleus of the Solitary Tract and the Dorsal Motor Nucleus." Journal of Neuroscience (1982) 2:1424 - 38.

Scoville, W.B., and B. Milner. "Loss of Recent Memory after Bilateral Hippocampal Lesions." Journal of

Neurology and Psychiatry (1957) 20:11 - 21.

Searle, J.R. "Consciousness." Annual Review of Neuroscience (2000) 23:557 - 78.

Searle, J.R. Consciousness and Language (Cambridge: Cambridge University Press, 2002).

Sears, R.M., et al. "Orexin/ Hypocretin System Modulates Amygdala-Dependent Threat Learning Through the Locus Coeruleus." Proceedings of the National Academy of Sciences of the United States of America (2013) 110:20260 - 65.

Seger, C.A. "Implicit Learning." Psychological Bulletin (1994) 115:163 - 96.

Sehlmeyer C., et al. "Neural Correlates of Trait Anxiety in Fear Extinction." Psychological Medicine (2011) 41:789 - 98.

Sekhar, A.C. "Language and Consciousness." Indian Journal of Psychology (1948) 23:79 - 84.

Sekida, K. Zen Training: Methods and Philosophy (New York: Weatherhill, Inc., 1985).

Seligman, M.E., and J.C. Johnston. "A Cognitive Theory of Avoidance Learning." In: Contemporary Approaches to Conditioning and Learning, eds. F.J. McGuigan and D.B. Lumsden (Oxford: V. H. Winston & Sons, 1973), 69 - 110.

Seligman, M.E.P. "Phobias and Preparedness." Behavior Therapy (1971) 2:307 - 20.

Selye, H. The Stress of Life (New York: McGraw-Hill, 1956).

Semendeferi, K., et al. "Spatial Organization of Neurons in the Frontal Pole Sets Humans Apart from Great Apes." Cerebral Cortex (2011) 21:1485 - 97.

Sem-Jacobson, C.W. Depth-Electroencephalographic Stimulation of the Human Brain and Behavior (Springfield, IL: Charles C Thomas, 1968).

Semple, W.E., et al. "Higher Brain Blood Flow at Amygdala and Lower Frontal Cortex Blood Flow in PTSD Patients with Comorbid Cocaine and Alcohol Abuse Compared with Normals." Psychiatry (2000) 63:65 - 74.

Sergent, C., and G. Rees. "Conscious Access Overflows Overt Report." Behavioral and Brain Sciences (2007) 30:523 - 24.

Serrano, P., et al. "PKMzeta Maintains Spatial, Instrumental, and Classically Conditioned Long-Term Memories." PLoS Biology (2008) 6:2698 - 2706.

Serrano, P., Y. Yao, and T.C. Sacktor. "Persistent Phosphorylation by Protein Kinase Mzeta Maintains Late-Phase Long-Term Potentiation." Journal of Neuroscience (2005) 25:1979 - 84.

Seth, A. "Explanatory Correlates of Consciousness: Theoretical and Computational Challenges." Cognitive Computation (2009) 1:50 - 63.

Seth, A.K. "Post-Decision Wagering Measures Metacognitive Content, Not Sensory Consciousness." Consciousness and Cognition (2008) 17:981 - 83.

Seth, A.K., et al. "Measuring Consciousness: Relating Behavioural and Neurophysiological Approaches." Trends in Cognitive Sciences (2008) 12:314 - 21.

Shackman, A.J., et al. "The Integration of Negative Affect, Pain and Cognitive Control in the Cingulate Cortex." Nature Reviews Neuroscience (2011) 12:154 - 67.

Shadlen, M.N., and R. Kiani. "Decision Making as a Window on Cognition." Neuron (2013) 80:791 - 806.

Shallice, T. "Information Processing Models of Consciousness." In: Consciousness in Contemporary Science, eds. A. Marcel and E. Bisiach (Oxford: Oxford University Press, 1988), 305 - 33.

Shallice, T., and P. Burgess. "The Domain of Supervisory Processes and Temporal Organization of Behaviour." Philosophical Transactions of the Royal Society B: Biological Sciences (1996) 351:1405 - 11.

Shanks, D.R., and A. Dickinson. "Contingency Awareness in Evaluative Conditioning: A Comment on Baeyens, Eelen, and van den Bergh." Cognition and Emotion (1990) 4:19 - 30.

Shanks, D.R., and P.F. Lovibond. "Autonomic and Eyeblink Conditioning Are Closely Related to Contingency Awareness: Reply to Wiens and Öhman (2002) and Manns et al. (2002)." Journal of Experimental Psychology: Animal Behavior Processes (2002) 28:38 - 42.

Shapiro, F. "Eye Movement Desensitization and Reprocessing (EMDR) and the Anxiety Disorders: Clinical and Research Implications of an Integrated Psychotherapy Treatment." Journal of Anxiety Disorders (1999) 13:35 - 67.

Shea, N. "Methodological Encounters with the Phenomenal Kind." Philosophy and Phenomenological Research (2012) 84:307 - 44.

Shea, N., and C. Heyes. "Metamemory as Evidence of Animal Consciousness: The Type That Does the Trick." Biology & Philosophy (2010) 25:95 - 110.

Shedler, J. "The Efficacy of Psychodynamic Psychotherapy." The American Psychologist (2010) 65:98 - 109.

Sheffield, F.D., and T.B. Roby. "Reward Value of a Non-Nutritive Sweet Taste." Journal of Comparative Physiology and Psychology (1950) 43:471 - 81.

Shekhar, A., et al. "The Amygdala, Panic Disorder, and Cardiovascular Responses." Annals of the New York Academy of Sciences (2003) 985:308 - 25.

Shema, R., et al. "Boundary Conditions for the Maintenance of Memory by PKMzeta in Neocortex." Learning & Memory (2009) 16:122 - 28.

Shema, R., T.C. Sacktor, and Y. Dudai. "Rapid Erasure of Long-Term Memory Associations in the Cortex by an Inhibitor of PKM Zeta." Science (2007) 317:951 - 53.

Shenhav, A., M.M. Botvinick, and J.D. Cohen. "The Expected Value of Control: An Integrative Theory of Anterior Cingulate Cortex Function." Neuron (2013) 79:217 - 40.

Shimamura, A.P. "Priming Effects of Amnesia: Evidence for a Dissociable Memory Function." The Quarterly Journal of Experimental Psychology A, Human Experimental Psychology (1986) 38:619 - 44.

Shimojo, S. "Postdiction: Its Implications on Visual Awareness, Hindsight, and Sense of Agency." Frontiers in Psychology (2014) 5:196.

Shin, L.M., and I. Liberzon. "The Neurocircuitry of Fear, Stress, and Anxiety Disorders." Neuropsychopharmacology (2010) 35:169 - 91.

Shors, T.J. "Stressful Experience and Learning Across the Lifespan." Annual Review of Psychology (2006) 57:55 - 85.

Shugg, W. "The Cartesian Beast-Machine in English Literature (1663 - 1750)." Journal of the History of Ideas (1968) 29:279 - 92.

Shurick, A.A., et al. "Durable Effects of Cognitive Restructuring on Conditioned Fear." Emotion (2012) 12:1393 - 97.

Siegel, A., and H. Edinger. "Neural Control of Aggression and Rage Behavior." In: Handbook of the Hypothalamus, Vol. 3, Behavioral Studies of the Hypothalamus, eds. P.J. Morgane and J. Panksepp (New York: Marcel Dekker, 1981), 203 - 40.

Siegel, P., and R. Warren. "Less Is Still More: Maintenance of the Very Brief Exposure Effect 1 Year Later." Emotion (2013) 13:338 - 44.

Siegel, P., and J. Weinberger. "Less Is More: The Effects of Very Brief Versus Clearly Visible Exposure." Emotion (2012) 12:394 - 402.

Silva, A.J., et al. "CREB and Memory." Annual Review of Neuroscience (1998) 21:127 - 48.

Silvers, J.A., et al. "Bad and Worse: Neural Systems Underlying Reappraisal of High- and Low-Intensity Negative Emotions." Social Cognitive and Affective Neuroscience (2014) 10:172 - 9.

Silverstein, A. "Unlearning, Spontaneous Recovery, and the Partial-Reinforcement Effect in Paired-Associate Learning." Journal of Experimental Psychology (1967) 73:15 - 21.

Simon, H.A. "Motivational and Emotional Controls of Cognition." Psychological Review (1967) 74:29 - 39.

Simons, J.S., K.S. Graham, and J.R. Hodges. "Perceptual and Semantic Contributions to Episodic Memory: Evidence from Semantic Dementia and Alzheimer's Disease." Journal of Memory and Language (2002) 47:197 - 213.

Simpson, H.B. "The RDoC Project: A New Paradigm for Investigating the Pathophysiology of Anxiety." Depression and Anxiety (2012) 29:251 - 52.

Singer, P. in Defense of Animals: The Second Wave (New York: Wiley-Blackwell, 2005).

Singer, T. "The Neuronal Basis and Ontogeny of Empathy and Mind Reading: Review of Literature and Implications for Future Research." Neuroscience and Biobehavioral Reviews (2006) 30:855 - 63.

Singer, T. "The Neuronal Basis of Empathy and Fairness." Novartis Foundation Symposium (2007) 278:20 - 30; discussion 30 - 40, 89 - 96, 216 - 21.

Singer, T., et al. "Empathy for Pain Involves the Affective but Not Sensory Components of Pain." Science (2004) 303:1157 - 62.

Singer, W. "The Brain as a Self-Organizing System." European Archives of Psychiatry and Neurological Sciences (1986) 236:4 - 9.

Sink, K.S., M. Davis, and D.L. Walker. "CGRP Antagonist Infused into the Bed Nucleus of the Stria Terminalis Impairs the Acquisition and Expression of Context but Not Discretely Cued Fear." Learning & Memory (2013) 20:730 - 39.

Sink, K.S., et al. "Calcitonin Gene-Related Peptide in the Bed Nucleus of the Stria Terminalis Produces an Anxiety-Like Pattern of Behavior and Increases Neural Activation in Anxiety-Related Structures." Journal of Neuroscience (2011) 31:1802 - 10.

Skinner, B.F. The Behavior of Organisms: An Experimental Analysis (New York: Appleton-Century-Crofts, 1938).

Skinner, B.F. "Are Theories of Learning Necessary?" Psychological Review (1950) 57:193 - 216.

Skinner, B.F. Science and Human Behavior (New York: Free Press, 1953).

Skinner, B.F. About Behaviorism (New York: Knopf, 1974).

Skolnick, P. "Anxioselective Anxiolytics: On a Quest for the Holy Grail." Trends in Pharmacological Sciences (2012) 33:611 - 620.

Skorupski, P., and L. Chittka. "Animal Cognition: An Insect's Sense of Time?" Current Biology (2006) 16:R851 - 53.

Sluka, K.A., O.C. Winter, and J.A. Wemmie. "Acid-Sensing Ion Channels: ANew Target for Pain and CNS Diseases." Current Opinion in Drug Discovery & Development (2009) 12:693 - 704.

Smith, C.A., and P.C. Ellsworth. "Patterns of Cognitive Appraisal in Emotion." Journal of Personality and Social Psychology (1985) 56:339 - 53.

Smith, D. "It's Still the 'Age of Anxiety.' Or Is It?" The New York Times (New York: The New York Times Company, 2012).

Smith, J.B., and K.D. Alloway. "Functional Specificity of Claustrum Connections in the Rat: Interhemispheric

Communication Between Specific Parts of Motor Cortex." Journal of Neuroscience (2010) 30:16832 - 44.

Smith, J.D. "The Study of Animal Metacognition." Trends in Cognitive Sciences (2009) 13:389 - 96.

Smith, J.D., J.J. Couchman, and M.J. Beran. "The Highs and Lows of Theoretical Interpretation in Animal-Metacognition Research." Philosophical Transactions of the Royal Society B: Biological Sciences (2012) 367:1297 - 1309.

Smith, K.S., and A.M. Graybiel. "Investigating Habits: Strategies, Technologies and Models." Frontiers in Behavioral Neuroscience (2014) 8:39.

Smith, O.A., et al. "Functional Analysis of Hypothalamic Control of the Cardiovascular Responses Accompanying Emotional Behavior." Federation Proceedings (1980) 39:2487 - 94.

Solomon, R.L. "The Opponent-Process Theory of Acquired Motivation: The Costs of Pleasure and the Benefits of Pain." The American Psychologist (1980) 35:691 - 712.

Somerville, L.H., et al. "Interactions Between Transient and Sustained Neural Signals Support the Generation and Regulation of Anxious Emotion." Cerebral Cortex (2013) 23:49 - 60.

Somerville, L.H., P.J. Whalen, and W.M. Kelley. "Human Bed Nucleus of the Stria Terminalis Indexes Hypervigilant Threat Monitoring." Biological Psychiatry (2010) 68:416 - 24.

Soravia, L.M., et al. "Glucocorticoids Reduce Phobic Fear in Humans." Proceedings of the National Academy of Sciences of the United States of America (2006) 103:5585 - 90.

Sotres-Bayon, F., D.E. Bush, and J.E. LeDoux. "Emotional Perseveration: An Update on Prefrontal-Amygdala Interactions in Fear Extinction." Learning & Memory (2004) 11:525 - 35.

Sotres-Bayon, F., C.K. Cain, and J.E. LeDoux. "Brain Mechanisms of Fear Extinction: Historical Perspectives on the Contribution of Prefrontal Cortex." Biological Psychiatry (2006) 60:329 - 36.

Sotres-Bayon, F., and G.J. Quirk. "Prefrontal Control of Fear: More Than Just Extinction." Current Opinion in Neurobiology (2010) 20:231 - 35.

Southwick, S.M., L.L. Davids, D.E. Aikins, A. Rasmusson, J. Barron, and C.A. Morgan. "Neurobiological Alterations Associated with PTSD." (2007) New York: Guilford Publications.

Spannuth, B.M., et al. "Investigation of a Central Nucleus of the Amygdala/ Dorsal Raphe Nucleus Serotonergic Circuit Implicated in Fear-Potentiated Startle." Neuroscience (2011) 179:104 - 19.

Spence, K.W. "Cognitive Versus Stimulus-Response Theories of Learning." Psychological Review (1950) 57:159 - 72.

Spiegel, D. "The Mind Prepared: Hypnosis in Surgery." Journal of the National Cancer Institute (2007) 99:1280 - 81.

Spielberger, C.D., ed. Anxiety and Behavior (New York: Academic Press, 1966).

Spyer, K.M., and A.V. Gourine. "Chemosensory Pathways in the Brainstem Controlling Cardiorespiratory Activity." Philosophical Transactions of the Royal Society B: Biological Sciences (2009) 364:2603 - 10.

Squire, L. Memory and Brain (New York: Oxford, 1987).

Squire, L.R. "Declarative and Nondeclarative Memory: Multiple Brain Systems Supporting Learning and Memory." Journal of Cognitive Neuroscience (1992) 4:232 - 43.

Squire, L.R., and N.J. Cohen. "Human Memory and Amnesia." In: Neurobiology of Learning and Memory, eds. G. Lynch, et al. (New York: Guilford, 1984).

Squire, L.R., and E.R. Kandel. Memory: From Mind to Molecules (New York: Scientific American Library, 1999).

Srinivasan, M.V. "Honey Bees as a Model for Vision, Perception, and Cognition." Annual Review of Entomology (2010) 55:267 - 84.

Staats, A.W., and G.H. Eifert. "The Paradigmatic Behaviorism Theory of Emotions: Basis for Unification." Clinical Psychology Review (1990) 10:539 - 66.

Stamatakis, A.M., et al. "Amygdala and Bed Nucleus of the Stria Terminalis Circuitry: Implications for Addiction-Related Behaviors." Neuropharmacology (2014) 76 Pt B:320 - 28.

Stamenov, M.I., ed. Language Structure, Discourse and the Access to Consciousness (Philadelphia: John Benjamins Publishing Co., 1997).

Stampfl, T.G., and D.J. Levis. "Essentials of Implosive Therapy: A Learning-Theory-Based Psychodynamic Behavioral Therapy." Journal of Abnormal Psychology (1967) 72:496 - 503.

Stanley, D.A., et al. "Implicit Race Attitudes Predict Trustworthiness Judgments and Economic Trust Decisions." Proceedings of the National Academy of Sciences of the United States of America (2011) 108:7710 - 15.

Stein, D.J. "Panic Disorder: The Psychobiology of External Treat and Introceptive Distress." CNS Spectrums (2008) 13:26 - 30.

Stein, D.J., E. Hollander, and B.O. Rothbaum, eds. Textbook of Anxiety Disorders (Arlington, VA: American Psychiatric Publishing, 2009).

Steinfurth, E.C., et al. "Young and Old Pavlovian Fear Memories Can Be Modified with Extinction Training during Reconsolidation in Humans." Learning & Memory (2014) 21:338 - 41.

Stellar, E. "The Physiology of Motivation." Psychological Review (1954) 61:5 - 22.

Stephens, J.C., et al. "Mapping the Human Genome: Current Status." Science (1990) 250:237 - 44.

Sternson, S.M. "Hypothalamic Survival Circuits: Blueprints for Purposive Behaviors." Neuron (2013) 77:810 - 24.

Sterzer, P., et al. "Neural Processing of Visual Information Under Interocular Suppression: A Critical Review." Frontiers in Psychology (2014) 5:453.

Stevens, C.F. "CREB and Memory Consolidation." Neuron (1994) 13:769 - 70.

Stevens, C.F. "Consciousness: Crick and the Claustrum." Nature (2005) 435:1040 - 41.

Stickgold, R., and M.P. Walker "Memory Consolidation and Reconsolidation: What Is the Role of Sleep?" Trends in Neurosciences (2005) 28:408 - 15.

Stober, J. "Trait Anxiety and Pessimistic Appraisal of Risk and Chance." Personality and Individual Differences (1997) 22:465 - 76.

Stocks, J.T. "Recovered Memory Therapy: a Dubious Practice Technique." Social Work (1998) 43:423 - 36.

Stoerig, P., and A. Cowey. "Blindsight." Current Biology (2007) 17:R822 - 24.

Stone, M.H. "The Brain in Overdrive: A New Look at Borderline and Related Disorders." Current Psychiatry Reports (2013) 15:399.

Stork, O., and H.C. Pape. "Fear Memory and the Amygdala: Insights from a Molecular Perspective." Cell and Tissue Research (2002) 310:271 - 77.

Stossel, S. My Age of Anxiety: Fear, Hope, Dread, and the Search for Peace of Mind (New York: Knopf, 2013).

Strachey, J. Standard Edition of the Complete Works of Sigmund Freud (London: The Hogarth Press and the Institute of Psychoanalysis, 1966 - 74).

Straube, T., et al. "Effects of Cognitive-Behavioral Therapy on Brain Activation in Specific Phobia." NeuroImage (2006) 29:125 - 35.

Straube, T., H.J. Mentzel, and W.H. Miltner. "Waiting for Spiders: Brain Activation during Anticipatory Anxiety in Spider Phobics." NeuroImage (2007) 37:1427 - 36.

Streeter, C.C., et al. "Effects of Yoga on the Autonomic Nervous System, Gamma-Aminobutyric-Acid, and

Allostasis in Epilepsy, Depression, and Post-traumatic Stress Disorder." Medical Hypotheses (2012) 78:571 - 79.

Strenziok, M., et al. "Differential Contributions of Dorso-Ventral and Rostro-Caudal Prefrontal White Matter Tracts to Cognitive Control in Healthy Older Adults." PLoS One (2013) 8:E81410.

Striedter, G.F. Principles of Brain Evolution (Sunderland: Sinauer Associates, 2005).

Striepens, N., et al. "Prosocial Effects of Oxytocin and Clinical Evidence for Its Therapeutic Potential." Frontiers in Neuroendocrinology (2011) 32:426 - 50.

Stuss, D.T., and D.F. Benson. The Frontal Lobes (New York: Raven Press, 1986).

Suarez, S.D., and G.G. Gallup Jr. "An Ethological Analysis of Open-Field Behavior in Rats and Mice." Learning and Motivation (1981) 12:342 - 63.

Subitzky, E. "I Am a Conscious Essay." Journal of Consciousness Studies (2003) 10:64 - 66.

Sudakov, S.K., et al. "Estimation of the Level of Anxiety in Rats: Differences in Results of Open-Field Test, Elevated Plus-Maze Test, and Vogel's Conflict Test." Bulletin of Experimental Biology and Medicine (2013) 155:295 - 97.

Suddendorf, T., D.R. Addis, and M.C. Corballis. "Mental Time Travel and the Shaping of the Human Mind." Philosophical Transactions of the Royal Society B: Biological Sciences (2009) 364:1317 - 24.

Suddendorf, T., and J. Busby. "Mental Time Travel in Animals?" Trends in Cognitive Sciences (2003) 7:391 - 96.

Suddendorf, T., and D.L. Butler. "The Nature of Visual Self-Recognition." Trends in Cognitive Sciences (2013) 17:121 - 27.

Suddendorf, T., and M.C. Corballis. "The Evolution of Foresight: What Is Mental Time Travel, and Is It Unique to Humans?" Behavioral and Brain Sciences (2007) 30:299 - 313; discussion 313 - 351..

Suddendorf, T., and M.C. Corballis. "Behavioural Evidence for Mental Time Travel in Nonhuman Animals." Behavioural Brain Research (2010) 215:292 - 98.

Sugrue, L.P., G.S. Corrado, and W.T. Newsome. "Choosing the Greater of Two Goods: Neural Currencies for Valuation and Decision Making." Nature Reviews Neuroscience (2005) 6:363 - 75.

Sullivan, G.M., et al. "Lesions in the Bed Nucleus of the Stria Terminalis Disrupt Corticosterone and Freezing Responses Elicited by a Contextual but Not a Specific Cue-Conditioned Fear Stimulus." Neuroscience (2004) 128:7 - 14.

Sullivan, R.M., and W.G. Brake. "What the Rodent Prefrontal Cortex Can Teach Us About Attention-Deficit/Hyperactivity Disorder: The Critical Role of Early Developmental Events on Prefrontal Function." Behavioural Brain Research (2003) 146:43 - 55.

Sullivan, R.M., and P.J. Holman. "Transitions in Sensitive Period Attachment Learning in Infancy: The Role of Corticosterone." Neuroscience and Biobehavioral Reviews (2010) 34:835 - 44.

Sundberg, N. Clinical Psychology: Evolving Theory, Practice, and Research (Englewood Cliffs: Prentice Hall, 2001).

Sur, M., A. Angelucci, and J. Sharma. "Rewiring Cortex: The Role of Patterned Activity in Development and Plasticity of Neocortical Circuits." Journal of Neurobiology (1999) 41:33 - 43.

Sutton, M.A., et al. "Interaction Between Amount and Pattern of Training in the Induction of Intermediate- and Long-Term Memory for Sensitization in Aplysia." Learning & Memory (2002) 9:29 - 40.

Suzuki, A., et al. "Memory Reconsolidation and Extinction Have Distinct Temporal and Biochemical Signatures." Journal of Neuroscience (2004) 24:4787 - 95.

Suzuki, W.A., and D.G. Amaral. "Functional Neuroanatomy of the Medial Temporal Lobe Memory System."

Cortex; a Journal Devoted to the Study of the Nervous System and Behavior (2004) 40:220 - 22.

Swanson, L.W. "The Hippocampus and the Concept of the Limbic System." In: Neurobiology of the Hippocampus, ed. W. Seifert (London: Academic Press, 1983), 3 - 19.

Szczepanowski, R., and L. Pessoa. "Fear Perception: Can Objective and Subjective Awareness Measures Be Dissociated?" Journal of Vision (2007) 7:10.

Szyf, M., P. McGowan, and M.J. Meaney. "The Social Environment and the Epigenome." Environmental and Molecular Mutagenesis (2008) 49:46 - 60.

Takahashi, L.K., et al. "The Smell of Danger: A Behavioral and Neural Analysis of Predator Odor-Induced Fear." Neuroscience and Biobehavioral Reviews (2005) 29:1157 - 67.

Takeuchi, Y., et al. "Direct Amygdaloid Projections to the Dorsal Motor Nucleus of the Vagus Nerve: A Light and Electron Microscopic Study in the Rat." Brain Research (1983) 280:143 - 47.

Talmi, D., et al. "Human Pavlovian-Instrumental Transfer." Journal of Neuroscience (2008) 28:360 - 68.

Tamietto, M., and B. de Gelder. "Neural Bases of the Non-Conscious Perception of Emotional Signals." Nature Reviews Neuroscience (2010) 11:697 - 709.

Tauber, A.I. Freud, the Reluctant Philosopher (Princeton, NJ: Princeton University Press, 2010).

Taylor, A.H., and R.D. Gray. "Animal Cognition: Aesop's Fable Flies from Fiction to Fact." Current Biology (2009) 19:R731 - 32.

Taylor, S., J.S. Abramowitz, and D. McKay D. (2012) "Non-Adherence and Non-Response in the Treatment of Anxiety Disorders." Journal of Anxiety Disorders 2012 26:583–89.

Tedesco, V., et al. "Extinction, Applied after Retrieval of Auditory Fear Memory, Selectively Increases Zinc-Finger Protein 268 and Phosphorylated Ribosomal Protein S6 Expression in Prefrontal Cortex and Lateral Amygdala." Neurobiology of Learning and Memory (2014) 115:78 - 85.

Terrace, H., and J. Metcalfe. The Missing Link in Cognition: Origins of Self-Reflective Consciousness (New York: Oxford University Press, 2004).

Terrazas, A., et al. "Self-Motion and the Hippocampal Spatial Metric." Journal of Neuroscience (2005) 25:8085 - 96.

Teuber, H.L. "The Riddle of Frontal Lobe Function in Man." In: The Frontal Granular Cortex and Behavior, eds. J.M. Warren and K. Akert (New York: McGraw-Hill, 1964), 410 - 77.

Teuber, H.L. "Unity and Diversity of Frontal Lobe Functions." Acta Neurobiologiae Experimentalis (1972) 32:615 - 56.

Thakral, P.P. "The Neural Substrates Associated with Inattentional Blindness." Consciousness and Cognition (2011) 20:1768 - 75.

Thompson, R.F., T.W. Berger, and J. Madden, IV. "Cellular Processes of Learning and Memory in the Mammalian CNS." Annual Review of Neuroscience (1983) 6:447 - 91.

Thomson, H. "Consciousness On-Off Switch Discovered Deep in Brain." New Scientist (2014) magazine issue 2976. Posted July 2, 2014, by Helen Thomson.

Thorndike, E.L. "Animal Intelligence: an Experimental Study of the Associative Processes in Animals." Psychological Monographs (1898) 2:109.

Thorndike, E.L. The Psychology of Learning (New York: Teachers College, 1913).

Thuault, S.J., et al. "Prefrontal Cortex, H.C.N1 Channels Enable Intrinsic Persistent Neural Firing and Executive Memory Function." Journal of Neuroscience (2013) 33:13583 - 99.

Tinbergen, N. The Study of Instinct (New York: Oxford University Press, 1951).

Toelch, U., D.R. Bach, and R.J. Dolan. "The Neural Underpinnings of an Optimal Exploitation of Social Information Under Uncertainty." Social Cognitive and Affective Neuroscience (2013) 9:1746 – 53.

Tolkien, J.R.R. The Lord of the Rings (London: Allen & Unwin, 1955).

Tolman, E.C. Purposive Behavior in Animals and Men (New York: Century, 1932).

Tolman, E.C. "Psychology vs. Immediate Experience." Philosophy of Science (1935) 2:356 – 80.

Tomkins, S.S. Affect, Imagery, Consciousness (New York: Springer, 1962).

Tomkins, S.S. Affect, Imagery, Consciousness (New York: Springer, 1963).

Tononi, G. "Consciousness, Information Integration, and the Brain." Progress in Brain Research (2005) 150:109 – 26.

Tononi, G. "Integrated Information Theory of Consciousness: An Updated Account." Archives Italiennes De Biologie (2012) 150:293 – 329.

Tooby, J., and L. Cosmides. "The Evolutionary Psychology of the Emotions and Their Relationship to Internal Regulatory Variables." In: Handbook of Emotions, eds. M.D. Lewis, et al. (New York: Guilford Press, 2008), 114 – 37.

Tottenham, N. "The Importance of Early Experiences for Neuro-Affective Development." Current Topics in Behavioral Neurosciences (2014) 16:109 – 29.

Toumey, C. "Nanobots Today." Nature Nanotechnology (2013) 8:475 – 76.

Townsend, J., and L.L. Altshuler. "Emotion Processing and Regulation in Bipolar Disorder: a Review." Bipolar Disorders (2012) 14:326 – 39.

Tracy, J.L., and D. Randles. "Four Models of Basic Emotions: A Review of Ekman and Cordaro, Izard, Levenson, and Panksepp and Watt." Emotion Review (2011) 3:397 – 405.

Tronson, N.C., and J.R. Taylor. "Molecular Mechanisms of Memory Reconsolidation." Nature Reviews Neuroscience (2007) 8:262 – 75.

Tronson, N.C., and J.R. Taylor. "Addiction: a Drug-Induced Disorder of Memory Reconsolidation." Current Opinion in Neurobiology (2013) 23:573 – 80.

Tronson, N.C., et al. "Distinctive Roles for Amygdalar CREB in Reconsolidation and Extinction of Fear Memory." Learning & Memory (2012) 19:178 – 81.

Tryon, W. W., and D. McKay.. Memory Modification As an Outcome Variable in Anxiety Disorder Treatment." Journal of Anxiety Disorders (2009) 23:546 – 56.

Tsuchiya, N., and C. Koch. "The Relationship Between Consciousness and Attention." In: The Neurology of Consciousness, eds. S. Laureys and G. Tononi (New York: Elsevier, 2009), 63 – 77.

Tuescher, O., et al. "Differential Activity of Subgenual Cingulate and Brainstem in Panic Disorder and PTSD." Journal of Anxiety Disorders (2011) 25:251 – 57.

Tully, K., and V.Y. Bolshakov. "Emotional Enhancement of Memory: How Norepinephrine Enables Synaptic Plasticity." Molecular Brain (2010) 3:15.

Tully, T., et al. "Targeting the CREB Pathway for Memory Enhancers." Nature Reviews Drug Discovery (2003) 2:267 – 77.

Tulving, E. "Episodic and Semantic Memory." In: Organization of Memory, eds. E. Tulving and W. Donaldson (New York: Academic Press, 1972), 382 – 403.

Tulving, E. Elements of Episodic Memory (New York: Oxford, 1983).

Tulving, E. "Ebbinghaus's Memory: What Did He Learn and Remember?" Journal of Experimental Psychology: Learning, Memory and Cognition (1985) 11:485 – 90.

Tulving, E. "Memory: Performance, Knowledge, and Experience." European Journal of Cognitive Psychology (1989) 1:3 - 26.

Tulving, E. "Episodic Memory and Common Sense: How Far Apart?" Philosophical Transactions of the Royal Society B: Biological Sciences (2001) 356:1505 - 15.

Tulving, E. "The Origin of Autonoesis in Episodic Memory." In: The Nature of Remembering: Essays in Honor of Robert G Crowder, eds. H.L. Roediger et al. (Washington, D.C.: American Psychological Association, 2001), 17 - 34.

Tulving, E. "Chronestesia: Conscious Awareness of Subjective Time." In: Principles of Frontal Lobe Functions, eds. D.T. Stuss and R.C. Knight (New York: Oxford University Press, 2002), 311 - 25.

Tulving, E. "Episodic Memory: From Mind to Brain." Annual Review of Psychology (2002) 53: 1 - 25.

Tulving, E. "Episodic Memory and Autonoesis: Uniquely Human?" In: The Missing Link in Cognition, eds. H.S. Terrace and J. Metcalfe (New York: Oxford University Press, 2005), 4 - 56.

Tunney, R.J. "Sources of Confidence Judgments in Implicit Cognition." Psychonomic Bulletin & Review (2005) 12:367 - 73.

Tversky, A., and D. Kahneman. "Judgment Under Uncertainty: Heuristics and Biases." Science (1974) 185:1124 - 31.

Tye, K.M., et al. "Amygdala Circuitry Mediating Reversible and Bidirectional Control of Anxiety." Nature (2011) 471:358 - 62.

Uchino, E., and S. Watanabe. "Self-Recognition in Pigeons Revisited." Journal of the Experimental Analysis of Behavior (2014) 102:327 - 34.

Ungerleider, L.G., and M. Mishkin. "Two Cortical Visual Systems." In: Analysis of Visual Behavior, eds. D.J. Ingle, et al. (Cambridge, MA: MIT Press, 1982), 549 - 86.

Urcelay, G.P., D.S. Wheeler, and R.R. Miller. "Spacing Extinction Trials Alleviates Renewal and Spontaneous Recovery." Learning & Behavior (2009) 37:60 - 73.

Urfy, M.Z., and J.I. Suarez. "Breathing and the Nervous System." Handbook of Clinical Neurology (2014) 119:241 - 50.

Urry, H.L., et al. "Amygdala and Ventromedial Prefrontal Cortex Are Inversely Coupled during Regulation of Negative Affect and Predict the Diurnal Pattern of Cortisol Secretion Among Older Adults." Journal of Neuroscience (2006) 26:4415 - 25.

Uvnas, B. "Central Cardiovascular Control." In: Handbook of Physiology: Neurophysiology, Vol II eds. J. Field, et al. (Washington, D.C.: American Physiological Society, 1960), 1131 - 62.

Valenstein, E. "Stability and Plasticity of Motivational Systems." In: The Neurosciences: Second Study Program, ed. F.O. Schmitt (New York: Rockefeller University Press, 1970), 207 - 17.

Valenstein, E. Blaming the Brain (New York: Free Press, 1999).

Vallesi, A., et al. "When Time Shapes Behavior: fMRI Evidence of Brain Correlates of Temporal Monitoring." Journal of Cognitive Neuroscience (2009) 21:1116 - 26.

Van Bockstaele, E.J., J. Chan, and V.M. Pickel. "Input from Central Nucleus of the Amygdala Efferents to Pericoerulear Dendrites, Some of Which Contain Tyrosine Hydroxylase Immunoreactivity." Journal of Neuroscience Research (1996) 45:289 - 302.

van Boxtel, J.J., N. Tsuchiya, and C. Koch. "Consciousness and Attention: on Sufficiency and Necessity." Frontiers in Psychology (2010) 1:217.

Van den Bussche, E., K. Notebaert, and B. Reynvoet. "Masked Primes Can Be Genuinely Semantically

Processed: A Picture Prime Study." Experimental Psychology (2009) 56:295 – 300.

Van den Bussche, E., W. Van den Noortgate, and B. Reynvoet. "Mechanisms of Masked Priming: A Meta-Analysis." Psychological Bulletin (2009) 135:452 – 77.

Van den Stock, J., et al. "Cortico–Subcortical Visual, Somatosensory, and Motor Activations for Perceiving Dynamic Whole–Body Emotional Expressions with and without Striate Cortex (V1)." Proceedings of the National Academy of Sciences of the United States of America (2011) 108:16188 – 93.

Van der Heiden, C., and E. ten Broecke. "The When, Why, and How of Worry Exposure." Cognitive and Behavioral Practice (2009) 16:386 – 93.

van der Kolk, B. The Body Keeps the Score: Brain, Mind and Body in the Healing of Trauma (New York: Viking Adult, 2014).

van der Kolk, B.A. "The Body Keeps the Score: Memory and the Evolving Psychobiology of Posttraumatic Stress." Harvard Review of Psychiatry (1994) 1:253 – 65.

van der Kolk, B.A. "Clinical Implications of Neuroscience Research in PTSD." Annals of the New York Academy of Sciences (2006) 1071:277 – 93.

van der Kooy D., et al. "The Organization of Projections from the Cortex, Amygdala, and Hypothalamus to the Nucleus of the Solitary Tract in Rat." Journal of Comparative Neurology (1984) 224:1 – 24.

van der Meer, M.A., and A.D. Redish. "Expectancies in Decision Making, Reinforcement Learning, and Ventral Striatum." Frontiers in Neuroscience (2010) 4:6.

van Gaal, S., and V.A. Lamme. "Unconscious High–Level Information Processing: Implication for Neurobiological Theories of Consciousness." Neuroscientist (2012) 18:287 – 301.

Van Hoesen, G.W., and D.N. Pandya. "Some Connections of the Entorhinal (Area 28) and Perirhinal (Area 35) Cortices of the Rhesus Monkey." Brain Research (1975) 95:1 – 24.

van Zessen, R., et al. "Activation of VTA GABA Neurons Disrupts Reward Consumption." Neuron (2012) 73:1184 – 94.

Vandekerckhove, M., Panksepp J. "The Flow of Anoetic to Noetic and Autonoetic Consciousness: a Vision of Unknowing (Anoetic) and Knowing (Noetic) Consciousness in the Remembrance of Things Past and Imagined Futures." Consciousness and Cognition (2009) 18:1018 – 28.

Vandekerckhove, M., and J. Panksepp. "A Neurocognitive Theory of Higher Mental Emergence: From Anoetic Affective Experiences to Noetic Knowledge and Autonoetic Awareness." Neuroscience and Biobehavioral Reviews (2011) 35:2017 – 25.

Vandenbroucke, A.R., et al. "Non–Attended Representations Are Perceptual Rather Than Unconscious in Nature." PLoS One (2012) 7:E50042.

VanElzakker, M.B., et al. "From Pavlov to PTSD: The Extinction of Conditioned Fear in Rodents, Humans, and Anxiety Disorders." Neurobiology of Learning and Memory (2014) 113:3 – 18.

Vanlancker-Sidtis, D. "When Only the Right Hemisphere Is Left: Studies in Language and Communication." Brain and Language (2004) 91:199 – 211.

Vargha-Khadem, F., D.G. Gadian, and M. Mishkin. "Dissociations in Cognitive Memory: The Syndrome of Developmental Amnesia." Philosophical Transactions of the Royal Society B: Biological Sciences (2001) 356:1435 – 40.

Varley, R., and M. Siegal. "Evidence for Cognition without Grammar from Causal Reasoning and 'Theory of Mind' in an Agrammatic Aphasic Patient." Current Biology (2000) 10:723 – 26.

Vaughan, E., and A.E. Fisher. "Male Sexual Behavior Induced by Intracranial Electrical Stimulation." Science

(1962) 137:758 - 60.

Veening, JG, L.W. Swanson, and P.E. Sawchenko. "The Organization of Projections from the Central Nucleus of the Amygdala to Brainstem Sites Involved in Central Autonomic Regulation: A Combined Retrograde Transport–Immunohistochemical Study." Brain Research (1984) 303:337 - 57.

Velmans, M. Understanding Consciousness (Philadelphia: Routledge, 2000).

Vermeij, G.J. Evolution and Escalation: An Ecological History of Life (Princeton: Princeton University Press, 1987).

Vervliet, B., M.G. Craske, and D. Hermans. "Fear Extinction and Relapse: State of the Art." Annual Review of Clinical Psychology (2013) 9:215 - 48.

Vermetten, E., and J.D. Bremner. "Circuits and Systems in Stress. II. Applications to Neurobiology and Treatment in Posttraumatic Stress Disorder." Depression and Anxiety (2002) 16: 14 - 38.

Vianna, M.R., A.S. Coitinho, and I. Izquierdo. "Role of the Hippocampus and Amygdala in the Extinction of Fear–Motivated Learning." Current Neurovascular Research (2004) 1:55 - 60.

Vickers, K., and R.J. McNally. "Respiratory Symptoms and Panic in the National Comorbidity Survey: A Test of Klein's Suffocation False Alarm Theory." Behaviour Research and Therapy (2005) 43:1011 - 18.

Vidal–Gonzalez, I, et al. "Microstimulation Reveals Opposing Influences of Prelimbic and Infralimbic Cortex on the Expression of Conditioned Fear." Learning & Memory (2006) 13:728 - 33.

Vinod, K.Y., and B.L. Hungund. "Endocannabinoid Lipids and Mediated System: Implications for Alcoholism and Neuropsychiatric Disorders." Life Sciences (2005) 77:1569 - 83.

Vogt, B.A., D.M. Finch, and C.R. Olson. "Functional Heterogeneity in Cingulate Cortex: The Anterior Executive and Posterior Evaluative Regions." Cerebral Cortex (1992) 2:435 - 43.

Volkow, N.D., et al. "Overlapping Neuronal Circuits in Addiction and Obesity: Evidence of Systems Pathology." Philosophical Transactions of the Royal Society B: Biological Sciences (2008) 363:3191 - 3200.

Volpe, B.T., J.E. LeDoux, and M.S. Gazzaniga. "Information Processing of Visual Stimuli in an 'Extinguished' Field." Nature (1979) 282:722 - 24.

Volz, K.G., R.I. Schubotz, and D.Y. Von Cramon. "Predicting Events of Varying Probability: Uncertainty Investigated by fMRI." NeuroImage (2003) 19:271 - 80.

von Kraus, L.M., T.C. Sacktor, and J.T. Francis. "Erasing Sensorimotor Memories via PKMzeta Inhibition." PLoS One (2010) 5:E11125.

Voon, V., N.A. Howell, and P. Krack. "Psychiatric Considerations in Deep Brain Stimulation for Parkinson's Disease." Handbook of Clinical Neurology (2013) 116:147 - 54.

Vredeveldt, A., G.J. Hitch, and A.D. Baddeley. "Eye Closure Helps Memory by Reducing Cognitive Load and Enhancing Visualisation." Memory & Cognition (2011) 39:1253 - 63.

Vuilleumier, P. "Perceived Gaze Direction in Faces and Spatial Attention: A Study in Patients with Parietal Damage and Unilateral Neglect." Neuropsychologia (2002) 40:1013 - 26.

Vuilleumier, P. "How Brains Beware: Neural Mechanisms of Emotional Attention." Trends in Cognitive Sciences (2005) 9:585 - 94.

Vuilleumier, P., et al. "Neural Response to Emotional Faces with and without Awareness: Event–Related fMRI in a Parietal Patient with Visual Extinction and Spatial Neglect." Neuropsychologia (2002) 40:2156 - 66.

Vuilleumier, P., and J. Driver. "Modulation of Visual Processing by Attention and Emotion: Windows on Causal Interactions Between Human Brain Regions." Philosophical Transactions of the Royal Society B: Biological Sciences (2007) 362:837 - 55.

Vuilleumier, P., and S. Schwartz. "Beware and Be Aware: Capture of Spatial Attention by Fear-Related Stimuli in Neglect." Neuroreport (2001) 12:1119 - 22.

Vuilleumier, P., et al. "Abnormal Attentional Modulation of Retinotopic Cortex in Parietal Patients with Spatial Neglect." Current Biology (2008) 18:1525 - 29.

Waddell, J., R.W. Morris, and M.E. Bouton. "Effects of Bed Nucleus of the Stria Terminalis Lesions on Conditioned Anxiety: Aversive Conditioning with Long-Duration Conditional Stimuli and Reinstatement of Extinguished Fear." Behavioral Neuroscience (2006) 120:324 - 36.

Wakefield, J.C. "Meaning and Melancholia: Why DSM Cannot (Entirely) Ignore the Patient's Intentional System." In: Making Diagnosis Meaningful: Enhancing Evaluation and Treatment of Psychological Disorders, ed. J.W. Barron (Washington, D.C.: American Psychological Association Press, 1998), 29 - 72.

Walasek, G., M. Wesierska, and K. Zielinski. "Conditioning of Fear and Conditioning of Safety in Rats." Acta Neurobiologiae Experimentalis (1995) 55:121 - 32.

Walker, D.L., and M. Davis. "Double Dissociation Between the Involvement of the Bed Nucleus of the Stria Terminalis and the Central Nucleus of the Amygdala in Startle Increases Produced by Conditioned Versus Unconditioned Fear." The Journal of Neuroscience (1997) 17:9375 - 83.

Walker, D.L., and M. Davis. "Involvement of NMDA Receptors Within the Amygdala in Short- Versus Long-Term Memory for Fear Conditioning as Assessed with Fear-Potentiated Startle." Behavioral Neuroscience (2000) 114:1019 - 33.

Walker, D.L., and M. Davis. "Light-Enhanced Startle: Further Pharmacological and Behavioral Characterization." Psychopharmacology (Berl) (2002) 159:304 - 10.

Walker, D.L., and M. Davis. "The Role of Amygdala Glutamate Receptors in Fear Learning, Fear-Potentiated Startle, and Extinction." Pharmacology, Biochemistry, and Behavior (2002) 71:379 - 92.

Walker, D.L., and M. Davis. "Role of the Extended Amygdala in Short-Duration Versus Sustained Fear: A Tribute to Dr. Lennart Heimer." Brain Structure & Function (2008) 213:29 - 42.

Walker, D.L., et al. "Facilitation of Conditioned Fear Extinction by Systemic Administration or Intra-Amygdala Infusions of d-cycloserine as Assessed with Fear-Potentiated Startle in Rats." Journal of Neuroscience (2002) 22:2343 - 51.

Wallace, D.M., D.J. Magnuson, and T.S. Gray. "The Amygdalo-Brainstem Pathway: Selective Innervation of Dopaminergic, Noradrenergic and Adrenergic Cells in the Rat." Neuroscience Letters (1989) 97:252 - 58.

Wallis, J.D. "Cross-Species Studies of Orbitofrontal Cortex and Value-Based Decision-Making." Nature Neuroscience (2012) 15:13 - 19.

Walters, E.T., T.J. Carew, and E.R. Kandel. "Classical Conditioning in Aplysia californica." Proceedings of the National Academy of Sciences of the United States of America (1979) 76:6675 - 79.

Wang, L., et al. "Hierarchical Chemosensory Regulation of Male-Male Social Interactions in Drosophila." Nature Neuroscience (2011) 14:757 - 62.

Wang, S.H., L. de Oliveira Alvares, and K. Nader. "Cellular and Systems Mechanisms of Memory Strength as a Constraint on Auditory Fear Reconsolidation." Nature Neuroscience (2009) 12:905 - 12.

Ward, R., S. Danziger, and S. Bamford. "Response to Visual Threat Following Damage to the Pulvinar." Current Biology (2005) 15:571 - 73.

Wasserman, E.A. "The Science of Animal Cognition: Past, Present, and Future." Journal of Experimental Psychology: Animal Behavior Processes (1997) 23:123 - 35.

Wassum, K.M., et al. "Differential Dependence of Pavlovian Incentive Motivation and Instrumental Incentive

Learning Processes on Dopamine Signaling." Learning & Memory (2011) 18:475 - 83.

Waterhouse, B.D., and D.J. Woodward. "Interaction of Norepinephrine with Cerebrocortical Activity Evoked by Stimulation of Somatosensory Afferent Pathways in the Rat." Experimental Neurology (1980) 67:11 - 34.

Waters, A.M., J. Henry, and D.L. Neumann. "Aversive Pavlovian Conditioning in Childhood Anxiety Disorders: Impaired Response Inhibition and Resistance to Extinction." Journal of Abnormal Psychology (2009) 118:311 - 21.

Watson, J. "Behaviorism." In: The Behavior of Organisms, ed. B.F. Skinner (New York: Appleton-Century-Crofts, 1938).

Watson, J.B. "Psychology as the Behaviorist Views It." Psychological Review (1913) 20:158 - 77.

Watson, J.B. Psychology from the Standpoint of a Behaviorist (Philadelphia: Lippincott, 1919).

Watson, J.B. Behaviorism (New York: W. W. Norton, 1925).

Watson, J.D. "The Human Genome Project: Past, Present, and Future." Science (1990) 248:44 - 49.

Watt, D.F. "Panksepp's Common Sense View of Affective Neuroscience Is Not the Commonsense View in Large Areas of Neuroscience." Consciousness and Cognition (2005) 14:81 - 88.

Webb, B. "Cognition in Insects." Philosophical Transactions of the Royal Society B: Biological Sciences (2012) 367:2715 - 22.

Wegner, D. The Illusion of Conscious Will (Cambridge, MA: MIT Press, 2002).

Wegner, D.M. "The Mind's Best Trick: How We Experience Conscious Will." Trends in Cognitive Sciences (2003) 7:65 - 69.

Weinberger, N.M. "Effects of Conditioned Arousal on the Auditory System." In: The Neural Basis of Behavior (New York: Spectrum Publications, Inc., 1982), 63 - 91.

Weinberger, N.M. "Retuning the Brain by Fear Conditioning." In: The Cognitive Neurosciences, ed. M.S. Gazzaniga (Cambridge, MA: MIT Press, 1995), 1071 - 90.

Weinberger, N.M. "The Nucleus Basalis and Memory Codes: Auditory Cortical Plasticity and the Induction of Specific, Associative Behavioral Memory." Neurobiology of Learning and Memory (2003) 80:268 - 84.

Weinberger, N.M. "Auditory Associative Memory and Representational Plasticity in the Primary Auditory Cortex." Hearing Research (2007) 229:54 - 68.

Weiskrantz, L. "Behavioral Changes Associated with Ablation of the Amygdaloid Complex in Monkeys." Journal of Comparative and Physiological Psychology (1956) 49:381 - 91.

Weiskrantz, L. "Trying to Bridge Some Neuropsychological Gaps Between Monkey and Man." British Journal of Psychology (1977) 68:431 - 45.

Weiskrantz, L. "The Problem of Animal Consciousness in Relation to Neuropsychology." Behavioural Brain Research (1995) 71:171 - 75.

Weiskrantz, L. Consciousness Lost and Found: A Neuropsychological Exploration (New York: Oxford University Press, 1997).

Weisskopf, M.G., E.P. Bauer and J.E. LeDoux. "L-Type Voltage-Gated Calcium Channels Mediate NMDA-Independent Associative Long-Term Potentiation at Thalamic Input Synapses to the Amygdala." Journal of Neuroscience (1999) 19:10512 - 19.

Weisskopf, M.G., and J.E. LeDoux. "Distinct Populations of NMDA Receptors at Subcortical and Cortical Inputs to Principal Cells of the Lateral Amygdala." Journal of Neurophysiology (1999) 81:930 - 34.

Wemmie, J.A. "Neurobiology of Panic and pH Chemosensation in the Brain." Dialogues in Clinical Neuroscience (2011) 13:475 - 83.

Wemmie, J.A., M.P. Price, and M.J. Welsh. "Acid-Sensing Ion Channels: Advances, Questions and Therapeutic Opportunities." Trends in Neurosciences (2006) 29:578-86.

Wemmie, J.A., R.J. Taugher, and C.J. Kreple. "Acid-Sensing Ion Channels in Pain and Disease." Nature Reviews Neuroscience (2013) 14:461-71.

Wendler, E., et al. "The Roles of the Nucleus Accumbens Core, Dorsomedial Striatum, and Dorsolateral Striatum in Learning: Performance and Extinction of Pavlovian Fear-Conditioned Responses and Instrumental Avoidance Responses." Neurobiology of Learning and Memory (2014) 109:27-36.

Wenger, M.A., F.N. Jones, and M.H. Jones. Physiological Psychology (New York: Holt Rinehart Winston, 1956).

Whalen, P.J. "Fear, Vigilance, and Ambiguity: Initial Neuroimaging Studies of the Human Amygdala." Current Directions in Psychological Science (1998) 7:177-88.

Whalen, P.J., and E.A. Phelps. The Human Amygdala (New York: Guilford Press, 2009).

Whalen, P.J., et al. "Masked Presentations of Emotional Facial Expressions Modulate Amygdala Activity without Explicit Knowledge." Journal of Neuroscience (1998) 18:411-18.

Wheeler, M.A., D.T. Stuss, and E. Tulving. "Toward a Theory of Episodic Memory: The Frontal Lobes and Autonoetic Consciousness." Psychological Bulletin (1997) 121:331-54.

Whissell, C.M. "The Role of the Face in Human Emotion: First System or One of Many?" Perceptual and Motor Skills (1985) 61:3-12.

Whitfield, C.L. "The 'False Memory' Defenseusing Disinformation and Junk Science in and out of Court." Journal of Child Sexual Abuse (2000) 9:53-78.

Whiting, S.E., et al. "The Role of Intolerance of Uncertainty in Social Anxiety Subtypes." Journal of Clinical Psychology (2014) 70:260-72.

Whitmer, A.J., and I.H. Gotlib. "An Attentional Scope Model of Rumination." Psychological Bulletin (2013) 139:1036-61.

Whittle, N., et al. "Deep Brain Stimulation, Histone Deacetylase Inhibitors and Glutamatergic Drugs Rescue Resistance to Fear Extinction in a Genetic Mouse Model." Neuropharmacology (2013) 64:414-23.

Whorf, B.L. Language, Thought, and Reality (Cambridge, MA: Technology Press of MIT, 1956).

Wickens, J.R., et al. "Dopaminergic Mechanisms in Actions and Habits." Journal of Neuroscience (2007) 27:8181-83.

Wiers, R.W., and A.W. Stacy, eds. Handbook of Implicit Cognition and Addiction (Thousand Oaks, CA: Sage, 2006).

Wierzbicka, A. "Emotion, Language, and Cultural Scripts." In: Emotion and Culture: Empirical Studies of Mutual Influence, eds. S. Kitayama and H.R. Markus (Washington, D.C.: American Psychological Association, 1994), 133-96.

Wiggs, C.L., and A. Martin. "Properties and Mechanisms of Perceptual Priming." Current Opinion in Neurobiology (1998) 8:227-33.

Wilensky, A.E., et al. "Rethinking the Fear Circuit: The Central Nucleus of the Amygdala Is Required for the Acquisition, Consolidation, and Expression of Pavlovian Fear Conditioning." Journal of Neuroscience (2006) 26:12387-96.

Wilensky, A.E., G.E. Schafe, and J.E. LeDoux. "Functional Inactivation of the Amygdala Before but Not after Auditory Fear Conditioning Prevents Memory Formation." Journal of Neuroscience (1999) 19:RC48.

Wilensky, A.E., G.E. Schafe, and J.E. LeDoux. "The Amygdala Modulates Memory Consolidation of Fear-Motivated Inhibitory Avoidance Learning but Not Classical Fear Conditioning." Journal of Neuroscience

(2000) 20:7059 - 66.

Wilhelm, F.H., and W.T. Roth. "The Somatic Symptom Paradox in DSM-IV Anxiety Disorders: Suggestions for a Clinical Focus in Psychophysiology." Biological Psychology (2001) 57:105 - 40.

Williams, B.A. "Two-Factor Theory Has Strong Empirical Evidence of Validity." Journal of the Experimental Analysis of Behavior (2001) 75:362 - 65; discussion 367 - 78.

Williams, L.M., et al. "Mode of Functional Connectivity in Amygdala Pathways Dissociates Level of Awareness for Signals of Fear." Journal of Neuroscience (2006) 26:9264 - 71.

Willshaw, D.J., and J.T. Buckingham. "An Assessment of Marr's Theory of the Hippocampus as a Temporary Memory Store." Philosophical Transactions of the Royal Society B: Biological Sciences (1990) 329:205 - 15.

Wilson, M.A., and B.L. McNaughton. "Reactivation of Hippocampal Ensemble Memories during Sleep." Science (1994) 265:676 - 79.

Wilson, T.D. Strangers to Ourselves: Self-Insight and the Adaptive Unconscious (Cambridge, MA: Harvard University Press, 2002).

Wilson, T.D., and E.W. Dunn. "Self-Knowledge: Its Limits, Value, and Potential for Improvement." Annual Review of Psychology (2004) 55:493 - 518.

Wilson, T.D., et al. "Introspecting About Reasons Can Reduce Post-Choice Satisfaction." Personality and Social Psychology Bulletin (1993) 19:331 - 39.

Wilson-Mendenhall, C.D., LF. Barrett, and L.W. Barsalou. "Situating Emotional Experience." Frontiers in Human Neuroscience (2013) 7:764.

Wilson-Mendenhall, C.D., et al. "Grounding Emotion in Situated Conceptualization." Neuropsychologia (2011) 49:1105 - 27.

Winkielman, P., and K.C. Berridge. "Unconscious Emotion." Current Directions in Psychological Science (2004) 13:120 - 23.

Winkielman, P., K.C. Berridge, and J.L. Wilbarger. "Emotion, Behavior, and Conscious Experience: Once More without Feeling." In: Emotion and Consciousness, eds. L.F. Barrett, et al. (New York: Guilford Press, 2005), 335 - 62.

Winkielman, P., K.C. Berridge, and J.L. Wilbarger. "Unconscious Affective Reactions to Masked Happy Versus Angry Faces Influence Consumption Behavior and Judgments of Value." Personality and Social Psychology Bulletin (2005) 31:121 - 35.

Wise, R.A. "Plasticity of Hypothalamic Motivational Systems." Science (1969) 165:929 - 30.

Wise, S.P. "Forward Frontal Fields: Phylogeny and Fundamental Function." Trends in Neurosciences (2008) 31:599 - 608.

Witten, I.B., et al. "Recombinase-Driver Rat Lines: Tools, Techniques, and Optogenetic Application to Dopamine-Mediated Reinforcement." Neuron (2011) 72:721 - 33.

Wittgenstein, L. Philosophical Investigations (Oxford: Basil Blackwell, 1958).

Wolpe, J. Psychotherapy by Reciprocal Inhibition (Stanford, CA: Stanford University Press, 1958).

Wolpe, J. The Practice of Behavior Therapy (New York: Pergamon Press, 1969).

Wood, S., et al. "Psychostimulants and Cognition: A Continuum of Behavioral and Cognitive Activation." Pharmacological Reviews (2014) 66:193 - 221.

Woodward, D.J., et al. "Modulatory Actions of Norepinephrine on Neural Circuits." Advances in Experimental Medicine and Biology (1991) 287:193 - 208.

Woody, C.D., ed. Conditioning: Representation of Involved Neural Functions (New York: Plenum Press, 1982).

Woody, S., and S. Rachman. "Generalized Anxiety Disorder (GAD) as an Unsuccessful Search for Safety." Clinical Psychological Review (1994) 14:743 - 53.

Wolff, S.B., et al. "Amygdala Interneuron Subtypes Control Fear Learning Through Disinhibition." Nature (2014) 509:453 - 58.

Wundt, W. Principles of Physiological Psychology (Leipzig: Engelmann, 1874).

Wynne, C.D. "The Perils of Anthropomorphism." Nature (2004) 428:606.

Xue, Y.X., et al. "A Memory Retrieval-Extinction Procedure to Prevent Drug Craving and Relapse." Science (2012) 336:241 - 45.

Yancey, S.W., and E.A. Phelps. "Functional Neuroimaging and Episodic Memory: A Perspective." Journal of Clinical and Experimental Neuropsychology (2001) 23:32 - 48.

Yang, E., et al. "On the Use of Continuous Flash Suppression for the Study of Visual Processing Outside of Awareness." Frontiers in Psychology (2014) 5:724.

Yang, F.C., and K.C. Liang. "Interactions of the Dorsal Hippocampus, Medial Prefrontal Cortex and Nucleus Accumbens in Formation of Fear Memory: Difference in Inhibitory Avoidance Learning and Contextual Fear Conditioning." Neurobiology of Learning and Memory. (2013)

Yang, Y.L., P.K. Chao, and K.T. Lu. "Systemic and Intra-Amygdala Administration of Glucocorticoid Agonist and Antagonist Modulate Extinction of Conditioned Fear." Neuropsychopharmacology (2006) 31:912 - 24.

Yates, A.J. Behavior Therapy (New York: Wiley, 1970).

Yehuda, R., and J. LeDoux. "Response Variation Following Trauma: A Translational Neuroscience Approach to Understanding PTSD." Neuron (2007) 56:19 - 32.

Yerkes, R.M., and J.D. Dobson. "The Relation of Strength of Stimulus to Rapidity of Habit-Formation." Journal of Comparative Neurology and Psychology (1908) 18:458 - 82.

Yin, H., R.C. Barnet, and R.R. Miller. "Trial Spacing and Trial Distribution Effects in Pavlovian Conditioning: Contributions of a Comparator Mechanism." Journal of Experimental Psychology: Animal Behavior Processes (1994) 20:123 - 34.

Yin, J.C., and T. Tully. "CREB and the Formation of Long-Term Memory." Current Opinion in Neurobiology (1996) 6:264 - 68.

Yook, K., et al. "Intolerance of Uncertainty, Worry, and Rumination in Major Depressive Disorder and Generalized Anxiety Disorder." Journal of Anxiety Disorders (2010) 24:623 - 28.

Yook, K., et al. "Usefulness of Mindfulness-Based Cognitive Therapy for Treating Insomnia in Patients with Anxiety Disorders: A Pilot Study." The Journal of Nervous and Mental Disease (2008) 196:501 - 503.

Yoshida, W., et al. "Uncertainty Increases Pain: Evidence for a Novel Mechanism of Pain Modulation Involving the Periaqueductal Gray." Journal of Neuroscience (2013) 33:5638 - 46.

Young, L.J., Z. Wang, and T.R. Insel. "Neuroendocrine Bases of Monogamy." Trends in Neurosciences (1998) 21:71 - 75.

Zald, D.H. "The Human Amygdala and the Emotional Evaluation of Sensory Stimuli." Brain Research. Brain Research Reviews (Amsterdam) (2003) 41:88 - 123.

Zalla, T., and M. Sperduti. "The Amygdala and the Relevance Detection Theory of Autism: An Evolutionary Perspective." Frontiers in Human Neuroscience (2013) 7:894.

Zanchetti, A., et al. "Emotion and the Cardiovascular System in the Cat." Ciba Foundation Symposium (1972) 8:201 - 19.

Zanette, L.Y., et al. "Perceived Predation Risk Reduces the Number of Offspring Songbirds Produce Per Year."

Science (2011) 334:1398 - 1401.

Zeidan, F., et al. "Neural Correlates of Mindfulness Meditation-Related Anxiety Relief." Social Cognitive and Affective Neuroscience (2014) 9:751 - 759.

Zeidner, M., and G. Matthews. Anxiety 101 (New York: Springer, 2011).

Zeki, S., and O. Goodenough. "Law and the Brain: Introduction." Philosophical Transactions of the Royal Society B: Biological Sciences (2004) 359:1661 - 65.

Zeman, A. "The Problem of Unreportable Awareness." Progress in Brain Research (2009) 177:1 - 9.

Zhu, Y., et al. "Neural Basis of Cultural Influence on Self-Representation." NeuroImage (2007) 34:1310 - 16.

Zinbarg, R.E. "Concordance and Synchrony in Measures of Anxiety and Panic Reconsidered: a Hierarchical Model of Anxiety and Panic." Behavior Therapy (1998) 29:301 - 23.

Zoladz, P.R., and D.M. Diamond. "Linear and Non-Linear Dose-Response Functions Reveal a Hormetic Relationship Between Stress and Learning." Dose-Response: a Publication of the International Hormesis Society (2009) 7:132 - 48.

크레디트

그림 1.1: 라오콘과 아들들의 고통
Reprinted with permission from © Marie-Lan Nguyen / Wikimedia Commons.

그림 1.4: 공포와 불안이라는 주제의 변형들
From Makari (2012). Reprinted with permission from Henning Wagenbreth.

그림 3.3: 방어 반응에 대한 내분비 지원: 교감신경 부신계와 뇌하수체-부신계
From Rodrigues et al (2009), modified with permission from the Annual Review of Neuroscience, volume 32, © 2009 by Annual Reviews, http://www.annualreviews.org.

그림 4.1: 뇌의 개요
From Fanselow and Lester (1988). Used with permission from Michael Fanselow.

그림 4.2: 캐넌과 바드가 외관상 분노를 끌어낸 방법
From Purves et al: Neuroscience, Second Edition, Figure 29.1, modified with permission of Sinauer Associates.

그림 4.3: 시상하부로 유도되는 분노와 편도-시상하부-PAG 분노 경로
From Flynn, © 1967 Rockefeller University Press and Russell Sage Foundation. In Neurophysiology and Emotion, pp. 40-59. Used with permission from Rockefeller University Press.

그림 4.4: 각성 시스템의 과거와 현재
(위) Modified from Starzl, Taylor and Magoun (1951), Journal of Neurophysiology, 14, pp. 479-96). Used with permission. (아래) Modified with permission of American Academy of Sleep Medicine, from Sleep, España and Scammell, 34, 7, © 2011; permission conveyed through Copyright Clearance Center, Inc.

그림 4.7: 위협 조건형성의 근간인 헵Hebb 메커니즘
(아래) Reprinted from Cell, 147/3, Johansen, Cain, Ostroff, Ledoux, "Molecular Mechanisms of Fear Learning and Memory," 509-24, © 2011, with permission from Elsevier

그림 4.8: 외측 편도에서 일어나는 헵 학습을 광유전학으로 입증
(위) Buchen (2010), adapted by permission from Macmillan Publishers Ltd. Nature News, volume 465, pp. 26-28 © 2010.

그림 5.1: 정서 표현: 뒤센과 메서슈미트
Guillaume-Benjamin DUCHENNE de BOULOGNE Plate 7 in "Mécanisme de la physiognomie humaine (The mechanisms of human facial expression)." Paris: Chez Veuve Jules Renouard 1862 [Octavo edition], National Gallery of Australia, Canberra, purchased 2005. Lithograph by Matthias Rudolph Toma (1792-1869) depicting Franz Messerschmidt's "Character Heads" (1839). The Museum of Fine Arts, Budapest.

불안

펴낸이 유재영 | **펴낸곳** 인벤션 | **지은이** 조지프 르두 | **옮긴이** 임지원

기획 인벤션 | **편집** 이준혁 | **표지 일러스트 · 디자인** 유다명

1판 1쇄 2017년 8월 25일

1판 3쇄 2021년 12월 10일

출판등록 1987년 11월 27일 제10-149

주소 04083 서울 마포구 토정로 53(합정동)

전화 324-6130, 324-6131 | **팩스** 324-6135

E-메일 dhsbook@hanmail.net

홈페이지 www.donghaksa.co.kr / www.green-home.co.kr

페이스북 facebook.com/inventionbook

ISBN 978-89-7190-602-6 03400

• 잘못된 책은 바꾸어 드립니다.
• 인벤션은 주식회사 동학사의 디비전입니다.